化学工业出版社"十四五"普通高等教育规划教材

U0261617

土木工程施工

第二版

宁宝宽　白　泉　黄志强　主　编

于　贺　盛国华　副主编

化学工业出版社
·北京·

内 容 简 介

《土木工程施工》（第二版）根据高等学校土木工程学科专业指导委员会编制的《高等学校土木工程本科指导性专业规范》编写。教材内容强调了对学生实践能力的培养，引导学生厚植爱岗敬业、自立自强精神；并重点考虑了各高校大土木及相关各专业方向的设置不同，对各专业方向内容进行了单独编排，便于对不同专业方向师生选学。全书共三篇，其中：第1篇为施工技术基础（包括：绪论、土方工程施工、地基处理与基础工程施工、砌体工程施工、混凝土结构工程施工、预应力混凝土工程施工、结构安装工程施工以及防水工程施工），可作为各专业方向的施工技术基础知识来学习；第2篇为土木工程专业分方向施工技术（包括：装饰工程施工、高层建筑工程施工、道路工程施工、桥梁工程施工以及地下工程施工），可以根据专业方向设置情况进行选学；第3篇为施工组织管理（包括：施工组织概论、流水施工技术、网络计划技术以及施工组织设计等），可以共同学习，也可以单独设课来学习。

本教材为普通高校土木工程专业本科的教材，也可作为其他相关专业本、专科的教学参考书，从事土木工程设计、施工、监理和工程管理等工作的技术、管理人员也可参考使用。

图书在版编目（CIP）数据

土木工程施工/宁宝宽，白泉，黄志强主编．—2版．—北京：化学工业出版社，2023.8

化学工业出版社"十四五"普通高等教育规划教材

ISBN 978-7-122-43880-5

Ⅰ.①土…　Ⅱ.①宁…　②白…　③黄…　Ⅲ.①土木工程-工程施工-高等学校-教材　Ⅳ.①TU7

中国国家版本馆 CIP 数据核字（2023）第 138646 号

责任编辑：满悦芝　　　　　　　　　　　　　　文字编辑：孙月蓉
责任校对：刘　一　　　　　　　　　　　　　　装帧设计：张　辉

出版发行：化学工业出版社（北京市东城区青年湖南街 13 号　邮政编码 100011）
印　　装：涿州市殷润文化传播有限公司
787mm×1092mm　1/16　印张 25½　字数 634 千字　2023 年 11 月北京第 2 版第 1 次印刷

购书咨询：010-64518888　　　　　　　　　　　售后服务：010-64518899
网　　址：http://www.cip.com.cn
凡购买本书，如有缺损质量问题，本社销售中心负责调换。

定　　价：99.80 元

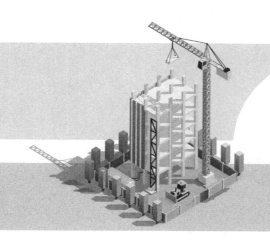

前言

"土木工程施工"是土木工程及其相关专业的一门主要的专业课。它在培养学生独立分析问题、解决问题以及动手实践能力等方面，起着重要的作用。它要求学生对不同类型的土木工程建筑物、构筑物的施工过程、施工工艺、施工组织管理等环节有所了解，能够编制简单的单位工程施工组织设计，具备施工单位对一线施工技术、管理人员的基本要求。

本教材是依据现行国家标准和有关行业技术规范以及操作规程等编写的，主要讲述了土木工程施工技术基础知识、土木工程专业分方向施工技术知识以及土木工程施工组织等三部分内容。具体内容有：第1篇 施工技术基础（包括：绪论、土方工程施工、地基处理与基础工程施工、砌体结构施工、混凝土结构工程施工、预应力混凝土工程施工、结构安装工程施工、防水工程施工）、第2篇 土木工程专业分方向施工技术（包括：装饰工程施工、高层建筑工程施工、道路工程施工、桥梁工程施工以及地下工程施工）、第3篇 施工组织管理（包括：施工组织概论、流水施工技术、网络计划技术以及施工组织设计等）。为了便于学习掌握，各章前均有知识要点和学习目标，方便教学使用。

本教材根据普通高校土木工程专业培养高级应用型技术人才的目标，强调了对学生实践能力的培养，重点考虑了各高校土木及相关各专业方向的设置不同，对各专业方向内容进行了单独编排，便于不同专业方向师生选学。其中，第1篇可作为各专业方向的施工技术基础知识来学习，第2篇的内容可以根据专业方向设置情况进行选学，第3篇施工组织部分可以共同学习，也可以单独设课来学习。

本教材在注重知识传授与能力培养的同时，引入我国系列超级工程、盾构机等元素，引导学生爱岗敬业，厚植爱国精神、科技自立自强精神。

本教材的第1～4章由宁宝宽编写，第5～6章、第13章由黄志强编写，第7章、第14～17章由白泉、边晶梅编写，第8～10章由盛国华编写，第11～12章由于贺编写。全书最后由宁宝宽、白泉进行了统稿。

土木工程施工理论和实践发展较快，编者虽然希望能够在教材中反映我国土木工程施工的新技术、新材料、新工艺以及新的组织管理理念，但由于水平有限，不足之处在所难免，恳切希望广大读者批评指正。

编者

2023 年 8 月

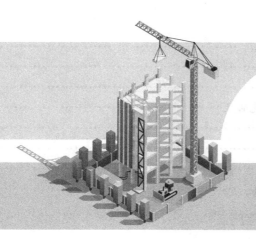

目录

第1篇　施工技术基础

第7章 结构安装工程施工

7.1 起重机械 …… 134
7.1.1 桅杆式起重机 …… 134
7.1.2 自行杆式起重机 …… 135
7.2 起重设备 …… 137
7.2.1 卷扬机 …… 137
7.2.2 钢丝绳 …… 138
7.2.3 其他机具 …… 138
7.3 结构安装 …… 139
7.3.1 安装前的准备 …… 139
7.3.2 结构安装方案 …… 141
7.3.3 结构安装工艺 …… 143

第8章 防水工程施工

8.1 屋面防水工程 …… 150
8.1.1 卷材防水屋面 …… 150
8.1.2 涂膜防水屋面 …… 157
8.1.3 刚性防水屋面 …… 159
8.2 地下防水工程 …… 160
8.2.1 防水混凝土结构的施工 …… 161
8.2.2 卷材防水层的施工 …… 163
8.3 卫生间防水工程 …… 164
8.3.1 施工工序及要求 …… 164
8.3.2 卫生间楼地面防水层施工 …… 165

第2篇 土木工程专业分方向施工技术

第9章 装饰工程施工

9.1 抹灰工程 …… 168
9.1.1 概述 …… 168
9.1.2 一般抹灰的施工 …… 168
9.1.3 装饰抹灰的施工 …… 171
9.1.4 抹灰质量验收 …… 172
9.2 楼地面工程 …… 173
9.2.1 楼地面的组成及分类 …… 173
9.2.2 垫层施工 …… 173
9.2.3 基层施工 …… 174
9.2.4 面层施工 …… 174
9.3 饰面工程 …… 176
9.3.1 常用饰面材料的选用和质量要求 …… 177

第10章　高层建筑工程施工

第11章　道路工程施工

第 3 篇　施工组织管理

第 14 章　施工组织概论

第 15 章　流水施工技术

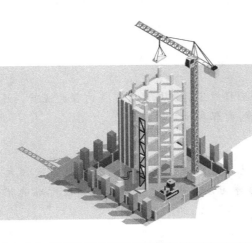

第1篇

施工技术基础

第1章

绪论

知识要点

　　本章主要介绍了我国土木工程施工的发展以及取得的伟大成就，还介绍了工程建设标准的相关知识，以及本课程涵盖的内容和学习特点。

学习目标

　　通过学习，要求了解我国土木工程施工发展的历程和取得的伟大成就，坚定"四个自信"；了解本课程的内容体系和学习注意事项，了解工程建设标准的相关知识并培养遵循标准的意识。

1.1　我国土木工程施工发展简况

　　土木工程是一个古老的专业，我国的土木工程有着悠久的历史。早在约5000年前的新石器时代，人类已架木巢居，以避野兽侵扰，进而以草泥作顶，开始建造活动；在殷商时期，我国已开始用水测定水平，用夯实的土壤作地基，并开始在墙壁上进行涂饰；西周时期已经有烧制瓦存在；战国、秦汉时期，砌筑技术有了很大发展，在此基础上建造的气势宏伟的万里长城至今仍然是世界的奇迹之一（图1-1）。隋朝时期建造的赵州安济桥，又称赵州桥（图1-2），是世界上现存年代最久远（公元595~605）、跨度最大（净跨径37.40m）、保存最完整的单孔坦弧敞肩石拱桥，其建造工艺独特，在世界桥梁史上首创"敞肩拱"结构形式，具有很高的科学研究价值。该桥在材料使用、结构受力、建造工艺、艺术造型以及经济方面都达到了极高的水平，是土木工程发展过程中的里程碑。唐代，大规模城市的建造表明施工技术达到了相当高的水平，建于唐初的布达拉宫（图1-3）代表了我国少数民族建造的高超技艺；宋、辽、金时期，开始在基础下打桩；至元、明、清，已能用夯土墙建造三四层楼房，内加竹筋，镏金、玻璃等开始用于建筑，如现存的北京故宫（图1-4）等建筑。

　　在土木工程施工理论的进展方面，我国的《考工记》记载了先秦时期的营造法则，北宋李诫编纂了《营造法式》，对砖、石、木作和装修、彩画的施工法则与工料估算方法均有较详细的规定。清代的《工部工程做法则例》统一了建筑构件的模数和工料标准，制定了绘样和估算的准则。

　　以上表明，我国在各个历史时期，土木工程施工技术、施工理论等均达到了该时期下极高的水平。

图 1-1 万里长城

图 1-2 河北赵州桥

图 1-3　拉萨布达拉宫

图 1-4　北京故宫

　　国外的土木工程在 17 世纪中叶以后得到了快速发展，伽利略、牛顿、欧拉等科学家建立和发展了结构设计理论，推动了土木工程的发展。进入 19 世纪，钢筋、混凝土等建筑材料的应用，使土木工程产生了跨越式发展。

　　中华人民共和国成立后，我国的建筑业发生了根本性的变化。为适应国民经济恢复时期建设的需要，扩大了建筑业的建设队伍的规模，借鉴了苏联的建筑技术和经验，在短短几年内，就完成了鞍山钢铁公司、长春汽车厂等一千多个规模宏大的工程建设项目。1958～1959年在北京建设了人民大会堂、北京火车站、中国历史博物馆等结构复杂、规模巨大、功能要求严格、装饰标准高的十大建筑，标志着我国的建筑施工开始进入了一个新的发展时期。

改革开放以后，我国的建筑业进入了一个全新的发展阶段，1981～1990年十年间全社会固定资产投资完成2.77万亿元，超过之前30年的总和。进入90年代后，土木工程进一步得到了快速发展，涌现出一大批具有代表性的工程，如：2008年建成的上海环球金融中心高达495m（图1-5）；1993年建成的杨浦大桥跨度602m，一跨过江，在叠合梁斜拉桥中居世界第一；1999年建成的江阴长江公路大桥主跨达1385m，是我国第一座跨度超千米的特大桥，其设计合理，管理科学，工程质量优良，代表我国20世纪90年代造桥最高水平，是我国桥梁工程建设新的里程碑，标志着我国桥梁跻身世界桥梁前列。进入21世纪，我国大跨度悬索桥不断涌现，在世界前十大悬索桥中占半数以上。另外，长江三峡水利枢纽工程（图1-6）、黄河小浪底水利枢纽工程、在世界屋脊建设的青藏铁路工程、杭州湾跨海大桥等超级工程不断涌现。

图1-5　上海环球金融中心

图1-6　三峡工程

近10年来，我国一系列超级大工程更是让全世界刮目相看，打造了耀眼的中国建造名片。2018年通车的港珠澳大桥（图1-7），创造了里程最长、钢结构最大、施工难度最大、沉管隧道最长、技术含量最高、科学专利最多等多项世界纪录。2019年9月正式投入运营的北京大兴国际机场（图1-8），是世界首个实现高铁下穿的航站楼，创造了40余项国际、国内第一，创造了技术专利103项，新工法65项，国产化率达98％以上，而且实现了全程安全生产零事故。世界上最大的水利工程——南水北调工程，从2002年底开工，至2014年底东、中线一期工程正式通水，有效缓解了我国北方某些地区水资源严重短缺局面，对促进经济、社会和生态的协调发展，具有重大意义。此外，还有标志着"速度"和"密度"、以"四纵四横"高铁主骨架为代表的高铁工程，代表着"高度"的上海中心大厦，代表着"深度"的洋山深水港码头以及代表着"难度"的自主研发的三代核电技术"华龙一号"全球首堆示范工程——福清核电站 5 号机组，等等。这些超级工程的接踵落地和建成，成为彰显我国建筑业设计技术和施工实力的醒目标志。

图 1-7　港珠澳大桥

图 1-8　北京大兴国际机场

　　正是由于工程建设的推进，极大地促进了施工技术的进步和施工组织管理水平的提高。在土木工程施工技术方面，我国不但掌握了大工程项目施工的成套技术，而且在地基处理和基础工程方面推广了如大直径钻孔灌注桩、基坑支护技术、人工地基、地下连续墙和"逆作法"等新技术；在现浇混凝土工程中应用了滑模板、爬升模板、大模板等工业化模板体系以及组合钢模板、模板早拆技术等；泵送混凝土、预拌混凝土、大体积混凝土浇筑等技术已达到国际先进水平；另外，在预应力混凝土技术、墙体改革、装配式混凝土结构以及大跨度钢结构、索膜结构等方面都有突飞猛进的发展，我国土木工程施工技术在多个方面已经赶上或超过了发达国家的水平。

　　展望未来，我国土木工程施工将立足新发展阶段、贯彻新发展理念，全面推动工程项目重大化、设计方法精确化、施工过程信息化和使用管理智能化等。施工技术和组织管理水平需要不断发展和提高，以适应建筑工业化、数字化、智能化的发展要求。党的二十大报告中明确指出，"高质量发展是全面建设社会主义现代化国家的首要任务"，"我们要坚持以推动高质量发展为主题"。作为国民经济重要支柱的建筑产业，正经历着深刻、复杂而全面的变革，作为碳排放大户，建筑业的绿色化、低碳化势在必行，责任重大。党的二十大报告同时指出，"大自然是人类赖以生存发展的基本条件。尊重自然、顺应自然、保护自然，是全面建设社会主义现代化国家的内在要求。必须牢固树立和践行绿水青山就是金山银山的理念，站在人与自然和谐共生的高度谋划发展。"施工过程中，不可避免地会对环境造成一定影响，行业从业人员应不断提高认识水平，在工程实践中践行"推动绿色发展，促进人与自然和谐共生"。

1.2　工程建设标准的相关知识

　　土木工程施工的产品与人民群众的基本生产和生活活动密切相关，为了保证工程质量并降低工程成本，我国先后颁布了一系列的有关施工技术、管理及统一验收等方面的规范，是我国在土木工程施工方面重要的法规，是从事土木工程规划、勘察、设计、施工与管理的所有人员都必须遵照执行的行为准则和标准。

　　工程建设标准是为在工程建设领域内获得最佳秩序，对建设工程的勘察、规划、设计、施工、安装、验收、运营维护及管理等活动和结果需要协调统一的事项所制定的共同的、重复使用的技术依据和准则，对促进技术进步，保证工程的安全、质量、环境和公众利益，实现最佳社会效益、经济效益、环境效益和最佳效率等，具有直接作用和重要意义。

　　标准是指农业、工业、服务业以及社会事业等领域需要统一的技术要求。我国标准包括国家标准、行业标准、地方标准和团体标准、企业标准。国家标准分为强制性标准、推荐性标准，行业标准、地方标准是推荐性标准。强制性标准必须执行，国家鼓励采用推荐性标准。推荐性国家标准、行业标准、地方标准、团体标准、企业标准的技术要求不得低于强制性国家标准的相关技术要求。

　　对需要在全国范围内统一的或国家需要控制的技术要求，应当制定国家标准。国家标准由国务院标准化行政管理部门制定发布。

　　对保障人身健康和生命财产安全、国家安全、生态环境安全以及满足经济社会管理基本需要的技术要求，应当制定强制性国家标准。强制性国家标准由国务院批准发布或者授权批准发布。

对满足基础通用、与强制性国家标准配套、对各有关行业起引领作用等需要的技术要求，可以制定推荐性国家标准。推荐性国家标准由国务院标准化行政主管部门制定。

强制性国家标准代号为 GB，如现行的《混凝土结构工程施工质量验收规范》（GB 50204—2015）、《钢结构工程施工规范》（GB 50755—2012）；推荐性国家标准代号为 GB/T，如《预应力筋用锚具、夹具和连接器》（GB/T 14370—2015）；国家标准化指导性技术文件代号为 GBZ，如《职业健康监护技术规范》（GBZ 188—2014）。

对没有国家标准而又需要在全国某个行业范围内统一的技术要求，可以制定行业标准。行业标准由国务院有关行政主管部门制定发布，并报国务院标准化行政主管部门备案。土木工程行业涉及的标准代号有 JGJ（建筑工业工程建设标准）、JTJ（交通行业工程建设标准）、JTG（交通行业公路交通标准）等，如《建筑地基处理技术规范》（JGJ 79—2012）、《高层民用建筑钢结构技术规程》（JGJ 99—2015）、《公路沥青路面施工技术规范》（JTG F40—2004）、《公路交通安全设施施工技术规范》（JTG/T 3671—2021）。

对没有国家标准和行业标准而又需要在省、自治区、直辖市范围内统一的工业产品的安全、卫生要求，可以制定地方标准。地方标准由省、自治区、直辖市人民政府标准化行政主管部门制定；设区的市级人民政府标准化行政主管部门根据本行政区域的特殊需要，经所在地省、自治区、直辖市人民政府标准化行政主管部门批准，可以制定本行政区域的地方标准。地方标准由省、自治区、直辖市人民政府标准化行政主管部门报国务院标准化行政主管部门备案，由国务院标准化行政主管部门通报国务院有关行政主管部门。地方标准代号为"DB"加上省、自治区、直辖市的行政区划代码，如：辽宁省《绿色建筑施工质量验收技术规程》（DB21/T 3284—2020）。

国家鼓励学会、协会、商会、联合会、产业技术联盟等社会团体协调相关市场主体共同制定满足市场和创新需要的团体标准，由本团体成员约定采用或者按照本团体的规定供社会自愿采用。

企业可以根据需要自行制定企业标准，或者与其他企业联合制定企业标准。企业生产的产品没有国家标准、行业标准和地方标准的，应当制定相应的企业标准，作为组织生产的依据。企业标准由企业组织制定，并按省、自治区、直辖市人民政府的规定备案。国家支持在重要行业、战略性新兴产业、关键共性技术等领域利用自主创新技术制定团体标准、企业标准。企业标准代号为"Q"，如：《铁路桥梁钻孔桩施工技术规程》（Q/CR 9212—2015）。

土木工程施工规范（规程、规定）随着工程技术的发展也在不断地补充、完善与更新，因此，在使用规范（规程、规定）时，还应关注规范的调整，以便更好地推进新技术的应用，更好地指导工程施工。

1.3　本课程内容及学习特点

国务院学位委员会在学科简介中定义土木工程是建造各类工程设施的科学技术的统称，它既指工程建设的对象，即建在地上、地下、水中的各种工程设施，也指其所用的材料、设备和所进行的勘察设计、施工、保养和维修等专业技术。主要包括：房屋建筑工程、桥梁工程、地下工程、道路工程、水利工程等。而土木工程施工则是指对以上土木工程设施的建设实施过程，施工与规划、勘察、设计、管理、维修等内容息息相关。

　　土木工程施工是将设计者的思想、意图及构思转化为现实的过程。从古代穴居、巢居到今天的摩天大楼，从农村的乡间小道到都市的高架道路，从穿越地下的隧道到飞架江海的大桥，凡要将人们的设想（设计）变为现实，都需要通过"施工"来实现。一个工程的施工，包括许多工种工程，土木工程施工是多专业、多工种协同工作的一个系统工程。诸如土方工程、桩基础工程、混凝土结构工程、结构吊装工程、防水工程等，各个工种工程的施工都有其自身的规律，都需要根据不同的施工对象及自然条件采用相应的施工技术、施工机械。本课程研究的对象之一就是各工种工程的施工规律、施工方案设计原理。土建施工的同时，需要与有关的水、电、风、暖及其他设备专业的施工组成一个整体，各工种工程之间也需合理地组织与协调，并需要做好进度计划及劳动力、材料、机械设备等安排，以便保质、按期完成工程建设，更好地发挥投资效益。因此，土木工程各工种工程之间的组织与管理的规律也是本课程研究的对象。土木工程各个专业方向如建筑工程、桥梁工程、地下工程、道路工程的施工，有其共同的规律，但它们也各有其自身的特点，这也是本课程所要研究的内容。

　　因此，本课程是一门应用性学科，具有涉及面广、实践性强、发展迅速等特点。它涉及测量、材料、力学、结构、机械、经济、管理、法律等学科的知识，并需要运用这些知识解决实际的工程问题。本课程又是以工程实际为背景的，其内容均与工程有着直接联系，需要有一定的工程概念。随着科学技术的进步，土木工程在技术与组织管理两方面都在日新月异地发展，新技术、新工艺、新材料、新设备不断涌现，作为研究土木工程施工的课程，其内容与教学方法也在不断地发展与更新。

　　首先，根据本课程的任务及其特点，在教学过程中应坚持理论联系实际的学习方法，加强实践环节（如现场教学、参观、实习、课程设计等）；其次，应注意与基础课、专业基础课及有关专业课知识的衔接与贯通，更好地理解与掌握本课程内容；最后，除了学习本教材之外，还应尽量多地阅读参考书籍与科技文献、专业杂志，吸取新的知识，了解发展动向，扩大视野，为进一步的发展打好基础。

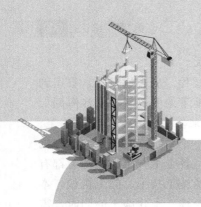

第2章

土方工程施工

📖 **知识要点**

　　本章的主要内容包括土的工程分类及工程性质、场地平整及土方量计算、土的填筑与压实、基坑开挖、降水与排水施工、土方边坡的稳定性、土方机械化施工以及爆破施工等。

📚 **学习目标**

　　通过学习，要求了解土的工程性质和现场鉴别方法；了解土方施工常用机械及其特点；掌握场地平整及土方量计算方法，土方压实时土料的选择、压实要求、质量检测方法等；熟悉土方边坡失稳的原因及常用支撑方法、常用降水方法及其选用原则、施工爆破技术等。

2.1　土的工程性质与施工准备

2.1.1　土方工程的内容及特点

　　在土木工程施工过程中，首先进行的工作就是场地平整和基坑开挖，在实际工程施工过程中，土方工程既包括土方的开挖、填筑、运输等过程，也包括施工中的降排水、坑壁支护等辅助过程。

　　土方工程具有与其他工序不同的施工特点，通常表现如下：

　　① 土方工程施工量大、面广，劳动量大且施工工期较长。新建一个大型的工业企业，其场地平整、房屋及设备基础、厂区道路及管线的土方工程往往可达几十万至数百万立方米以上，需要大量的人工和机械消耗，工期也很长。

　　② 土方工程施工条件复杂。由于受工程场地地质、水文、气候、地下障碍物等因素影响，土方工程施工难度较大，特别是在地面建筑物密集的市区进行土方工程施工，还会受到施工环境的影响。

　　③ 土方工程发生的工程事故多。在一些深大基坑、边坡，若基坑降排水、支护等施工措施选择不当，极易出现安全或质量事故。

　　土方工程施工过程的成功与否对整个土木工程的建造过程影响甚大。因此，在组织施工前，要首先对施工所在场地进行详细的调查研究，了解场地土的种类和工程性质以及土方工程的施工工期、质量要求及施工条件，掌握施工地区的地形、地质、水文、气象等资料，以便编制切实可行的施工组织设计，拟定合理的施工方案。同时，为了尽可能多地减轻繁重的体力劳动、提高劳动生产率、加快工程进度、降低成本，在组织土方工程施工时，应尽可能采用先进的施工工艺，实现土方工程施工综合机械化。

2.1.2 土的工程分类

在我国，各行业从各自的技术角度对岩、土进行了分类，方法有很多，如按土的颗粒级配、塑性指数、沉积年代、特殊性质等进行分类。不同的分类目的和依据会得出不同的类别名称。

（1）按颗粒级配和塑性指数分类

《建筑地基基础设计规范》（GB 50007—2011）将作为建筑地基的岩土分为岩石、碎石土、砂土、粉土、黏性土和人工填土。其中，岩石根据坚硬程度和单轴抗压强度分为坚硬岩、较硬岩、较软岩、软岩和极软岩，按完整性分为完整、较完整、较破碎、破碎和极破碎；碎石土依据颗粒形状和粒组含量分为漂石、块石、卵石、碎石、圆砾、角砾；砂土按其粒组含量分为砾砂、粗砂、中砂、细砂、粉砂；黏性土按塑性指数分为黏土和粉质黏土；介于砂土与黏性土之间的为粉土；人工填土根据其组成和成因，可分为素填土、压实填土、杂填土、冲填土。

（2）按土的沉积年代分类

《岩土工程勘察规范》（GB 50021）根据土的沉积年代分为老沉积土、一般沉积土和新近沉积土，一般情况下，沉积时间越长的土，其强度越高，压缩性越小。

（3）按土的特殊性质分类

根据土所具有的特殊性质，分为软土、人工填土、黄土、膨胀土、红黏土、盐渍土和冻土等。

在土方工程施工中，按土的坚硬程度、施工开挖的难易划分为八类（表2-1），分别是松软土、普通土、坚土、砂砾坚土、软石、次坚石、坚石、特坚石。此分类方法也是判断土方开挖工程量和施工预算的依据。

表 2-1 土的施工难易程度分类

土的分类	土的类别	土的名称	土的可松性系数		开挖方法及工具
			K_s	K'_s	
一类土（松软土）	I	砂土；粉土；冲积砂土层；硫松的种植土；淤泥（泥炭）	1.08~1.17	1.01~1.04	用锹、锄头挖掘，少许用脚蹬
二类土（普通土）	II	粉质黏土；潮湿的黄土；夹有碎石、卵石的砂，粉土混卵（碎）石；种植土；填土	1.14~1.28	1.02~1.05	用锹、锄头挖掘，少许用镐翻松
三类土（坚土）	III	软及中等密实黏土；重粉质黏土；砾石土；干黄土，含有碎石、卵石的黄土，粉质黏土；压实的填土	1.24~1.30	1.04~1.07	主要用镐，少许用锹、锄头挖掘，部分用撬棍
四类土（砂砾坚土）	IV	坚实、密实的黏性土或黄土；含碎石、卵石的中等密实的黏性土或黄土；粗卵石；天然级配砂石；软泥灰岩	1.26~1.37	1.06~1.09	整个先用镐、撬棍，后用锹挖掘，部分用楔子及大锤
五类土（软石）	V	硬质黏土；中密的页岩、泥灰岩、白坚土，胶结不紧的砾岩，软石灰岩及贝壳石灰岩	1.30~1.45	1.10~1.20	用镐或撬棍、大锤挖掘，部分使用爆破方法
六类土（次坚石）	VI	泥岩；砂岩；砾岩；坚实的页岩、泥灰岩；密实的石灰岩；风化花岗岩、片麻岩	1.30~1.45	1.10~1.20	用爆破方法开挖，部分用风镐
七类土（坚石）	VII	大理岩；辉绿岩；玢岩；粗、中粒花岗岩；坚实的白云岩、砂岩、砾岩、片麻岩、石灰岩；微风化安山岩；玄武岩	1.30~1.45	1.10~1.20	用爆破方法开挖

土的分类	土的类别	土的名称	土的可松性系数		开挖方法及工具
			K_s	K'_s	
八类土（特坚石）	Ⅷ	安山岩；玄武岩；花岗片麻岩；坚实的细粒花岗岩、闪长岩、石英岩、辉长岩、辉绿岩、玫岩、角闪岩	1.45~1.50	1.20~1.30	用爆破方法开挖

土的种类繁多，不同土的物理力学性能均不同，土的某些工程性质对开挖方案、施工方法、劳动量消耗、施工工期及工程建设费用等有直接的影响。因此，充分掌握各类土的特性及其对施工的影响，才能选择正确的施工方法。

2.1.3　土的工程性质

描述土的工程性质的物理力学参数很多，在土的各种工程性质中，对土方工程施工有显著影响的主要有土的密度、含水量、渗透性和可松性等，以下分别介绍。

（1）土的密度

土的密度分天然密度和干密度。土的天然密度，指土在天然状态下单位体积的质量，取值一般为 1800~2300kg/m³，它影响土的承载力、土压力及土坡的稳定性等，在土方开挖回填等需要运输或计算土方量时使用较多；土的干密度，指单位体积土中固体颗粒的质量，它是用以检验场地回填土或路基压实质量的控制指标。

$$\rho = \frac{m}{V} \tag{2-1}$$

$$\rho_d = \frac{m_S}{V} \tag{2-2}$$

式中　ρ——土的天然密度；

ρ_d——土的干密度；

m——土的总质量；

m_S——土中固体颗粒的质量；

V——土的天然体积。

（2）土的含水量

土的含水量（含水率）是指土中所含的水与固体颗粒间的质量比，以百分率表示。土的含水量是表示土的干湿程度的指标，土的含水量影响施工方法的选择、边坡的稳定以及填土的质量。若土的含水量超过 25%~30%，则机械化施工就有困难，容易出现打滑、陷车等现象；回填土则需要土体的含水量在最佳含水量附近，方能夯压密实，获得最大的干密度。如砂土的最佳含水量为 8%~12%，而黏土则为 19%~23%。

$$\omega = \frac{m_W}{m_S} \times 100\% = \frac{m - m_S}{m_S} \times 100\% \tag{2-3}$$

式中　ω——土的天然含水量；

m_W——土中所含水的质量。

（3）土的渗透性

土的渗透性是指水在土体中渗流的性能，其值变化较大，以渗透系数 k 表示。常见土的渗透系数值可参见表 2-2。渗透系数值的大小影响降水方案的选择和涌水量计算的准确性，在层流状态的渗流中，一般用达西试验方法计算渗透系数，其计算公式见式(2-4)。工程中一般通过扬水试验确定。

表 2-2 土的渗透系数参考值 单位：m/d

土的种类	渗透系数 k	土的种类	渗透系数 k
亚黏土、黏土	<0.1	含黏土的中砂或细砂	20~25
亚黏土	0.1~0.5	含黏土的粗砂或中砂	35~50
含亚黏土的粉砂	0.5~1.0	粗砂	50~75
粉砂	1.5~5.0	粗砂夹砾石	50~100
含黏土的细砂	10~15	砾石	100~200

$$v = ki \tag{2-4}$$

式中 v——断面平均渗透速度；

i——水力坡度或水力坡降。

（4）土的可松性

土具有可松性，即自然状态下的土，经过开挖后，其体积因松散而增加，虽经回填压实，仍不能恢复其原来的体积。土的可松性程度用可松性系数表示，其值的大小与土的密实程度等有关，表 2-1 给出了根据土体开挖难易程度确定的土的可松性系数的参考值。土的可松性对土方量的平衡调配、确定运土机具的数量及弃土坑的容积，以及计算填方所需的挖方体积等均有较大的影响。

$$K_S = \frac{V_2}{V_1} \tag{2-5}$$

$$K'_S = \frac{V_3}{V_1} \tag{2-6}$$

式中 K_S——土的最初可松性系数；

K'_S——土的最终可松性系数；

V_1——土在天然状态下的体积；

V_2——土开挖后松散状态下的体积；

V_3——土经压实后的体积。

上述给出的土的施工性质指标的参考值，可以作为初步设计计算的参考，当需要精确指标时，可根据相关规范采用室内或现场原位试验确定。

2.1.4 土方工程施工准备

在土方工程施工前，应做好以下各项准备工作：

① 场地清理。包括拆除施工区域内的房屋，拆除或搬迁通信和电力设备、上下水管道和其他构筑物，迁移树木，清除树墩及含有大量有机物的草皮、耕植土和河道淤泥等。

② 地面水排除。场地内积水会影响施工，地面水和雨水均应及时排走，使得场地内保持干燥。地面水的排除一般采用排水沟、截水沟、挡水土坎等。临时性排水设施应尽可能与永久性排水设施相结合。

③ 水、电、气等临时设施基本完善。场地具备供水、供电、供压缩空气（当开挖石方时）等条件，搭设必需的临时工棚，如工具棚、材料库、油库、维修棚、休息棚、办公棚等。

④ 修建运输道路。修筑场地内机械运行的道路（宜结合永久性道路修建），路面宜为双车道，宽度不小于7m，两侧设排水沟。

⑤ 检查设备运转。对进场土方机械、运输车辆及各种辅助设备进行维修检查、试运转，并运往现场。

⑥ 完成土方工程施工组织设计。主要确定基坑（槽）的降水方案，确定挖、填土方和边坡处理方法，土方开挖机械选择及组织，填方土料选择及回填方法，等等。

2.2 场地平整与土方量计算

2.2.1 场地设计标高的确定

场地设计标高是进行场地平整和土方量计算的依据，也是总图规划和竖向设计的依据。因此，合理地确定场地的设计标高，对减少土方量和加速工程进度均具有重要的意义。在确定场地设计标高时，应结合现场的具体条件反复进行技术经济比较，选择最优方案。场地设计标高的确定应遵循以下原则：

① 应满足生产工艺和运输的要求；

② 充分利用地形，分区或分台阶布置，分别确定不同的设计标高；

③ 挖填平衡，土方量最少；

④ 要有一定泄水坡度，能满足排水要求；

⑤ 要考虑最高洪水位的影响。

如场地设计标高无其他特殊要求时，则可根据填挖土方量平衡的原则加以确定，即场地内土方的绝对体积在平整前和平整后相等。

2.2.1.1 初步计算场地设计标高

按照填挖平衡的原则确定场地标高，首先将地形图划分方格，根据计算精度的要求，方格边长一般采用20~40m，求出方格角点的标高，如图2-1所示，用式(2-7)或式(2-8)可确定场地设计标高。

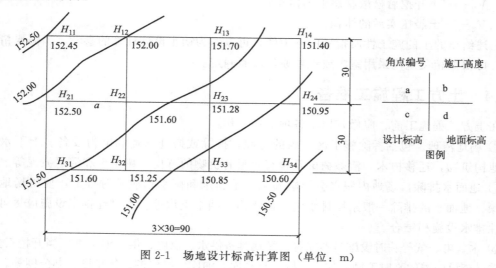

图 2-1 场地设计标高计算图（单位：m）

$$H_0 N a^2 = \sum \left(a^2 \frac{H_{11} + H_{12} + H_{21} + H_{22}}{4} \right)$$

整理可得：

$$H_0 = \sum \frac{H_{11} + H_{12} + H_{21} + H_{22}}{4N} \qquad (2\text{-}7)$$

$$H_0 = \frac{\sum H_1 + 2\sum H_2 + 3\sum H_3 + 4\sum H_4}{4N} \qquad (2\text{-}8)$$

式中　H_0——计算的场地设计标高，m；

　　　a——方格边长，m；

　　　N——方格个数；

　　　H_1——一个方格仅有的角点标高；

　　　H_2——两个方格共有的角点标高；

　　　H_3——三个方格共有的角点标高；

　　　H_4——四个方格共有的角点标高。

图 2-2 所示为设计标高对场地土方工程量的影响。H_0 为按照填挖平衡的原则确定的场地设计标高，场地挖方刚好等于场地填方的需要，不需要场地外的运土，土方工程量最小；如若选择场地设计标高为 H_1（高于 H_0），场地内挖方量少于填方量，则需要向场内运土；若以 H_2（低于 H_0）为场地设计标高，场地内挖方量大于填方量，则需要向场外运土。后两者均将增加场地的土方工程量。因此，如无特殊要求，场地设计标高通常以填挖平衡的原则来确定，土方工程量最小。

图 2-2　设计标高对土方工程量的影响

2.2.1.2　场地设计标高的调整

按式(2-8)确定的场地设计标高，仅考虑了填挖平衡，实际确定场地标高时还应考虑以下因素进行调整。

（1）土的可松性

由于土具有可松性，开挖后的土体虽经夯实仍不能恢复到原来的状态，由土的可松性引起设计标高的增加。调整高度按式(2-9)计算。

$$\Delta h = \frac{V_W (K'_S - 1)}{F_T + F_W K'_S} \qquad (2\text{-}9)$$

故考虑可松性场地的设计标高为：

$$H'_0 = H_0 + \Delta h \qquad (2\text{-}10)$$

式中　V_W——按理论设计标高计算的总挖方体积，m^3；

　　F_W，F_T——按理论设计标高计算的挖方区、填方区的总面积，m^2；

　　　K'_S——土的最终可松性系数。

（2）泄水坡度

按调整后的设计标高进行场地平整时，整个地表面应处于同一水平面，但实际上由于场地排水的要求，场地表面需有一定的泄水坡度。因此，还需根据场地泄水坡度的要求（单向泄水或双向泄水，如图 2-3、图 2-4），计算出场地内各方格角点实际施工所用的设计标高。

取调整后的标高 H_0' 作为场地中心线的标高。

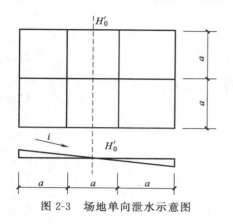

图 2-3　场地单向泄水示意图

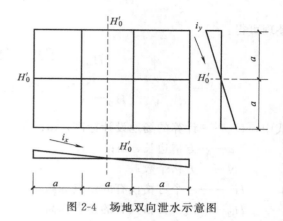

图 2-4　场地双向泄水示意图

单向泄水坡度时的场地任一点的设计标高：

$$H_n = H_0' \pm li \tag{2-11}$$

式中　l——点距场地中心线的距离；

　　　i——场地的排水坡度。

双向泄水坡度时场地任一点的设计标高：

$$H_n = H_0' \pm l_x i_x \pm l_y i_y \tag{2-12}$$

式中　H_n——场地任一点的设计标高；

　　　l_x，l_y——该点到场地中心线的距离；

　　　i_x，i_y——场地沿 x 和 y 方向的排水坡度。

（3）场内挖方和填方的影响

由于场内挖方、修筑路堤的填方，以及考虑资金效益等，将部分挖方就近弃于场外或将部分填方就近取土等，均会引起挖填土方量的变化。必要时需考虑设计标高调整。

2.2.1.3　场地方格角点施工高度及平整土方量计算

（1）场地方格角点施工高度的计算

根据每个方格角点的自然地面标高和设计标高，算出相应点的设计标高和地面标高，将设计标高和自然地面标高分别标注在方格点的左下角和右下角。设计标高和自然地面标高的差值，即各角点的施工高度，填写在方格网的右上角，挖方为"—"，填方为"+"。

$$h_n = H_n - H \tag{2-13}$$

式中　h_n——角点的施工高度，m；

　　　H_n——角点的设计标高，m；

　　　H——角点的自然地面标高，m。

（2）场地平整土方量计算

土方量计算的基本方法主要有平均高度法和平均断面法两种。

① 平均高度法。包括两种方法：一是四方棱柱体法，将施工区域划分为若干个边长等于 a 的方格网，每个方格网的土方体积 V 等于底面积 a^2 乘四个角点高度的平均值；若方格四个角点部分是挖方，部分是填方时，可按表 2-3 中所列的公式计算。二是三角棱柱体法，将每一个方格顺地形的等高线沿对角线划分成两个三角形，然后分别计算每个三角棱柱体的

土方量，具体计算公式见表 2-3。

表 2-3　土方量计算公式表

方格类型		计算图形	计算公式
四方棱柱体法	全挖或全填		$V=\dfrac{a^2}{4}(h_1+h_2+h_3+h_4)$
	半挖半填		$V=\dfrac{b+c}{2}\times a\times\dfrac{\sum h}{4}=\dfrac{a}{8}(b+c)(h_1+h_4)$
	三挖一填(V_1) 或三填一挖(V_2)		$V_1=\left(a^2-\dfrac{bc}{2}\right)\times\dfrac{\sum h}{5}=\dfrac{1}{5}\left(a^2-\dfrac{bc}{2}\right)(h_1+h_2+h_3)$ $V_2=\dfrac{bc}{2}\times\dfrac{\sum h}{3}=\dfrac{1}{6}bch_4$
三角棱柱体法	全挖或全填		$V_{锥}=\dfrac{a^2}{6}\times\dfrac{h_3^3}{(h_1+h_2)(h_1+h_3)}$
	有挖有填		$V_{楔}=\dfrac{a^2}{6}\left[\dfrac{h_3^3}{(h_2+h_3)(h_1+h_3)}-h_3+h_1+h_2\right]$

注：1. 把场地划分成若干个正方形方格，a 为方格边长，b，c 为计算图形相应的边长。
　　2. V 为挖方或填方的体积（m³）。

② 平均断面法。将复杂的土石方工程的外形划分成若干规范的几何形状进行计算而后汇总，达到一定的精度要求，如图 2-5 所示。平均断面法计算公式如下：

近似公式：

$$V=\frac{F_1+F_2}{2}L \qquad (2\text{-}14)$$

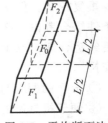

图 2-5　平均断面法

较精确公式：

$$V=\frac{L}{6}(F_1+4F_0+F_2) \qquad (2\text{-}15)$$

式中　V——土方体积，m³；
　F_1，F_2——两端的断面面积，m²；
　　F_0——$L/2$ 处的断面面积，m²。

基坑、基槽、管沟、路堤等的场地平整土方量计算，均可用平均断面法。当断面不规则时，求断面面积的一种简便方法是累高法。此法如图 2-6 所示，只要将所测出的断面绘于普通方格坐标纸上（d 取值相等），用透明卷尺从 h_1 开始，依次量出各点高度 h_1、h_2、…、

h_n，累计得各点高度之和，然后将此值与 d 相乘，即为所求。

当采用平均断面法计算基槽、管沟或路基土方量时，可先测绘出纵断面图，如图 2-7所示，再根据沟槽基底的宽、纵向坡度及放坡宽度，绘出在纵断面图上各转折点处的横断面。算出各横断面面积（F_1，F_2，F_3，F_4…）后，便可用平均断面法计算各段的土方量，即：

$$V=\left(\frac{F_1+F_2}{2}\right)L_1+\left(\frac{F_2+F_3}{2}\right)L_2+\left(\frac{F_3+F_4}{2}\right)L_3+\cdots \tag{2-16}$$

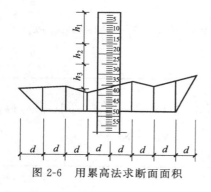

图 2-6　用累高法求断面面积

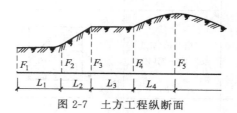

图 2-7　土方工程纵断面

两横断面之间的距离与地形有关，地形平坦，距离可大一些；地形起伏较大时，则一定要沿地形每一起伏的转折点处取一横断面，否则会影响土方量计算的准确性。

2.2.2　土方调配简介

土方调配是土方规划的内容，包括：划分调配区，计算土方调配区之间的平均运距（或单位土方运价、单位土方施工费用），确定土方最优调配方案以及绘制土方调配图表等内容。对土方进行平衡和调配时，应掌握以下原则。

① 应使土方总运输费用最小。土方调配应力求基本达到挖、填方平衡和运距最短，减少重复挖运。但实际工程中往往难以同时满足上述要求，因此必须根据场地和周围地形条件综合考虑，必要时可以在填方区周围就近取土或在挖方区周围就近弃土，这样反而更经济合理。取土或弃土须本着不占或少占农田和耕地，并有利于改地造田的原则进行安排。

② 分区调配应与全场调配相协调。避免只顾局部平衡，任意挖填而破坏全局平衡。

③ 便于机具调配、机械施工。土方工程施工应选择恰当的调配方向与运输路线，使土方机械和运输车辆的功效得到充分发挥。

④ 调配区划分应尽可能与大型地下建筑物的施工相结合，以避免土方重复开挖。

⑤ 依据近期施工与后期利用相结合的原则。当工程分批施工时，先期工程的土方余额应结合后期工程的需要而考虑其利用数量和堆放位置，以便就近调配。堆放位置应尽可能为后期工程创造条件，力求避免重复挖运。先期工程有土方欠额时，也可由后期工程地点挖取。

总之，进行土方调配时，必须根据工程和现场情况、有关技术资料与进度要求、土方施工方法与运输方法，综合考虑上述几项原则，并经计算比较，选择经济合理的最佳调配方案。土方调配方案通常以线性规划理论为基础进行确定，可参见相关书籍。

2.3　基坑和边坡工程

2.3.1　基坑和边坡要求

（1）土方边坡坡度及稳定

为了防止土壁坍塌，应合理地选择基坑、沟槽、路基、堤坝的断面和留设土方边坡，这是减少土方量的有效措施。土方边坡的坡度用其高度 h 与边坡的宽度 b 之比表示，如式（2-17）所示，常见临时性挖方边坡坡度值的留设可参见表 2-4。

$$土方边坡坡度 = \frac{h}{b} = \frac{1}{b/h} = 1/m \tag{2-17}$$

式中，m 为坡度系数，$m = b/h$。

表 2-4　临时性挖方边坡坡度值

序号	土的类别		边坡坡度（高∶宽）
1	砂土	不包括细砂、粉砂	1∶1.25～1∶1.50
2	黏性土	坚硬	1∶0.75～1∶1.00
		硬塑、可塑	1∶1.00～1∶1.25
		软塑	1∶1.50 或更缓
3	碎石土	充填坚硬黏土、硬塑黏土	1∶0.50～1∶1.00
		充填砂土	1∶1.00～1∶1.50

注：有设计要求时，应符合设计要求。

土方边坡的稳定，主要是由于土体内土颗粒间存在摩阻力和黏聚力，从而使土体具有一定的抗剪强度，当下滑力超过土体的抗剪强度时，就会产生滑坡，造成工程事故。土体抗剪强度的大小与土质有关，黏性土颗粒之间，不仅具有摩阻力，而且具有黏聚力。砂性土颗粒之间只有摩阻力，没有黏聚力，所以黏性土的边坡可陡些，砂性土的边坡则应平缓些。土方边坡大小应根据土质、开挖深度、开挖方法、施工工期、地下水位、坡顶荷载及气候条件等因素确定。边坡可做成直线形、折线形或阶梯形，如图 2-8 所示。

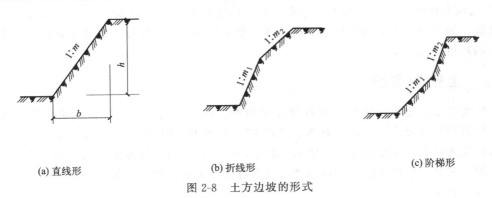

（a）直线形　　　　　　（b）折线形　　　　　　（c）阶梯形

图 2-8　土方边坡的形式

（2）土方边坡的稳定性判断

土方开挖后，如果边坡土体中的剪应力大于土的抗剪强度，则边坡就会失稳。实际工程中，一旦土体失去平衡，土体就会塌方，这不仅会对周围环境造成严重破坏，还可能造成人身安全事故，影响工期。

在实际工程中，研究边坡稳定性是为了设计安全而合理地确定土坡断面。若边坡太陡可能会失稳，而边坡太缓则会造成土方量增加或过多地占用土地。显然，分析边坡稳定有其重要的工程应用价值与理论价值。

工程中土坡的稳定性用其稳定安全系数 K 表示，其定义如下：

$$K = \frac{T}{S}$$ (2-18)

式中　T——土体滑动面上的抗剪强度；

　　　S——土体滑动面上的剪应力。

$K>0$ 表示边坡稳定，$K=0$ 表示边坡处于极限平衡状态，$K<0$ 表示边坡处于不稳定状态。

（3）边坡失稳的原因分析

造成边坡塌方的主要原因有以下几个方面：

① 边坡过陡，使得土体的稳定性不够而引起塌方，坑槽开挖中常会遇到这种情况。

② 地下水、雨水的渗入，使得基坑土体泡软、含水率增大及抗剪强度降低。

③ 基坑上边缘附近大量堆载或停放机具、材料，或动荷载的作用，使土体中的剪应力超过土体的抗剪强度。

（4）预防边坡失稳的措施

为了充分保证土坡的安全与稳定，针对上述造成边坡塌方的原因，可采取如下防护措施：

① 在条件允许的情况下，放足边坡。边坡的留设应符合规范要求，其坡度的大小应根据土壤性质、水文地质条件、施工方法、开挖深度、工期的长短等因素综合考虑。一般情况下，黏性土的边坡可以陡些，砂性土则相对平缓些；井点降水或机械在坑底施工时边坡可陡些，明沟排水、人工挖土或机械在坑上边挖土时则应平缓些。

② 合理安排土方运输车辆的行走路线及弃土地点，防止坡顶产生集中荷载及振动。必要时可采用钢丝网细石混凝土（或砂浆）对护坡面层加固，当必须在坡顶或坡面上堆土时，应进行坡体稳定性验算，严格控制堆放的土方量。

③ 边坡开挖时，应由上到下，分步开挖，依次进行。边坡开挖后，应立即对边坡进行防护处理。施工过程中应经常检查平面位置、水平标高、边坡坡度、降排水系统，并随时观测周围的环境变化。

2.3.2　土壁的支护

土壁支护常用施工方法有使用各种类型的桩、地下连续墙、锚杆、钢筋混凝土或钢支撑、土钉和喷射混凝土护面、搅拌桩、旋喷桩、钢板桩、SMW（soil mixing wall，劲性水泥土墙）工法以及土体冻结等。在实际工程中，既可以采用一种方法，也可将几种方法结合起来使用。在此，根据支撑的构造和受力特点对常用土壁支护介绍如下。

2.3.2.1　放坡

放坡是将土壁开挖成一定坡度的人工边坡，使土体在自身的重力和外力作用下，不发生剪切破坏而沿着某一破裂面滑动，从而达到土坡稳定的目的，如图 2-8 所示的各种边坡形式，直线形放坡适用于地基土质好、开挖深度不大（一般边坡深度 $h<5.0$m），以及施工场地条件允许的工程；如开挖较深，可以考虑分级放坡，将边坡做成折线形或阶梯形。

2.3.2.2　设置支撑

（1）横撑式支撑

横撑式支撑分为水平式支撑和垂直式支撑，如图 2-9 所示。

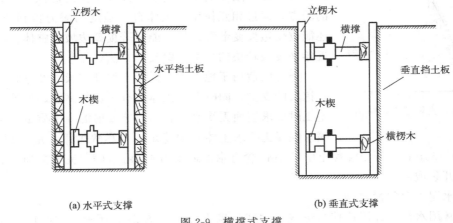

(a) 水平式支撑　　　　　　　(b) 垂直式支撑

图 2-9　横撑式支撑

水平式支撑：一般紧靠土壁设置水平挡土板，挡土板上设置立楞木，再用工具撑或木横撑上下顶紧，根据挡土板是否连续设置，分为间断式和连续式水平支撑。间断式水平支撑适用于能保持直立的干土或天然的湿黏土土壁，深度在 3m 以内；连续式水平支撑则适用于较潮湿的土或散粒土，深度一般在 5m 以内。

垂直式支撑：垂直挡土板垂直土壁放置，两侧上下各水平顶一根横撑。根据挡土板是否连续设置，也可分为间断式和连续式两种。垂直式支撑适用于土质较松散或潮湿的土，地下水较少，深度不限。

（2）桩墙式结构

开挖土方前，先沿边缘施工成排的桩或地下连续墙，并使其底端嵌入到基坑底面以下。若开挖深度较大或分层开挖时，可以在桩墙上附加支撑系统，此时的结构受力相当于梁板结构，如图 2-10 所示，实际工程中采用的桩墙结构主要有排桩-锚杆结构、排桩-内支撑结构、

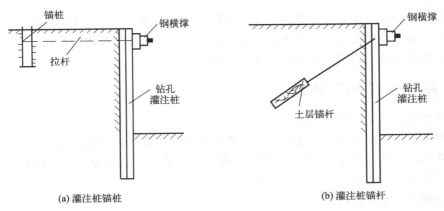

(a) 灌注桩锚桩　　　　　　　(b) 灌注桩锚杆

图 2-10　排桩锚拉结构

地下连续墙-锚杆结构以及地下连续墙-内支撑结构等。桩的类型主要有钢板桩、混凝土灌注桩等。

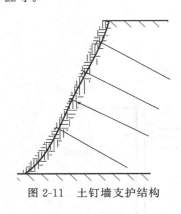

图 2-11　土钉墙支护结构

（3）土钉墙

土钉墙支护结构由被加固的原位土、布置较密的土钉和喷射于土坡表面的混凝土面板组成，如图 2-11 所示。这种支护结构可以提高土体的整体刚度，弥补土体的抗拉和抗剪强度低的弱点，通过相互作用，土体自身强度的潜力得到充分发挥，还能改变边坡变形和破坏，能显著提高边坡的整体稳定性，是近年来发展较快的一类土壁支护方法。

土钉墙适用于地下水位低于土坡开挖段或经过施工降水后开挖层的支护，同时要求土体具有一定的黏性。另外，土钉墙施工时要求坡面无渗水，否则影响喷射混凝土质量。土钉墙的喷射混凝土要求土体开挖稳定后，尽快做第一层喷射混凝土，厚度在 $40\sim50\mathrm{mm}$，所用混凝土中每 $1\mathrm{m}^3$ 含有水泥最少为 $400\mathrm{kg}$，喷射完成后应注意加强养护，以免开裂或起鼓。

（4）水泥土深层搅拌桩挡墙

国内常用水泥土深层搅拌法形成重力式挡墙支撑，如图 2-12 所示，用挡墙的厚度和重量抵抗土壁压力，但为了满足稳定性要求，一般宽度较大。此结构的优点是结构不渗水，并且只需水泥，不需要钢材，造价低，近年来应用比较广泛。

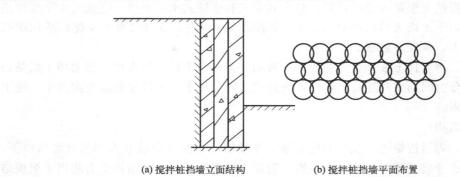

（a）搅拌桩挡墙立面结构　　　　　　　　（b）搅拌桩挡墙平面布置

图 2-12　水泥土深层搅拌桩挡墙结构

土壁支护工程中要做到技术先进、安全可靠、经济合理，应综合考虑场地工程地质与水文地质条件、地下结构要求、开挖深度、降排水条件、周边环境和周边荷载、施工季节、支护结构使用期限等因素，因地制宜地选择合理的支护结构形式。

2.3.3　基坑开挖施工措施

（1）选择适合的基坑坑壁形式

基坑施工前，首先应按照规范的要求，依据基坑坑壁破坏后可能造成后果的严重性确定基坑坑壁的等级，然后根据坑壁安全等级、基坑周边环境、开挖深度、工程地质与水文地质、施工作业设备和施工季节的条件等因素选择坑壁的形式。

（2）加强对土方开挖的监控

基坑土方一般采用机械开挖法，开挖前，应根据基坑坑壁形式、降排水要求等制定开挖方案，并对机械操作人员进行技术交底。开挖时，应有技术人员在场，对开挖深度、坑壁坡度进行监控，防止超挖。对采用土钉墙支护的基坑，土方开挖深度应严格控制，不得在上一段土钉墙护壁未施工完毕前开挖下一段土方。

（3）加强对支护结构施工质量的监督

建立健全施工企业内部支护结构施工质量检验制度，是保证支护结构施工质量的重要手段。质量检验的对象包括支护结构所用材料和支护结构本身。

（4）加强对地表水的控制

在基坑施工生产前，应摸清基坑周边的管网情况，避免在施工过程中对管网造成损害，出现爆裂或渗漏。同时为减少地表水渗入坑壁土体，基坑顶部、四周应用混凝土封闭，施工现场内应设地表排水系统，对雨水、施工用水、从降水井中抽出的地下水等进行有组织排放，对坑边的积水坑、降水沉砂池应做防水处理，防止出现渗漏。

（5）搞好支护结构的现场监测

支护结构的监测是防止支护结构发生坍塌的重要手段。在支护结构设计时应提出监测要求，由有资质的监测单位编制监测方案，经设计、监理认可后实施。

2.4　排水与降水施工

在土方开挖施工中，当开挖底面低于地下水位时，地下水会不断渗入坑内，如果不能及时排出，会使施工条件恶化。而且水的渗入还会使地基土浸水软化，造成边坡塌方和坑底土承载力下降。因此，开挖时必须做好排水工作，保持土体干燥。

施工排水可分为明排水法和人工降低地下水位法两种。

2.4.1　明排水

明排水是采用截、疏、抽的方法。截，是截住水流；疏，是疏干积水；抽，是在基坑开挖过程中，在坑底设置集水井，并沿坑底的周围开挖排水沟，使水流入集水井中，然后用水泵抽走，如图2-13所示。

施工中为了防止坑底土体结构破坏，集水井应设置在地下水走向的上游、基础范围以外。根据地下水量的大小、基坑平面形状及水泵能力，每隔20～40m设置一个集水井，集水井的尺寸一般在0.6m到0.8m之间，集水井随着挖土的加深而加深，要低于挖土面0.7～1.0m，当挖到设计标高时，集水井坑底应低于基底1～2m，井底铺设碎石滤水层，以防长时间抽水将泥沙带走，破坏基底土体结构。

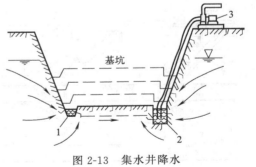

图2-13　集水井降水
1—排水沟；2—集水井；3—水泵

2.4.2　人工降低地下水位

人工降低地下水位，就是在基坑开挖前，先在基坑周围埋设一定数量的滤水管（井），利用抽水设备从中抽水，使地下水位降落到坑底以下，直至基础工程施工完毕为止。这样，可使基坑始终保持干燥状态，防止流砂发生，改善工作条件。

但降水前，应考虑在降水影响范围内的已有建筑物和构筑物可能产生附加沉降、位移，从而引起开裂、倾斜和倒塌，或引起地面塌陷，必要时应事先采取有效的防护措施。人工降低地下水位的方法有轻型井点、喷射井点、电渗井点、管井井点、深井泵井点、水平辐射井点以及引渗井点等。各类井点的适用范围及原理见表2-5。其中，轻型井点是工程中最常使用的，以下加以全面介绍。

表 2-5　各类井点的适用范围及原理

井点类型	适用范围			主要原理
	渗透系数 /(m/d)	降低水位深度（降水深度） /m	最大井距 /m	
单级轻型井点	0.1～50	3～6	1.6～2	地上真空泵或喷射嘴真空吸水
多级轻型井点	0.1～50	6～12（视井点级数确定）		
电渗井点	<0.1	根据选用的井点确定	极距1	钢筋阳极加速渗流
管井井点	20～200	3～5	20～50	单井真空泵、离心泵
喷射井点	0.1～2	8～28	2～3	地下喷射嘴真空吸水
深井泵井点	10～250	>15	30～50	单井潜水泵排水
水平辐射井点	大面积降水			平管引水至大口井排出
引渗井点	不透水层下有渗存水层			打穿不透水层，引至下一存水层

2.4.2.1 轻型井点

轻型井点全貌如图2-14，就是沿基坑四周将许多直径较小的井点管埋入蓄水层内，井点管上部与总管连接，通过总管利用抽水设备将地下水从井点管内不断抽出，使原有的地下

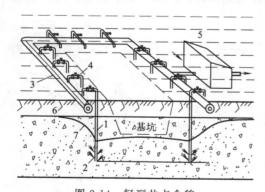

图 2-14　轻型井点全貌

1—井点管；2—滤管；3—总管；4—弯联管；5—泵房；
6—原地下水位线；7—降水后水位线

水位降至坑底以下。此种方法适用于土壤的渗透系数 $k=0.1～50$m/d 的土层中，降水深度：单级轻型井点3～6m，多级轻型井点6～12m。

（1）轻型井点设备

轻型井点设备主要包括：井点管（下端为滤管）、集水总管、弯联管及抽水设备。

井点管用直径38～55mm的钢管，长6～9m，下端配有滤管和一个锥形的铸铁塞头。滤管如图2-15所示，长1.0～1.5m，管壁上钻有直径12～18mm成梅花形排列的滤孔；管壁外包两层滤网，内层为30～50眼/cm² 的黄铜丝或尼龙丝布的细滤网，外层为3～10眼/cm² 的粗滤网或棕皮。为避免滤孔淤塞，在管壁与滤网间用塑料管或梯形铅丝绕成螺旋状隔开，滤网外面再绕一层粗铁丝保护网。

集水总管一般用直径 47.5～100mm 的钢管分节连接，每节长 4m，其上装有与井点管连接的短接头，间距为 0.8～1.6m。总管应有 2.5%～5% 的朝向泵房的坡度。总管与井点管用 90°弯头或塑料管连接。

抽水设备常用的有真空泵、射流泵和隔膜泵井点设备。

真空泵井点抽水设备由真空泵、离心泵和水气分离器等组成，如图 2-16 所示。其工作原理是：开动真空泵，将水气分离箱内部抽成一定程度的真空，在真空度吸力作用下，地下水经滤管、井点管吸上，进入集水总管，再经过滤室过滤泥砂石，进入水气分离器。水气分离器内有一浮筒，沿中间导杆升降，当箱内的水使浮筒上升，即可开动离心泵将水排出，浮筒则可关闭阀门，避免水被吸入真空泵。副水气分离器的作用也是避免将空气中的水分吸入真空泵。有时为对真空泵进行冷却，特设一冷却循环水泵。

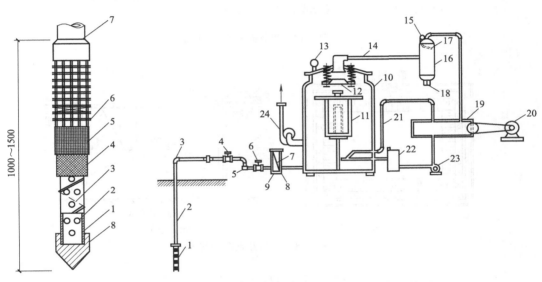

图 2-15 滤管构造

1—钢管；2—小孔；3—螺旋塑料管；
4—细滤网；5—粗滤网；6—粗铁丝
保护网；7—井点管；8—塞头

图 2-16 轻型井点抽水设备简图

1—滤管；2—井点管；3—弯头；4—阀门；5，12—集水总管；6—闸门；7—滤网；
8—过滤室；9—淘砂孔；10—水气分离器；11—浮筒；13—真空计；14—进水管；
15—真空计；16—副水气分离器；17—挡水板；18—放水口；19—真空泵；
20—电动机；21，22—冷却水管；23—循环水泵；24—离心泵

（2）轻型井点布置

轻型井点系统的布置，应根据基坑平面形状及尺寸、基坑的深度、土质、地下水位及流向、降水深度要求等确定。

① 平面布置。当基坑或沟槽宽度小于 6m，降水深度不超过 5m 时，可采用单排井点，将井点管布置在地下水流的上游一侧，两端延伸长度不小于坑槽宽度，如图 2-17 所示。反之，则应采用双排井点，位于地下水流上游一排井点管的间距应小些，下游一排井点管的间距可大些。当基坑面积较大时，则应采用环形井点（图 2-18）。井点管距离基坑壁不应小于 1.0～1.5m，间距一般为 0.8～1.6m。

② 高程布置。轻型井点的降水深度，理论上可达 10.3m，但由于管路系统的水头损失，其实际降水深度一般不大于 6m。井点管埋置深度 H（不包括滤管）可按下式计算：

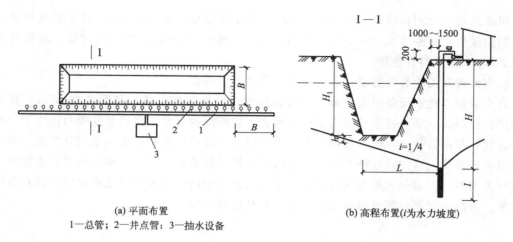

(a) 平面布置

1—总管；2—井点管；3—抽水设备

(b) 高程布置(*i*为水力坡度)

图 2-17　单排井点布置简图

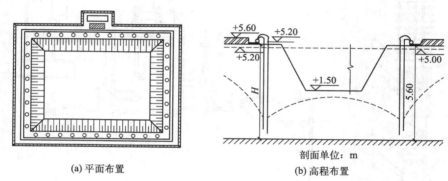

(a) 平面布置

(b) 高程布置

剖面单位：m

图 2-18　环形井点布置简图

$$H \geqslant H_1 + h + iL \tag{2-19}$$

式中　H_1——井点管埋设面至基坑底面的距离，m；

　　　h——降低后的地下水位至基坑中心底面的距离，m，一般为 0.5～1.0m；

　　　i——水力坡度，环形井点为 1/10，单排井点为 1/4；

　　　L——井点管至基坑中心的距离，m。

如降水深度小于 6m，则可用一级井点；稍大于 6m 时，如降低井点管的埋置面后，可满足降水深度要求时，仍可采用一级井点；当一级井点达不到降水深度要求时，则可采用二级井点（图 2-19）或喷射井点。

此外，在确定井点管埋置深度时，还要考虑井点管应露出地面 0.2～0.3m，滤管必须埋在透水层内。

（3）轻型井点设计

井点系统的设计，必须建立在可靠资料的基础上，如施工现场地形图、水文地质勘查资料、基坑的设计资料等。设计内容除井点系统的布置外，还需确定井点管的数量、间距、井点设备的选择等。

① 井点系统的涌水量计算。井点系统所需井点管的数量，是根据其涌水量来确定的。而井点系统的涌水量，则按水井理论进行计算。根据地下水有无压力，水井分为无压井和承

压井。当水井布置在具有潜水层面的含水层中时，称为无压井；布置在承压含水层中时，称为承压井。当水井底部达到不透水层时称完整井；反之，称为非完整井，如图 2-20 所示。水井类型不同，其涌水量计算的方法亦不相同。

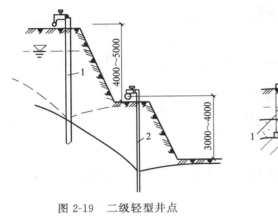

图 2-19　二级轻型井点
1——一级井管；2——二级井管

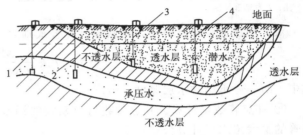

图 2-20　水井的分类
1—承压完整井；2—承压非完整井；
3—无压完整井；4—无压非完整井

对于无压完整井的环状井点系统，涌水量计算公式为：

$$Q = 1.366k \frac{(2H - S)S}{\lg R - \lg x_0} \qquad (2\text{-}20)$$

式中　Q——井点系统的涌水量，m^3/d；

　　　k——土壤的渗透系数，m/d；

　　　H——含水层厚度，m；

　　　S——降水深度，m；

　　　R——抽水影响半径，m；

　　　x_0——环状井点系统的假想圆半径，m。

应用式（2-20）计算涌水量时，需事先确定 x_0。由于基坑大多不是圆形，因而不能直接得到 x_0。对于工程中的矩形基坑，当其长宽比不大于 5 时，即可将不规则的平面图形简化成一个假想半径为 x_0 的圆形进行计算，假想半径的计算如下。当矩形基坑的长宽比大于 5，或基坑宽度大于 2 倍的抽水影响半径时，就不能直接利用现有的公式进行计算，此时，则需将基坑分成几小块，使其符合公式的计算条件，然后分别计算每小块的涌水量，再相加即为总涌水量。

$$x_0 = \sqrt{\frac{F}{\pi}} \qquad (2\text{-}21)$$

式中　F——环状井点系统包围的面积，m^2。

抽水影响半径与土的含水层厚度、渗透系数、水位降低值及抽水时间等因素有关。在抽水 2～5d 后，水位降落漏斗基本稳定，此时，抽水影响半径可近似按照式（2-22）确定。渗透系数值是否准确将直接影响降水效果，因此，最好是在施工现场通过扬水试验确定。

$$R = 1.95S \sqrt{Hk} \qquad (2\text{-}22)$$

在实际工程中往往会遇到无压非完整井的井点系统，这时地下水不仅从井的侧面流入，还从井底渗入，因此涌水量要比完整井大。为了简化计算，仍可采用式(2-20)。此时，仅将式中 H 换成有效深度 H_0，H_0 可查表 2-6。当算得的 H_0 大于实际含水层的厚度 H 时，则仍取 H 值，视为无压完整井。

表 2-6　有效深度 H_0

$S/(S+l)$	0.2	0.3	0.5	0.8
H_0	$1.2(S+l)$	$1.5(S+l)$	$1.7(S+l)$	$1.85(S+l)$

注：l 为滤管长度。

对于承压完整环状井点，涌水量计算公式则为：

$$Q = 2.73k\ \frac{MS}{\lg R - \lg x_0} \tag{2-23}$$

式中　M——承压含水层厚度，m；

② 井点管数量计算。井点管数量由系统的涌水量和单根井点管的出水量确定，单根井点管的最大出水量计算公式如下：

$$q = 65\pi dl\sqrt[3]{k} \tag{2-24}$$

式中　d——滤管直径，m；

q——最大出水量，m^3/d；

l——滤管长度，m。

井点管的最少数量为：

$$n = 1.1 \times \frac{Q}{q} \tag{2-25}$$

$$D = \frac{L}{n} \tag{2-26}$$

式中　L——总管长度，m；

D——井点管间距，m。

③ 抽水设备选择。一般多采用真空泵井点设备，真空泵的型号有 V5 或 V6 型。采用 V5 型时，总管长度不大于 100m，井点管数量约 80 根；采用 V6 型时，总管长度不大于 120m，井点管数量约 100 根。水泵一般也配套固定型号，但使用时还应验算水泵的流量是否大于井点系统的涌水量（应大于 10%～20%），水泵的扬程是否能克服集水箱中的真空吸力，以免抽不出水。

（4）轻型井点施工

轻型井点的安装程序是按设计布置方案，先排放总管，再埋设井点管，然后用弯联管把井点管与总管连接，最后安装抽水设备。井点管的埋设既可以利用冲水管冲孔，或钻孔后将井点管沉入，也可以用带套管的水冲法及振动水冲法下沉埋设。

认真做好井点管的埋设和孔壁与井点管之间砂滤层的填灌，是保证井点系统顺利抽水、降低地下水位的关键，为此应注意：冲孔过程中，孔洞必须保持垂直；孔径一般为 300mm，孔径上下要一致；冲孔深度要比滤管深 0.5m 左右，以保证井点管周围及滤管底部有足够的滤层。砂滤层宜选用粗砂，以免堵塞管的网眼。砂滤层灌好后，地面以下 0.5～1m 的深度内，应用黏土封口捣实，防止漏气。

井点管埋设完毕后，即可接通总管和抽水设备进行试抽水，检查有无漏水、漏气现象，出水是否正常。真空泵的真空度是判断井点系统运转是否良好的尺度，必须经常观测。造成真空度不够的原因较多，但通常是由于管路系统漏气，应及时检查，采取措施。可通过夏、冬季手摸管有夏冷、冬暖感觉等简便方法检查。如发现淤塞井点管太多，严重影响降水效果时，应逐根用高压水进行反冲洗，或拔出重埋。

轻型井点使用时，应保证连续不断抽水。若时抽时停，滤网易于堵塞；中途停抽，地下水回升，也会引起边坡塌方等事故。正常的出水规律是先大后小，先浑后清。井点降水时，也应对附近的建筑物进行沉降观测，如发现沉陷过大，应及时采取防护措施。

2.4.2.2　其他井点

（1）喷射井点

当基坑开挖较深，采用多级轻型井点不经济时，宜采用喷射井点，其降水深度可达 8～20m。喷射井点设备由喷射井管，高压水泵及进水、排水管路组成（图 2-21）。喷射井管由内管和外管组成，在内管下端装有喷射扬水器与滤管相连，当高压水经内外管之间的环形空间由喷嘴喷出时，地下水即被吸入而压出地面。

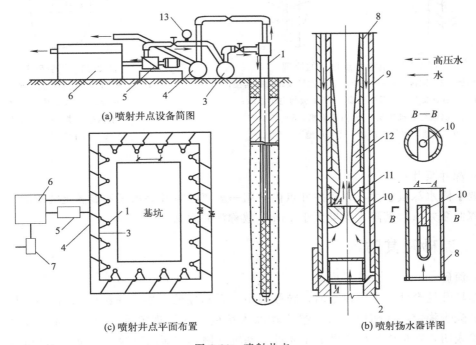

(a) 喷射井点设备简图

(c) 喷射井点平面布置

(b) 喷射扬水器详图

图 2-21　喷射井点

1—喷射井管；2—滤管；3—进水总管；4—排水总管；5—高压水泵；6—集水池；7—低压水泵；
8—内管；9—外管；10—喷嘴；11—混合室；12—扩散室；13—压力表

（2）电渗井点

电渗井点适用于土壤渗透系数小于 0.1m/d，用一般井点不可能降低地下水位的含水层中，尤其宜用于淤泥排水。电渗井点排水的原理如图 2-22 所示，以井点管作负极，以打入的钢筋或钢管作正极，当通以直流电后，土颗粒即自负极向正极移动，水则自正极向负极移动而被集中排出。土颗粒的移动称电泳现象，水的移动称电渗现象，故称电渗井点。

（3）管井井点

管井井点如图 2-23，就是沿基坑每隔 20～50m 距离设置一个管井，每个管井单独用一台水泵不断抽水来降低地下水位。此法适用于土壤的渗透系数大（20～200m/d）、地下水量大的土层中。

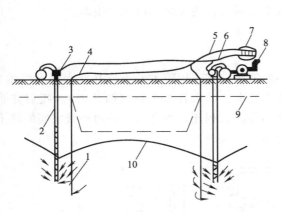

图 2-22　电渗井点排水的原理

1—阳极；2—阴极；3—用扁钢、螺栓或导线将阴极连接；

4—用钢筋或电线将阳极连接；5—阳极与电机连线；

6—阴极与电机连线；7—直流电机；8—水泵；

9—原地下水位线；10—降水后地下水位线

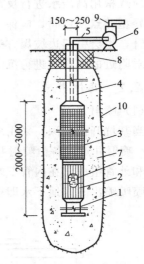

图 2-23　钢管管井井点

1—沉砂管；2—钢筋焊接骨架；3—滤网；

4—管身；5—吸水管；6—离心泵；

7—小砾石过滤层；8—黏土封口；

9—出水管；10—井壁

（4）深井泵井点

如要求降水深度较大，在管井井点内采用一般离心泵或潜水泵不能满足要求时，可采用特制的深井泵井点，其降水深度大于 15m，故称深井泵法。

2.4.3　流砂及其防治

（1）流砂

当基坑开挖至地下水位以下时，粒径很小、无黏性的土壤（粉细砂），在动水压力推动下，极易失去稳定，而随地下水一起流动涌入坑内，这种现象称为流砂，如图 2-24 所示。实践经验表明，在可能发生流砂的土质处，基坑（槽）挖深超过地下水位线 0.5m 左右时就会发生流砂现象。具有下列性质的土，在一定动水压力作用下，就有可能发生流砂现象。

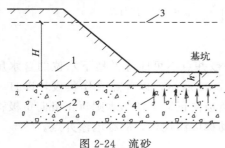

图 2-24　流砂

1—不透水层；2—透水层；3—压力水线；

4—承压水的动水压力

① 土的颗粒组成中，黏粒含量小于 10%，粉粒的粒径为 0.005～0.05mm，含量大于 75%；

② 在土的颗粒级配中，土的不均匀系数小于 5；

③ 土的天然孔隙比大于 43%；

④ 土的天然含水量大于 30%。

发生流砂现象后，土完全失去承载力，施工条件恶化；土边挖边冒流砂，难以达到设计深度，甚至引起塌方。因此，在施工前，须对工程地质资料和水文资料进行详细调查研究，采取有效措施来防治流砂现象。

（2）产生流砂的原因

产生流砂现象的原因有其内因和外因。内因取决于土壤的性质，当土的孔隙度大、含水量大、黏粒含量少、粉粒多、渗透系数小、排水性能差等均容易产生流砂现象，因此，流砂现象经常发生在细砂、粉砂和亚砂土中。但会不会发生流砂现象，还应取决于一定的外因条件，即地下水产生动水压力的大小。当动水压力大于土的浮容重时，就会形成流砂现象。

（3）流砂的防治

防治流砂总的原则是"治砂必治水"。其途径有三：一是减小或平衡动水压力；二是截住地下水流；三是改变动水压力的方向。具体措施如下。

① 枯水期施工。因地下水位低，坑内外水位差小，动水压力减小，从而可预防和减轻流砂现象。

② 打板桩。将板桩沿基坑周围打入不透水层，便可起到截住水流的作用；或者打入坑底面一定深度，将地下水引至坑底以下，使其流入基坑，这样不仅增加了渗流长度，而且改变了动水压力方向，可达到减小动水压力的目的。

③ 水中挖土。即不排水施工，使坑内外的水压相平衡，不致形成动水压力。如沉井施工，不排水下沉，进行水中挖土，水下浇筑混凝土，这些都是防治流砂的有效措施。

④ 人工降低地下水位。就是截住水流，不让地下水流入基坑，从而不仅可防治流砂和土壁塌方，还可改善施工条件。

⑤ 浇筑地下连续墙法。此法是沿基坑的周围先浇筑一道钢筋混凝土的地下连续墙，从而起到承重、截水和防流砂的作用，它又是深基础施工的可靠支护结构。

⑥ 抛大石块，抢速度施工。如在施工过程中发生局部的或轻微的流砂现象，可组织人力分段抢挖，挖至标高后，立即铺设芦席并抛大石块，增加土的压重，以平衡动水压力，力争在未产生流砂现象之前，将基础分段施工完毕。

此外，在含有大量地下水土层中或沼泽地区施工时，还可以采取土壤冻结法；对位于流砂地区的基础工程，应尽可能用桩基或沉井施工，以节约防治流砂所增加的费用。

2.5 土方的填筑与压实

2.5.1 土料的选用与处理

土体是由矿物颗粒、水溶液和气体组成的三相体系。具有弹性、塑性和黏滞性。由于土体是由分散颗粒组成的组合体，颗粒之间没有紧密的连接，在外力作用下或在自然条件下浸水和冻融都会产生变形。为了保证填土的强度和稳定性，必须正确选择回填土料和填筑施工方法，以满足填土压实的质量要求。

一般选择土料时应选择强度高、压缩性小、水稳定性好、便于施工的土和石料。如设计无要求时，应符合下列规定：

① 碎石类土、砂土（用细、粉砂时应取得设计单位同意）和爆破石碴，可用作表层以下的填料。

② 含水率符合要求的砂性土，可用作各层填料；碎块草皮和有机质含量大于8％的土，仅能用于无压实要求的填方工程。

③ 淤泥和淤泥质土一般不能用作填料，但在软土或沼泽地区，经过处理其含水率符合压实要求后，可用于填方中的次要部位。

④ 含盐量符合规定的盐渍土一般可用，但填料中不得含有盐晶、盐块或含盐植物的根茎。

⑤ 碎石类土、砂土或爆破石碴用于表层下的填料时，其最大粒径不得超过每层铺填厚度的 2/3（当使用振动碾时，不得超过每层铺填厚度的 3/4）。铺填时，大块料不应集中，且不得填在分段接头处或填方与山坡连接处。填方内有打桩或其他特殊工程时，块、漂石填料的最大粒径不应超过设计要求。

填土土料含水率的大小，直接影响到夯实（碾压）质量。所以填土施工时应严格控制含水率，施工前应进行检验，以得到符合密实度要求的最优含水率和最少夯实（或碾压）遍数。含水率过小，夯实（碾压）不实；含水率过大，则易成橡皮土。

2.5.2 填土压实方法

土方填筑各土层应接近水平分层填筑、分层压实，分层厚度应根据土的种类及选用的压实机械确定，一般每层在 200～300mm 左右。

（1）施工要求

填方的，应根据工程特点、填料种类、设计压实系数、施工条件等合理选择压实机具，并确定填料含水率控制范围、铺土厚度和压实遍数等参数。对于重要的填方工程或采用新型压实机具时，上述参数应通过填土压实试验确定。

填土时应先清除基底的树根、积水、淤泥和有机杂物，并分层回填、压实。填土应尽量采用同类土填筑。如采用不同类填料分层填筑时，上层宜填筑透水性较小的填料，下层宜填筑透水性较大的填料。填方基土表面应做成适当的排水坡度，边坡不得用透水性较小的填料封闭。当填方位于倾斜的地面时，应先将斜坡挖成阶梯状，然后分层填筑以防填土横向移动。

（2）施工方法

填土压实方法有：碾压法、夯实法和振动压实法三种。

① 碾压法。碾压法是利用沿土层表面滚动的机械滚轮的压力压实土壤，使其达到所需的密实度。碾压机主要有平碾（光碾压路机）和羊足碾等。碾压法主要用于大面积的填土碾压，如场地平整、路基及大型车间的室内填土等。平碾适用于碾压黏性及非黏性土，羊足碾仅用于碾压黏性土，在砂土中碾压时容易使颗粒在较大压力下向四面移动而使土体结构破坏。

松土碾压应先用轻碾压实，再用重碾压实。碾压时速度不宜过快，一般平碾不超过 2km/h，羊足碾不超过 3km/h。碾压方向一般为从填土区的两侧向中央压实，每次碾压应有 200mm 左右的轨迹重叠，碾压遍数由现场试验确定，一般 6～8 遍。

② 夯实法。夯实法是利用夯锤自由下落的冲击力来夯实土壤，主要用于小面积的回填土夯实。夯实机具类型较多，有木夯、石夯、蛙式打夯机以及利用挖土机或起重机装上夯板后的夯土机等。其中蛙式打夯机轻巧灵活，构造简单，在小型土方工程中应用最广。夯实法的优点是可以夯实较厚的土层。采用重型夯土机（夯锤重 1.5～3t）时，其夯实厚度可达 1～1.5m。但木夯或蛙式打夯机等夯土工具，其夯实厚度则较小，一般均在 200mm 以内。

强夯法也是目前使用较广泛的填土夯实方法，它一般采用起重机械，吊起重约 8～30t

夯锤，落距 6～25m，其强大的冲击能使深层土体固结，密实度增加，常用于地基、路基深层加固。

③ 振动压实法。振动压实法是将重锤放在土层的表面或内部，在振动机械作用下，土壤颗粒即发生相对位移达到紧密状态。近年来，又将碾压和振动结合而设计和制造出振动平碾、振动凸块碾等新型压实机械。振动平碾适用于填料为爆破石碴、碎石类土、杂填土或粉土的大型填方，振动凸块碾则适用于粉质黏土或黏土的大型填方。当压实爆破石碴或碎石类土时，可选用 8～15t 的振动平碾，铺土厚度为 0.6～1.5m，先静压，后振压，碾压遍数应由现场试验确定，一般为 6～8 遍。

2.5.3 影响填土压实质量的因素

影响填土压实质量的因素很多，主要有压实功、土的含水量和铺土厚度等因素。

（1）压实功的影响

填土压实后的密度与压实机械在其上所施加的功有一定的关系。当土的含水率一定时，在开始压实时，土的密度急剧增加，待到接近土的最大密度时，压实功虽然增加许多，而土的密度变化甚小。在实际施工中，对砂土只需碾压 2～3 遍，对亚黏土或黏土则需 5～6 遍。

（2）含水量的影响

土的含水量对填土压实有很大影响。较干燥的土，由于土颗粒之间的摩阻力大，填土不易被压实；湿土含水量较大，超过一定限度时土颗粒间的空隙全部被水充填而呈饱和状态，也不易被压实，容易形成橡皮土。只有当土具有适当的含水量，水刚好起到润滑作用，土颗粒之间的摩阻力较小时，填土易被压实，此时可以得到回填土的最大干密度，此含水量称为最佳含水量。常见土的最佳含水量和最大干密度关系可参见表 2-7。

表 2-7 土的最佳含水量和最大干密度参考值

土的种类	最佳含水量/%	最大干密度/(g/cm³)	土的种类	最佳含水量/%	最大干密度/(g/cm³)
砂土	8～12	1.80～1.88	亚黏土	12～15	1.85～1.95
粉土	16～25	1.61～1.80	粉质黏土	18～21	1.65～1.74
亚砂土	9～15	1.85～2.08	黏土	19～23	1.58～1.70

（3）铺土厚度的影响

土在压实功的作用下，其应力随深度增加而逐渐减少，土的密实度也是表层大，而随深度加深而逐渐减少；超过一定深度后，虽经反复碾压，土的密实度仍与未压实前一样。各种不同压实机械的压实影响深度与土的性质、含水量有关，所以，填方每层铺土的厚度，应根据土质、压实的密实度要求和压实机械的性能确定。

2.5.4 填土压实的质量检验

填方应具有一定密实度，以防建筑物不均匀沉陷。密实度的大小，常以干密度控制，填土压实后的干密度，应有 90% 以上符合设计要求，其余 10% 的最低值与设计值的差，不得大于 0.08kg/cm³，且应分散，不得集中于某一区域。因此，每层土压实后，必要时均应取样测定其干密度。

检验方法，常采用环刀法取样测定土的实际干密度。其取样组数为：基坑回填，每 20～50m³ 取一组（每个基坑不小于 1 组）；基槽或管沟回填，每层按长度每 20～50m 取一组；室内填土，每层按 $100\sim500m^2$ 取一组；场地平整填土，每层按 $400\sim900m^2$ 取一组。取样部位应在每层压实后的下半部。取样后先得到土的湿密度并测定含水量，然后按下式计算土的实际干密度：

$$\rho_0=\frac{\rho}{1+0.01\omega} \tag{2-27}$$

$$\lambda_c=\frac{\rho_0}{\rho_{dmax}} \tag{2-28}$$

式中　ρ——土的湿密度，g/cm^3；

　　ω——土的含水量，%；

　　ρ_0——填土的干密度，g/cm^3；

　　λ_c——填土的压实系数，一般场地平整为 0.9 左右，地基填土为 $0.91\sim0.97$；

　ρ_{dmax}——填土的最大干密度，可由实验室实测，或计算求得，g/cm^3。

2.6　土方机械化施工

2.6.1　常用土方施工机械

土方工程施工的各个过程应尽量使用土方机械施工，以加快施工进度，提高劳动生产率，降低劳动强度。土方工程施工机械种类繁多，主要有推土机、铲运机、平土机、挖土机以及碾压夯实机等。而在土木工程施工中，尤以推土机、铲运机和单斗挖土机应用最广，也最具代表性。现将这几种类型机械的性能、适用范围及施工方法予以介绍。

（1）推土机

推土机，按铲刀的操纵机构不同可分为索式和液压式两种，图 2-25 所示为液压式推土机。索式推土机的铲刀系借其本身自重切入土中，因此在硬土中切土深度较小。液压式推土机使铲刀强制切入土中，故切土深度较大；此外，还可调整铲刀的切土角度，灵活性大，是目前常用的一种推土机。

推土机的特点是：构造简单，操纵灵活，运转方便，所需工作面较小，功率较大，行驶速度快，易于转移，能爬 $30°$的缓坡。适用于平整挖土深度不大的场地，铲除腐殖土并运送到附近的弃土区；开挖深度不大于 1.5m 的基坑；回填基坑和沟槽；堆筑高度在 1.5m 以内的路基、堤坝；平整其他机械卸置的土堆；推送松散的硬土、岩石和冻土；配合铲运机进行助铲；配合挖土机施工，为挖土机清理余土和创造工作面。

（2）铲运机

铲运机有自行式铲运机和拖式铲运机两种，图 2-26 为自行式铲运机外形图。铲运机的特点是：能独立完成铲土、运土、卸土、填筑、压实等工作。对行驶道路要求较低，行驶速度快，操纵灵活，运转方便，生产率高。它适用于平整大面积场地，开挖大型基坑、沟槽，以及填筑路基、堤坝等工程。铲运机可铲含水量不大于 27% 的松土和普通土，但不适于在砾石层、冻土地带和沼泽区工作。

在工程中，常使用的铲运机的铲斗容量为 $2.5\sim8m^3$。自行式铲运机的经济运距为 $800\sim1500m$，最大可达 3500m；拖式铲运机的运距以 600m 以内为宜，当运距为 $200\sim350m$ 时效率最高，如果采用双联铲运或挂大斗铲运时，其运距可增加到 1000m。

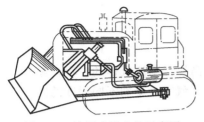
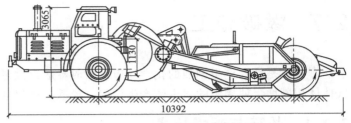

图 2-25 液压式推土机示意图　　　　　　图 2-26 自行式铲运机外形图

（3）单斗挖土机

按工作方式的不同，单斗挖土机有正铲、反铲、拉铲和抓铲等类型（图 2-27），按操作方式不同有液压传动和机械传动两种，用以挖掘基坑、沟槽，清理和平整场地。一般根据土质、开挖深度、基坑大小等情况选择挖土机械。

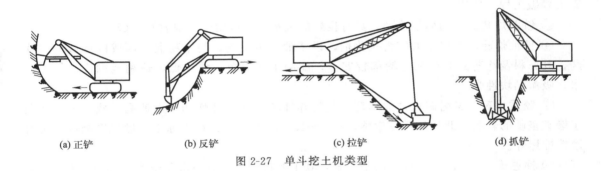

(a) 正铲　　　　　(b) 反铲　　　　　　(c) 拉铲　　　　　　(d) 抓铲

图 2-27 单斗挖土机类型

① 正铲挖土机。正铲挖土机因一般只用于开挖停机面以上的土壤，所以只适于在土质较好、无地下水的地区工作。其机身可以回转 360°，动臂可以升降，斗柄可以伸缩，铲斗可以转动，当更换工作装置后还可以进行其他施工作业。

② 反铲挖土机。反铲挖土机一般适用于开挖停机面以下深度不大的基坑、沟槽等的土体，最大挖土深度 4～6m。其特点是：后退向下，强制切土。其挖掘力比正铲小。

③ 拉铲挖土机。特点为铲斗悬挂在钢丝绳下面无刚性的斗柄上。由于拉铲支杆较长，铲斗在自重作用下落至地面时，借助于自身的机械能可使斗齿切入土中，故开挖的深度和宽度均较大，常用以开挖沟槽、基坑和地下室等。也可开挖水下和沼泽地带的土壤。

④ 抓铲挖土机。抓铲挖土机一般由正、反铲液压挖土机更换工作装置（去掉铲斗换上抓斗）而成，或由履带式起重机改装。可用以挖掘独立柱基的基坑和沉井，以及进行其他的挖方工程，最适于进行水中挖土。

2.6.2　土方工程综合机械化施工

土方工程综合机械化施工，就是以土方工程中某一施工过程为主导，按其工程量大小、土质条件及工期要求，适量选择完成该施工过程的土方机械；并以此为依据，合理地配备完成其他辅助施工过程的机械，做到土方工程各施工过程均实现机械化施工。主导机械与辅助机械所配备的数量及生产率，应尽可能协调一致，以充分发挥施工机械的效能。

2.7 爆破施工

爆破就是炸药产生剧烈的化学反应，瞬时释放出大量的高温、高压气体的过程，爆破时气体体积剧增，使周围的岩土体产生压缩、松散、破碎甚至飞溅等，受到不同程度的破坏。

2.7.1 炸药与起爆技术

（1）炸药

工程中常用炸药的种类及性能如下。

① 岩石硝铵炸药。有1号和2号两种，是一种低威力的炸药，适用于爆破中等硬度岩石或软质岩石。

② 露天硝铵炸药。有1号和2号两种。这种炸药因爆炸后产出有毒气体较多，只能在露天爆破工程中使用。

③ 铵萘炸药。也属硝铵炸药，具有良好的抗水性，可用于一般岩石爆破工程。

④ 铵油炸药。是以硝酸铵为氧化剂，以柴油为可燃剂，与木粉混合而成的低威钝感炸药。其原料及炸药的贮存和运输都较安全，配制工艺简单，成本低，适用范围广。但不防水，吸湿结块性强。

⑤ 胶质炸药。又名硝化甘油炸药，是粉碎性较大的烈性炸药，爆速高，威力大，适用于爆破坚硬的岩石。此种炸药较敏感，在8~10℃时冻结，且在半冻结时敏感度极高，稍有摩擦即爆炸。

⑥ 梯恩梯（TNT）。又称三硝基甲苯，其主要特性是：对撞击和摩擦的敏感度不大，但若掺有砂石粉类固体杂质时，则对撞击和摩擦的敏感度急剧增高；不溶于水，但在水中时间太长，会影响爆炸力；在爆炸时易产生有毒的一氧化碳，黑烟大，不能在通风不良的环境下使用。

⑦ 黑火药。为弱性炸药，易溶于水，吸湿性强，受潮后不能使用；对撞击和摩擦的敏感度高，易燃烧，火星即可点燃。适用于内部药包爆破松软岩石和土层、开采料石和制作导火索。在有瓦斯或矿尘危险的工作面不准使用。

⑧ 起爆炸药。是一种高级烈性炸药，用以制造雷管。按其敏感度分为正起爆药和副起爆药。正起爆药如雷酸盐、叠氮铅等对撞击、摩擦或火的敏感度很高，容易引起爆炸。

（2）起爆技术

为了使用安全，施工中采用的炸药敏感度都较低，因此工程中要使炸药发生爆炸，必须用起爆炸药引爆。常用的起爆材料有导火索、传爆线、导爆管、火雷管和电雷管等。

① 导火索。导火索可以在无电源的情况下起爆火雷管或引爆黑火药。它由黑火药线芯外包数层防水外皮制成，其使用长度不得小于1.2m，并有相应的安全措施。

② 传爆线。传爆线是用于连接电雷管，组成电爆网路的材料。通常用橡胶绝缘线或塑料绝缘线，严禁使用不带绝缘包皮的电线。传爆线的连接可以采用串联、并联等方式。

③ 导爆管。它由半透明的塑料软管内涂一层高燃混合药的起爆材料制成。起爆时，以1700m/s左右的速度引爆火雷管。具有抗火、抗电、抗冲击、抗水等特点，适用于无瓦斯、矿尘的露天、井下、水下爆破作业。

④ 雷管。雷管的规格分为 1～10 号，号数大威力亦大。由于雷管内装有剧烈的炸药，遇冲击、摩擦、加热、火花等会爆炸，因此，运输、保管和使用过程中都要特别注意。雷管按引爆方法分为电雷管和火雷管。

采用火花起爆的为火雷管（图 2-28）。其主要由管壳、正副起爆药和加强帽三部分组成。

采用电力引爆的为电雷管，它是由普通雷管加电力引火装置组成（图 2-29）。电雷管通电后电阻丝发热，使发火剂点燃，引起正起爆药的爆炸。当电力引火装置与正起爆药之间放上一段缓燃剂时，即为延期电雷管。延期电雷管可以延长雷管爆炸时间，按延长时间长短分为秒级和毫秒级。

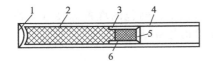

图 2-28 火雷管构造图

1—窝槽；2—副起爆药；3—加强帽；4—管壳；
5—帽孔；6—正起爆药

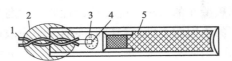

图 2-29 电雷管构造图

1—脚线；2—绝缘涂胶；3—球形发火剂；
4—电阻丝；5—雷管

电力起爆具有可靠性强（网路可采用仪器仪表进行检查）、能有效控制起爆顺序和时间、可远距离控制起爆、可安全作业等优点，但其不具备抗杂散电流和抗静电能力，操作复杂，技术要求较高。同时，电力起爆需要电力源。可用普通照明电源或动力电源，也可用电池组或专供电力源。

此外，电力起爆需要布置电爆网路，电力起爆网路中的电线按其部位可分为端线连接线、区域线和主线。施工前应进行专项设计。

2.7.2 爆破漏斗与炸药量

2.7.2.1 爆破漏斗

爆破时最靠近炸药处的岩体受的压力最大。对于可塑的土壤，可被压缩成空腔；对于坚硬的岩石，便会被粉碎。炸药的这个范围称为压缩圈。在压缩圈以外的介质受到的作用力随影响半径的增大逐渐减弱，但在一定范围内，作用力仍足以破坏岩体的结构，使其分裂成各种形状的碎块，这个范围称为破坏圈（松动圈）。在破坏圈以外的介质，因爆破的作用力已微弱到不能使之破坏，而只能产生振动现象，所以这个范围称为振动圈。以上爆破范围，可以用一些同心圆表示，称为破坏作用圈，如图 2-30 所示。

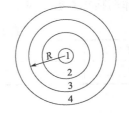

图 2-30 爆破作用面

1—药包；2—压缩圈；3—破坏
圈；4—振动圈

在破坏圈以内为破坏范围，它的半径称为爆破作用半径，亦称破坏半径，用 R 表示。如果炸药埋置深度大于爆破作用半径，炸药的作用不能达到地表。若小于等于爆破作用半径，药包爆炸将破坏地表，并将部分（或大部分）介质抛掷出去，形成一个爆破坑，其形状如漏斗，称为爆破漏斗，如图 2-31 所示。如果炸药埋置深度接近破坏圈的外围，则爆破作用没有余力可以使破坏的碎块产生抛掷运动，只能引起介质的松动，而不能形成爆破坑，这叫作松动爆破，如图 2-32 所示。

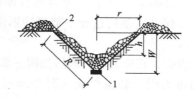

图 2-31　爆破漏斗

1—药包；2—漏斗上口；r—漏斗半径；R—爆破作用

半径；W—最小抵抗线；h—最大可见深度

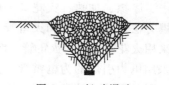

图 2-32　松动爆破

爆破漏斗的大小，随介质的性质、炸药包的性质和大小、药包的埋置深度（或称最小抵抗线）的不同而不同。爆破漏斗的大小一般以爆破作用指数 n 表示：

$$n = r/W \qquad\qquad (2\text{-}29)$$

式中，r 为漏斗半径；W 为最小抵抗线。

当爆破作用指数 n 等于 1，称标准抛掷漏斗；$0.75 \geqslant n > 1$，称减弱抛掷漏斗；n 大于 1，称加强抛掷漏斗。爆破作用指数 n 的实用意义是为了计算药包量，决定漏斗大小和药包距离等参数。对应的爆破类型见表 2-8。

表 2-8　按照 n 划分的爆破类型

序号	爆破类型	n	特点
1	外部爆破	$n \leqslant 0.33$	药包置于表面
2	松动爆破	$0.33 < n < 0.75$	爆后岩土体基本不被抛出
3	减弱抛掷爆破	$0.75 \leqslant n < 1$	$r < W$，爆后大部分岩土体不能从漏斗中抛出
4	标准抛掷爆破	$n = 1$	$r = W$，爆后部分岩土体被抛出
5	加强抛掷爆破	$n > 1$	$r > W$，爆后绝大部分岩土体被抛出

2.7.2.2　炸药量计算

假定用药量的多少与漏斗内的介质体积成正比，则计算炸药量 Q 的基本公式为：

$$Q = eqV \qquad\qquad (2\text{-}30)$$

式中，q 为爆破岩土体的炸药单位消耗量，kg/m^3，见表 2-9；V 为被爆破的体积，m^3；e 为炸药换算系数，见表 2-10。

表 2-9　标准抛掷爆破药包的炸药单位消耗量 q 参考值

土石类别	1	2	3	4	5	6	7	8
$q/(kg/m^3)$	0.50~1.00	0.60~1.10	0.90~1.30	1.20~1.50	1.40~1.65	1.60~1.85	1.80~2.60	2.10~3.25

表 2-10　炸药换算系数 e 参考值

炸药名称	型号	e 参考值	炸药名称	型号	e 参考值
岩石硝铵炸药	2 号	1	胶质炸药	35%普通	1.06
露天硝铵炸药	1 号、2 号	1.14	铵油炸药		1.14~1.36
胶质炸药	62%普通	0.89	梯恩梯		1.05~1.14
胶质炸药	62%耐冻	0.89	黑火药		1.14~1.42

应当指出，爆破实际用药量还应根据岩石硬度、临空面多少、炸药的性能以及施工经验等因素通过试爆，然后调整确定。

2.7.3 爆破方法与安全措施

（1）常用爆破方法

① 裸露药包爆破。多用于炸碎岩石或巨石改炮。此方法耗药量大，为一般浅孔爆破的3～5倍；爆破效果不易控制，且岩片飞散较远而易造成事故。

② 浅孔爆破。也叫炮孔法，属于小爆破。一般炮孔直径 25～50mm、深度 0.5～5m。浅孔爆破可用于开挖基坑，开采石料、松动冻土，及爆破大块岩石。浅孔爆破的施工操作顺序为钻孔、装药、堵塞及起爆。

③ 深孔爆破。深孔爆破的炮孔直径和深度都较大，孔径一般大于 50mm，孔深则大于5m。孔径依据钻机类型、台阶高度、岩石性质及走向条件等确定。深孔爆破一般采用台阶爆破，台阶的高度应根据地质情况、开挖条件、机械设备状况等确定，一般可取 8～10m。

④ 药壶法。药壶法爆破是在炮孔底部放入少量的炸药，经过几次爆破扩大成为圆球的形状，最后装入炸药进行爆破。此法与浅孔法相比，具有爆破效果好、工效高、进度快、炸药消耗少等优点。

⑤ 硐室法。硐室法是把炸药装进开挖好的硐室内进行爆破，是一种大型的爆破方法。装药的硐室一般设计成立方体，高度不宜超过 2m，以利于开挖和装药。当药包量很大时，也可设计成长方体。

⑥ 定向爆破。定向爆破是将炸药在岩石或土体内部爆破，岩石或土体沿着最小抵抗线的方向飞溅出去。由此，它是利用爆破的作用将大量岩石或土体按照指定方向堆积的爆破方法。

（2）爆破安全措施

爆破工程，应特别重视施工安全，认真贯彻执行爆破安全方面的有关规定，尤其需要注意以下几个方面：

① 爆破器材的领取、运输和贮存应有严格的规章制度。雷管和炸药不得同车装运及贮存。仓库离工厂或住宅区应有一定的安全距离，并严加警卫。

② 爆破施工前，应做好安全爆破的准备工作，划好安全警戒区，设置安全哨。闪电鸣雷时，禁止装药、接线。

③ 使用电力线路作起爆电源时，必须有闸刀开关装置。

④ 施工操作应严格遵守安全操作规程。

⑤ 爆破时发生拒爆时，应先查明原因再进行处理。

第3章
地基处理与基础工程施工

📖 **知识要点**

本章内容包括基坑验槽、浅基础施工、地基处理和桩基施工四部分。

📚 **学习目标**

要求了解基坑验槽和地基加固的方法，熟悉浅基础施工的方法及技术要求；了解钢筋混凝土预制桩的构造和沉桩施工方法，重点掌握锤击法的施工工艺、桩锤的选择、打桩顺序与土质和桩距的关系，以及各种保证质量的技术措施；了解各类灌注桩的工艺原理和施工特点，掌握常见灌注桩的适用条件、施工工艺，分析灌注桩常易产生的质量问题及预防、处理的方法。

3.1 基坑验槽

当场地为天然地基，基坑（槽）挖至基底设计标高后，施工单位必须会同勘察、设计、监理和业主共同进行检验，合格后方能进行基础工程施工，此工序叫基坑验槽。

基槽开挖完毕后，应由施工单位进行自检，自检符合要求后，由建设单位组织勘察、设计、施工、监理等人员进行现场验槽，并形成书面记录。

基坑验槽常采用观察和钎探的方法进行。

3.1.1 观察验槽

观察验槽应对基坑（槽）的位置、断面尺寸、标高和边坡等是否符合设计要求进行验证，此外，还需对地基各位置的地基土质进行详细的观察，以确保与勘察设计一致，具体包括以下内容：

① 土质和颜色是否一致；

② 土的坚硬程度是否均匀一致，有无局部过软或过硬；

③ 土的含水量是否异常，有无过干或过湿现象；

④ 在坑（槽）底行走或夯拍时地基有无振颤或空穴声音等。

通过以上观察来分析判断坑（槽）底是否挖至地基持力层，是否继续下挖或需进行处理。

验槽的重点应以柱基、墙角、承重墙下或其他受力较大的部位为主。如有异常部位应会同各相关单位进行处理。

3.1.2 钎探验槽

钎探是用锤将钢钎打入坑（槽）底以下一定深度的土层内，根据锤击次数和入土难易程度来判断土的密实、软硬情况及有无土洞、枯井、墓穴和软弱下卧土层等。钎探步骤如下：

① 根据坑（槽）平面图进行钎探布点，并将钎探点依次编号，绘制钎探点平面布置图。

② 准备锤和钢钎，同一工程应钎径一致，锤重一致。

③ 按钎探顺序号进行钎探施工。

④ 打钎时，要求用力一致，锤的落距一致。每贯入30cm（称为一步），记录一次锤击数，填入钎探记录表内。

⑤ 钎探结束后，要从上而下逐"步"分析钎探记录情况，再横向分析钎孔锤击次数，便可判断土层的构造和土质的软硬，并应将锤击次数过多或过少的钎孔予以标注，以备到现场重点检查和处理。

⑥ 钎探后的孔要用砂填实。基坑（槽）经过验槽，经各方签字合格后，即可进行下一工序——基础工程的施工，如果经验槽有不合格或与原勘察设计不符之处，应会同各方进行基槽或地基处理，否则不能开展下一工序施工。

3.2 浅基础类型及施工

基础工程施工可分为浅基础施工和深基础施工。对于一般建筑物或构筑物，常采用天然地基浅基础。当地基土质良好，经开挖、验槽并满足设计要求时，方可进行浅基础的施工。

3.2.1 浅基础的类型

(1) 按浅基础的受力和刚度分类

按受力特性和刚度大小，浅基础可分为无筋扩展基础和钢筋混凝土扩展基础。无筋扩展基础通常指由砖、块石、毛石、素混凝土、三合土以及灰土等材料建造的基础。无筋扩展基础具有较好的抗压强度，但抗拉、抗剪强度较低，因此需要较大的截面尺寸并满足宽高比的要求，也叫刚性基础；钢筋混凝土扩展基础具有较好的抵抗弯曲变形的能力，截面尺寸较小，也叫柔性基础。

(2) 按浅基础的构造分类

浅基础按构造不同，分为单独基础（独立基础）、条形基础、筏形基础、箱形基础以及壳体基础等。

(3) 按浅基础的材料分类

浅基础按材料的不同，有砖基础、灰土基础、三合土基础、毛石基础、混凝土基础、钢筋混凝土基础等。

3.2.2 浅基础的施工

(1) 砖基础施工

墙体下的砖基础为条形基础，柱下的砖基础为独立基础。砖基础一般用烧结普通砖或蒸压灰砂砖与水泥砂浆砌筑。砖基础应做成"大放脚"的形式，大放脚有等高和不等高两种砌筑方法。等高式大放脚每两皮砖一收；不等高式大放脚采用二一间隔收砌法，如图3-1所示。

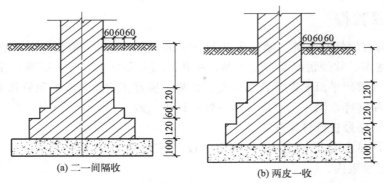

(a) 二一间隔收　　　　　　　　　　(b) 两皮一收

图 3-1　砖基础大放脚的砌筑方法

砖基础的施工工序是：垫层→基础放线→摺底→砌基础→抹防潮层。

砖基础的砌筑质量要满足砖砌体施工的质量要求，采用"三一"砌法。对有高低台的砖基础，应从低台砌起，并由高台向低台搭接，搭接长度不小于基础大放脚的高度。基础内宽度超过 300mm 的预留孔洞，洞口顶部应砌筑平拱或设置过梁。

（2）灰土基础施工

灰土基础是用熟石灰与黏性土拌和，然后分层夯实而成，灰、土的体积配合比一般采用 2∶8 或 3∶7，灰土基础既是基础的垫层，也作为刚性基础的一部分参与基础受力。灰土基础一般用于地下水位以上的干燥地基持力层。

灰土的土料应尽量采用原土，或用有机质含量不大的黏性土；土料应过筛，粒径不大于 15mm。熟石灰也应过筛，其粒径不宜大于 5mm，并不得夹有未消化的生石灰。使用时灰土应拌和均匀，颜色一致，拌好后应及时铺好夯实；灰土基础施工应分层进行，每层虚土厚度在 220～250mm，夯实后的厚度约 150mm，夯击遍数按照设计要求的干密度控制；灰土基础分段施工时，不得在墙角、柱墩及承重窗间墙下接缝，上下两层接缝应错开，错开间距不小于 500mm；灰土基础高度不同时，应做成阶梯形，每阶宽度小于 500mm。

（3）三合土基础施工

三合土基础由石灰、砂、碎砖和水拌和后分层夯实而成，其作用同灰土基础。其体积配合比一般用 1∶2∶4 或 1∶3∶6（消石灰∶砂∶碎砖）。石灰可用未消化的生石灰，使用时加水消化，砂宜采用中、粗砂，碎砖一般采用粒径 20～60mm 的黏土砖块。施工时三合土应预先搅拌均匀，虚铺厚度每层 200mm，夯实至 150mm，最后一遍打夯时，宜加浇浓灰浆一层，经 24h 待表面略干后，再铺上薄层砂夯实整平。

（4）毛石基础施工

毛石基础是用毛石或粗料石以铺浆砌筑而成的。毛石基础的断面有阶梯形和梯形等形状，毛石基础的顶面宽度比墙厚 200mm，台阶的高度一般控制在 300～400mm，每阶内至少砌筑二皮毛石，具体要求见第 4 章砌体工程施工。

（5）素混凝土或毛石混凝土基础施工

混凝土基础施工前应弹出基础的轴线和边线，并按照设计要求支模板。混凝土浇筑时应分层浇筑并振捣密实。对于独立基础，为了保证基础的整体性，要求一次连续浇筑完成。

为了节约水泥，在混凝土浇筑时，可投入 25% 左右的毛石，这种基础称为毛石混凝土基础。毛石的最大块径不宜超过 150mm，也不得超过截面最小尺寸的 1/4。施工时，应先铺 100～150mm 厚的混凝土打底，再铺上毛石。毛石铺放应均匀，大头朝下、小头朝上，且毛石的纹理应与受力方向垂直。毛石间距一般不小于100mm，毛石与模具或槽壁距离不应小于150mm，以保证每块毛石均被混凝土包裹。毛石铺放后，继续浇筑混凝土，每层厚200～500mm，用插入式振捣器进行振捣，如此逐层铺放毛石并浇筑混凝土，直至基础顶面，最后保持毛石顶面有不小于100mm厚的混凝土覆盖层。

（6）钢筋混凝土单独基础施工

① 柱下独立基础。在基槽或基坑验槽完成后，进行放线，混凝土宜分层连续浇筑完成。对于阶梯形基础，分层厚度为一个台阶高度，每浇筑完一个台阶应停0.5～1.0h，然后再浇上层。每一台阶浇完，表面应基本抹平。基础上的插筋应严格按位置固定，防止浇捣混凝土时产生位移。混凝土浇筑完成后应洒水养护。

② 杯口基础。预制杯口基础的施工，除应满足柱下独立基础的浇筑要求，还应注意以下几点：

a. 杯口模板采用木模板或钢定型模板，可做成整体的，也可做成两半形式，中间各加楔形板一块；拆模时先取出楔形板，然后分别将两半杯口模板取出。为方便拆模，杯口模板外可包白铁皮。

b. 按台阶分层浇筑混凝土。由于杯口模板仅在上边固定，浇捣混凝土时应四周均匀进行，避免将杯口模板挤向一侧。

c. 杯口基础一般在杯底留50mm厚的细石混凝土找平层，基础浇筑完成后，用倒链将模板倒出，并凿毛杯口内壁混凝土表面，同时加强养护。

（7）条形基础施工

条形基础的准备工作同独立基础，垫层宜在验槽后立刻进行，然后在垫层上进行放线、支模、模板检查、清理等工作。混凝土宜分层浇筑，各段各层之间应相互衔接，每段长2～3m，各层呈阶梯形推进，并注意先使混凝土充满模板边缘；混凝土应连续浇筑，以保证结构的整体性，如必须间歇，间隔时间不宜超过规定时间，如超过规定时间，应设置施工缝，并应在混凝土抗压强度大于1.2MPa后，才允许继续浇筑，以免已经浇筑的混凝土结构因振动而破坏。继续浇筑混凝土之前应进行施工缝处理。

（8）筏形基础施工

筏形基础浇筑前，应清理基坑、支模板、绑扎钢筋。木模板应浇水湿润，钢模板应刷隔离剂。混凝土浇筑方向应平行于次梁方向。混凝土应一次浇筑完成，否则，按梁板式楼板进行施工缝留设处理。混凝土浇筑完成后，在基础表面覆盖草帘并及时洒水养护不少于7d。待混凝土强度达到设计强度的25%时，即可拆除梁的侧模，当混凝土强度达到设计强度的30%时，回填基坑。

（9）箱形基础施工

箱形基础是高层建筑常用的一种基础形式，它由底板、顶板、外围挡土墙以及一定数量的内隔墙构成的单层或多层钢筋混凝土结构组成。箱形基础的侧墙以及底板的施工需要按照设计要求考虑防水，侧墙兼做挡土墙施工时需考虑土压力的作用，其他混凝土浇筑同地上钢筋混凝土结构的施工要求。

3.3 地基处理

3.3.1 地基处理的目的

地基一般要求有足够的承载力和稳定性、较强的抵抗变形和不均匀沉降的能力，此外，还应满足渗漏、液化以及特殊土的相关要求等。当天然地基不能满足以上要求时，需要采用人工加固地基的措施来保证上部结构的安全与正常使用。实际工程中，可针对不同情况，采取不同人工加固处理的方法，以改善地基性能，提高承载力，增加稳定性，减少地基变形和基础埋置深度，改善地基的透水性、动力性能以及改善特殊土不良地基等。

3.3.2 地基处理的原理

地基处理的原理是将土质由松变实，将土的含水量由高变低。工程实践中有多种处理方法，诸如换填垫层法、重锤夯实法、排水固结法、挤密置换法、胶结法等均是从这一原理出发。但须指出，在拟定地基处理方案时，应充分考虑地基与上部结构共同工作的原则，从地基加固、建筑、结构设计和施工方面均应采取相应的措施进行综合治理，绝不能单纯对地基进行加固处理，否则，不仅会增加工程费用，反而难以达到理想的效果。

3.3.3 地基处理的方法

3.3.3.1 换填垫层法

当地基的承载力和变形不能满足建筑物的要求，且较软土层不厚时，可以将基础以下的

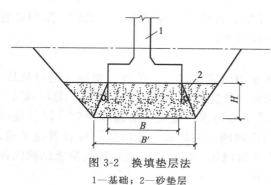

图 3-2 换填垫层法
1—基础；2—砂垫层

部分或全部的软土层挖掉，换填强度高、压缩性小、透水性良好的材料，这种地基处理方法叫换填垫层法（图 3-2）。采用换填垫层能有效地解决中小型工程的地基处理问题，其优点是能就地取材，施工简便，工期短，造价低。它常用于处理软弱地基，也可用于处理湿陷性黄土地基和膨胀土地基。从经济性考虑，换填垫层法一般适用于处理浅层地基（深度不大于 3.0m）。

换填材料应选强度高、压缩性小、透水性良好，比较容易密实，而且来源丰富的材料。一般选用砂土、粉质黏土、各种工业废渣等。

施工时，应根据设计的垫层宽度、厚度，挖除软土层，分层回填换填材料，机械压实。粉质黏土、灰土等宜采用平碾、振动碾或羊足碾，中小型工程也可采用蛙式夯等夯实方法；砂石宜采用振动碾压。施工时还应注意以下问题：

① 挖除软土时应避免坑底土扰动，可保留 200mm 厚土层在铺填换土前挖除。

② 垫层底面宜在同一标高上，如深度不同，基坑底土应挖成阶梯形或采用斜坡搭接，并按先深后浅的顺序施工，搭接处应夯压密实。

③ 粉质黏土、灰土分段施工时，不得在墙角及承重墙下接缝，上下两层的接缝距离不小于 500mm。

④ 土应拌和均匀并应当日回填夯压。粉土夯压密实后 3d 内不得受水浸泡。

换填垫层法施工后，也应分层对其密实度进行检验，合格后方可进行基础施工和基坑回填。

3.3.3.2 重锤夯实法

重锤夯实法是利用起重机将夯锤提升到一定高度，然后自由落锤，利用重锤下落的冲击

夯打击实地基的方法。

重锤夯实法一般适用于各种黏性土、砂土、湿陷性黄土、杂填土等，要求拟加固土体至少高出地下水位线 0.8m，同时要求夯实加固对周围建筑的影响在允许范围之内。

重锤夯实的效果与锤重、落距、锤底直径、夯实遍数以及土的含水量有关。常用的夯锤质量不小于 15t，锤底直径 0.7～1.5m，落距 2.5～4.5m，重锤夯实的影响深度大致相当于夯底直径，因此，在分层夯实时，每层铺土厚度大致等于夯底直径，夯击 6～8 遍。

强夯法是使夯锤从高处自由下落，给地基以强大的冲击能量，在冲击波和压应力的作用下，迫使土体孔隙压缩，排除孔隙水和空气，使土颗粒重新排列、迅速固结的方法。强夯法的设备和施工工艺简单，施工速度快，加固效果好，施工费用低。常用于处理砂土、低饱和粉土、黏性土、湿陷性黄土、杂填土等。设备一般采用带自动脱钩的履带式起重机。其加固深度由经验公式(3-1) 确定：

$$H = K \sqrt{\frac{Qh}{10}} \tag{3-1}$$

式中　H——加固深度，以米计；

　　　K——经验系数，一般取 0.4～0.7；

　　　Q——夯锤质量，以吨计；

　　　h——落距，以米计。

强夯施工前应查明场地范围内地下构筑物和各种地下管线的位置及标高等，以免在强夯施工时造成损坏；两遍夯击之间应有一定的间隔，来消散孔隙水压力；为保证强夯质量，应在强夯施工过程中随时检测，不满足设计要求的部分应补夯或采取其他措施处理。

3.3.3.3　排水固结法

排水固结法常用于天然地基，或先在地基中设置砂井，利用建筑物本身的重量或分级加载等形式，使土体中的孔隙水排出，使土体固结。目前常用的方法有砂井堆载预压法、塑料排水板法、真空预压法等。

① 砂井堆载预压法 （图 3-3）。砂井堆载预压法是在预压层的表面铺砂垫层，并用砂井穿过软土层，砂井直径一般为 300～400mm，间距为砂井直径的 6～9 倍。袋装砂井堆载预压法是将砂先装入用聚丙烯编织布或玻璃纤维布、黄麻片、再生布等所制成的砂袋中，再将砂袋置于井中。井径一般为 70～120mm，间距为 1.5～2.0m。此法不会产生缩颈、断颈现象，透水性好，施工速度快。

② 塑料排水板法。塑料排水板法是将塑料排水带用插板机插入软土层中，组成垂直和水平排水体系，然后堆载预压，土中孔隙水沿塑料板带的沟槽上升溢出地面，从而使地基沉降固结。

③ 真空预压法 （图 3-4）。真空预压法是利用大气压力作为预压载荷，无须堆载加荷。它是在地基表面砂垫层上覆盖一层不透气的塑料薄膜或橡胶布，四周密封，与大气隔绝，然后用真空设施进行排气，使土中孔隙水产生负压力，将土中的水和空气逐渐排出，从而使土体固结。为了加速排水固结，可用塑料排水带等构成竖向排水系统。

3.3.3.4　挤密置换法

先把带桩靴的工具式桩管打入土中，挤压土壤形成桩孔，然后拔出桩管，再在桩孔中灌入砂石、素土、灰土等填充材料进行捣实，这种方法最适用于加固松软饱和土地基，其原理就是挤密土壤，排水固结，以提高地基的承载力，所以也称为挤密桩。

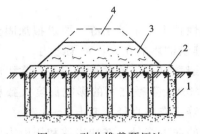

图 3-3 砂井堆载预压法
1—砂井；2—砂垫层；3—永久性填土；
4—临时性填土

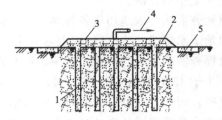

图 3-4 真空预压法
1—砂井；2—砂垫层；3—薄膜；
4—排水、气；5—黏土

水泥粉煤灰碎石挤密桩是一种以水泥、石屑、碎石、粉煤灰和水的拌和物作为填充料的低强度混凝土桩，它是一种软弱地基处理新方法，根据成孔工艺不同可有振冲法和沉管挤密法等施工方法，其施工过程如图 3-5、图 3-6 所示。

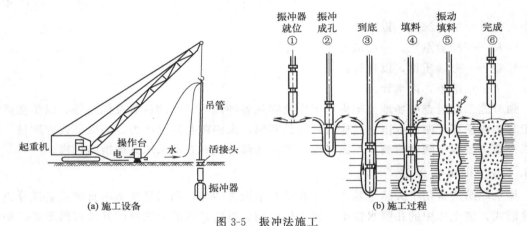

(a) 施工设备

(b) 施工过程

图 3-5 振冲法施工

3.3.3.5 胶结法

胶结法是在软土地基的部分土体内掺入水泥、水泥砂浆、石灰等，形成加固体，与未加固部分共同承受荷载形成复合地基，以提高地基承载力、减小地基沉降的方法。

常用的胶结法有高压喷射注浆法和水泥土深层搅拌法，后者见图 3-7。

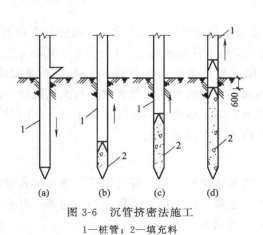

图 3-6 沉管挤密法施工
1—桩管；2—填充料

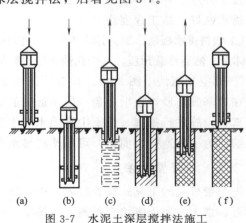

图 3-7 水泥土深层搅拌法施工

① 高压喷射注浆法。利用钻机把带有特殊喷嘴的注浆管钻至设计深度后，用高压脉冲泵将水泥浆液由喷嘴向四周高速喷射切削土层，与此同时将旋转的钻杆徐徐提升，使土体与水泥浆在高压射流作用下充分搅拌混合，胶结硬化后即形成具有一定强度的旋喷桩。单管旋喷浆液射流衰减大，成桩直径较小，为了获得大直径截面的桩，可采用二重管（即两根同心管，分别喷水、喷浆）旋喷，或三重管（三根同心管，分别喷水、喷气、喷浆）旋喷。单管法和二重管法还可用注浆管射水成孔，无须用钻机成孔。

② 水泥土深层搅拌法。用水泥、石灰作为固化剂，通过深层搅拌机钻孔下沉至设计深度，然后缓慢提升搅拌机，同时喷射固化剂使其与土体进行搅拌，形成具有整体性、水密性较好、强度较高的水泥加固体。在工程中该方法除用于对软土地基进行深层加固外，也常用于深基坑的支护结构和防渗墙。

胶结法适用于处理正常固结的淤泥、淤泥质土、粉土、饱和黄土、素填土、黏性土以及无流动水的砂土等。

3.4　桩基施工

桩基础是一种常用的深基础形式，当采用浅基础的沉降大于建筑的允许沉降或地基的承载力不能满足设计要求时，常采用桩基础，它由若干根桩和桩顶的承台组成。

按桩的受力情况，桩分为摩擦桩和端承桩两类，如图 3-8 所示。摩擦桩上的荷载主要由桩侧摩擦力承受，端承桩上的荷载主要由桩端阻力承受。

按桩的施工方法，桩分为预制桩和灌注桩两类。预制桩是在工厂或施工现场制成的各种材料和类型的桩（如木桩、钢筋混凝土方桩、预应力钢筋混凝土管桩、钢管或型钢的钢桩等），而后被沉桩设备打入、压入、旋入或振入土中。灌注桩是在施工现场的桩位上由机械或人工成孔，然后在孔内灌注混凝土或钢筋混凝土而成的。根据成孔方法的不同分为钻、挖、冲孔灌注桩，沉管灌注桩和爆扩桩等。

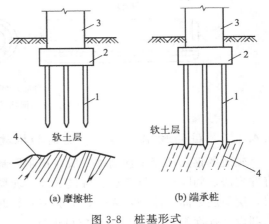

图 3-8　桩基形式
1—桩；2—承台；3—上部结构；
4—岩层或硬土层

3.4.1　预制桩的施工

钢筋混凝土预制桩分为实心桩与管桩两种，见图 3-9、图 3-10。为了便于预制，实心桩一般做成方形断面，断面尺寸一般为 200～500mm。单根桩的最大长度，根据打桩架的高度以及运输条件而定，目前一般在 27m 以内，通常 6～12m，如需打设 30m 以上的桩，则将桩预制成几段，在打桩过程中逐段接长。管桩外径为 400～500mm 的空心圆柱形截面，是在工厂内由离心法制成的，它与实心桩相比，可以大大减轻桩的自重。

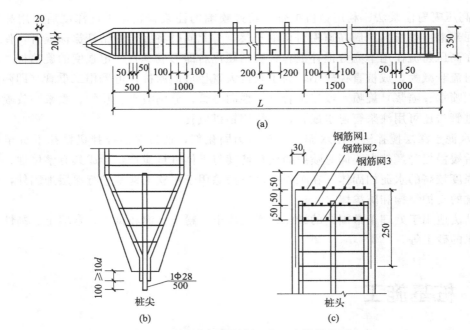

图 3-9 预应力钢筋混凝土实心方桩结构图

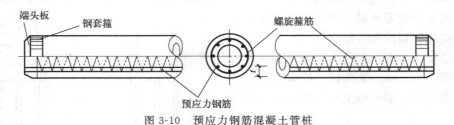

图 3-10 预应力钢筋混凝土管桩

3.4.1.1 桩的预制、起吊、运输和堆放

较短的钢筋混凝土预制桩一般在预制厂制作，较长的一般在施工现场预制。制作预制桩有并列法、间隔法、重叠法、翻模法等。现场预制桩多用重叠法制作，重叠层数不宜超过 4 层，层与层之间应涂刷隔离剂，上层桩或邻近桩的灌注，应在下层桩或邻桩混凝土强度等级达到设计强度等级的 30％以后方可进行。

混凝土管桩是在工厂用离心成型的方法预制的，这种管桩密实度好，抵抗地下水或其他类型的腐蚀性能好，其混凝土强度等级一般在 C60 以上，管径为 400～500mm，每节长度 8～12m，因此，具有单桩承载力高、穿透力强、抗裂性好等优点。

钢筋混凝土预制桩的钢筋骨架的主筋连接宜采用对焊，且几根主筋接头位置应相互错开。桩尖一般用钢板制作，在绑扎钢筋骨架时就把钢板桩尖焊好。钢筋骨架的偏差应符合有关规定。

预制桩的混凝土宜用机械搅拌，机械振捣。由桩顶向桩尖连续浇筑捣实，一次性完成，严禁中断。制作完后，应洒水养护不少于 7d。桩的制作偏差应符合有关规定。制桩时，应按规定要求做好灌注日期、混凝土强度等级、外观检查、质量鉴定记录，以供验收时查用。

当桩的混凝土强度等级达到设计强度等级的 70％方可起吊，达到 100％方可运输和打桩。如提前起吊，必须作强度和抗裂度验算。桩在起吊和搬运时，必须平稳，不得损坏。吊点应符合设计要求，满足吊桩弯矩最小的原则。

打桩前桩应运到现场或桩架处，宜随打随运，以避免二次搬运。桩的运输方式：在运距不大时，可用起重机吊运或在桩下垫以滚筒，用卷扬机拖拉；当运距较大时，可采用轻便轨道小平台车运输。桩堆放时，地面必须平整、坚实，垫木间距应与吊点位置相同，各层垫木应位于同一垂直线上，堆放层数不宜超过 4 层。不同规格的桩应分别堆放。

3.4.1.2 打桩设备

打桩设备包括桩锤、桩架和动力装置。

（1）桩锤

桩锤是对桩施加冲击，把桩打入土中的主要机具。桩锤主要有落锤、汽锤、柴油锤和液压锤等，其中，应用最多的为柴油锤。

① 落锤。为一铸铁块，重 0.5～2.0t，构造简单，使用方便，能调整落距，但锤击速度慢（6～20 次/min），贯入能力低，效率不高且对桩的损伤较大，适用于在黏土和含砾石较多的土中打桩。

② 汽锤。利用蒸汽或压缩空气为动力进行锤击。根据其工作情况可分为单动汽锤与双动汽锤，见图 3-11(a)、(b)，单动汽锤重 1.0～15t。当蒸汽或压缩空气进入汽缸内活塞上部空间时，由于活塞杆不动，迫使汽缸上升，当它达到一定高度时，停止供气，同时排出缸内气体，使汽缸下落击桩。这种桩锤落距短，打桩速度快且冲击力大，效率较高，适用于打各种类型的桩。双动汽锤重 1.0～7t。锤固定在桩头上不动，当气体从活塞上下交替进入和排出汽缸时，迫使活塞杆来回上升和压下，带动冲击部分进行打桩工作。这种桩锤冲击频率为 60～80 次/min，冲击力大，效率高，不仅可适用于一般打桩工程，而且还可用于打斜桩、水下打桩和拔桩等。

③ 柴油锤。按其构造分筒式、活塞式和导杆式三种，重 0.3～10t，锤击频率为 40～80 次/min。它利用燃油爆炸，推动活塞往复运动进行锤击打桩。图 3-11(c) 为导杆式柴油锤构造和工作原理图。汽缸落下击桩，同时汽缸中空气压缩，温度骤增，喷嘴喷油，柴油在汽缸内自行燃烧爆发，使汽缸上升，落下时又击桩进入下一循环。柴油锤本身附有桩架、动力

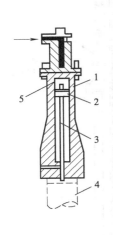

(a) 单动汽锤
1—汽缸；2—活塞；3—活塞杆；
4—桩；5—活塞上部空腔

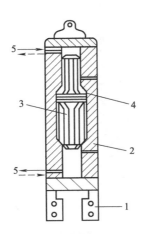

(b) 双动汽锤
1—桩帽；2—汽缸；3—活塞杆；
4—活塞；5—进气阀

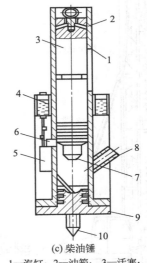

(c) 柴油锤
1—汽缸；2—油箱；3—活塞；
4—储油箱；5—油泵；6—杠杆；
7—环形头；8—接管；9—锤脚；10—顶尖

图 3-11 打桩锤的结构和工作原理

等设备，不需外部能源，机架轻便，打桩迅速，常用以打设木桩、钢板桩和长度在 12m 以内的钢筋混凝土桩，但不适用于在硬土和松软土中打桩，并且由于噪声、振动和空气的污染等公害，在城市施工受到一定的限制。

④ 液压锤。液压锤的冲击缸体通过液压油提升与降落，冲击缸体下部充满的氮气。当冲击缸体下落时，首先是冲击头对桩施加压力，接着是压缩的氮气对桩施加压力，使冲击缸体对桩施加压力的过程延长，因此，每一击能获得更大的贯入度。液压锤不排出任何废气，无噪声，冲击频率高，并适合水下打桩，是理想的冲击式打桩设备，但构造复杂，造价较高。

用锤击法沉桩时，选择桩锤是关键，应先根据施工条件确定桩锤的类型，然后再决定锤重。要求桩锤应有足够的冲击能，锤重应大于或等于桩重，但桩锤亦不能过重，过重易将桩打坏。实践证明，当锤重大于桩重的 1.5～2.0 倍时，能取得良好的效果；当桩重大于 2t 时，可采用比桩轻的桩锤，但亦不能小于桩重的 75%。这是因为在施工中，宜采用"重锤低击"，即锤的重量大而落距小，这样，桩锤不易产生回跃，不致损坏桩头，且桩易打入土中，效率高；反之，若"轻锤高击"，则桩锤易产生回跃，易损坏桩头，桩难以打入土中，不仅拖延工期，而且影响桩基的质量。

（2）桩架

桩架支持桩身和桩锤，在打桩的过程中引导桩的方向使桩不至于偏移。桩架的形式很多，常用的有多功能桩架及履带式桩架两种。

多功能桩架由立柱、斜撑、回转工作台、底盘及传动机构组成，图 3-12 为安装了螺旋钻头的桩架。这种桩架机动性和适应性很大，在水平方向可做 360°回转，立柱可前后倾斜，可适应各种预制桩及灌注桩施工。缺点是机构庞大，组装拆迁较麻烦。

履带式桩架以履带式起重机为底盘，增加立柱与斜撑用以打桩，图 3-13 为安装了振动机的履带式桩架。此种桩架性能灵活，移动方便，适应各种预制桩及灌注桩施工。

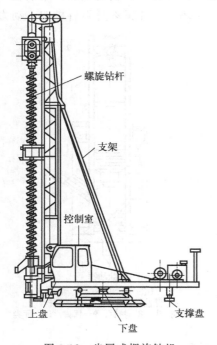

图 3-12　步履式螺旋钻机

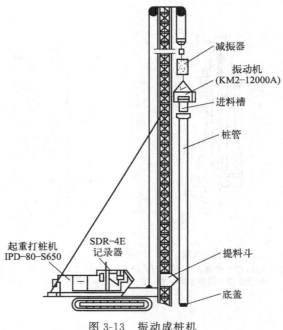

图 3-13　振动成桩机

（3）动力装置

动力装置取决于所选的桩锤。当选用蒸汽锤时，则需配备蒸汽锅炉和卷扬机。

3.4.1.3 打桩施工

打桩前应做好各项准备工作，主要包括：清除妨碍施工的地上和地下的障碍物，平整施工场地，定位放线，设置供电、供水系统，安设打桩机等。

桩基轴线的定位点，应设置在不受打桩影响的地点，施工过程中可据此检查桩位的偏差以及桩的入土深度。此外，打桩时应注意下列一些问题。

（1）打桩顺序

打桩顺序一般分为自一侧向单一方向打、自中间向四周打、自中间向两个方向对称打（图 3-14）。打桩顺序直接影响打桩速度和桩基质量。因此，应结合地基土壤的挤压情况、桩距的大小、桩机的性能、工程特点及工期要求，经综合考虑予以确定，以确保桩基质量，减少桩机的移动和转向，加快打桩速度。

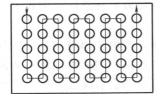 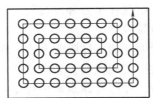 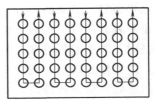

(a) 自一侧向单一方向打桩　　　　(b) 自中间向四周打桩　　　　(c) 自中间向两个方向对称打桩

图 3-14　打桩顺序

自一侧向单一方向打，桩机系单向移动，桩的就位与起吊均很方便，故打桩效率高，但它会使土壤向一个方向挤压，导致土壤挤压不均匀，易引起建筑物的不均匀沉降。但若桩距大于或等于 4 倍桩的直径或边长时，采取此种打法仍可保证桩基质量。对于大面积的桩群，则宜采用自中间向两个方向对称打或自中间向四周打，这样均有利于避免土壤的挤压使桩产生倾斜或浮桩现象。

（2）打桩方法

打桩机就位后，将桩锤和桩帽吊起来，然后吊桩并送至导杆内，垂直对准桩位缓缓送下插入土中，垂直度偏差不得超过 0.5%，然后固定桩帽和桩锤，使桩、桩帽、桩锤在同一垂线上，确保桩能垂直下沉。在桩锤和桩帽之间应加弹性衬垫，桩帽与桩顶周围应有 5~10mm 的间隙，以防损伤桩顶。

开始打桩时，锤的落距应较小，待桩入土一定深度（约 2m）并稳定后，再按要求的落距锤击，用落锤或单动汽锤打桩时，最大落距不宜大于 1m；用柴油锤时应使锤跳动正常。打桩过程中，遇到贯入度剧变，桩身突然发生倾斜、移位或有严重回弹，桩顶或桩身出现严重裂缝或破碎等异常情况时，应暂停打桩，及时研究处理。

用送桩法将桩送入土中时，桩与送桩杆的纵轴线应在同一直线上，拔出送桩杆后，桩孔应及时回填或加盖。

多节桩的接桩，可用焊接、法兰连接或硫黄胶泥锚接，前两种接桩方法适用于各类土层，后者只适用于软土层。各类接桩均要严格按规范执行。打桩过程中，应做好沉桩记录，以便工程验收。

（3）打桩的质量控制

打桩的质量视打入后的偏差是否在允许范围内，最后贯入度与沉桩标高是否满足设计要求，桩顶、桩身是否打坏以及对周围环境有无造成严重危害而定。

桩的垂直度偏差应控制在 1‰ 之内，平面位置的偏差，单排桩不大于 100mm，多排桩一般为 0.5～1.0 个桩的直径或边长。

承受轴向荷载的摩擦桩的入土深度控制，应以标高为主，而以最后贯入度（施工中一般采用最后三阵、每阵十击的平均入土深度作为标准）作为参考；端承桩的入土深度应以最后贯入度控制为主，而以标高作为参考。设计与施工中的控制贯入度应以合格的试桩数据为准。

打桩时，桩顶过分破碎或桩身出现严重裂缝，应立即暂停，待采取相应的技术措施后，方可继续施打。

打桩时，除了注意桩顶与桩身受桩锤冲击而造成的破坏外，还应注意桩身受锤击应力而导致的水平裂缝，在软土中打桩，桩顶以下 1/3 桩长范围内常会因反射的应力波使桩身受拉而引起水平裂缝。开裂的地方往往出现在吊点和蜂窝处，这些地方容易形成应力集中。采用重锤低击和较软的桩垫可减少锤击拉应力。

打桩时，若引起打桩区及附近地区的土体隆起和水平位移，或由于邻桩相互挤压导致桩位偏移，产生浮桩现象，则影响整个工程质量。若已产生浮桩现象，则必须采取有效的措施对浮桩纠正处理后进行静荷载试验。在已有建筑群中施工，打桩还会引起已有地下管线、地面交通道路和建筑物的损坏和不安全。因此，在邻近建筑物（构筑物）打桩时，应采取适当措施，如挖防振沟、砂井排水、预钻孔取土打桩、控制打桩速度等。

3.4.1.4 静力压桩、振动沉桩、射水沉桩

（1）静力压桩

静力压桩是利用无振动、无噪声的静压力将桩压入土中，用于软弱土层和严防振动的情况下。近年来多用液压的静力压桩机。压桩一般是分节压入，逐段接长，为此桩需分节预制。当第一节桩压入土中，其上端距地面 2m 左右时将第二节桩接上，继续压入。压同一根桩应连续施工，以防停压后再压时因阻力增大而压不下去。

（2）振动沉桩

振动法沉桩是利用振动桩锤，将桩与振动桩锤刚接在一起。振动桩锤产生的振动力通过桩身使土体振动，土体的内摩擦角减小，强度降低而将桩沉入土中。振动法沉桩在砂土中效率较高。

（3）射水沉桩

射水沉桩是锤击沉桩的一种辅助方法。利用高压水流经过桩侧面或利用空心桩内部的射水管冲击桩尖附近土层，便于锤击。一般是边冲水边打桩，当沉桩至最后 1～2m 时停止冲水，用锤击至规定标高。此法适用于砂土和碎石土，有时对于特长的预制桩，单靠锤击有困难时，亦用此法辅助施工。

3.4.2 混凝土灌注桩施工

灌注桩是直接在桩位上就地成孔，然后在孔内灌注混凝土而成。根据成孔工艺的不同，分为干作业成孔灌注桩、泥浆护壁成孔灌注桩、套管成孔灌注桩、爆扩成孔灌注桩和人工挖孔灌注桩等。灌注桩施工工艺近年来发展很快，桩端夯扩沉管灌注桩、钻孔压浆成桩等一些

新工艺在施工中应用得也越来越广泛。

灌注桩具有能适应地层的变化，无须接桩，施工时无振动、无挤压和噪声小等优点；缺点是，施工后需有一定的养护期，不能立即承受荷载。

3.4.2.1 干作业成孔灌注桩

干作业成孔灌注桩适用于地下水位低、在成孔深度内无地下水的黏性土、粉土、填土、中等密实以上的砂土以及风化岩层。此类土质在施工时无须护壁，可直接取土成孔。

目前常用的干作业成孔机具是螺旋钻机，亦有用洛阳铲成孔的。

螺旋钻机是利用动力旋转钻杆，使钻头的螺旋叶片旋转削土，土块沿螺旋叶片上升排出孔外，如图 3-12 所示。在软塑土层含水量大时，可用疏纹叶片钻杆，以便较快地钻进。一节钻杆钻入后，应停机接上第二节，继续钻到要求深度。操作时要求钻杆垂直，钻孔过程中如发现钻杆摇晃或难钻进时，可能遇到石块等异物，应立即停车检查。钻机成孔直径一般为 300~800mm，钻孔深度 8~25m。在钻进过程中，应随时清理孔口积土，遇有塌孔、缩孔等异常情况，应及时研究解决。

钢筋笼应一次性绑扎好，放入孔内后再次测量虚土厚度。对以摩擦力为主的桩，不得大于 300mm；对以端承力为主的桩，则不得大于 100mm。如虚土厚度不满足要求，需处理。混凝土应连续浇筑，每次浇筑高度不得大于 1.5m，混凝土强度等级不小于 C15。如为扩底桩，则需于桩底部用扩孔刀片切削扩孔，扩底直径应符合设计要求。

3.4.2.2 泥浆护壁成孔灌注桩

泥浆护壁成孔是用泥浆保护孔壁、防止塌孔和排出土渣而成孔，然后吊放钢筋笼，浇筑混凝土成桩。泥浆护壁成孔灌注桩适用于地下水位以下的各种土层，对不论地下水位高还是低的土层都适用。

成孔机械有回转钻机、潜水钻机、冲击钻等，其中以回转钻机应用最多。

（1）回转钻机成孔

回转钻机是由动力装置带动钻机回转装置转动，再由其带动带有钻头的钻杆移动，由钻头切削土壤。根据泥浆循环方式的不同，分为正循环回转钻机和反循环回转钻机。

正循环回转钻机成孔的工艺如图 3-15（a）所示。泥浆或高压水自空心钻杆内部通入，从钻杆底部喷出，携带钻下的土渣沿孔壁向上流动，通过孔口将土渣带出流入泥浆池。

反循环回转钻机成孔的工艺如图 3-15（b）所示。泥浆带渣流动的方向与正循环回转钻机成孔的情形相反。反循环工艺的泥浆上流的速度较高，能携带较大的土渣。

用回转钻机成孔时，在杂填土或松软土层中钻孔时，应在桩位处埋设钢护筒，起定位、保护孔口、维持水头等作用。护筒内径应比钻头直径大 10cm，埋入土中深度不宜小于 1.0~1.5m。在护筒顶部应开设 1~2 个溢浆口。在钻孔过程中，应保持护筒内泥浆水位高于地下水位。在黏土中钻孔，可采用清水钻进，自造泥浆护壁；在砂土中钻孔，则应采用制备泥浆钻进，注入的泥浆相对密度控制在 1.1 左右，排出泥浆的相对密度宜为 1.1~1.4。钻孔达到要求的深度后，测量沉渣厚度，进行清孔。以原土造浆的钻孔，清孔可用射水法，同时钻具只转不进，待泥浆相对密度降到 1.1 左右即认为清孔合格；注入制备泥浆的钻孔，采用换浆法清孔，至换出泥浆的相对密度小于 1.15 时方为合格。清孔后，应尽快吊放钢筋笼并水下灌注混凝土。灌注混凝土至桩顶时，应适当超过桩顶设计标高，以保证在凿除浮浆层后，桩顶标高和质量符合设计要求。

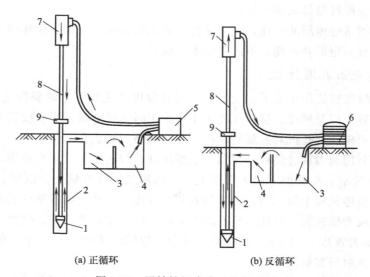

(a) 正循环   (b) 反循环

图 3-15 回转钻机成孔工艺原理图

1—钻头；2—泥浆循环方向；3—沉淀池；4—泥浆池；5—泥浆泵；6—泥浆管；7—水龙头；

8—钻杆；9—钻机回转装置

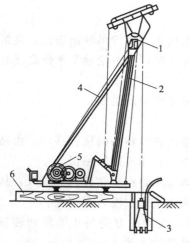

图 3-16 冲击钻成孔示意图

1—滑轮；2—主杆；3—钻头；4—斜撑；

5—卷扬机；6—垫木

施工后的灌注桩应保证没有缩颈、夹渣、夹层、断桩等严重的质量问题，其平面位置及垂直度也都需要满足规范的规定。

（2）潜水钻机成孔

潜水钻机是一种旋转式钻孔机械，用正循环工艺将土渣排出孔外。钻机可以下放至孔中的地下水中成孔。潜水钻机成孔，亦需先埋设护筒，其他施工过程皆与回转钻机成孔相似。

（3）冲击钻成孔

冲击钻主要用于岩土层中成孔，成孔时将冲锥式钻头提升到一定高度后以自由下落的冲击力来破碎岩层，然后用掏渣筒来掏取孔内的渣浆。冲击钻成孔示意图见图 3-16。

3.4.2.3 套管成孔灌注桩

套管成孔灌注桩是利用锤击打桩法或振动打桩法，将带有钢筋混凝土桩靴或带有活瓣式桩靴（图 3-17）的钢套管沉入土中，然后灌注混凝土并拔管而成。若配有钢筋，在规定标高处应吊放钢筋骨架。利用锤击沉桩设备沉管、拔管时，称为锤击灌注桩；利用激振器的振动沉管、拔管时，称为振动灌注桩。套管成孔灌注桩利用套管保护成孔，能沉能拔，施工速度快。

（1）锤击沉管灌注桩

沉桩前，应根据桩的密集程度、土质情况确定沉桩顺序。施工时，用桩架吊起钢套管，对准预先设在桩位处的预制钢筋混凝土桩靴，然后缓缓放下套管，套入桩靴压进土中。套管与桩靴连接处要垫以麻、草绳，以防止地下水渗入管内。套管上端扣上桩帽，检查套管与桩锤是否在一垂直线上，套管偏斜＜0.5％时，即可起锤沉套管。先用低锤轻击，观察无偏移后才正常施打，直至符合设计要求的贯入度或沉入标高，检查管内有无泥浆或水进入，无误即可灌注混凝土。套管内混凝土应尽量灌满，然后开始拔管。拔管要均匀，第一次拔管高度控制在套管能容纳第二次所需的混凝土灌注量即可，不宜拔管过高。拔管时应保持连续密锤低击不停，并控制拔出速度：对一般土层，以不大于1m/min为宜；在软

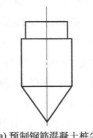

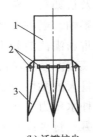

(a) 预制钢筋混凝土桩尖　　(b) 活瓣桩尖
1—桩管；2—锁轴；3—活瓣

图 3-17　沉管桩尖示意图

土层及软硬土层交界处，应控制在0.8m/min以内。拔管时还要经常探测混凝土落下后的扩散情况，注意管内的混凝土保持略高于地面，一直到全管拔出为止。桩的中心距在5倍桩管外径以内或小于2m时，均应跳打，中间空出的桩须待邻桩混凝土达到设计强度的50%以后，方可施打。

为了提高桩的质量和承载力，常采用复打法扩大灌注桩。其施工顺序为：在第一次灌注桩施工完毕，拔出套管后，清除管外壁上的污泥和桩孔周围地面的浮土，立即在原桩位再预埋桩靴或合好活瓣进行第二次复打，使未凝固的混凝土向四周挤压扩大桩径，然后再浇筑第二次混凝土。施工时要注意前后二次沉管的轴线应重合，复打施工必须在第一次灌注的混凝土初凝之前进行。

锤击沉管灌注桩适用于黏性土、粉土、淤泥质土、砂土及填土等。

（2）振动沉管灌注桩

振动沉管灌注桩采用激振器沉管或振动冲击沉管，施工时，先安装好桩机，将桩管下活瓣合起来，对准桩位，徐徐放下套管，压入土中，勿使偏斜，即可开动激振器沉管。激振器又称振动锤，由电动机带动装有偏心块的轴旋转而产生振动，振动法沉管与振动法沉桩相似。沉管时必须严格控制最后两个两分钟的贯入速度，其值按设计要求，或根据试桩和当地长期的施工经验确定。振动沉管灌注桩可采用单打法、反插法或复打法施工。

单打法施工时，在沉入土中的套管内灌满混凝土，开动激振器，振动5～10s，开始拔管，边振边拔。每拔0.5～1.0m，停拔振动5～10s，如此反复，直到套管全部拔出。在一般土层内拔管速度宜为1.2～1.5m/min，在较软弱土层中，不得大于0.8～1.0m/min。

反插法施工时，在套管内灌满混凝土后，先振动再拔管，每次拔管高度0.5～1.0m，向下反插深度0.3～0.5m。如此反复进行并始终保持振动，直到套管全部拔出地面。反插法能使桩的截面增大，从而提高桩的承载力，宜在较差的软土地基上应用。

复打法要求与锤击沉管灌注桩相同。

振动沉管灌注桩的适用范围除与锤击沉管灌注桩相同外，还适用于稍密及中密的碎石土地基。

（3）套管成孔灌注桩易产生的质量问题及处理

① 断桩。断桩一般常见于地面下1.0～3.0m的不同软硬层交接处。其裂痕呈水平或略倾斜，一般都贯通整个截面。其原因主要有：桩距过小，邻桩施打时土的挤压产生了水平横向推力和隆起上拔力；软硬土层间传递水平力大小不同，对桩产生剪应力，桩身混凝土终凝不久，强度弱，承受不了外力。避免断桩的措施有：桩的中心距宜大于3.5倍桩径；考虑打

桩顺序及桩架行走路线时，应注意减少对新打桩的影响；采用跳打法或控制时间法以减少对邻桩的影响。断桩一经发现，应将断桩段拔出，将孔清理干净后，略增大面积或加上铁箍连接，再重新灌注混凝土补做桩身。

② 颈缩。颈缩的桩又称瓶颈桩。部分桩颈缩小，截面积不符合要求。产生的原因有：在含水量大的黏性土中沉管时，土体受强烈扰动和挤压，产生很高的孔隙水压力，桩管拔出后，这种水压力便作用到新灌注的混凝土桩上，使桩身发生不同程度的颈缩现象；拔管过快，混凝土量少或和易性差，使混凝土出管时扩散差等。施工中应经常测定混凝土落下情况，发现问题及时纠正，一般可用复打法处理。

③ 吊脚桩。即桩底部混凝土隔空，或混凝土中混进泥砂而形成松软层。原因为桩靴强度不够，沉管时被破坏变形，水或泥砂进入桩管，或活瓣未及时打开。处理办法：将桩管拔出，纠正桩靴或将砂回填桩孔后重新沉管。

④ 桩靴进水进泥。桩靴进水进泥常发生在地下水位高时或饱和淤泥或粉砂土层中，原因为桩靴活瓣闭合不严，预制桩靴被打坏或活瓣变形。处理方法：拔出桩管，清除泥砂，整修桩靴活瓣，用砂回填后重打。地下水位高时，可待桩管沉至地下水位时，先灌入 0.5m 厚的水泥砂浆作封底，再灌 1.0m 高混凝土增压，然后再继续沉管。

3.4.2.4 爆扩成孔灌注桩

爆扩成孔灌注桩是用钻孔爆扩成孔，孔底放入炸药，再灌入适量的混凝土，然后引爆，使孔底形成扩大头，再放置钢筋笼，浇筑桩身混凝土制成的桩。

其在黏性土层中使用效果较好，但在软土及砂土中不易成型，桩长一般为 3～6m，最大不超过 10m。扩大头直径为 2.5～3.5d（d 指桩的直径）。这种桩具有成孔简单、节省劳力和成本低等优点。但检查质量不便，施工质量要求严格，其施工示意图如图 3-18 所示。

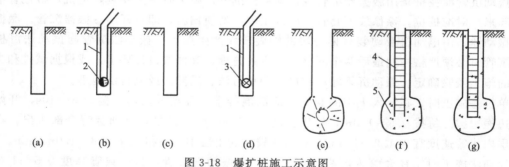

图 3-18 爆扩桩施工示意图
1—炸药包；2—导线；3—雷管；4—钢筋笼；5—混凝土

爆扩大头的施工要点如下：

① 确定炸药用量，安放药包。首先根据扩大头设计尺寸以及地基土质情况确定炸药用量，一般应通过现场试验确定；把确定量的炸药用塑料布紧密包扎成药包，每个药包放 2 个雷管，用并联法与引爆线路连接，用绳将药包吊放到桩孔底正中，其上盖 15～20cm 砂，保护药包不被混凝土冲破。

② 灌压爆混凝土及引爆。压爆混凝土灌入量为扩大头体积的一半，混凝土坍落度在黏性土层中宜为 10～12cm，在砂土及人工填土中宜为 12～14cm，骨料直径不宜大于 25mm；压爆混凝土灌注完毕后，应立即进行引爆，时间间隔不宜超过 30min，否则容易出现混凝土拒落事故；引爆后混凝土落入扩大头空腔底部，然后检查扩大头尺寸，用软轴接长的振动棒振

实。引爆时应注意引爆顺序：当桩距大于爆扩影响间距时，可采用单爆方式；当桩距小于爆扩影响间距时，宜采用联爆方式；相邻桩扩大头不在同一标高时，引爆顺序应先深后浅进行。

③ 灌注桩身混凝土。扩大头底部混凝土振实后，立即将钢筋骨架垂直放入桩孔，然后灌注混凝土，扩大头和桩身混凝土灌注完。桩顶加盖草袋，终凝后浇水养护。在干燥的砂类土地区，还要在桩的周围洒水养护。

3.4.2.5　墩式基础

墩式基础是指在地基中钻孔或挖孔并灌注混凝土而形成的短粗形深基础。在外形上和工作方式上与灌注桩很相似，直径通常为 1～5m，长径比不大于 30，故亦称大直径短桩。由于墩身直径很大，具有很高的强度和刚度，并且通常直接支承在岩石或密实土层上，因而工程上多为一柱一墩。墩式基础在桥梁及建筑工程中有着广泛的应用，尤其在高层建筑及重型结构物设计中，单墩支撑柱的方案越来越多。

墩基的施工方法主要取决于工程地质条件、施工机具和设备条件以及施工技术等，以人工挖孔施工最为常见。采用人工开挖时，可直接检查成孔质量，易于清除孔底虚土，施工时无噪声、无振动，且可多人进行若干个墩的同时开挖，底部扩孔易于施工。为防止造成塌方事故，挖孔时需制作护壁，每开挖一段则浇筑一段护壁，护壁多为现浇钢筋混凝土，或者需对每一墩身事先施工围护，然后才能开挖。人工开挖还需注意通风、照明和排水。

在地下水位高的软土地区开挖墩身，要注意隔水。否则，在开挖墩身时水涌入导致大量排水，会使地下水位大量下降，有可能造成附近周围地面的下沉，影响附近已有的建筑物和管线等的安全。墩基础施工工艺如下。

（1）放线定位

在整平的施工场地，按设计要求放出建筑物轴线及边线，在设计墩位处设置标志即定位。为避免墩轴线偏差过大，造成返工现象，放线时应认真反复核对设计图纸。

（2）人工挖土施工

人工挖土施工的方法有多种，最常用的有现浇混凝土衬砌法和多级套筒法两种。现介绍第一种方法，挖孔桩示意图如图 3-19 所示，具体步骤如下：

① 挖土。通常采取分段开挖，每段高度大约 1.0m，开挖孔径为设计墩基直径加 2 倍护壁的厚度。

② 支设护壁模板。模板高度取决于开挖施工段的高度，一般为 1.0m，由 4 块至 8 块活动弧形钢模板（或木模板）组合而成。

③ 在模板顶放置操作平台。平台可用角钢和钢板制成半圆形，用来临时放置混凝土和在浇筑混凝土时作为操作平台。

④ 浇筑护壁混凝土。第一节护壁厚宜增加 100～150mm，上下节护壁用钢筋拉结。浇筑混凝土时应仔细捣实，保证护壁具有防止土壁塌陷和阻止水向孔内渗透的双重作用。

⑤ 拆除模板，继续下一段的施工。当护壁混凝土强度达到 1.2MPa，常温下约为 24h 方可拆除模板。当第一施工段挖土完成后，按上述步骤继续向下开挖，直至达到设计深度并按设计的直径进行扩底。

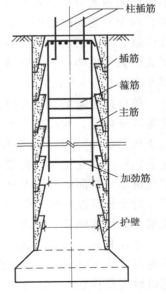

图 3-19　挖孔桩示意图

（3）验孔清底

① 墩基成孔基本完成后，应对孔径位置、大小、是否偏斜等方面进行检验，并检查孔壁土层或护壁是否稳定或可能损坏，发现问题及时进行补救处理。

② 检查孔底标高、孔内沉渣及核实墩底土层情况。对孔内沉渣，应首选清除，条件不便时，可采用重锤夯实或水泥浆加固。

③ 安放钢筋。清底后即可按设计要求放置钢筋笼。安放钢筋笼时要注意平稳起吊，准确对位，严格控制倾斜等偏差，同时避免碰撞孔壁。钢筋笼的悬吊设施要可靠，防止自由下落到孔底。

（4）浇筑混凝土

混凝土应保证良好的和易性，其坍落度一般控制在 10～20cm。混凝土应通过导管下料，导管下口距浇筑面应小于 2m，混凝土宜采用插入式振捣器分层振捣密实。混凝土浇筑一般应在达到墩顶标高后超灌至少 0.5m。

质量要求：墩基础中心线平面位置偏差不宜大于 5cm，墩垂直度偏差应控制在桩长的 0.3％以内，墩身直径不得小于设计尺寸。

如果墩端部持力层内存在局部软弱夹层应予以清除，其面积超过墩端截面 10％时，应当继续下挖。当挖到比较完整的岩石后，应判断其是否还有软弱层。可采用小型钻机再向下钻约 5m 深，并且对钻取的土样进行鉴别，查清确无软弱下卧层后方可终孔。

3.4.2.6 灌注桩后注浆

灌注桩后注浆指在灌注桩成桩后的一定时间，通过预设于桩身内的注浆导管及与之相连的桩端、桩侧注浆阀，以一定的压力注入水泥浆或其他化学浆液，使桩端、桩侧土体（包括沉渣和泥皮）得到加固，从而提高单桩承力，减小桩身沉降的工法。该工法可用于各类钻、挖、冲孔灌注桩及地下连续墙等深基础周边一定范围内土体的加固。

后注浆导管应采用钢管，其直径一般为 30～50mm，并应与钢筋笼加劲筋绑扎或焊接固定。桩端后注浆导管及注浆阀数量宜根据桩径大小设置。对于直径不大于 12mm 的桩，宜沿钢筋笼圆周对称设置 2 根；对于直径大于 100mm 而不大于 2500mm 的桩，宜对称设置 3 根。对于非通长配筋桩，下部应有不少于 2 根与注浆管等长的主筋组成的钢筋笼通底，以保证注浆管与主筋的固定。对于桩长超过 15m 且承载力增幅要求较高者，宜采用桩端、桩侧复式注浆。桩侧后注浆管阀设置数量应综合地层情况、桩长和承载力增幅要求等因素确定，可在离桩底 5～15m 以上、离桩顶 8m 以下，每隔 6～12m 设置一道桩侧后注浆管阀。

单桩注浆量的设计应根据桩径、桩长、桩端桩侧土性质、单桩承载力增幅及是否复式注浆等因素确定。后注浆作业开始前，宜进行注浆试验，优化并最终确定注浆参数。注浆作业宜于成桩 2d 后开始。注浆作业与成孔作业点的距离不宜小于 8～10m。对于饱和土中的复式注浆，顺序宜先桩侧后桩端；对于非饱和土宜先桩端后桩侧；多断面桩侧注浆应先上后下；桩侧桩端注浆间隔时间不宜少于 2h。桩端注浆应对同一根桩的各注浆导管依次实施等量注浆。对于桩群注浆宜先外围、后内部。终止注浆需要满足 2 个条件中的 1 条：①注浆总量和注浆压力均达到设计要求；②注浆总量已达到设计值的 75％，且注浆压力超过设计值。

若注浆压力长时间低于正常值或地面出现冒浆或周围桩孔串浆，则应改为间歇注浆，间歇时间宜为 30～60min，或调低浆液水灰比。后注浆施工过程中，应经常对后注浆的各项工艺参数进行检查，发现异常应采取相应处理措施。在桩身混凝土强度达到设计要求的条件下，桩承载力检验应在后注浆 20d 后进行，若浆液中掺入早强剂，则可于注浆 15d 后进行。

第4章
砌体工程施工

📖 **知识要点**

　　本章的主要内容有砖砌体、石砌体、中小型砌块砌体、桥涵砌体施工四部分，重点介绍了砌体材料的性能及要求，砌筑用脚手架及垂直运输设施，砌体的施工工艺、组砌原则、质量控制及检验方法等。

📖 **学习目标**

　　要求学生了解砌体工程所用材料的性能，熟悉砖砌体、石砌体、砌块砌体的施工工艺和施工方法，了解脚手架的类型、构造及适用范围，了解垂直运输设施的选用及布置要求。掌握砖砌体、石砌体、砌块砌体的质量要求等。

4.1　砌体材料

4.1.1　块材

　　砌体工程所用材料主要指砌筑块材（砖、石或砌块等）和黏结材料（水泥砂浆、混合砂浆或石灰砂浆等）两类。

4.1.1.1　砖

　　砖按构造主要有实心砖、多孔砖和空心砖，按生产方式可分为烧结砖和蒸压（或蒸养）砖两大类。

　　（1）烧结砖

　　烧结砖有烧结普通砖（实心砖）、烧结多孔砖和空心砖，它们主要是以黏土、页岩、煤矸石、粉煤灰为原料，经压制成型、焙烧而成。按所用原料不同，分为黏土砖、页岩砖、煤矸石砖或粉煤灰砖。

　　烧结普通砖的外形为直角六面体，其规格为 240mm×115mm×53mm（长×宽×厚），即 4 块砖长加 4 个灰缝、8 块砖宽加 8 个灰缝、16 块砖厚加 16 个灰缝（简称 4 顺、8 丁、16 线）均约为 1m。烧结普通砖根据抗压强度分为 MU30、MU25、MU20、MU15、MU10 五个强度等级。

　　烧结多孔砖和空心砖的规格有：代号 M 砖（190mm×190mm×90mm），代号 P 砖（240mm×115mm×90mm）等多种。承重多孔砖的强度等级与烧结普通砖相同，非承重空心砖的强度等级有 MU5、MU3、MU2 三个。

（2）蒸压砖

蒸压砖有煤渣砖和灰砂空心砖。

蒸压煤渣砖是以煤渣为主要原料，掺入适量的石灰、石膏，经混合、压制成型，通过蒸压（或蒸养）而成的实心砖，其规格同烧结普通砖，强度等级由抗压、抗折强度而定，有 MU20、MU15、MU10、MU7.5 四个强度等级。

蒸压灰砂空心砖是以石灰、砂为主要原料，经坯料制备、压制成型、蒸压养护而制成的孔洞率大于 15% 的空心砖。砖的尺寸，长均为 240mm，宽均为 115mm，高有 53mm、90mm、115mm、175mm 四种，有 MU25、MU20、MU15、MU10、MU7.5 五个强度等级。

4.1.1.2 石材

砌筑用的石材分为毛石和料石两类。

毛石又分为乱毛石和平毛石。乱毛石指形状不规则的石块；平毛石指形状不规则，但有两个平面大致平行的石块。毛石的中部厚度不应小于 150mm。料石按其加工面的平整程度分为细料石、半细料石、粗料石和毛料石四种。料石的宽度、厚度均不宜小于 200mm。石材通常用边长为 70mm 的立方体试块进行抗压强度试验确定石材强度的等级，砌筑工程中一般选用的抗压强度等级有：MU100、MU80、MU60、MU50、MU40、MU30。

4.1.1.3 砌块

砌块的种类较多，常用的有混凝土空心砌块、加气混凝土砌块及粉煤灰实心砌块等。通常把高度为 180～350mm 的称为小型砌块，360～900mm 的称为中型砌块。砌块的类型不同，其强度等级各异，为此，生产单位供应砌块时，必须提供产品出厂合格证，标明砌块的强度等级和质量。

普通混凝土小型空心砌块主要规格尺寸为 390mm×190mm×190mm，有两个方形孔，主要有 MU3.5、MU5、MU7.5、MU10、MU15、MU20 六个强度等级。

粉煤灰砌块是以粉煤灰、石灰、石膏和轻集料为原料，加水搅拌，振动成型、蒸汽养护而成的密实砌块。其主要规格尺寸（长×宽×高）为 880mm×380mm×240mm，180mm×430mm×240mm；其有 MU10 和 MU13 两个强度等级。

加气混凝土产品可分为非承重砌块、承重砌块、保温块、墙板与屋面板五种。其中，非承重砌块生产和使用最为广泛，它的体积密度一般为 500kg/m³ 和 600kg/m³，主要使用在结构中的填充墙与隔墙上，而不承担荷载。其规格较多，常见长度为 600mm，高度为 200mm、250mm 及 300mm；宽度以 50mm 或 60mm 为基础按 25mm 或 60mm 递增。主要有 A0.8、A1.5、A2.5、A3.5、A5.0 五个强度等级，有 B035、B04、B05、B06、B07 五个体积密度级别。

4.1.2 砌筑砂浆

4.1.2.1 材料

常用的砂浆有水泥砂浆、石灰砂浆和混合砂浆三种，其主要原材料为水泥、砂、石灰膏及外掺料。

水泥品种及强度等级应根据设计要求、砌体的部位和所处的环境来选择。水泥砂浆采用的水泥，其强度等级不应大于 32.5；水泥混合砂浆采用的水泥，其强度等级不宜大于 42.5。

砂宜用中砂，其中毛石砌体宜用粗砂。砂应过筛，不得含有杂物，其含泥量一般不应超过 5％，对强度等级小于 M5 的混合砂浆也不应超过 10％。

生石灰熟化成石膏时，熟化时间不得少于 7d，并用孔径不大于 3.0mm×3.0mm 的网过滤，石灰膏应防止干燥、冻结和污染，严禁使用脱水硬化的石灰膏。

砂浆外掺料可改善其和易性，常用的外掺料有黏土膏、电石膏和粉煤灰等。另外，考虑施工需要，凡在砂浆中掺入有机塑化剂、早强剂、缓凝剂、防冻剂等外加剂时，应经检验和试配符合要求后使用，以免影响砌体的质量。

4.1.2.2 砂浆的强度等级

砂浆强度等级是以边长为 70.7mm 的立方体试块，按标准条件〔在 (20±2)℃ 温度、相对湿度为 90％ 以上〕下养护至 28d 的抗压强度值确定的。水泥砂浆及预拌砌筑砂浆的强度等级可分为 M5、M7.5、M10、M15、M20、M25、M30；水泥混合砂浆的强度等级可分为 M5、M7.5、M10、M15。(JGJ/T 98—2010 砌筑砂浆配合比设计规程)

砂浆制备应采用经试配调整后的配合比，配料要准确。水泥配料的精确度应控制在±2％ 以内，砂、石灰膏和外掺料应控制在 5％ 以内。掺用外加剂时，应先将外加剂按规定浓度溶于水中，再将外加剂溶液与拌和水一起投入拌和，不得将外加剂直接投入拌制的砂浆中。

砂浆应采用机械拌和，拌和时间为：水泥砂浆、水泥混合砂浆不得少于 2min；水泥粉煤灰砂浆和掺用外加剂的砂浆不得少于 3min。砂浆的稠度对砖砌体来说宜控制在 70～90mm，对石砌体来说宜为 30～50mm。砂浆应随拌随用，水泥砂浆和水泥混合砂浆必须在拌和后 3～4h 内使用完毕。如施工期最高气温超过 30℃ 时，则应在 2～3h 内使用完毕。

4.2 砖、石砌体施工技术要点

砌体类型较多，现以砖砌体等为例阐述有关施工技术问题。

为保证施工质量，要求砌筑用砖的品种、强度等级必须符合设计要求，色彩均匀；用于清水墙砌体表面的砖应边角整齐，色泽一致；普通砖、空心砖应在砌筑前浇水湿润，其含水率宜为 10％～15％，灰砂砖、粉煤灰砖含水率宜为 5％～8％。砂浆品种、强度等级及稠度应符合设计和施工规范的要求。

4.2.1 砖砌体砌筑工艺

砖的砌筑通常有抄平、放线、摆砖样、立皮数杆、立头角和勾缝等工序。

① 抄平：砌砖前，在基础防潮层或楼面上定出各层标高，用水泥砂浆或 C10 细石混凝土抄平。

② 放线：在抄平的墙基上，按龙门板上轴线定位钉为准拉线，弹出墙身中心轴线、墙边线，并定出门窗洞口的位置。

③ 摆砖样：在弹好线的基面上，由经验丰富的瓦工，根据墙身长度（按门、窗洞口分段）和组砌方式进行摆砖样，使每层砖的砖块排列和灰缝宽度均匀并尽量减少砍砖。

④ 立皮数杆：皮数杆是一根控制每皮砖砌筑的竖向尺寸，并使铺灰、砌砖的厚度均匀，

保证砖皮水平的长约 2m 的板条。上面标有砖的皮数与门窗洞、过梁、楼板的位置，用来控制墙体各部分构件的标高。皮数杆一般立于墙的转角处，用水准仪校正标高，若墙很长，可每隔 10~12m 再立一根。

⑤ 立头角：头角即墙角，是确定墙身两面横平竖直的主要依据。盘角时，主要大角盘角不要超过 5 皮砖，应随砌随盘，然后将麻线挂在墙身上（称为挂准线）；盘角时还要与皮数杆对照，检查无误后才能挂线，再砌中间墙。

⑥ 勾缝：勾缝主要用于清水墙，使墙面更美观、牢固。勾缝宜用 1:1.5 的水泥细砂浆，也可用素浆勾缝。

4.2.2　砖砌体施工质量控制标准

砖砌体的砌筑质量应符合《砌体工程施工及验收规范》（GB 50203）的要求。做到"横平竖直，砂浆饱满，组砌得当，接槎可靠"的要求。

（1）横平竖直

砖砌体主要承受竖向力，砌体施工时应注意水平灰缝平直，砌筑时必须立皮数杆、按线砌筑；竖向灰缝应按照砌筑工艺要求垂直对齐，否则就会"游丁走缝"，会影响墙体的外观质量。

砌体在砌筑过程中，应随时检查墙体的水平度和垂直度，一般要求做到"三皮一吊，五皮一靠"。为减少灰缝受压变形引起的砌体结构的不均匀沉降及其对墙体质量造成的影响，一般要求砌筑体高度不宜超过 1.8m；当施工时遇到大风时，日砌筑高度不宜超过 1.2m。

（2）砂浆饱满

砖砌体属于脆性材料，其抗压能力较好，抗拉、抗剪能力比较差，因此，应尽量使砖块体处于均匀受压状态，以减少产生拉力和剪力的可能。砌体灰缝砂浆的饱满度对砌体的传力均匀性、砌体之间连接的可靠性和砌体的强度影响很大，这就要求在砌筑砌体结构时块体间的水平灰缝砂浆饱满、厚薄均匀。一般要求水平灰缝厚度应不小于 8mm，也不宜大于 12mm。在实际工程中，为了更好地控制砂浆的饱满度，经常用百格网来检查水平灰缝的饱满度，砂浆的饱满度不得少于 80%。

（3）组砌得当

为提高砌体的整体性、稳定性和承载力，砖块排列应遵守上下错缝的原则，避免垂直通缝出现，错缝或搭砌长度一般不小于 60mm。为满足错缝要求，实心墙体组砌时，一般采用一顺一丁、梅花丁和三顺一丁等砌筑方式（图 4-1）。砌筑方法一般采用三一砌法，即用大铲，一铲灰、一块砖、一挤揉的砌筑方法。

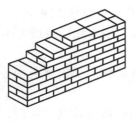 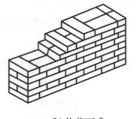 

(a) 一顺一丁式　　(b) 梅花丁式　　(c) 三顺一丁式

图 4-1　砖的组筑方式

（4）接槎可靠

接槎是指墙体临时间断处的接合方式，一般有直槎和斜槎两种方式（图4-2）。规范规定：砖砌体的转角处和交接处应同时砌筑，对不能同时砌筑而又必须留置的临时间断处，应砌成斜槎，且实心砖砌体的斜槎长度不应小于高度的2/3。这种留设方法操作方便，接槎时砂浆饱满，易保证工程质量。临时间断处留斜槎有困难时，除转角处外，也可留直槎，但必须做成凸槎，并加设拉结筋。每120mm墙厚放置一根φ6的钢筋，如厚度小于240mm的墙体，钢筋也至少设置两根。间距沿墙高不得超过50cm，埋入长度从墙的留槎处算起，每边不应小于50cm，末端应有90°弯钩。

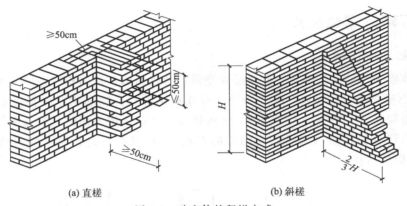

(a) 直槎　　　　　　(b) 斜槎

图4-2　砖砌体的留槎方式

墙砌体接槎时，必须将接槎处的表面清理干净，浇水湿润，并应填实砂浆，保持灰缝平直，当墙体砌筑到框架梁底时，应用砖斜砌挤紧框架梁底，斜砖的角度为60°左右。对于框架结构等房屋的填充墙，在砌筑时，墙体的拉结钢筋应与框架内的预埋拉结钢筋连接起来，填充墙体与框架柱接槎处应用砖和砂浆塞紧。

另外，在砌筑过程中，砌体的位置偏移、垂直度及一般尺寸的允许偏差，应符合表4-1和表4-2的规定。

表 4-1　砖砌体的位置及垂直度允许偏差

项次	项目			允许偏差/mm	检验方法
1	轴线位置偏移			10	用经纬仪和尺检查或用其他测量仪器检查
2	垂直度	每层		5	用2m拖线板检查
		全高	≤10m	10	用经纬仪、吊线和尺检查，或用其他测量仪器检查
			≥10m	20	

表 4-2　砖砌体一般尺寸允许偏差

项次	项目		允许偏差/mm	检验方法	抽检数量
1	基础顶面和楼面标高		±15	用水平仪和尺量	不少于5处
2	表面平整度	清水墙、柱	5	用2m靠尺和楔形塞尺检查	有代表性的10%，但不少于3间，每间不少于2处
		混水墙、柱	8		
3	门窗洞口高、宽（后塞口）		±5	用尺检查	检验批洞口的10%，且不少于5处

续表

项次	项目		允许偏差/mm	检验方法	抽检数量
4	外墙上下窗口偏移		20	以底层窗口为准,用经纬仪或吊尺检查	检验批的10%,且不少于5处
5	水平灰缝平直度	清水墙	7	拉10m线和尺检查	有代表性的10%,但不少于3间,每间不少于2处
		混水墙	10		
6	清水墙游丁走缝		20	吊线和尺检查,以每层第一皮砖为准	有代表性的10%,但不少于3间,每间不少于2处

4.2.3 石砌体砌筑要点

4.2.3.1 毛石砌体砌筑

毛石砌体应采用铺浆法砌筑。砂浆必须饱满,叠砌面的黏灰面积（即砂浆饱满度）应大于80%。毛石砌体宜分皮卧砌,各皮石块间应能利用毛石自然形状经敲打修整与先砌毛石基本吻合、搭砌紧密。毛石应上下错缝,内外搭砌,不得采用外面侧立毛石中间填心的砌筑方法,中间不得有铲口石（尖石倾斜向外的石块）、斧刃石（尖石向下的石块）和过桥石（仅在两端搭砌的石块）,见图4-3。

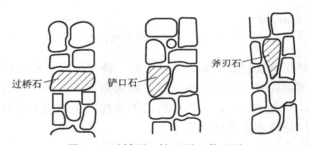

图4-3 过桥石、铲口石、斧刃石

毛石砌体的灰缝厚度宜为20～30mm,石块间不得有相互接触现象。石块间较大的空隙应填塞砂浆后用碎石块嵌实,不得采用先放碎石后塞砂浆或干填碎石块的方法。

（1）毛石基础

砌筑毛石基础的第一皮石块应座浆,并将石块的大面向下。毛石基础的转角处、交接处应用较大的平毛石砌筑;毛石基础的扩大部分,如做成阶梯形,上级阶梯的石块应至少压砌下级阶梯石块的1/2,相邻阶梯的毛石应相互错缝搭砌。

毛石基础必须设置拉结石,拉结石应均匀分布,毛石基础同皮内每隔2m左右设置一块。拉结石长度:如基础宽度等于或小于400mm,应与基础宽度相等;如基础宽度大于400mm,可用两块拉结石内外搭接,搭接长度不应小于150mm,且其中一块拉结石长度不应小于基础宽度的2/3。

（2）毛石墙

毛石墙的第一皮及转角处、交接处和洞口处,应用较大的平毛石砌筑。

每个楼层墙体的最上一皮,宜用较大的毛石砌筑。毛石墙必须设置拉结石,拉结石应均匀分布,相互错开。毛石墙一般每0.7m²墙面至少设置一块,且同皮内拉结石的距离不应大于2m。拉结石的长度和砌筑要求同毛石基础。

4.2.3.2 料石砌体砌筑

料石砌体应采用铺浆法砌筑，料石应放置平稳，砂浆必须饱满。砂浆铺设厚度应略高于规定灰缝厚度，其高出厚度：细料石宜为3～5mm，粗料石、毛料石宜为6～8mm。

料石砌体的灰缝厚度：细料石砌体不宜大于5mm，粗料石和毛料石砌体不宜大于20mm。料石砌体的水平灰缝和竖向灰缝的砂浆饱满度均应大于80%。料石砌体上下皮料石的竖向灰缝应相互错开，错开长度应不小于料石宽度的1/2。

料石基础的第一皮料石应座浆丁砌，以上各层料石可按一顺的料石至少压砌下级阶梯料石的1/3。对于阶梯形料石基础，上级阶梯料石墙厚度等于两块料石宽度时，可采用两顺一丁或丁顺组砌的砌筑形式；料石墙厚度等于一块料石宽度时，可采用全顺砌筑形式。

料石基础与毛石基础见图4-4。

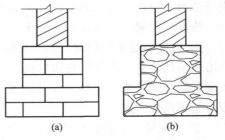

图4-4 料石基础（a）和毛石基础（b）

4.2.4 石砌体质量

石砌体的轴线位置偏移、垂直度及一般尺寸的允许偏差应符合表4-3和表4-4的要求。

表4-3 石砌体的轴线位置及垂直度允许偏差

项次	项目		允许偏差/mm						检验方法
			毛石砌体		料石砌体				
					毛料石		粗料石	细料石	
			基础	墙	基础	墙	基础	墙	墙、柱	
1	轴线位置偏移		20	15	20	15	15	10	10	用经纬仪和尺检查或用其他测量仪器检查
2	墙面垂直度	每层		20		20		10	7	用经纬仪、吊线和尺检查或用其他测量仪器检查
		全高		30		30		25	20	

表4-4 石砌体的一般尺寸的允许偏差

项次	项目		允许偏差/mm						检验方法
			毛石砌体		料石砌体				
					毛料石		粗料石	细料石	
			基础	墙	基础	墙	基础	墙	墙、柱	
1	基础顶面和墙砌体顶面标高		±25	±15	±25	±15	±15	±15	±10	用水准仪和尺检查
2	砌体厚度		+30	+20 −10	+30	+20 −10	+15	+10 −5	+10 −5	用尺检查
3	表面平整度	清水墙、柱		20		20		10	5	细料石用2m靠尺和楔形塞尺检查，其他用两直尺垂直于灰缝拉2m线和尺检查
		混水墙、柱		20		20		15		
4	清水墙水平灰缝平直度							10	5	拉10m线和尺检查

4.3　砌块砌筑施工

4.3.1　普通砌块砌筑要点

砌块砌筑前应确保砌块的龄期达到 28d，清除砌块表面的污物及杂质，并对砌块的外观进行检查，应遵循先远后近、先下后上、先外后内的砌筑原则，砌筑时不宜浇水，应立皮数杆、拉准线控制。其施工要点如下：

① 砌块一般采用顺砌形式，从转角或定位处开始，内外墙同时砌筑，纵横墙交错搭接。外墙转角处应使小砌块隔皮露端面；T 字交接处应使横墙小砌块隔皮露端面，纵墙在交接处改砌两块辅助规格小砌块（尺寸为 290mm×190mm×190mm，一头开口），砌块砌筑时应按照施工段依次进行。

② 小砌块应对孔错缝搭砌，上下皮小砌块竖向灰缝相互错开 190mm。个别情况下若无法对孔砌筑，错缝长度不应小于 90mm，当不能保证此规定时，应在水平灰缝中设置 2Φ4 钢筋网片，钢筋网片每端均应超过该垂直灰缝，其长度不得小于 300mm。

③ 小砌块砌体的灰缝应横平竖直，全部灰缝均应铺填砂浆，水平灰缝的砂浆饱满度不得低于 90%，竖向灰缝的砂浆饱满度不得低于 80%，砌筑中不得出现瞎缝、透明缝。水平灰缝厚度和竖向灰缝宽度应控制在 8～12mm。当缺少辅助规格小砌块时，砌体通缝不应超过两皮砌块。

④ 小砌块砌体临时间断处应砌成斜槎，斜槎长度不应小于斜槎高度的 2/3（一般按一步脚手架高度控制）；如留斜槎有困难，除外墙转角处及抗震设防地区处砌体临时间断处不应留直槎外，可从砌体面伸出 200mm 砌成阴阳槎，并沿砌体高每三皮（600mm）砌块设拉结钢筋或网片，接槎部位宜延至门墙洞口，见图 4-5。

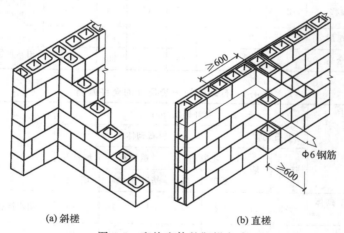

(a) 斜槎　　　　　　　　　　(b) 直槎

图 4-5　砌块砌体的留槎方式

⑤ 常温条件下，普通混凝土小砌块的日砌筑高度应控制在 1.8m 内。对砌体表面的平整度和垂直度，及灰缝的厚度和砂浆饱满度应随时检查，校正偏差。在砌完每一楼层后，应校核砌体的轴线尺寸和标高，允许范围内的轴线及标高的偏差，可在楼板面上予以校正。砌体的轴线位置偏移、垂直度及一般尺寸的允许偏差应符合表 4-5 和表 4-6 的要求。

表 4-5 混凝土小砌块砌体的轴线位置及垂直度允许偏差

项次	项目			允许偏差/mm	检验方法
1	轴线位置偏移			10	用经纬仪和尺检查或用其他测量仪器检查
2	垂直度	每层		5	用2m拖线板检查
		全高	≤10m	10	用经纬仪、吊线和尺检查或用其他测量仪器检查
			>10m	20	

表 4-6 混凝土小砌块砌体的一般尺寸的允许偏差

项次	项目		允许偏差/mm	检验方法	抽检数量
1	基础顶面和楼面标高		±15	用水平仪和尺量	不少于5处
2	表面平整度	清水墙、柱	5	用2m靠尺和楔形塞尺检查	有代表性的10%,但不少于3间,每间不少于2处
		混水墙、柱	8		
3	门窗洞口高、宽(后塞口)		±5	用尺检查	检验批洞口的10%,且不少于5处
4	外墙上下窗口偏移		20	以底层窗口为准,用经纬仪或吊尺检查	检验批的10%,且不少于5处
5	水平灰缝平直度	清水墙	7	拉10m线和尺检查	有代表性的10%,但不少于3间,每间不少于2处
		混水墙	10		

⑥ 大型砌块由于体积较大、重量较重,砌块的安装方式在施工前应首先确定。砌块的安装通常采用的方式有两种:

其一,用轻型塔吊完成砌块和预制构件的垂直和水平运输,用台灵架将运至工作面的砌块安装就位。此方法施工速度较快,适用于工程量大的砌筑工程。其二,用带起重臂的井架进行砌块和预制构件的垂直运输,用台灵架安装砌块,此方案适用于工程量小的砌筑工程。

4.3.2 填充墙砌体施工

钢筋混凝土结构和钢结构房屋中的围护墙和隔墙,在主体结构施工后,常采用轻质材料填充砌筑,称为填充墙砌体。填充墙砌体采用的轻质块材通常有蒸压加气混凝土砌块、粉煤灰砌块、轻骨料混凝土小型空心砌块和烧结空心砖等。其施工要点如下:

① 由于加气混凝土砌块和粉煤灰砌块的规格尺寸都较大(前者规格为长600mm,高200mm、250mm、300mm三种;后者为长880mm,高380mm、430mm两种),为了保证纵、横墙和门窗洞口位置的准确性,砌块砌筑前应根据建筑物的平面和立面图绘制砌块的排列图。

② 在采用砌块砌筑时,各处砌块均不应与其他砌材混砌,以便有效地控制砌块不均匀收缩而产生的墙体裂缝,但对于门窗洞口等局部位置,可酌情采用其他块材补砌。空心砖的转角、端部和门窗洞口处,应用烧结普通砖砌筑,普通砖的砌筑长度不小于240mm。

③ 填充墙砌筑时应错缝搭砌,蒸压加气混凝土砌块和粉煤灰砌块的搭砌长度不应小于砌块长度的1/3,轻骨料混凝土小型砌块的搭砌长度不应小于90mm;空心砖的搭砌长度为1/2砖长。竖向灰缝均不应大于2皮砌块。

④ 填充墙砌体的灰缝厚度和宽度应准确。蒸压加气混凝土砌块、粉煤灰砌块砌体的水平灰缝厚度及竖向灰缝厚度分别宜为 5mm 和 20mm；轻骨料混凝土小型空心砌块、空心砖砌体的灰缝应为 8～12mm。砌块砌体的水平及竖向灰缝的砂浆饱满度均不得低于 80%；空心砖砌体的水平灰缝的砂浆饱满度不得小于 80%，竖向灰缝不得有透明缝、瞎缝、假缝。

⑤ 填充墙砌体留置的拉结钢筋或网片的位置应与块体皮数相符合，拉结钢筋或网片置于灰缝中。其埋置长度应符合设计要求，竖向位置偏差不应超过一皮块体高度，以保证填充墙砌体与相邻的承重结构（墙或柱）有可靠的连接。

⑥ 填充墙砌至接近梁、板底时，应留一定空隙，待填充墙砌筑完并应至少间隔 7d 后，再将其补砌挤紧。通常可采用斜砌烧结普通砖的方法来挤紧，以保证砌体与梁底板的紧密连接。

4.3.3 复合墙砌筑工艺

复合墙体整体是由丁砖和顺砖夹保温隔热材料（苯板）组合或混合砌筑而成。

复合墙是一种具有节能保温隔热功能作用的墙体，复合墙体的厚度一般是 1 顺砖的宽＋保温物质材料的宽＋1 丁砖的长；在砌筑施工中，采用 8 号镀锌铁线将内外片墙拉结，且内片墙部分为直铁线，在砌完外片墙后将挤塑板穿筋贴于外墙内表面。挤塑板安装完后可进行内皮砌块砌筑，内皮砌块砌筑完成后，将内外墙拉结筋余出内墙部分大约 100mm 的铁线弯曲贴于内墙皮上，抹灰后包于抹灰砂浆中。根据不同的要求或需要，将多个顺砖和多个丁砖经搭配组合使用，就能砌筑出具有不同厚度或不同高度或不同类型的具有节能保温隔热功能作用的复合墙体。

4.3.4 砌体的防潮施工

为防止潮气从基础沿砖砌体向上渗入室内影响室内生活环境，通常在砖墙体和砖柱内设置的一道封闭潮气的水平隔离带，这个隔离层就叫作砖砌体的防潮层。砖砌体的防潮层一般设计在室内地面以下距离室内地面 60mm 的标高处，砖砌体的防潮层应是沿墙体和柱水平截面同一标高设计，与室内地面一起形成一个封闭系统，阻止潮气上渗，应注意防潮层连续性和封闭性。防潮层可以采用以下几种做法：

① 利用油毡布。防潮层标高处沿墙和柱截面满铺一道，用于防潮。此方法的优点是油毡具有一定的可变形能力，当墙体发生变形时此防潮层仍可以起到防潮作用，因此也称为柔性防潮层；

② 在防潮层标高处，沿墙和柱水平截面满铺 20mm 厚 1∶2 水泥砂浆掺 5% 的防水粉一道。这种方法的优点是基本上不削弱墙和柱体的上下整体性，而且还可以利用防潮层的厚度来适当调节墙体和柱的水平标高；

③ 利用地圈梁来代替防潮层。此方法利用钢筋混凝土地圈梁来兼做防潮层，将结构所需要的地圈梁设置在防潮层标高处。

4.4 圬工拱桥砌筑施工

4.4.1 桥墩砌筑

桥梁墩台在砌筑前应对基础进行检查，在基础顶面用经纬仪定出纵、横方向和中心位置，然后据此划出坵工轮廓线；挂线时，用线锤确定垂直方向以确定砌体外表面的斜率。

用块石、料石或混凝土预制块砌筑墩台时，应分层放样加工。块石、料石或预制块应分层分块编号，砌筑时对号入座。在砌筑中应经常检查平面外形尺寸及侧面坡度是否符合设计要求。检查平面尺寸时应先用经纬仪确定墩台中心线位置，再按中心线量出外轮廓尺寸，应至少每2m高度复测一次。墩台身砌体项目的允许偏差如表4-7。

表 4-7　墩台身砌体实测项目的允许偏差

项次	检查项目		规定值或允许偏差	检查方法和频率
1	砂浆强度/MPa		在合格标准内	按照规范规定检查
2	墩台长度 /mm	片石	+40，−10	用尺量3个断面
		块石镶面	+30，−10	
		粗料石、混凝土块镶面	+20，−10	
3	竖直度或 坡度/%	片石	0.5	用垂线或经纬仪测量纵、横各2点
		块石、粗料石、混凝土块镶面	0.3	
4	墩台顶面高程/mm		±10	用水准仪测量3点
5	轴线位置偏移/mm		10	用经纬仪测量纵、横各2点
6	大面积平整度 /mm	片石	50	用2m直尺检查
		块石镶面	20	
		粗料石、混凝土块镶面	10	

4.4.2　拱圈砌筑

（1）拱圈放样

石拱桥的拱石要按照拱圈的设计尺寸进行加工，为保证其加工尺寸正确，就需要制作拱石样板。小跨径圆弧等截面拱圈因截面简单，可按计算确定拱石尺寸后，用木板制作样板，一般不需要实地放出主拱圈大样。但大中跨径悬链线拱圈则需要在样台上将拱圈按1∶1的比例放出大样，以确定拱块形状尺寸和拱圈分段位置，样台可选择桥位附近较为平坦和宽敞的场所。拱圈和拱架两半孔对称时，只放出半孔即可；两半孔不对称时，则留放出全孔。

（2）砌筑主拱圈的顺序和方法（图4-6）

砌筑拱圈时，应根据拱圈的跨径、矢高、厚度以及拱架情况，设计拱圈砌筑顺序。拱圈砌筑顺序有以下几种：

对跨径<10m的拱圈，采用满布式拱架砌筑，可从两端拱脚按顺序对称砌筑，最后砌拱顶石。

对跨径<10m且采用拱式拱架砌筑拱圈和跨径为13～20m的拱圈，可采用分段对称砌筑，每半跨均应分为三段，从两端拱脚对称砌筑，最后拱顶石合龙。

对跨径>25m的拱圈，可分环砌筑，或分段砌筑、预加应力砌筑。多孔连续拱桥拱圈的砌筑，应考虑连拱的影响，制订相应的砌筑程序。

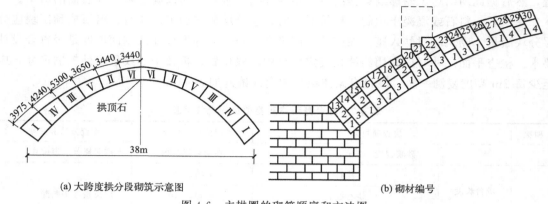

(a) 大跨度拱分段砌筑示意图　　　　　　　　(b) 砌材编号

图 4-6　主拱圈的砌筑顺序和方法图

（3）拱圈合龙

随着跨径和设计要求的不同，拱圈合龙方法分为安砌拱顶石合龙、刹尖封顶合龙和预施压力封顶合龙三种。

4.4.3　拱上结构的砌筑

（1）砌筑时间

拱上结构在拱架卸架前砌筑时，应待拱圈合龙砂浆强度达到设计强度等级的 30% 以上后进行。当松架后砌拱上结构时，应待拱圈合龙砂浆强度达到设计强度等级的 70% 以上进行。采用分环砌筑的拱圈，应待封拱砂浆强度达到设计强度等级的 70% 以上后进行。

（2）砌筑方法

拱上结构的砌筑应按照对称、均衡的原则进行。

实腹式拱上结构应由拱脚向拱顶对称地做台阶式砌筑。拱腹填料可随侧墙砌筑顺序及进度进行填筑。填料数量较大时，也可在侧墙砌完后分部填筑。实腹式拱应在侧墙与桥台间设伸缩缝使二者分开。

4.5　砌体的冬期施工

当室外日平均气温连续 5d 稳定低于 5℃ 时，砌体工程应采取冬期施工措施，如果当日最低气温低于 0℃ 时，也应按冬期施工的规定执行。

冬期施工时，砖在砌筑前应清除冰霜。在正温条件下应浇水，在负温条件下，如浇水困难，则应增大砂浆的稠度。砌筑时，不得使用无水泥配制的砂浆，所用水泥宜采用普通硅酸盐水泥；石灰膏、黏土膏等不应空冻；砂不得有大于 1cm 的冻结块；为使砂浆有一定的正温度，拌和前，水和砂可预先加热，但水温不得超过 80℃，砂的温度不得超过 40℃。每日砌筑后，应在砌体表面覆盖保温材料。砖石工程冬期施工常用方法有掺盐砂浆法和冻结法。

（1）掺盐砂浆法

是在砂浆中掺入一定数量的氯化钠（单盐）或氯化钠加氯化钙（双盐），以降低冰点，使砂浆中的水分在一定的负温下不冻结。这种方法施工简便、经济、可靠，是砖石工程冬期施工广泛采用的方法。掺盐砂浆的掺盐量应符合相关规定。另外，为便于施工，砂浆在使用时的温度不应低于5℃，且当日最低气温等于或小于－15℃时，砌筑承重墙体的砂浆标号应按常温施工提高1级。

（2）冻结法

冻结法是采用不掺外加剂的水泥砂浆或水泥混合砂浆砌筑砌体，允许砂浆遭受冻结。砂浆解冻时，当气温回升至0℃以上后，砂浆继续硬化，但此时的砂浆经过冻结、融化、再硬化以后，强度及与砖石的黏结力都有不同程度的下降，且砌体在解冻时变形大，对于空斗墙、毛石墙、承受侧压力的砌体、在解冻期间可能受到振动或动力荷载的砌体、在解冻期间不允许发生沉降的砌体（如拱支座），不得采用冻结法。

冻结法施工时，砂浆在使用时的温度不应低于10℃；当日最低气温≥－25℃时，砌筑承重砌体的砂浆标号应按常温施工提高1级；当日最低气温低于－25℃时，则应提高2级。

为保证砌体在解冻时正常沉降，还应符合下列规定：每日砌筑高度及临时间断的高度差，均不得大于1.2m，门窗框的上部应留出不小于5mm的缝隙；砌体水平灰缝厚度不宜大于10mm；留置在砌体中的洞口和沟槽等，宜在解冻前填砌完毕；解冻前应清除结构的临时荷载。

在解冻期间，应经常对砌体进行观测和检查，如发现有裂缝、不均匀下沉等情况，应及时分析原因并采取加固措施。

第5章

混凝土结构工程施工

📖 **知识要点**

本章的主要内容有：模板的种类、构造、安装和发展方向；钢筋的验收与存放、钢筋的冷拉、钢筋的连接技术以及钢筋的配料、代换和加工安装；混凝土所需的原材料以及浇捣、养护和质量检验，特别强调对工程质量事故的防治。还简要介绍了高强高性能混凝土技术。

📚 **学习目标**

通过学习，要求了解钢筋混凝土工程的特点及其发展方向；了解模板的种类、构造和安装；了解钢筋的种类、性能及验收要求；熟悉混凝土工程的施工过程、施工工艺；掌握钢筋的加工及钢筋的配料、代换的计算方法；掌握混凝土工程质量的检验、评定及质量事故的处理。

5.1 概述

钢筋混凝土是土木工程结构中被广泛采用并占主导地位的一种复合材料，它以性能优异、材料易得、施工方便、经久耐用而显示出巨大生命力。近年来，随着钢筋工程、模板工程和混凝土工程新技术的不断发展，钢筋混凝土在土木工程中更加广泛地被采用。

混凝土工程分为装配式钢筋混凝土工程和现浇钢筋混凝土工程。装配式钢筋混凝土工程的施工工艺是在构件预制厂或施工现场预先制作好结构构件，再在施工现场将其安装到位。现浇钢筋混凝土工程则是在结构物的设计位置现场制作结构构件的一种施工方法，由钢筋工程、模板工程及混凝土工程三部分组成，特点是结构整体性好、抗震性好、节约钢材、不需大型起重机械。但是模板消耗量大、现场运输量大、劳动强度高，施工易受气候条件影响。

5.2 钢筋工程

5.2.1 钢筋分类及验收

5.2.1.1 钢筋的种类

混凝土结构用的普通钢筋可分为两类，热轧钢筋和冷加工钢筋（冷轧带肋钢筋、冷轧钢筋、冷拔螺旋钢筋等），余热处理钢筋属于热轧钢筋一类。根据新标准，热轧钢筋的强度等级由原来的Ⅰ级、Ⅱ级、Ⅲ级和Ⅳ级更改为按照屈服强度（MPa）分的 HPB300 级、HRB335 级、HRB400 级和 HRB500 级（符号分别为Φ、Φ、Φ、Φ）。

热轧钢筋是经热轧成型并自然冷却的成品钢筋，分为热轧光圆钢筋和热轧带肋钢筋两种。余热处理钢筋是热轧钢筋经热轧后立即穿水，进行表面控制冷却，然后利用芯部余热自身完成回火处理所得的成品钢筋。冷轧带肋钢筋是热轧圆盘条经冷轧或冷拔减径后在其表面冷轧成三面或二面有肋的钢筋。冷轧带肋钢筋的强度，可分为三个等级：550 级、650 级及800 级（MPa）。其中，550 级钢筋宜用于钢筋混凝土结构构件中的受力钢筋、架立筋、箍筋及构造钢筋；650 级和 800 级宜用于中小型预应力混凝土构件中的受力主筋。冷轧扭钢筋是用低碳钢钢筋（含碳量低于 0.25%）经冷轧扭工艺制成，其表面呈连续螺旋形，这种钢筋具有较高的强度，而且有足够的塑性，与混凝土黏结性能优异，代替 HPB300 级钢筋可节约钢材约 30%，一般用于预制钢筋混凝土圆孔板、叠合板中预制薄板，以及现浇钢筋混凝土楼板等。冷拔螺旋钢筋是热轧圆盘条经冷拔后在表面形成连续螺旋槽的钢筋。

5.2.1.2　钢筋的检验和存放

钢筋运到工地时，应有出厂质量证明书或试验报告单，并按品种、批号及直径分批验收，每批质量热轧钢筋不超过 60t，验收内容包括钢筋标牌和外观检查，并按有关规定取样进行性能试验，钢筋的性能包括化学成分及力学性能（如屈服强度、抗拉强度、伸长率及冷弯指标）。

① 外观检查。应对钢筋进行全数外观检查。检查内容包括钢筋是否平直、有无损伤，表面是否有裂纹、油污及锈蚀等，弯折过的钢筋不得敲直后作受力钢筋使用，钢筋表面不应有影响钢筋强度和锚固性能的锈蚀或污染。

② 力学性能试验。在力学性能试验时，应从每批的钢筋中任选两根，每根取两个试件分别进行拉伸试验（包括屈服强度、抗拉强度和伸长率的测定）和冷弯试验。如有一项试验结果不符合规定，则应从同一批钢筋另取双倍数量的试件重做各项试验，如果仍有一个试件不合格，则该批钢筋为不合格品，应不予验收或降级使用。

③ 合格判别。钢筋经各项检验（包括外形尺寸及偏差）均达到标准要求时即为合格。如有某一项检验不合格，可从同批钢筋中再任取双倍数量试样进行不合格项目的复验，复验如仍有一个试样不合格，就认为该批不合格。钢筋在加工过程中发现脆断、焊接性能不良或力学性能显著不正常等现象时，应进行化学成分分析或其他专项检验。

④ 钢筋的堆放。当钢筋运进施工现场后，必须严格按批分等级、牌号、直径、长度挂牌堆放，并注明数量，不得混淆。钢筋应尽量堆入仓库或料棚内。条件不具备时，应选择地势较高、土质坚实、较为平坦的露天场地存放。在仓库或场地周围挖排水沟，以利于泄水。堆放时钢筋下面要加垫木，离地不宜少于 200mm，以防钢筋锈蚀和污染。

5.2.2　钢筋配料与代换

5.2.2.1　钢筋配料

钢筋配料是根据结构施工图，计算构件各钢筋的下料长度、根数及重量，编制钢筋配料单，作为备料、加工和施工预决算的依据。

（1）钢筋下料长度计算

钢筋弯曲或弯钩会使其长度变化，配料时不能直接根据图纸中尺寸下料，必须了解混凝土保护层、钢筋弯曲、弯钩等规定，再根据图中尺寸计算其下料长度。各种钢筋下料长度计算如下：

$$直钢筋下料长度＝构件长度－保护层厚度＋弯钩增加长度$$
$$弯起钢筋下料长度＝直段长度＋斜段长度（斜长）－弯曲调整值＋弯钩增加长度$$
$$箍筋下料长度＝箍筋周长＋箍筋调整值$$

上述钢筋需要搭接的话，还应增加钢筋搭接长度。

① 弯曲调整值。钢筋弯曲后的特点：一是在弯曲处内皮收缩，外皮延伸，轴线长度不变；二是在弯曲处形成圆弧。钢筋的量度方法是沿直线量外包尺寸（图5-1），而钢筋是按轴线长度下料的。因此，弯起钢筋的量度尺寸大于下料尺寸，两者之间的差值称为弯曲调整值。弯曲调整值，根据理论推算并结合实践经验，其数值见表5-1。

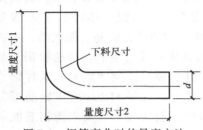

图 5-1　钢筋弯曲时的量度方法

表 5-1　不同钢筋弯曲角度下的钢筋弯曲调整值

钢筋弯曲角度	30°	45°	60°	90°	135°
钢筋弯曲调整值	$0.35d$	$0.5d$	$0.85d$	$2d$	$2.5d$

注：d 为钢筋直径。

② 弯钩增加长度。钢筋的弯钩形式有三种：半圆弯钩、直弯钩及斜弯钩。半圆弯钩是最常用的一种弯钩。直弯钩只用在柱钢筋的下部、箍筋和附加钢筋中，斜弯钩只用在直径较小的钢筋中。

钢筋的弯钩增加长度（见图5-2，弯心直径为$2.5d$，平直部分为$3d$），对半圆弯钩为$6.25d$，对直弯钩为$3.5d$，对斜弯钩为$4.9d$。

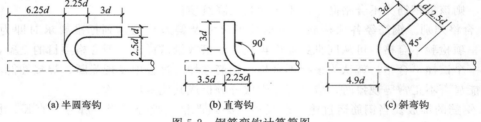

(a) 半圆弯钩　　　　　(b) 直弯钩　　　　　(c) 斜弯钩

图 5-2　钢筋弯钩计算简图

在生产实践中，由于实际弯心直径与理论直径有时不一致，钢筋粗细和机具条件不同等会影响平直部分的长短（手工弯曲时平直部分可适当加长，机械弯曲时可适当缩短），因此在实际配料计算时，对弯钩增加长度常根据具体条件，采用经验数据，见表5-2。

表 5-2　半圆弯钩增加长度参考表（用机械弯曲）　　　　　　单位：mm

钢筋直径	$\leqslant 6$	$8\sim10$	$12\sim18$	$20\sim28$	$32\sim36$
一个弯钩增加长度	$4d$	$6d$	$5.5d$	$5d$	$4.5d$

③ 弯起钢筋斜长。弯起钢筋斜长计算简图见图5-3，弯起钢筋斜长计算见表5-3。

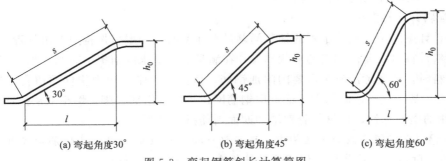

(a) 弯起角度30°   (b) 弯起角度45°   (c) 弯起角度60°

图 5-3 弯起钢筋斜长计算简图

表 5-3 弯起钢筋斜长计算

项目	弯起角度 α		
	30°	45°	60°
斜边长度 s	$2h_0$	$1.41h_0$	$1.15h_0$
底边长度 l	$1.732h_0$	h_0	$0.575h_0$
增加长度 $s-l$	$0.268h_0$	$0.41h_0$	$0.575h_0$

注：h_0 为弯起高度。

④ 箍筋调整值。箍筋调整值，即为弯钩增加长度和弯曲调整值两项之差或和，根据箍筋量外包尺寸或内皮尺寸确定，见图 5-4 与表 5-4。

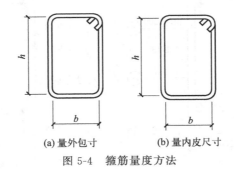

(a) 量外包寸   (b) 量内皮尺寸

图 5-4 箍筋量度方法

表 5-4 不同箍筋直径下箍筋调整值   单位：mm

箍筋量度方法	箍筋直径			
	4～5	6	8	10～12
量外包尺寸	40	50	60	70
量内皮尺寸	80	100	120	150～17

对于矩形箍筋，下料长度计算公式为：

$$箍筋下料长度＝箍筋周长＋箍筋调整值$$

$$箍筋周长＝2×(外包宽度＋外包长度)$$

$$外包宽度＝b-2c$$

$$外包长度＝h-2c$$

$$构件横截面宽×高＝b×h$$

式中，c 为钢筋的保护层厚度。

（2）配料计算注意事项

① 在设计图纸中，钢筋配置的细节问题没有注明时，一般可按构造要求处理。

② 配料计算时，要使钢筋的形状和尺寸在满足设计要求的前提下有利于加工安装。

③ 配料时，还要考虑施工需要的附加钢筋。例如，后张预应力构件预留孔道定位用的钢筋井字架，基础双层钢筋网中保证上层钢筋网位置用的钢筋撑脚，墙板双层钢筋网中固定钢筋间距用的钢筋撑铁，柱钢筋骨架增加四面斜筋撑，等等。

【例 5-1】 在某钢筋混凝土结构中，现在取一跨钢筋混凝土梁，其配筋均按Ⅱ级钢筋考虑，如图 5-5 所示。试计算该梁钢筋的下料长度，给出钢筋配料单。

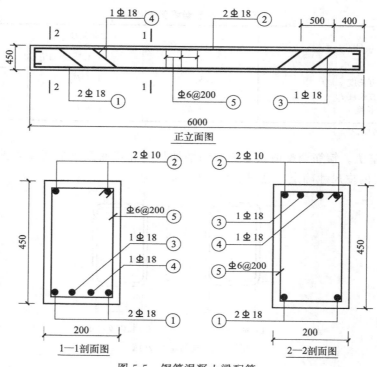

图 5-5 钢筋混凝土梁配筋

解：

梁两端的保护层厚度取 10mm，上下保护层厚度取 25mm。

① 号钢筋为 2Φ18 ⌐————5980————⌐，下料长度为：

$$直钢筋下料长度＝构件长－保护层厚度＋末端弯钩增加长度$$
$$＝6000－10×2＋(6.25×18)×2＝6205（mm）$$

② 号钢筋为 2Φ10 ⌐————5980————⌐，下料长度为：

$$直钢筋下料长度＝构件长－保护层厚度＋末端弯钩增加长度$$
$$＝6000－10×2＋(6.25×10)×2＝6105（mm）$$

③ 号钢筋为 1Φ18 ⌐390╲566╱4400╲566╱390⌐，下料长度为：

$$端部平直段＝400－10＝390（mm）$$
$$斜段长＝(450－25×2)÷\sin45°＝566（mm）$$

$$中间直长段＝6000-10×2-390×2-400×2=4400(mm)$$

$$钢筋下料长度＝外包尺寸＋端部弯钩-量度差值(45°)$$

$$＝[2×(390+566)+4400]+(6.25×18)×2-(0.5×18)×4$$

$$＝(1912+4400)+225-36=6501(mm)$$

④ 号钢筋为 $1\oplus18$ ⌐890⌐566⌐3400⌐566⌐890⌐ ，下料长度为：

$$端部平直段＝(400+500)-10=890(mm)$$

$$斜段长＝(450-25×2)÷\sin45°=566(mm)$$

$$中间直长段＝6000-10×2-890×2-400×2=3400(mm)$$

$$钢筋下料长度＝外包尺寸＋端部弯钩-量度差值(45°)$$

$$＝[2×(390+566)+4400]+(6.25×18)×2-(0.5×18)×4$$

$$＝(1912+4400)+225-36=6501(mm)$$

⑤ 号钢筋为$\oplus6$，下料长度为：

$$宽度外包尺寸＝(200-2×25)×2=300(mm)$$

$$长度外包尺寸＝(450-2×25)×2=800(mm)$$

$$箍筋下料长度＝300+800+50=1150(mm)$$

$$箍筋数量＝(6000-10×2)÷200+1≈31(个)$$

5.2.2.2 钢筋代换

(1) 代换原则

当施工中遇有钢筋品种或规格与设计要求不符时，可参照以下原则进行钢筋代换：

① 等强度代换。当构件受强度控制时，钢筋可按强度相等的原则进行代换。

② 等面积代换。当构件按最小配筋率配筋时，钢筋可按面积相等的原则进行代换。

当构件受裂缝宽度或挠度控制时，代换后应进行裂缝宽度或挠度验算。

(2) 代换方法

① 等强度代换方法。如设计图中所用的钢筋设计强度为 f_{y1}，钢筋总面积为 A_{s1}，代换后的钢筋设计强度为 f_{y2}，钢筋总面积为 A_{s2}，则应使：

$$A_{s1}f_{y1} \leqslant A_{s2}f_{y2} \tag{5-1}$$

$$n_1 \frac{\pi d_1^2}{4}f_{y1} \leqslant n_2 \frac{\pi d_2^2}{4}f_{y2} \tag{5-2}$$

$$n_2 \geqslant \frac{n_1 d_1^2 f_{y1}}{d_2^2 f_{y2}} \tag{5-3}$$

式中　n_1——原设计钢筋根数；

n_2——代换钢筋根数；

d_1——原设计钢筋直径；

d_2——代换钢筋直径；

f_{y1}——原设计钢筋抗拉强度设计值；

f_{y2}——代换钢筋抗拉强度设计值（表5-5）。

② 等面积代换方法。

$$A_{s1} \leqslant A_{s2} \tag{5-4}$$

则

$$n_2 \geqslant n_1 \frac{d_1^2}{d_2^2} \qquad (5-5)$$

式中符号含义同上。

表 5-5　钢筋强度设计值 单位：MPa

项次	钢筋种类		抗拉强度设计值 f_y	抗压强度设计值 f_y'
1	热轧钢筋	HPB300	270	270
		HRB335	300	300
		HRB400	360	360
		RRB400	360	360
		HRB500	435	410
		HRBF500	435	410
2	冷轧带肋钢筋	LL550	360	360
		LL650	430	380
		LL800	530	380

钢筋代换后，有时由于受力钢筋直径加大或根数增多而需要增加排数，则构件截面的有效高度 h_0 减少，截面强度降低。通常对这种影响可凭经验适当增加钢筋面积，然后再作截面强度复核。

对于矩形截面的受弯构件，可根据弯矩相等，按下式复核截面强度：

$$N_2 \left(h_{02} - \frac{N_2}{2f_c b} \right) \geqslant N_1 \left(h_{01} - \frac{N_1}{2f_c b} \right) \qquad (5-6)$$

式中　N_1——原设计的钢筋拉力，等于 $A_{s1} f_{y1}$（A_{s1}、f_{y1} 符号含义同上）；

N_2——代换钢筋拉力，等于 $A_{s2} f_{y2}$；

h_{01}——原设计钢筋的合力点至构件截面受压边缘的距离；

h_{02}——代换钢筋的合力点至构件截面受压边缘的距离；

f_c——混凝土的抗压强度设计值，对 C25 混凝土为 11.9MPa，对 C30 混凝土为 14.3MPa；

b——构件截面宽度。

（3）钢筋代换注意事项

当施工中遇到钢筋的品种或规格与设计要求不符需要进行钢筋代换时，需要注意以下几点注意事项。

① 在施工中，已确认工地不能提供设计图要求的钢筋品种和规格时，才允许按照现有条件进行钢筋代换。

② 代换前，应充分了解设计意图、构件特征和代换钢筋性能，重要结构和预应力混凝土钢筋的代换，应征得设计单位同意，办理设计变更文件。

③ 代换后，应仍能满足各类极限状态的有关计算要求，以及必要的配筋构造规定（如受力钢筋和箍筋的最小直径、间距、锚固长度、配筋率及混凝土庇护层厚度等）；在一般状况下，代换钢筋还务必满足截面对称的要求。

④ 对抗裂性要求高的构件（如吊车梁、薄腹梁、屋架下弦等），不宜用 HPB300 级光面

钢筋替换 HRB335、HRB400 级变形钢筋，以免裂缝开展过宽。

⑤ 梁内纵向受力钢筋与弯起钢筋应分别进行代换，以保证正截面与斜截面强度；偏心受压构件或偏心受拉构件（如框架柱、承受吊车荷载的柱、屋架上弦等）钢筋代换时，应按受力情况（受压或受拉）分别代换，不得取整个截面配筋量计算。

⑥ 吊车梁等承受反复荷载作用的构件，必要时应在钢筋代换后进行疲劳验算；当构件受裂缝宽度影响时，代换后应进行裂缝宽度验算。如代换后裂缝宽度有少量增大（但不超过允许的最大裂缝宽度，被认为代换有效），还应对构件作挠度验算。

⑦ 有抗震要求的梁、柱和框架，不宜以强度等级较高的钢筋代换原设计中的钢筋，如必须代换时，其代换的钢筋检验所得的实际强度，应符合抗震钢筋的要求。

⑧ 同一截面内配置不同种类和直径的钢筋代换时，每根钢筋拉力差不宜过大（同品种钢筋直径差一般不大于 5mm），以免构件受力不均；钢筋代换应避免出现大材小用、优材劣用或不符合专料专用等现象。钢筋代换时，其用量不宜大于原设计用量的 5%，如推断原设计有一定潜力，也可以略微降低，但是不应低于原设计用量的 2%。

⑨ 进行钢筋代换的效果，除应考虑代换后仍能满足结构各项技术性能要求之外，同样还要保证用料的经济性和加工操作的便利性。

⑩ 预制构件的吊环，必须采用未经冷拉的 HPB300 级光圆钢筋制作，严禁以其他钢筋代换。

5.2.3 钢筋加工

钢筋加工主要包括调直、切断和弯折。

（1）钢筋调直

钢筋调直宜采用机械方法，可采用冷拉方法。当采用冷拉方法调直钢筋时，HPB300 级钢筋的冷拉率不宜大于 4%，HRB335 级、HRB400 级和 RRB400 级钢筋的冷拉率不宜大于 1%。

为了提高施工机械化水平，钢筋的调直宜采用钢筋调直切断机，它具有自动调直、定位切断、除锈、清垢等多种功能。

（2）钢筋切断

钢筋下料时须按计算的下料长度切断。钢筋切断可采用钢筋切断机或手动切断器。手动切断器只用于切断直径小于 16mm 的钢筋，钢筋切断机可切断直径 40mm 以内的钢筋。

在大中型建筑工程施工中，提倡采用钢筋切断机，它不仅生产效率高，操作方便，而且能确保钢筋端面垂直于钢筋轴线，不出现马蹄形或翘曲现象，便于钢筋进行焊接或机械连接。钢筋的下料长度力求准确，其允许偏差为 ±10mm。

（3）钢筋弯折

钢筋弯钩的一般规定如下。

受力钢筋：HPB300 级钢筋末端应作 180°弯钩，其弯弧内直径不应小于 2.5 倍钢筋直径，弯钩的弯后平直部分长度不应小于 3 倍钢筋直径。当设计要求钢筋末端作 135°弯钩时，HRB335 级、HRB400 级钢筋的弧内直径 D 不应小于 4 倍钢筋直径，弯钩的弯后平直部分长度应符合设计要求。钢筋作不大于 90°的弯折时，弯折处的弯弧内直径不应小于 5 倍钢筋直径。

箍筋：除焊接封闭环式箍筋外，箍筋的末端应作弯钩。弯钩形式应符合设计要求，当设计无具体要求时，应符合下列规定：

① 箍筋弯钩的弯弧内直径不小于受力钢筋的直径。

② 箍筋弯钩的弯折角度：对一般结构，不应小于 90°；对有抗震等要求的结构应为 135°。

③ 箍筋弯钩后的平直部分长度：对一般结构，不宜小于箍筋直径的 5 倍；对有抗震等级要求的结构，不应小于箍筋直径的 10 倍。

钢筋弯曲的一般规定如下：

① 划线。钢筋弯曲前，对形状复杂的钢筋（如弯起钢筋），根据钢筋料牌上标明的尺寸，用石笔将各弯曲点位置划出。

② 钢筋弯曲成型。钢筋在弯曲机上成型时，心轴直径应是钢筋直径的 2.5～5.0 倍，成型轴宜加偏心轴套，以便适应不同直径的钢筋弯曲的需要。

成型轴和心轴在同时转动时会带动钢筋向前滑移。因此，钢筋弯 90°时，弯曲点线约与心轴内边缘齐；弯 180°时，弯曲点线距心轴内边缘为 1.0～1.5d（Ⅲ 级以上钢筋取大值）。对 HRB335 与 HRB400 钢筋，不能弯过头再弯过来，以免钢筋弯曲点处发生裂纹。

③ 曲线型钢筋成型。弯制曲线形钢筋时，可在原有钢筋弯曲机的工作盘中央，放置一个十字架和钢套，另外在工作盘四个孔内插上短轴和成型钢套（和中央钢套相切）。插座板上的挡轴钢套尺寸，可根据钢筋曲线形状选用。钢筋成型过程中，成型钢套起顶弯作用，十字架只协助推进。

5.2.4 钢筋连接

钢筋连接方法有：绑扎连接、焊接和机械连接。

绑扎连接由于需要较长的搭接长度，浪费钢筋，且连接不可靠，故应限制使用。焊接的方法较多，成本较低，质量可靠，宜优先选用。机械连接无明火作业，设备简单，节约能源，不受气候条件影响，可全天候施工，连接可靠，技术易于掌握，适用范围广。

5.2.4.1 绑扎连接

采用绑扎连接时其基本要求为：同一构件中相邻纵向受力钢筋的绑扎搭接接头宜相互错开。绑扎搭接接头中钢筋的横向净距不应小于钢筋直径，且不应小于 25mm。

钢筋绑扎搭接接头连接区段的长度为 1.3l_1（l_1 为搭接长度），凡搭接接头中点位于该连接区段长度内的搭接接头均属于同一连接区段。同一连接区段内，纵向钢筋搭接接头面积占比为该区段内有搭接接头的纵向受力钢筋截面面积与全部纵向受力钢筋截面面积的比值（图 5-6）。同一连接区段内，纵向受拉钢筋搭接接头面积占比应符合设计要求，无设计具体要求时，应符合下列规定：

① 对梁类、板类及墙类构件，不宜大于 25%。

② 对柱类构件，不宜大于 50%。

③ 当工程中确有必要增大接头面积占比时，对梁类构件，不应大于 50%；对其他构件可根据实际情况放宽。

纵向受拉钢筋绑扎搭接接头的最小搭接长度应符合表 5-6 的规定。受压钢筋绑扎接头的搭接长度，应取受拉钢筋绑扎接头搭接长度的 0.7 倍。

在梁、柱类构件的纵向受力钢筋搭接长度范围内，应按设计或构造要求配置箍筋。

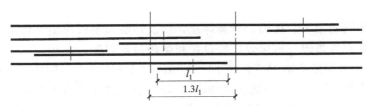

图 5-6 钢筋绑扎搭接接头连接区段及接头面积占比

（图中所示搭接接头同一连接区段内的搭接钢筋为两根，各钢筋直径相同时，接头面积占比为 50%）

表 5-6 纵向受拉钢筋绑扎搭接接头的最小搭接长度

钢筋类型		混凝土强度等级								
		C20	C25	C30	C35	C40	C45	C50	C55	C60 及以上
光圆钢筋	HPB300 级	49d	41d	37d	35d	31d	29d	29d	—	—
带肋钢筋	HRB335 级	47d	41d	37d	33d	31d	29d	27d	27d	25d
	HRB400 级	55d	49d	43d	39d	37d	35d	33d	31d	31d
	RRB400 级	55d	49d	43d	39d	37d	35d	33d	31d	31d
	HRB500 级	67d	59d	53d	47d	43d	41d	39d	39d	37d

注：两根直径不同的钢筋的搭接长度，以较细钢筋的直径计算。

5.2.4.2 焊接

钢筋焊接代替钢筋绑扎，可节约钢材、改善结构受力性能、提高工效、降低成本。常用的钢筋焊接方法有：闪光对焊、电弧焊、电渣压力焊、电阻点焊、气压焊等。

（1）闪光对焊

钢筋闪光对焊是利用钢筋对焊机，将两根钢筋安放成对接形式，压紧于两电极之间，通过低电压强电流，把电能转化为热能，使钢筋加热到一定温度后，即施以轴向压力顶锻，产生强烈火花飞溅，形成闪光，使两根钢筋焊合在一起。

钢筋对焊常用的是闪光焊。根据钢筋品种、直径和所用对焊机的功率不同，闪光焊的工艺又可分为连续闪光焊、预热闪光焊、闪光-预热-闪光焊和焊后通电热处理等，根据钢筋品种、直径、焊机功率、施焊部位等因素选用。

① 连续闪光焊。当钢筋直径小于 22mm、钢筋级别较低、对焊机容量在 80～160kV·A 的情况下，可采用连续闪光焊。

② 预热闪光焊。由于连续闪光焊对大直径钢筋有一定限制，为了发挥对焊机的效率，对于大于 25mm 的钢筋，端面较平整时，可采用预热闪光焊。

预热闪光焊适用于焊接直径为 20～22mm 的 HPB300 级钢筋、直径为 16～22mm 的 HRB335 级及 HRB400 级钢筋、直径为 12～22mm 的 RRB400 级钢筋。

③ 闪光-预热-闪光焊。是在预热闪光焊前，再增加一次闪光过程，使钢筋端部预热均匀。采用闪光-预热-闪光焊是保证大直径、高强度钢筋质量的良好办法。

④ 通电热处理。RRB400 级钢筋对焊时，应采用预热闪光焊或闪光-预热-闪光焊工艺。当接头拉伸试验结果发生脆性断裂，或弯曲试验不能达到规范要求时，应在对焊机上进行焊后通电处理，以改善接头金属组织和塑性。

对焊接头的质量检验：钢筋对焊完毕，应对接头质量进行外观检查和力学性能试验。

（2）电弧焊

钢筋电弧焊是钢筋接长、接头、骨架焊接，以及钢筋与钢板焊接等常用的方法。钢筋电弧焊接头形式主要有帮条焊、搭接焊、坡口焊和熔槽帮条焊等。

① 帮条焊。帮条焊接头适用于直径 10～40mm 的 HPB300～HRB400 级钢筋。

帮条钢筋与主筋的直径、级别应尽量相同，如帮条与被焊接钢筋的级别不同时，还应按钢筋的计算强度进行换算。所采用的帮条总截面面积应满足：当被焊接的钢筋为 HPB300 级时，应不小于被焊接钢筋截面面积的 1.2 倍；当被焊接的钢筋为 HRB335～HRB400 级时，应不小于被焊接钢筋截面面积的 1.5 倍。

帮条长度与钢筋级别和焊缝形式有关，对 HPB300 级钢筋，双面焊≥$4d$，单面焊≥$8d$，对 HRB335 级、HRB400 级及 RRB400 级，双面焊≥$5d$，单面焊≥$10d$。

帮条焊接头与焊缝厚度，应不小于主筋直径的 0.3 倍，且大于 4mm；焊缝宽度应不小于主筋直径的 0.7 倍，且不小于 10mm。两主筋端面的间隙为 2～5mm。

② 搭接焊。搭接焊所适用范围与帮条焊相同。搭接焊的焊缝厚度、焊缝宽度、搭接长度等技术参数，与帮条焊相同。

③ 坡口焊。坡口焊有平焊和立焊两种接头形式。坡口平焊时，V 型坡口角度宜为 55°～65°；坡口立焊时，V 型坡口角度宜为 40°～55°，其中下钢筋宜为 0°～10°，上钢筋宜为 35°～45°。

坡口焊适用于焊接直径 18～40mm 的 HPB300～HRB400 级热轧钢筋及直径 18～25mm 的 RRB400 级余热处理钢筋。

④ 熔槽帮条焊。熔槽帮条焊是将两根平口的钢筋水平对接，用适宜规格的角钢作帮条进行焊接。

电弧焊接头的质量检验：主要包括外观检查和拉伸试验两项。

（3）电渣压力焊

钢筋电渣压力焊是将钢筋安放成竖向对接形式，利用电流通过渣池产生的电阻，在焊剂层下形成电弧过程和电渣过程，产生电弧热和电阻热，将钢筋端部熔化，然后加压使两根钢筋焊合在一起。适用于直径 14～20mmHPB300、直径 14～32mmHRB335 和 HRB400 级竖向或斜向（倾斜度 4∶1 范围内）钢筋的连接。这种方法操作简单、工作条件好、工效高、成本低，比绑扎连接和帮条搭接焊节约钢筋 30%，可提高工效 6～10 倍。

① 焊接设备与焊剂。电渣压力焊的设备为钢筋电渣压力焊机，主要包括焊接电源、焊接机头、焊接夹具、控制箱和焊剂盒等。

电渣压力焊所用焊剂，一般采用 HJ431 型焊药。焊剂在使用前必须在 250℃温度下烘烤 2h，以保证焊剂容易熔化，形成渣池。

焊接机头有杠杆单柱式和丝杆传动式两种。

② 焊接参数。钢筋电渣压力焊的焊接参数，主要包括焊接电流、焊接电压和焊接通电时间，这三个焊接参数应符合规范有关规定。

③ 焊接工艺。钢筋电渣压力焊的焊接工艺过程主要包括：端部除锈、固定钢筋、通电引弧、快速施压、焊后清理等工序。

电渣压力焊接头质量检验：包括外观检查和拉伸试验两项。外观检查主要要求四周焊包均匀，凸出钢筋表面的高度应大于或等于 4mm。

（4）电阻点焊

钢筋电阻点焊是将两根钢筋安放成交叉叠接形式，压紧于两极之间，利用电阻熔化钢材金属，加压形成焊点的一种压焊方法。混凝土结构中的钢筋焊接骨架和钢筋焊接网，宜采用电阻点焊制作。电阻点焊生产效率高，节约材料，故应用广泛。

在焊接骨架中，当较小钢筋直径≤10mm 时，大、小钢筋直径之比不宜大于 3；当较小钢筋直径为 12～14mm 时，大、小钢筋直径之比不宜大于 2。（较小钢筋指焊接骨架、焊接网两根不同直径钢筋焊点中直径较小的钢筋。）

（5）气压焊

钢筋气压焊是利用氧炔焰或其他火焰对两钢筋对接处加热，使其达到塑性状态或熔化状态，并施以一定压力使两根钢筋焊合。它可用于钢筋垂直位置、水平位置或倾斜位置的对接焊接，具有设备简单、操作方便、质量优良、成本较低等优点，适用于焊接直径 14～40mm 的 HPB300～HRB400 级热轧钢筋，但对焊工要求严格，焊前对钢筋端面质量要求高，被焊两钢筋的直径差不得大于 7mm。

5.2.4.3　机械连接

钢筋机械连接是指通过连接件的机械咬合作用或钢筋端面的承压作用，将一根钢筋的力传递至另一根钢筋的连接方法。

钢筋机械连接方法，主要有钢筋锥螺纹连接、钢筋挤压连接、钢筋镦粗直螺纹连接、钢筋滚压直螺纹连接（直接滚压、挤肋滚压、剥肋滚压）等。经过工程实践证明，钢筋直螺纹连接和钢筋挤压连接，是目前工艺比较成熟、深受工程单位欢迎的连接接头形式，适用于大直径钢筋的现场连接。

（1）钢筋挤压连接

钢筋挤压连接是将两根变形钢筋插入钢套筒内，用挤压连接设备沿径向或轴向挤压钢套筒，使之产生塑性变形，依靠变形后的钢套筒与被连接钢筋纵、横肋产生的机械咬合作用实现钢筋的连接。具有操作简单、容易掌握、质量可靠、连接速度快、无明火作业、无着火隐患、不污染环境、可全天候施工等特点。

钢筋挤压连接分径向挤压连接和轴向挤压连接。

① 径向挤压连接。径向挤压连接采用挤压机和压模，沿套筒直径方向，从套筒中间依次向两端挤压套筒，把插在套筒里的两根钢筋紧固成一体形成机械接头。它适用于地震区和非地震区的钢筋混凝土结构的钢筋连接施工。可连接直径 12～40mm 的 HPB300～HRB400 级热轧钢筋。

主要设备有径向挤压机、压模、超高压泵、手板葫芦、划线尺等。

② 轴向挤压连接。轴向挤压连接采用挤压机和压模，沿钢筋轴线冷挤压金属套筒，把插入金属套筒里的两根待连接热轧钢筋紧固一体形成机械接头。它适用于按一、二级抗震等级设防的地震区和非地震区的钢筋混凝土结构工程的钢筋连接施工。可连接直径 20～32mm 的 HPB300～HRB400 级热轧的竖向、斜向和水平钢筋。

主要设备有超高压泵、半挤压机、挤压机、压模、手扳葫芦、划线尺、量规等。

（2）钢筋锥螺纹连接

钢筋锥螺纹连接是将所连钢筋的两端套成锥形丝扣，然后将带锥形内丝的套筒用扭力扳手按一定力矩值把两根钢筋连接起来，通过钢筋与套筒内丝扣的机械咬合达到连接的目的。

钢筋锥螺纹连接自锁性能好。能承受拉、压轴向力和水平力，在施工现场可连接Ⅱ、Ⅲ级拟 $\varphi16～\varphi40$ 同径或异径的竖向、水平或任何倾角的钢筋，适于按一、二级抗震等级设防的一般工业与民用建筑的现浇混凝土结构的梁、柱、板、墙基础的钢筋连接施工。

钢筋锥螺纹连接的主要机械设备有钢筋套丝机、量规、扭力扳手、砂轮等。

（3）钢筋直螺纹连接

钢筋直螺纹连接是 20 世纪 90 年代钢筋连接的国际最新潮流，接头质量稳定可靠，连接强度高，可与钢筋挤压连接相媲美，而且又具有钢筋锥螺纹连接施工方便、速度快的特点，因此钢筋直螺纹连接技术的出现给钢筋连接技术带来了质的飞跃。这种连接方法，具有使用范围广、施工工艺简单、施工速度快、综合成本低、连接质量好、有利于环境保护等优点。此种接头方式适用于 16～40mm 的 HPB300～HRB400 级同级钢筋的同径或异径的连接。

直螺纹连接接头主要有镦粗直螺纹连接接头和滚压直螺纹连接接头。这两种工艺采用不同的加工方式，增强钢筋端头螺纹的承载能力，达到接头与钢筋母材等强度的目的。

国外镦粗钢筋直螺纹连接接头，其钢筋端头工艺有热镦粗又有冷镦粗。热镦粗主要可以消除镦粗过程中产生的内应力，但加热设备投入费用高。我国的镦粗直螺纹连接接头，其钢筋端头主要是冷镦粗，对钢筋的延性要求高。对延性较低的钢筋，镦粗质量较难控制，易产生脆断现象。

镦粗钢筋直螺纹连接接头的优点是强度高，现场施工速度快，工人劳动强度低，钢筋直螺纹丝头全部提前预制，现场连接为装配作业。其不足之处在于镦粗过程中易出现镦偏现象，一旦镦偏必须切掉重镦；镦粗过程中产生内应力，钢筋镦粗部分延性降低，易产生脆断现象；螺纹加工需要两道工序两套设备完成。

目前，国内常见的滚压直螺纹连接接头有三种类型：直接滚压螺纹、挤（碾）压肋滚压螺纹、剥肋滚压螺纹。这三种类型的连接接头获得的螺纹精度及尺寸不同，接头质量也存在一定差异。

等强度直螺纹连接主要技术要求：

① 直螺纹套筒连接接头的等级。钢筋直螺纹套筒接头根据静力单向拉伸性能，以及高应力和大变形条件下反复拉、压性能的差异划分为 A、B、C 三个性能等级。

A 级：接头的抗拉强度应达到或超过母材抗拉强度标准值，并具有高延性及反复拉压性能。适用于钢筋混凝土结构中要求充分发挥钢筋强度，或对接头延性要求高的部位。

B 级：接头的抗拉强度应达到或超过母材屈服强度标准值的 1.35 倍，具有一定的延性及反复拉压性能。适用于钢筋混凝土结构中钢筋受力较小、对接头延性要求不高的部位。

C 级：接头仅承受压力。

对直接承受动力荷载的结构，其接头还应满足设计要求的抗疲劳性能。当无专门要求时，对连接 HRB335（HRB400）级钢筋的接头，其疲劳性能应能经受应力幅为 $100N/mm^2$、上限应力为 180（190）N/mm^2 的 200 万次循环加载。

② 钢筋等强度直螺纹连接接头的材质要求。被连接的钢筋质量，应符合《混凝土结构工程施工质量验收规范》（GB 50204-2015）、《钢筋混凝土用钢 第 2 部分：热轧带肋钢筋》（GB/T 1499.2—2018）、《钢筋机械连接技术规程》（JGJ 107—2016）等标准。等强度直螺纹套的材质要求：连接 HRB335 级钢筋，宜用 35～45 号优质碳素结构钢；连接 HRB400 级钢筋，宜用 45 号优质碳素结构钢。等强度直螺纹连接套的受拉承载力，应不小于被连接钢筋的受拉承载力标准值的 1.10 倍。

加工的钢筋直螺纹的牙型、螺距、牙数等，必须与连接套的牙型、螺距、牙数相一致。加工的钢筋锥螺纹应逐个进行外观质量评定。达到牙型饱满，无断牙、秃牙缺陷，且与螺纹量规相吻合，表面光洁，小端直径在塞规或环规的允许误差之内。

钢筋直螺纹接头质量检验：主要包括外观检查、单向拉伸试验和接头拧紧值检验三项。

同一施工条件下的同一批材料的同等级、同规格接头，以 500 个为一个验收批，不足 500 个也作为一个验收批。

5.3 模板工程

5.3.1 模板的基本要求

模板是混凝土结构构件成型的模具，已绕筑的混凝土需要在此模具内养护、硬化、增大强度，形成所要求的结构构件。模板系统包括模板和支架两部分，其中模板是指与混凝土直接接触使混凝土具有构件所要求形状的部分；支架是指支撑模板，承受模板、构件及施工中各种荷载的作用，并使模板保持所要求的空间位置的临时结构。

为了保证所浇筑混凝土结构的施工质量和安全，模板和支架必须符合下列基本要求：

① 保证结构和构件各部分形状、尺寸和相互位置的正确性。

② 具有足够的承载能力、刚度和稳定性，能可靠地承受浇筑混凝土的重量、侧压力以及施工荷载。

③ 构造简单，拆装方便，能多次周转使用。

④ 接缝严密，不易漏浆。

5.3.2 模板形式

① 按所用材料不同可分为：木模板、钢模板、塑料模板、玻璃钢模板、竹胶板模板、装饰混凝土模板、预应力混凝土模板等。

② 按模板的形式及施工工艺不同可分为：组合式模板、工具式模板、胶合板模板和永久性模板。

③ 按模板规格形式不同可分为：定型模板和非定型模板。

以上模板中，组合钢模板使用得最为普遍，其常见形式及尺寸见图 5-7。

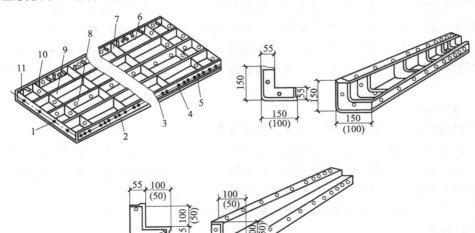

图 5-7　组合钢模板

1~5—螺栓孔；6—面板；7~10—肋条骨架；11—端肋

（1）大模板

平模是混凝土墙体施工大模板，其单块模板面积较大，通常是以一面现浇混凝土墙体为一块模板，主要用于剪力墙结构或框架-剪力墙结构中的剪力墙施工，施工方法是采用工具式大型模板，配以相应的起重吊装机械，通过各种合理的施工组织，以工业化生产方式在施工现场浇筑钢筋混凝土墙体。大模板具有安装和拆除简便、尺寸准确、板面平整等特点。

采用大模板进行建筑施工，常以建筑物的开间、进深、层高的标准化为基础，以采用大模板为主要施工手段，以现浇钢筋混凝土墙体为主导工序，组织有节奏的均衡施工。这种施工方法速度快，劳动强度低，工程质量好，结构整体性和抗震性能好，混凝土表面平整光滑，还可以减少装修抹灰湿作业。由于该工艺的工业化、机械化施工程度高，综合经济技术效益好，因而受到普遍欢迎。

（2）隧道模

隧道模是一种用于在现场同时浇筑墙体和楼板混凝土的工具式定型模板，因为其外形像隧道，故称其为隧道模。

隧道模分为全隧道模和半隧道模两种。全隧道模的基本单元是一个完整的隧道模，半隧道模则是由若干个单元角模组成，然后用两个半隧道模对拼而成为一个完整的隧道模。在使用上全隧道模不如半隧道模灵活，对起重设备的要求也较高，故其逐渐被半隧道模所取代。

（3）滑升模板

滑升模板是一种工业化模板，用于现场浇筑高耸构筑物和建筑物等竖向结构，如烟囱、筒仓、高桥墩、电视塔、竖井、沉井、双曲线冷却塔和高层建筑墙体等。

滑升模板的施工是在构筑物或建筑物底部，沿其墙、柱、梁等构件的周边组装高1.2m左右的模板，随着向模板内不断地分层浇筑混凝土，用液压提升设备使模板沿埋在混凝土中的支承杆连续向上滑升，直到需要浇筑的高度为止。滑升模板施工可以节约模板和支撑材料，加快施工速度，保证结构的整体性。但模板一次性投资多、耗钢量大，对立面造型和构件断面变化有一定的限制。施工时需连续作业，施工组织要求较严。

（4）爬升模板

爬升模板即爬模，是一种适用于现浇钢筋混凝土竖直或倾斜结构施工的模板工艺。可分为有架爬模（即模板爬架子、架子爬模板）和无架爬模（即模板爬模板）两种。

该工艺将大模板工艺和滑升模板工艺相结合，既保持了大模板施工墙面平整的优点，又保持了滑模利用自身设备使模板向上提升的优点，可用于高层建筑的墙体、桥梁、塔柱等的施工。

（5）基础模板

基础模板根据基础的形式可分为独立基础模板、杯形基础模板、条形基础模板等独立基础支模方法和模板构造。若是杯形基础，则在其中放入杯形模板。如土质良好，阶梯形基础的最下一级可不用模板而进行原槽浇筑。在安装基础底板前应核对地基垫层的标高及基础中心线，弹出基础边线，然后再校正模板上口的标高，使之符合设计要求。经检查无误后将模板钉（卡、栓）牢撑稳。安装阶梯形基础模板时要保证上、下模板不发生相对位移。

（6）柱模板

矩形柱的模板由四面拼板、柱箍、连接角模等组成。柱模板主要用于解决垂直度及抵抗侧压力问题。为了防止浇筑时模板产生鼓胀变形，模板外应设置柱箍，柱箍间距由计算确定，应上疏下密，一般不超过100mm。柱模板顶部根据需要开有与梁模板连接的缺口，底部开有清渣口以便于清理垃圾。当柱较高，可根据需要在柱中设置混凝土浇筑口立柱模板口支撑，以免浇筑混凝土时产生倾斜。

在安装柱模板前，应先扎好钢筋，同时在基础面上或楼面上弹出纵横轴线和柱四周边线，固定小方盘；然后立模板，并用临时斜撑固定；再由顶部用垂球校正，检查其标高位置无误后，用斜撑卡牢固定。

（7）梁及楼板模板

梁模板主要由底模板、侧模板及支撑等组成。梁模板既承受混凝土横向侧压力，又承受垂直压力。因此，梁模板及其支撑系统稳定性要好，有足够的强度和刚度不致超过规范允许的变形。

梁模板应在复核梁底标高、校正轴线位置无误后进行安装。当梁的跨度大于 4m 时应使梁底模中部略为起拱，以防止由于灌注混凝土后跨中梁底下垂；如设计无规定时起拱高度宜为全跨长度的 1/1000～3/1000。在梁底模板下每隔一定间距支设支柱（又称顶撑、琵琶撑）或桁架承托，支柱有木支柱和钢管支柱之分。

为了调整梁模板的标高，在木支柱底部要垫木楔，钢管支柱宜用伸缩式的。在多层房屋施工中，应使上、下层支柱对准在同一条竖直线上。梁侧模板承受混凝土侧压力，底部用钉在支撑顶部的夹条夹住，顶部可由支撑楼板模板的格栅顶住，或用斜撑顶住。

梁模板及其支撑系统主要用于抵抗混凝土的垂直荷载和其他施工荷载。梁模板安装时，首先应复核板底标高，搭设模板支架，然后用阴角模板从四周与梁模板连接，再向中央铺设。

（8）墙模板

墙模板由两片侧板组成。每片侧板由若干块拼接板或定型板拼接而成。侧板外用纵、横檩木及斜撑固定，并装设对拉螺栓及临时撑木。对拉螺栓的间距由计算确定。墙模板主要承受混凝土的侧压力，因此必须加强墙模板的刚度，并设置足够的支撑，以确保模板不变形和发生位移。墙模板安装时，先弹出墙中心线和两边线，钢筋绑扎好后，安装模板并设支撑，在顶部用线锤吊直，拉线找平后固定支撑。

（9）楼梯模板

板式楼梯的模板由楼梯底模板、侧板及梯级模板构成。楼梯模板施工前应根据设计放样，先安装平台梁及基础模板，再装楼梯斜梁或楼梯底模板，然后安装楼梯外帮侧板。安装外帮侧板时应先在其内侧弹出楼梯底模板厚度线，用套板画出踏步侧板位置线，钉好固定踏步侧板的挡木，再安装侧板。

5.3.3　模板设计

常用的木拼板模板和组合钢模板，在其经验适用范围内一般不需进行设计验算，但对重要结构的模板、特殊形式的模板或超出经验适用范围的模板，应进行设计或验算，以确保工程质量和施工安全，防止浪费。

5.3.3.1　模板设计内容和原则

模板及支架应根据工程结构形式、荷载大小、地基土类别、施工设备和材料供应等条件进行设计。

（1）模板及支架设计的基本规定

① 模板及支架的结构设计宜采用以概率理论为基础、以分项系数表达的极限状态设计方法；

② 模板及支架的设计计算分析中所采用的各种简化和近似假定，应有理论或试验依据，

或经工程验证可行；

③ 模板及支架应根据施工期间各种受力状况进行结构分析，并确定其最不利的作用效应组合。

（2）模板及支架设计的内容

① 模板及支架的选型及构造设计；

② 模板及支架上的荷载及其效应计算；

③ 模板及支架的承载力、刚度和稳定性验算；

④ 绘制模板及支架施工图。

（3）荷载及组合

模板及支架的设计应计算不同工况下的各项荷载。常遇的荷载应包括：模板及支架自重（G_1）、新浇筑混凝土自重（G_2）、钢筋自重（G_3）、新浇筑混凝土对模板侧面的压力（G_4）、施工人员及施工设备荷载（Q_1）、泵送混凝土及倾倒混凝土等因素产生的荷载（Q_2）、风荷载（Q_3）等，各项荷载的标准值可见5.3.3.2节。

① 模板及支架结构构件应按短暂设计状况下的承载能力极限状态进行设计，并应符合下式要求：

$$\gamma_0 S = \gamma_R R \tag{5-7}$$

式中 γ_0——结构重要性系数，对于重要的模板及支架宜取 $\gamma_0 \geqslant 1.0$，对于一般的模板及支架应取 $\gamma_0 \geqslant 0.9$；

S——荷载基本组合的效应设计值，可按式(5-8)，即《混凝土结构工程施工规范》（GB 50666—2011）中的第4.3.6条的规定进行计算；

R——模板及支架结构构件的承载力设计值，应按国家现行有关标准计算；

γ_R——承载力设计值调整系数，应根据模板及支架重复使用情况取用，不应大于1.0。

② 模板及支架的荷载基本组合的效应设计值，可按下式计算：

$$S_d = 1.35 \sum_{i \geqslant 1} S_{G_{ik}} + 1.4 \psi_{cj} \sum_{j \geqslant 1} S_{Q_{jk}} \tag{5-8}$$

式中 $S_{G_{ik}}$——第 i 个永久荷载标准值产生的荷载效应值；

$S_{Q_{jk}}$——第 j 个可变荷载标准值产生的荷载效应值；

ψ_{cj}——第 j 个可变荷载的组合值系数，宜取 $\psi_{cj} \geqslant 0.9$。

③ 模板及支架的变形验算应符合下列要求：

$$a_{fk} \leqslant a_{f,lim} \tag{5-9}$$

式中 a_{fk}——采用荷载标准组合计算的构件变形值；

$a_{f,lim}$——变形限值，取值见5.3.3.2节。

5.3.3.2 荷载计算

模板及其支架的荷载，分为荷载标准值和荷载设计值，后者等于荷载标准值乘以相应的荷载分项系数。

（1）荷载标准值

① 模板及其支架自重标准值 G_{1k}。应根据模板设计图确定。有梁楼板及无梁楼板的模板及支架的自重标准值 G_{1k} 计可按表5-7采用。

表 5-7 模板及支架自重标准值 单位：kN/m³

模板构件名称	木模板	定型组合钢模板	钢框胶合板模板
无梁楼板的模板及小楞	0.30	0.50	0.40
有梁楼板模板(其中包括梁的模板)	0.50	0.75	0.60
楼板模板及其支架(层高为4m以下)	0.75	1.10	0.95

② 新浇筑混凝土自重标准值 G_{2k}。对普通混凝土可采用 24kN/m³；对其他混凝土，可根据实际重力密度确定。

③ 钢筋自重标准值 G_{3k}。其根据设计图纸确定。对一般梁板结构，每立方米钢筋混凝土的钢筋自重标准值为：楼板 1.1kN/m³，框架梁 1.5kN/m³。

④ 新浇筑混凝土对模板侧面压力 G_{4k}。采用内部振捣器时，新浇筑的混凝土作用于模板的最大侧压力标准值 G_{4k} 可按下列公式计算，并应取其中的较小值：

$$G_{4k} = 0.43\gamma_c t_0 \beta V^{1/4} \qquad (5\text{-}10)$$

$$G_{4k} = \gamma_c H \qquad (5\text{-}11)$$

式中 G_{4k}——新浇筑混凝土对模板最大侧压力，kN/m²；

γ_c——混凝土的重力密度，kN/m³；

t_0——新浇筑混凝土的初凝时间，h，可按实测确定，当缺乏试验资料时，可采用 $t_0 = 200/(t+15)$ 计算（t 为混凝土的温度，℃）；

V——混凝土的浇筑速度，m/h；

H——混凝土侧压力计算位置处至新浇筑混凝土顶面的总高度，m；

β——混凝土坍落度影响修正系数：当坍落度在 50~90mm 时，β 取 0.85；坍落度在 100~130mm 时，β 取 0.9；坍落度在 140~180mm 时，β 取 1.0。

混凝土侧压力的计算分布图如图 5-8 所示。h 为有效压头高度，$h = F/\gamma_c$。

⑤ 作用在模板及支架上的施工人员及施工设备荷载标准值 Q_{1k}。可按实际情况计算，可取 3.0kN/m²。

⑥ 施工中的泵送混凝土、倾倒混凝土等未预见因素产生的荷载标准值 Q_{2k}。可取模板上混凝土和钢筋荷载的 2% 作为标准值，并应以线荷载形式作用在模板支架上端水平方向。

图 5-8 混凝土侧压力计算分布图

振捣混凝土时产生的荷载标准值：对水平模板可采用 2.0kN/m²；对垂直面模板可采用 4.0kN/m²。

⑦ 风荷载标准 Q_{3k}。可按现行国家标准《建筑结构荷载规范》（GB 50009）的有关规定计算。

(2) 荷载组合

模板及支架的设计应考虑的荷载如下：

① 模板及其支架自重 G_1。

② 新浇筑混凝土自重 G_2。

③ 钢筋自重 G_3。

④ 施工人员及施工设备荷载 Q_1。

⑤ 泵送混凝土、倾倒混凝土等未预见因素产生的水平荷载标准值 Q_2。

⑥ 新浇筑混凝土对模板侧面的压力 G_4。

⑦ 风荷载 Q_3。

上述各项荷载应根据不同的结构构件，按表 5-8 规定进行荷载组合。

表 5-8　最不利的作用效应组合

模板类别	最不利的作用效应组合	
	计算承载能力	变形验算
混凝土水平构件的底模板及支架	$G_1+G_2+G_3+Q_1$	$G_1+G_2+G_3$
高大模板支架	$G_1+G_2+G_3+Q_1$	$G_1+G_2+G_3$
	$G_1+G_2+G_3+Q_2$	
混凝土竖向构件或水平构件的侧面模板及支架	G_4+Q_3	G_4

注：1. 对于高大模板支架，表中 $G_1+G_2+G_3+Q_2$ 的组合用于模板支架的抗倾覆验算。
2. 混凝土竖向构件或水平构件的侧面模板及支架的承载力计算效应组合中的风荷载 Q_3 只用于模板位于风速大和离地高度大的场合。
3. 表中的"+"仅表示各项荷载参与组合，而不表示代数相加。

（3）模板及支架的变形限值

模板结构除必须保证足够的承载能力外，还应保证有足够的刚度，因此，应验算模板及其支架结构的挠度，其最大变形值不得超过下列规定：

① 对结构表面外露（不做装修）的模板，为模板构件计算跨度的 1/400。

② 对结构表面隐蔽（做装修）的模板，为模板构件计算跨度的 1/250。

③ 清水混凝土模板，挠度应满足设计要求。

④ 支架的轴向压缩变形值或侧向弹性挠度值不得大于计算高度或计算跨度的 1/1000。

支架的立柱或桁架应保持稳定，并用撑拉杆件固定。模板支架的高宽比不宜大于 3；当高宽比大于 3 时，应增设稳定性措施，并应进行支架的抗倾覆验算。为防止模板及其支架在风荷载作用下倾倒，应从构造上采取有效措施，如在相互垂直的两个方向加水平及斜拉杆、缆风绳、地锚等。

5.3.4　模板安装与拆除

（1）现浇混凝土模板安装

模板安装在组织上应做好分层分段流水施工，确定模板安装顺序，加速模板的周转使用。

模板与混凝土的接触面应清理干净并涂刷隔离剂。木模板在浇筑混凝土前应浇水湿润。竖向模板和支架的支承部分，当安装在基土上时，应设垫板，且基土必须坚实并有排水措施；对湿陷性黄土，必须有防水措施；对冻胀土，必须有防冻融措施。模板及其支架在安装过程中，必须设置防倾覆的临时固定措施。

现浇钢筋混凝土梁、板，当跨度≥4m 时，模板应起拱，当设计无具体要求时，起拱高度宜为全跨长的 1/1000～3/1000（钢模 1/1000～2/1000，木模 1.5/1000～3/1000）。

现浇多层房屋和构筑物，应采取分层分段支模的方法。安装上层模板及其支架应符合下列规定：

① 下层模板应具有承受上层荷载的承载能力或加设支架支撑。

② 上层支架的立柱应对准下层支架的立柱，并铺设垫板。

③ 当采用悬吊模板、桁架支模方法时，其支撑结构的承载能力和刚度必须符合要求。

当层间高度大于 5m，宜选用桁架支模或多层支架支模。当采用多层支架支模时，支架的横垫板应平整，支柱应垂直，上下层支柱应在同一竖向中心线上。

当采用分节脱模时，底模的支点按模板设计设置，各节模板应在同一平面上，高低差不得超过 3mm。

模板安装后应仔细检查各部构件是否牢固，在浇混凝土过程中要经常检查，如发现变形、松动等现象，要及时修整加固。固定在模板上的预埋件和预留孔洞均不得遗漏，且应安装牢固，位置准确，其允许偏差应符合表 5-9 的规定。

表 5-9　预埋件和预留孔、预留洞的允许偏差　　　　　　　单位：mm

项目		允许偏差
预埋钢板中心线位置		3
预埋管、预留孔中心线位置		3
插筋	中心线位置	5
	外露长度	+10，0
预埋螺栓	中心线位置	2
	外露长度	+10，0
预留洞	中心线位置	10
	截面内部尺寸	+10，0

组合钢模板在浇混凝土前，还应检查下列内容：
① 扣件规格与对拉螺栓、钢楞的配套和紧固情况。
② 斜撑、支柱的数量和着力点。
③ 钢楞、对拉螺栓及支柱的间距。
④ 各种预埋件和预留孔洞的规格尺寸、数量、位置及固定情况。
⑤ 模板结构的整体稳定性。
现浇结构模板安装的允许偏差应符合表 5-10 的规定。

表 5-10　现浇结构模板安装的允许偏差及检验方法

项目		允许偏差/mm	检验方法
轴线位置		5	钢尺检查
底模上表面标高		±5	水准仪或拉线、钢尺检查
截面内部尺寸	基础	±10	钢尺检查
	柱、墙、梁	+4，−5	钢尺检查
层高垂直度	不大于5m	6	经纬仪或吊线、钢尺检查
	大于5m	8	经纬仪或吊线、钢尺检查
相邻两板表面高低差		2	钢尺检查
表面平整度		5	2m靠尺和塞尺检查

注：检查轴线位置时，应沿纵、横两个方向量测，取其中较大值。

（2）现浇混凝土模板拆除
现浇结构的模板及其支架拆除时的混凝土强度，应符合设计要求，当设计无要求时，应符合下列规定。

侧面模板：一般在混凝土强度能保证其表面及棱角不因拆除模板而受损坏后，方可拆除。

底面模板及支架：对混凝土的强度要求较严格，应符合设计要求；当设计无具体要求时，混凝土强度应符合表 5-11 规定，方可拆除。

表 5-11　底模拆除时的混凝土强度要求

构件类型	构件跨度/m	达到设计混凝土强度等级值的比例/%
板	≤2	≥50
	>2,≤8	≥75
	>8	≥100
梁、拱、壳	≤8	≥75
	>8	≥100
悬臂构件	—	≥100

拆模程序一般应是后支先拆、先支后拆，先拆除非承重部分，后拆除承重部分。重大复杂模板的拆除，应事先制定拆除方案。

拆除跨度较大的梁下支柱时，应先从跨中开始，分别拆向两端。

多层楼板支柱的拆除，应按下列规定进行：

① 楼板正在浇筑混凝土时，下一层楼板的模板支柱不得拆除。

② 楼板下二层楼板模板的支柱，仅可拆除一部分。跨度≥4m 的梁下均应保留支柱，其间距不得小于 3m。

③ 楼板下三层的楼板模板支柱，当楼板混凝土强度达到设计强度时，可以全部拆除。

工具式支模的梁、板模板的拆除，事先应搭设轻便稳固的脚手架。拆模时应先拆卡具、顺口方木、侧模，再松动木楔，使支柱、桁架平稳下降，逐段抽出底模板和底楞木，最后取下桁架、支柱、托具等。

快速施工的高层建筑的梁和楼板模板，其底模及支柱的拆除时间，应对所用混凝土的强度发展情况分层进行核算，确保下层楼板及梁能安全承载。

在拆除模板过程中，如发现混凝土有影响结构安全的质量问题时，应暂停拆除。经过处理后，方可继续拆除。

已拆除模板及其支架的结构，应在混凝土强度达到设计强度后，才允许承受全部计算荷载。当承受施工荷载大于计算荷载时，必须经过核算，加设临时支撑。

拆模时不要过急，不可用力过猛，不应对楼层形成冲击荷载。拆下来的模板和支架宜分类堆放并及时清运。

当混凝土强度达到设计要求时，方可拆除底模及支架；当设计无具体要求时，同条件养护试件的混凝土抗压强度应符合表 5-11 的规定。

5.4　混凝土工程

混凝土工程包括混凝土的配制、混凝土的运输、混凝土的浇筑、混凝土的养护及混凝土的质量检验等。

5.4.1 混凝土配制

混凝土的配制，除了要保证结构设计满足混凝土强度等级的要求外，还要保证施工满足混凝土和易性的要求，并符合合理使用材料、节约水泥的原则。必要时，还应符合抗冻性、抗渗性等要求。

（1）混凝土的施工配制强度

当设计强度等级小于 C60 时，混凝土配制之前按下式确定混凝土的施工配制强度，以达到 95% 的保证率：

$$f_{cu,0} = f_{cu,k} + 1.645\sigma \tag{5-12}$$

式中 $f_{cu,0}$——混凝土的施工配制强度，MPa；

$f_{cu,k}$——设计的混凝土强度标准值，MPa；

σ——施工单位的混凝土强度标准差，MPa。

当设计强度等级大于或等于 C60 时，配制强度应按下式计算：

$$f_{cu,0} \geqslant 1.15 f_{cu,k}$$

① 当施工单位具有近期（前一个月或三个月）的同一品种混凝土强度的统计资料时，σ可按下式计算：

$$\sigma = \sqrt{\frac{\sum\limits_{i=1}^{n} f_{cu,i}^2 - n m_{f_{cu}}^2}{n-1}} \tag{5-13}$$

式中 $f_{cu,i}$——第 i 组混凝土试件强度，MPa；

$m_{f_{cu}}$——第 n 组混凝土试件强度的平均值，MPa；

n——试件组数，$n \geqslant 30$。

② 按式（5-13）计算混凝土强度标准差时，对于强度等级小于等于 C30 的混凝土，计算得到的 $\sigma \geqslant 3.0$MPa 时，应按计算结果取值；计算得到的 $\sigma < 3.0$MPa 时，σ 应取 3.0MPa；对于强度等级大于 C30 且小于 C60 的混凝土，计算得到的 $\sigma \geqslant 4.0$MPa 时，应按计算结果取值；计算得到的 $\sigma < 4.0$MPa 时，σ 应取 4.0MPa。

施工单位如无近期混凝土强度统计资料时，σ 可按表 5-12 取值。

表 5-12 σ 值　　　　　　　　　　　　　　　　　　　　　单位：MPa

混凝土强度等级	≤C20	C25～C45	C50～C55
σ	4.0	5.0	6.0

（2）混凝土的施工配制

影响混凝土配制质量的因素主要有两方面：一是称量不准，二是未按砂、石骨料实际含水率的变化进行施工配合比的换算。

施工配制必然会改变原理论配合比的水灰比、砂石比（含砂率）及浆骨比。其中，当水灰比增大时，混凝土黏聚性、保水性差，而且硬化后多余的水分残留在混凝土中形成水泡，或水分蒸发留下气孔，使混凝土密实性差，强度低。反之，当水灰比减少时，则混凝土流动性差，甚至影响成型后的密实性，造成混凝土结构内部松散，表面产生蜂窝、麻面现象。同样，如果含砂率减少，则砂浆量不足，不仅会降低混凝土流动性，更严重的是将影响其黏聚性及保水性，产生粗骨料离析、水泥浆流失，甚至产生溃散等不良现象。

施工配制中，浆骨比是反映混凝土中水泥浆的用量多少（即每立方米混凝土的用水量和水泥用量），如控制不准，亦直接影响混凝土的水灰比和流动性。所以，为了确保混凝土的质量，在施工中必须及时进行混凝土配合比的换算和严格控制各组分用量。

混凝土的配合比是在实验室根据混凝土的施工配制强度经过试配和调整而确定的，称为实验室配合比。实验室配合比所用的砂、石都是不含水分的，而施工现场的砂、石一般都含有一定的水分，且砂、石含水率的大小随当地气候条件的变化而变化。为保证混凝土配合比的准确，在施工中应适当扣除使用砂、石的含水量，经调整后的配合比，称为施工配合比。施工配合比可以经过实验室配合比作如下调整得出：

设实验室配合比为水泥：砂子：石子＝$1:x:y$，并测定砂子的含水量为W_x，石子的含水量为W_y，则施工配合比应为水泥：砂子：石子＝$1:x(1+W_x):y(1+W_y)$。

按实验室配合比，$1m^3$混凝土水泥、砂、石的用量分别为$C(kg)$、$C_x(kg)$、$C_y(kg)$，计算时确保混凝土水灰比W/C不变（W为用水量），则换算后各种材料用量为：

水泥：$C'=C$

砂子：$C'_砂=C_x(1+W_x)$

石子：$C'_石=C_y(1+W_y)$；

水：$W'=W-C_xW_x-C_yW_y$

（3）混凝土的施工配料

求出每立方米混凝土材料用量后，还必须根据工地现有搅拌机出料容量确定每次需用几整袋水泥，然后按水泥用量来计算砂石的每次拌用量。

为严格控制混凝土的配合比，原材料的计量应按重量计，水和液体外加剂可按体积计。其计量结果偏差不得超过以下规定：水泥、掺合料、水、外加剂为±2％；粗细骨料为±3％。各种衡量器应定期校验，保持准确性，骨料含水量应经常测定，雨天施工时，应增加测定次数。

5.4.2　混凝土的搅拌和运输

5.4.2.1　混凝土搅拌

混凝土的搅拌，就是将水、水泥和粗细骨料进行均匀拌和的过程，同时通过搅拌还可使材料达到强化、塑化的作用。

（1）混凝土搅拌机

混凝土搅拌机按其搅拌原理分为自落式搅拌机和强制式搅拌机两类。

自落式搅拌机搅拌筒内壁装有叶片，搅拌筒旋转，叶片将物料提升一定高度后自由下落，使各物料颗粒分散拌和均匀，是应用的重力拌和原理。自落式搅拌机搅拌强度不大，效率低，只适于搅拌一般骨料的塑性混凝土。

强制式搅拌机分立轴式和卧轴式两类。强制式搅拌机是在轴上装有叶片，通过叶片强制搅拌装在搅拌筒中的物料，使物料沿环向、径向和竖向运动，拌和强烈。强制式搅拌机搅拌质量好、效率高，多用于搅拌干硬性混凝土、低流动性混凝土和轻骨料混凝土。

混凝土搅拌机常以其出料容积（m^3）×1000标定规格。常用150L、250L、350L等数种。选择搅拌机型号，要根据工程量大小、混凝土的坍落度和骨料尺寸等确定。既要满足技术上的要求，亦要考虑经济效果和节约能源。

（2）搅拌制度

为了获得均匀优质的混凝土拌和物，除合理选择搅拌机的型号外，还必须正确地确定搅拌制度。搅拌制度包括进料容量、投料顺序及搅拌时间。搅拌制度将直接影响到混凝土的搅拌质量和搅拌机的工作效率。

① 进料容量。进料容量是将搅拌前各种材料的体积累积起来的容量，又称干料容量。进料容量约为出料容量的 1.4 倍～1.8 倍（通常取 1.5 倍）。进料容量超过规定容量的 10%，就会使材料在搅拌筒内无充分的空间进行掺和，影响混凝土拌和物的均匀性；反之，如装料过少，则又不能充分发挥搅拌机的效能。

② 投料顺序。投料顺序应从提高搅拌质量，减少叶片、衬板的磨损，减少拌和物与搅拌筒的黏结，减少水泥飞扬，改善工作环境，提高混凝土强度，节约水泥等方面综合考虑确定。常用一次投料法和二次投料法。

一次投料法：这是目前最普遍采用的方法。它是将砂、石、水泥和水一起同时加入搅拌筒中进行搅拌，为了减少水泥的飞扬和水泥的黏罐现象，对自落式搅拌机常采用的投料顺序是将水泥夹在砂、石之间，最后加水搅拌。

二次投料法：它又分为预拌水泥砂浆法和预拌水泥净浆法。

预拌水泥砂浆法是先将水泥、砂和水加入搅拌筒内进行充分搅拌，成为均匀的水泥砂浆后，再加入石子搅拌成均匀的混凝土。

预拌水泥净浆法是先将水泥和水充分搅拌成均匀的水泥净浆后，再加入砂和石搅拌成混凝土。

国内外的试验表明，二次投料法搅拌的混凝土与一次投料相比较，混凝土强度可提高约 15%，在强度等级相同的情况下可节约水泥 15%～20%。

③ 搅拌时间。搅拌时间是从全部材料投入搅拌筒起，到开始卸料为止所经历的时间。它与搅拌质量密切相关。搅拌时间过短，混凝土不均匀，强度及和易性将下降；搅拌时间过长，不但降低搅拌机的生产效率，同时会使不坚硬的粗骨料在大容量搅拌机中脱角、破碎等，进而影响混凝土的质量。对于加气混凝土也会因搅拌时间过长而使所含气泡减少。表 5-13 为各类搅拌机混凝土搅拌的最短时间。

表 5-13　各类搅拌机混凝土搅拌的最短时间

混凝土坍落度/cm	搅拌机类型	各搅拌机出料量下的搅拌时间/s		
		小于 250L	250～500L	大于 500L
≤3	自落式	90	120	150
	强制式	60	90	120
≥3	自落式	90	90	120
	强制式	60	60	90

5.4.2.2　混凝土运输

（1）混凝土运输的基本要求

① 在混凝土运输过程中，应控制混凝土运至浇筑地点后，不离析、不分层，组成成分不发生变化，并能保证施工所必需的稠度。混凝土运送至浇筑地点后，如混凝土拌和物出现离析或分层现象，应进行二次搅拌。

② 运送混凝土的容器和管道，应不吸水、不漏浆，并保证卸料及输送通畅。容器和管道在冬期应有保温措施，夏季最高气温超过 40℃ 时，应有隔热措施。混凝土拌和物运至浇筑地点时的温度，最高不超过 35℃，最低不低于 5℃。

③ 混凝土运输、输送入模的过程宜连续进行，从运输到输送入模的延续时间不宜超过表 5-14 的规定，且不应超过表 5-15 的限值规定。掺早强型减水外加剂、早强剂的混凝土以及有特殊要求的混凝土，应根据设计及施工要求，通过试验确定允许时间。

表 5-14　运输到输送入模的延续时间

条件	不同气温下的延续时间/min	
	≤25℃	>25℃
不掺外加剂	90	60
掺外加剂	150	120

表 5-15　运输、输送入模及其间歇总的时间限值

条件	不同气温下的时间限值/min	
	≤25℃	>25℃
不掺外加剂	180	150
掺外加剂	240	210

④ 混凝土运至浇筑地点时，应检测其坍落度，所测值应符合设计和施工要求。

（2）混凝土运输机具

混凝土运输机具的种类很多，一般可分为间歇式运输机具和连续式运输机具两大类，可根据施工条件进行选用。常用的混凝土运输机具有：机动翻斗车、混凝土搅拌输送车、混凝土泵和垂直运输设备。

① 机动翻斗车。机动翻斗车是施工场地内进行运输混凝土的常用机具，它具有操作灵活、运输快捷、卸料方便、适应性强等优点。

② 混凝土搅拌输送车。混凝土搅拌输送车是一种用于长距离输运混凝土的高效能机械。它是将运送混凝土的搅拌筒安装在汽车底盘上，在运输途中混凝土搅拌筒始终在不停地缓慢旋转，既可以运送已拌和好的混凝土拌和料，也可以将混凝土干料装入筒内，在行驶中将水加入搅拌，以减少长途输送引起的混凝土坍落度损失。

混凝土搅拌输送车的搅拌桶呈梨形，由筒体、螺旋叶片、进料圆筒、枢轴和链轮等组成。搅拌筒的轴线与水平成 16°～20° 夹角。搅拌筒内从筒口至筒底对称地焊有两条螺旋叶片。正转时，可进行加料，同时加入的拌和料被推向筒底得到搅拌；反转时，螺旋叶片将混凝土推向筒口被卸出。

③ 混凝土泵。混凝土泵具有可连续浇筑、加快施工速度、保证工程质量等优点，特别适合狭窄施工场所施工，具有较高的技术经济效果等。我国在高层、超高层的建筑、桥梁、水塔、烟囱、隧道和大型混凝土结构的施工中已广泛应用。

混凝土输送管为钢管、橡胶和塑料软管。直径为 75～200mm，每段长约 3m，还配有 45°、90° 等弯管和锥形管。

将混凝土泵装在汽车上便成为混凝土泵车，在车上还装有可以伸缩或曲折的"布料杆"，其末端是一软管，可将混凝土直接送到浇筑地点，使用十分方便。

采用混凝土泵运送混凝土，必须做到：

a. 混凝土泵必须保持连续工作。

b. 输送管道宜直，转弯宜缓，接头应严密。

c. 泵送混凝土之前，应预先用水泥砂浆润滑管道内壁，以防堵塞。

d. 受料斗内应有足够的混凝土，以防止吸入空气阻塞输送管道。

④ 垂直运输设备。施工现场的混凝土垂直运输，可利用塔式起重机、井架、施工升降机（施工电梯）等起重设备。利用塔式起重机，应配备相应的混凝土吊罐式吊斗；利用井架、施工升降机时，可将装载混凝土的手推车直接推入吊盘中，运送到混凝土浇筑面。

5.4.3　混凝土的浇捣和养护

5.4.3.1　混凝土浇捣

（1）浇筑前的检查

① 浇筑混凝土前，应检查和控制模板、钢筋、保护层和预埋件等的尺寸、规格、数量和位置，其偏差值应符合现行国家标准《混凝土结构工程施工质量验收规范》的规定。此外，还应检查模板支撑的稳定性以及接缝的密合情况。

② 模板和隐蔽项目应分别进行预检和隐检验收，符合要求时，方可进行浇筑。

（2）混凝土浇筑的一般要求

① 混凝土应在初凝前浇筑，如果出现初凝现象，应再进行一次强力搅拌，才能入模，如果在浇筑前有离析现象，也应重新拌和后才能浇筑。

② 混凝土自由倾落高度应符合以下规定：对于素混凝土或少筋混凝土，由料斗、漏斗进行浇筑时，不应超过 2m；对于竖向结构（如柱、墙），浇筑混凝土的高度不超过 3m；对于配筋较密或不便捣实的结构，不宜超过 60cm。否则，应采用串筒、溜槽和振动串筒下料，以防产生离析。

③ 浇筑竖向结构混凝土前，底部应先浇入 50～100mm 厚与混凝土成分相同的水泥砂浆，以避免产生蜂窝、麻面现象。

④ 混凝土浇筑时坍落度，应符合表 5-16 中的规定。

表 5-16　混凝土浇筑时的坍落度

项次	结构种类	坍落度/mm
1	基础或地面等垫层、无配筋的厚大结构（挡土墙、基础或厚大的块体）或配筋稀疏的结构	10～30
2	板、梁及大型、中型截面的柱子	30～50
3	配筋密列的结构（薄壁、斗仓、筒仓、细柱等）	50～70
4	配筋特密的结构	70～90

注：1. 本表指采用机械振捣的坍落度，采用人工捣实时可适当增大。
　　2. 需要配制大坍落度混凝土时，应掺用外加剂。
　　3. 曲面或斜结构的混凝土，其坍落度值应根据实际需要另行规定。

⑤ 为了使混凝土上下层结合良好并振捣密实，混凝土必须分层浇筑，其浇筑层厚度应符合表 5-17 的规定。

⑥ 为保证混凝土的整体性，浇筑工作应连续进行。当由于技术上或施工组织上的原因必须间歇时，其间歇的时间应尽可能缩短，并保证在前层混凝土初凝之前，将次层混凝土浇

筑完毕。其间歇的最长时间，应按所用水泥品种、混凝土强度等级及施工气温确定，且不超过表 5-17 中的规定，当超过时应留置施工缝。

表 5-17　混凝土浇筑层厚度

捣实混凝土的方法		浇筑层的厚度
插入式振捣		振动器作用部分长度的 1.25 倍
表面振捣		200mm
人工振捣	在基础、无筋混凝土或配筋稀疏的结构中	250mm
	在梁、板、柱结构中	200mm
	在配筋密列的结构中	150mm

⑦ 在混凝土浇筑过程中，应时刻观察模板及其支架、钢筋、预埋件及预留孔洞的情况，当发现有不正常的变形、移位时，应及时采取措施进行处理，以保证混凝土的施工质量。

⑧ 在混凝土浇筑过程中，应及时、认真填写施工记录，这是施工验收的基本依据，也是保证混凝土质量的重要措施。

（3）混凝土施工缝与后浇带

① 施工缝的留设与处理。在混凝土浇筑过程中，若因技术上的原因或设备、人力的限制，混凝土不能连续浇筑，中间的间歇时间超过混凝土初凝时间，则应留置施工缝。留置施工缝的位置应事先确定。由于施工缝处新旧混凝土的结合力较差，是构件中的薄弱环节，故宜留置在结构剪力较小且便于施工的部位。柱应留水平缝，梁、板应留垂直缝。

根据施工缝留置的原则，柱子的施工缝宜留在基础的顶面、梁或吊车梁牛腿的下面、吊车梁的上面、无梁楼盖柱帽的下面，见图 5-9（a）。框架结构中，如果梁的负筋向下弯入柱内，施工缝也可设置在这些钢筋的下端，以便于绑扎。和板连成整体的大断面梁，应留在楼板底面以下 20～30mm 处，当板下有梁托时，留在梁托下部；单向平板的施工缝，可留在平行于短边的任何位置处；有主次梁的楼板结构，宜顺着次梁方向浇筑，施工缝应留在次梁跨度中间 1/3 范围内，见图 5-9（b）。楼梯应留在楼梯长度中间 1/3 长度范围内。墙可留在门洞口过梁跨中 1/3 范围内，也可留在纵横墙的交接处。

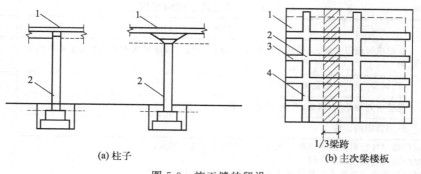

(a) 柱子　　　　　　　　　　(b) 主次梁楼板

图 5-9　施工缝的留设

1—楼板；2—柱；3—次梁；4—主梁

在施工缝处继续浇筑混凝土时，应待混凝土的抗压强度不小于 1.2N/mm^2 方可进行。混凝土达到这一强度的时间决定于水泥强度、混凝土强度等级、气温等，可以根据试块试验确定，也可查阅有关手册确定。

施工缝处浇筑混凝土之前，应除去表面的水泥薄膜、松动的石子和软弱的混凝土层，并加以充分湿润和冲洗干净，不得积水。浇筑时，施工缝处宜先铺水泥浆（水泥∶水＝1∶0.4）或与混凝土成分相同的水泥砂浆一层，厚度为10～15mm，以保证接缝的质量。浇筑混凝土过程中，施工缝应细致捣实，使其结合紧密。

② 后浇带的设置。后浇带是为在现浇钢筋混凝土过程中，克服由于温度收缩而可能产生有害裂缝而设置的临时施工缝。该缝需根据设计要求保留一段时间后再浇筑，将整个结构连成整体。

后浇带的设置距离，应考虑在有效降低温差和收缩应力条件下，通过计算来确定。在正常的施工条件下，一般规定是：如混凝土置于室内和土中，则为30m；如在露天，则为20m。

后浇带的保留时间应根据设计确定，若设计无要求时，一般应至少保留28d。后浇带的宽度一般为700～1000mm，后浇带内的钢筋应完好保存。其构造见图5-10。

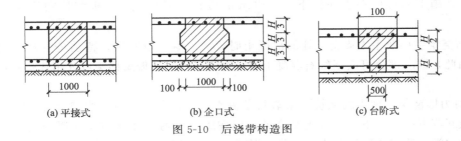

图 5-10　后浇带构造图

后浇带在浇筑混凝土前，必须将整个混凝土表面按照施工缝的要求进行处理。填充后浇带混凝土可采用微膨胀或无收缩水泥，也可采用普通水泥加入相应的外加剂拌制，但必须要求混凝土的强度等级比原结构强度提高一级，并保持至少15d的湿润养护。

（4）整体结构浇筑的要求

为保证结构的整体性和混凝土浇筑的连续性，应在下一层混凝土初凝之前，将上层混凝土浇筑完毕。因此，在编制混凝土浇筑施工方案时，首先应计算每小时需要浇筑的混凝土量 Q。

$$Q = \frac{V}{t_1 - t_2} \tag{5-14}$$

式中　V——每个浇筑层中混凝土的体积，m^3；

　　　t_1——混凝土的初凝时间，h；

　　　t_2——混凝土的运输时间，h。

根据式(5-14)即可计算所需的搅拌机、运输机具和振捣机械的数量，并以此拟定混凝土的浇筑方案。

整体结构混凝土浇筑的基本要求，对于不同的结构有所不同。

① 框架结构的整体浇筑。框架结构的主要构件包括基础、柱、梁、板等，其中框架梁、板、柱等构件是沿垂直方向重复出现的。因此，一般按结构层分层施工。如果平面面积较大，还应分段进行，以便各工序组织流水作业。

在框架结构整体浇筑中，应注意如下事项：

a. 在每层每段的施工中，其浇筑顺序应为先浇柱，后浇梁、板。

b. 柱基础浇筑时，应先边角后中间，按台阶分层浇筑，确保混凝土充满模板各个角落，防止从一侧倾倒混凝土，以免挤压钢筋造成柱连接钢筋的移位。

c. 柱子宜在梁板模板安装后钢筋未绑扎前浇筑，以便利用梁板模板作为横向支撑和柱浇筑操作平台；一排柱子的浇筑顺序，应从两端同时向中间推进，以防柱模板在横向推力作用下向一方倾斜；柱子应分段浇筑，当边长大于 400mm 且无交叉箍筋时，每段的高度不应大于 3.5m，当柱子的断面小于 400mm×400mm，并有交叉箍筋时，可在柱模板侧面每段不超过 2m 的高度开口（不小于 300mm 高），插入斜溜槽分段浇筑；柱子与柱基础的接触面，用与混凝土相同成分的水泥砂浆铺底（50～100mm），以免底部产生蜂窝现象；随着柱子浇筑高度的上升，相应递减混凝土的水灰比和坍落度，以免混凝土表面积聚浆水。

d. 在浇筑与柱墙连成整体的梁和板时，应在柱或墙浇筑完毕后间歇 1～1.5h，再继续浇筑，使柱混凝土充分沉实。肋型楼板的梁板应同时浇筑，其顺序是先根据梁高分层浇筑成阶梯形，当达到板底位置时再与板的混凝土一起浇筑；当梁高大于 1m 时，可先单独浇筑梁的混凝土，施工缝可留在板底以下 20～30mm 处；无梁楼板中，板和柱帽应同时浇筑混凝土。

e. 当浇筑主梁及主次梁交叉处的混凝土时，一般钢筋较密集，特别是上部分钢筋又粗又多，因此，这一部分可改用细石混凝土进行浇筑，同时，振捣棒头可改用片式并辅以人工捣固。

② 剪力墙浇筑。剪力墙浇筑应采取长条流水作业，分段浇筑，均匀上升。墙体浇筑混凝土前或新浇混凝土与下层混凝土结合处，应在底面上均匀浇筑 50mm 厚与墙体混凝土成分相同的水泥砂浆或细石混凝土。砂浆或混凝土应用铁锹入模，不应用料斗直接灌入模内，混凝土应分层浇筑振捣，每层浇筑厚度控制在 600mm 左右，浇筑墙体混凝土应连续进行。墙体混凝土的施工缝一般宜设在门窗洞口上，接槎处混凝土应加强振捣，保证接槎严密。

洞口浇筑混凝土时，应使洞口两侧混凝土高度大体一致。振捣时，振捣棒应距洞边 300mm 以上，从两侧同时振捣，以防止洞口变形，大洞口下部模板应开口并补充振捣。构造柱混凝土应分层浇筑，内外墙交接处的构造柱和墙同时浇筑，振捣要密实。

墙体浇筑振捣完毕后，将上口甩出的钢筋加以整理，用木抹子按标高线将墙上表面混凝土找平。

混凝土浇捣过程中，不可随意挪动钢筋，要经常检查钢筋保护层厚度及所有预埋件的牢固程度和位置的准确性。

③ 超长结构混凝土浇筑。超长结构混凝土浇筑应符合下列规定：

a. 可留设施工缝分仓浇筑，分仓浇筑间隔时间不应少于 7d；

b. 当留设后浇带时，后浇带封闭时间不得少于 14d；

c. 超长整体基础中调节沉降的后浇带时，混凝土封闭时间应通过监测确定；

d. 差异沉降：应趋于稳定后再封闭后浇带。

④ 自密实混凝土浇筑。自密实混凝土浇筑应符合下列规定：

a. 应根据结构部位、结构形状、结构配筋等确定合适的浇筑方案；

b. 自密实混凝土粗骨料最大粒径不宜大于 20mm；

c. 浇筑应能使混凝土充填到钢筋、预埋件、预埋钢构周边及模板内各部位；

d. 自密实混凝土浇筑布料点应结合拌和物特性选择适宜的间距，必要时可通过试验确定混凝土布料点下料间距。

（5）大体积混凝土浇筑施工要求

大体积混凝土结构在土木工程中常见，如工业建筑中的设备基础，高层建筑中的地下室底板、结构转换层，各类结构的厚大桩基承台以及桥梁的墩台等。大体积混凝土结构承受荷载大，整体性要求高，往往要求一次连续浇筑完毕，不允许留施工缝。另外，大体积混凝土结构在浇筑后水泥的水化热大，水化热积聚在内部不易散发，浇筑初期混凝土内部温度显著升高，而表面散热较快，这样形成较大的里表温差，混凝土内部产生压应力，而表面产生拉应力，如温差过大则易在混凝土表面产生裂缝。混凝土的硬化过程会产生体积收缩，因而在浇筑后期，混凝土内部逐渐冷却产生收缩。由于受到基底、模板或已浇筑混凝土的约束，接触处将产生很大的剪应力，在混凝土正截面形成拉应力。当拉应力超过混凝土当时龄期的极限抗拉强度时，便会产生裂缝，甚至会贯穿整个混凝土断面，由此将带来严重的危害。在大体积混凝土结构浇筑中，上述两种裂缝（尤其是后一种裂缝）都应设法防止。

① 大体积混凝土结构施工温度控制。要防止大体积混凝土结构浇筑后产生裂缝，就应降低混凝土的温度应力，这就必须减少浇筑后混凝土的升温和里表温差。为此应优先选用水化热低的水泥，降低水泥用量，掺入适量的粉煤灰，降低浇筑速度，减小浇筑层厚度。浇筑后应采取蓄水法或覆盖法进行保温或人工降温措施。

大体积混凝土施工中宜进行测温，控制里表温差不宜超过 25℃。必要时，经过计算和取得设计单位同意后可留施工缝而分块分层浇筑。施工温度控制应符合下列规定：

a. 混凝土入模温度不宜大于 30℃，混凝土最大绝热温升不宜大于 50℃；

b. 混凝土结构件表面以内 40～80mm 位置处的温度与混凝土结构件内部的温度差值不宜大于 25℃，且与混凝土结构件表面温度的差值不宜大于 25℃；

c. 混凝土降温速率不宜大于 2.0℃/d。

如要保证混凝土的整体性，则要求保证每一浇筑层在初凝前就被上一层混凝土覆盖并捣实成为整体。为此要求混凝土单位时间的浇筑量应满足式(5-15)的要求：

$$Q \geqslant \frac{FH}{T} \tag{5-15}$$

式中　Q——混凝土单位时间浇筑量，m^3/h；

　　　F——混凝土浇筑区的面积，m^2；

　　　H——浇筑层厚度，m，取决于混凝土捣实方法；

　　　T——下层混凝土从开始浇筑到初凝为止所容许的时间间隔，h，可用混凝土初凝时间减去运输时间得到。

② 大体积混凝土结构的浇筑方案。可分为全面分层法、分块分层法和斜面分层法三种（图 5-10）。

a. 全面分层法。在整个模板内，将结构分成若干个厚度相等的浇筑层，浇筑区的面积即为基础平面面积，如图 5-11(a) 所示。浇筑混凝土时从短边开始，沿长边方向进行浇筑，第二层混凝土要在第一层混凝土初凝前浇筑完毕。为此，要求每层浇筑都要有一定的速度（称浇筑强度），全面分层方案一般适用于平面尺寸不大的结构。

b. 分段分层法。按结构沿长边方向分成若干段，浇筑工作从底层开始，当第一层混凝土浇筑一段长度后，便回头浇筑第二层，当第二层浇筑一段长度后，回头浇筑第三层，如此向前呈阶梯形推进，如图 5-11(b) 所示。分段分层方案适于结构厚度不大而面积或长度较大时采用。

　　c. 斜面分层法。混凝土一次浇筑到顶，由于混凝土自然流淌而形成斜面，如图 5-11(c) 所示。混凝土振捣工作从浇筑层下端开始逐渐上移，分层浇筑的坡度由混凝土自然流淌形成。坍落度较小的混凝土坡度为 1/7～1/3，坍落度较大的混凝土坡度为 1/10～1/7。分层厚度不宜大于 500mm。斜面分层法多用于长度较大的结构，尤其适用于泵送混凝土施工。

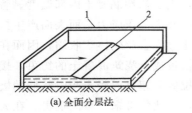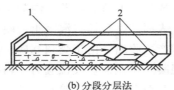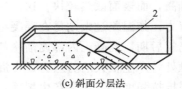

(a) 全面分层法　　　　　　(b) 分段分层法　　　　　　(c) 斜面分层法

图 5-11　大体积混凝土浇筑方案
1—模板；2—新浇筑的混凝土

　　全面分层法单位时间的浇筑量较大，斜面分层法单位时间的浇筑量较小，工程中可根据结构物的具体尺寸、捣实方法和混凝土供应能力等通过计算选择。目前建筑物基础底板等大面积的混凝土整体浇筑应用较多的是斜面分层法。

　　大体积混凝土也可留设施工缝进行分仓浇筑而不设后浇带。分仓施工是利用混凝土在浇筑初期（5～10d）的应力释放减小温度应力，避免施工引起裂缝，分仓浇筑的时间间隔不得少于 7d，为加快施工进度，混凝土浇筑可跳仓进行，遵循分块规划、隔块施工、分层浇筑、整体成型的原则。跳仓法施工在超长、超大的混凝土施工中十分有效。

　　(6) 混凝土的振捣

　　混凝土入模时呈疏松状，里面含有大量的空洞与气泡，必须采用适当的方法在其初凝前振捣密实，满足混凝土的设计要求。混凝土浇筑后振捣用混凝土振动器的振动力，把混凝土内部的空气排出，使砂子充满石子间的空隙，水泥浆充满砂子间的空隙，以使混凝土密实。只有在工程量很小或不能使用振动器时，才允许采用人工捣固，一般应采用振动机械振捣。常用的振动机械有内部振动器（插入式）、外部振动器（附着式和平板式）和振动台。

　　① 内部振动器。内部振动器也称插入式振动器，它由电动机、传动装置和振动棒三部分组成，工作时依靠振动棒插入混凝土产生振动力而捣实混凝土。插入式振动器是建筑工程应用最广泛的一种，常用以振实梁、柱、墙等平面尺寸较小而深度较大的构件和体积较大的混凝土。内部振动器使用要点如下：

　　a. 使用前，应首先检查各部件是否完好，各连接处是否紧固，电动机是否绝缘，电源电压和频率是否符合规定，待一切合格后，方可接通电源进行试运转。

　　b. 振捣时，要做到快插慢拔。快插是为了防止将表层混凝土先振实，与下层混凝土发生分层、离析现象；慢拔是为了使混凝土能填埋振动棒的空隙，防止产生孔洞。

　　c. 作业时，要使振动棒自然沉入混凝土中，不可用力猛插，一般应垂直插入，并插至尚未初凝的下层混凝土中 50～100mm，以利于上下混凝土层相互结合。

　　d. 振动棒插点要均匀排列，可采用行列式或交错式的次序移动，两个插点的间距 S 当行列式排列时，有 $S\leqslant1.5R$（R 为振动棒的有效作用半径），当交错式排列时，有 $S\leqslant1.75R$（图 5-12），防止漏振，保证混凝土的振动密实。

　　e. 振动棒在混凝土内的振捣时间，一般每个插点约 20～30s，见到混凝土不再显著下

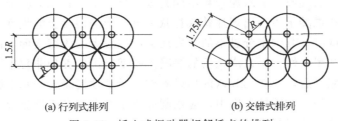

(a) 行列式排列　　　　　(b) 交错式排列

图 5-12　插入式振动器相邻插点的排列

沉，不再出现气泡，表面泛出的水泥浆均匀为止。

f. 由于振动棒下部振幅比上部大，为使混凝土振捣均匀，振捣时应将振动棒上下抽动 5~10cm，每插点抽动 3~4 次。

g. 振动棒与模板的距离，不得大于其有效作用半径的 0.5 倍，并要避免触及钢筋、模板、芯管、预埋件等，更不能采取通过振动钢筋的方法来促使混凝土振实。

h. 振动器软管的弯曲半径不得小于 50cm，并且不得多于两个弯。软管不得有断裂、死弯现象。

i. 在检修、移动和作业间歇时，必须切断电源。作业时工人必须穿戴绝缘劳动保护用品，操作人员必须掌握安全用电的基本知识。

② 外部振动器。外部振动器又称附着式振动器，它直接安装在模板外侧的横挡或竖挡上，利用偏心块旋转时所产生的振动力，通过模板传递给混凝土，使之振动密实。外部振动器使用要点如下：

a. 外部振动器使用前，要进行检查和试运转。试运转不要在干硬的土地上和混凝土面上进行，否则会使振动器跳跃过甚而损坏。

b. 振捣的混凝土厚度不宜过大，一般为 150~250mm；振捣时平板必须与混凝土充分接触，以保证主振动力的有效传递。

c. 在一个位置连续振动的时间不宜过长，在正常情况下约为 25~40s，并以混凝土表面均匀出现浆液为准，不得在混凝土初凝后再振，也不得使周围的振动影响到已初凝的混凝土。

d. 平板式振动器的移动要有一定的路线，保持振动的连续性，并保证前后左右相互搭接 30~50mm，以防止产生漏振。

e. 振动器在作业中应经常检查轴承和电动机的温度，如温升超过 60℃或有异声，应立即停机查明原因。

f. 振动倾斜混凝土表面时，振动路线应由低处向高处推进。

g. 使用附着式振动器，其间距应通过试验确定，一般为 1~1.5m；当结构尺寸较厚时，可在结构的两侧同时安装振动器；待混凝土入模，浇筑高度大于振动器安装部位时，方可开动振动器。

h. 振动器外壳应保持清洁，以保证电机散热良好，待作业完毕后，应按规定进行清洁和保养工作。

5.4.3.2　混凝土的养护

浇捣后的混凝土之所以能逐渐凝结硬化，主要是水泥水化作用的结果，而水化作用需要适当的湿度和温度。如气候炎热，空气干燥，不及时进行养护，混凝土中水分蒸发过快，出现脱水现象，使已形成凝胶体的水泥颗粒不能充分水化，不能转化为稳定的结晶，缺乏足够的黏结力，从而会在混凝土表面出现片状或粉状剥落，影响混凝土的强度。此外，在混凝土尚未具备足够的强度时，其中水分过早的蒸发还会产生较大的收缩变形，出现干缩裂纹，影响混凝土的整体性和耐久性。所以浇筑后的混凝土初期阶段的养护非常重要。

在混凝土浇筑完毕后，应在 12h 以内加以养护；干硬性混凝土和真空脱水混凝土应于浇筑完毕后立即进行养护。在养护工序中，应控制混凝土处在有利于硬化及强度增长的温度和湿度环境中，使硬化后的混凝土具有必要的强度和耐久性。

混凝土的养护时间应符合下列规定：

① 采用硅酸盐水泥、普通硅酸盐水泥或矿渣硅酸盐水泥配制的混凝土，养护时间不应少于 7d；采用其他品种水泥时，养护时间应根据水泥性能确定；

② 采用缓凝型外加剂、大掺量矿物掺合料配制的混凝土，养护时间不应少于 14d；

③ 抗渗混凝土、强度等级 C60 及以上的混凝土，养护时间不应少于 14d；

④ 后浇带混凝土的养护时间不应少于 14d；

⑤ 地下室底层墙、柱和上部结构首层墙、柱宜适当增加养护时间；

⑥ 基础大体积混凝土养护时间应根据施工方案确定。

混凝土养护分自然养护和蒸汽养护。

（1）自然养护

自然养护是指在自然气温条件下（高于 5℃），对混凝土采取覆盖、浇水润湿、挡风、保温等养护措施，使混凝土在规定的时间内有适宜的温湿条件进行硬化。自然养护又分为覆盖浇水养护和塑料薄膜养护两种。

① 覆盖浇水养护。是根据外界气温一般在混凝土浇筑完毕后 3～12h 内用草帘、芦席、麻袋、锯末、湿土和湿砂等适当材料将混凝土予以覆盖，并经常浇水保持湿润。混凝土浇水养护日期：对于硅酸盐水泥、普通水泥和矿渣水泥拌制的混凝土，不得少于 7 昼夜；掺用缓凝型外加剂或有抗渗性要求的混凝土，不得少于 14 昼夜；当用矾土水泥时，不得少于 3 昼夜。每日浇水次数以能保持混凝土具有足够的湿润状态为宜，一般气温在 15℃ 以上时，在混凝土浇筑后最初 3 昼夜中，白天至少每 3h 浇水一次，夜间也应浇水两次；在以后的养护中，每昼夜应浇水 3 次左右；在干燥气候条件下，浇水次数应适当增加。

对于大面积结构，如地坪、楼屋面板等，可采用蓄水养护；对于贮水池一类工程，可在拆除内模、混凝土达到一定强度后注水养护；对于一些地下结构或基础，可在其表面涂刷乳化沥青或用土回填以代替洒水养护。

② 塑料薄膜养护。其以塑料薄膜为覆盖物，使混凝土与空气隔绝，水分不再被蒸发，水泥靠混凝土中的水分完成水化作用而凝结硬化。塑料薄膜养护可将塑料薄膜直接覆盖在混凝土构件上，或将塑料溶液喷洒在混凝土表面，待溶液挥发后，在混凝土表面形成一层塑料薄膜，使混凝土表面与空气隔绝，封闭混凝土中的水分使其不再被蒸发，而完成水化作用。

塑料薄膜养护的缺点是 28d 混凝土强度偏低 8% 左右，同时由于成膜很薄，起不到隔热防冻的作用。故夏季薄膜成型后要加防晒设施（不少于 24h），否则易发生丝状裂缝。自然养护成本低、效果好，但养护期长。为了缩短养护期，提高模板的周转率和场地的利用率，一般生产预制构件时，宜用加热养护。

a. 基础大体积混凝土养护。基础大体积混凝土裸露表面应采用覆盖养护方式。当混凝土表面以内 40～80mm 位置的温度与环境温度的差值小于 25℃ 时，可结束覆盖养护。覆盖养护结束但尚未到达养护时间要求时，可采用洒水养护方式直至养护结束。

b. 柱、墙混凝土养护。柱、墙混凝土养护方法应符合下列规定：

地下室底层和上部结构首层柱、墙混凝土带模养护时间，不宜少于 3d；带模养护结束后可采用洒水养护方式继续养护，必要时也可采用覆盖养护或喷涂养护剂养护方式继续养护；其他部位柱、墙混凝土可采用洒水养护；必要时，也可采用覆盖养护或喷涂养护剂养护。

（2）蒸汽养护

蒸汽养护是通过混凝土加热来加速其强度的增长。加热养护方法很多，常用的有蒸汽室养护、热模养护。

蒸汽室养护就是将混凝土构件放在充有蒸汽的养护室内，使混凝土在较高温度、湿度条件下，迅速达到要求的强度。

蒸汽养护过程分为静停、升温、恒温和降温四个阶段。

① 静停阶段：将浇筑成型的混凝土放在室温条件下静停 2～6h（干硬性混凝土为 1h），以增强混凝土对升温阶段结构破坏作用的抵抗力，避免蒸汽养护时在构件表面出现裂缝和疏松现象。

② 升温阶段：通入蒸汽，使混凝土原始温度上升到恒温温度的阶段。升温速度不宜太快，以免混凝土内外温差过大产生裂缝。升温速度一般为 10～25℃/h（干硬性混凝土为 35～40℃/h）。

③ 恒温阶段：升温至要求的温度后，保持温度不变的持续养护阶段。恒温阶段是混凝土强度增长最快的阶段。恒温的温度与水泥品种有关，对普通水泥一般不超过 80℃，矿渣水泥、火山灰水泥可提高到 90～95℃。如温度再高，虽然可使混凝土硬化速度加快，但会降低其后期强度。恒温时间一般为 5～8h，应保持 90%～100% 的相对湿度。

④ 降温阶段：指混凝土构件由恒温温度降至常温的阶段。降温速度也不宜过快，否则混凝土会产生表面裂缝。一般情况下，构件厚度在 100mm 左右时，降温速度不大于 20～30℃/h。构件出室时的温度与室外气温相差不得大于 40℃；当室外气温为负温时，不得大于 20℃。

5.4.4 混凝土冬期施工

5.4.4.1 温度对混凝土凝结硬化的影响

（1）混凝土冬期施工的基本概念

混凝土进行正常的凝结硬化，需要适宜的温度和湿度，温度的高低对混凝土强度的增长有很大影响。当温度低于 5℃时，水化作用缓慢，硬化速度变缓；当接近 0℃时，混凝土的硬化速度就更慢，强度几乎不再增长；当温度低于 -3℃时，混凝土中的水会结冰，水化作用完全停止，甚至产生冻胀应力，严重影响混凝土的质量。因此，为确保混凝土结构的工程质量，施工时应参考工程所在地多年气温资料。当室外日平均气温连续 5d 稳定低于 5℃时，施工必须采用相应的技术措施，并及时采取气温突然下降的防冻措施，称为混凝土冬期施工。

（2）凝结硬化对混凝土质量的影响

① 混凝土在初凝前或刚初凝即遭冻结，此时水泥水化作用尚未开始或刚开始，混凝土本身尚无强度，水泥受冻后处于休眠状态；立即恢复正常养护后，强度可以重新增长，直到与未受冻前相同，强度损失非常小。但工程有工期的限制，故这种冻结要尽量避免。

② 若混凝土在初凝后遭冻结，此时其强度很小。混凝土内部存在两种应力：一种是水泥水化作用产生的黏结应力；另一种是混凝土内部自由水结冻，体积膨胀（8%～9%）所产生的冻胀应力。由于黏结应力小于冻胀应力，因此很容易破坏刚形成水泥石的内部结构，产生一些微裂纹。这些微裂纹是不可逆的，冰块融化后也会形成孔隙，严重降低混凝土的强度和耐久性。在混凝土解冻后，其强度虽然能继续增长，但不能再达到设计的强度等级。

③ 若混凝土在冻结前已达到某一强度值以上，此时混凝土内部虽然也存在着黏结应力，但其黏结应力可抵抗冻胀应力的破坏，不会出现微裂纹。混凝土解冻后强度能迅速增长，并可达到设计的强度等级，对强度影响较小，只不过增长得比较缓慢。

（3）混凝土受冻临界强度

工程实践证明：混凝土早期受冻，对其抗压强度、弯曲强度、抗拉强度、黏结强度、抗渗性等均有较大的影响。经过试验证明，混凝土在初凝后只要达到允许受冻临界强度值以上，当混凝土遭冻结后，加强养护，混凝土的各项性能并不会严重降低。

混凝土允许受冻临界强度，一般用抗压强度来表达，可定义为：若新浇捣的混凝土在受冻前达到某一临界强度值，然后遭受冻结，当恢复正常养护后，混凝土抗压强度能继续增长，并再经 28d 的标准养护后，其后期强度可达设计强度等级的 95% 以上，则其受冻前的临界强度，称为混凝土受冻临界强度，这就是施工中容许受冻临界强度。混凝土冬季施工，就是采取一定的技术措施，使混凝土在受冻前达到其受冻临界强度。

混凝土受冻临界强度，与水泥品种、混凝土强度等级有关，硅酸盐水泥或普通硅酸盐水泥配制的混凝土，为设计的混凝土强度标准值的 30%；矿渣硅酸盐水泥配制的混凝土，为设计的混凝土强度标准值的 40%，任何情况下，混凝土受冻前的强度不得低于 5.0MPa。

冬期浇筑的混凝土，其受冻临界强度应符合下列规定：

① 当采用蓄热法、暖棚法、加热法施工时，对于采用硅酸盐水泥、普通硅酸盐水泥配制的混凝土，受冻临界强度不应低于设计混凝土强度等级值的 30%；对于采用矿渣硅酸盐水泥、粉煤灰硅酸盐水泥、火山灰质硅酸盐水泥、复合硅酸盐水泥配制的混凝土，受冻临界强度不应低于设计混凝土强度等级值的 40%。

② 当室外最低气温不低于 −15℃ 时，采用综合蓄热法、负温养护法施工的混凝土受冻临界强度不应低于 4.0MPa；当室外最低气温不低于 −30℃ 时，采用负温养护法施工的混凝土受冻临界强度不应低于 5.0MPa。

③ 对强度等级等于或高于 C50 的混凝土，不宜低于设计混凝土强度等级值的 30%。

④ 对有抗冻耐久性要求的混凝土，不宜低于设计混凝土强度等级值的 70%。

5.4.4.2 混凝土冬期施工工艺

（1）原材料的选择及要求

① 水泥。配制冬期施工的混凝土，应优先选用硅酸盐水泥和普通硅酸盐水泥，水泥强度等级不应低于 42.5MPa，每 $1m^3$ 最小水泥用量不宜少于 300kg，水灰比不应大于 0.6。使用矿渣硅酸盐水泥，宜采用蒸汽养护；使用其他品种的水泥，应注意掺合料对混凝土抗冻、抗渗等性能的影响，掺用防冻剂的混凝土，严禁选用高铝水泥。

② 骨料。配制冬期施工的混凝土，骨料必须清洁，不得含有冰、雪、冻块及其他易冻裂物质。在掺用含有钾、钠离子的防冻剂混凝土时，不得采用活性骨料或在骨料中混有这类物质的材料。

③ 外加剂。冬期浇筑的混凝土，宜使用无氯盐类防冻剂；对抗冻性要求高的混凝土，

宜使用引气剂或减水剂。在钢筋混凝土中掺用氯盐类防冻剂时，其掺量应严格控制，按无水状态计算不得超过水泥重量的 1%。当采用素混凝土时，氯盐掺量不得超过水泥重量的 3%。掺用氯盐的混凝土应振捣密实，并且不宜采用蒸汽养护。

（2）原材料的加热

冬期施工的混凝土，在拌制前应优先对水进行加热，当水加热仍不能满足要求时，再对骨料进行加热，但水泥不能直接加热，宜在使用前运入暖棚内存放。水及骨料的加热温度，应根据热工计算确定，但不得超过规定。当水、骨料达到规定温度仍不能满足热工计算要求时，可提高水温到 100℃，但水泥不能与 80℃ 以上的水直接接触。

（3）混凝土的搅拌

① 液体防冻剂使用前应搅拌均匀，由防冻剂溶液带入的水分应从混凝土拌和水中扣除。

② 蒸汽法加热骨料时，应加大对骨料含水率的测试频率，并应将由骨料带入的水分从混凝土拌和水中扣除。

③ 混凝土搅拌前应对搅拌机械进行保温或采用蒸汽进行加温，搅拌时间应比常温搅拌时间延长 30～60s。

④ 混凝土搅拌时应先投入骨料与拌和水，预拌后再投入胶凝材料与外加剂，胶凝材料、引气剂或含引气组分外加剂不得与 60℃ 以上热水直接接触。

⑤ 混凝土拌和物的出机温度不宜低于 10℃，入模温度不应低于 5℃；对预拌混凝土或需远距离输送的混凝土，混凝土拌和物的出机温度可根据运输和输送距离经热工计算确定，但不宜低于 15℃。大体积混凝土的入模温度可根据实际情况适当降低。

（4）混凝土的运输和浇筑

混凝土运输、输送机具及泵管应采取保温措施。当采用泵送工艺浇筑时，应采用水泥浆或水泥砂浆对泵和泵管进行润滑、预热。混凝土运输、输送与浇筑过程中应进行测温，温度应满足热工计算的要求。

混凝土浇筑前，应清除地基、模板和钢筋上的冰雪和污垢，并应进行覆盖保温。

混凝土分层浇筑时，分层厚度不应小于 400mm。在被上一层混凝土覆盖前，已浇筑层的温度应满足热工计算要求，且不得低于 2℃。

（5）混凝土结构工程冬期施工养护应符合的规定

① 当室外最低气温不低于 −15℃ 时，对地面以下的工程或表面系数不大于 $5m^{-1}$ 的结构，宜采用蓄热法养护，并应对结构易受冻部位加强保温措施。

② 当采用蓄热法不能满足要求时，对表面系数为 5～15m^{-1} 的结构，可采用综合蓄热法养护。采用综合蓄热法养护时，混凝土中应掺加具有减水、引气性能的早强剂或早强型外加剂。

③ 对不易保温养护，且对强度增长无具体要求的一般混凝土结构，可采用掺防冻剂的负温养护法进行施工。

④ 当①～③不能满足施工要求时，可采用暖棚法、蒸汽加热法、电加热法等方法，但应采取降低能耗的措施。

5.4.5　混凝土质量检验

混凝土质量检验包括施工过程中的质量检验和养护后的质量检验。施工过程的质量检验，即在制备和浇筑过程中对原材料的质量、配合比、坍落度等的检验，每一工作班至少检查一次，遇到特殊情况还应及时进行检验。混凝土的搅拌时间应随时检查。

5.4.5.1 混凝土结构强度检验

对涉及混凝土结构安全的柱、墙、梁等结构构件的重要部位，《混凝土结构工程施工质量验收规范》（GB 50204）规定应进行结构实体检验。结构实体检验的内容包括混凝土强度、钢筋混凝土保护层厚度以及工程合同约定的项目，必要时可检验其他项目。

由于混凝土结构的设计强度等级值 $f_{cu,k}$、标准养护立方体试件抗压强度 f_{cu}、实体结构混凝土强度 f_{cu}^0、同条件养护立方体试件强度 f_s，以及各种手段所得的推定强度 f_{cu}^t、回弹强度 f_{t1}、回弹-超声综合法强度 f_{t2}、拔出法强度 f_{t3} 以及取芯试件实测的混凝土强度 f_s^0 之间存在一定的关系（图 5-13）。通过大量调查研究及系统试验分析表明，同条件养护立方体试件抗压强度可以较真实地反映结构物的实际混凝土强度。

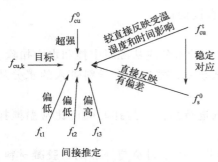

图 5-13　几种混凝土强度值的关系

对混凝土强度的检验，以标准养护试件强度作为第一次验收，以在混凝土浇筑地点制备并与结构实体同条件养护的试件的混凝土强度作为第二次验收，要求第一次和第二次的检验批均应合格。根据被检验结构的标准养护试件强度与结构实体强度的关系，存在以下四种情况判定处理：

① 标准养护试件强度合格，同时结构实体强度也合格，则被检验结构验收合格。

② 标准养护试件强度合格，而结构实体强度检验不合格，此时认为该强度等级的结构实体混凝土强度出现异常，应委托具有相应资质的检测机构按国家有关标准进行检测，并作为处理依据。

③ 标准养护试件强度不合格，对结构实体采用非破损或局部破损检测，按国家现行有关标准，对混凝土强度进行推定，并作为处理依据，按规范规定进行处理和验收。

④ 标准养护试件强度不合格，同时结构实体强度检验也不合格，应委托具有相应资质等级的检测机构，按国家规定进行检测，并按规范要求进行处理和验收。

（1）试件的留置

用于检查结构构件混凝土强度的试件，应在混凝土的浇筑地点随机抽取，取样与试件的留置应符合下列规定：

① 每拌制 100 盘且不超过 100m³ 的同配合比的混凝土，其取样不得少于一次。

② 每工作班拌制的同配合比的混凝土不足 100 盘时，其取样不得少于一次。

③ 每一现浇楼层同配合比的混凝土，其取样不得少于一次。同一单位工程每一验收项目中同配合比的混凝土，其取样不得少于一次。

④ 当一次浇筑 1000m³ 时，同一配合比的混凝土每 200m³ 取样不得少于一次。

⑤ 配合比有变化时，则每种配合比均应取样。

每次取样应至少留置一组（3 个）标准试件；同条件养护试件的留置组数，可根据实际需要而定。

（2）每组试件的强度

每组 3 个试件应在浇筑地点的同盘混凝土中取样制作，并按下列规定确定该组试件的混凝土强度代表值：

① 取 3 个试件强度的算术平均值；

② 当 3 个试件强度中的最大值和最小值之一与中间值之差超过中间值的 15% 时，取中间值；

③ 当 3 个试件强度中的最大值和最小值与中间值的差均超过中间值的 15% 时，该组试件不应作为强度评定的依据。

（3）同一验收批的强度

混凝土强度应分批进行验收。同一验收批的混凝土应由强度等级相同、生产工艺和配合比基本相同的混凝土组成。对现浇混凝土结构构件，尚应按单位工程的验收项目划分验收批，每个验收项目应按现行国家标准确定。对同一验收批的混凝土强度，应以同批内标准试件的全部强度代表值来评定。

① 当混凝土的生产条件在较长时间内能保持一致，且同一品种混凝土的强度变异性能保持稳定时，应由连续的 3 组试件代表一个验收批，其强度应同时满足下列要求。

$$m_{f_{cu}} \geqslant f_{cu,k} + 0.7\sigma_0 \tag{5-16}$$

$$f_{cu,min} \geqslant f_{cu,k} - 0.7\sigma_0 \tag{5-17}$$

当混凝土强度等级不高于 C20 时：

$$f_{cu,min} \geqslant 0 \tag{5-18}$$

当混凝土强度等级高于 C20 时：

$$f_{cu,min} \geqslant 0.90 f_{cu,k} \tag{5-19}$$

式中　$m_{f_{cu}}$——验收批混凝土强度的平均值，MPa；

　　　$f_{cu,k}$——设计的混凝土强度标准值，MPa；

　　　σ_0——验收批混凝土强度的标准值，MPa；

　　　$f_{cu,min}$——同一验收批混凝土强度的最小值，MPa。

σ_0 应根据前一检验期内同一品种混凝土试件的强度数据，按下式确定：

$$\sigma_0 = \frac{0.59}{m} \sum_{i=1}^{m} \Delta f_{cu,t} \tag{5-20}$$

式中　$\Delta f_{cu,t}$——前一检验期内第 i 验收批混凝土试件中强度的最大值与最小值的差；

　　　m——前一检验期内验收总批数。

每个检验期不应超过 3 个月，且在该期间内验收总批数不得小于 15 组。

② 当混凝土的生产条件不能满足上述规定，或在前一检验期内的同一品种混凝土无足够的强度数据用以确定验收批混凝土强度标准差时，应由不小于 10 组的试件代表一个验收批，其强度同时符合下列要求：

$$m_{f_{cu}} - \lambda_1 S_{f_{cu}} \geqslant 0.9 f_{cu,k} \tag{5-21}$$

$$f_{cu,min} \geqslant \lambda_2 f_{cu,k} \tag{5-22}$$

式中　$S_{f_{cu}}$——验收批混凝土强度的标准差，MPa，当 $S_{f_{cu}}$ 的计算值小于 $0.06 f_{cu,k}$ 时，取 $S_{f_{cu}} = 0.06 f_{cu,k}$；

　　　λ_1、λ_2——合格判定系数，按表 5-18 取。

表 5-18　合格判定系数

系数	试件组数 n		
	10～14	15～24	≥25
λ_1	1.70	1.65	0.60
λ_2	0.90	0.85	

$S_{f_{cu}}$ 按下式计算：

$$S_{f_{cu}} = \sqrt{\left(\sum_{i=1}^{m} f_{cu,i}^2 - nm_{f_{cu}}^2\right)/(n-1)} \tag{5-23}$$

式中 $f_{cu,i}$——验收批内第 i 组混凝土试件的强度，MPa；

　　　　n——验收批内混凝土试件的总组数。

③ 对零星生产的预制构件的混凝土或现场搅拌批量不大的混凝土，可采用非统计法评定。此时验收批混凝土强度必须同时满足下列要求：

$$m_{f_{cu}} \geq 1.15 f_{cu,k} \tag{5-24}$$

$$f_{cu,min} \geq 0.95 f_{cu,k} \tag{5-25}$$

当对混凝土试件强度的代表性有怀疑时，可采用非破损检验方法（如回弹法、超声法等）或从结构、构件中钻取芯样的方法，按有关标准的规定，对结构构件中的混凝土强度进行推定，作为是否应进行处理的依据。但非破损检验决不能代替混凝土标准试验，来作为混凝土强度的合格评定。当采用钻芯检验时，其取样应在结构或构件受力较小，避开主筋、预埋件和管线，便于钻芯机安装与操作的部位。高度和直径均为 100mm 或 150mm 的芯样试件的抗压强度值，可直接作为边长为 150mm 立方体试件的混凝土抗压强度值。薄壁构件及钻去芯样对整个结构物安全有影响时，不能采用此法。

5.4.5.2　混凝土养护后的质量检验

混凝土养护后的质量检验，主要包括检验混凝土的强度、外观质量，结构构件的轴线、标高、截面尺寸和垂直度的偏差。如设计上有特殊要求时，还需对抗冻性、抗渗性等进行检验。

混凝土表面外观质量要求：不应有蜂窝、麻面、露筋、夹层、缺棱掉角现象和裂缝、孔洞等。

混凝土结构构件的轴线、标高、截面尺寸和垂直度的偏差应符合混凝土结构工程施工质量验收规范的要求。

（1）容易发生的质量问题

① 结构表面损伤，缺棱掉角。

产生的原因是：模板表面未涂隔离剂，模板表面未清理干净，粘有混凝土；模板表面不平，有翘曲变形；振捣不良，边角处未振实；拆模时间过早，混凝土强度不够；拆模不规范；撞击敲打，强撬硬别，损坏棱角；拆模后结构被碰撞；等等。

② 麻面、蜂窝、露筋、孔洞，内部不密实。

产生的原因是：模板拼缝不严，板缝处跑浆；模板未涂隔离剂；模板表面未清理干净；振捣不密实、漏振；混凝土配合比设计不当或现场计量有误；混凝土搅拌不匀，和易性不好；一次投料过多，没有分层捣实；底模未放垫块，或垫块脱落，导致钢筋紧贴模板；拆模时撬坏混凝土保护层；钢筋混凝土节点处，由于钢筋密集，混凝土的石子粒径过大，浇筑困难，振捣不仔细；预留孔洞的下方因有模板阻隔，振捣不好；等等。

③ 在梁、板、墙、柱等结构的接缝处和施工缝处产生烂根、烂脖、烂肚。

产生的原因是：施工缝的位置留得不当，不好振捣；模板安装完毕后，接茬处清理不干净；对施工缝的老混凝土表面未作处理，或处理不当，形成冷缝；接缝处模板拼缝不严、跑浆等。

④ 结构发生裂缝。

产生的原因是：模板及其支撑不牢，产生变形或局部沉降；拆模不当，引起开裂；养护不好，引起裂缝；混凝土和易性不好，浇筑后产生分层，产生裂缝；大面积现浇混凝土由于水化热引起的混凝土内外温度差、结构整体的温度升降差、结构从上表面至下的温度梯度产生温度裂缝。

⑤ 混凝土冻害。

产生的原因是：混凝土凝结后，尚未取得足够的强度时受冻，产生胀裂；混凝土密实性差，孔隙多而大，吸水后气温下降达到负温时，水变成冰，体积膨胀，使混凝土破坏；混凝土抗冻性能未达到设计要求，产生破坏等。

（2）混凝土缺陷修补方案

① 麻面：在麻面部分充分浇水湿润后，用同混凝土标号的砂浆，将麻面抹平压光，使颜色一致。修补完后，应用草帘或草袋进行保湿养护。

② 露筋：对表面露筋冲洗干净后，用1:2的水泥砂浆将露筋部位抹平压实，如露筋较深，应将薄弱混凝土和突出的颗粒凿去，洗刷干净后，用比原来高一强度等级的细石混凝土填塞压实，并认真养护。

③ 蜂窝：对小蜂窝，冲洗干净后，用1:2的水泥砂浆压实抹平；对较大蜂窝，先凿去松动石子冲洗干净，再用高一强度等级的细石混凝土填塞压实，并认真养护。

④ 孔洞：一般孔洞处理方法是将周围的松散混凝土和软弱浆膜凿除，用压力水冲洗，支设带托盒的模板，洒水湿润后，用比结构混凝土高一强度等级的半干硬细石混凝土仔细分层浇筑，强力捣实，并养护。突出结构面的混凝土，待强度达到50%后再凿去，表面用1:2水泥砂浆抹平。对面积大而深的孔洞，清理后，在内部埋压浆管、排气管，填清洁的10~20mm碎石，表面抹砂浆或浇筑薄层混凝土，然后用水泥压力灌浆。

⑤ 烂根：将烂根处松散混凝土和软弱颗粒凿去，洗刷干净后，支模，用比原混凝土高一强度等级的细石混凝土填补，并捣实。

⑥ 酥松脱落：较浅的酥松脱落，可将酥松部分凿去，冲洗干净湿润后，用1:2水泥砂浆抹平压实。较深的酥松脱落，可将酥松和突出颗粒凿去，刷洗干净后支模，用比结构混凝土高一强度等级的细石混凝土浇筑，强力捣实，并加强养护。

⑦ 缝隙、夹层：若不深，可将松散混凝土凿去，洗刷干净后，用1:2水泥砂浆强力填塞密实。较深时，应清除松散部分和内部夹杂物，用压力水冲洗干净后支模，灌细石混凝土，强力捣实，或将表面封闭后进行压浆处理。

⑧ 缺棱掉角：较小缺棱掉角，可将该处松散石子凿除，用钢丝洗刷干净，清水冲洗后并充分湿润，用水泥砂浆抹补齐整。较大缺棱掉角，冲洗剔凿清理后，重新支模，用高一强度等级的细石混凝土填灌捣实，并养护。

⑨ 松顶：将松顶部分砂浆层凿去，冲洗干净并充分湿润后，用高一强度等级的细石混凝土灌注密实，并养护。

⑩ 表面不平整：用细石混凝土或1:2水泥砂浆修补找平。

5.4.6　高强高性能混凝土技术

5.4.6.1　简述

在钢筋混凝土领域，高强高性能混凝土适应了高层、重载、大跨度等现代土木工程对混凝土结构强度高、刚度大、耐久性好的要求，同时满足现代化生产施工，因此，它是钢筋混凝土工业的一个重要发展方向。

各国对高强混凝土与普通混凝土的划分不尽相同，从我国目前的设计施工水平出发，通常我们把强度等级为 C60 及其以上的混凝土称为高强混凝土。它主要是用高强度水泥、砂、石原材料外加减水剂或同时外加粉煤灰、矿粉、矿渣、硅粉等混合料，经常规工艺生产而获得高强的混凝土。高强混凝土作为一种新的建筑材料，以其抗压强度高、抗变形能力强、密度大、孔隙率低的优越性，在高层建筑结构、大跨度桥梁结构以及某些特种结构中得到广泛的应用。高强混凝土最大的特点是抗压强度高，一般为普通强度混凝土的 4～6 倍，故可减小构件的截面，因此最适合用于高层建筑。试验表明，在一定的轴压比和合适的配箍率情况下，高强混凝土框架柱具有较好的抗震性能。而且柱截面尺寸小，自重轻，避免短柱，对结构抗震也有利，提高了经济效益。高强混凝土材料为预应力技术提供了有利条件，可采用高强度钢材和人为控制应力，从而大大地提高了受弯构件的抗弯刚度和抗裂度。因此世界范围内越来越多地采用施加预应力的高强混凝土结构，并将其应用于大跨度房屋和桥梁中。此外，可利用高强混凝土密度大的特点，建造承受冲击和爆炸荷载的建（构）筑物，如核能反应堆基础等。可利用高强混凝土抗渗性能强和耐腐蚀性能强的特点，建造具有高抗渗和高耐腐要求的工业用水池等。

5.4.6.2 高强高性能混凝土组成

（1）水泥

配制高强高性能混凝土选用最多的是硅酸盐系水泥，其次也可采用普通水或矿渣水泥，强度等级的选择一般为：C50～C80 混凝土宜采用强度等级 52.5R 水泥，C80 以上的混凝土应选择强度 62.5R 以上的水泥。1m^3 混凝土中的水泥含量应尽量控制在 500kg 以内，水泥和其他掺和料的总量不应超过 580kg。

（2）掺和料

① 硅粉：一种生产硅铁时产生的烟灰，俗称"硅灰"，是高强高性能混凝土配制中应用时间最早、应用次数最多、应用技术最成熟的一种掺和料。硅粉中含有大量活性 SiO_2，通常比表面积可以达到 15000m^2/kg，其火山灰活性较高，可以填充水泥的空隙，从而大大提高了混凝土的密实度和强度。其掺入量一般为 5%～10%。

② 磨细矿渣：磨细矿渣可以提高混凝土的早期强度和耐久性，矿渣的细度越大，其活性就越高，对混凝土强度的提高越有帮助。其掺入量一般为 5%～10%。

③ 粉煤灰：配制高强高性能混凝土应优选使用 Ⅰ 级灰，它的主要作用是有效降低混凝土的水灰比，同时，细微粉末的填充效应和火山灰的活性效应相结合，可以达到提高混凝土的强度、和易性的作用。其掺入量一般为 15%～20%。

④ 沸石粉：天然沸石含有大量活性 SiO_2，磨细后作为混凝土掺合料可以起到火山灰活性功能，能有效改善混凝土的流动性、黏聚性、保水性，从而可以大大提高混凝土的后期强度和耐久性。其掺入量一般为 5%～10%。

（3）粗、细集料（碎石、砂）

高强高性能混凝土一般采用级配良好的中砂或粗砂，细度模数应超过 2.6。其含泥量不超过 1.5%，当配制 C80 及以上的混凝土时，其含泥量应控制在 1.0% 以内。石子应选用碎石，最大骨料粒径不得超过 25mm。对强度等级大于 C80 的混凝土，最大骨料粒径不得超过

20mm。其中针片状碎石含量不宜超过5%，含泥量不超过1.0%。

5.4.6.3 高强混凝土主要的优缺点

① 高强混凝土的早期强度高，但后期强度增长速度比普通混凝土要慢得多。

② 高强混凝土由于强度高，故抗渗、抗冻、抗碳化等耐久性指标比普通混凝土都要高，从而可以大大地提高建筑物的使用年限。

③ 由于高强混凝土强度高，因此，构件截面尺寸可大大缩小，从而可以改变梁柱"肥大"而不美观的问题，既可以减轻建筑物的自重，还可以增加建筑物的使用面积。

④ 由于高强混凝土的密实度好，抗渗、抗冻、抗压等耐久性指标均优于普通混凝土，因此，高强混凝土除高层建筑工程和大跨度工程外，还可以广泛用在铁路、公路、桥梁（隧道）、海港、码头工程，它耐海水侵蚀和冲刷的能力也大大高于普通混凝土，可以延长使用年限。

⑤ 高强混凝土强度比较高，由于水泥用量大而产生的水化热急剧加大，混凝土内外温差过高，容易产生裂缝，且强度越高，干缩也较大，混凝土易脆、易开裂。

⑥ 高强混凝土在低水灰比的情况下，坍落度很小，有时甚至没有坍落度，其成型和振捣特别困难，特别是C80等级以上混凝土，无法在现浇混凝土施工中广泛运用。

⑦ 绝大部分建筑工地离混凝土搅拌站距离很远，要把混凝土从搅拌站运送到工地上需要很长时间。混凝土在运输的过程中，其坍落度随时间的增加而减小，如何保证坍落度是发展和使用高强高性能混凝土的一个问题。

⑧ 高强混凝土的可泵性比普通混凝土要差。

⑨ 高强混凝土的养护时间要比普通混凝土的要长一些，最好7～14天。

随着混凝土强度的提高，混凝土的变形能力明显下降，延性变差。实验研究与工程应用表明，采用钢纤维混凝土、钢骨混凝土、钢管混凝土可以有效地增大高强混凝土的延性，大大减小构件截面尺寸，在不同的领域发挥各自独特的优势。

5.4.6.4 几种高强高性能混凝土介绍

(1) 钢纤维混凝土

钢纤维混凝土是一种由水泥、粗细集料和随机分布的短钢纤维组合而成的复合材料。钢纤维混凝土主要通过乱向分布的钢纤维抑制混凝土中裂缝的发生和发展，从而大大提高混凝土的抗压、抗弯、抗剪等以主拉应力为主的混凝土强度，同时显著增大混凝土的极限压应变，提高延性。

钢纤维的掺量用体积率来计算，它是根据结构或制品的性能要求、经济和施工三方面因素综合考虑确定的。通常钢纤维掺量的体积率在0.5%～2.0%，而以1.0%～1.5%较多。

选择钢纤维时，还要考虑到钢纤维的几何参数，即钢纤维的长度直径以及它们的比值（长径比）。根据大量试验研究和规程应用经验，钢纤维的长度以20～50mm为宜，截面直径或等效直径以0.3～0.8mm为宜。长径比在40～100的钢纤维，其增强效果和拌和物性能都较好。

钢纤维混凝土一般使用42.5R、52.5R的普通硅酸盐水泥，配制高强钢纤维混凝土时可使用52.5R以上的硅酸盐水泥或明矾水泥。水泥用量一般较未掺钢纤维的混凝土多10%左右。拌制钢纤维混凝土不能采用海水、海砂，并且严禁掺入氯盐，以防止对钢纤维的腐蚀。

钢纤维混凝土中，砂的粒径为0.15～5.0mm，粗集料的最大粒径不宜大于20mm或钢纤维长度的 2/3，用于钢纤维喷射的混凝土的砂粒径则不宜大于 10mm。为保证钢纤维混凝土拌和物的和易性，混凝土的含砂率一般不应低于 50%。钢纤维混凝土的水灰比宜选用 0.45～0.50，对于以耐久性为主要要求的钢纤维混凝土，水灰比不得大于 0.50。每 $1m^3$ 钢纤维混凝土水泥用量以 360～400kg 为宜，当钢纤维体积率较大时，可以适当增加，但不应大于 500kg。为降低水灰比、改善拌和物的和易性，必要时可掺加减水剂、粉煤灰等，配制钢纤维喷射混凝土则需要掺入适量速凝剂。

目前钢纤维混凝土的研究与应用以美国、日本和英国发展较快。我国 20 世纪 70 年代开始研究与应用钢纤维混凝土，20 世纪 80 年代以来已在多项大型工程中试用。中国工程建设标准化协会于 1993 年 5 月批准实施了《钢纤维混凝土结构设计与施工规程》（CECS38：92），并已广泛应用于隧道、水工建筑物、道路等工程中。

（2）钢管混凝土

钢管混凝土是将混凝土填入薄壁钢管内而形成的一种组合结构材料，主要应用于各种受压构件。

钢管混凝土的应用早在 19 世纪 80 年代就出现了。20 世纪 60 年代后，美国、苏联、日本和欧洲发达国家均在高层建筑、工业厂房、大跨桥梁、城市立交桥以及一些特殊工程中大量采用了钢管混凝土结构，近年来，由于出现了先进的泵灌混凝土工艺，以及高强混凝土的应用需要钢管套箍以克服其脆性，因此在美国、日本、澳大利亚等国家又掀起了应用钢管混凝土结构的热潮。

我国对钢管混凝土结构的研究始于 20 世纪 50 年代，1963 年在北京地铁车站建设中使用了钢管混凝土柱，20 世纪 70 年代起，又在大连造船厂等大跨度工业厂房以及一些高层建筑和大跨度桥梁中开始应用，20 世纪 80 年代以来又进一步在多层和高层建筑中应用钢管混凝土柱。近年来，钢管混凝土结构得到交通运输部门的重视，特别是在公路拱桥中被广泛应用。

钢管混凝土通常不再配筋，钢管本身兼有纵向钢筋和横向箍筋的作用，同时钢管本身是耐侧压的模板。钢管混凝土只在很少的情况下（如柱子承受特别大的压力或压力小而弯矩大，以及承受很大的上拔力时），才在钢管内再配置纵向钢筋和横向箍筋。

混凝土破坏属于脆性破坏，随着混凝土强度的提高其脆性也变得突出，因此，保证结构物具有良好的变形能力，使其在地震力作用下有足够的延性以耗散地震能，是结构设计中需要解决的突出问题。钢管混凝土中，在钢管的约束下，不但在使用阶段改善了核心混凝土的弹性性质，而且在破坏时产生很大的塑性变形，使钢管内的混凝土由脆性破坏转变为塑性破坏，内部混凝土顺着钢管的变形趋势，也形成明显的鼓曲状态，而表面仍光滑完整。

与钢结构相比，钢管混凝土结构可以节省大量钢材。据统计，在自重和承载力相近的情况下，钢管混凝土可节约钢材 50% 以上；与钢筋混凝土柱相比，如保持用钢量相近，则在相同荷载下可减少构件面积 50%，混凝土用量和自重也减少 50% 以上，所以具有明显的经济效益。

第6章

预应力混凝土工程施工

📖 知识要点

本章的主要内容有预应力混凝土的特点、对钢筋的要求、预应力施工设备、施工方法工艺特点等。

📚 学习目标

要求学生了解预应力施工设备，熟悉预应力混凝土施工工艺和施工方法，掌握先张法和后张法施工预应力混凝土的特点和施工工艺以及应用条件、工程中对各种预应力损失的考虑等。

6.1 概述

预应力混凝土结构的定义是：在结构承受外荷载前，预先对混凝土结构在外荷载作用下的受拉区施加预压应力，以改善结构使用性能，这种结构形式称为预应力混凝土结构。

6.1.1 预应力混凝土的特点

预应力混凝土与普通钢筋混凝土相比，具有以下明显的特点：

① 在与普通钢筋混凝土同样的条件下，具有构件截面小、自重轻、刚度大、抗裂度高、耐久性好、节省材料等优点。工程实践证明，预应力混凝土可节约钢材 40%～50%，节省混凝土 20%～40%，减轻构件自重可达 20%～40%。

② 可以有效地利用高强度钢筋和高强度等级的混凝土，能充分发挥钢筋和混凝土各自的特性，并能提高预制装配化程度。

③ 预应力混凝土的施工，需要专门的材料与设备、特殊的施工工艺，工艺比较复杂，操作要求较高，但用于大开间、大跨度与重荷载的结构中，其综合效益较好。

6.1.2 预应力筋的种类

预应力筋通常由单根或成束的高强钢丝、钢绞线和热处理钢筋组成。现分别介绍如下：

（1）高强钢丝

常用的高强钢丝分为冷拉和矫直回火两种，按外形分为光面、刻痕和螺旋肋三种，其直径有 4.0mm、5.0mm、6.0mm、7.0mm、8.0mm、9.0mm 等。

　　高强钢丝是用优质碳素钢热轧盘条冷拔制成的，再用机械方式对钢丝进行压痕处理会形成刻痕钢丝（图6-1），对钢丝进行低温（一般低于500℃）矫直回火处理后即成为矫直回火钢丝。预应力钢丝矫直回火后，可消除钢丝冷拔过程中产生的残余应力，其比例极限、屈服强度和弹性模量也相应提高，塑性也有所改善，同时也完成了钢丝的矫直，这种钢丝称为"消除应力钢丝"。消除应力钢丝的松弛损失虽比消除应力前稍低些，但仍然较高，经稳定化处理后，钢丝的松弛值仅为普通钢丝的0.25～0.33左右，这种钢丝称为低松弛钢丝，目前在国内外应用广泛。

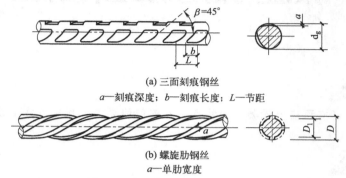

(a) 三面刻痕钢丝

a—刻痕深度；b—刻痕长度；L—节距

(b) 螺旋肋钢丝

a—单肋宽度

图6-1　高强钢丝表面及截面形状

　　（2）钢绞线

　　钢绞线是用冷拔钢丝绞扭而成的，其方法是在绞扭机上以一种稍粗的直钢丝为中心，其余钢丝围绕其进行螺旋状绞合，再经低温回火处理而成（图6-2）。钢绞线根据深加工的不同又可分为普通松弛钢绞线（消除应力钢绞线）、低松弛钢绞线、镀锌钢绞线、模拔钢绞线等。模拔钢绞线是在捻制成型后，再经模拔处理制成，其钢丝在模拔时被压扁，使钢绞线的密度提高约18%。在相同截面时，该钢绞线的外径较小，可减少孔道直径；在相同直径的孔道内，可使钢绞线的数量增加，并且它与锚具的接触面较大，易于锚固。

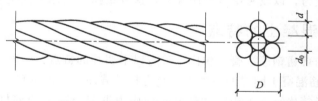

图6-2　预应力钢绞线表面及截面形状

D—钢绞线直径；d_0—中心钢丝直径；d—外层钢丝直径

　　钢绞线规格有2股、3股、7股和9股等。7股钢绞线由于面积较大、柔软、施工定位方便，适用于先张法和后张法预应力结构，是目前国内外应用最广的一种预应力筋。

　　（3）热处理钢筋

　　热处理钢筋是由普通热轧中碳低合金钢经淬火和回火的调质热处理或轧后冷却方法制成。这种钢筋具有强度高、松弛值低、韧性较好、黏结力强等优点。按其螺纹外形可分为带纵肋和无纵肋两种（图6-3）。热处理钢筋主要用于铁路轨枕，也可用于先张法预应力混凝土楼板等。

　　（4）无黏结预应力筋

　　无黏结预应力筋是一种在施加预应力后沿全长与周围混凝土不黏结的预应力筋，它由预应力钢材、保护油脂和外包层组成。无黏结预应力筋的高强度钢材和有黏结预应力筋的要求

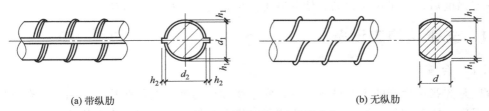

(a) 带纵肋　　　　　　　　　　　　　　(b) 无纵肋

图 6-3　热处理钢筋表面及截面形状

一样，常用的钢材为 7 根直径 5mm 的碳素钢丝束及由 7 根 5mm 或 4mm 的钢丝绞合而成的钢绞线。无黏结预应力筋的制作采用挤塑工艺。外包聚乙烯或聚丙烯套管，套管内涂防腐建筑油脂，经挤压成型，塑料包裹层裹覆在钢丝束或钢绞线上。

（5）非金属预应力筋（纤维增强复合材料预应力筋）

非金属预应力筋主要指用纤维增强塑料（FRP）制成的预应力筋，有玻璃纤维增强塑料（GFRP）、芳纶纤维增强塑料（AFRP）及碳纤维增强塑料（CFRP）预应力筋等几种形式。

FRP 预应力筋是多股连续芳纶纤维复合材料或碳纤维复合材料采用聚酰胺树脂、聚乙烯树脂或环氧树脂等基底材料胶合后，经过特制的模具挤压、拉拔成型的纤维增强复合塑料预应力筋。

（6）连接器和组装件

预应力筋之间的连接装置称为"连接器"。预应力筋与锚具等组合装配而成的受力单元称为"组装件"，如预应力筋-锚具组装件、预应力筋-夹具组装件、预应力筋-连接器组装件等。

6.1.3　混凝土的要求

在预应力混凝土结构中所采用的混凝土应具有高强度、轻质和高耐久性的性质。预应力混凝土结构的混凝土强度等级不宜低于 C40，且不应低于 C30。目前，我国在一些重要的预应力混凝土结构中，已开始采用 C50～C60 的高强混凝土，最高混凝土强度等级已达到 C100，并逐步向更高强度等级的混凝土发展。国外混凝土的平均抗压强度每 10 年提高 5～10N/mm^2，现已出现抗压强度高达 200N/mm^2 的混凝土。

6.1.4　预应力的施加

普通钢筋混凝土构件的抗拉极限应变值只有 $(1.0～1.5) \times 10^{-4}$，相当于每米钢筋只能拉长 0.1～0.15mm，超过这个数值混凝土就会开裂。如要混凝土不开裂，受拉钢筋应力只能用到 20～30MPa。即使对允许出现裂缝的构件，当裂缝宽度限制在 0.2～0.3mm 时，受拉钢筋应力也只能达到 150～250MPa，因此限制了在钢筋混凝土构件中采用高强度钢材来节约钢材的可能性。为了解决这一矛盾，有效的方法是在构件的受拉区施加预压应力，当构件在荷载作用下产生拉应力时，首先要抵消预压应力，然后随着荷载的不断增加，受拉区混凝土才逐渐受拉开裂，从而推迟裂缝的出现和限制裂缝的开展，提高构件的抗裂度和刚度。

6.2　先张法

先张法是在台座或钢模上先张拉预应力筋并用夹具临时固定，再浇筑混凝土，待混凝土达到一定强度后，放张预应力筋，使混凝土产生预压应力的施工方法。

6.2.1　先张法施工设备

6.2.1.1　台座

台座是先张法生产的主要设备之一，它承受预应力筋的全部张拉力。因此，台座应具有足够的强度、刚度和稳定性，以免台座变形、倾覆、滑移而引起预应力值的损失。台座按构造形式不同，可分为墩式台座和槽式台座两种。选用时应根据构件的种类、张拉吨位和施工条件而定。

（1）墩式台座

墩式台座由台墩、台面与横梁等组成，一般用于平卧生产的中小型构件，如屋架、空心楼板、平板等。台座尺寸由场地大小、构件类型和产量等因素确定，一般长度为 100～150m，这样张拉一次可生产多根构件，既可减少张拉及临时固定工作，又可减少预应力损失。

生产中型构件或多层叠浇构件可用墩式台座（图 6-4），台面局部加厚，可以承受部分张拉力。

① 台墩。台墩是台座的重要组成部分，一般由现浇钢筋混凝土制作而成，分为重力式和构架式两种。台墩除应具有足够的强度和刚度外，还应进行抗倾覆与抗滑移稳定性验算。

对于台墩与台面共同作用的台座，台墩的水平推力几乎全部传给台面，不存在滑移问题，可以不进行抗滑移验算。但台墩与台面分设时，必须进行抗滑移验算。

② 台面。台面一般是在夯实的碎石垫层上浇筑一层厚度为 60～100mm 的混凝土而成，台面略高于地坪，表面应当平整光滑，以保证构件底面平整。长度较大的台面，应每 10m 左右设置一条伸缩缝，以适应温度的变化。

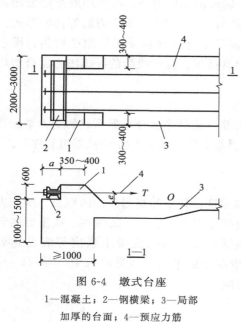

图 6-4　墩式台座
1—混凝土；2—钢横梁；3—局部
加厚的台面；4—预应力筋

③ 横梁。横梁以台墩为支座，直接承受预应力筋的张拉力，其挠度不应大于 2mm，并且不得产生翘曲。预应力筋的定位板必须安装准确，其挠度不应大于 1mm。

（2）槽式台座

槽式台座由钢筋混凝土压杆、上下横梁和砖墙等组成。这种台座既可承受张拉力，又可作为蒸汽养护槽，适用于张拉较高的大型构件，如吊车梁、箱梁等。

槽式台座的长度一般不大于 76m，宽度随构件外形及制作方式而定，一般不小于 1m。为便于混凝土的运输、浇筑及蒸汽养护，台座宜低于地面。为便于拆迁和重复使用，台座应设计成装配式。槽式台座也应进行强度和稳定性验算。

6.2.1.2　夹具

夹具是在先张法施工中，为保持预应力筋的张拉力并将其固定在张拉台座或设备上所使用的临时性锚固装置。对钢丝和钢筋张拉所用夹具不同。

（1）钢丝夹具

先张法中钢丝的夹具分两类：一类是将预应力筋锚固在台座或钢模上的锚固夹具，另一类是张拉时夹持预应力筋用的张拉夹具。锚固夹具与张拉夹具都是重复使用的工具。

（2）钢筋夹具

钢筋锚固：多用螺母锚具、镦头锚具和销片夹具等。张拉时可用连接器与螺母锚具连接，或用销片夹具等。

钢筋镦头：直径22mm以下的钢筋用对焊机热镦或冷镦，大直径钢筋可用压模加热锻打成型。镦过的钢筋需经过冷拉，以检验镦头处的强度。

销片夹具：由圆套筒和圆锥形销片组成，套筒内壁呈圆锥形，与销片锥度吻合，销片有两片式和三片式，钢筋夹紧在销片的凹槽内。

先张法用夹具除应具备静载锚固性能，还应具备下列性能：在预应力夹具组装件达到实际破断拉力时，全部零件均不得出现裂缝和破坏；应具有良好的自锚性能；应有良好的放松性能。需大力敲击才能松开的夹具，必须证明其对预应力筋的锚固无影响，且对操作人员安全不造成危险。同时夹具还应具有安全的重复使用性能。

6.2.1.3　张拉设备

张拉设备应当操作方便、可靠，能准确控制张拉应力，以稳定的速率增大拉力。在先张法中常用的是拉杆式千斤顶、穿心式千斤顶、台座式液压千斤顶、电动螺杆张拉机和电动卷扬张拉机等，以下简要介绍拉杆式千斤顶和穿心式千斤顶，其他张拉设备可以参见相关参考书。

（1）拉杆式千斤顶

拉杆式千斤顶（图6-5）用于螺母锚具、锥形螺杆锚具、钢丝镦头锚具等。它由主油缸、主缸活塞、回油缸、回油活塞、连接器、承力架、活塞拉杆等组成。张拉前，先将连接器旋在预应力筋的螺纹端杆上，相互连接牢固。千斤顶由传力架支承在构件端部的钢板上。当张拉力达到规定值时，拧紧螺纹端杆上的螺母，将预应力筋锚固在构件的端部。锚固后回油缸进油，推动回油活塞工作，千斤顶脱离构件，主缸活塞、活塞拉杆和连接器回到原始位置。最后将连接器从螺纹端杆上卸掉，卸下千斤顶，张拉结束。

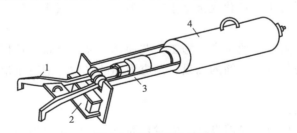

图6-5　拉杆式千斤顶
1—张拉钩；2—承力架；3—连接套筒；4—油缸

YL60型千斤顶是一种常用的拉杆式千斤顶，另外还有YL400型和YL500型千斤顶，其张拉力分别为4000kN和5000kN，主要用于张拉大吨位预应力筋。

（2）穿心式千斤顶

穿心式千斤顶具有一个穿心孔，是利用双液压缸张拉预应力筋和顶压锚具的双作用千斤顶。穿心式千斤顶适用于张拉带JM型锚具、XM型锚具的钢筋，配上撑脚与拉杆后，也可作为拉杆式千斤顶张拉带螺母锚具和镦头锚具的预应力筋。

　　穿心式千斤顶根据使用功能不同，可分为 YC 型、YCD 型与 YCQ 型等系列产品，常用的是 YC 型千斤顶，其中 YC20D 型、YC60 型和 YC120 型千斤顶应用较广。

6.2.2　先张法施工工艺

　　先张法施工的工艺流程是在浇筑混凝土前张拉预应力筋，并将其固定在台座或钢模上，然后浇筑混凝土。待混凝土达到规定强度，保证预应力筋与混凝土有足够黏结力时，以规定的方式放松预应力筋，借助预应力筋的弹性回缩及其与混凝土的黏结，使混凝土产生预压应力。先张法施工的顺序简图如图 6-6 所示。

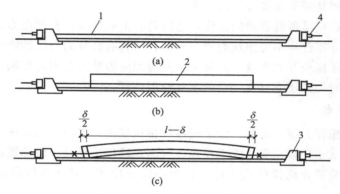

图 6-6　先张法施工顺序简图
1—预应力筋；2—混凝土构件；3—台座；4—夹具

　　先张法施工可采用台座法和机组流水法。台座法通常在长线台座（50~200m）上成批生产配直线预应力筋的混凝土构件，如屋面板、空心楼板、檩条等。也可采用槽式台座，用于生产深梁、箱梁、盾构管片等。采用台座法时，构件在固定的台座上生产，预应力筋张拉力由台座承受，不需复杂的机械设备，可露天生产、自然养护。采用机组流水法时，预应力筋的张拉力由钢模承受，构件连同钢模按流水方式，通过张拉、浇筑、养护等固定机组完成每一生产过程，此法适合于工厂化大批量生产，但模板耗钢量大，需采用蒸汽养护，不适合大中型构件的制作。

　　先张法施工的优点是生产效率高、施工工艺简单、夹具可重复使用等。

　　先张法施工工艺包括预应力筋的铺设、预应力筋的张拉、混凝土浇筑与养护和预应力筋的放张等施工过程。

　　（1）预应力筋的铺设

　　为了便于脱模，在预应力筋铺设前，应对台面及模板涂刷隔离剂；为避免铺设预应力筋时因其自重下垂破坏隔离剂，沾污预应力筋，影响预应力筋与混凝土的黏结，应在预应力筋设计位置下面先放置好垫块或定位钢筋后铺设。

　　预应力钢丝宜用牵引车铺设，如遇钢丝需要接长时，可使用钢丝拼接器，用 20~22 号铁丝将钢丝连接段密排绑扎。对冷拔低碳钢丝绑扎长度不得小于 $40d$，对高强刻痕钢丝不得小于 $80d$（d 为钢丝直径）。

　　预应力筋铺设时，钢筋接长或钢筋与螺杆的连接，可采用套筒双拼式连接器。钢筋采用焊接时，应合理布置接头位置，尽可能避免将焊接接头拉入构件内。

（2）预应力筋的张拉

先张法预应力筋的张拉有单根张拉和多根成组张拉。单根张拉所用的设备构造简单，易于保证应力均匀，但生产效率低、锚固困难；成组张拉能提高工效、减轻劳动强度，但设备构造复杂，需用较大张拉力。因此，应根据实际情况选取适合的张拉方法，一般预制厂生产常选用成组张拉法，施工现场生产常选用单根张拉法。

预应力筋的张拉工作是预应力混凝土施工中的关键工序，为确保施工质量，在张拉中应严格控制张拉应力、张拉程序、计算张拉力和进行预应力值校核。

预应力筋张拉时的控制应力应符合设计规定。控制应力的大小影响预应力的效果。控制应力高，建立的预应力值则大，但控制应力过高，预应力筋处于高应力状态，构件出现裂缝时的荷载与破坏荷载接近，破坏前无明显的预兆，这种情况是不允许的。此外，施工中为减少由松弛等原因造成的预应力损失，一般要进行超张拉，如果原定的控制应力过高，再加上超张拉就可能使预应力筋的应力超过张拉控制应力。因此，预应力筋的张拉控制应力值 σ_{con} 不宜超过表 6-1 规定的张拉控制应力限值，且不应小于 $0.4f_{ptk}$（f_{ptk} 为张拉控制应力）。

当符合下列情况之一时，表 6-1 中的张拉控制应力限值可提高 $0.05f_{ptk}$。

① 为了提高构件在施工阶段的抗裂性能而在使用阶段受压区内设置的预应力筋。

② 要求部分抵消由于应力松弛、摩擦、钢筋分批张拉以及预应力筋与张拉台座之间的温差等因素产生的预应力损失。

表 6-1 张拉控制应力限值

预应力筋种类	先张法	后张法
消除应力钢丝、钢绞线	$0.75f_{ptk}$	$0.75f_{ptk}$
热处理钢筋	$0.70f_{ptk}$	$0.65f_{ptk}$

（3）张拉程序

预应力筋的张拉程序有以下两种：

$$0 \rightarrow 105\%\sigma_{con}（持荷 2min）\rightarrow \sigma_{con}$$
$$0 \rightarrow 103\%\sigma_{con}$$

在第一种张拉程序中，超张拉 5% 并持荷 2min，目的是加速应力松弛的早期发展，减少应力松弛引起的预应力损失（约减少 50%）。在第二种张拉程序中，超张拉 3%，目的是弥补应力松弛引起的预应力损失。

成组张拉时，应预先调整初应力，以保证张拉时每根钢筋（丝）的应力均匀一致，初应力值一般取 $10\%\sigma_{con}$。

在张拉预应力筋的施工中应当注意以下事项：

① 应首先张拉靠近台座截面中心处的预应力筋，以避免台座承受过大的偏心力。

② 张拉机具与预应力筋应在同一条直线上，张拉应以稳定的速率逐渐加大拉力。

③ 拉到规定应力后在顶紧锚塞时，用力不要过猛，以防钢丝折断。

④ 在拧紧螺母时，应时刻观察压力表上的读数，始终保持所需的张拉力。

⑤ 预应力筋张拉完毕后与设计位置的偏差不得大于 5mm，且不得大于构件截面最短边长的 4%。

⑥ 同一构件中，各预应力筋的应力应均匀，其偏差的绝对值不得超过设计规定的控制应力值的 5%。

⑦ 台座两端应有防护设施，沿台座长度方向每隔 4～5m 放一个防护架，张拉钢筋时两端严禁站人，也不准进入台座。

（4）预应力值校核

预应力筋的预应力值，一般用其伸长值校核。当实测伸长值与理论伸长值的差值与理论伸长值相比，在 5%～10% 之间时，表明张拉后建立的预应力值满足设计要求。

预应力钢丝的预应力值，应采用钢丝内力测定仪直接检测钢丝的预应力值来对张拉结果进行校核。其检验标准为：对采用台座法的钢丝，预应力值定为 $95\%\sigma_{con}$；对模外张拉钢丝，预应力值应符合表 6-2 的规定。

表 6-2　模外张拉钢丝预应力值检测标准

检测时间	检测标准	
	钢丝长 4m	钢丝长 6m
张拉完毕后 30min	$92\%\sigma_{con}$	$93.5\%\sigma_{con}$
张拉完毕后 1h 以上	$91\%\sigma_{con}$	$92.5\%\sigma_{con}$

（5）混凝土浇筑与养护

确定预应力混凝土的配合比时，应尽量减少混凝土的收缩和徐变，以减少预应力损失。收缩和徐变与水泥品种、水灰比、骨料孔隙率和振动成型有关。

预应力筋张拉完毕后，应立即绑扎骨架、支模、浇筑混凝土。台座内每条生产线上的构件，其混凝土应连续浇筑。混凝土必须振捣密实，特别对构件的端部，要注意加强振捣，以保证混凝土强度和黏结力。浇筑和振捣混凝土时，不可碰撞预应力筋；在混凝土未达到一定强度前，不允许碰撞或踩动预应力筋；当叠层生产时，必须待下层混凝土强度达 8～10N/mm^2 后方可进行。

（6）预应力筋的放张

在进行预应力筋的放张时，混凝土强度必须符合设计要求；当设计无具体规定时，混凝土强度不得低于设计标准值的 75%。

① 放张顺序。预应力筋的放张顺序，应符合设计要求，当设计无具体要求时，应符合下列规定：

a. 对承受轴心预压力的构件（加压杆、桩等），所有预应力筋应同时放张。

b. 对承受偏心预压力的构件，应先同时放张预应力较小区域的预应力筋，再同时放张预应力较大区域的预应力筋。

c. 当不能按上述规定放张时，应分阶段、对称、相互交错地放张，以防止在放张过程中构件产生翘曲、开裂及断筋现象。

② 放张方法。

a. 对预应力钢丝或细钢筋的板类构件，放张时可直接用钢丝钳或氧炔焰切割，并宜从生产线中间处切断，以减少回弹量，且有利于脱模；对每一块板，应从外向内对称放张，以免构件扭转、两端开裂。

b. 对预应力筋数量较少的粗钢筋构件，可采用氧炔焰在烘烤区轮换加热每根粗钢筋，使其同步升温，钢筋内应力均匀徐徐下降，外形慢慢伸长，待钢筋出现颈缩现象时，即可切断。

c. 对预应力筋配置较多的构件，不允许采用剪断或割断等方式突然放张，以避免最后放张的几根预应力筋产生过大的冲击而断裂,致使混凝土构件开裂。为此,应采用千斤顶或在台座与横梁间设置砂箱和楔块,或在准备切割的一端预先浇筑混凝土块等方法,进行缓慢放张。

6.3 后张法

后张法是先制作构件(或块体),并在预应力筋的位置预留出相应的孔道,待混凝土强度达到设计规定的数值后,穿入预应力筋并施加预应力,最后进行孔道灌浆。张拉力由锚具传给混凝土构件而使之产生预压力。后张法不需要台座设备,大型构件可分块制作,运到现场拼装,利用预应力筋连成整体。因此,后张法灵活性大;但工序较多,锚具耗钢量较大。

6.3.1 锚具和预应力筋制作

6.3.1.1 锚具

锚具是后张法结构或构件中保持预应力筋的张拉力,并将其传递到混凝土上的永久性锚固装置。锚具是结构或构件的重要组成部分,是保证预应力值和结构安全的关键,故应尺寸准确,有足够的强度和刚度,工作可靠,构造简单,施工方便,预应力损失小,成本低廉。锚具的种类很多,按其锚固方式不同可分为支承式锚具、锥塞式锚具、夹片式锚具和握裹式锚具。

(1)支承式锚具

① 螺母锚具。螺母锚具由螺纹端杆、螺母及垫板组成,适用于锚固直径 18~36mm 的冷拉 HRB335、HRB400 级钢筋。此锚具也可作先张法夹具使用。用螺母锚固预应力筋,具有施工简便、锚固可靠等优点。

螺母锚具是将螺纹端杆与预应力筋对焊成一个整体,用张拉设备张拉螺纹端杆,螺纹端杆可采用与预应力筋同级冷拉钢筋制作,也可采用冷拉或热处理的 45 号钢制作;螺母与垫板均采用 Q235 钢制作。螺母锚具的强度,不得低于预应力筋的抗拉强度实测值。

螺杆的长度一般为 320mm,当构件长度超过 30m 时,一般为 370mm;其净截面面积应大于或等于所对焊的预应力筋截面面积;螺纹端杆与预应力筋的焊接,应在预应力筋冷拉以前进行,以便检验焊接质量;冷拉时螺母的位置应在螺纹端杆的端部,经冷拉后螺纹端杆不得发生塑性变形。

② 镦头锚具。用于单根粗钢筋的镦头锚具一般直接在预应力筋端部热镦、冷镦或锻打成型。镦头锚具也适用于锚固多根钢丝束。钢丝束镦头锚具分为 A 型和 B 型。A 型由锚环和螺母组成,可用于张拉;B 型为锚板,用于固定端。

镦头锚具的工作原理是将预应力筋穿过锚环的蜂窝眼后,用专门的镦头机将钢筋或钢丝的端头镦粗,将镦粗头的预应力束直接锚固在锚环上,待千斤顶拉杆旋入锚环内螺纹后即可进行张拉,当锚环带动钢筋或钢丝伸长到设计值时,将螺母沿锚环外的螺纹旋紧,顶住构件表面,于是螺母通过支承垫板将预压力传到混凝土上。

镦头锚具的优点是操作简便迅速,不会出现锥形锚易发生的滑丝现象,故不发生相应的预应力损失。这种锚具的缺点是下料长度要求很精确,否则,在张拉时会因各钢丝受力不均匀而发生断丝现象。镦头锚具用 YC60 千斤顶(穿心式千斤顶)或拉杆式千斤顶张拉。

③ 精轧螺纹钢筋锚具。精轧螺纹钢筋锚具由垫板和螺母组成，是一种利用与该钢筋螺纹匹配的特制螺母锚固的支承式锚具，适用于锚固直径 25～32mm 的高强度精轧螺纹钢筋。

螺母分为平面螺母和锥面螺母两种。锥面螺母可通过锥体与锥孔的配合，保证预应力筋的正确对中，开缝的作用是增强螺母对预应力筋的夹持能力。垫板也相应地分为平面垫板与锥面垫板两种。

（2）锥塞式锚具

① 锥形锚具。锥形锚具由钢质锚环和锚塞组成，用于锚固钢丝束。锚环内孔的锥度应与锚塞的锥度一致。锚塞上刻有细齿槽，可夹紧钢丝防止滑动。

锥形锚具的尺寸较小，便于分散布置。缺点是易产生单根滑丝现象，钢丝回缩量较大，所引起的应力损失亦大，并且滑丝后无法重复张拉和接长，应力损失很难补救。此外，钢丝锚固时呈辐射状态，弯折处受力较大。

② 锥形螺杆锚具。锥形螺杆锚具用于锚固 14～28 根直径 5mm 的钢丝束。它由锥形螺杆、套筒、螺母等组成。锥形螺杆锚具可与 YL60、YL90 拉杆式千斤顶配套使用，YC60、YC90 穿心式千斤顶亦可使用。

（3）夹片式锚具

夹片式锚具有单孔夹片锚具和多孔夹片锚具。其中单孔夹片锚具由锚环与夹片组成。多孔夹片锚具又称预应力筋束锚具，是在一块多孔锚板上，利用每个锥形孔装一副夹片夹持一根钢筋或钢绞线的一种楔紧式锚具。这种锚具在现代预应力混凝土工程中广泛应用，主要的产品有：XM 型、QM 型、QVM 型、BS 型等。

① XM 型锚具。由锚板和夹片组成。锚板尺寸由锚孔数确定，锚孔沿锚板圆周排列，中心线倾斜度为 1∶20；钻孔中心线与锚板顶面垂直；夹片为 120°均分斜开缝三片式，开缝沿轴向的偏转角与钢绞线的扭角相反。XM 型锚具适用于锚固 3～37 根 ϕ15 钢绞线束或 3～12 根 7ϕ5 钢丝束。其特点是每根钢绞线都是分开锚固，任何一根钢绞线的锚固失效（如钢绞线拉断、夹片破裂等）不会引起整束锚固的失效。

② QM 型锚具。由锚板与夹片组成。它与 XM 型锚具的不同点是锚孔是直的，锚板顶面是平面，夹片垂直开缝，备有配套喇叭形铸铁垫板与弹簧圈等。由于灌浆孔设在垫板上，锚板的尺寸可稍小一些。

QM 型锚具适用于锚固 4～31 根 ϕ12.7 钢绞线和 3～10 根 ϕ15 钢绞线。QM 型锚具配有自动工具锚，张拉和退出十分方便，并可减少安装工具锚所花费的时间。

③ QVM 型锚具。QVM 型锚具是在 QM 型锚具的基础上发展起来的一种新型锚具，其与 QM 型锚具的不同点是夹片改用二片式直开缝，操作更加方便。

④ BS 型锚具。BS 型锚具采用钢垫板、焊接喇叭管与螺旋筋，灌浆孔设置在喇叭管上，并由塑料管引出。此种锚具适用于锚固 3～55 根 ϕ15 钢绞线。

（4）握裹式锚具

钢绞线束固定端的锚具除了可以采用与张拉端相同的锚具外，还可选用握裹式锚具。握裹式锚具有挤压锚具和压花锚具两类。

① 挤压锚具。挤压锚具是利用液压压头机将套筒挤紧在钢绞线端头上的一种锚具。套筒内衬有硬钢丝螺旋圈，在挤压后硬钢丝全部脆断，一半嵌入外钢套，一半压入钢绞线，从而增加钢套筒与钢绞线之间的摩阻力。锚具下设有钢垫板与螺旋筋。这种锚具适用于构件端部的设计应力较大或端部尺寸受到限制的情况。

② 压花锚具。压花锚具是利用液压压花机将钢绞线端头压成梨形散花状的一种锚具。梨形头的尺寸对于Φ15钢绞线不小于ϕ95mm×150mm。多根钢绞线梨形头应分排埋置在混凝土内。为提高压花锚四周混凝土及散花头根部混凝土抗裂强度，在散花头的头部配置构造筋，在散花头的根部配置螺旋筋，压花锚距构件截面边缘不小于30cm。第一排压花锚的锚固长度，对Φ15钢绞线不小于95cm，每排相隔至少30cm。

6.3.1.2　预应力筋制作和下料

预应力筋的制作，主要根据所用的预应力钢材品种、锚（夹）具形式及生产工艺等确定。

预应力筋的下料长度应由计算确定。计算时应考虑结构的孔道长度、锚夹具厚度、千斤顶长度、焊接接头或镦头的预留量、冷拉伸长率、弹性回缩值、张拉伸长值等。

预应力筋下料在冷拉后进行。矫直回火钢丝放开后是直的，可直接下料。采用镦头锚具时，同一束中各根钢丝下料长度的相对差值，应不大于钢丝束长度的1/5000，且不得大于5mm。为了达到这一要求，钢丝下料可用钢管限位法或牵引索在拉紧状态下进行。

钢绞线在出厂前经过低温回火处理，因此在进场后无须预拉。钢绞线下料前应在切割口两侧各50mm处用20号铁丝绑扎牢固，以免切割后松散。

钢丝、钢绞线、热处理钢筋及冷拉Ⅳ级钢筋，宜采用砂轮锯或切断机切断，不得采用电弧切割。用砂轮切割机下料具有操作方便、效率高、切口规则无毛头等优点，尤其适合现场使用。

6.3.2　张拉机具设备

后张法张拉时所用的张拉千斤顶与先张法基本相同。关键是在施工时应根据所用预应力筋的种类及其张拉锚固工艺情况，选用适合的张拉设备，以确保施工质量。在选用时，应特别注意以下三点：

① 预应力的张拉力不得大于设备的额定张拉力。

② 预应力筋的一次张拉伸长值，不得超过设备的最大张拉行程。

③ 当一次张拉不足时，可采取分级重复张拉的方法，但所用的锚具与夹具应符合重复张拉的要求。

6.3.3　后张法施工工艺

6.3.3.1　预留孔道

（1）预应力筋孔道布置

预应力筋的孔道形状有直线、曲线和折线三种。孔道的直径与布置，主要根据预应力混凝土构件或结构的受力性能，并参考预应力筋张拉锚固体系特点与尺寸确定。

① 孔道直径。对粗钢筋，孔道的直径应比预应力筋直径、钢筋对焊接头处外径或需穿过孔道的锚具或连接器外径大10～15mm；对钢丝或钢绞线，孔道的直径应比预应力束外径或锚具外径大5～10mm，且孔道面积应大于预应力筋面积的两倍。

② 孔道布置。预应力筋孔道之间的净距不应小于50mm，孔道至构件边缘的净距不应小于40mm，凡需起拱的构件，预留孔道宜随构件同时起拱。

（2）孔道成型方法

预应力筋的孔道可采用钢管抽芯、胶管抽芯和预埋管等方法成型。对孔道成型的基本要求是：孔道的尺寸与位置应正确，孔道应平顺，接头不漏浆，端部预埋钢板应垂直于孔道中心线等。孔道成型的质量，对孔道摩阻损失的影响较大，应严格把关。

① 钢管抽芯法。钢管抽芯用于直线孔道。钢管表面必须圆滑，预埋前应除锈、刷油，如用弯曲的钢管，转动时会沿孔道方向产生裂缝，甚至塌陷。钢管在构件中用钢筋井字架固定位置，井字架每隔 1.0～1.5m 一个，与钢筋骨架扎牢。两根钢管接头处可用 0.5mm 厚铁皮做成的套管连接，套管内表面要与钢管外表面紧密贴合，以防漏浆堵塞孔道。钢管一端钻 16mm 的小孔，以备插入钢筋棒，转动钢管。抽管前每隔 10～15min 应转管一次。如发现表面混凝土产生裂纹，应用铁抹子压实抹平。

抽管时间与水泥的品种、气温和养护条件有关。抽管宜在混凝土初凝之后、终凝之前进行，以用手指按压混凝土表面不显指纹为宜。抽管过早，会造成坍孔事故；太晚，混凝土与钢管黏结牢固，抽管困难，甚至抽不出来。常温下抽管时间约在混凝土灌注后 3～5h。抽管顺序宜先上后下地进行。抽管方法可用人工或卷扬机。抽管时必须速度均匀，边抽边转，并与孔道保持在一直线上。抽管后，应及时检查孔道情况，并做好孔道清理工作，防止以后穿筋困难。

采用钢丝束镦头锚具时，张拉端的扩大孔也可用钢管抽芯成型。留孔时应注意，端部扩大孔应与中间孔道同心。抽管时先抽中间钢管，后抽扩孔钢管，以免碰坏扩孔部分并保持孔道清洁和尺寸准确。

② 胶管抽芯法。留孔用胶管采用 5～7 层帆布夹层、壁厚 6～7mm 的普通橡胶管，可用于直线、曲线或折线孔道。使用前，把胶管一头密封，勿使漏水漏气。密封的方法是将胶管一端外表面削去 1～3 层胶皮及帆布，然后将外表面带有粗丝扣的钢管（钢管一端用铁板密封焊牢）插入胶管端头孔内，再用 20 号铅丝在胶管外表面密缠牢固，铅丝头用锡焊牢，胶管另一端接上阀门，其接法与密封的方法基本相同。

短构件留孔，可用一根胶管对弯后穿入两个平行孔道。长构件留孔，必要时可将两根胶管用铁皮套管接长使用，套管长度以 400～500mm 为宜，内径应比胶管外径大 2～3mm。固定胶管位置用的钢筋井字架，一般每隔 600mm 放置一个，并与钢筋骨架扎牢。然后充水（或充气）加压到 0.5～0.8MPa，此时胶皮管直径可增大约 3mm。浇捣混凝土时，振动棒不要碰胶管，并应经常检查水压表的压力是否正常，如有变化必须补压。

抽管前，先放水降压，待胶管断面缩小与混凝土自行脱离即可抽管。抽管时间比抽钢管略迟。抽管顺序一般为先上后下，先曲后直。

在没有充气或充水设备的单位或地区，在胶皮管内满塞细钢筋也能收到同样效果。

③ 预埋管法。预埋管法可采用薄钢管、镀锌钢管与金属螺旋管（波纹管）等。

金属螺旋管具有重量轻、刚度好、弯折方便、连接容易、与混凝土黏结良好等优点，可做成各种形状的预应力筋孔道，是现代后张预应力筋孔道成型用的理想材料，镀锌钢管仅用于施工周期长的超高竖向孔道或有特殊要求的部位。

6.3.3.2　张拉方式

根据预应力混凝土结构特点、预应力筋形状与长度，以及施工方法的不同，预应力筋张拉方式有以下几种。

（1）一端张拉方式

即张拉设备放置在预应力筋端进行张拉的方式。适用于长度小于 30m 的直线预应力筋与锚固损失影响长度 $L_1 \geqslant L/2$（L 为预应力筋长度）的曲线预应力筋。

（2）两端张拉方式

即张拉设备放置在预应力筋两端的张拉方式。适用于长度大于 30rn 的直线预应力筋与锚固损失影响长度 $L_1 < L/2$ 的曲线预应力筋。若张拉设备不足或考虑到张拉顺序安排关系，也可先在一端张拉完成后，再移至另一端张拉，补足张拉力后锚固。

（3）分批张拉方式

即对配有多束预应力筋的构件或结构分批进行张拉的方式。由于后批预应力筋张拉所产生的混凝土弹性压缩对先批张拉的预应力筋造成预应力的损失，所以先批张拉的预应力筋张拉力应加上该弹性压缩损失值或将弹性压缩损失平均值统一增加到每根预应力筋的张拉力内。

（4）分段张拉方式

对大跨度多跨连续梁，在第一段混凝土浇筑与预应力筋张拉锚固后，第二段预应力筋利用锚头连接器接长，以形成通长的预应力筋。在多跨连续梁板分段施工时，通长的预应力筋需要逐段进行张拉。

（5）分阶段张拉方式

在后张传力梁等结构中，为了平衡各阶段的荷载，采取分阶段逐步施加预应力的方式。所加荷载不仅是外载（如楼层重量），也包括由内部体积变化（如弹性压缩、收缩与徐变）产生的荷载。梁在跨中处下部与上部应力应控制在允许范围内。这种张拉方式具有应力、挠度与反拱容易控制，省材料等优点。

（6）补偿张拉方式

即在早期预应力损失基本完成后，再进行张拉的方式。采用这种补偿张拉，可克服弹性压缩损失，减少钢材应力松弛损失、混凝土收缩徐变损失等，以达到预期的预应力效果。此法在水利工程与岩土锚杆中应用较多。

6.3.3.3 预应力筋张拉顺序

预应力筋的张拉操作程序，主要根据构件类型、张拉锚固体系、松弛损失等因素确定。预应力筋张拉时，应从零拉力加载至初拉力后，测量伸长值初读数，再以均匀速率加载至张拉控制力。初拉力宜为张拉控制力的 10%～20%。

① 采用低松弛钢丝和钢绞线时，张拉操作程序为：

$$0 \rightarrow P_j（锚固）$$

其中，P_j 为预应力筋的张拉控制力，有：

$$P_j = \sigma_{con} A_P$$

式中，A_P 为预应力筋的截面面积。

② 采用普通松弛预应力筋时，按超张拉程序进行：

对镦头锚具等可卸载锚具 $\qquad 0 \rightarrow 1.05 P_j \xrightarrow{\text{持荷 4min}} P_j$ （锚固）

对夹片锚具等不可卸载锚具 $\qquad 0 \rightarrow 1.03 P_j$ （锚固）

超张拉并持荷 2min 的目的是加快预应力筋松弛损失的早期发展。以上各种张拉操作程序，均可分级加载。对曲线预应力束，一般以 $(0.2～0.25) P_j$ 为测量伸长值的起点，分 3 级加载（$0.2P_j$、$0.6P_j$、$1.0P_j$）或 4 级加载（$0.25P_j$、$0.50P_j$、$0.75P_j$ 及 $1.0P_j$）。每级加载均应测量伸长值。

塑料波纹管内的预应力筋，张拉力达到张拉控制力后宜持荷 2～5min。

当预应力筋长度较大、千斤顶张拉行程不够时，应采取分级张拉、分级锚固。第二级初始油压为第一级最终油压。预应力筋张拉到规定油压后，持荷校核伸长值，合格后进行锚固。

6.3.3.4 平卧重叠构件张拉

后张法预应力混凝土构件在施工现场平卧重叠制作时，重叠层数为3～4层。其张拉顺序宜先上后下逐层进行。为了减少上下层之间因摩擦引起的预应力损失，可逐层加大张拉力。根据有关单位试验研究与大量工程实践，得出不同预应力筋与不同隔离层的平卧重叠构件逐层增加的张拉力分数，列于表6-3。

表 6-3　平卧重叠构件逐层增加的张拉力分数

预应力筋类别	隔离剂材料	逐层增加的张拉力分数			
		顶层	第二层	第三层	底层
高强钢丝束	I	0	1.0	2.0	3.0
	II	0	1.5	3.0	4.0
	III	0	2.0	3.5	5.0
II级冷拉钢筋	I	0	2.0	4.0	6.0
	II	1.0	3.0	6.0	9.0
	III	2.0	4.0	7.0	10.0

注：第 I 类隔离剂：塑料薄膜、油纸。第 II 类隔离剂：废机油滑石粉、纸筋灰、石灰水、废机油、柴油石蜡。第 III 类隔离剂：废机油、石灰水、滑石粉。

高强钢丝束与 II 级冷拉钢筋由于张拉控制应力不同，在相同隔离层的条件下，所需的超张拉力不同。II 级冷拉钢筋的张拉控制应力较低，其所需的超张拉力分数比高强钢丝束大。

6.3.3.5 张拉伸长值校核

预应力筋张拉时，通过伸长值的校核，可以综合反映张拉力是否足够，孔道摩阻损失是否偏大，以及预应力筋是否有异常现象等。因此，对张拉伸长值的校核，要引起重视。

预应力筋张拉伸长值的测量，应在建立初应力之后进行。其实际伸长值 ΔL（mm）应等于：

$$\Delta L = PL/AE \tag{6-1}$$

式中　P——预应力筋的平均张拉力，N；

　　　L——预应力筋的长度，mm；

　　　A——预应力筋的截面面积，mm^2；

　　　E——预应力筋的弹性模量，N/mm^2。

根据《混凝土结构工程施工质量验收规范》（GB 50204—2015）通常规定实测伸长值与计算伸长值的偏差不超过±6%，否则应查明原因并采取措施后再张拉。必要时，宜进行现场孔道摩擦系数测定，并可根据实测结果调整张拉控制力。

此外，在锚固时应检查张拉端预应力筋的内缩值，以免由于锚固引起的预应力损失超过设计值。如实测的预应力筋内缩量大于规定值，则应改善操作工艺，更换锚具或采取超张拉办法弥补。

6.3.3.6 孔道灌浆

预应力筋张拉后，孔道应及时灌浆。其目的是防止预应力筋锈蚀，增加结构的耐久性；同时亦使预应力筋与混凝土构件黏结成整体，提高结构的抗裂性和承载能力。此外，试验研究证明，在预应力筋张拉后立即灌浆，可减少预应力松弛损失 20%～30%。因此，对孔道灌浆的质量必须重视。

（1）灌浆材料

灌浆所用的水泥浆，既应有足够强度和黏结力，也应有较大的流动性和较小的干缩性及泌水性。故配制灌浆用水泥浆应采用标号不低于 32.5R 的普通硅酸盐水泥；水灰比宜为 0.4 左右；流动度为 120～170mm；搅拌后 3h 泌水率宜控制在 2%，最大不得超过 3%；当需要增加孔道灌浆的密实性时，水泥浆中可掺入对预应力筋无腐蚀作用的外加剂；对空隙大的孔道，可采用砂浆灌浆。水泥及砂浆强度，均不应小于 20N/mm²。当采用矿渣硅酸盐水泥时，应按上述要求试验合格方可使用。

（2）灌浆施工

灌浆顺序应先下后上，以免上层孔道漏浆把下层孔道堵塞；直线孔道灌浆，应从构件的一端到另一端；在曲线孔道中灌浆，应从孔道最低处开始向两端进行。用连接器连接的多跨连续预应力筋的孔道灌浆，应张拉完一跨随即灌注一跨，不得在各跨全部张拉完毕后，一次连续灌浆。

搅拌好的水泥浆必须通过过滤器，置于贮浆桶内，并不断搅拌，以防泌水沉淀。

6.3.3.7 预应力专项施工与普通钢筋混凝土有关工序的配合要求

预应力作为混凝土结构分部工程中的一个分项工程，在施工中须与钢筋分项工程、模板分项工程、混凝土分项工程等密切配合。

（1）模板安装与拆除

① 确定预应力混凝土梁、板底模起拱值时，应考虑张拉后产生的反拱，起拱高度宜为全跨长度的 0.5%～1%。

② 现浇预应力梁的一侧模板可在金属波纹管铺设前安装，另一侧模板应在金属波纹管铺设后安装。梁的端模应在端部预埋件安装后封闭。

③ 现浇预应力梁的侧模宜在预应力筋张拉前拆除。底模支架的拆除应按施工技术方案执行，当无具体要求时应在预应力筋张拉及灌浆强度达到 15MPa 后拆除。

（2）钢筋安装

① 普通钢筋安装时应避让预应力筋孔道，梁腰筋间的拉筋应在金属波纹管安装后绑扎。

② 金属波纹管或无黏结预应力筋铺设后，其附近不得进行电焊作业；如有必要，则应采取防护措施。

（3）混凝土浇筑

① 混凝土浇筑时，应防止振动器触碰金属波纹管、无黏结预应力筋和端部预埋件等。

② 混凝土浇筑时，不得踏压或碰撞无黏结预应力筋、支撑架等。

③ 预应力梁板混凝土浇筑时，应多留置 1～2 组混凝土试块，并与梁板同条件养护，用以测定预应力筋张拉时混凝土的实际强度值。

④ 施加预应力时临时断开的部位，在预应力筋张拉后，即可浇筑混凝土。

6.4　无黏结预应力混凝土

后张法预应力混凝土中，预应力筋分为有黏结和无黏结两种。有黏结预应力是后张法的常规做法，张拉后通过灌浆使预应力筋与混凝土黏结。无黏结预应力是后张法的一项新工艺。其施工方法是在浇筑混凝土前，按设计要求把外包塑料包裹层内涂防腐油脂的预应力筋铺好，然后浇筑混凝土，待混凝土达到设计要求强度后，再张拉锚固。预应力筋与混凝土之间没有黏结，张拉力全靠锚具传递到混凝土上。这种预应力结构的优点是不需要预留孔道与灌浆，施工简单，摩擦力小，预应力筋易弯成多跨曲线形状；但预应力筋强度不能充分发挥（一般要降低 10%～20%），对锚具要求高。根据其特点，无黏结预应力筋用在双向连续平板和密肋板中比较经济，适用于曲线配筋结构，在多跨连续梁中也有较大发展。无黏结后张法施工顺序简图如图 6-7 所示。

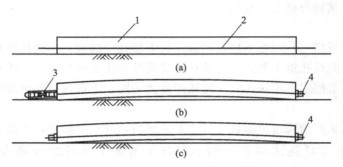

图 6-7　无黏结后张法施工顺序简图
1—混凝土构件；2—无黏结预应力筋；3—张拉千斤顶；4—锚具

6.4.1　无黏结预应力筋的制作

（1）无黏结预应力筋

无黏结预应力筋是指带有专用防腐油脂涂料层和外包层的无黏结预应力筋，施加预应力后沿全长与周围混凝土不黏结。它由预应力筋、涂料层和护套层组成。其质量要求应符合《无粘结预应力钢绞线》（JG/T 161—2016）及《无粘结预应力筋用防腐润滑脂》（JG/T 430—2014）标准的规定。

无黏结预应力筋用的钢绞线和钢丝不应有死弯，当有死弯时必须截断。无黏结预应力筋中的每根钢丝应是通长的，严禁有接头。

（2）涂料

涂料的作用是使预应力筋与混凝土隔离，减少张拉时的摩擦损失，防止预应力筋腐蚀等。无黏结预应力筋涂料层应采用专用防腐油脂。

（3）外包层

无黏结预应力筋的外包层材料，应采用聚乙烯或聚丙烯，严禁使用聚氯乙烯。外包层的作用是使无黏结筋在运输、储运、铺设和浇筑混凝土等过程中不会发生不可修复的破坏。

其性能应符合下列要求：

① 在 −20℃～+70℃ 温度范围内，低温不脆化，高温化学稳定性好。

② 必须具有足够的韧性、抗破损性。

③ 对周围材料（如混凝土、钢材和外包材料）无侵蚀作用。

④ 防水性能好。

制作单根无黏结预应力筋时，宜优先选用防腐油脂作涂料层，涂料层的涂敷和外包层的制作应一次完成，涂料层防腐油脂应完全填充预应力筋与外包层之间的环形空间，外包层宜采用挤塑成型工艺，并由专业化工厂生产。

（4）无黏结预应力筋的制作

无黏结预应力筋的制作，一般采用挤塑涂层工艺。挤塑涂层工艺设备主要由放线盘、给油装置、塑料挤出机、水冷装置、牵引机、收线机等组成。钢绞线（或钢丝束）经给油装置涂油后，通过塑料挤出机的机头出口处，塑料熔融物被挤成管状包覆在钢绞线上，经冷却水槽塑料套管硬化，即形成无黏结预应力筋；牵引机继续将钢绞线牵引至收线装置，自动排列成盘卷。

挤塑成型后的无黏结预应力筋应按工程所需的长度和锚固形式下料、组装。无黏结预应力筋下料长度，应综合考虑其曲率、锚固端保护层厚度、张拉伸长值及混凝土压缩变形等因素，并应根据不同的张拉方法和锚固形式预留张拉长度。

（5）锚具系统

无黏结预应力构件中，锚具是把预应力筋的张拉力传递给混凝土的工具，外荷载引起的预应力筋的变化全部由锚具承担。无黏结预应力筋的锚具不仅受力比有黏结预应力筋的锚具大，而且承受的是重复荷载。因此对无黏结预应力筋的锚具应有更高的要求。

无黏结预应力筋锚具的选用，应根据无黏结预应力筋的品种、张拉吨位以及工程使用情况选定。对常用的直径为 15mm、12mm 单根钢绞线和 $7\phi5$ 钢丝束无黏结预应力筋的锚具可按表 6-4 选用。

表 6-4　常用单根无黏结预应力筋锚具选用表

无黏结预应力筋品种	张拉端	固定端
$d=15.0\text{mm}(7\phi5)$ 或 $d=12.0\text{mm}(7\phi4)$	夹片锚具	挤压锚具、焊板夹片锚具、压花锚具
$7\phi5$ 钢丝束	镦头锚具、夹片锚具	镦头锚具

注：1. 焊板夹片锚具系将夹片锚具的锚环同承压板焊在一起。
　　2. 压花锚具宜用于梁中，并应附加螺旋筋或网片等端部构造措施。
　　3. 镦头锚具也可以用于锚固多于 $7\phi5$ 的钢丝束。

（6）张拉设备

无黏结预应力筋的张拉设备可选用 YC 型（YC-60、YC-20）系列的油压千斤顶（配套油泵为 ZB-0.8/500 型），包括油泵、千斤顶、张拉杆、顶压器、工具锚等。该系列由于配备了轻型电动油泵，故重量轻、操作简便，适合在狭小场地及高空进行张拉。

无黏结预应力筋张拉机具及仪表，应由专人使用和管理，并定期维护和校验。

6.4.2　无黏结预应力施工工艺

在无黏结预应力结构施工中，主要问题是无黏结预应力筋的铺设、张拉和端部锚头处理。无黏结预应力筋送到现场后，应及时检查规格尺寸和数量，逐根检查端部配件无误后，方可分类堆放。对局部破损的外包层，可用水密性胶带进行缠绕修补，胶带搭接宽度不应小于胶带宽度的 1/2，缠绕长度应超过破损长度，严重破损的应予以报废。

无黏结预应力筋铺设前，张拉端端部模板预留孔应按施工图中规定的无黏结预应力筋的位置编号和钻孔。张拉端的承压板应用钉子或螺栓固定在端部模板上，且应保持张拉作用线与承压板面相垂直。

（1）无黏结预应力筋的铺放

多跨单向梁板的无黏结预应力筋采取纵向多波连续曲线配筋方式，钢筋的铺设比较简单；多跨双向平板在纵横两方向均采用多波连续曲线配筋的方式，两个方向的无黏结预应筋互相穿插，给施工操作带来困难，必须事先编出无黏结应力筋的铺设顺序。无黏结预应力筋的铺放、安装应按设计图纸的规定进行。

无黏结预应力筋允许采用普通钢筋相同的绑扎方法，铺放前应通过计算确定无黏结预应力筋的位置，其垂直高度宜采用支撑钢筋控制，亦可与其他钢筋绑扎。无黏结预应力筋位置的垂直偏差，在板内为$\pm 5mm$，在梁内为$\pm 10mm$。对支撑钢筋的要求：对于 $2\sim 4$ 根无黏结预应力筋组成的集束预应力筋，支撑钢筋的直径不宜小于 10mm，间距不宜大于 1.0m；对于 5 根或更多无黏结预应力筋组成的集束预应力筋，其直径不宜小于 12mm，间距不宜大于 1.2m；用于支撑平板中单根无黏结预应力筋的支撑钢筋，间距不宜大于 2.0m。支撑钢筋应采用Ⅰ级钢筋。

无黏结预应力筋的位置应保持顺直，铺放双向配置的无黏结预应力筋时，应对每个纵横筋交叉点相应的两个标高进行比较，对各交叉点标高较低的无黏结预应力筋应先进行铺放，标高较高的次之，宜避免两个方向的无黏结预应力筋相互穿插铺放。敷设的各种管线不应将无黏结预应力筋的垂直位置抬高或压低；当集束配置多根无黏结预应力筋时，应保持平行走向，防止相互扭绞。无黏结预应力筋采取竖向、环向或螺旋形铺放时，应有定位支架或其他构造措施控制位置。

镦头锚具系统张拉端的安装：先将塑料保护套插入承压板孔内，通过计算确定锚杯的预埋位置，并用定位螺杆将其固定在端部模板上。定位螺杆拧入锚杯内必须顶紧各钢丝镦头，并应根据定位螺杆露在模板外的尺寸确定锚杯预埋位置。

夹片锚具系统张拉端的安装：无黏结预应力筋的外露长度应根据张拉机具所需的长度确定，无黏结预应力曲线筋或折线筋末端的切线应与承压板相垂直，曲线段的起始点至张拉锚固点应有不小于 300mm 的直线段。在安装带有穴模或其他预埋入混凝土中的张拉端锚具时，各部件之间不应有缝隙。

无黏结预应力筋铺放、安装完毕后，应进行隐蔽工程验收，当确认合格后方能浇筑混凝土。在混凝土施工中，应严防氯化物对无黏结预应力筋的侵蚀，不得使用含有氯离子的外加剂，锚固区后浇混凝土或砂浆不得含有氯化物。在预应力筋全长及锚具与连接套管的连接部位，外包材料均应连续、封闭且能防水。

（2）无黏结预应力筋的张拉

无黏结预应力筋的张拉与后张法带有螺纹端杆锚具的有黏结钢丝束张拉相似。楼盖结构应先张拉楼板，后张拉楼面梁，板中的无黏结预应力筋可依次张拉，梁中的无黏结预应力筋应对称张拉。当无黏结预应力筋长度超过 25m 时，应采用两端张拉；当筋长超过 50m 时，应采取分段张拉和锚固。

安装张拉设备时，对直线的无黏结预应力筋，应使张拉力的作用线与无黏结预应力筋中心线重合；对曲线的无黏结预应力筋，应使张拉力的作用线与无黏结预应力筋中心线末端的切线重合。无黏结预应力筋的张拉控制应力，应符合设计要求。如需提高张拉控制应力值时，其不宜大于碳素钢丝、钢绞线强度标准值的 75%。

无黏结预应力筋的张拉程序与一般后张法张拉程序相同。

无黏结预应力筋张拉完毕后，应及时对锚固区进行保护。对镦头锚具，应先用油枪通过锚杯注油孔向连接套管内注入足量防腐油脂，然后用防腐油脂将锚杯内充填密实，并用塑料或金属帽盖严，再在锚具及承压板表面涂以防水涂料。对夹片锚具，可先切除外露无黏结预应力筋的多余长度，然后在锚具及承压板表面涂以防水涂料。

按以上规定进行处理后的无黏结预应力筋锚固区，应用后浇膨胀混凝土、低收缩防水砂浆或环氧砂浆密封。在浇注混凝土前，宜在槽口内壁涂以环氧树脂类黏结剂。锚固区也可用后浇的外包钢筋混凝土圈梁进行封闭。外包圈梁不应突出在外墙面以外。

对不能使用混凝土或砂浆包裹层的部位，应对无黏结预应力筋的锚具全涂以与无黏结预应力筋涂料层相同的防腐油脂，并用具有可靠防腐和防火性能的保护套将锚具全部封闭。

第7章

结构安装工程施工

📖 **知识要点**

　　本章的主要内容有起重机械及起重设备，结构安装工程准备、施工方法工艺特点等。

📚 **学习目标**

　　要求学生了解常见起重机械和设备的特点，掌握结构安装工程的施工工艺和施工方法等。

7.1　起重机械

　　结构安装工程中常用的起重机械包括：桅杆式起重机、自行杆式起重机（履带式起重机、汽车式起重机、轮胎式起重机）和塔式起重机等。

7.1.1　桅杆式起重机

　　桅杆式起重机具有制作简单、装拆方便、起重量较大（可达 1000kN 以上）、受地形限制小等特点。但其服务半径小，移动较困难，并需要拉设较多的缆风绳，故一般只适用于安装工程量比较集中、施工现场较狭窄的情况。

　　桅杆式起重机按其构造不同，可分为独脚拔杆、人字拔杆、悬臂拔杆和牵缆式桅杆起重机等。

　　（1）独脚拔杆

　　独脚拔杆由拔杆、起重滑轮组、卷扬机、缆风绳和锚碇等组成。其特点是只能举升重物，不能带重物做水平移动。使用时，应保持一定的倾角（$\beta \leqslant 10°$），使吊装的构件不至于碰撞拔杆顶部，拔杆底部设置拖子以便于移动。拔杆的稳定主要依靠缆风绳，绳的一端固定在桅杆顶端，另一端固定在锚碇上，缆风绳一般设 4～8 个，与地面的夹角 α 一般取 30°～45°，角度过大对拔杆会产生较大的压力。

　　独脚拔杆根据制作的材料不同，有木独脚拔杆、钢管独脚拔杆、格构式独脚拔杆等。

　　（2）人字拔杆

　　人字拔杆是由两根圆木或钢管、缆风绳、滑车组及导向滑车组成。两根圆木或钢管在顶部相交成 20°～30°夹角，用钢丝绳绑扎或铁件铰接而成，顶部交叉处悬挂滑车组，底部设有拉杆或拉绳，以平衡拔杆本身的水平推力。其中一根拔杆的底部装有导向滑车组，起重索通过它连接卷扬机，另用一根钢丝绳连接到锚碇，以保证起重时底部的稳定。拔杆下端两脚的距离约为高度的 1/2～1/3，缆风绳的数量视拔杆的起重量和起重高度而决定，一般不少于 5 根。

人字拔杆的优点是侧向稳定性较好，缆风绳较少，缺点是起吊构件的活动范围小，故一般仅用于安装重型柱或其他重型构件。

（3）悬臂拔杆

在独脚拔杆的中部或 2/3 高度处装上一根起重臂，即成悬臂拔杆。起重臂可以回转和起伏，可以固定在某一部位，也可以根据需要沿杆升降，悬臂拔杆的特点是其具有较大的起重高度和相应的起重半径，起重臂还能左右摆动（120°～270°），但因起重量较小，故多用于轻型构件的吊装。

（4）牵缆式桅杆起重机（回转式拔杆）

牵缆式桅杆起重机是在独脚拔杆下端装设一根可以回转和起伏的起重臂。整个机身可做 360°回转，能把构件吊送到有效起重半径内的任何空间位置，具有较大的起重半径和起重量。用无缝钢管做成的桅杆式起重机，其起重高度可达 25m，用于一般工业厂房构件的吊装。大型牵缆式桅杆起重机一般做成格构式截面，起重量可达 600kN，起重高度达 80m，用于重型工业厂房吊装及高炉安装。

牵缆式桅杆起重机的缆风绳至少 6 根，根据缆风绳最大拉力选择钢丝绳和地锚，地锚必须安全可靠。

7.1.2 自行杆式起重机

自行杆式起重机包括履带式起重机、汽车式起重机和轮胎式起重机三种。

（1）履带式起重机

① 履带式起重机的构造及特点。履带式起重机主要由行走装置、回转机构、机身和起重臂四部分组成。为减小对地面的压力，行走装置采用链条履带，回转机构装在底盘上可使机身回转 360°，机身内部有动力装置、卷构机和操纵系统。

起重臂为角钢组成的格构式杆件，下端铰接在机身上，随机身回转。起重臂可分节接长，设置有起重滑轮组与变幅滑轮组，钢丝绳通过起重臂顶端连到机身内的卷扬机上。

履带式起重机的特点是操纵灵活，使用方便，机身可回转 360°，可以负荷行驶，并可原地回转，一般在平整坚实的场地上行驶与工作，是结构安装中的主要起重机械。缺点是稳定性较差，不宜超负荷吊装，在需要起重臂接长或超负荷吊装时，要进行稳定性验算并采取相应的技术措施。土木工程中常用的履带式起重机，主要有 W_1-100、QU20～QU40、QUY50、W200A 和 KH180-3 等。履带式起重机外形见图 7-1。

② 履带式起重机的主要技术性能。履带式起重机主要技术性能包括三个主要参数：起重量 Q、起重半径 R 和起重高度 H。其中，起重量 Q 是指起重机安全工作所允许的最大起重物的质量，起重高度 H 指起重吊钩中心至停机面的距离，起重半径 R 指起重机回转中心至吊钩的水平距离。这三个参数之间存在着相互制约的关系，其数值变化取决于起重臂长及其仰角的大小。当臂长一定时，随着起重臂仰角的增大，起重量和起重高度增加，而起重半径减小。当起重臂仰角不变时，随着起重臂长度的增加，起重半径和起重高度增加，而起重量减少。

履带式起重机的主要技术性能，可从起重机手册中的起重机性能表或性能曲线中查取。表 7-1 所示为 W_1-100 型履带式起重机的主要技术性能、外形尺寸。

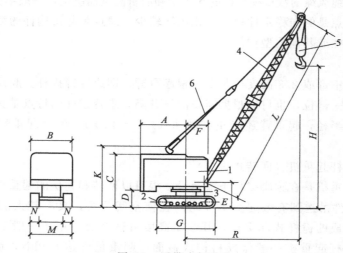

图 7-1　履带式起重机

1—机身；2—履带；3—回转机构；4—起重臂；5—起重滑轮组；6—变幅滑轮组

表 7-1　W₁-100 型履带式起重机的主要技术性能及外形尺寸

名称	外形尺寸/mm	工作幅度/m	臂长 13m		臂长 23m	
			起重量/kN	起升高度/m	起重量/kN	起升高度/m
机身尾部到回转中心	3300	4.5	150	11	—	—
机身宽度	3120	5	130	11	—	—
机身顶部到地面高度	367	6	100	11	—	—
机身底部距地面高度	1045	6.5	90	10.9	80	19
起重臂下铰点中心距地面高度	1700	7	80	10.8	72	19
起重臂下铰点中心至回转中心距离	1300	8	65	10.4	60	19
履带长度	4005	9	55	9.6	49	19
履带架宽度	3200	10	48	8.8	42	18.9
履带板宽度	675	11	40	7.8	37	18.6
行走底架距地面高度	275	12	37	6.5	32	18.6
机身上部支架距地面高度	4170	13	—	—	29	17.8
		14	—	—	24	17.5
		15	—	—	22	17
		17	—	—	17	16

　　③ 履带式起重机的稳定性验算。起重机稳定性是指整个机身在起重作业时的稳定程度。起重机在正常条件下工作，一般可以保持机身稳定，但在超负荷吊装或接长起重臂时，需进行稳定性验算，以保证起重机在吊装作业中不发生倾覆事故。

　　(2) 汽车式起重机

　　汽车式起重机是将起重机构安装在普通载重汽车或专用汽车底盘上的一种自行式全回转

起重机，其构造基本上与履带式起重机相同。优点是行驶速度快，转移灵活，对路面破坏性小，缺点是吊装作业时稳定性差，不能负荷行驶，为此，起重机装有可伸缩的支腿，作业时，支腿落地，以增加机身的稳定。

汽车式起重机按起重量大小分为轻型、中型和重型三种。起重量在 200kN 以内的为轻型，500kN 以上的为重型，按起重臂形式分为桁架或箱形臂两种；按传动装置形式分为机械传动、电力传动、液压传动三种。目前液压传动应用比较普遍，适用于中小型构件及大型构件的吊装。

（3）轮胎式起重机

轮胎式起重机的外形和构造基本上与履带式起重机相似，但其行驶装置采用轮胎，起重机构与机身装在由加重型轮胎和轮轴组成的特制底盘上，能全回转。底盘下装有若干根轮轴，根据起重量的大小，配备 4～10 个或更多的轮胎，并装有 4 个可伸缩的支腿，起重时，支腿落地，以增加机身的稳定性，并保护轮胎。

轮胎式起重机的优点是运行速度较快，能迅速转移工作地点，不损伤路面，但不适合在松软或泥泞的地面上作业。

常用的轮胎式起重机按传动方式分为机械式、电动式和液压式。近几年来，机械式已被淘汰，液压式已逐步替代了电动式。

常用的液压式轮胎起重机主要有 QLY16 和 QLY25 两种，最大起重量为 160kN 和 250kN。适用于构件装卸和一般工业厂房的结构安装。

此外，塔式起重机具有竖直的塔身，起重臂安装在塔身的顶部，能全回转，具有安装空间、起重高度和工作幅度均较大，运行速度快，工作效率高，使用和装拆方便等优点，广泛应用于多层及高层民用建筑和多层工业厂房结构安装工程。塔式起重机的种类和性能详见10.2 节。

7.2 起重设备

结构吊装工程施工中除了起重机外，还要使用许多辅助工具及设备，如卷扬机、钢丝绳、滑车组及横吊梁等。

7.2.1 卷扬机

卷扬机按驱动方式可分为手动卷扬机和电动卷扬机，用于结构吊装的卷扬机多为电动卷扬机。电动卷扬机主要由电动机、卷筒、电磁制动器和减速机等组成，卷扬机按其速度又分为快速和慢速两种。快速卷扬机又分单向和双向，主要用于垂直运输和打柱作业；慢速电动卷扬机主要用于结构吊装、钢筋冷拉、预应力张拉等作业。

卷扬机的主要技术参数是卷筒牵引力、钢丝绳的速度和卷筒容量。

卷扬机使用时，必须用地锚予以固定，以防止工作时产生滑动造成倾覆。根据牵引力的大小不同，固定卷扬机方法分为四种：螺栓锚固法、水平锚固法、立桩锚固法、压重物锚固法。

使用卷扬机时应注意以下事项：

① 卷扬机必须有良好的接地或接零装置，接地电阻不得大于 10Ω。在一个供电网路上，

接地或接零不得混用。

② 卷扬机使用前要先空运转做空载正、反试验 5 次，达到运转平稳无不正常响声，传动、制动机构灵活可靠，各紧固件及连接部位无松动现象，润滑良好，无漏油现象。

③ 为使钢丝绳能自动在卷筒上往复缠绕，卷扬机安装时应使距第一个导向滑轮的距离 L 为卷筒长度 a 的 15 倍，即当钢丝绳在卷筒边时，与卷筒中垂线的夹角不应大于 2°。

④ 钢丝绳引入卷筒时应接近水平，并应从卷筒的下面引入，以减少卷扬机的倾覆力矩。

7.2.2　钢丝绳

① 钢丝绳的构造和种类。结构吊装中常用的钢丝绳是由 6 股钢丝绳围绕一根绳芯（一般为麻芯）捻成，每股钢丝绳又由许多根直径为 0.4～2mm 的高强钢丝按一定规则捻制而成。

钢丝绳按照捻制方法不同，分为单绕、双绕和三绕，土木工程施工中常用的是双绕钢丝绳。双绕钢丝绳按照捻制方向不同分为同向绕、交叉绕和混合绕三种（图 7-2），同向绕是钢丝捻成股的方向与股捻成绳的方向相同，这种绳的绕性好、表面光滑、磨损小，但易松散和扭转，不宜用于悬吊重物，多用于拖拉和牵引，交叉绕是指钢丝捻成股的方向与股捻成绳的方向相反，这种绳不易松散和扭转，吊装中应用广泛，但绕性差。混合绕指相邻的两股钢丝绕向相反，性能介于两者之间，制造复杂，用得不多。

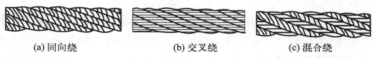

(a) 同向绕　　　(b) 交叉绕　　　(c) 混合绕

图 7-2　双绕钢丝绳绕向

② 钢丝绳的规格和性能。钢丝绳按绳股数及每股中的钢丝分，有 6 股 7 丝、6 股 19 丝、6 股 37 丝及 6 股 61 丝等，吊装中常用 6 股 19 丝、6 股 37 丝两种。6 股 19 丝的钢丝绳可作缆风和吊索，6 股 37 丝的钢丝绳用于穿滑轮组和作吊索。

7.2.3　其他机具

（1）吊索、横吊梁

吊索与横吊梁都是吊装构件时的辅助工具。吊索又称千斤绳、绳套。主要用来绑扎构件以便起吊。常用的有环状吊索（又称万能吊索或闭式吊索）和 8 股头吊索（又称轻便吊索或开式吊索）两种。

横吊梁又称铁扁担和平衡梁。常用于起吊柱子和屋架等构件（图 7-3）。用横吊梁吊柱时可使柱子保持垂直，便于安装；用横吊梁吊屋架时可以降低起吊高度，减少吊索的水平分力对屋架的压力。

常用的横吊梁有滑轮横吊梁、钢板横吊梁、桁架横吊梁和钢管横吊梁等形式。

（2）滑车及滑车组

滑车又称"葫芦"，可以省力，也可改变力的方向。按其滑轮的多少，可分为单门、双门和多门；按使用方式不同，可分为定滑车和动滑车。

滑车组是由一定数量的定滑车和动滑车以及绕过它们的绳索组成，具有省力和改变力的方向的功能，是起重机械的主要组成部分。其种类见图 7-4，跑头指滑车组的引出绳头。

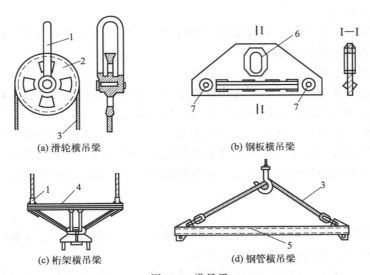

(a) 滑轮横吊梁 (b) 钢板横吊梁

(c) 桁架横吊梁 (d) 钢管横吊梁

图 7-3 横吊梁

1—吊环；2—滑轮；3—吊索；4—桁架；5—钢管；6—挂吊钩孔；7—挂卡环孔

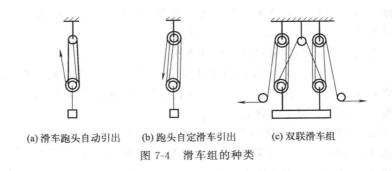

(a) 滑车跑头自动引出 (b) 跑头自定滑车引出 (c) 双联滑车组

图 7-4 滑车组的种类

7.3 结构安装

单层工业厂房一般多采用装配式钢筋混凝土结构（重型厂房采用钢结构），其主要承重结构，除基础为现场浇筑外，其他构件（柱子、吊车梁、基础梁、屋架、天窗架、屋面板等）均为预制。尺寸大、构件重的大型构件一般在施工现场就地预制，中小型构件多集中在预制厂制作，然后运输到施工现场安装。

7.3.1 安装前的准备

构件安装前的准备工作包括：场地清理与平整，修建临时道路，构件的运输、就位、堆放，构件的拼装与加固，构件的质量检查，弹线、编号及基础准备等。

（1）场地清理与铺设道路

起重机进场前，根据施工平面布置图，标出起重机的开行路线，构件的运输及堆放位置，清理好场地，修筑运输道路，敷设水电管线，并制定出雨季排水措施。

（2）构件质量检查

为保证工程质量，所有构件安装前均需进行全面质量检查，主要内容有构件强度、构件的外形尺寸等是否满足设计要求。

（3）构件的弹线与编号

构件经过检查，质量合格后，可在构件表面弹出安装准线，作为构件安装、对位、校正的依据。对形状复杂的构件，要标出其重心的绑扎点位置。

柱应在柱身的三面弹出安装中心线（两个小面，一个大面）。矩形截面柱，按几何中心弹线，在柱顶与牛腿面上还要弹出屋架及吊车梁的安装中心线；屋架上弦顶面应弹出几何中心线，并从跨中向两端分别弹出天窗架、屋面板的安装中心线；梁的两端及顶面应弹出安装中心线。

（4）基础准备

装配式钢筋混凝土柱基础一般为杯形基础，钢柱基础一般为平面。在基础内预埋锚栓或钢板，通过锚栓或钢板将钢柱与基础连成整体。

在现场浇筑时应保证基础定位轴线及杯口尺寸准确。柱子安装前需要对杯底标高进行调整（抄平），其方法是测出杯底原有标高，再测量出吊入该基础柱的柱脚至牛腿面的实际长度，再根据安装后的牛腿面的设计标高计算出杯底标高调整值，并在杯口内做出标志，然后用水泥砂浆或细石混凝土将杯底垫平至标志处。为便于调整柱子牛腿面的标高，浇筑后的杯底标高应比设计标高低 50mm。

根据柱脚的类型，施工中常采用以下两种方法：

a. 一次浇筑法。将柱脚基础支撑面混凝土浇筑到比设计标高低 40～60mm 处，然后用细石混凝土精确找平到设计标高（图 7-5），一次浇筑法要求钢柱制作尺寸十分准确，并且要保证细石混凝土与下层混凝土结合紧密。

b. 二次浇筑法。柱脚基础支撑面混凝土分两次浇筑到设计标高，第一次将混凝土浇筑到比设计标高低 40～60mm 处，待混凝土强度达到设计要求后上面放钢垫板，精确调整钢垫板的标高，然后安装钢柱，钢柱校正完毕后，在柱底钢板下再次浇筑细石混凝土。此法容易校正柱子，常用于重型钢柱（图 7-6）。

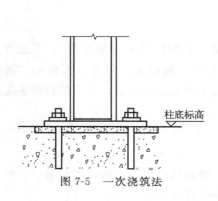

图 7-5　一次浇筑法

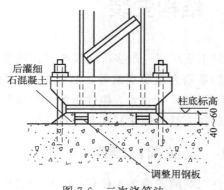

图 7-6　二次浇筑法

（5）构件的运输与堆放

在构件厂制作的构件，安装前运到施工现场，运输方式的选择要根据构件的尺寸、重量、数量及运距等确定。一般多采用汽车和平板拖车。在运输过程中必须保证构件不变形、不倾倒、不损坏,要求路面平整,构件的强度应不低于设计强度等级的 70%,装卸起吊要平稳,支垫位置正确。

构件进场后应按施工平面图堆放,避免二次倒运,堆放地面要平整坚实,排水良好,以防构件因地面下沉而倾倒。构件堆放的高度,一般梁可叠放 2~3 层,屋面板 6~8 层。

(6)构件的拼装与加固

天窗架及跨度较大的屋架一般制成两个半榀,在施工现场拼装成整体。

钢筋混凝土天窗架采用平拼。将两个天窗架块体各用 3 根方木(断面 100mm×100mm 以上,长 1m 左右)作支垫,在上下两处找正并垫平,用木杆或角钢加固,高度在 2m 以内的天窗架加固一道,超过 2m 的加固两道,加固好后进行电焊,焊好一面扶直,校正后再焊另一面;预应力混凝土屋架一般用立拼法。拼装的位置即构件布置图中吊装前所指定的位置,以避免二次搬运。

钢屋架的拼装有平拼、立拼两种方法。跨度 24m 以内的钢屋架可采用平拼,跨度较大的屋架采用立拼,立拼方法与预应力混凝土屋架基本相同。

平拼的拼装面应搭设牢固,表面应抄平。拼装时,将屋架吊到拼装面,先装上拼装螺栓,再检查并校正屋架的跨距和起拱,然后拧紧螺栓并电焊,焊好一面后,将屋架翻身,再焊另一面。若拼装面较高,下面的焊缝可仰焊。

7.3.2 结构安装方案

7.3.2.1 安装方法

单层工业厂房结构安装内容包括:结构安装方法、起重机的选择、起重机的开行路线以及构件的平面布置等。安装方案应根据厂房的结构形式、跨度、安装高度、构件重量和长度、吊装工期以及现有起重设备和现场环境等因素综合研究确定。

单层工业厂房结构安装方法有分件吊装法、节间吊装法和综合吊装法。

(1)分件吊装法

分件吊装法是在厂房结构吊装时,起重机每开行一次,仅吊装一种或两种构件。一般分三次开行吊装完全部构件:第一次开行吊装柱子,并进行校正和固定;第二次开行吊装吊车梁、连系梁及柱间支撑;第三次开行分节间吊装屋架、天窗架、屋面板及屋面支撑等。

分件吊装法,起重机每一次开行均吊装同类型构件,起重机可根据构件的重量及安装高度来选择,不同构件选用不同型号起重机,能充分发挥起重机的工作性能。吊装过程中索具更换次数少,吊装速度快,效率高,可给构件校正、焊接固定、混凝土浇筑养护提供充足时间。

(2)节间吊装法

节间吊装法是指起重机在吊装过程内的一次开行中,分节间吊装完各种类型的全部构件或大部分构件。其优点是起重机行走路线短,可及时按节间为下道工序创造工作面。但要求选用起重量较大的起重机,起重机的性能不能充分发挥,索具更换频繁,安装速度慢,构件供应和平面布置复杂,构件校正及最后固定时间紧迫。钢筋混凝土结构厂房吊装一般不采用此法,仅适用于钢结构厂房及门架式结构的安装。

(3)综合吊装法

综合吊装法是指建筑物内一部分构件(柱、柱间支撑、吊车梁等构件)采用分件吊装法吊装,一部分构件(屋盖的全部构件)采用节间吊装法吊装。综合吊装法吸取了分件吊装法和节间吊装法的优点，因此，结构吊装中多采用此法。

7.3.2.2 起重机选择

起重机的选择包括起重机类型、型号、数量和开行路线的选择。

（1）起重机类型的选择

起重机的类型主要根据厂房结构的特点，厂房的跨度，构件的重量、安装高度以及施工现场条件和现有起重设备、吊装方法确定。一般中小型厂房跨度不大，构件的重量与安装高度也不大，可采用自行式起重机，以履带式起重机应用最普遍，也可采用桅杆式起重机；重型厂房跨度大、构件重、安装高度大，根据结构特点，可选用大型自行式起重机、重型塔式起重机等。

（2）起重机型号的选择

起重机类型确定后，还要根据构件的尺寸、重量及安装高度，选择起重机的型号和验算起重量 Q、起重高度 H 和工作幅度（回转半径）R，三个工作参数必须满足结构吊装要求。

（3）起重机的开行路线

起重机的开行路线与起重机的性能、构件的尺寸与重量、构件的平面布置及安装方法等有关。

吊装柱时，根据厂房跨度大小、柱的尺寸和质量、起重机性能、构件平面布置形式，起重机的开行路线，一般分跨中开行和跨边开行两种。

① 跨中开行。当 $R \geqslant L/2$（L 为厂房跨度）时，起重机跨中开行，每个停机点吊两根柱子；停机点在以基础中心为圆心、R 为半径的圆弧与跨中开行路线的交点处；特别地，当 $R \geqslant \sqrt{(L/2)^2 + (b/2)^2}$（$b$ 为厂房柱距）时，一个停机点可吊四根柱子，停机点在该柱网对角线交点处。

② 跨边开行。当吊柱时的起重半径 $R < L/2$ 时，起重机沿跨边开行，每次开行可吊装一根柱子；特别地，当 $R \geqslant \sqrt{(a)^2 + (b/2)^2}$（$a$ 为起重机开行路线到跨边轴线的距离）时，一次可吊装两根柱子，起重机停机点在以杯口为圆心，以 R 为半径的圆与跨边开行路线的交点处。

7.3.2.3 构件平面布置

（1）构件平面布置的原则

① 每跨构件宜布置在本跨内，如场地狭窄，也可布置在跨外便于吊装的地方。

② 应满足安装工艺的要求，尽可能布置在起重机的回转半径内，以减少起重机负荷行驶。

③ 构件布置应"重近轻远"，即将重构件布置在距起重机停机点较近的地方，轻构件布置在距停机点较远的地方。

④ 要注意构件布置的朝向，特别是屋架，避免安装时在空中调头，影响进度及安全。

⑤ 构件布置应便于支模与混凝土浇灌，当为预应力混凝土构件时要考虑抽芯穿筋张拉等方便。

⑥ 构件布置力求占地最少，以保证起重机的行驶路线畅通和安全回转。

（2）预制阶段构件的平面布置

① 柱的布置。柱的布置一般有斜向布置和纵向布置两种。

a. 斜向布置。柱子如采用旋转法起吊，可按三点共弧斜向布置（图 7-7）。首先确定起重机的开行路线，然后以杯口的中心 M 为圆心，以 R 为半径，画弧交起重机开行路线于 O 点，O 点即为停机点。以 O 点为圆心，以 R 为半径画一圆弧，在圆弧靠近杯口处，选定点 K 作为柱脚的位置，再以 K 为圆心，以柱到绑扎点的距离为半径画弧，交另一弧于 S，以 KS 为中心线，画出柱的外形尺寸，即为柱子的斜向布置图。

当柱子较长，场地受限时，很难做到三点共弧，此时，采用滑行法起吊，柱子的布置要求为两点共弧，一是柱脚与杯口两点共弧，二是绑扎点与杯口两点共弧。

b. 纵向布置。用旋转法起吊，柱子按两点共弧纵向布置，绑扎点靠近杯口，柱子可以两根叠浇，每次停机可吊两根柱子（图 7-8）。

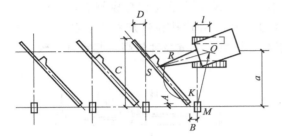

图 7-7　柱子的斜向布置（三点共弧）

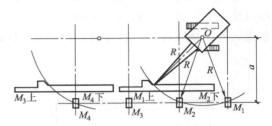

图 7-8　柱子的纵向平面布置

柱子布置时，还要注意牛腿的朝向问题。当柱布置在跨内时，牛腿应朝向起重机；若柱布置在跨外，则牛腿应背向起重机，使柱吊装后牛腿朝向符合设计要求。

② 屋架布置。屋架一般在跨内平卧叠浇预制，每叠 3～4 榀，布置的方式有正面斜向布置、正反斜向布置和正反纵向布置三种，其中以斜向布置较多，以便于屋架的扶直与排放。对于预应力屋架，应在屋架的一端或两端留出抽芯与穿筋的工作场地。

③ 吊车梁布置。吊车梁可布置在柱子与屋架间的空地处，一般可靠近柱子基础，平行于纵轴线或略倾斜，亦可插在柱子间混合布置。

（3）安装阶段构件的就位布置

安装阶段构件的就位布置，是指柱子已安装完毕后其他构件的就位布置，包括屋架的扶直、就位，吊车梁、屋面板的就位、堆放等。

① 屋架的扶直、就位。吊装屋架前，先将屋架由平卧转为直立，并立即进行就位与排放。就位方式有斜向就位和成组纵向就位两种。屋架与屋架之间保持不小于 200mm 净距，并用支撑及铁丝相互间撑牢拉紧，防止倾斜。

② 屋面板的就位、堆放。单层工业厂房除了柱、屋架、吊车梁在施工现场预制外，其他构件如连系梁、屋面板均在场外制作，然后运至工地堆放。

屋面板的堆放位置：跨内跨外均可，根据起重机吊装屋面板时的起重半径确定。一般布置在跨内，6～8 块叠放。若车间跨度在 18m 以内，采用纵向堆放；若跨度大于 24m，可采用横向堆放。

7.3.3　结构安装工艺

7.3.3.1　柱的吊装

（1）柱的绑扎

柱的绑扎方法、绑扎点数，与柱的质量、形状及几何尺寸、配筋和起重机性能等因素有关。一般中小型柱（自重在 130kN 以下）多为一点绑扎，重型柱或配筋少而细长的柱多为两点或多点绑扎。一点绑扎时，绑扎点应在柱的重心以上，保持柱起吊后在空中的稳定。有牛腿的柱，绑扎点常选在牛腿以下，工字形断面的柱和双肢柱，应选在矩形断面处，否则应在绑扎点处用方木加固翼缘，防止翼缘在起吊中受损。双肢柱的绑扎点应选在平腹杆处。常用的绑扎方法有以下两种：

① 斜吊绑扎法。当柱平卧起吊的抗弯强度满足要求时，可采用此法。此法起吊柱子不需要将柱子翻身，起吊后柱呈倾斜状态，吊索在柱的一侧，起重钩可低于柱顶，需要的起重高度较小，起重机的起重臂可短些。但因起吊后柱身与杯底不垂直，就位较困难（图 7-9）。

② 直吊绑扎法。当柱平卧起吊的抗弯强度不足时，需将柱子先翻身成侧立，再绑扎起吊（图 7-10）此法吊索从柱子两侧引出，上端通过卡环或滑轮挂在铁扁担上，柱身呈垂直状态，便于插入杯口，容易对位，但由于铁扁担高于柱顶，起重高度较高，起重臂也较长。

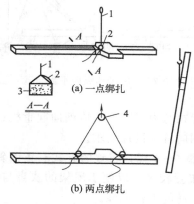

图 7-9　斜吊绑扎法
1—吊索；2—椭圆销卡环；
3—柱子；4—滑车

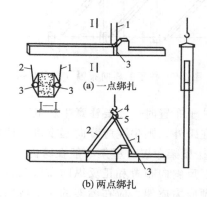

图 7-10　直吊绑扎法
1—第一支吊索；2—第二支吊索；3—活络
卡环；4—铁扁担；5—滑车

（2）柱的吊升

柱子的吊升方法，应根据柱子的重量、长度和现场条件而定，可采用单机吊装，对重型柱也可采用双机（多机）抬吊。根据柱在吊升过程中柱身的运动特点，柱的吊升可分为旋转法和滑行法。

① 单机吊装旋转法。采用旋转法吊柱（图 7-11）时，柱的平面布置要做到：绑扎点、柱脚中心与基础杯口中心三点同弧，弧的圆心为起重机的回转中心，圆弧的半径为起重半径，为提高吊装效率，柱脚应尽量靠近基础。起吊时起重半径不变，起重臂边升钩边回转，使柱子绕柱脚旋转而竖直，然后将柱吊离地面，继续回转起重臂将柱吊至杯口上方，插入杯口。采用旋转法起吊，柱受振动小，生产效率高。

② 单机吊装滑行法。采用滑行法吊柱（图 7-12）时，柱的平面布置要做到：绑扎点、基础杯口中心二点同弧，在以起重半径 R 为半径的圆弧上，绑扎点靠近基础杯口。起吊时起重臂不动，起重钩及柱顶上升，柱脚沿地面向基础滑行，直至柱竖直。然后回转起重臂，将柱子吊至杯口上方，插入杯口。为减少滑行时柱脚与地面的摩阻力，应在柱脚下设置托木或滚筒以保护柱脚。滑行法对起重机械的机动性要求不高，当柱子较重、较长、起重机回转半径不够或施工场地狭窄时，常采用此法。

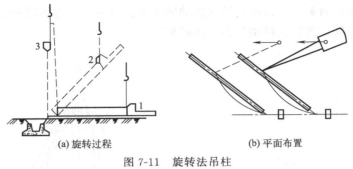

图 7-11　旋转法吊柱

1—柱平放时；2—起吊中途；3—直立

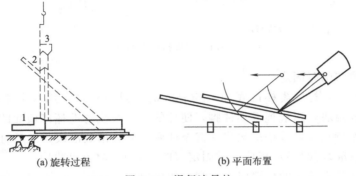

图 7-12　滑行法吊柱

1—柱平放时；2—起吊中途；3—直立

③ 双机抬吊旋转法（图 7-13）。当柱子的质量及尺寸较大，一台起重机不能满足要求时，可用两台起重机抬吊。柱为两点绑扎，一台起重机抬上吊点，另一台起重机抬下吊点，吊装时双机并立在杯口的同一侧。柱的平面布置要求柱的绑扎点与基础杯口中心在以相应的起重机起重半径 R 为半径的圆弧上，起吊时，两台起重机同时升钩，柱离地面一定高度，两台起重机的起重臂同时向杯口方向旋转，下绑扎点处起重机只旋转不升钩，上绑扎点处起重机边升钩边旋转，直至柱竖直在杯口上方，最后两机同时缓慢落钩，将柱插入杯口。

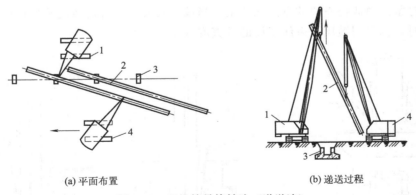

图 7-13　双机抬吊旋转法（递送法）

1—主机；2—柱；3—基础；4—副机

④ 双机抬吊滑行法（图 7-14）。此法柱应斜向布置，一点绑扎，且绑扎点靠近基础杯

口，起重机在柱基的两侧，两台起重机在柱的同一绑扎点抬吊。起吊时两台起重机以相同的旋转速度升钩、降钩，故宜选择型号相同的起重机。

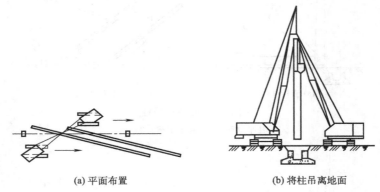

(a) 平面布置　　　　　　　　(b) 将柱吊离地面

图 7-14　双机抬吊滑行法

（3）柱的就位和临时固定

柱脚插入杯口后，柱底离杯口底 30～50mm 时先悬空对位，用八个楔块从柱的四边插入杯口，每边各放两块，用撬棍拨动柱脚，使柱的吊装准线对准杯口顶面的吊装准线，略打紧楔块，使柱身保持垂直，放松吊钩将柱沉至柱底，复查吊装准线，然后打紧楔块（两边对称进行，以免吊装准线偏移），将柱临时固定（图 7-15），起重机脱钩。

当柱较高或柱具有较大的牛腿仅靠柱脚处的楔块不能保证临时固定的稳定时，可增设缆风绳或斜撑等措施，来加强柱的临时固定的稳定性。

（4）柱的校正和最后固定

柱的校正包括平面位置、标高和垂直度的校正。标高的校正在柱基杯底抄平时已进行，平面位置的校正在柱对位时已完成，因此，在柱临时固定后，主要是垂直度的校正。

柱垂直度的检查是用两台经纬仪从柱的相邻两面观察柱的安装中心线是否垂直，其偏差应在允许范围以内。当柱高 $H \leqslant 5m$，为 5mm；柱高 $10m \geqslant H > 5m$ 时，为 10mm；柱高 $H > 10m$ 时，为 $1/1000H$，且不大于 20mm。

若测出的实际偏差大于规定值时，应进行校正，其校正方法视偏差大小而定，当偏差较小时，可用打紧或稍放松楔块的方法来纠正。当偏差较大时，可用螺旋千斤顶校正，当柱顶加设缆风绳时，也可用缆风绳来纠正柱的垂直度（图 7-16）。

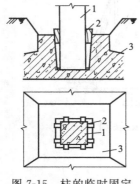

图 7-15　柱的临时固定

1—柱；2—楔子；3—杯形基础

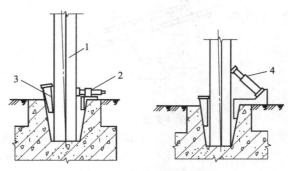

图 7-16　柱的垂直度校正

1—柱；2—螺旋千斤顶；3—楔子；4—千斤顶

柱校正完毕后，应立即进行最后固定。其方法是在柱子与杯口间的空隙内灌筑细石混凝土。灌筑前，将杯口空隙内的木屑、垃圾清扫干净，并用水湿润柱脚和杯口壁。混凝土浇筑分两次进行：第一次浇筑到楔块底部；第二次在第一次浇筑的细石混凝土强度达到设计强度的25％时，拔去楔块，将杯口混凝土灌满。

7.3.3.2 吊车梁安装

吊车梁的安装，必须在柱基础杯口二次浇筑的混凝土强度达到设计强度的70％以上才能进行。

（1）吊车梁的绑扎、起吊、就位、临时固定

吊车梁安装时应两点对称绑扎，吊钩对准重心，起吊后保持水平，吊车梁就位时应缓慢落钩，争取一次对好纵轴线，避免在纵轴线方向撬动吊车梁而导致柱倾斜。一般吊车梁在就位时用垫铁垫平即可，不需采取临时固定措施，但当梁的高度与底宽之比大于4时，应用连接钢板与柱子点焊作临时固定。

（2）吊车梁的校正

中型吊车梁校正宜在屋盖吊装后进行，重型吊车梁由于脱钩后校正困难，宜边吊边校，即在吊装就位后同时进行校正。

吊车梁的校正主要包括垂直度和平面位置校正，两者应同时进行。

① 垂直度校正。吊车梁垂直度，用靠尺、线锤检查，若偏差超过规定值，在两端支座处用斜垫铁校正。其允许偏差值均在5mm以内。

② 平面位置校正。吊车梁平面位置校正，包括直线度（使同一纵轴线上各梁的中线在一条线上）和轨距两项。一般6m长，50kN以内吊车梁可用拉钢丝法和仪器放线法校正。12m长及50kN以上的吊车梁常采用边吊边校法校正。

（3）最后固定

吊车梁的最后固定是在校正完毕后，将梁与柱上的预埋件用连接钢板焊牢，并在吊车梁与柱的空隙处支模，浇灌细石混凝土。

7.3.3.3 屋架安装

屋架安装的施工顺序是：绑扎、扶直与就位、吊升、对位、临时固定、校正和最后固定。

（1）屋架的绑扎

屋架的绑扎点，应选在上弦节点处或靠近节点，左右对称。绑扎吊索与构件水平线的夹角，翻身扶直屋架时，不宜小于60°，吊装时不宜小于45°，绑扎中心（各支吊索内力的合力作用点）必须在屋架重心之上，防止屋架晃动或倾翻。

屋架绑扎吊点的数目及位置与屋架的形式、跨度、安装高度及起重机的吊杆长度有关，一般须经验算确定。当屋架跨度小于等于18m时，两点绑扎；屋架跨度大于18m，而小于30m时，用两根吊索四点绑扎；屋架跨度大于或等于30m时，可采用9m跨度的横吊梁（也称铁扁担），以减少吊索高度（图7-17）。

（2）屋架扶直与就位

钢筋混凝土屋架或预应力混凝土屋架多在施工现场平卧叠浇，吊装前先翻身扶直，然后起吊运至预定位置就位。屋架的侧向刚度较差，扶直时需要采取加固措施，以免屋架上弦挠曲开裂。屋架扶直有正向扶直和反向扶直两种方法（图7-18）。

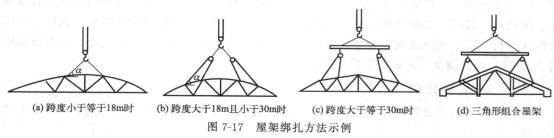

(a) 跨度小于等于18m时　(b) 跨度大于18m且小于30m时　(c) 跨度大于等于30m时　(d) 三角形组合屋架

图 7-17　屋架绑扎方法示例

① 正向扶直。起重机位于屋架下弦一边，吊钩对准屋架上弦中点，收紧起重钩，起重臂稍稍抬起使屋架脱模，接着升臂并同时升钩，使屋架以下弦为轴心缓缓转为直立状态。

② 反向扶直。起重机位于屋架上弦一边，吊钩对准屋架上弦中点，然后升钩、降臂、使屋架绕下弦转动而直立。

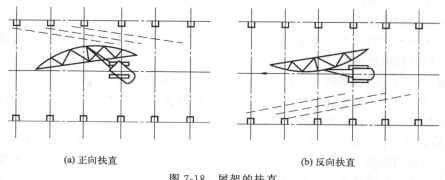

(a) 正向扶直　　　　　　　　　　　　(b) 反向扶直

图 7-18　屋架的扶直

两种扶直方法的不同点在于，前者边升钩边起臂，后者则边升钩边降臂，以保证吊钩始终在上弦中点的垂直上方。升臂比降臂易于操作且较安全，故应尽可能采用正向扶直。

屋架扶直后，应吊往柱边就位，就位的位置与起重机的性能和安装方法有关，应少占地，便于吊装，且要考虑屋架的安装顺序、两端朝向等问题。一般靠柱边斜放或以 3～5 榀为一组，平行柱边纵向就位，为使屋架保持稳定，用 8 号铁丝、支撑等与已安装好的柱子绑牢。

（3）屋架的吊升、对位与临时固定

屋架的吊升方法有单机吊装和双机抬吊。单机吊装时，先将屋架吊离地面约 500mm，将屋架转至吊装位置下方，起重钩将屋架吊至柱顶以上，然后将屋架缓缓放至柱顶，使屋架两端的轴线与柱顶轴线重合，对位正确后，立即临时固定，固定稳妥后，起重机方可脱钩。

双机抬吊时，应将屋架立于跨中。起吊时，一机在前，一机在后，两机共同将屋架吊离地面约 1.5m，后机将屋架端头从起重臂一侧转向另一侧（调挡），然后同时升钩将屋架吊起，并送至安装位置。

双机抬吊屋架最好用同类型起重机，若起重机类型不同，必须合理地进行负荷分配，同时注意统一指挥，两机配合协调，第一榀屋架安装就位后，用四根缆风绳在屋架两侧拉牢临时固定。若有抗风柱时，可与抗风柱连接固定。其他各榀屋架用屋架校正器（工具式支撑）临时固定，每榀屋架至少用两个屋架校正器与前榀屋架连接临时固定。

（4）屋架校正及最后固定

屋架经对位、临时固定后，主要检查并校正垂直度，可用经纬仪或垂球检查，用屋架校正器校正。用经纬仪检查垂直度时,在屋架上弦的中央和两端各安装一个卡尺,自上弦几何中心线量出500mm,在卡尺上作出标志,然后距屋架中线500mm的跨外设一经纬仪,用经纬仪检查三个卡尺上的标志是否在一垂面上(图7-19)。用锤球检查屋架垂直度时,在两端卡尺标志间连一通线,从中央卡尺的标志处向下挂锤球,检查三个卡尺的标志是否在同一垂面上。屋架垂直度的偏差,不得大于屋架高度的1/250。屋架垂直度校正后,应立即电焊,进行最后固定。要求在屋架两端的不同侧面同时施焊,以防因焊缝收缩导致屋架倾斜。

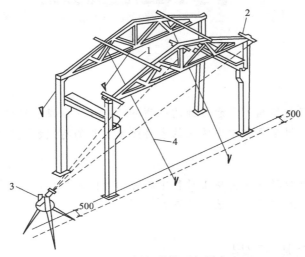

图 7-19 屋架的校正与固定
1—卡尺;2—屋架校正器;3—经纬仪;4—缆风绳

7.3.3.4 天窗架及屋面板的安装

天窗架常采用单独吊装,一般应在天窗架两侧的屋面板吊装后进行,其吊装方法与屋架基本相同。屋面板的吊装,一般多采用一钩多块叠吊或多块平吊法,以充分发挥起重机的工作效能,吊装应自跨边向跨中对称进行。安装天窗架及屋面板时,在厂房纵轴线方向一次放好位置,不可用撬杠撬动,以防天窗架发生倾斜。屋面板在屋架或天窗架上的搁置长度应符合规定,四角要稳定,每块屋面板应至少有三个角与屋架或天窗架焊牢,并保证焊缝质量。

第8章

防水工程施工

📖 知识要点

防水技术是保证工程结构不受水侵蚀的一项专门技术，本章主要包括：土木工程施工中屋面防水、地下防水、卫生间防水中采用的各种防水材料的特点、施工方法以及注意事项。

📚 学习目标

通过学习，要求学生了解主要施工过程中各种构件防水施工的做法，掌握防水工程材料的特点、屋面和地下防水施工的工艺和特点。

8.1 屋面防水工程

屋面防水工程是土木工程的一项重要内容。国家标准《屋面工程质量验收规范》要求应根据建筑物的类别、重要程度、使用功能要求确定防水等级，并应按相应等级进行防水设防；对防水有特殊要求的建筑屋面，应进行专项防水设计。屋面防水等级和设防要求应符合表 8-1。

表 8-1　屋面防水等级和设防要求

防水等级	建筑类别	设防要求
Ⅰ级	重要建筑和高层建筑	两道防水设防
Ⅱ级	一般建筑	一道防水设防

屋面防水工程的防水屋面按所采用的材料或构造做法的不同，分为卷材防水屋面、涂膜防水屋面和刚性防水屋面等。

8.1.1　卷材防水屋面

卷材防水屋面是指采用黏结胶粘贴卷材或采用带底面黏结胶的卷材进行热熔或冷粘贴于屋面基层进行防水的屋面。其特点是卷材本身具有一定的韧性，可以适应一定程度的胀缩和变形，不易开裂，属于柔性防水。卷材防水屋面具有重量轻、防水性能好等优点，其防水层的柔韧性好，能适应一定程度的结构振动和胀缩变形。

8.1.1.1　卷材屋面构造

卷材防水屋面具体的构造层次根据设计要求而定。卷材屋面的防水层是用黏结剂或热熔法逐层粘贴卷材而成的。其一般构造层次如图 8-1 所示，施工时以设计为施工依据。

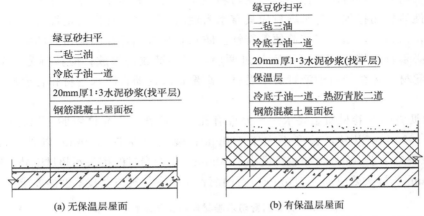

图 8-1 卷材屋面构造层次图

整个卷材屋面是一个综合体，它们之间的关系相互依存又相互制约。在各构造层次中，防水层是起主导作用的。防水层质量好，没有渗漏现象，其他构造层次能发挥各自的功能，整个屋面才会达到预期的防水效果。

8.1.1.2 材料要求

(1) 沥青

沥青是建筑工程中的主要防水材料，沥青具有不透水、不导电、耐酸、耐碱、耐腐蚀等特点，是屋面防水的理想材料。沥青有石油沥青和焦油沥青两类，性能不同的沥青不得混合使用。石油沥青分为道路石油沥青、建筑石油沥青和普通石油沥青。建筑石油沥青主要用于屋面、地下防水和油毡制造。建筑石油沥青按针入度不同分为 10 号、30 号和 40 号三个牌号，技术要求见表 8-2。

表 8-2 建筑石油沥青技术要求

项目	质量指标			试验方法
	10 号	30 号	40 号	
针入度(25℃,100g,5s)/0.1mm^{-1}	10~25	26~35	36~50	GB/T 4509
针入度(46℃,100g,5s)/0.1mm^{-1}	报告[1]	报告[1]	报告[1]	
针入度(0℃,200g,5s)/0.1mm^{-1},不小于	3	6	6	
延度(25℃,5cm/min)/cm,不小于	1.5	2.5	3.5	GB/T 4508
软化点(环球法)/℃,不低于	95	75	60	GB/T 4507
溶解度(三氯乙烯)/%,不小于	99.0			GB/T 11148
蒸发后质量变化(163℃,5h)/%,不大于	1			GB/T 11964
蒸发后 25℃针入度比[2]/%	65			GB/T 4509
闪电(开口杯法)/℃,不低于	260			GB 267

① 报告应为实测值。

② 测定蒸发损失后样品的 25℃针入度与原 25℃针入度之比值称为蒸发后 25℃针入度比。

（2）卷材

屋面工程所采用的防水、保温隔热层材料应符合现有的国家产品设计要求，并具有产品合格证书和性能检测报告。防水卷材应具有水密性高，大气、温度稳定性好，符合标准的强度和伸长率，污染少，施工工艺简便等特性。防水卷材应储存在阴凉通风的室内，严禁接近火源；油毡必须直立堆放，高度不宜超过两层，不得横放、斜放；应按标号、品种分类堆放。所用的卷材有传统的石油沥青防水卷材、高聚物改性沥青防水卷材和合成高分子防水卷材三大系列。

① 石油沥青防水卷材质量要求。不允许有孔洞、硌伤，不允许露胎、涂盖不均；折纹、折皱距卷芯 1000mm 以外，长度不大于 100mm；裂纹距卷芯 1000mm 以外，长度不大于10mm；边缘裂口小于 20mm，缺边长度小于 50mm；每卷卷材的接头不超过 1 处，较短的一段不小于 2500mm，接头处应加长 150mm。石油沥青防水卷材规格及技术性能要求见表 8-3。

表 8-3　石油沥青防水卷材规格及技术性能要求

标号	宽度/mm	每卷面积/m²	每卷质量/kg	性能要求			
				纵向拉力/N	耐热度	柔性	不透水性
350 号	915	200±0.3	粉毡≥28.5	≥340（25±2℃时）	28±2℃时 2h 不流淌，无集中性气泡	绕直径20mm 圆棒无裂纹	压力≥0.10N/mm²,保持时间≥30min
	1000	200±0.3	片毡≥31.5				
500 号	915	200±0.3	粉毡≥39.5	≥440（25±2℃时）			
	1000	200±0.3	片毡≥42.5				

② 高聚物改性沥青防水卷材质量要求。不允许有孔洞、缺边、裂口；边缘不整齐不超过 10mm；不允许胎体露白、未浸透；撒布材料粒度、颜色均匀；每一卷卷材的接头不超过 1 处，较短的一段不应小于 1000mm，接头处应加长 150mm。高聚物改性沥青防水卷材规格和技术性能要求分别见表 8-4、表 8-5。

表 8-4　高聚物改性沥青防水卷材规格

种类	厚度/mm	宽度/mm	每卷长度/m
高聚物改性沥青防水卷材	2.0	≥1000	15.0～20.0
	3.0	≥1000	10.0
	4.0	≥1000	7.5
	5.0	≥1000	5.0

表 8-5　高聚物改性沥青防水卷材技术性能要求

项目	性能要求		
	聚酯毡胎体	玻纤胎体	聚乙烯胎体
拉力/(N/50mm)	≥450	纵向≥350横向≥250	≥100
伸长率/%	最大拉力时≥30	—	断裂时≥200
2h 耐热度/℃	SBS[①]卷材 90,APP[②]卷材 110,无滑动、流淌、滴落		PEE 卷材[③]90,无流淌、起泡
低温柔度/℃	SBS 卷材 −180,APP 卷材 −5,PEE 卷材 −10 3mm 厚 r（柔度棒半径）=15mm；4mm 厚 r=25mm；3s 弯 180°无裂纹		

续表

项目		性能要求		
		聚酯毡胎体	玻纤胎体	聚乙烯胎体
不透水性	压力/MPa	≥0.3	≥0.2	≥0.3
	保持时间/min	≥30		

① styrene-butadiene-styrene，苯乙烯-丁二烯-苯乙烯。

② atactic polypropylene，无规聚丙烯。

③ 高聚物改性沥青聚乙烯膜胎防水卷材。

③ 合成高分子防水卷材质量要求。折痕每卷不超过 2 处，总长度不超过 20mm；杂质不允许有大于 0.5mm 的颗粒，每 1m² 不超过 9mm²；胶块每卷不超过 6 处，每处面积不大于 4mm²；凹痕每卷不超过 6 处，深度不超过本身厚度的 30%，树脂类卷材深度不超过15%；每卷的接头，橡胶类卷材每 20m 不超过 1 处，较短的一段不应小于 3000mm，接头处应加长 150mm，树脂类 20m 长度内不允许有接头。合成高分子防水卷材规格和技术要求分别见表 8-6、表 8-7。

表 8-6　合成高分子防水卷材规格

种类	厚度/mm	宽度/mm	每卷长度/m
合成高分子防水卷材	1.0	≥1000	20.0
	1.2	≥1000	20.0
	1.5	≥1000	20.0
	2.0	≥1000	10.0

表 8-7　合成高分子防水卷材技术要求

项目		性能要求			
		硫化橡胶类	非硫化橡胶类	树脂类	纤维增强类
断裂拉伸强度/MPa		≥6	≥3	≥10	≥9
扯断伸长率/%		≥400	≥200	≥200	≥10
低温弯折温度/℃		−30	−20	−20	−20
不透水性	压力/MPa	≥0.2	≥0.3	≥0.3	
	保持时间/min	≥30			
加热收缩率/%		<1.2	<2.0	<2.0	<1.0
热老化保持率 (80℃,168h)	拉伸强度保持率	≥80%			
	拉断伸长率保持率	≥70%			

8.1.1.3　施工工艺

（1）基层施工

从广义上说，凡防水层以下的层次均称为基层。基层应有足够的强度和刚度，承受荷载时不致产生显著变形。屋面承重结构层一般采用钢筋混凝土结构，分为装配式钢筋混凝土板和整体现浇细石混凝土板。基层采用装配式钢筋混凝土板时，要求该板安置平稳，板端缝要密封处理，板端、板的侧缝应用细石混凝土灌缝密实，其强度等级不应低于 C20。板缝经调节后宽度仍大于 40mm 以上时，应在板下设吊模补放构造钢筋后，再浇细石混凝土。

（2）找平层施工

防水层粘贴在找平层上，找平层是防水层的直接基层。找平层的作用是保证卷材铺贴整齐、牢固。找平层必须清洁、干燥，与基层黏结牢固，同时具有一定的强度。常用的找平层做法有两类：水泥砂浆和细石混凝土找平层、沥青砂浆找平层。

① 水泥砂浆找平层和细石混凝土找平层。厚度要求：与基层结构形式有关。水泥砂浆找平层，基层是整体混凝土时，找平层的厚度为 15～20mm；基层是整体或板状材料保温层时，找平层的厚度为 20～25mm；基层是装配式混凝土板和松散材料保温层时，找平层的厚度为 20～30mm。细石混凝土找平层，基层是松散材料保温层时，找平层的厚度为 30～35mm。

技术要求：屋面板等基层应安装牢固，不得有松动现象。

② 沥青砂浆找平层。厚度要求：与基层结构形式有关。基层是整体混凝土时，找平层的厚度为 15～20mm；基层是装配式混凝土板、整体或板式材料保温层时，找平层的厚度为 20～25mm。

技术要求：屋面板等基层应安装牢固，不得有松动之处，屋面应平整，清扫干净，沥青和砂的质量比为 1：8。沥青砂浆施工时要严格控制温度。

（3）保温层施工

保温层的含水率必须符合设计要求。保温层可分为松散材料保温层、板状保温层及整体现浇保温层。

① 松散材料保温层的施工要求。基层应平整、干燥、干净；含水率应符合设计的要求；松散保温材料应分层铺设并压实，压实的程度与厚度应经试验确定；保温层材料施工完毕后，应及时进行找平层和防水层的施工；雨季施工时，保温层应采取遮盖措施。

② 板状保温层的施工要求。基层应平整、干燥、干净；板状保温材料应紧靠在需要保温的基层表面上，并应铺平垫稳；分层铺设的板块上下层接缝应相互错开，板间缝隙应采用同类材料填密实；粘贴的板状保温材料应贴严、粘牢。

③ 整体现浇保温层的施工要求。沥青膨胀石、沥青膨胀珍珠岩宜用机械搅拌，并应色泽一致无沥青团；压实程度根据实验确定，其厚度应符合设计要求，表面应平整；硬质聚氨酯泡沫塑料应按配合比准确计量，发泡厚度均匀一致。

（4）卷材防水层施工

卷材防水层不得有渗漏或积水现象。卷材防水层可采用石油沥青防水卷材、高聚物改性沥青防水卷材或合成高分子防水卷材。

沥青防水层的铺设要求：防水层施工前，应将油毡上滑石粉或云母粉刷干净，以增加油毡与沥青胶的黏结能力，并随时做好防火安全工作。

① 沥青冷底子油。沥青冷底子油为石油沥青加溶剂溶解而成。第一种方法：将沥青加热熔化，使其脱水到不再起泡为止。再将熔好的沥青倒入桶中冷却，待达到 110～140℃时，将沥青成细流状慢慢注入一定量的溶剂中，并不停地搅拌，直至沥青完全加完、溶解均匀为止。第二种方法：与上述方法一样将熔化沥青倒入桶或壶中，待冷却至 110～140℃后，将溶剂按配合比要求分批注入沥青溶液中，边加边不停地搅拌，直至加完、溶解均匀为止。

② 沥青胶结材料。用一种或两种标号的沥青按一定配合比熔合，经熬制脱水后，可作为胶结材料。为了提高沥青的耐热度、韧性、黏结力和抗老化性能，可在熔化后的沥青中掺入 10%～15% 的粉状填充材料，配置成沥青胶结材料。填充材料普遍采用石灰石粉、白云

石粉、滑石粉、云母粉等。

③ 涂刷冷底子油。找平层表面要平整、干净，涂刷冷底子油要薄而均匀，不得有空白、麻点、气泡。涂刷宜在铺油毡前 1～2h 进行，使油层干燥而不沾灰尘。

④ 卷材铺贴的一般要求。卷材防水层铺贴应在屋面其他工程全部完工后进行。铺贴多跨和有高低跨的房屋时，应按先高后低、先远后近的顺序进行。在一个单跨房屋铺贴时，应铺贴排水比较集中的部位，按标高由低到高铺贴，坡与里面的卷材应由下向上铺贴，使卷材按流水方向搭接。铺贴方向一般视屋面坡度而定：当坡度在 3% 以内时，卷材宜平行于屋脊方向铺贴；坡度在 3%～15% 时，卷材可根据当地情况决定平行或垂直于屋脊方向铺贴，以免卷材溜滑。卷材平行于屋脊方向铺贴时，长边搭接不小于 70mm；短边搭接，平屋面不应小于 100mm，坡屋面不小于 150mm，相邻两幅卷材短边接缝应错开不小于 500mm，上下两层卷材应错开 1/3 或 1/2 幅宽。

平行于屋脊的搭接缝，应顺流水方向搭接，垂直屋脊的搭接缝应顺主导风向搭接。上下两层卷材不得相互垂直铺贴。坡度超过 25% 拱形屋面和天窗下的坡屋面，应尽量避免短边搭接，如必须短边搭接时，搭接处应采取防止卷材下滑的措施。

⑤ 沥青胶的浇涂。沥青胶可用浇油法或涂刷法施工，浇涂的宽度要略大于油毡宽度，厚度控制在 1～1.5mm。为使油毡不致歪斜，可先弹出墨线，按墨线推滚油毡。油毡一定要铺平压实，黏结紧密，赶出气泡后将边缘封严；如果发现气泡、空鼓，应当场割开放气，补胶修理。压贴油毡时沥青胶应挤出，并随时刮去。

沥青防水层的施工分冷粘法铺贴卷材、热熔法铺贴卷材和自粘法铺贴卷材。

① 冷粘法铺贴卷材。施工验收规范规定：胶黏剂涂刷应均匀，不露底、不堆积。根据胶黏剂的性能，应控制胶黏剂涂刷与卷材铺贴的间隔时间。铺贴的卷材下面的空气应排尽，并碾压粘贴牢固。铺贴卷材应平整顺直，搭接尺寸准确，不得扭曲、皱折。接缝口应用密封材料封严，宽度不应小于 10mm。

施工要点：在构造节点部位及周边 200mm 范围内，均匀涂刷一层不小于 1mm 厚度的弹性沥青胶黏剂，随即粘贴一层聚酯纤维无纺布，并在布上涂一层 1mm 厚度的胶黏剂。基层胶黏剂的涂刷可用胶皮刮板进行，要求涂刷均匀，不漏底、不堆积，厚度约为 0.5mm。胶黏剂涂刷后，掌握好时间，由两人操作，其中一人推赶卷材，确保卷材下无空气，粘贴牢固。卷材铺贴应做到平整顺直，搭接尺寸准确，不得扭曲、皱折。搭接部位的接缝应满涂胶黏剂，用溢出的胶黏剂刮平封口。接缝口应用密封材料封严，宽度不小于 10mm。

② 热熔法铺贴卷材。施工验收规范规定：火焰加热器加热卷材应均匀，不得过分加热或烧穿卷材，厚度小于 3mm 的高聚物改性沥青防水卷材严禁采用热熔法施工；卷材表面热熔后应立即滚铺卷材，卷材下面的空气应排尽，并碾压黏结牢固，不得空鼓；卷材接缝部位必须溢出热熔的改性沥青胶；铺贴的卷材应平整顺直，搭接尺寸准确，不得扭曲、皱折。

施工要点：清理基层上的杂质，涂刷基层处理剂，要求涂刷均匀，厚薄一致，待干燥后，按设计节点构造做好处理，按规范要求排布卷材定位、画线，弹出基线；热熔时，应将卷材沥青膜底面向下，对正粉线，用火焰喷枪对准卷材与基层的结合面，同时加热卷材与基层，喷枪距加热面 50～100mm，当烘烤到沥青熔化时，卷材表面熔融至光亮黑色，应立即滚铺卷材，并用胶皮压辊滚压密实，排除卷材下的空气，粘贴牢固。

③ 自粘法铺贴卷材。施工验收规范要求：铺贴卷材前基层表面应均匀涂刷基层处理剂，干燥后应及时铺贴卷材；铺贴卷材时，应将自粘胶底面的隔离纸全部撕净；卷材下面的空气

应排尽，并滚压黏结牢固；铺贴的卷材应平整顺直，搭接尺寸准确，不得扭曲、皱折，搭接部位宜采用热风枪加热，随即粘贴牢固；接缝口应用密封材料封严，宽度不小于 10mm。

施工要点：清理基层，涂刷基层处理剂，节点附加增强处理、定位、弹线工序外均同冷粘法和热熔法铺贴卷材；铺贴卷材一般三人操作；铺贴时，应按基线的位置，缓缓剥开卷材背面的防粘隔离纸，将卷材直接粘贴于基层上，随撕隔离纸，随即将卷材向前滚铺；卷材搭接部位宜用热风枪加热，加热后粘贴牢固，将溢出的自粘胶刮平封口；大面积卷材铺贴完毕，所有卷材接缝处应用密封膏封严，宽度不应小于 10mm；铺贴立面大坡度卷材时，应采取加热后粘贴牢固，采用浅色涂料做保护层时，应待卷材铺贴完成，并经检验合格，清扫干净后涂刷。

④ 合成高分子防水卷材的施工。基层应牢固、无松动和起砂，表面应平整光滑，含水率小于 9%。表面凹坑用 1:3 水泥砂浆抹平。基层涂聚氨酯底胶，节点附加增强处理、定位、弹线工序均同冷粘法和热熔法铺贴卷材，再大范围涂刷一遍，干燥 4h 以后方可进行下一道工序；卷材搭接宽度为 100mm，粘贴卷材时用刷子均匀涂刷在翻开的卷材接头两面，干燥 30min 后即可粘贴，并用胶皮压辊用力滚压；卷材收头处重叠三层，须用聚氨酯嵌缝膏密封，在收头处再涂刷一层聚氨酯涂膜防水材料，在尚未固化时再用含胶水砂浆压缝封闭。防水层经检查合格，即可涂保护层涂料。

⑤ 保护层和隔热层施工。卷材防水层应避免直接暴露在大气环境中，防止阳光、空气、水分等的长期作用，特别是温度变化会产生伸长收缩，加速沥青老化，使其逐渐由软变硬而发脆。绿豆砂等各种保护层可以降低沥青表面的温度，同时也可防止暴雨对防水层的冲刷，而大大延长屋面的使用寿命。

⑥ 绿豆砂保护层的施工。绿豆砂粒径为 3~5mm，呈圆形的均匀颗粒，色浅，耐风化，经过筛洗。绿豆砂在铺撒前应在锅内或钢板上加热至 100℃。施工时先在油毡面上涂 2~3mm 厚的热沥青胶，后立即趁热将预热后的绿豆砂均匀地撒在沥青胶上，边撒边推铺绿豆砂，使一半左右粒径嵌入沥青胶中，再扫除多余绿豆砂。不应露底油毡、沥青胶。

⑦ 板块保护隔热层施工。架空隔热制品的质量必须符合设计要求，严禁有断裂的露筋等缺陷。架空隔热层的高度应按照屋面宽度或坡度大小的变化确定，一般为 100~300mm。架空隔热制品支座底面的卷材、涂膜防水层上应采取加强措施，操作时不得损坏已经完工的防水层。

8.1.1.4 卷材防水屋面的质量问题及防治措施

（1）开裂

原因：预制或整体现浇的钢筋混凝土屋面板，面板的支座部位即屋架、承重墙或梁处，由于应力集中，和长期温度作用下的热胀冷缩，因此找平层产生规则和不规则的裂缝，而把卷材拉裂。在屋面板端部，建筑物的厚薄不均与下沉使这种开裂更为严重。也可能因找平层铺在厚薄不均的保温层上而引起找平层开裂，进而导致卷材开裂；或因防水层老化龟裂、鼓泡破裂、受外力后破坏、卷材伸长率低、抗拉力差而引起开裂；也可能因沥青韧性差而引起开裂。

防治措施：要做好卷材缓冲层的施工，严格掌握水泥砂浆的找平，预防因找平层变形而拉裂卷材，并要改善沥青胶结材料的配合比，耐热度和柔韧性要适当。

（2）起鼓

原因：卷材防水层中藏有水分，当受太阳照射时，水分汽化，体积膨胀，使卷材起鼓。卷材防水层的起鼓、鼓泡发生在找平层与卷材之间，且多在卷材的搭接缝处。

防治措施：为防止卷材防水层起鼓，应从减少找平层内部的水分、避免卷材粘贴不严实等方面着手。找平层应干燥，施工中找平层要平整。

（3）流淌

原因：沥青胶的配合比不恰当、选用的沥青胶结材料耐热度太低等。施工时沥青胶结材料使用温度低，铺贴卷材没有压实而滚压不及时，造成沥青胶结材料超厚，也会造成流淌。

防治措施：准确掌握沥青胶结材料的耐热度，合格才能使用；沥青胶铺抹厚度控制在1~1.5mm，薄而匀；做好绿豆砂保护层，控制在2~4mm左右。

（4）老化

原因：沥青胶结材料的老化与否与熬制时所用的沥青性质及当地气候条件是否合适有关。反复冻融或涂刷过厚，沥青胶结材料的熬制与使用温度过高，长期受高温作用，绿豆砂铺撒不匀，缺乏经常性维修，都会加速老化。

防治措施：根据当地气温合理选择沥青胶结材料的耐热度、并检查其软化点；施工中严格控制沥青胶结材料的熬制温度及使用温度；做好绿豆砂保护层的铺设工作。

8.1.2 涂膜防水屋面

涂膜防水屋面是在钢筋混凝土装配式结构的屋盖体系中，板缝采用油膏嵌缝，板面压光具有一定的防水能力，通过涂抹一定厚度高聚物改性沥青、合成高分子材料，经常温交联固化形成具有一定弹性的胶状涂膜，从而达到防水目的的一种防水屋面形式。

8.1.2.1 涂膜防水屋面构造

涂膜防水屋面构造如图 8-2 所示。

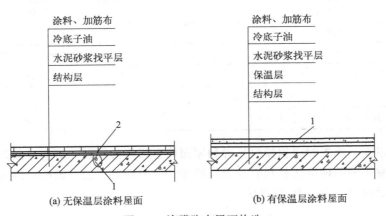

(a) 无保温层涂料屋面   (b) 有保温层涂料屋面

图 8-2　涂膜防水屋面构造

1—细石混凝土；2—油膏嵌缝

8.1.2.2 涂膜防水层特点

① 一定的固体含量。涂料是靠其中的固体成分形成涂膜的，由于各种防水涂料所含固体的密度相差并不太大，当单位面积用量相同时，涂膜厚度取决于固体含量的大小。如果固体含量过低，涂膜的质量难以保证。

② 优良的防水能力。在雨水的侵蚀和干湿交替作用下防水能力下降少。

③ 耐久性好。在紫外光、臭氧、大气中酸碱介质长期作用下保持长久的防水性能好。

④ 温度敏感性低。高温条件下不流淌、不变形，低温状态时能保持足够的伸长率，不发生脆断。

⑤ 一定的力学性能。具有一定的强度和伸长率，在施工荷载作用下或结构和基层变形时不破坏、不断裂。

⑥ 施工性好。工艺简单、施工方法简便、易于操作和工程质量控制。

⑦ 对环境污染小。

8.1.2.3 材料要求

涂料有厚质涂料和薄质涂料之分。厚质涂料有石灰乳化沥青防水涂料、膨润土乳化沥青涂料、石棉沥青防水涂料、黏土乳化沥青涂料等。薄质涂料分沥青基橡胶防水涂料、化工副产品防水涂料、合成树脂防水涂料三大类。

建筑工程上应用的防水涂料标准如表 8-8 所示。高聚物改性防水涂料质量要求如表 8-9 所示。

表 8-8　现行建筑防水涂料材料标准

类别	标准名称	标准号
防水涂料	喷涂橡胶沥青防水涂料	JC/T 2317—2015
	聚合物乳液建筑防水涂料	JC/T 864—2008
	环氧树脂防水涂料	JC/T 2217—2014

表 8-9　高聚物改性防水涂料质量要求

项目		质量要求
固体含量/%		≥43
耐热度(80℃,5h)		无流淌、起泡和滑动
柔性(−10℃)		3mm 厚，ϕ20mm 圆棒，无裂纹、无断裂
不透水性	压力/MPa	≥0.1
	保持时间/min	≥30
延伸[(20±2)℃]、拉伸/mm		≥4.5

涂膜防水屋面，施工时根据涂料品种和屋面构造形式的需要，可在涂膜防水层中增设胎体增强材料。常用的胎体增强材料有玻璃纤维布、合成纤维薄毡、聚酯纤维无纺布等。胎体增强材料的质量应符合表 8-10 的要求。

表 8-10　胎体增强材料质量要求

项目		质量要求		
类型		聚酯无纺布	化纤无纺布	玻纤布
外观		均匀、无团状，平整、无折皱		
拉力(不小于)/(N/50mm)	纵向	150	45	90
	横向	100	35	50
延伸率(不小于)/%	纵向	10	20	3
	横向	20	25	3

8.1.2.4 施工工艺

（1）基层施工

涂膜防水屋面结构层、找平层与卷材防水屋面基本相同。屋面的板缝施工应满足下列要求：清理板缝浮灰时，板缝必须干燥；非保温屋面的板缝应预留凹槽，并嵌填密实材料；板缝应用细石混凝土浇捣密实；抹找平层时，分格缝与板端缝对齐、均匀顺直，并嵌填密封材料；涂层施工时，板端缝部位空铺的附加层，每边距板缝边缘不得小于80mm。

（2）涂膜防水层施工

涂膜防水层施工要求：不得有渗漏或积水现象。

涂膜防水应根据防水涂料的品种分层分遍涂布，不得一次涂成；应待先涂的涂层干燥成膜后，方可涂后一遍涂料；需铺设胎体增强材料时，屋面坡度小于15%可平行屋脊铺设，屋面坡度大于15%时应垂直屋脊铺设；胎体长边搭接宽度不应小于50mm，短边搭接宽度不应小于70mm；采用两层胎体增强材料时，上下层不得相互垂直铺设，搭接缝应错开，其间距不应小于幅宽的1/3。

① 涂膜防水层的厚度。高聚物改性沥青防水涂料，在屋面防水等级为Ⅱ级时不应小于3mm；合成高分子防水涂料，在屋面防水等级为Ⅲ级时不应小于1.5mm。

② 施工要点。防水涂膜应分层分遍涂布，第一层一般不需要刷涂冷底子油。待先涂的涂层干燥成膜后，方可涂布后一遍涂料。在板端、板缝、檐口与屋面板交接处，先干铺一层宽度为150～300mm塑料薄膜缓冲层。铺贴玻璃丝布或毡片应采用搭接法，长边搭接宽度不小于70mm，短边搭接宽度不小于100mm，上下两层及相邻两幅的搭接缝应错开1/3幅宽，但上下两层不得互相垂直铺贴。铺加衬布前，应先浇胶料并刮刷均匀，然后立即铺加衬布，再在上面浇胶料刮刷均匀，纤维不露白，用辊子滚压实，排尽布下空气；必须待上道涂层干燥后方可进行后道涂料施工，干燥时间视当地温度和湿度而定，一般为4～24h。涂膜防水屋面应设涂层保护层。

8.1.3 刚性防水屋面

刚性防水屋面是用细石混凝土、补偿收缩混凝土、块体材料或纤维混凝土等材料做屋面防水层，依靠混凝土密实并采取一定的构造措施，以达到防水的目的的一种防水屋面形式。

（1）细石混凝土材料要求

细石混凝土不得使用火山灰质水泥；砂采用粒径为0.3～0.5mm的中粗砂，粗骨料含泥量不得大于1%，细骨料含泥量不应大于2%；水采用饮用水或天然洁净水；混凝土强度不应低于C20，每1m³混凝土水泥用量不少于330kg，水灰比不应大于0.55；含砂率宜为35%～40%；灰砂比宜为1:2.5～1:2。

（2）刚性防水屋面构造

刚性防水屋面构造如图8-3所示。

细石混凝土防水层不得有渗漏或者积水现象。

防水层施工一般有两种做法：一种是将防水层与结构层连成整体，另一种是将防水层与结构层相互隔离。

① 防水层与结构层连成整体的做法。这种做法是直接在结构层上做防水层，使防水层与结构层连成整体。施工时，先检查基层，清除杂渣，表面洗刷干净。

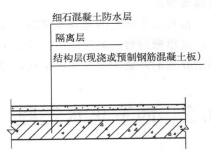

图8-3 刚性防水屋面结构

然后将分格木条用水浸泡后，按照分格缝的位置固定牢。

在浇筑混凝土前，先在结构层上涂刷水灰比为 0.4 的纯水泥浆一道，作为结合层，使防水层与结构层紧密结合，随即浇筑混凝土。

防水层的厚度不宜小于 40mm，并配置双向钢筋网片，其保护层厚度不应小于 10mm。钢筋网片在分格缝处应断开，以利于各格中防水层自由伸缩。

施工时一个分格缝范围内的混凝土必须一次浇完，不得留施工缝。先用 3m 长的直木条基本赶平，然后用频率高、振幅小的小型平板振动器来回振动，直至密实，表面浮浆用抹板抹平。屋面泛水与屋面防水层必须一次做成，泛水高度不应低于 250mm，泛水处用 1∶2 水泥砂浆抹成圆角或钝角。待收水初凝后，第二次用铁板抹压平整。混凝土终凝前，取出分格缝木条，边角如有损坏，随即用水泥砂浆修补完整，并第三次收平压光。要求做到混凝土表面不反砂、不起层、无抹板印痕为止。待混凝土终凝后，可覆盖草垫、铝木等材料，然后进行浇水养护，不少于 14 天。

② 防水层与结构层相互隔离的做法。为减少结构变形对防水层的不利影响，可做成防水层与结构完全隔离的构造形式。在结构层和防水层之间增加一层厚度为 10～20mm 的黏土砂浆，或铺贴卷材隔离层。隔离层的施工有如下两种方法。

a. 黏土砂浆隔离层施工。将石灰膏∶砂∶黏土（质量之比）=1∶2.4∶3.6 材料均匀拌和，铺抹厚度为 10～20mm，压平抹光，待砂浆基本干燥后，进行防水层施工。

b. 卷材隔离层施工。用 1∶3 水泥砂浆找平结构层，在干燥的找平层上铺一层干细砂后，再在其上铺一层卷材隔离层，搭接缝用热沥青。

防水层细石混凝土浇捣：在混凝土浇捣前，应清除隔离层表面浮渣、杂物，先在隔离层上刷水泥浆一道，使防水层与隔离层紧密结合，随即浇筑细石混凝土。混凝土的浇捣按先远后近、先高后低的原则进行。

③ 细部构造处理。

a. 分格缝留置。为了提高刚性防水层的抗裂性能，往往配置一层钢丝网，同时防水层必须设置分格缝。

分格缝又称分仓缝，应按设计要求设置。如设计无明确规定，分格缝留置原则为：分格缝应设在屋面板的支承端、屋面转折处、防水层与突出屋面结构的交接处，横向缝以板跨为准，留在板的端缝处；纵向缝间距 6m 左右，缝口与板的长缝对齐，其纵横间距不宜大于 6m。一般为一间一分格，分格面积不超过 20m²。分格缝上口宽为 30mm，下口宽为 20mm，应嵌填密封材料。

b. 密封材料嵌缝。密封材料嵌缝必须密实、连续、饱满、黏结牢固，无气泡、开裂、脱落等缺陷。

密封防水部位的基层应牢固，表面应平整、密实，不得有蜂窝、麻面、起皮和起砂现象；嵌填密封材料的基层应干净、干燥。密封防水处理的基层，应涂刷与密封材料相配套的基层处理剂，处理剂应配比准确，搅拌均匀。

8.2 地下防水工程

地下防水工程所使用的防水材料，应具有产品的合格证书和性能检测报告，材料的品种、规格、性能等应符合现行的国家产品标准和设计要求。地下防水的主要形式有防水混凝土结构防水、卷材防水等。

8.2.1 防水混凝土结构的施工

防水混凝土结构（混凝土结构自防水）是依靠混凝土材料本身的密实性而具有防水能力的整体式混凝土或钢筋混凝土结构。它既是承重结构、围护结构，又满足一定的耐冻融、抗渗和耐侵蚀结构要求。广泛适用于诸如地下室、地下停车场、水池、水塔、地下转运站、桥墩、码头、水坝等一般工业与民用建筑地下工程的建（构）筑物。

浇筑防水混凝土结构常采用普通防水混凝土和外加剂防水混凝土。普通防水混凝土是在普通混凝土骨料级配的基础上，调整配合比，控制水灰比、水泥用量、灰砂比和坍落度来提高混凝土的密实性，从而抑制混凝土中的孔隙，达到防水的目的。外加剂防水混凝土是加入适量外加剂（减水剂、防水剂），改善混凝土内部组织结构，增加混凝土的密实性，提高混凝土的抗渗能力。

防水混凝土的抗压强度和抗渗压力必须符合设计要求。防水混凝土的变形缝、施工缝、后浇带、穿墙管道、埋设件等设置和构造，均需符合设计要求，严禁有渗漏。

8.2.1.1 防水混凝土材料要求

水泥品种宜采用硅酸盐水泥、普通硅酸盐水泥，采用其他品种水泥时应经试验确定；在受侵蚀性介质作用时，应按介质的性质选用相应的水泥品种；不得使用过期或受潮结块的水泥，并不得将不同品种或强度等级的水泥混合使用。

宜选用坚固耐久、粒形良好的洁净石子；最大粒径不宜大于40mm，泵送时其最大粒径不应大于输送管径的1/4；吸水率不应大于1.5%；不得使用碱活性骨料。砂宜选用坚硬、抗风化性强、洁净的中粗砂，不宜使用海砂。石子和砂的质量要求应符合国家现行标准《普通混凝土用砂、石质量及检验方法标准》（JGJ 52）的有关规定。

用于拌制混凝土的水，应符合国家现行标准《混凝土用水标准》（JGJ 63）的有关规定。

防水混凝土中各类材料每$1m^3$的总碱量（Na_2O当量）不得大于3kg，氯离子含量不应超过胶凝材料总量的0.1%。

8.2.1.2 防水混凝土配合比

胶凝材料用量应根据混凝土的抗渗等级和强度等级等选用，其每$1m^3$总用量不宜小于320kg；当强度要求较高或地下水有腐蚀性时，胶凝材料用量可通过试验调整。在满足混凝土抗渗等级、强度等级和耐久性条件下，每$1m^3$水泥用量不宜小于260kg。含砂率宜为35%～40%，泵送时可增至45%。灰砂比宜为1:1.5～1:2.5。水胶比不得大于0.50，有侵蚀性介质时水胶比不宜大于0.45。防水混凝土采用预拌混凝土时，入泵坍落度宜控制在120～160mm，坍落度每小时损失值不应大于20mm，坍落度总损失值不应大于40mm。掺加引气剂或引气型减水剂时，混凝土含气量应控制在3%～5%。预拌混凝土的初凝时间宜为6～8h。

8.2.1.3 防水混凝土的施工要点

由于防水混凝土结构处于地下这一复杂环境，长期承受地下水的毛细管作用，所以对防水混凝土结构除了要精心设计、合理选材之外，还要保证施工质量。施工过程中混凝土的搅拌、运输、浇筑、振捣及养护等都直接影响着工程质量。严格把好施工中每一环节的质量关，是大面积防水混凝土以及每一细部节点不渗不漏的保证。

（1）施工准备

制定合理的施工方案，对防水混凝土试配，选定配合比。做好排水和降低地下水位的工作，地下水位应降低至防水工程底部最低标高以下，不小于 300mm，直至防水工程全部完成为止。

（2）模板安装、钢筋绑扎

支模模板严密不漏浆，有足够的刚度、强度和稳定性，固定模板的铁件不宜穿过防水混凝土，结构内部设置的各种钢筋以及绑扎铁丝等均不得接触模板，避免形成渗水路径。

（3）混凝土搅拌和运输

防水混凝土搅拌应符合一般混凝土搅拌原则，防水混凝土必须用机械充分均匀拌和，不得采用人工搅拌，搅拌时间比普通混凝土搅拌时间略长，一般不少于 120s。对于掺外加剂的防水混凝土应根据外加剂的技术要求选用搅拌时间。

防水混凝土在运输中应防止漏浆和离析、泌水，如果发生泌水、离析现象，应在浇筑前进行二次搅拌。

（4）混凝土浇筑和振捣

混凝土浇筑前应清理模板内的杂质、积水，模板应湿水。

混凝土自落高度超过 1.5m 时，应使用串筒、溜管、溜槽等工具进行浇灌。遇到钢筋密集、模板窄深不便浇灌时，可从侧模预留孔口浇灌。分层浇灌厚度不宜超过 30～40cm，浇灌面应保持平坦，两层浇灌间隔时间不应超过 2h，夏季适当缩短。振捣应采用机械振捣。插入式振捣器插点间距应不超过作用半径的 1.5 倍。振捣时间为 10～20s，以混凝土开始泛浆不冒气泡为宜。

（5）养护及拆模

防水混凝土的养护对其抗渗性能影响很大，特别是早期湿润养护更为重要，如果早期失水，将导致防水混凝土的抗渗性大幅度降低。因此一般混凝土进入终凝即应覆盖，浇水湿润养护不少于 14 天。

防水混凝土因养护要求较严，因此不宜过早拆除模板，拆除时混凝土强度必须超过设计标号的 70%，混凝土表面温度与环境温差不得超过 15℃。拆模时注意勿损坏模板和混凝土。

（6）细部构造防水

施工缝（企口缝）是防水较薄弱的部位之一，应不留或少留施工缝。

底板混凝土应连续浇筑，不得留施工缝。

墙体一般只允许留设水平施工缝，其位置不应留在剪力最大处或底板与侧墙交接处，应留在高出底板表面不小于 300mm 的墙体上。拱（板）墙结合的水平施工缝，宜留在拱（板）墙接缝线以下 150～300mm 处。墙体有预留孔洞时，施工缝距孔洞边缘不应小于 300mm。如必须留设垂直施工缝，垂直施工缝应避开地下水和裂隙水较多的地段，并宜与变形缝相结合。

施工缝部位应认真做好防水处理，主要使两层之间黏结密实和延长渗水路线，阻隔压力水的渗漏。为了使接缝严密，水平施工缝在浇筑混凝土前，应将其表面浮浆和杂物清除，然后铺设净浆或涂刷混凝土界面处理剂、水泥基渗透结晶型防水涂料等材料，再铺 30～50mm 厚的 1∶1 水泥砂浆，并应及时浇筑混凝土；垂直施工缝浇筑混凝土前，应将其表面清理干净，再涂刷混凝土界面处理剂或水泥基渗透结晶型防水涂料，并应及时浇筑混凝土。在施工缝和埋设件处应注意加强振捣，以免漏振。

8.2.2 卷材防水层的施工

卷材防水层具有良好的韧性和可变性，能适应振动和微小变形，且材料来源也较充分，作为地下工程防水层的一种，已被广泛采用。卷材防水层采用高性能的高聚物改性沥青防水卷材和合成高分子防水卷材，依靠结构的刚度由多层卷材铺贴而成。所选用的基层处理剂、胶黏剂、密封材料等配套材料，均应与铺贴卷材的材性相容。卷材防水层应在地下工程主体迎水面铺贴，要求结构层坚固、形式简单，粘贴卷材的基层面要平整干燥。

8.2.2.1 材料特性

卷材防水层只能起防水作用，不能单独受力承载，荷载需由防水结构承担。因此，适用于卷材防水层的基层或基体是混凝土结构（基体）或抹在坚固结构上面的水泥砂浆、沥青或沥青混凝土找平层（基层）。基层或基体要平整清洁而干燥，不得有突出的尖角和凹坑或表面起砂现象。

由于地下工程长期处于潮湿或侵蚀性介质的条件下，使用的卷材要求强度高、伸长率大，具有良好的韧性和不透水性，膨胀率小且有良好的耐腐蚀性。

8.2.2.2 卷材防水层施工工艺

地下防水工程一般把卷材防水层设在建筑结构的外侧，即卷材防水层粘贴在地下工程结构的迎水面，与结构共同工作以抵抗地下水的压力、阻隔地下水对结构的侵蚀和渗透，称为外防水。外防水受压力水的作用紧压在结构上，防水效果好。外防水铺贴有两种施工方法，即外防外贴法和外防内贴法。

（1）外防外贴法施工

外防外贴法是将立面卷材防水层直接铺设在需防水结构的外墙外表面，如图 8-4 所示。其施工顺序如下：

① 浇筑需防水结构的地面混凝土垫层，并在垫层上砌筑永久性保护墙，墙下干铺油毡一层，墙高不小于结构底板厚度，另加 $200 \sim 500\text{mm}$；在永久性保护墙上用石灰砂浆砌临时性保护墙，墙高为 $150\text{mm} \times$（油毡层数 $n+1$）；在永久性保护墙上和垫层上抹 1：3 水泥砂浆找平层，临时性保护墙上用石灰砂浆找平；待找平层基本干燥后，即在其上满涂冷底子油。

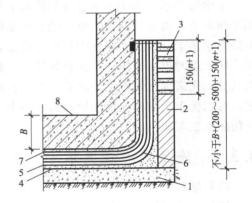

图 8-4 外防外贴法
1—混凝土垫层；2—永久性保护墙；3—临时保护墙；
4—找平层；5—卷材防水层；6—卷材附加层；
7—保护层；8—需防水结构

② 分层贴立面和平面卷材防水层，并将顶端临时固定。在铺好的卷材表面做好保护层后，再进行需防水结构的底板和墙体施工。

③ 需防水结构施工完成后，将临时固定的接槎部位的各层揭开并清理干净，再在此区段的外墙外表面上补抹水泥砂浆找平层，找平层上满涂冷底子油，将卷材分层错槎搭接向上铺贴在结构墙上，并及时做好防水层的保护结构。

外墙外贴法适用于防水结构层高大于 3m 的地下结构防水工程。

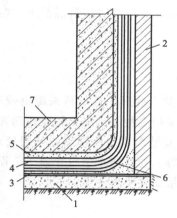

图 8-5　外防内贴法
1—混凝土垫层；2—永久性保护墙；3—找平层；
4—卷材防水层；5—保护层；6—卷材
附加层；7—需防水结构

（2）外防内贴法施工

外防内贴法是浇筑混凝土垫层后，在垫层上将永久保护墙全部砌好，将卷材防水层铺贴在永久保护墙和垫层上，如图 8-5 所示。其施工顺序如下：

① 在垫层上砌筑永久性保护墙。

② 在垫层和保护墙上抹 1∶3 水泥砂浆找平层，待其基本干燥后满涂冷底子油，沿保护墙与垫层铺贴防水层。卷材防水层铺贴完成后，在立面防水层上涂刷最后一道沥青胶时，趁热粘上干净的热砂或散麻丝，待冷却后，随即抹一层 10～20mm 厚 1∶3 水泥砂浆保护层。在平面上可铺设一层 30～50mm 厚 1∶3 水泥砂浆或细石混凝土保护层。

③ 进行需防水结构的施工。外防内贴法适用于防水结构层高小于 3m 的地下结构防水工程。

8.3　卫生间防水工程

卫生间是建筑物中不可忽视的防水工程部位，其施工面积小，穿墙管道多，设备多，阴阳转角复杂，房间长期处于潮湿受水状态等不利条件，使得传统的卷材防水做法已不适应卫生间防水施工（因为卷材在细部构造处需要剪口，形成大量搭接缝，很难封闭严密和黏结牢固，防水层难以连成整体，比较容易发生渗漏事故）。为此，以涂膜防水代替各种卷材防水，尤其是选用高弹性的聚氨酯涂膜防水或选用弹塑性的氯丁胶乳沥青涂料防水等新材料和新工艺，可以使卫生间的地面和墙面形成一个没有接缝、封闭严密的整体防水层，从而提高卫生间的防水工程质量。

8.3.1　施工工序及要求

（1）结构层

厕浴间地面结构层宜采用整体现浇钢筋混凝土板或预制整块开间钢筋混凝土板。

（2）找坡层

地面坡度应严格按照设计要求施工，做到坡度准确、排水通畅。找坡层厚度小于 30mm 时，可用水泥混合砂浆；厚度大于 30mm 时，宜用 1∶6 水泥炉渣材料，此时炉渣粒径宜为 5～20mm，要求严格过筛。

（3）找平层

要求采用 1∶2.5～1∶3 水泥砂浆，找平前清理基层并浇水湿润，但不得有积水，找平时边扫水泥浆边抹水泥砂浆，做到压实、找平、抹光，水泥砂浆宜掺防水剂，以形成一道防水层。

（4）防水层

由于厕浴间管道多、工作面小、基层结构复杂，故一般采用涂膜防水材料较为适宜。其常用涂膜防水材料有：聚氨酯防水涂料、氯丁胶乳沥青防水涂料、SBS 橡胶改性沥青防水涂料等。应根据工程性质和使用标准选用。

（5）面层

地面装饰层按设计要求施工，一般常采用1：2水泥浆、陶瓷锦砖和防滑地砖等。卫生间墙面防水层一般需做到1.8m高。

8.3.2 卫生间楼地面防水层施工

8.3.2.1 卫生间楼地面聚氨酯防水涂料施工

聚氨酯涂膜防水涂料是双组分化学反应固化型的高弹性防水涂料，多以甲、乙双组分形式使用。其主要材料有聚氨酯涂膜防水材料甲组分、聚氨酯涂膜防水材料乙组分和无机铝盐防水剂等。施工用辅助材料应备有二甲苯、乙酸乙酯、二月桂酸二丁基锡、磷酸、石渣等。

（1）基层处理

卫生间的防水基层必须用1：3的水泥砂浆找平，要求基层抹平压光无空鼓，表面要坚实，不应有起砂、掉灰现象。在抹找平层时，凡遇到管子根，要使其周围略高于地面；在地漏的周围，应做成略低于地面的洼坑。找平层的坡度以1％～2％为宜，凡遇到阴、阳角处，要抹成半径不小于10mm的小圆弧。与找平层相连接的管件、洁具、排水口等，必须安装牢固，收头圆滑，按设计要求用密封膏嵌固。基层必须基本干燥，一般在基层表面均匀泛白无明显水印时，才能进行涂膜防水层施工。施工前要把基层表面的尘土杂物彻底清扫干净。

（2）施工工艺

清理基层→涂布底胶→配制聚氨酯涂膜防水涂料→涂膜防水层施工→做好保护层。

（3）质量要求

聚氨酯涂膜防水材料的技术性能应符合设计要求或标准规定，涂膜厚度应均匀一致，总厚度不应小于1.5mm。涂膜防水层必须均匀固化，不应有明显的凹坑、气泡和渗漏水的现象。

8.3.2.2 卫生间楼地面氯丁胶乳沥青防水涂料施工

氯丁胶乳沥青防水涂料是以氯丁橡胶和沥青为基料，经加工合成的一种水乳型防水涂料。它兼有橡胶和沥青的双重优点，具有防水、抗渗、耐老化、不易燃、无毒、抗基层变形能力强等优点，冷作业施工、操作方便。

（1）基层处理

与聚氨酯涂膜防水施工要求相同。

（2）施工工艺

基层找平层处理→刷一遍氯丁胶乳沥青水泥腻子→刷第一遍涂料→做细部构造加强层→铺贴玻璃布，同时刷第二遍涂料→刷第三遍涂料→刷第四遍涂料→蓄水试验→按设计要求做保护层和面层。

（3）质量要求

水泥砂浆找平层做完后，应对其平整度、强度、坡度和干燥度进行预检验收。施工完成的氯丁胶乳沥青涂膜防水层，不得有起鼓、裂纹、孔洞缺陷。末端收头部位应粘贴牢固、封闭严密，成为一个整体的防水层。做完防水层的卫生间，经24h以上的蓄水检验，无渗漏水现象方为合格。

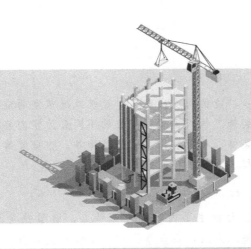

第2篇

土木工程专业分方向
施工技术

第9章

装饰工程施工

知识要点

建筑装饰工程是从美学及多功能的角度出发，对建筑或建筑空间进行设计、加工和再加工的行为与过程的总称。建筑装饰工程根据工程部位的不同分为室内装饰和室外装饰，室内装饰又包括墙体装饰、楼地面装饰、顶棚装饰、门窗装饰等；根据装饰工程使用的材料和施工方法分为抹灰工程、饰面工程、涂料工程、裱糊工程等。

学习目标

通过学习，要求了解装饰工程的主要内容和施工特点，熟悉抹灰、楼地面、饰面、吊顶、门窗及涂料等装饰工程的施工方法，重点掌握抹灰工程和楼地面工程的特点和施工技术方法。对装饰工程在新工艺、新技术等方面的发展有一定认识。

9.1 抹灰工程

9.1.1 概述

（1）抹灰的分类

抹灰工程按工种部位可分为室内抹灰和室外抹灰。按抹灰的材料和装饰效果可分为一般抹灰和装饰抹灰。一般抹灰有石灰砂浆、水泥砂浆、水泥混合砂浆等；装饰抹灰按所使用的材料、施工方法和表面效果，可分为水刷石、水磨石、斩假石、假面砖、喷涂、滚涂、弹涂、彩色抹灰等。

（2）常用材料及基本要求

常用水泥有硅酸盐水泥、普通硅酸盐水泥、矿渣水泥和白水泥，强度等级应不小于32.5。出厂超过三个月，水泥应复查试验，不同品种的水泥不得混合使用。

在抹灰工程中采用的石灰应为块状生石灰经熟化陈伏后淋制成的石灰膏。生石灰的熟化期不应少于15d，罩面用的磨细石灰粉的熟化期不应少于30d。

9.1.2 一般抹灰的施工

9.1.2.1 一般抹灰材料的要求

一般抹灰按其质量要求和主要操作工序的不同，分为普通抹灰、高级抹灰两级。其主要工序是阴阳角找方、设置标筋、分层赶平、修整和表面压光。

抹灰施工一般应分层操作，以免一次涂抹厚度较厚，致使砂浆内外收缩不一而开裂。抹灰层由底层、中层和面层组成。

底层主要起与基体黏结的作用，其使用材料根据基体不同而异，厚度一般为 5~9mm；中层主要起找平的作用，使用材料同底层，厚度一般为 5~12mm；面层起装饰作用，厚度根据面层使用的材料不同而异，如水泥砂浆面层和装饰面层不大于 10mm。

9.1.2.2 抹灰基层处理

为使抹灰砂浆与基层表面黏结牢固，防止抹灰层产生空鼓、剥落等工程质量事故，在抹灰前，对不同材料的基层，应采用相应的处理方法，保证基层表面粗糙，易于抹灰。

① 砖石、混凝土和加气混凝土基层表面的灰尘、污垢，油渍应清除干净，并填实各种孔眼，抹灰前一天，浇水湿润基体表面。

② 基体为混凝土、加气混凝土、灰砂砖和煤矸石砖时，在湿润的基体表面还需刷掺有TG胶的水泥浆一道，从而封闭基体的毛细孔，使底灰不至于早期脱水，以增强基体与底层灰的黏结力。

③ 墙面的脚手架孔洞应堵塞严密；水暖、通风管道的墙洞及穿墙管道必须用 1:3 水泥砂浆堵严。

④ 不同基体材料相接处铺设金属网，铺设宽度从缝边起每边不得小于 100mm。

9.1.2.3 一般抹灰层施工工艺

抹灰一般遵循"先外墙后内墙，先上面后下面，先顶棚、墙面，后地面"的顺序。

（1）内墙面抹灰

内墙的顶棚抹灰，应待屋面防水完工后，并在不致被后续工程损坏和沾污的情况下进行，一般应先房间、后走廊，再楼梯和门厅等。

内墙面抹灰工艺流程为：基体表面处理—浇水润墙—设置标筋—阳角做护角—抹底层、中层灰—窗台板、踢脚板或墙裙抹面层灰—清理。

墙面一般抹灰按表 9-1 的操作工序进行。现介绍各主要工序的施工方法及技术要求。

① 弹准线。将房间用角尺规方，小房间可用一面墙做基线；大房间或有柱网时，应在地面上弹十字线，在距墙阴角 100mm 处用线锤吊直，弹出竖线后，再按规方地线及抹面平整度向里反弹出墙角抹灰准线，并在准线上下两端打上铁钉，挂上白线，作为抹灰饼、冲筋的标准。

② 设置标筋。为有效控制抹灰厚度，特别是保证墙面垂直度和平整度，在抹底、中灰前应设置标筋，作为抹灰的依据。设置标筋分为做灰饼和做标筋两个步骤。

a. 做灰饼。距顶棚约 200mm 处先做两个上灰饼；以上灰饼为基准，吊线做下灰饼；根据上下灰饼，再上下左右拉通线做中间灰饼，灰饼间距 1.2~1.5m。

b. 做标筋。待灰饼砂浆收水后，在竖向灰饼之间填充灰浆做成冲筋。冲筋时，以垂直方向的上下两个灰饼之间的厚度为准，用与灰饼相同的砂浆冲筋，抹好冲筋砂浆后，用刮尺把冲筋通平。

③ 做护角。为保护转角处不易遭碰撞损坏，在室内抹面的门窗洞口及墙角、柱面的阳角处应做水泥砂浆护角。护角高度一般不低于 2m，每侧宽度不小于 50mm。

④ 抹底层灰。冲筋达到一定强度，刮尺操作不致损坏时，即可抹底层灰。抹底层灰前，

基层要进行处理。底层砂浆的厚度为冲筋厚度的 2/3，用铁抹子将砂浆抹上墙面并进行压实，并用木抹子修补、压实、搓平、搓粗。

⑤ 抹中层灰。待已抹底层灰凝结后（达七八成干，用手指按压不软，但有指印和潮湿感），抹中层灰，中层砂浆同底层砂浆。抹中层灰时，依冲筋厚度以装满砂浆为准，然后用大刮尺贴冲筋，将中层灰刮平、最后用木抹子搓平，搓平后用 2m 长的靠尺检查。检查的点数要充足，凡有超过质量标准者，必须修整，直至符合标准为止。

⑥ 抹罩面灰。当中层灰干达七八成后，可按设计要求抹罩面灰。用铁抹子抹平，并分两遍连续适时压实收光。如中层灰已干透发白，应先适度洒水湿润后，再抹罩面灰。

表 9-1　一般抹灰的操作工序

项次	工序名称	一般抹灰质量等级	
		普通抹灰	高级抹灰
1	基体清理	√	√
2	润湿墙面	√	√
3	阴角找方		√
4	阳角找方		√
5	涂刷 TG 胶水泥浆	√	√
6	抹踢脚板、墙裙及护有底面		√
7	抹墙面底层灰	√	√
8	设置标筋		√
9	抹踢脚板、墙裙及护角中层灰	√	√
10	抹墙面中层灰（高级抹灰墙面中层灰应分遍找平）		√
11	检查修整		√
12	抹踢脚板、墙裙面层灰	√	√
13	抹墙面面层灰并修整	√	√
14	表面压光	√	√

注：1. 表中"√"号表示应进行的工序。
2. TG 胶为 TG 胶结剂的简称，TG 胶与水泥、砂子、水等材料混合拌制成的 TG 砂浆具有较好的和易性、保水性和黏结性能。

室内墙裙、踢脚板一般要比罩面灰场面突出 3～5mm。因此，应根据高度尺寸弹线，把直角靠尺靠在线上用铁抹子切齐，修边清理。然后再抹墙裙和踢脚板。

（2）外墙面抹灰

外墙面抹灰工艺流程为：基体表面处理—浇水润墙—设置标筋—抹底层、中层灰—弹分格条、嵌分格条—抹面层灰—起分格条—养护。

外墙面抹灰的做法与内墙面抹灰大部分相似，下面只介绍其特殊的几点：外墙由屋檐开始自上而下，先抹阳角线、台口线，后抹窗台和墙面，再抹勒脚、散水坡和明沟。大面积的外墙可分块同时施工。高层建筑的外墙面可在垂直方向适当分段，如一次抹完有困难，可在阴、阳角交接处或分格线处间断施工。待中层灰六七成干后，按要求弹分格线。分格条为梯形截面，浸水湿润后两侧用黏稠的素水泥浆与墙面抹成 45°角黏接，嵌分格条时，应注意横平竖直。

（3）顶棚抹灰

顶棚抹灰工艺流程为：基层处理—弹线—湿润—抹底层灰—抹中层灰—抹罩面灰。

顶棚抹灰一般不设标筋，只需按抹灰层的厚度在墙面四周弹出水平的线并将其作为控制抹灰层厚度的基准线。若基层为混凝土，则需湿润基层，接着满刷一遍 TG 胶水泥浆，随刷随抹底层灰。底层灰使用水泥砂浆，抹时用力挤入缝隙中，厚度为 3~5mm，并随手带成粗糙毛面。抹底层灰（常温 12h）后，采用水泥混合砂浆抹中层灰，抹完后先用刮尺顺平，然后用木抹子搓平，低洼处当即找平，使整个中层灰表面顺平。待中层灰凝结后，即可抹罩面灰，用铁抹子抹平压实收光。如中层灰表面已发白（太干燥），应先洒水湿润后再抹罩面灰。面层抹灰经抹平压实后的厚度，不得大于 2mm。

对平整的混凝土大板，如设计无特殊要求，可不抹灰，而用腻子分遍刮平收光后刷浆，要求各遍黏结牢固，总厚度不大于 2mm。

9.1.3 装饰抹灰的施工

装饰抹灰与一般抹灰的区别在于两者具有不同的装饰面层，而底层和中层灰的做法基本相同，其底层、中层应按高级标准进行施工。下面介绍常见的几种装饰抹灰施工工艺。

9.1.3.1 水刷石

（1）材料要求

宜用强度等级不小于 32.5 的普通硅酸盐水泥或矿渣硅酸盐水泥，颜料应选用耐碱、耐光、分散性好的矿物颜料。石子要求采用颗粒坚硬的石英石，不含针片状颗粒和其他有害物质。水泥石粒浆的配合比依据石粒粒径的大小而定，其以水泥用量正好填满石子之间空隙，便于抹压密实为原则，稠度为 50~70mm。骨料颗粒应坚硬、均匀、洁净，色泽一致。

（2）施工方法

水刷石工艺流程为：基体处理—湿润墙面—抹底层砂浆—设置标筋—抹中层砂浆—弹线和粘贴分格条—抹水泥石干浆—洗刷—起条—养护。

抹底层砂浆前为了增加黏结牢固程度，先在基层刷一遍 TG 胶的水泥浆（TG 胶掺量为水泥重量的 15%~20%）。

按设计要求弹线分格，钉分格条。分格条应用优质木材，粘贴前应在水中浸透，以保证起条时灰缝整齐和不掉石子。用以固定分格条的两侧八字形纯水泥浆，应抹成 45°角。

待 1:3 水泥砂浆中层（12mm 厚）初凝后，将其表面浇水湿润，再薄刮一层素水泥浆（水灰比 0.37~0.4，厚约 1mm），以便面层与中层结合牢固，随即抹水泥石子浆。当水泥石子浆开始凝结时（大致是以手指抹上去无指痕，用刷子刷石子，石子不掉不坍为准），便可进行刷洗。用刷子从上而下蘸水刷掉面层水泥浆，使石子露出灰浆面 1~2mm 即可。刷洗时间要严格掌握：刷洗过早或过度，则石子颗粒露出灰浆面过多，容易脱落；刷洗过晚，则灰浆洗不净，石子不显露，饰面浑浊不清晰，影响美观。刷洗时要注意排水，防止浆水污染墙面。如表面水泥浆已结硬，可使用体积分数 5%稀盐酸溶液洗刷，然后用水冲洗。

刷洗面层露出石子后，就要起出分格条。水刷石完成第二天起要经常洒水养护，养护时间不少于 7d。在夏季酷热天施工时，应考虑搭设临时遮阳棚，防止阳光直接照射，致使水泥早期脱水影响强度，削弱黏结力。

9.1.3.2　干粘石

干粘石也称干撒石或干喷石，适用于建筑外部装饰。

（1）材料要求

干粘石材料要求同水刷石。多用中八厘和小八厘石子。

（2）施工方法

操作程序为：清理基层—湿润墙体—抹底层砂浆—设置标筋—抹中层砂浆—弹线和粘贴分格条—抹面层砂浆—撒石子压平—起分格条—清理修补—养护。

干粘石面层的形成是在中层水泥砂浆浇水湿润后，粘分格条，随后按格抹砂浆黏结面层（厚4～5mm）。黏结砂浆抹平后，应立即甩石子，先甩四周易干部位，然后甩中间，要求大面均匀。边角和分格条两侧不漏粘。当抹压石子工序完成后，就要起出木条，并用素灰将分格缝修补平直、颜色一致。干粘石的面层施工后应加强养护。在24h后，应洒水养护2～3d，夏季日照强，气温高，要求有适当的遮阳条件，避免阳光直射，使干粘石凝结有一段养护时间，以提高强度。砂浆强度未达到足以抵抗外力时，应注意防止脚手架、工具等撞击、触动，以免石子脱落，同时还要注意防止油漆或砂浆等污染墙面。

9.1.3.3　斩假石

斩假石施工程序为：清理基层—湿润—抹底层砂浆—设置标筋—抹中层砂浆—弹线和粘贴分格条—抹水泥石子浆面层—养护—斩剁—清理。

在中层灰抹好2～3d后进行罩面，常用2mm白色石粒和3mm粒径石子浆抹面拍实，上下顺势溜直，不得有砂眼、空隙，并且每分格区水泥石子浆必须一次抹成。罩面24h后浇水养护。养护时间根据气候情况而定，常温下约一周时间。

面层在斩剁时，应先进行试斩，以石粒不脱落为准。斩剁前，应先弹顺线，相距约100mm，按线操作，以免剁纹跑斜。斩剁时必须保持墙面湿润，如墙面过于干燥，应蘸水，以免石屑爆裂。但斩剁完后，不得蘸水，以免影响外观。斩假石时其质感分立纹剁斧和花锤剁斧，可以根据设计选用。为了便于操作和提高装饰效果，棱角及分格缝周边宜留15～20mm镜边。镜边也可以和天然石材处理方法一样，改为横方向剁纹。斩假石操作应自上而下进行，先斩转角和四周边缘，后斩中间墙。转角和四周边缘的剁纹应与其边棱呈垂直方向，中间墙面斩成垂直纹。斩斧要保持锋利，斩剁时动作要快、轻重均匀，剁纹深浅要一致，每斩一行随时将分格条取出，并检查分格缝内灰浆是否饱满、严密，如有缝隙和小孔，应及时用素水泥浆修补平整。斩假石完毕后，用干净的扫帚将墙面清扫干净。

9.1.4　抹灰质量验收

（1）一般抹灰

① 一般抹灰所用材料的品种和性能应符合设计要求。

② 抹灰层与基层之间及抹灰层之间必须粘贴牢固，抹灰层应无脱层、空鼓，面层应无爆灰和裂缝。

③ 普通抹灰表面应光滑、洁净，接搓平整，分格缝应清晰。

④ 高级抹灰表面应光滑、洁净、颜色均匀、无抹纹，分格缝和灰线应清晰美观。

⑤ 一般抹灰工程质量验收标准见表9-2。

表 9-2 抹灰工程质量验收标准

验收对象	项目	允许偏差/mm		检验方法
		普通抹灰	高级抹灰	
一般抹灰工程	立面垂直度	4	3	用 2m 垂直检测尺检查
	表面平整度	4	3	用 2m 靠尺和塞尺检查
	阴阳角方正	4	3	用直角检测尺检查
	分格条直线度	4	3	拉 5m 线,不足 5m 拉通线,钢尺检查
	墙裙、勒脚上口直线度	4	3	拉 5m 线,不足 5m 拉通线,钢尺检查

验收对象	项目	允许偏差/mm				检验方法
		水刷石	斩假石	干粘石	假面砖	
装饰抹灰工程	立面垂直度	5	4	5	5	用 2m 垂直检测尺检查
	表面平整度	3	3	5	4	用 2m 靠尺和塞尺检查
	阴阳角方正	3	3	4	4	用直角检测尺检查
	分格条直线度	3	3	3	3	拉 5m 线,不足 5m 拉通线,钢尺检查
	墙裙、勒脚上口直线度	3	3	—	—	拉 5m 线,不足 5m 拉通线,钢尺检查

（2）装饰抹灰

① 水刷石表面应石粒清晰、分布均匀、紧密平整、色泽一致，应无掉粒和接搓痕迹。

② 干粘石表面应色泽一致、不露浆、不漏粘，石粒应黏结牢固，阳角处应无明显黑边。

③ 斩假石表面剁纹应均匀顺直，深浅一致，应无漏剁处；阳角处应横剁并留出宽窄一致的不剁边条，棱角应无损坏。

④ 装饰抹灰工程质量验收标准见表 9-2。

9.2 楼地面工程

9.2.1 楼地面的组成及分类

建筑地面是建筑物底层地面（地坪）和楼层地面（楼面）的总称，由垫层、基层和面层等部分构成。建筑地面按面层材料分，有水泥砂浆、混凝土、水磨石、陶瓷锦砖（马赛克）、木、砖、石材和塑料地面等；按面层结构分，有整体地面（如水泥砂浆、混凝土、现浇水磨石等）、块材地面（如马赛克、石材等）、卷材地面（如地毯、软质塑料等）和木地面。

9.2.2 垫层施工

（1）刚性垫层

刚性垫层指的是水泥混凝土、碎砖混凝土、木泥炉渣混凝土等各种低强度等级混凝土垫层。

（2）半刚性垫层

半刚性垫层一般有灰土垫层和碎砖三合土垫层。

（3）柔性垫层

柔性垫层包括土、砂、石、炉渣等散状材料经压实得到的垫层。

9.2.3　基层施工

拉平弹线，统一标高。检测各个房间的地坪标高，并将统一水平标高线弹在各房间四壁上，离地面 500mm 处。

楼面的基层是楼板，应做好楼板板缝灌浆、堵塞工作和板面清理工作。地面下的基土经夯实后得到的表面应平整。

9.2.4　面层施工

9.2.4.1　整体地面

（1）水泥砂浆地面

水泥砂浆地面面层厚 15～20mm，一般用强度等级不低于 32.5 的硅酸盐水泥与中砂或粗砂配制，配合比 1 : 2～1 : 2.5（体积比），砂浆应是干硬性的，以手捏成团稍出浆为准。

操作前先按设计测定地坪面层标高，同时将垫层清扫干净洒水湿润，后刷一道含 4%～5%（质量比）TG 胶的素水泥浆，紧接着铺水泥砂浆，用刮尺赶平并用木抹子压实，在砂浆初凝后终凝前，用铁抹子反复压实至压光为止，不允许撒干水泥收水抹压。

（2）细石混凝土地面

细石混凝土地面的厚度一般为 40mm，坍落度为 10～30mm，砂要求为中砂或粗砂，石子粒径不大于 15mm，且不大于面层厚度的 2/3。

混凝土铺设时，应预先在地面四周弹面层厚度控制线。楼板应用水冲刷干净，待无明水时，先刷一层水泥砂浆，刷浆要注意适时适量，随刷随铺混凝土，用刮尺赶平，用表面振动器振捣密实或采用滚筒交叉来回滚压 3～5 遍，至表面泛浆为止，然后进行抹平和压光。混凝土面层应在初凝前完成抹平工作，终凝前完成压光工作，最后进行浇水养护。

（3）水磨石地面

水磨石地面面层应在完成顶棚和墙面抹灰后再开始施工。其工艺流程如下：基层清理—浇水冲洗湿润—设置标筋—做水泥砂浆找平层—养护—镶嵌分隔条（金属条或玻璃条）—铺抹水泥石子浆面层—养护、初试磨—第一遍磨平浆面并养护—第二遍磨平磨光浆面并养护—第三遍磨光并养护—第四遍磨光—酸洗打蜡。

铺抹水泥砂浆找平层并养护 2～3d 后，即可进行嵌条分格工作（图 9-1）。在分格条下的水泥浆形成"八"字角，素水泥浆涂抹高度应比分格条低 3mm，俗称"粘七露三"。嵌条后，应浇水养护，待素水泥浆硬化后，铺面层水泥石子浆。

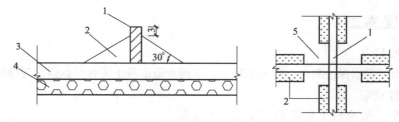

图 9-1　分格嵌条设置示意图

1—分格条；2—素水泥浆；3—水泥砂浆找平层；4—混凝土垫层；5—40～50mm 内不抹素水泥浆

面层水泥石子浆的配比（质量比）为水泥：大八厘石粒为 1：2，水泥：中八厘石粒为1：2.5。计量应准确，宜先用水泥和颜料干拌过筛，再掺入石渣，拌和均匀后加水搅拌，水泥石子浆稠度宜为 30～50mm。

铺设水泥石子浆前，应刷素水泥一道，并随即浇筑石子浆，铺设厚度要高于分格条1～2mm。

水磨石开磨前应试磨，表面石粒不松动时方可开磨。水磨石面层应使用磨石机分次磨光，头遍用 60～90 号粗金刚石磨，边磨边加水，要求磨匀磨平，使全部分格条外露。磨后将泥浆冲洗干净，干燥后，擦同色水泥浆，洒水养护 2～3d。第二遍用 90～120 号金刚石磨到表面光滑为止，其他同头遍。第三遍用 180～200 号金刚石磨至表面石子颗粒显露，平整光滑，无砂眼细孔，用水冲洗后，涂抹溶化冷却的草酸溶液（体积比热水：草酸＝1：0.35）一遍。第四遍用 240～300 号油石研磨至砂浆表面光滑为止，用水冲洗晾干。普通水磨石面层，磨光遍数不应少于三遍，高级水磨石面层适当增加磨光遍数。

上蜡时先将蜡洒在地面上，待干后再用钉有细帆布（或麻布）的木块代替油石，装在磨石机的磨盘上进行研磨，直至光滑洁亮为止。上蜡后铺锯末进行养护。

9.2.4.2　块材面层

（1）陶瓷锦砖（马赛克）地面

工艺流程为：基层处理—贴灰饼、冲筋—做找平层—抹结合层—铺贴马赛克—洒水、揭纸—拔缝—擦缝—清洁—养护。

地面基底应清理干净，混凝土垫层不得疏松起砂。然后弹好地面水平标高线，并沿墙四周做灰饼，以地漏处为最低处，门口处为最高处，冲好标筋（间距为 1.5～2m）。接着做1：3 干硬性水泥砂浆结合层（20mm 厚），其干硬度以手捏成团、落地即散为准，用机械拌和均匀。铺浆前，先将基层浇水湿润，均匀刷水泥砂浆一道，随即铺砂浆并用刮尺刮平，木抹子接搓抹平。马赛克一般从房间中间或门口开始铺贴。铺贴完毕，用喷壶洒水至纸面完全浸湿后 15～30min 可以揭纸，揭纸时应手扯纸边与地面平行方向揭。揭纸后应用开刀将不顺直不齐的缝隙拔直，然后用白水泥嵌缝、灌缝、擦缝，并及时将马赛克表面水泥砂浆擦净，铺完 24h 后应进行养护，养护 3～5d 后方可上人。

（2）地砖地面

工艺流程为：基层处理—铺抹结合层—弹线、定位—铺贴。

地面砖铺贴前，应先挂线检查并掌握地面垫层平整度，然后清扫基层并用水冲刷干净，如为光滑的混凝土楼面应凿毛，对于地面的基层表面应提前一天浇水。在刷干净的地面上，摊铺一层 1：3.5 的水泥砂浆结合层（10mm）。根据设计要求再确定地面标高线和平面位置线。

用 1：2 的水泥砂浆摊在地砖背面上，再将地砖与地面铺贴，并用橡胶锤敲击砖面，使其与地面压实，并且高度与地面标高线吻合。铺贴数块后应用水平尺检查平整度，对高的部分用橡胶锤敲击调整，低的部分应起出后用水泥浆垫高。对小房间（面积小于 40m² ）来说，通常做“T”字形标准高度面，铺贴大面积施工要以铺好的标准高度为标准（图 9-2）。对卫生间、洗手间地面，应注意铺时按设计要求做出排水坡度。整幅地面铺贴完毕后，养护 2d 再进行抹缝施工。抹缝时，将白水泥调成干性团，在缝隙上擦抹，使地砖的对缝内填满白水泥，再将地砖表面擦净。

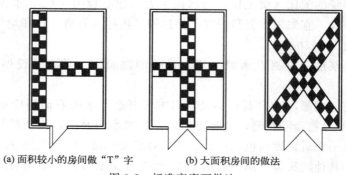

(a) 面积较小的房间做"T"字   (b) 大面积房间的做法

图 9-2 标准高度面做法

9.2.4.3 卷材地面

（1）地毯地面

地毯按材质分，有纯毛地毯（即羊毛地毯）、混纺地毯、化纤地毯、塑料地毯。地毯按铺设方法分为固定式与不固定式两种，按铺设范围有满铺与局部铺设之分。

不固定式将地毯裁边，黏结接缝成一整片，再直接摊铺在地上，不与地面黏结，四周沿墙脚修齐即可。固定式是将地毯裁边，黏结接缝成一整片，在四周与房间地面上加以固定。

（2）软质塑料卷材地面

其操作程序为：施工准备—弹线—下料—刮胶—铺贴卷材。

铺贴前卷材应做预热处理，宜放入 75℃ 左右热水浸泡 10～20min，至板面全部变软并伸平后取出晾干待用，但不得用炉火和电热炉预热。铺贴时用塑料刮板在基层上涂刷一层薄而匀的底子胶，待干燥后，涂刷胶黏剂。将配好的胶黏剂先均匀涂刷在卷材背面，后将胶黏剂倒在基层上，用梳形刮刀，呈 8 字形运动方向涂刷。待胶稍干后，以手摸胶面不粘手为宜，即可铺贴卷材。

9.2.4.4 木地面

木地面按其施工方法分为两种：一种是钉固地面，另一种是胶黏地面。按木条拼接形式分有正方形地面、芦席纹地面、人字纹地面、直条地面等。

（1）钉固地面

木地面面层有单层和双层两种。单层木板面层是在木搁栅上直接钉直条企口板；双层木板面层是在木搁栅上先钉一层毛地板，再钉一层企口板。木搁栅有空铺和实铺两种形式，空铺式是将搁栅两头搁于墙内的垫木上，木搁栅之间加设剪刀撑；实铺式是将木搁栅铺于钢筋混凝土楼板上或混凝土垫层上。

（2）胶黏地面

将加工好的硬木条以胶黏剂直接黏结于水泥砂浆或混凝土的基层上。基层地面应平整、光洁，无起砂、起壳、开裂。凡遇到凹陷部位应用砂浆找平。在基层上刮抹配制好的胶黏剂，边刮胶黏剂边铺地板。

9.3 饰面工程

饰面工程施工是将块料面层镶贴或安装于墙柱表面以形成装饰层。块料面层的种类很多，基本可以分为饰面砖和饰面板两大类。其中，小块料采用镶贴的方法，大块料（边长大于400mm）采用安装的方法。

9.3.1 常用饰面材料的选用和质量要求

（1）饰面板

① 天然石饰面板。大理石饰面板质地均匀，色彩多变，纹理美观，用于高级装饰，如门头、柱面、墙面等。要求板表面不得有隐伤、风化等缺陷；光洁度高，石质细密，无腐蚀斑点，色泽美丽；棱角完整，底面整齐。

花岗岩饰面板用于台阶、地面、勒脚和柱面等，要求棱角方正，颜色一致，不得有裂纹、砂眼等隐伤现象，应注意颜色的和谐过渡，并按过渡顺序将饰面板排列放置。

② 人造石饰面板。常用的人造石饰面板为人造大理石板，用于室内外墙面、柱面等。要求表面平整，几何尺寸准确，面层石粒均匀、洁净，颜色一致。

③ 金属饰面板。金属饰面板主要有彩色涂层钢板、铝合金方形板、铝塑板和不锈钢板。要求其表面平整，不得有隐伤；几何尺寸准确，边缘整齐，棱角分明；面层洁净，颜色一致。

（2）饰面砖

常用饰面砖有釉面瓷砖、面砖和锦砖等，要求饰面砖的表面光洁，色泽一致，不得有暗痕和裂纹。釉面瓷砖的吸水率不得大于18%。釉面瓷砖有白色、彩色、印花图案等多个品种，常用于室内墙面装饰。面砖有毛面和釉面两种。

陶瓷锦砖（也称马赛克）的形状有正方形、长方形和六角形等多种，由于陶瓷锦砖规格小，不宜分块铺贴，生产的产品是将陶瓷锦砖按各种图案组合，反贴在纸上，编有统一货号，以供选用。锦砖常用于室内厕浴间、游泳池和外墙等的装饰。

9.3.2 石材类饰面施工

9.3.2.1 粘贴法

粘贴法适用于规格较小（边长400mm以下），且安装高度在1m以下的饰面板。

操作程序为：基层处理—抹底层、中层灰—弹线、分格—选料、预排—对号—粘贴—嵌缝—清理—抛光打蜡。

将基体表面灰尘、污垢和油渍清除干净，并浇水湿润。对于混凝土等表面光滑平整的基体应进行凿毛处理。检查墙面平整度、垂直度，并设置标筋。将饰面板背面和侧面清洗干净，湿润后阴干，然后在阴干的饰面板背面均匀抹上厚度约2～3mm的TG胶水泥砂浆。依据已弹好的水平线镶贴墙面底层两端的两块饰面板，然后在两端饰面板上口拉通线，依次镶贴饰面板。在镶贴过程中应随时用靠尺、吊线锤、橡胶锤等工具将饰面板校平、找直，并将饰面板缝内挤出的水泥浆在凝结前擦净。镶贴完毕，表面应及时清洗干净，晾干后，打蜡擦亮。

9.3.2.2 挂粘法

（1）传统湿作业法

其操作程序为：基层处理—绑扎钢筋网片—弹饰面基准线—预拼编号—钻孔、剔凿、绑扎不锈钢丝（或铜丝）—安装—临时固定—分层灌浆—嵌缝—清洁板面—抛光打蜡。

图9-3为饰面板钢筋网片固定图。

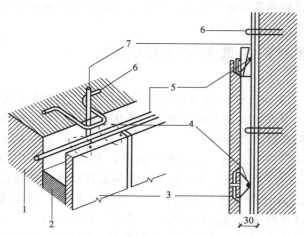

图 9-3　饰面板钢筋网片固定图

1—墙体；2—水泥砂浆；3—大理石板；4—钢丝或铜丝；5—横筋；6—铁环；7—立筋

① 准备。安装前应分选检验并试拼，使板材的色调、花纹基本一致，试拼后按部位编号，以便施工时对号安装。

剔除基层预埋件或预埋筋，也可在墙面钻孔固定金属膨胀螺栓，用φ6钢筋纵横绑扎成钢筋网片与预埋件焊牢，纵向钢筋间距 500～1000mm，第一道横向钢筋应高于第一层板的下口 100mm，以后各道均应在每层板的上口以下 10～20mm 处设置。

在板的侧面上钻孔打眼，孔径 φ5 左右，孔深 15～20mm，孔位一般在板端 1/4～1/3处，在位于板厚中心线上垂直钻孔，再在板背的直孔位置，距板边 8～10mm 打一横孔，使横、直孔相通。然后用长约 300mm 的不锈钢丝或钢丝穿入挂接。

② 安装。从最下一层开始，两端用板材找平找直，拉上横线再从中间或一端开始安装。安装时，先将下口钢丝绑在横筋上，再绑上口钢丝，用托线板靠直靠平，并用木楔垫稳，再将钢丝系紧，保证板与板交接处四角平整。安装完一层，要在找平、找直、找方后，在石板表面横竖接缝处每隔 100～150mm 用调成糊状的石膏浆予以粘贴，临时固定石板，使该层石板成一整体，以防发生位移。余下板的缝隙，用纸和石膏封严，待石膏凝结、硬化后再进行灌浆。一般采用 1:3 水泥砂浆，稠度控制在 80～150mm，将砂浆徐徐灌入板背与基体间的缝隙，每次灌浆高度 150mm 左右，灌至离上口 50～80mm 处停止灌浆。为防止空鼓，灌浆时可轻轻地捣砂浆，每层灌筑时间要间隔 1～2h。全部石材安装固定后，用与饰面板相同颜色水泥砂浆嵌缝，并及时对表面进行清理。

（2）改进湿作业法

其不用钢筋网片作连接件，采用镀锌或不锈钢锚固件与基体锚固，然后向缝中灌入 1:2水泥砂浆（图 9-4）。图 9-5 为不锈钢板安装及转角处理示意图。

其操作程序为：基层处理—弹准线—板材检验—预排编号—板面钻孔—就位—固定—加楔—分层灌浆—清理—嵌缝—抛光。

安装前应在石板块钻孔。在钻孔完成后，仍将石材板块返还原位，再根据板块直径与基体的距离用φ5的不锈钢丝制成楔固石材板块的 U 形钉，然后将 U 形钉一端钩进石材板块直孔中，并随即用硬小木楔上紧，另一端钩进基体斜孔中，同时校正板块准确无误后用硬小木楔将钩入基体斜孔的 U 形钉楔紧，同时用大木楔张紧安装板块的 U 形钉，随后进行分层灌浆。

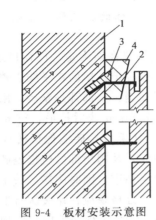
图 9-4　板材安装示意图
1—基体结构；2—不锈钢 U 形钉；3—硬小木楔；4—大木楔

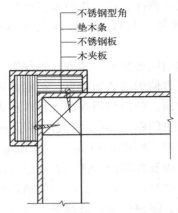
图 9-5　不锈钢板安装及转角处理

9.3.2.3　干挂法

此法具有抗震性能好、操作简单、施工速度快、质量易于保证且施工不受气候影响等优点，这种方法宜用于 30m 以下钢筋混凝土结构，不适用砖墙和加气混凝土墙。

其操作程序为：基层处理—划线—锚固（膨胀）螺栓—连接件安装—挂板—连接件涂胶—嵌缝胶。

干挂法对基层要求平整度控制在 2～4mm，墙面垂直度偏差在 20mm 以内。板与板之间应有缝隙，磨光板材的缝隙除有镶嵌金属装饰条外，一般可为 1～2mm。划线必须准确，一般由墙中心向两边弹放，使误差均匀地分布在板缝中。安装时打出螺栓孔，埋置膨胀螺栓，固定锚固件。把连接件上的销子或不锈钢丝插入板材的预留连接孔中，调整螺栓或钢丝长度，当确定位置准确无误后，即可紧固螺栓或钢丝，然后用特种环氧树脂或水泥麻丝纤维浆堵塞连接孔。嵌缝时先填泡沫塑料条，然后用胶枪注入密封胶。为防止污染，在注胶前先用胶带纸覆盖缝两边板面，注胶完后，将胶带纸揭去。

9.3.3　面砖类饰面施工

9.3.3.1　釉面砖饰面施工

（1）施工准备

① 基体表面弹水平、垂直控制线，进行横竖预排砖，以使接缝均匀。

② 选砖，分类，砖放入水中浸泡 2～3h，取出晾干备用。

（2）操作程序

① 室内：基层处理—抹底子灰—选砖、浸砖—排砖、弹线—贴标准点—垫底尺—镶贴—擦缝。

基层打好，底子灰六七成干后，按图纸要求找规矩，先用水平尺找平，结合实际和瓷砖规格，计算纵横的皮数，进行排砖、弹线。镶贴前应粘贴标准点（灰饼），把废瓷砖粘贴在墙上，用以控制整个表面平整度。计算好最下一皮砖下口标高，底尺上皮一般比地面低 10mm 左右，以此为依据放好尺。粘贴应自下向上粘贴，要求灰浆饱满，亏灰时，要取下重贴，随时用靠尺检查平整度，边粘边检查，同时要保证缝隙宽窄一致。镶贴完，自检合格后，用棉布擦净，然后用白水泥擦缝，用布将缝内的素浆擦匀，砖面擦净。

②室外：基层处理—抹底子灰—排砖—弹线分格—选砖、浸砖—镶贴面砖—勾缝、擦缝。

镶贴前应吊垂直、套方、找规矩。高层建筑使用经纬仪在四大角、门窗口边打垂直线；多层建筑可使用线坠吊垂直，根据面砖尺寸分层设点，作标记。横向水平线以楼层为水平基线交圈控制，竖向线则以四大角和通天柱、垛子为基线控制，全部都是整砖，阳角处要双面排直，灰饼间距 1.6m。打底应分层进行，第一遍厚度为 5mm 抹后扫毛；待 6~7 成干时，可抹第二遍，厚度 8~12mm；随即用木杠刮平，木抹子搓毛。排砖应保证砖缝均匀，按设计图纸要求及外墙面砖排列方式进行排布、弹线或挂通线，凡阳角部位应选整砖。在砖背面铺满黏结砂浆，粘贴后，用小铲柄轻轻敲击，使之与基层粘牢，随时用靠尺找平、找方，贴完一皮后，须将砖上口灰刮平。每日下班前须清理干净。分格条应在贴砖次日取出，完成一个流程后，用 1∶1 的水泥砂浆勾缝，凹进深度为 3mm。整个工程完工后，应加强保护，同时用稀盐酸清洗表面，并用清水冲洗干净。

9.3.3.2　锦砖饰面施工

锦砖原料成品是均匀地将小块瓷砖的面层贴在一张 300mm 见方的纸上，操作时要准备能放下四张锦砖的木垫板、拍实用的拍板以及拔缝用的开刀，其他工具同贴瓷砖的用具。

锦砖饰面施工打底和抹水泥砂浆相同，其中包括挂线、贴灰饼、冲筋、刮平、划毛和浇水养护等项。底子灰用 1∶3 水泥砂浆，厚 12~15mm。

贴陶瓷锦砖前，根据高度弹若干水平线，弹水平线时应计算锦砖的块数，使两线之间保持整块数。如分格，按高度均分，根据设计要求和锦砖的规格定出缝的宽度，再加工分格条。

贴锦砖时在打好的底子上浇水润湿，在已弹好水平线的下口支一根垫尺，先刷水泥浆一遍，再抹水泥浆黏结层，刮抹平整后由下往上贴锦砖，缝要对齐，贴完后将拍板放在已贴好的锦砖上，用小锤轻敲拍板，然后将锦砖的护面纸用软毛刷润湿揭开，检查砖缝大小，将歪扭的砖拨正。

最后一道工序是擦缝，用刷子蘸素水泥浆在铺好的锦砖表面刷一道，将小缝刷严，起出分格条的大缝用 1∶1 水泥砂浆勾严，再用棉纱擦净。

9.3.4　玻璃幕墙施工

玻璃幕墙是由玻璃板片作墙面材料，与金属构件组成的悬挂在建筑物主体结构外面的非承重连续外围护墙体。由于它像帐幕一样，故称为"玻璃幕墙"。

9.3.4.1　玻璃幕墙构造及安装施工方法

玻璃幕墙按其骨架结构及布置位置可分为明框玻璃幕墙、全隐框玻璃幕墙、半隐形玻璃幕墙、挂架式玻璃幕墙、无骨架玻璃幕墙等。

玻璃幕墙的安装施工方式，除挂架式和无骨架式外，大致被分为单元式（工厂组装式）和元件式（现场组装式）两种。

单元式是将铝合金框架、玻璃、垫块、保温材料、减震和防水材料等，由工厂制成分格窗，用专用运输车运往施工现场，在现场吊装装配，与建筑物主体结构连接。这种幕墙由于直接与建筑物结构的楼板、柱子连接，所以其规格应与层高、柱距尺寸一致。当与楼板或梁连接时，幕墙的高度应相当于层高或是层高的倍数；当与柱连接时，幕墙的宽度相当于柱距。

　　元件式是将必须在工厂制作的单件材料及其他材料运至施工现场，直接在建筑物结构上逐件进行安装。这种幕墙通过竖向骨架（竖杆）与楼板或梁连接，并在水平方向设置横杆，以增加横向刚度和便于安装。其分块规格可以不受层高和柱间尺寸的限制。这是目前采用较多的一种方法，既适用于明框幕墙，也适用于隐框幕墙。以下介绍的安装工艺均为元件式（现场组装式）玻璃幕墙的安装施工。

9.3.4.2　明框玻璃幕墙

　　明框玻璃幕墙一般有型钢骨架和铝合金型材骨架两种构造，明框玻璃幕墙施工工艺如下：

　　明框玻璃幕墙安装的工艺流程为：检验、分类堆放幕墙部件—测量放线—主次龙骨装配—楼层紧固件安装—安装主龙骨（竖杆）并抄平、调整—安装次龙骨（横杆）—安装楼层间封闭镀锌钢板—在镀锌钢板上焊铆螺钉—安装层间保温矿棉—安装楼层封闭镀锌板—安装单层玻璃窗密封条、卡扣—安装单层玻璃—安装双层中空玻璃密封条、卡扣—安装双层中空玻璃—安装侧压力板—镶嵌密封条—安装玻璃幕墙铝盖条—清扫—验收、交工。

　　（1）测量放线

　　主龙骨（竖杆）由于与主体结构锚固，所以位置必须准确，次龙骨（横杆）以竖杆为依托，在竖杆布置完毕后再安装，所以对横杆的弹线可推后进行。在工作层上放 x、y 轴线，用经纬仪依次向上定出轴线。再根据各层轴线定出楼板预埋件的中心线，并用经纬仪垂直逐层校核，再定各层连接件的外边线，以便与主龙骨连接。

　　如果主体结构为钢结构，由于钢结构有一定挠度，故应在低风速时测量定位（一般在早8：00，风力在 1～2 级以下时）为宜，且要多测几次，并与原结构轴线复核、调整。放线结束，必须建立自检、互检与专业人员复验制度，确保万无一失。

　　（2）装配铝合金主、次龙骨

　　这项工作可在室内进行。主要是装配好主龙骨紧固件之间的连接件、次龙骨的连接件，安装镀锌钢板、主龙骨之间接头的内套管、外套管以及防水胶条等，装配好次龙骨与主龙骨连接的配件及密封橡胶垫等。

　　（3）安装主、次龙骨

　　常用的固定办法有两种：一种是将骨架竖杆型钢连接件与预埋铁件依弹线位置焊牢，另一种是将竖杆型钢连接件与主体结构上的膨胀螺栓锚固。

　　两种方法各有优劣：由于预埋铁件是在主体结构施工中预先埋置的，因此若位置产生偏差，必须在连接件焊接时进行接长处理；膨胀螺栓则是在连接件设置时随钻孔埋设的，准确性高，机动性大，但钻孔工作量大，劳动强度高，工作较困难。如果在土建施工中安装与土建能统筹考虑、密切配合，则应优先采用预埋件。

　　连接件与预埋件连接时，必须保证焊接质量。每条焊缝的长度、高度及焊条型号均须符合焊接规范要求。

　　采用膨胀螺栓时，钻孔应避开钢筋，螺栓埋入深度应能保证满足规定的抗拔能力。连接件一般为型钢，形状随幕墙结构竖杆形式变化和埋置部位变化而不同。连接件安装后，可进行竖杆的连接。主龙骨一般每二层一根，通过紧固件与每层楼板连接。主龙骨每安装完一根，用水平仪调平、固定。将主龙骨全部安装完毕，并复验其间距、垂直度后，即可安装次龙骨。

高层建筑幕墙均有竖向杆件接长的工序，尤其是型铝骨架，必须把连接件穿入薄壁型材中用螺栓拧紧。两根立柱用角钢焊成方管连接，并插入立柱空腹中，最后用螺栓拧紧。考虑到钢材的伸缩，接头应留有一定的空隙。

横向杆件型材的安装，如果是型钢，可焊接，亦可用螺栓连接。焊接时，因幕墙面积较大，焊点多，要排定一个焊接顺序，防止幕墙骨架的热变形。

固定横杆的另一种办法是，用一穿插件将横杆穿插在穿插件上，然后将横杆两端与穿插件固定，并保证横竖杆件间有一个微小间隙以便于温度变化伸缩。穿插件用螺栓与竖杆固定。

在采用铝合金横竖杆型材时，两者间的固定多用角钢或角铝作为连接件。角钢、角铝应各有一肢固定横竖杆。如果横杆两端套有防水橡胶垫，则套上胶垫后的长度较横杆位置长度稍有增加（约 4mm）。安装时，可用木撑将竖杆撑开，装入横杆，拿掉支撑，则将横杆胶垫压缩，这样有较好的防水效果。

（4）安装楼层间封闭镀锌钢板（贴保温矿棉层）

将橡胶密封垫套在镀锌钢板四周，插入窗台或天棚次龙骨铝件槽中，在镀锌钢板上焊钢钉，将矿棉保温层粘在钢板上，并用铁钉、压片固定保温层。如设计有冷凝水排水管线，亦应进行管线安装。

（5）安装玻璃

由于骨架结构的类型不同，玻璃固定方法也有差异。型钢骨架，因型钢没有镶嵌玻璃的凹槽，一般要用窗框过渡，可先将玻璃安装在铝合金窗框上，而后再将窗框与型钢骨架连接。铝合金型材骨架截面分为立柱和横杆，它在生产成型的过程中，已将玻璃固定的凹槽同整个截面一次挤压成型，故玻璃安装工艺与铝合金窗框安装一样，但要注意立柱和横杆玻璃安装构造的处理。立柱安装玻璃时，先在内侧安上铝合金压条，然后将玻璃放入凹槽内，再用密封材料密封，横杆装配玻璃与立柱的构造不同。横杆支承玻璃的部分倾斜，要排除因密封不严流入凹槽内的雨水，外侧须用一条盖板封住，安装时，先在下框塞垫两块橡胶定位块，其宽度与槽口宽度相同，长度不小于 100mm，然后嵌入内胶条、安装玻璃、嵌入外胶条。嵌橡胶条的方法是先间隔嵌塞，然后再分边嵌塞。橡胶条的长度比边框内槽口约长 1.5%～2%，其断口应留在四角，斜面断开后拼成预定设计角度，用胶黏剂黏结牢固后嵌入槽内。

玻璃幕墙四周与主体结构之间的缝隙，应用防火保温材料堵塞，内外表面用密封胶连续封闭，保证接缝严密不漏水。

9.3.4.3 隐框玻璃幕墙

隐框玻璃幕墙有全隐框和半隐框两种构造，其中半隐框幕墙又分为竖隐横不隐玻璃幕墙和横隐竖不隐玻璃幕墙。其施工工艺如下。

隐框玻璃幕墙安装的工艺流程为：测量放线—固定支座的安装—立柱、横杆的安装—外围护结构组件的安装—外围护结构组件间的密封及周边收口处理—防火隔层的处理—清洁及其他。其中，外围护结构组件的安装及其之间的密封与明框玻璃幕墙不同。

外围护结构组件的安装开始于立柱和横杆安装完毕后。在安装前，要对立柱、横杆的安装精度、外围护结构件做认真的检查。在立柱全部或基本悬挂完毕后，要再逐根进行检验和调整，之后再施行永久性的施工。外围护结构件的结构胶固化后的尺寸要符合设计要求，同时要求胶缝饱满平整、连续光滑，玻璃表面不应有超标准的损伤及脏物。

外围护结构件的安装主要有两种形式：一为外压板固定式，二为内勾块固定式。不论采用什么形式进行固定，在外维护结构组件放置到主梁框架后，在固定件固定前，要逐块调整好组件相互间的位置，确保齐平及间隙一致。不平整的部分应调整固定块的位置或加入垫块。

外围护结构组件在安装过程中，除了要注意其个体的位置以及相邻间的相互位置外，在幕墙整幅沿高度或宽度方向尺寸较大时，还要注意安装过程中的积累误差，适时进行调整。

外围护结构组件调整、安装固定后，开始逐层实施组件间的密封工序。外围护结构组件间的密封，是确保隐框玻璃幕墙密封性能的关键。应先检查衬垫材料的尺寸是否符合设计要求：衬垫材料多为闭孔的聚乙烯发泡体。对于要密封的部位，必须进行表面清理工作。首先要清除表面的积灰，再用类似二甲苯等挥发性能强的溶剂擦除表面的油污等脏物，然后用干净布再清擦一遍，以保证表面干净并无溶剂存在。放置衬垫时，要注意衬垫放置位置是否正确，过深或过浅都影响工程的质量。间隙间的密封采用耐候胶灌注，注完胶后要用工具将多余的胶压平刮去，并清除玻璃或铝板面的多余黏结胶。

9.3.4.4 挂架式玻璃幕墙

挂架式玻璃幕墙采用四爪式不锈钢挂件与立柱相焊接，每块玻璃四角在厂家加工时钻 4 个 $\phi20$ 的孔，挂件的每个爪与一块玻璃的一个孔相连接，即一个挂件同时与四块玻璃相连接，或一块玻璃固定于四个挂件上。其施工要点如下：

① 测量放线后，按正确的幕墙边线确定预埋件位置，用膨胀螺栓将埋件固定在主体结构混凝土内；

② 自幕墙中心向两边做立柱和边框，并保证其垂直及间距合理；

③ 焊装挂件，并用与玻璃同尺寸同孔的模具，校正每个挂件的位置，以保证准确无误；

④ 采用吊架自上而下地安装玻璃，并用挂件固定；

⑤ 用硅胶进行每块玻璃之间缝隙的密封处理；

⑥ 完成清理工作。

9.3.4.5 无骨架玻璃幕墙

前面介绍的玻璃幕墙，均采用骨架支托着玻璃饰面。无骨架玻璃幕墙与前四种的不同点是，玻璃本身既是饰面材料，又是承受自重及风荷载的结构构件。这种玻璃幕墙又称"结构玻璃"，采用悬挂式，多用于建筑物首层，类似落地窗。由于采用了大块玻璃饰面，因此使幕墙具有了更大的透明性。为了增强玻璃结构的刚度，保证在风荷载下安全稳定，除玻璃应有足够的厚度外，还应设置与面部玻璃垂直的玻璃加劲肋。

9.3.4.6 质量要求及安全技术

① 幕墙以及铝合金构件要横平竖直，标高准确，表面不允许有机械损伤（如擦伤、压痕），也不允许有需处理的缺陷（如斑点、污迹、条纹等）。

② 幕墙全部外露的金属件（压板），从任何角度看均应外表平整，不允许有任何小的变形、波纹、紧固件的凹进或凸出。

③ 牛腿铁件与T形槽固定后应焊接牢固，与主体结构混凝土接触面的间隙不得大于1mm，并用镀锌钢板塞实。牛腿铁件与幕墙的连接，必须垫好防震胶垫。对施工现场焊接的钢件焊缝，应在现场涂两道防锈漆。

④ 与砌体、抹面或混凝土表面接触的金属表面，必须涂刷沥青漆。

⑤ 玻璃安装时，其边缘与龙骨必须保持间隙，使上、下、左、右各边空隙均有保证。同时，要防止污染玻璃，特别是镀膜一侧应尤加注意，以防止镀膜剥落形成花脸。安装好的玻璃表面应平整，不得出现翘曲等现象。

⑥ 橡胶条和密封条的嵌塞应密实、全面，两根橡胶条的接口处必须用密封胶填充严实。使用封缝胶密封时，应挤封饱满、均匀一致，外观应平整光滑。

⑦ 防火、保温矿棉材料，要填塞密实，不得遗漏。

9.4 其他装饰工程施工

9.4.1 吊顶工程

吊顶是现代室内装饰装修的重要组成部分。吊顶可以影响整个建筑空间的装饰风格和效果，同时具有保温、隔热、隔声、吸声等功能，也是安装装饰性灯具、通风空调、消防报警管线设备的隐蔽层。吊顶按结构形式分为活动装配式吊顶、隐蔽式装配吊顶等；按造型和布局分有平板吊顶、异型吊顶、局部吊顶等。吊顶工程施工主要包括：设置吊筋、龙骨安装和饰面板安装等工序。

9.4.1.1 设置吊筋

（1）在预制板缝中设置吊筋

预制板缝中设置吊筋的方法见图 9-6。

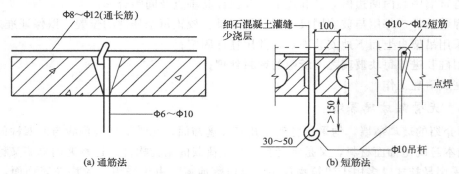

(a) 通筋法

(b) 短筋法

图 9-6 预制板缝上吊筋的设置方法

① 通筋法。在预制板缝中浇灌钢筋混凝土或砂浆时，有以下三种情况：

a. 沿板缝通长设置$\Phi 8 \sim \Phi 12$钢筋。将吊筋一端打弯，钩于板缝中的通长钢筋上，另一端从板缝中伸出，伸出长度及直径视需要而定；

b. 若在以上吊筋上另焊接螺栓吊杆或绑扎钢筋吊杆，可用$\Phi 12$钢筋伸出板底 100mm；

c. 若以上吊筋直接与龙骨连接，采用$\Phi 6$或$\Phi 8$钢筋，伸出长度为板底到龙骨的高度再加上绑扎尺寸。

② 短筋法。在两块预制板板顶，横放$\Phi 12$长 400mm 的钢筋段，间距为 1200mm 左右（具体尺寸应按吊筋间距确定），将钢筋段与吊筋连接，板缝用细石混凝土灌实。

（2）在现浇板上设置吊筋

在现浇钢筋混凝土楼板施工时，按吊筋间距，将吊筋一端打弯放在现浇层内，另一端从模板中的预留孔中伸出板底,见图9-7。

（3）在成型的楼板上设置吊筋

成型楼板上设吊筋见图9-8。用射钉枪将射钉打入板底,如选用带孔的射钉,在孔内穿入吊筋绑扎龙骨。如选用不带孔射钉,可用一小角钢,一肢固定在楼板上,另一肢钻孔,孔内穿入吊筋,也可在射钉上直接焊接吊筋（此种方法不适合于荷载较大的吊顶）。

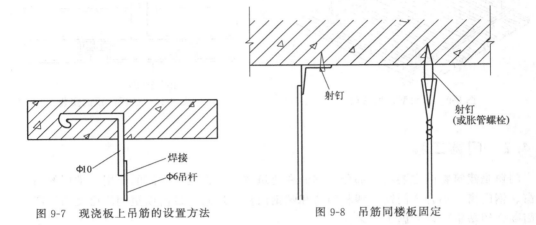

图9-7 现浇板上吊筋的设置方法   图9-8 吊筋同楼板固定

9.4.1.2 龙骨的安装施工

常见的吊顶龙骨有木龙骨（一般用于不上人吊顶）、型钢龙骨、轻钢龙骨、铝合金龙骨。铝合金龙骨是以铝带、铝合金型材冷弯或冲压而成的吊顶骨架。根据罩面板安装的方式不同,分为龙骨底面外露和不外露两种。铝合金龙骨的特点是质轻、防火、抗震性能好、加工方便、安装简单,是当前各种吊顶中应用较多的一种。

铝合金吊顶龙骨的施工程序是:弹线定位—固定吊杆—安装与调平龙骨。

9.4.1.3 饰面板的安装施工

铝合金装饰板按表面处理方法分,有阳极氧化处理、喷漆处理、烤漆处理等;按色彩分,有本色、铝白色、古铜色、金黄色、天蓝色、黑色、红色等;按几何尺寸分,有条形板（板条）和方形板（正方形、长方形）;按装饰效果分,有铝合金花纹板、铝合金穿孔吸声板、铝合金波纹板、铝合金压型板等。

铝合金条板的安装根据条板与条板间连接处板缝的处理形式不同,可分为开放型吊顶和封闭型吊顶两大类。图9-9为封闭型条板吊顶示意图。

安装条板是在调平龙骨的基础上进行的。龙骨是否调平,对铝合金吊顶的质量有很大影响,因为只有龙骨调平,才能使铝合金吊顶达到理想的装饰效果。要控制好龙骨的平整性,较好的做法是先拉纵横标高控制线,从一端开始,一边安装一边调整,最后精调一遍。

条板的安装,应从一个方向开始,依次安装。当采用龙骨本身兼卡具时,先将板的一端用力压入卡脚,再顺势将其余部分压入卡脚内。因板条比较薄,具有一定的弹性,扩张比较容易,因此可用推压的方法安装。当采用自攻螺钉固定板条时,对有些板条也是很方便的。有些面积不大的条形铝合金吊顶,常用称为"扣板"的条形铝合金条板来装饰顶面,扣板吊顶的安装通常采用自攻螺钉固定。安装后自攻螺钉全部隐蔽,看不到钉头,其方法为一条压另一条,见图9-10。

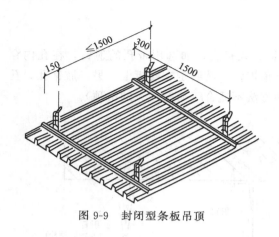

图 9-9　封闭型条板吊顶

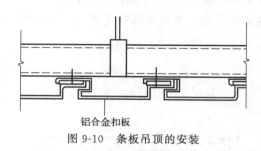

铝合金扣板

图 9-10　条板吊顶的安装

9.4.2　门窗工程

门窗是建筑物的主要组成部分，它们在建筑物中各自起着不同的作用。常用的门窗有木门窗、钢门窗、铝合金门窗、塑料门窗和塑钢门窗等形式。目前以塑钢门窗使用最广泛，下面简要介绍塑钢门窗的施工工艺。

（1）塑钢门窗的施工准备

塑钢门窗由于大多是在工厂制作好，在现场整体安装到洞口内的，因此，工序比较简单。安装前应对塑钢门窗进行检查，不得有开焊、断裂等损坏现象，进场门窗应存放在有靠架的室内，并避免受热变形。

（2）塑钢门窗的施工工艺

塑钢门窗在安装前，应先装五金配件及固定件，不能用螺钉直接锤击拧入，应先用电钻钻孔，后用自攻螺钉拧入，与墙体连接的固定件应用自攻螺钉等紧固于门窗框上，安装时先将塑钢门窗放入门窗洞口内，找平对中后用木楔临时固定，然后将固定在门窗框靠墙一面的锚固铁件用螺钉或膨胀螺钉固定在墙上。

塑钢门窗框与墙体间的裂缝，应用软质保温材料如泡沫塑料条、油毡卷条等填满塞实，以免框架变形。门窗框四周的内外接缝应用密封材料嵌填严密，也可以采用硅橡胶嵌缝条，不宜采用嵌填水泥砂浆的做法。

9.4.3　涂料、刷浆、裱糊工程

9.4.3.1　涂料工程

建筑涂料主要由成膜物质、颜料、溶剂和辅助材料构成。按化学成分分为无机、有机、复合型涂料；按使用角度分为内墙涂料、顶棚涂料、外墙涂料、地面涂料以及特种涂料；按装饰质感分为薄质涂料、厚质涂料、复合（多彩）涂料。其基体涂刷方法如下。

（1）刷涂

用毛刷、排笔等工具在物体表面涂饰涂料的一种操作方法。其操作程序一般是先左后右、先上后下、先难后易、先边后面。

（2）滚涂

滚涂是利用长毛绒辊、泡沫塑料辊等辊子蘸匀适量涂料，在待涂物体表面施加轻微压力上下垂直来回滚动，最后用辊筒按一定方向满滚一遍，完成大面。对阴阳角及上下口要用毛刷、排刷补刷。

（3）喷涂

喷涂是借助喷涂机具将涂料成雾状或粒状喷出，分散沉积在物体表面上。喷涂施工根据所用涂料的品种、黏度、稠度、最大粒径等确定喷涂机具的种类、喷嘴口径、喷涂压力和与物体表面之间的垂直距离等。喷涂施工时要求喷涂工具移动应保持与被涂面平行，一般直线喷涂 700～800mm 后，反向喷涂下一行，两行重叠宽度控制在喷涂宽度的 1/3～1/2。

（4）弹涂

先在基层刷涂 1～2 道底涂层，待其干燥后进行弹涂。弹涂时，弹涂器的出口应正对墙面，距离 300～500mm，按一定速度自上而下、自左至右弹涂。

（5）抹涂

先在底层上刷涂或滚涂 1～2 道底层涂料，待其干燥后，用不锈钢抹子将涂料抹到已涂刷的底层涂料上，一般抹一道，抹完间隔 1h 后再用不锈钢抹子压平。

9.4.3.2　刷浆工程

刷浆是用水质涂料（以水作为溶剂）喷刷在抹灰层或物体等表面上。水质涂料的种类较多，常用的有聚合物水泥浆、水溶性涂料和无机涂料等。近年来有些工程在底层进行一般刷浆工程，待其干燥后进行套色花饰、滚花和甩水色点等美术刷浆，取得了较好的装饰效果。

（1）常用的刷浆材料及配制方法

① 聚合物水泥浆。是以水泥为主要胶结料，掺入适量的 107 胶或白乳胶（聚醋酸乙烯乳液）或二元乳液，再加水制成。107 胶可改善水泥涂层的强度、韧性和黏附性，可防止开裂和脱落。二元乳液效果更好，但价格较贵，用于要求较高的建筑物。

② 水溶性涂料（106）。是由聚乙烯醇、水玻璃（硅酸钠）、纤维素、六偏磷酸钠、钻白粉和粉质颜料（大白粉、滑石粉）配制而成的。质量较好，操作方便，无毒性，有一定的耐水擦洗性，一般用于涂刷比较高级的建筑室内墙面和顶棚。

（2）刷浆施工

刷浆之前基层表面必须干净、平整，所有污垢、油渍、砂浆流痕以及其他杂物等均应清除干净。表面缝隙、孔眼应用腻子填平并用砂纸磨平、磨光。需要刷浆的基层表面应当干燥，如局部湿度过大，应予以烘干。刷浆涂料的工作稠度必须加以控制，使其在涂刷时不流坠、不显刷纹；刷涂时稠度宜小些，喷涂时稠度宜大些。室内刷浆按操作工序和质量要求分为普通、中级、高级三级。操作工序中满刮腻子和磨平的遍数依次增多，高级刷浆工程必要时可增刷一遍浆。刷浆、喷浆都要求表面颜色均匀、不显刷纹与喷点，不产生脱皮、掉粉、泛碱、咬色，没有漏刷、透底等现象。

刷浆时先刷顶棚，后由上而下刷（喷）四面墙壁，每间房屋要一次做完，刷色浆应一次配足，以保持颜色一致。室外刷浆，如分段进行时，应以分格缝、墙的阳角处或落水管处等为分界线。同一墙面应用相同的材料和配合比，涂料必须搅拌均匀，要做到颜色均匀、分色整齐。最后一遍的刷浆或喷浆完毕后，应加以保护，不得损伤。

9.4.3.3　裱糊工程

裱糊工程是将壁纸、墙布等卷材用胶黏剂粘贴于室内墙、顶棚、柱表面的一种饰面工程。裱糊工程是一种传统的室内装饰方法，可大大减少湿作业的工作量，加快施工进度，并可获得丰富的装饰效果，更新也较方便。特别是近几十年，国内外迅速发展起来的新型壁纸、墙布，进一步解决了裱糊工程的耐久性、多功能性等问题，并因其美观价廉、施工方便而广泛应用。裱糊工程施工工艺如下：

（1）基层处理

① 基层必须具有一定强度，不松散，不起粉脱落。墙面允许偏差应在质量标准的规定范围内。

② 墙面基本干燥，不潮湿发霉，含水率不大于 8％，湿度较大的房间和经常潮湿的墙表面，应采用具有防水性能的墙纸和胶黏剂等材料。

③ 基层表面应清扫干净，对表面脱灰、孔洞较大的缺陷用砂浆修补平整；对麻点、凹坑、接缝、裂缝等较小缺陷，用腻子涂刮 1～2 遍修补填平，干后用砂纸磨平。

（2）壁纸裱糊

① 弹线。在墙面上弹画出水平、垂直线，作为裱糊的依据，保证壁纸裱糊后横平竖直、图案端正。垂直线一般弹在门窗边附近，水平线以挂镜线为准。

② 裁纸。量出墙顶（或挂镜线）到踢脚线上口的高度，两端各留出 30～50mm 的备用量作为下料尺寸。有图案的壁纸，根据对花、拼图的需要，统筹规划、对花、拼图后下料，再编上号，以便按顺序粘贴。

③ 润纸。一般将壁纸放在水槽中浸泡 3～5min，取出后抖掉余水，若有吸水面可用毛巾揩掉，然后才能涂胶。也可用排笔在纸背上刷水，刷满均匀，保持 10min 也可达到使其充分膨胀的目的。作为玻璃纤维基材的壁纸、墙布无须润纸，可在壁纸背面均匀刷胶后，将胶面对胶面对叠，放置 4～8min 后上墙。

④ 刷胶。纸背刷胶要均匀，不裹边，不起堆，以防溢出，弄脏壁纸。

⑤ 裱糊。先贴长墙面，后贴短墙面，每个墙面从显眼的墙面以整幅纸开始，将窄条纸留在不明显的阴角处，每个墙角的第一条纸都要挂垂线。贴每条纸时均先对花，对纹拼缝由上而下进行，不留余量，先在一侧对缝保证墙底粘贴垂直，后对花纹拼缝到底压实后，再抹平整张墙纸。阴角转角处不留拼缝，包角要压实，并注意花纹、图案与阴角直线的关系。若遇阴角不垂直，其接缝应为搭接缝，墙纸由受侧光墙面向阴角的另一面转 5～10mm，压实，不得空鼓，搭接在前一条墙纸的外面。

采用搭口拼缝时，要待胶黏剂干到一定程度后，用刀具裁墙纸，撕去割除部分，刮压密实。用刀时，一次直落，力量要适当、均匀，不能停，以免出现刀痕搭口，同时也不要重复切割。墙纸粘贴后，若出现空鼓、气泡，可用针刺放气，再用注射针挤进胶黏剂，用刮板刮压密实。

第10章

高层建筑工程施工

知识要点

本章主要介绍高层建筑施工中的设备，包括垂直运输设备、脚手架设备；现浇混凝土结构高层建筑施工；装配式混凝土结构高层建筑施工；现代施工技术钢结构施工，包括钢构件的现场制作、钢结构的安装工艺、钢构件的工厂制作、钢结构的现场安装等；高层建筑施工安全问题等内容。

学习目标

通过学习，要求理解高层建筑施工的特点，熟悉高层建筑施工的管理措施，掌握高层建筑施工的工艺要求和技术标准等。

10.1 高层建筑施工概述

我国《民用建筑设计统一标准》（GB 50352—2019）中规定，建筑高度大于 27.0m 的住宅建筑和建筑高度大于 24.0m 的非单层公共建筑，且高度不大于 100.0m 的，为高层民用建筑。建筑高度大于 100.0m 为超高层建筑。

10.1.1 高层建筑的结构体系

高层建筑的结构体系大体可以分为：框架结构体系、剪力墙结构体系、框架-剪力墙结构体系、简体结构体系、其他结构体系等。

（1）框架结构体系

它是由梁、柱构件通过节点连接组成的结构。其特点包括：布置灵活，可形成较大的使用空间；施工简便，较经济；但抗侧移刚度小，侧移量大；对支座不均匀沉降较敏感等。设计时需注意：框架结构体系层数受到限制，在水平荷载作用下将产生较大侧移，节点常常是导致结构破坏的薄弱环节，需要注意填充墙的材料以及填充墙与框架的连接。主要适用于非抗震区和层数较少的建筑。

（2）剪力墙结构体系

它是由墙体承受全部水平荷载和竖向荷载的结构。其特点包括：刚度大、侧移小、空间整体性好；房内无梁柱棱角，整体美观；间距小，平面布置不灵活；自重较大。设计时需注意：为了满足底层大空间的要求，可以将剪力墙的底部几层做成框架，称为框支剪力墙。主要适用于住宅和旅馆，具有开间小、墙体多、房间面积不大的特点。

（3）框架-剪力墙结构体系

它是在框架中设置部分剪力墙，使框架和剪力墙两者结合起来，共同抵抗水平及竖向荷载的结构。其特点是既有框架结构布置灵活、使用方便的特点；又有较大的刚度和较强的抗震能力；剪力墙承担大部分水平荷载，框架则承担竖向荷载；框架会发生剪切变形，剪力墙会发生弯曲变形，框架-剪力墙则属于弯剪变形。设计时需注意：剪力墙的数量、剪力墙的布置方式及间距。广泛应用于非高层办公楼和旅馆建筑。

（4）筒体结构体系

随着建筑层数、高度的增长和抗震设防要求的提高，由框架和剪力墙组成的高层建筑以平面工作状态的结构体系往往不能满足要求。这时可以由剪力墙构成空间薄壁筒体，成为竖向悬臂箱形梁，加密柱子，以增强梁的刚度，也可以形成空间整体受力的框筒，由一个或多个筒体为主抵抗水平力的结构称为筒体结构。其主要特点：空间结构，抵抗水平荷载的能力更大。主要适用于在超高层结构。目前，世界最高的 100 栋建筑中有 2/3 采用筒体结构。

筒体结构体系通常有：筒中筒、框架-筒、多重筒、成束筒结构等。

（5）其他结构体系

除以上介绍的几种结构体系外，还有其他一些结构形式也可应用，如薄壳、悬索、膜结构、网架，另外还包括一些新型结构。新型结构体系主要包括悬挂结构、巨型框架结构、巨型桁架结构、高层钢结构中的刚性横梁或桁架等。典型例子有香港汇丰银行大楼（悬挂结构）、港岛香格里拉大酒店（巨型框架结构）、香港中国银行大厦（巨型桁架结构）、新建的某些奥体中心建筑（高层钢结构中的刚性横梁或桁架）等。不过目前应用最广泛的还是框架、剪力墙、框架-剪力墙和筒体等四种结构。

10.1.2 高层建筑结构的管理概述

（1）高层建筑施工管理特点及任务

① 高层建筑施工管理的特点：严格科学管理、严密组织施工；突出全过程、全方位管理，包括立体交叉作业、土建水电配套工程全面协调；精细化施工的每一环节。

② 其管理任务主要指：落实项目、签订合同、施工准备，科学组织施工，以及全面控制协调、编制施工组织设计、下达任务书、工程管理、交工验收等。

（2）搞好高层建筑施工管理

高层建筑施工管理包括：计划管理、技术管理、质量管理、材料设备管理、承包管理、水电设备配套管理等。对高层建筑的施工管理贯穿于全过程、全方位，是一项错综复杂的系统工程，必须慎之又慎，在施工前必须制定周密、详细的施工组织方案和施工计划。在制定方案时既要考虑现场施工条件、各专业间的施工配合，同时必须结合本工程的特点深入细致地研究各状态下的施工情况，提前做好预案。通过周密的计划、系统的安排、灵活的协调，在施工过程中不断调整和完善施工方案，确保高质量、高效率、安全地进行施工。

10.2 高层建筑施工设备

10.2.1 垂直运输设备

（1）塔式起重机

塔式起重机具有竖直的塔身，具有较大的工作空间。它的安装位置能靠近施工的建筑物，有效工作幅度较其他类型起重机大。塔式起重机的类型很多，广泛用于高层建筑施工中，按其使用和架设方法的不同可分为轨道式、爬升式（内爬式）、附着式这三种。

① 轨道式塔式起重机。轨道式塔式起重机是一种在轨道上行驶的自行式塔式起重机。其中，有的只能在直线轨道上行驶，有的可沿"L"形或"U"形轨道行驶。作业范围在两倍幅度的宽度和走行线长度的矩形面积内，并可负荷行驶。一般可根据需要适当增加塔身节数以增加起重高度，故适用面较广。但重心高，对整机稳定及塔身受力不利，装拆费工时。

常用的轨道式塔式起重机有 QT1-2 型、QT1-6 型、QT-60/80 型等。轨道式塔式起重机主要性能参数有：吊臂长度、起重幅度、起重量、起升速度及行走速度等。

图 10-1 为 QT-60/80 型塔式起重机外形，它是一种上回转自升塔式起重机，起重量为 30～80kN，幅度为 7.5～20m，它由塔身、底架、塔顶、塔帽、吊臂、平衡臂和起升、变幅、回转、行走机构及电气系统等组成。其特点是塔身可以按需要增减互换节而改变长度，并且可以转弯行驶。

② 爬升式塔式起重机。爬升式塔式起重机又称内爬式塔式起重机，是自升式塔式起重机的一种，它由底座、套架、塔身、塔顶、行车式起重臂、平衡臂等部分组成。安装在高层装配式结构的框架梁或电梯间结构上，每安装 1～2 层楼的构件，便靠一套爬升设备使塔身沿建筑物向上爬升一次。

爬升机构包括液压式和机械式两种，图 10-2(a) 所示为液压爬升机构，由爬升梯架（简称爬梯）、液压缸、爬升横梁和支腿等组成。爬升梯架由上、下承重梁构成，两者相隔两层楼，工作时用

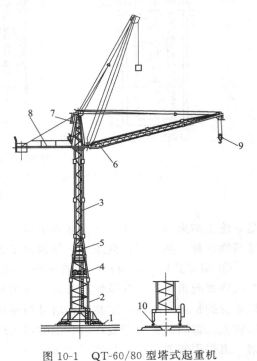

图 10-1　QT-60/80 型塔式起重机

1—从动台车；2—下节塔身；3—上节塔身；4—卷扬机构；5—操纵室；6—吊臂；7—塔顶；8—平衡臂；9—吊钩；10—驱动台车

螺栓固定在筒形结构的墙或边梁上，梯架两侧有踏步。其承重梁对应于起重机塔身的四根主肢，装有 8 个导向滚子，在爬升时起导向作用。塔身套装在爬升梯架内，顶升液压缸铰接于爬升横梁上，而下端（活塞杆端）铰接于活动的下横梁中部。塔身两侧装支腿（塔身支腿），活动横梁两侧也装支腿（横梁支腿），这两对支腿轮流支承在爬梯踏步上，使塔身上升。

图 10-2(b) 为爬升式塔式起重机的爬升过程。爬升横梁 4 的横梁支腿 5 支承在爬梯 2 下面的踏步上［图 10-2(b) ①］，顶升液压缸 1 进油，将塔身 8 向上顶升［图 10-2(b) ②］；顶到一定高度以后，塔身两侧的支腿 3 支承在爬梯的上级踏步上［图 10-2(b) ③］，液压缸回缩，将爬升横梁提升到上一级踏步，并张开支腿 5 支承于上一级踏步上［图 10-2(b) ④］。如此重复，使起重机上升。

爬升式塔式起重机主要用于高层（10 层以上）框架结构安装及高层建筑施工。其特点是机身小、重量轻、安装简单、不占用建筑物外围空间；适用于现场狭窄的高层建筑结构安装。但是塔吊要全部压在建筑物上，建筑结构承重需要加强，增加了建筑物造价；爬升必须与施工进度互相协调，并且只能在施工间歇进行；司机不能直接看到吊装过程；更为麻烦的

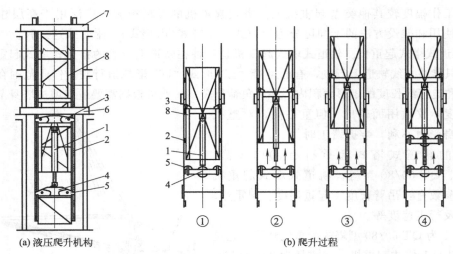

(a) 液压爬升机构　　　　　　　　　　(b) 爬升过程

图 10-2　爬升式塔式起重机

1—液压缸；2—爬升梯架；3—塔身支腿；4—爬升横梁；5—横梁支腿；6—下承重梁；

7—上承重梁；8—塔身

是，施工结束后，需要用屋面起重机或其他设备将塔吊各部件一个一个拆下来，放在竣工的建筑物顶部，然后再放到地面，屋顶为了支承这些设备又需要加强承重。

③ 附着式塔式起重机。附着式塔式起重机是固定在建筑物近旁钢筋混凝土基础上的自升式塔式起重机。随建筑物的升高，利用液压自升系统逐步将塔顶升高、塔身接高。为了保证塔身的稳定，每隔一定高度将塔身与建筑物用锚固装置水平联结起来，使起重机依附在建筑物上。锚固装置由套装在塔身上的锚固环、附着杆及固定在建筑结构上的锚固支座构成。第一道锚固装置设于塔身高度的 30～50m 处，自第一道向上每隔 20m 左右设置一道，一般锚固装置设 3～4 道。这种塔式起重机适用于高层建筑施工。因起重机装在建筑结构近旁，司机可看到吊装的全过程，施工过程不受安装与拆卸的影响。

附着式塔式起重机的主要性能参数包括：吊臂长度、工作半径、最大起重量、最大起升高度、起升速度、爬升机构速度及附着间距等。表 10-1 为 QTZ100 型塔式起重机的起重性能参数。

表 10-1　QTZ100 型塔式起重机的起重性能参数

臂长 54m				臂长 60m			
幅度/m	起重量/kN	幅度/m	起重量/kN	幅度/m	起重量/kN	幅度/m	起重量/kN
3～15	80	40	25	3～13	80	38	22.5
16	75	42	23.5	14	74.7	40	21
18	64.6	44	22.1	16	63.9	42	19.7
20	57.2	46	20.9	18	55.7	44	18.6
22	51.2	48	19.8	20	49.2	46	17.5
24	46.3	50	18.7	22	44	48	16.5
26	42.1	52	17.8	24	39.7	50	15.6
28	38.6	54	16.9	26	36	52	14.8
30	35.6			28	32.9	54	14
32	32.9			30	30.2	56	13.3
34	30.6			32	27.9	58	12.6
36	28.5			34	25.9	60	12
38	26.6			36	24.1		

注：起升滑轮组倍率 $\alpha = 20$，最大起重量为 40kN。

附着式塔式起重机的自升接高主要是利用液压缸顶升，采用外套架液压缸侧顶式。其顶升过程见图 10-3，一般分五个步骤：

a. 将标准节吊到摆渡小车上，并将过渡节与塔身标准节相连的螺栓松开，准备顶升 [图 10-3(a)]。

b. 开动液压千斤顶，将塔吊上部结构包括顶升套架向上顶升到超过一个标准节的高度，然后用定位销将套架固定。于是塔吊上部结构的重量就通过定位销传递到塔身 [图 10-3(b)]。

c. 液压千斤顶回缩，形成引进空间，此时将装有标准节的摆渡小车开到引进空间内 [图 10-3(c)]。

d. 利用液压千斤顶稍微提起标准节，退出摆渡小车，然后将标准节平衡地落在下面的塔身上，并用螺栓加以连接 [图 10-3(d)]。

e. 拔出定位销，下降过渡节，使之与已接高的塔身连成整体 [图 10-3(e)]。如需继续接高塔身，则可重复上述工序。

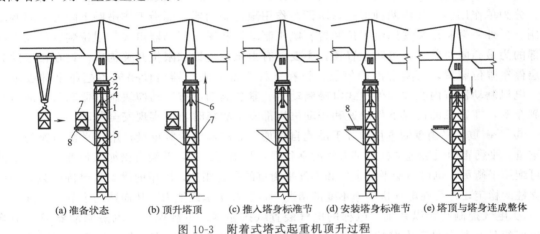

(a) 准备状态　　(b) 顶升塔顶　　(c) 推入塔身标准节　　(d) 安装塔身标准节　　(e) 塔顶与塔身连成整体

图 10-3　附着式塔式起重机顶升过程

1—顶升套架；2—液压千斤顶；3—承座；4—顶升横梁；5—定位销；6—过渡节；7—标准节；8—摆渡小车

附着式塔式起重机的优点在于：建筑物只承受塔吊传递的水平载荷，即塔吊附着力；起重机附着在建筑物外部，附着和顶升过程可利用施工间隙进行，对于总的施工进度影响不大；某些小件可在地面组合成大件吊装，减少了高空的工作量，可以提高效率，对于安全有利；司机可以看到吊装全过程，对吊车操作有利；其拆卸是安装的逆过程，比内爬式方便。其缺点在于：吊臂要长，且塔身高，所以塔吊的造价和重量都明显更高。

（2）施工电梯

建筑施工电梯又称为施工升降机，是种用以提升建筑与装饰材料、物件用具和施工作业人员的垂直运输设备，俗称客货两用电梯，它能随建筑物升高而自行安装、分层提升物料及人员。现已在多层和高层建筑施工中广为应用。

施工电梯的主要部件为吊笼、带有底笼的安全栅、立柱导轨架、驱动装置、电气控制与操纵系统、安全装置等。

① 立柱导轨架。一般立柱由无缝钢管焊接成的桁架结构和带有齿条的标准节组成，标准节长为 1.5m，标准节之间采用套柱螺栓连接，并在立柱杆内装有导向楔。

② 带底笼的安全栅。电梯的底部有一个便于安装立柱段的平面主框架，在主框架上立有带镀锌铁网状护围的底笼。底笼的高度约为 2m，其作用是在地面把电梯整个围起来，以防

止电梯升降时闲人进出而发生事故。底笼入口的一端有一个联锁装置，当吊厢在上方运行时即锁住，安全栅上的门无法打开，直至吊厢降至地面后，连锁装置才能解脱，以保证安全。

③ 吊笼。吊笼又称为吊厢，它不仅是载人载物的容器，而且是安装驱动装置和架设或拆卸支柱的场所。吊笼内的尺寸一般为（长×宽×高）3m×1.3m×2.7m。吊笼底部由浸过桐油的硬木或钢板铺成，主要由型钢焊接骨架结构组成，顶部和周壁由方眼编织网围护结构组成。

一般国产电梯，在吊笼的外沿都装有司机专用的驾驶室，内有电气操纵开关和控制仪表盘，或在吊笼一侧设有电梯司机专座，负责操纵电梯。

④ 驱动装置。驱动装置是使吊笼上下运行的一组动力装置，其齿轮齿条驱动机构可为单驱动、双驱动，甚至三驱动。

⑤ 安全装置。国产的施工外用载人电梯大多配有两套制动装置，其中一套就是限速制动器。它能在紧急的情况下，如电磁制动器失灵、机械损坏或严重过载、吊笼超过了规定的速度约15%，使电梯马上停止工作。常见的限速制动器是锥鼓式限速制动器，根据功能不同，分为单作用和双作用两种形式，所谓单作用限速制动器只能沿工作吊厢下降方向起制动作用。另外一套制动装置则由限位装置、电机制动器和紧急制动器组成。限位装置设在立柱顶部的为最高限位装置，可防止冒顶，主要是有由限位碰铁和限位开关构成；设在楼层的为分层停车限位装置，可实现准确停层；设在立柱下部的限位器可使吊笼不超越下部极限位置。电机制动器有内胀式和外抱式电磁制动器。紧急制动器有手动楔块制动器和脚踏液压紧急刹车等，在紧急的情况下如限速和传动机构都发生故障时，可实现安全制动。

⑥ 平衡重。平衡重的重量约等于吊笼自重加1/2的额定荷载重量，用来平衡吊笼的一部分重量。平衡重通过绕过主柱顶部天轮的钢丝绳，与吊笼连接，并装有松绳限位开关。每个吊笼可配用平衡重，也可不配平衡重。和不配平衡重的吊笼相比，配用的优点是保持荷载的平衡和立柱的稳定，并且在电动机功率不变的情况下，提高了承载能力，从而达到了节能的目的。

⑦ 电气控制与操纵系统。电梯的电气装置（接触器、过载保护、电磁制动器或晶闸管等电气组件）装在吊笼内壁的箱内，为了保证电梯运行安全，所有电气装置都重复接地。一般在地面、楼层和吊厢内的三处设置了上升、下降和停止的按钮开关箱，以防万一。在楼层上开关箱放在靠近平台栏栅或入口处。在吊笼内的传动机械座板上，除了有上升与下降的限位开关以外，在中间还装有一个主限位开关，当吊笼超速运行，该开关可切断所有的三相电源，下次在电梯重新运行之前，应将限位开关手动复位。利用电缆可使控制信号和电动机的电力传送到电梯吊笼内，电缆卷绕在底部的电缆筒上。高度很大时，为了避免电缆受风的作用而绕在主柱导轨上，应设立专用的电缆导向装置。吊笼上升时，电缆随之被提起，吊笼下降时，电缆经由导向装置落入电缆筒。

施工电梯：按动力源，分为电动式、内燃式；按传动方式，分为齿轮齿条式、液压（静压）式和钢绳牵引式；按安装角度，分为垂直式和斜式；按梯笼数，分为单笼和双笼；按用途，分为货梯和人货两用梯。人货两用建筑施工电梯如图10-4所示。其吊笼装在井架外侧，沿齿条式轨道升降。它附着在外墙或建筑结构上，可载货1.0～1.2t，可乘12～15人，可随建筑主体结构施工往上接高100m，特别适用于高层建筑。

（3）桅杆式起重机

桅杆式起重机的特点能在比较狭窄的工地使用，制作简单，装拆方便，起重量较大（100t以上），能解决其他大机械缺乏和不足的困难。但其服务半径小，移动困难，需要拉设较多的缆风绳，故一般仅用于安装工程量集中的工程。

椸杆式起重机按其构造不同,可分为独脚拔杆、人字拔杆、悬臂拔杆和牵缆式椸杆起重机等几种,如图10-5所示。具体内容详见7.1.1节。

(4)井架

井架是建筑工程中进行砌筑和装修施工时最常用的垂直运输设备,它可用型钢或钢管加工成定型产品,或用其他脚手架部件搭设。一般井架为单孔,也可设成双孔或三孔。井架构造简单、加工容易、安装方便、价格低廉、稳定性好,且当设置有附着杆件与建筑物拉结时,无须设置缆风绳。图10-6为井架的示意图。在井架内设有吊盘(或混凝土料斗),其吊重可达1~3t,由卷扬机带动其升降。当为双孔或三孔井架时,可同时设吊盘及料斗,以满足同时运输多种材料的需要。型钢井架的搭设高度可达60m。当井架高度小于或等于15m时,须设缆风绳一道;当高度大于15m时,每增高10m增设一道。每道缆风绳为4根,采用9mm的钢丝绳,其与地面夹角为45°。为了扩大起重运输服务范围,常在井架上安装悬臂椸杆,椸杆长5~10m,起重荷载0.5~1t,工作幅度2.5~5.0m。

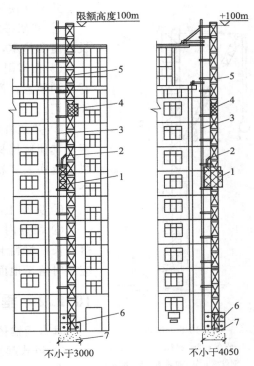

图 10-4 人货两用建筑施工电梯

1—吊笼;2—小吊杆;3—架设安装杆;4—平衡箱;
5—导轨架;6—底笼;7—混凝土基础

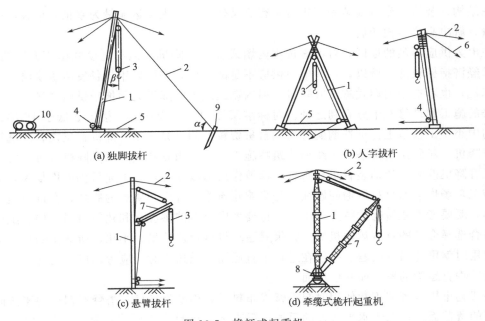

(a) 独脚拔杆

(b) 人字拔杆

(c) 悬臂拔杆

(d) 牵缆式椸杆起重机

图 10-5 椸杆式起重机

1—拔杆;2—缆风绳;3—起重滑轮组;4—导向装置;5—拉索;6—主缆风绳;7—起重臂;
8—回转盘;9—锚碇;10—卷扬机

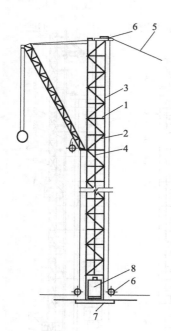

图 10-6　井架
1—平撑；2—斜撑；3—立柱；
4—钢丝绳；5—缆风绳；6—滑轮；
7—垫木；8—内吊盘

井架在使用中应注意下列事项。

① 井架必须立于可靠的地基和基座之上。井架立柱底部应设底座和垫木，其处理要求同外脚手架。

② 在雷雨季节使用的、高度超过 30m 的钢井架，应装设防雷保护装置；没有装设防雷保护装置的井架，在雷雨天气应暂停使用。

③ 井架自地面 5m 以上的四周（出料口除外），应使用安全网或其他遮挡材料（竹笆、篷布等）进行封闭，避免吊盘上材料坠落伤人。卷扬机司机操作观察吊盘升降的一面只能使用安全网。

④ 井架上必须有限位自停装置，以防吊盘上升时"冒顶"。

⑤ 吊盘内不要装长杆材料和零乱堆放的材料，以免材料坠落或长杆材料卡住井架酿成事故。吊盘不得长时间悬于井架中，应及时落至地面。

10.2.2　垂直运输体系及选择要求

垂直运输体系一般有下列组合：

① 塔式起重机＋施工电梯；

② 塔式起重机＋混凝土泵＋施工电梯；

③ 塔式起重机＋快速提升机（或井架）＋施工电梯；

④ 井架＋施工电梯；

⑤ 井架起重机＋快速提升机＋施工电梯。

在结构、装修、设备安装施工进行平行交叉作业时，人货运输最为繁忙，应设法疏导人货流量，解决高峰运输矛盾。

在电力供应不足的地区，可考虑选用内燃式施工升降机，但与电动式施工升降机相比，其技术经济指标较低。所以，一些电力供应不足的工地，宁可采用自备发电机供给电动式施工升降机，也不选用内燃式施工升降机。但内燃式施工升降机无须拖带供电电缆，对于超高层大楼的施工和维修有十分有利之处。对标准层面积小于 $500m^2$、楼层数低于 15 层、工期不紧的中小型工程施工，可选购购置费和台班费较低的单笼施工升降机；反之，应选用双笼施工升降机。对斜拉桥桥塔等折线形建筑物施工，可选用倾斜式施工升降机（可用常规直立式施工升降机改装、传动装置重新布置、梯笼作局部改动等，施工完后仍可恢复为直立式）。

施工现场作业面材料运输问题往往是影响建筑施工进度和质量的瓶颈，在进行施工方案选择时，既要考虑建筑物的特点、工期，也要考虑材料的供应量和建筑材料结构、配件的特点，综合选择合理的垂直运输机械。如果只追求机械台班数量最小化，所选择的垂直运输机械在使用时就可能出现问题。一般在进行垂直运输机械选择时，应考虑以下内容。

（1）垂直运输的覆盖面和供应面

塔式起重机以塔架正常使用时起重臂或布料最远幅度为半径，塔臂所扫过的覆盖面积称为塔吊的覆盖面；借助于水平运输的手段，垂直运输材料供应所能达到的经济合理的范围，称为垂直运输的供应面。建筑工程的全部工作面均应处于垂直运输设备的覆盖面和供应面之内。

（2）水平运输手段

在施工过程中既要垂直运输，也应考虑水平运输。在考虑垂直运输时，必须同时考虑施工现场的水平运输方案。砌筑工程中水平运输经常采用的是除塔吊外，其他的垂直运输机械所对应选择的水平运输设备，施工中散料一般采用双轮手推车或机动翻斗车。运输过程中应防止砖、石、砌块等的缺角、烂面等破损以及砂浆的分层、离析等现象发生，预制楼板通常采用手推车运输。作业面上的水平运输条件较差，应尽量减少水平运输的距离，合理选择施工路线，尽量少在墙体上预留施工洞。

（3）提升高度

所选择的垂直运输设备的提升能力应至少比实际需要的提升高度大3m，以防止提升设备冲顶，确保安全。

（4）供应能力

塔吊的供应能力等于吊量（每次可正常吊运材料的体积、重量等）乘以吊次，其他垂直运输设备的吊次应按垂直运输设备和水平运输设备的运次低值进行考虑，然后再乘以 0.5～0.7 系数进行折减。

（5）安全保障

安全保障是现场运输的首要问题，运输设备的选择、使用、操作、维护、保养及拆除等每道环节都应重视，都必须严格按照国家安全条例和施工规范认真执行。特别应注意垂直运输设备在安装完成后，应经劳动安全有关部门检查、验收等，并取得使用合格证后，才可以正式投入使用，设备应由经过国家考核并取得相应资质的专门人员操作和管理，严禁违章作业和超载使用，严禁设备"带病"运转等。现场材料运输设备是专门用于运送材料的运输工具，严禁人员乘坐；如运输设备可以客货两用，也不得客货混装，应分别运输，确保人员安全。

10.2.3 脚手架设备

脚手架是保证高层建筑施工顺利进行的必备设备，高层建筑施工常用脚手架可分为两个大类：落地钢管脚手架和非落地脚手架。非落地脚手架主要包括附着升降脚手架、悬挑式脚手架和吊篮等。

（1）落地钢管脚手架

常用的落地钢管脚手架包括扣件式钢管脚手架、碗扣式钢管脚手架以及门式钢管脚手架。这些脚手架一般使用于高层建筑的低区或中区。落地钢管脚手架搭设高度限值见表10-2所示，供施工参考。

表 10-2　落地钢管脚手架搭设高度

脚手架类型	形式	搭设高度限值/m
扣件式钢管脚手架	单排	20
	双排	50
碗扣式钢管脚手架	单排	20
	双排	60
门式钢管脚手架	施工总荷载≤5kN/m²	45
	施工总荷载≤3kN/m²	60

① 扣件式钢管脚手架。扣件式钢管脚手架的基本组成及主要构件如图 10-7 所示。扣件式钢管脚手架主要由立杆、大横杆、小横杆、斜撑、脚手板等组成。其特点是：取材方便，配件数量少；装卸方便。

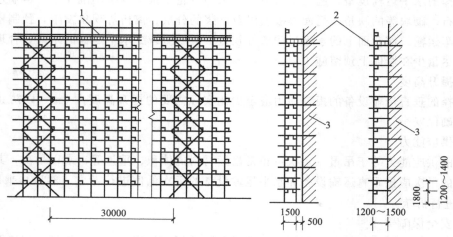

图 10-7　扣件式钢管脚手架
1—脚手板；2—连墙杆；3—墙身

钢管采用国标 3 号普通钢管，其质量符合国家标准《碳素结构钢》（GB/T 700）中 Q235-A 级钢的规定的电焊钢管，其截面特性如表 10-3 所示，钢管供应长度一般为 6～6.5m。脚手架钢管的连接采用扣件。常见扣件如图 10-8 所示。脚手架立杆底端立于底座上，以传递荷载到地面上，底座如图 10-9 所示。

表 10-3　脚手架钢管截面特性

外径 φ /mm	壁厚 t /mm	截面积 A /mm²	惯性矩 I /mm⁴	截面抵抗矩 W /mm³	回转半径 i /mm	每米长质量 /(kg/m)
48	3.5	4.893×10^2	1.219×10^5	5.078×10^3	15.78	3.84
51	3.0	4.524×10^2	1.308×10^5	5.129×10^3	17.00	3.55

(a) 回转扣件　　　　(b) 直角扣件　　　　(c) 对接扣件
图 10-8　钢管脚手架扣件

② 碗扣式钢管脚手架。碗扣式钢管脚手架是采用定型钢管杆件和碗扣连接而成的一种承插式多立杆脚手架，它主要是靠碗扣节点的锁紧连接功能实现脚手架搭设的。碗扣节点由上碗扣、下碗扣、横杆接头和限位销组成，见图 10-10。

③ 门式钢管脚手架。门式钢管脚手架由门架、交叉支撑、连接棒、锁臂、挂扣式脚手

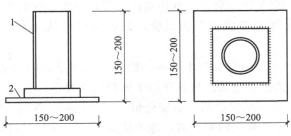

图 10-9 扣件式钢管脚手架底座
1—承插钢管；2—钢板底座

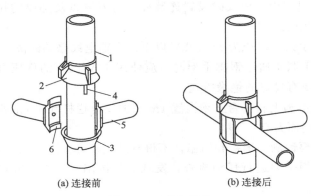

(a) 连接前   (b) 连接后

图 10-10 碗扣节点
1—立杆；2—上碗扣；3—下碗扣；4—限位销；5—横杆；6—横杆接头

板等基本构、配件组成，如图 10-11 所示。它是当今应用最普遍的脚手架之一。它不仅可作为外脚手架，也可作为内脚手架或满堂脚手架。门式钢管脚手架具有几何尺寸标准化、结构合理、受力性能好、施工中装拆容易、安全可靠、经济实用等特点。

落地钢管脚手架搭设和使用要求如下。

① 落地钢管脚手架搭设。脚手架搭设应满足工人操作、材料堆放及运输要求。其宽度一般为 1.5～2m，每步架高为 1.2～1.4m，外脚手架所承受的施工荷载不得大于 $3kN/m^2$。脚手架应具有足够的强度和刚度，应铺满、铺稳，不得有空头板。过高的外脚手架和钢脚手架应设防雷接地装置，外侧应设安全网。

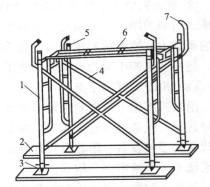

图 10-11 门式钢管脚手架的基本单元
1—门架；2—平板；3—螺旋基脚；4—剪刀撑；
5—连接棒；6—水平梁架；7—锁臂

对脚手架的基本要求是：

a. 构造合理，坚固稳定，与结构拉结、支撑可靠，不得随意加大脚手杆距离或不设拉结；

b. 脚手架的地基应整平夯实或加设垫木、垫板，使其具有足够的承载力，以防止发生整体或局部沉陷，摇晃、失稳；

c. 搭设、拆除和搬运方便，能长期周转使用；

d. 考虑多层作业、交叉作业和多工种作业的需要，减少搭拆次数；

e. 应与垂直运输设施和楼层作业相适应，以确保材料从垂直运输安全转入楼层水平运输。

② 落地钢管脚手架工程的安全技术要求。脚手架虽然是临时设施，但对其安全性应给予足够的重视，脚手架的搭设应该严格遵守以下安全技术要求：

a. 工人在作业时，必须戴安全帽，系安全带，穿软底鞋。在雨、雪、冰冻的天气施工，架子上要有防滑措施，并在施工前将积雪、冰碴清除干净。脚手材料应堆放平稳，工具应放入工具袋内，上下传递物件时不得抛掷。不得使用腐朽和严重开裂的竹、木脚手板，或虫蛀、枯脆、劈裂的材料。

b. 脚手架在搭设过程中，要及时设置连墙杆、剪刀撑以及必要的拉绳和吊索，避免搭设过程中发生变形、倾倒。

c. 防电、避雷脚手架与电压为 $1 \sim 20 \mathrm{kV}$ 以下架空输电线路的距离应不小于 $2\mathrm{m}$，同时应有隔离防护措施。施工照明通过钢脚手架时，应使用 $12\mathrm{V}$ 以下的低压电源。电动机具必须与钢脚手架接触时，要有良好的绝缘措施。

d. 脚手架斜道外侧和上料平台必须设置 $1\mathrm{m}$ 高的安全栏杆和 $18\mathrm{cm}$ 高的挡脚板或挂防护立网，并随施工层升高而升高。

e. 脚手板的铺设要铺满、铺平和铺稳，不得有悬挑板。

f. 复工工程应对脚手架进行仔细检查，发现立杆沉陷、悬空、节点松动、架子歪斜等情况，应及时处理。

g. 脚手架应有良好的防电、避雷装置。钢管脚手架、钢塔架应有可靠的接地装置，每 $50\mathrm{m}$ 长应设一处，经过钢管脚手架的电线要严格检查，谨防破皮漏电。

③ 落地钢管脚手架承载力的复核验算。钢管外脚手架在同时施工作业层数较多时，由于施工荷载的增加，必须对其承载力进行复核验算。复核验算的主要内容有：脚手架立杆基础的承载力、连墙件的承载力、脚手板的承载力、水平杆件的承载力以及立杆的承载力。此外，还要考虑脚手架在风荷载和施工荷载共同作用下的稳定问题。

（2）附着升降脚手架

附着升降脚手架即利用附着装置将脚手架附着于结构（墙体框架等）边侧，并利用自身携带的提升设备按照施工的需要向上提升或向下降落的脚手架，是高层建筑施工中最常用的现代化脚手架设备。附着升降式脚手架由架体、附着支承、提升机构和设备、安全装置和控制系统等 4 个基本部分构成。

架体：附着升降脚手架的架体由竖向主框架、水平梁架和架体板构成。竖向主框架既是构成架体的边框架，也是与附着支承构件连接、并将架体荷载传给工程结构的传载构件。水平梁架一般设于底部，承受架体板传下来的架体荷载并将其传给竖向主框架，同时水平梁架的设置也是加强架体整体性和刚度的重要措施。除竖向主框架和水平梁架外其余架体部分称为"架体板"，在承受风荷载等侧向水平荷载时，它相当于两端支承于竖向主框架之上的一块板。架体板应设置剪刀撑，以确保传载和安全工作的要求。

附着支承：附着支承是为了确保架体在使用和升降时处于稳定状态，避免晃动和抵抗倾覆作用的装置。它应达到以下要求：架体在任何状态（使用、上升或下降）下，与工程结构之间必须有不少于两处的附着支承点；必须设置防倾覆装置。

提升机构和设备：附着升降脚手架的提升机构取决于提升设备，共有吊升、顶升和爬升等三种方式。吊升式是挂置电动葫芦或手动葫芦，以链条或拉杆吊着架体沿导轨滑动而上升；提升设备为小型卷扬机时，则采用钢丝绳，依靠导向滑轮进行架体的提升。顶升式是通过液压缸活塞杆的伸长，使导轨上升并带动架体上升。爬升式是通过上下爬升箱带着架体沿导轨自动向上爬升。提升机构和设备应确保处于完好状况，且要工作可靠、动作稳定。

安全装置和控制系统：附着升降脚手架的安全装置包括防坠和防倾装置。防倾装置是采用防倾导轨及其他部件来控制架体水平位移的部件。防坠装置则是为了防止架体坠落的装置，即一旦因断链（杆、绳）等造成架体坠落时，能立即动作，及时将架体制停在防坠杆等支持结构上。附着升降式脚手架的设计、安装及升降操作必须符合有关的规范和规定。其技术关键是：与建筑物有牢固的固定措施，升降过程均有可靠的防倾覆措施，设有安全防坠落装置和措施，具有升降过程中的同步控制措施。

附着升降脚手架结构整体性好、升降快捷方便、机械化程度高且经济效益显著，是一种很有推广价值的外脚手架。按其附着支承方式可分为以下 7 种：套框式、导轨式、导座式、挑轨式、套轨式、吊套式、吊轨式。如图 10-12～图 10-18 所示。

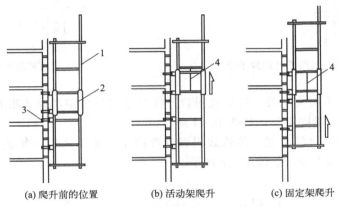

(a) 爬升前的位置　　(b) 活动架爬升　　(c) 固定架爬升

图 10-12　套框式附着升降脚手架

1—固定架；2—活动架；3—附墙螺栓；4—侧链

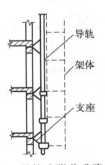

图 10-13　导轨式附着升降脚手架

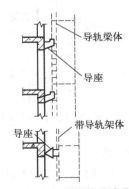

图 10-14　导座式附着升降脚手架

① 套框式附着升降脚手架。套框（管）式附着升降脚手架是由交替附着在墙体结构的固定框架和滑动框架（可沿固定框架滑动）构成的附着升降脚手架，如图 10-12 所示。

② 导轨式附着升降脚手架。导轨式附着升降脚手架是架体沿附着于墙体结构的导轨升降的脚手架，如图 10-13 所示。

③ 导座式附着升降脚手架。导座式附着升降脚手架是带导轨架体沿附着于墙体结构的导座升降的脚手架，如图 10-14 所示。

④ 挑轨式附着升降脚手架。挑轨式附着升降脚手架是架体悬吊于带防倾导轨的挑梁带（固定于工程结构上）下并沿导轨升降的脚手架，如图 10-15 所示。

⑤ 套轨式附着升降脚手架。套轨式附着升降脚手架是架体与固定支座相连并沿套轨支座升降，固定支座与套轨支座交替与工程结构附着的升降脚手架，如图 10-16 所示。

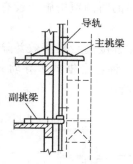

图 10-15　挑轨式附着升降脚手架

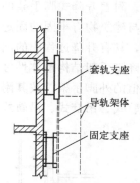

图 10-16　套轨式附着升降脚手架

⑥ 吊套式附着升降脚手架。吊套式附着升降脚手架是采用吊拉式附着支承的、架体可沿套框升降的附着升降脚手架，如图 10-17 所示。

⑦ 吊轨式附着升降脚手架。吊轨式附着升降脚手架是采用设导轨的吊拉式附着支承、架体沿导轨升降的脚手架，如图 10-18 所示。

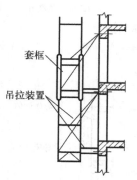

图 10-17　吊套式附着升降脚手架

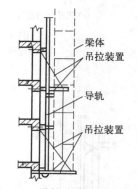

图 10-18　吊轨式附着升降脚手架

（3）悬挑式脚手架

悬挑式脚手架是从建筑物外缘悬挑出承力构件，并在其上搭设的脚手架，是高层建筑常采用的一种脚手架。这种脚手架可减轻钢管扣件脚手架底部荷载，较好地适应钢管脚手架稳定性和强度要求，并可节约钢管材料的用量。图 10-19 为悬挑式脚手架实景图。

悬挑式脚手架主要由支承架、钢底梁、脚手架支座、脚手架这几部分组成。支承架是悬挑式脚手架区别于普通脚手架的最核心部分（图 10-20），其大致有四种不同的做法：

① 以重型工字钢或槽钢作为挑梁。

② 以轻型型钢为托梁和以钢丝绳为吊杆组成上挂式支承架。

③ 以型钢为托梁和以钢管或角钢为斜撑组成下撑式支承架。

④ 三角形桁架结构支承架。

图 10-19 悬挑式脚手架实景图

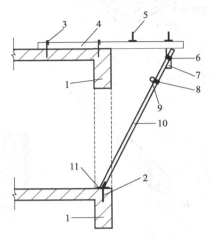

图 10-20 工字钢悬挑支承系统示意图

1—混凝土框架梁；2—斜撑预埋φ16钢筋；3—工字钢预埋
φ16钢筋；4—工字钢；5—φ16钢筋底座；6—旋转扣件；
7—钢管；8—直角扣件；9—纵向拉结钢管；
10—钢管斜撑；11—垫板

悬挑式脚手架为双排外脚手架，且分段搭设，每段搭设高度一般约12步架，每步脚手架间距按1.8m计，总高不超过21.6m为宜。脚手架与建筑物外皮的距离为20cm，每三步脚手架设置一道附着装置，与建筑物拉结。悬挑式脚手架底层应满铺厚木脚手板，其上各层脚手架可满铺薄钢板冲压成型穿孔轻型脚手板。各层脚手架均应备齐护栏、扶手、脚踢板和扶梯马道。

10.3 现浇混凝土结构高层建筑施工

10.3.1 组合式模板施工高层建筑

组合式模板是一种广泛应用于建筑的可循环使用模板。按照材料可分为组合钢模板、组合钢框木（竹）胶合板模板和胶合板模板等。

（1）组合钢模板

组合钢模板如图10-21所示。

① 55型组合钢模板。55型组合钢模板是应用最早也是目前应用较广泛的一种组合式模板。由Q235钢材制成，肋高55mm，板面厚2.5mm。由钢模板、连接件、支承件三部分组成。钢模板包括：平面模板（平模）、阴角模板、阳角模板、连接角模等。连接件包括：U形卡、L形插销、钩头螺栓、紧固螺栓、扣件、对拉螺栓等。支承件有钢楞、柱箍、梁卡具、钢支柱、早拆柱头、斜撑、挂架、钢管脚手支架等。

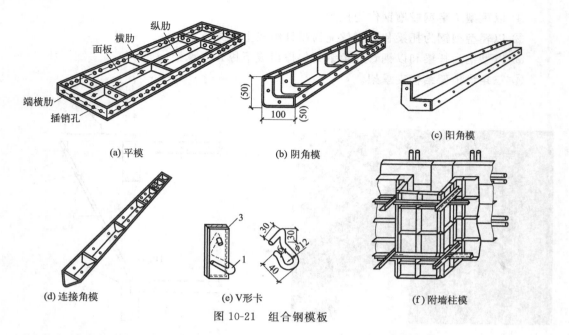

图 10-21　组合钢模板

② 中型组合钢模板。中型组合钢模板肋高为 70mm、75mm 等，模板规格尺寸也比 55 型大，刚度大，能满足侧压力 50kN/m² 的要求。G-70 模板的组成：平面模、阳角模、阴角模、L 形调节板、连接角钢等。如用于楼板、模板采用早拆支撑体系时，经济效果较显著。

（2）组合钢框木（竹）胶合板模板

① 55 型钢框胶合板模板，可与 55 型组合钢模板通用，肋高 55mm。

② 75 型钢框胶合板模板，由平面模板、连接模板（阴角模板、连接角钢、调缝角钢）、配件组成，平面模板边框高 75mm。

③ 78 型（重型）钢框胶合板模板，由钢边框、加强肋和防水胶合板面板组成。边框高 78mm，厚 3mm。模板元件承受的混凝土侧压力为 50kN/m²。

（3）胶合板模板

用胶合板作现浇墙体、楼板等的模板。优点：板幅大、板面平整，比用组合式模板接缝少，可满足清水混凝土施工要求；材质轻，运输、使用都方便；保温性能好，能防止温度变化过快，便于加工等。

① 木胶合板。胶合板由多层（5、7、9、n 层）单板经热压固化而胶合成型。相邻层的纹理相互垂直，最外层表板的纹理方向平行于板面长向，整张胶合板长向为强向，短向为弱向。

② 竹胶合板。由芯板、面板组成。常用者厚 9mm、12mm、15mm。芯板是由宽 14～17mm、厚 3～5mm 的竹条（竹帘单板）经软化后编织而成。面板有两种，一种是竹编席单板，由竹席编织而成，平面平整度较差；另一种是薄木胶合板，它平整度好。

10.3.2　大模板施工高层建筑

大模板是大尺寸的工具式模板，一般是一块墙面用一块大模板（图 10-22）。大模板基本分为三类：外墙预制内墙现浇（简称内浇外挂）、内外墙全现浇、外墙砌砖内墙现浇（简称内浇外砌）。内墙相对的两块大模板是用穿墙螺栓拉紧，顶部用卡具固定。外墙的内外大模板，多是在外模板的竖向加劲肋上焊一槽钢横梁，用其将外模板悬挂在内模板上。对于高层建筑目前主要是内外墙全现浇。

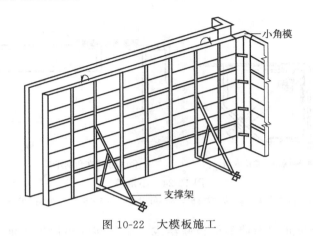

图 10-22 大模板施工

（1）大模板构造

大模板由面板、骨架、支撑系统和附件等组成（图 10-23）。

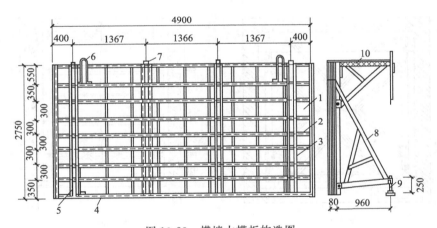

图 10-23 横墙大模板构造图

1—面板；2—横肋；3—竖肋；4—小肋；5—穿墙螺栓；6—吊环；7—上口卡座；
8—支撑架；9—地脚螺栓；10—操作平台

（2）大模板类型

① 平模。平模可以分为整体式平模、组合式平模、装拆式平模。

整体式平模：面板多用整块钢板，且面板、骨架、支撑系统和操作平台等都焊接成整体。其特点是模板的整体性好、周转次数多，但通用性差，仅用于大规模的标准住宅。

组合式平模：以常用的开间、进深作为板面的基本尺寸，再辅以少量 20cm、30cm 或 60cm 的拼接窄板，即可组合成不同尺寸的大模板，以适应不同开间和进深尺寸的需要。其特点是灵活通用，有较大的优越性，应用最广泛。板面（包括面板和骨架）、支撑系统、操作平台三部分用螺栓连接，便于解体。

装拆式平模：面板多用多层胶合板、组合钢模板或钢框胶合板模板，面板与横、竖肋用螺栓连接。其特点是用后可完全拆散，灵活性较大。

② 小角模。小角模与平模配套使用，作为墙角模板。小角模与平模间应有一定的伸缩量。图 10-24 为小角模使用中扁钢焊在角钢内、外面的两种情况。

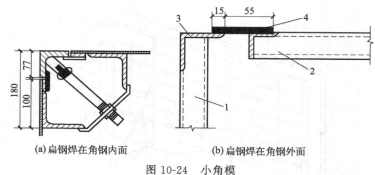

(a)扁钢焊在角钢内面　　　　(b)扁钢焊在角钢外面

图 10-24　小角模

1—横墙模板；2—纵墙模板；3—角钢 $100×63×6$；4—扁钢 $70×5$

③ 筒模。将一个房间四面墙的模板联结成一个空间的整体模板即为筒模（图 10-25）。它稳定性好，可整间吊装而减少吊次，但自重大，不够灵活。多用于电梯井、管道井等尺寸较小的筒形构件。

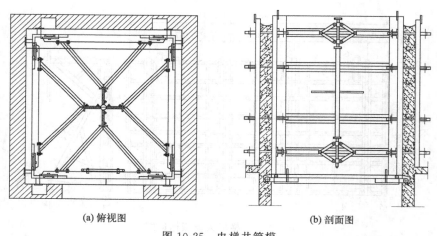

(a)俯视图　　　　　　　　　(b)剖面图

图 10-25　电梯井筒模

（3）大模板结构计算

大模板结构计算包括验算模板在新浇混凝土侧压力作用下的强度和刚度、验算穿墙螺栓的强度、计算模板存放时在风力作用下的自稳角等。

模板各构件的挠度要求控制在 $l/500$ 及以内。大模板承受的荷载主要是混凝土侧压力，其计算方法与一般模板相同。求得荷载后，大模板的面板、横肋、竖肋、穿墙螺栓等皆根据其支承情况按相应的钢结构构件进行计算。混凝土浇筑后 $10h$ 左右达到拆模强度。常在混凝土中掺加减水剂。常用的浇筑方法是料斗浇筑法。泵送混凝土时，应注意混凝土的可泵性和混凝土的布料。

10.3.3　爬升模板施工高层建筑

爬升模板简称爬模，国外亦称跳模。它由爬升模板、爬架（亦有无爬架的爬模）和爬升设备三部分组成，是施工剪力墙体系和筒体体系的钢筋混凝土结构高层建筑的一种有效的模板体系，我国已推广应用。由于模板能自爬，不需起重运输机械吊运，减少了高层建筑施工中起重运输机械的吊运工作量，能避免大模板受大风影响而停止工作。由于自爬的模板上悬挂有脚手架，所以还省去了结构施工阶段的外脚手架，能减少起重机械的数量、加快施工速度，因而经济效益较好。爬架是一种格构式钢架，用来提升爬模，由下部附墙架和上部支撑架两部分组成，高度超过三个层高。附墙架用螺栓固定在下层墙壁上；支撑架高度大于两层模板，坐落在附墙架上，与之成为整体。支撑架上端有挑横梁，用以悬吊提升爬升模板用的手拉葫芦。

模板顶端装有提升爬架用的手拉葫芦。在模板固定后，通过它提升爬架。由此，爬架与模板相互提升，向上施工。爬升模板的背面底部还可悬挂有外脚手架。爬升设备可为手拉葫芦或电动葫芦，亦可为液压千斤顶和电动千斤顶。手拉葫芦简单易行，由人工操纵，如用液压千斤顶，则爬架、爬升模板各用一台液压泵供油。爬杆由Φ25圆钢，用螺母和垫板固定在模板或爬架的挑横梁上。

在爬升时，模板与爬架是相互支承的。用爬升模板施工时，底层墙由于无法固定爬架仍需用一般支模方法进行浇筑。

爬升模板的特点是施工时模板不需拆装，可整体自行爬升；可一次浇筑一个楼层的墙体混凝土，可离开墙面一次爬升一个楼层高度；爬升时模板与混凝土脱开，阻力小；可减少起重机的吊运工作量；施工工期较易控制；爬升平稳，工作安全可靠；施工精度较高；可有效地缩短结构施工周期。

（1）有爬架爬模

有爬架的爬模结构如图10-26所示。

① 构造。模板：模板与大模板相似，构造亦相同。高度＝层高＋100～300mm，宽度在条件允许的话愈宽愈好。

爬架：其作用是悬挂模板和爬升模板。爬架由支承架、附墙架、挑横梁、爬升爬架的千斤顶架（或吊环）等组成。

爬升装置：爬升装置有环链手拉葫芦、单作用液压千斤顶、双作用液压千斤顶和专用爬模千斤顶。

② 爬升原理。爬升模板的爬升，是爬架和模板相互交替作支承，由爬升设备分别带动它们一个个楼层地向上爬升，以完成混凝土墙体的浇筑。爬架是模板爬升设备的支承结构，用以悬挂和爬升模板，同时依靠它借助校正螺栓精确地校正和固定模板。

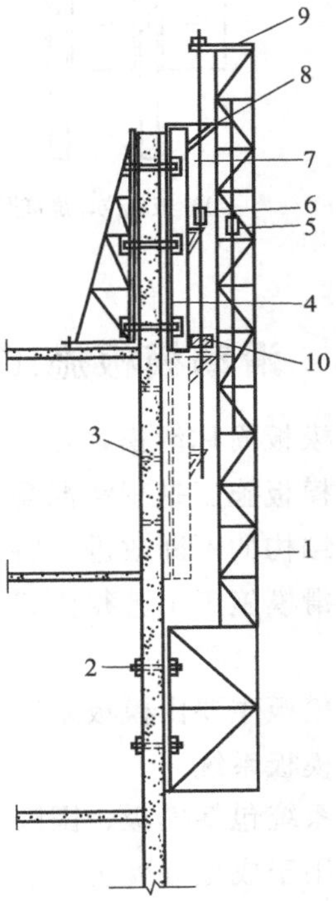

（2）无爬架爬模

无爬架爬模特点是取消爬架，模板由甲、乙两类模板组成，爬升时两类模板互为依托，交替爬升。组成：甲类模板、乙类模板、爬升装置。

图10-26 有爬架的爬升模板

1—爬架；2—爬架固定螺栓；3—内模；4—钢衬；
5—外模对拉螺栓；6—提升钢模对拉螺栓；
7—外模；8—平台；9—模板与爬架葫芦；
10—防坠挂座

无爬架爬模安装过程如下所述。

① 安装爬模：安装乙型模板下部的"生根"背楞，用穿墙螺栓固定在首层已浇筑的墙体上。

② 安装中挑架，将在地面上将模板、三角爬架、液压千斤顶等组装好的乙型模板吊起置于连接板上，并用螺栓连接，同时在中挑台上设支承，临时支承和校正模板，安装甲型模板时，用方木临时支托。

③ 外墙内侧模板吊运就位后，用穿墙螺栓将内、外侧模板固定，并校正垂直度。

④ 安装上、下挑台，挂好安全网。

⑤ 浇筑墙体混凝土。

爬升顺序如图 10-27 所示。

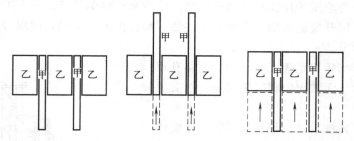

(a)模板就位，浇筑混凝土　　(b)甲型模板爬升　　(c)乙型模板爬升就位，浇筑混凝土

图 10-27　无爬架爬模的爬升顺序

10.3.4　滑动模板施工高层建筑

滑动模板简称滑模，是一种具有自升设备，可以随混凝土的浇筑而自行向上滑动的模板。滑动模板施工是现浇混凝土工程机械化程度较高的一种连续成型施工工艺。随着提升机具和模板结构的不断改进，特别是液压提升机自动化集中控制技术和施工精度调整技术的不断进步，滑模施工工艺得到迅速的发展，已广泛应用于高层及超高层民用建筑以及高耸构筑物。

滑动模板主要由模板系统、操作平台系统以及提升系统等部分组成。

（1）模板系统

模板系统包括模板、围圈和提升架等。

模板用于成型混凝土，承受新浇混凝土的侧压力，多用钢模或钢木组合模板。模板的高度取决于滑升速度和混凝土达到出模强度（$0.2 \sim 0.4 \text{N/mm}^2$）所需的时间，一般高 $1.0 \sim 1.2\text{m}$。为防止滑升过程中混凝土与模板的黏结引起滑升困难，应将模板做成上口小、下口大的锥形，单面锥度约 $0.2\% \sim 0.5\%$。两块模板的间距控制则以模板上口以下 1/2 模板高度处的净间距为结构断面的厚度。

围圈用于支承和固定模板，一般情况下，模板上下各布置一道，它承受模板传来的水平侧压力（混凝土的侧压力和浇筑混凝土时的水平冲击力）和由摩阻力、模板与围圈自重（如操作平台支承在围圈上，还包括平台自重和施工荷载）等产生的竖向力。围圈可视为以提升架为支承的双向弯曲的多跨连续梁，材料多用角钢或槽钢，并以其受力最不利情况计算确定其截面。

提升架的作用是固定围圈，把模板系统和操作平台系统连成整体，承受整个模板系统和操作平台系统的全部荷载并将其传递给液压千斤顶。提升架分单横梁式与双横梁式两种，多用型钢的制作，其截面按框架计算确定。

（2）操作平台系统

操作平台系统包括操作平台、料台、吊脚手架、随升垂直运输设施等。它是施工操作的场所。其承重构件（平台桁架、钢梁、铺板、吊杆等）根据其受力情况按一般的钢结构进行计算。

（3）提升系统

提升系统包括支承杆、液压千斤顶和提升动力装置（即液压系统）等，它是使滑动模板向上滑升的动力装置。支承杆（又称爬杆）既是液压千斤顶向上爬升的轨道，又是滑动模板的承重支柱，它承受施工过程中的全部荷载，其规格要与选用的千斤顶相适应。

滑动模板施工的特点：①可以大大节约模板和支承材料；②减少支、拆模板用工，加快施工速度；③由于混凝土连续浇筑，可保证结构的整体性；④模板一次性投资多、耗钢量大；⑤对建筑物立面造型和结构断面变化有一定的限制；⑥施工时宜连续作业，施工组织要求较严。

滑动模板作为高层建筑施工的一种手段，对建筑形体和混凝土均有一些特定要求，如下：

① 一般要求。建筑设计应简洁整齐；结构布置应使构件竖向的投影重合，有碍模板滑升的局部突出结构要尽量避免。滑模设计对构件的最小尺寸要求如表10-4所示。

表 10-4 滑模设计对构件的最小尺寸要求

构件名称	最小尺寸要求
无筋墙板	180mm
有筋墙板	140mm
混凝土梁宽度	200mm
混凝土独立柱子	400mm×400mm

② 滑模施工对混凝土的要求。

a. 滑模施工的混凝土强度等级不宜大于 C60；

b. 普通混凝土强度等级不应低于 C20；

c. 轻骨料混凝土强度等级不应低于 LC15；

d. 同一个滑升区段内的承重构件，在同一标高范围应采用同一强度等级的混凝土。

10.4 装配式混凝土结构高层建筑施工

10.4.1 优点

由预制构件在工地装配而成的建筑，称为装配式建筑。装配式混凝土结构高层建筑的施工优点在于：各层混凝土板均为就地重叠浇筑，不需底模，只需少量边模，可节约大量木材；混凝土浇筑均在地面进行，高空作业少，施工安全；不需大型起重设备，只需一些小型机具即可进行施工，施工工序简单，施工速度快；适合在城市中狭窄场地上进行施工等。常用的施工方法有升板法施工、劲性混凝土柱的升滑（升提）施工和柔性配筋逐层升模现浇柱施工等。

10.4.2 升板法施工

（1）逐段升板法

对高达六七十米乃至百米以上的高层建筑用升板法施工，如果将全部楼板在地面浇筑再向上逐层升起，工期会很长。因此，可以在高层建筑的垂直方向分为若干段，每段的最下一层楼板采用箱形结构以增大其承载能力，以便在其上浇筑该段的各层楼板，同时又利用箱形内部的空间作为技术夹层，敷设各种管线，这一层称为承重层。

该方法施工程序为：

① 按正常施工方法进行基础（多为杯口基础）施工。

② 柱子预制。升板法施工的柱子不仅是结构的承重构件，而且是升板法提升阶段的承重（承受待升大板重）及提升导杆构件，所以柱子的几何尺寸及预埋件、预留孔（提升用的定位孔、停歇孔等）的位置必须十分准确。

柱上的定位孔和停歇孔都是插入承重销的预留孔。定位孔又分临时固定和永久固定（屋面板或楼板）孔两种，停歇孔是临时固定搁置电动螺旋提升机的预留孔。

③ 吊装预制柱，应保证其上定位孔、停歇孔均相应在同一水平标高上。

④ 在建筑平面内进行混凝土地坪施工。混凝土地坪既是将来建筑物的地面，又是预制各层楼板、屋面板的底模。

⑤ 预制备层楼板和屋面板。一个提升单元为一块大板，其面积大小约为 20～21 根柱的范围。

⑥ 提升屋面板及楼板，利用提升机械将屋面板和楼板提升到设计标高位置，并加以固定。升板结构的提升是逐个提升每一个提升单元。各单元就位后，用现浇板带把每一层的各提升单元连成一个整体楼板。

（2）悬挂升板法

这是用于悬挂结构中的升板技术。中央竖井要事先施工，一般多用滑升模板浇筑，然后组装上部的悬臂。两套钢缆，一套直径 75mm，是悬挂楼板用的承重钢缆，其下部固定于土中，上端穿过各层楼板和顶层板固定于中央竖井顶部的悬臂结构上；另一套直径约 15mm，为提升楼板用的提升钢缆，一端与楼板固定，另一端穿过顶层板，绕过顶部的滑轮，通过中央竖井最后缠绕在地面上的提升卷扬机的鼓筒上。钢筋混凝土楼板提升至设计标高上，一端用固定装置与承重钢缆固定，另一端与中央竖井联结在一起。

（3）其他升板法

集层升板法：在地面上把各层楼板和屋面板进行叠浇，待其达到规定强度后把各层板一次提起，待板提升达到其设计标高时就将该板留下，其余各层板继续提升，直至最后一层板升到最终高度为止。升层法：在升板基础上发展起来的一种施工方法，将整个一层的主体结构进行一次提升。其施工原来是在升板的上面将外墙预制板和其他竖直结构事先安装好，然后一起向上提升，这样逐层进行，直至最下一层就位。

10.4.3 劲性混凝土柱的升滑（升提）施工

预制钢筋混凝土柱上接劲性柱，劲性柱可在地面上与预制钢筋混凝土柱连接，后整体吊装，也可将劲性柱放到顶层板上，待顶层板提升到预制柱顶后再进行连接。劲性柱部分采用升滑法进行施工。

（1）升滑法

在施工期间用劲性钢骨架代替预制钢筋混凝土柱作承重导架，在顶层板下组装柱子的滑模设备，以顶层板作为滑模的操作平台，在提升顶层板的过程中浇筑柱子的混凝土，当顶层板提升到一定高度并停放后，就提升下面各层楼板。如此反复，逐步将各层板提升到各自的设计标高，同时亦完成柱子的混凝土浇筑工作，最后浇筑柱帽形成固定节点。

（2）升提法

在顶层板下组装柱子提升模板，每提升一次顶层板，重新组装一次模板、浇筑一次柱子混凝土。与升滑法的区别：升滑法是边提升顶层板、边浇筑柱子混凝土，而升提法是在顶层板提升并固定后，再组装模板并浇筑柱子的混凝土。

（3）劲性钢骨架

由四根角钢和一定间距的缀板（或缀条）焊接而成。分段制作，一般高出叠浇楼板面60cm。劲性钢骨架上第一、第二个停歇孔的高度，要根据柱模高度和第一段劲性钢骨架预浇混凝土高度等因素综合考虑确定。分段长度取决于制作和安装的方便性。劲性钢骨架可在顶层板上分段接长，钢骨架安装的竖向偏差不超过柱高的1/1500，且不大于15mm。钢骨架的拼接与吊装可用钢井架等建筑设备。拼接时可先用螺栓临时连接，经垫平校直后在拼接处四角绑焊。焊接工艺应限制钢骨架变形，宜对称进行焊接。

10.4.4 柔性配筋逐层升模现浇柱施工

升模法亦是升板法的扩展，是将建筑物一层的墙、梁、柱的模板，通过承力架和吊杆等悬挂在固定于工具式钢柱（或劲性钢柱）上的电动升板机上，待混凝土浇筑拆模后，即用电动升板机将所有的模板一次提升一个楼层高度，然后重新组装和浇筑混凝土，如此逐层循环直至顶层。在模板逐层提升的同时，外挂脚手架亦随模板逐层提升，为结构施工服务，待结构施工结束，还可利用电动升板机再逐层下落外挂脚手架，为外装饰施工服务。优点是大量模板的垂直运输由升板机承担，减少了塔式起重机的运输量；大模板原位进行提升、组装和拆卸，大模板亦可不落地。能简化大模板施工，提高工效，易于控制建筑物的垂直度；外挂脚手架整体升降，可大大降低施工费用和劳动力消耗。

可在缺乏大型吊装设备或周围房屋密集无法安装预制柱的情况下进行高层升板建筑施工；柱子截面和用钢量小，经济性合理。升滑法和升提法的缺点是柱子的用钢量大且需耗用一部分型钢，顶层板上需搭设操作平台和进行一些现浇混凝土作业。为了降低柱子的用钢量，可改用柔性钢筋混凝土柱，用升模或滑模方法来浇筑柱子。

（1）滑模法

在顶层板上组装浇筑柱子的滑升模板，按提升单元进行柱子的滑升浇筑，按柱子的混凝土强度实际增长情况控制滑模速度。柱子混凝土强度等级不低于C25，柱子宜连续施工，其混凝土强度在 $15N/mm^2$ 以上才能在其上进行板的提升，所以要根据板的提升程序图，安排现浇柱子的施工速度。

（2）升模法

在顶层板上搭设操作平台，安装柱模和井架。操作平台、柱模和井架都随顶层板的逐层提升而上升。每当顶层板提升到一个层高后，及时施工上层柱，并利用柱子浇筑后的养护期，提升下面各层楼板。当柱子的混凝土强度≥15N/mm² 时，才可作为支承用来悬挂提升设备继续板的提升，依次交替，循序施工。

（3）提升程序

提升单元以不超过 40 根柱为宜，提升前必须编制提升程序图，提升中停歇时尽可能缩小各层板的距离，有条件时可采用集层升板。尽可能使顶层板在较低标高处，并尽早将底层板在设计位置上就位固定；尽量减少吊杆拆装次数，以及便于安装承重销或剪力块；在提升阶段若满足稳定条件，可连续提升各层板，就位后宜尽快使板柱形成刚接。

10.5　钢结构建筑施工

10.5.1　钢构件的现场制作

（1）钢结构材料

① 钢结构材料的类型。钢材宜采用 Q235、Q355、Q390、Q420、Q460 和 Q345GJ 钢，其质量应分别符合现行国家标准《碳素结构钢》（GB/T 700）、《低合金高强度结构钢》（GB/T 1591）和《建筑结构用钢板》（GB/T 19879）的规定。结构用钢板、热轧工字钢、槽钢、角钢、H 型钢和钢管等型材产品的规格、外形、重量及允许偏差应符合国家现行相关标准的规定。

② 钢结构材料的选择。各种结构对钢材要求各有不同，选用时应根据要求对钢材的强度、塑性、韧性、耐疲劳性能、焊接性能、耐锈性能等全面考虑。对厚钢板结构、焊接结构、低温结构和采用含碳量高的钢材制作的结构，还应防止脆性破坏。

承重结构钢材应保证抗拉强度、伸长率、屈服强度和硫、磷的极限含量；焊接结构应保证碳的极限含量；除此之外，必要时还应保证冷弯性能。对重级工作制和起重重量等于或大于 50t 的中级工作制焊接吊车梁或类似结构的钢材，还应有常温冲击韧性的保证；计算温度等于或低于−20℃时，Q235 钢应具有−20℃下冲击韧性的保证，Q355 钢应具有−40℃下冲击韧性的保证。对于高层建筑钢结构构件节点约束较强，以及厚板等于或大于 50mm，并承受沿板厚方向拉力作用的焊接结构，应对厚板方向的断面收缩率加以控制。

（2）制作前的准备工作

钢结构加工制作前的准备工作主要有：详图设计和审查图纸、对料、编制工艺流程、布置生产场地、安排生产计划等。

在国际上钢结构工程的详图设计一般多由加工单位负责。目前，国内一些大型工程亦逐步采用这种做法。钢结构加工制作的一般程序是：工程承包（详图设计、技术设计单位审批）材料订货、材料运输、钢结构加工、成品运输、现场安装。

审查图纸主要是检查图纸设计的深度能否满足施工的要求，核对图纸上构件的数量和安装尺寸是否无误，检查构件之间有无矛盾等；审查设计在技术上是否合理、构造是否方便施工等。

对料包括提料和核对两部分，提料时，需根据使用尺寸合理订货，以减少不必要的拼接和损耗；核对是指核对来料的规格、尺寸、重量和材质。

生产计划的主要内容是：根据产品特点、工程量的大小和安装施工进度，将整个工程划分成工号，以便分批投料、配套加工，配套出成品；根据工作量和进度计划，安排作业计划，同时作出劳动力和机具平衡计划，对薄弱环节的关键机床，需要按其工作量具体安排进度和班次。

（3）钢构件的制作

① 放样、号料和切割。放样工作包括核对图纸的安装尺寸和孔距，以1∶1的大样放出节点，核对各部分的尺寸，制作样板和样杆作为下料、弯制、铣、刨、制孔等加工的依据。放样时，铣、刨的工件要考虑加工余量，一般为5mm，焊接构件要按工艺要求放出焊接收缩量，焊接收缩量应根据气候、结构断面和焊接工艺等确定。高层钢结构的框架柱尚应预留弹性压缩量，相邻柱的弹性压缩量相差不超过5mm，若图纸要求桁架起拱，放样时上下弦应同时起拱。

号料工作包括检查核对材料，在材料上划出切割、铣、刨、弯曲、钻孔等加工位置，打冲孔，标出零件编号等。切割下料的方法有气割、机械切割和等离子切割。

② 矫正和成型。钢材使用前，由于材料内部的残余应力及存放、运输、吊运不当等原因，会引起钢材原材料变形；在加工成型过程中，由于操作和工艺原因会引起成型件变形；构件在连接过程中会存在焊接变形等。因此，必须对钢结构进行矫正，以保证钢结构制作和安装质量。钢材矫正方式主要有矫直、矫平、矫形三种。矫正按外力来源分为火焰矫正、机械矫正和手工矫正等，按矫正时钢材的温度分为热矫正和冷矫正。

钢材的成型主要是指钢板卷曲和型材弯曲。钢板卷曲是通过旋转辊轴对板材进行连续三点弯曲而形成的。型材弯曲包括型钢弯曲和钢管弯曲。

③ 边缘和球节点加工。在钢结构加工中，下述部位一般需要边缘加工。吊车梁翼缘板、支座支承面等图纸有要求的加工面；焊接坡口；尺寸要求严格的加劲板、隔板、腹板和有孔眼的节点板等。常用的机具有刨边机、铣床、碳弧气割等。近年来常以精密切割代替刨铣加工，如半自动、自动气割机等。

螺栓球宜热锻成型，不得有裂纹、叠皱、过烧；焊接球宜采用钢板热压成半圆球，表面不得有裂纹、折皱，并经机械加工坡口后焊成半圆球。螺栓球和焊接球的允许偏差应符合规范要求。网架钢管杆件直端宜采用机械下料，管口曲线采用自动切管机下料。

④ 制孔和组装。螺栓孔共分两类三级，其制孔加工质量和分组应符合规范要求。组装前，连接接触面和沿焊缝边缘每边30～50mm范围内的铁锈、毛刺、污垢、冰雪等清除干净；组装顺序应根据结构形式、焊接方法和焊接顺序等因素确定；构件的隐蔽部位应焊接、涂装，并经检查合格后方可封闭，完全封闭的构件内表面可不涂装；当采用夹具组装时，拆除夹具不得损伤母材，残留焊疤应修抹平整。

⑤ 表面处理、涂装和编号。表面处理主要是指对使用高强度螺栓连接时接触面的钢材表面进行加工，即采用砂轮、喷砂等方法对摩擦面的飞边、毛刺、焊疤等进行打磨。经过加工使其接触处表面的抗滑移系数达到设计要求额定值，一般为0.45～0.55。

钢结构的腐蚀是长期使用过程中不可避免的一种自然现象，在钢材表面涂刷防护涂层，是目前防止钢材锈蚀的主要手段。通常应从技术经济效果及涂料品种和使用环境方面，综合考虑后作出选择。不同涂料对底层除锈质量要求不同，一般来说常规的油性涂料湿润性和透气性较好，对除锈质量要求可略低一些，而高性能涂料如富锌涂料等对底层表面处理要求较高。涂料、涂装遍数、涂层厚度均应满足设计要求，当设计对涂层厚度无要求时，宜涂装4～5遍；涂层干漆膜总厚度：室外为150μm，室内为125μm，其允许偏差25μm。涂装工程由工厂和安装单位共同承担时，每遍涂层干漆膜厚度的允许误差为5μm。

通常，在构件组装成型之后即用油漆在明显之处按照施工图标注构件编号。此外，为便于运输和安装，对重大构件还要标注重量和起吊位置。图10-28为钢构件成品。

图 10-28 钢构件成品

⑥ 构件验收与拼装。构件出厂时，应提交下列资料：产品合格证；施工图和设计变更文件，设计变更的内容应在施工图中相应位置注明；制作中对技术问题处理的协议文件；钢材、连接材料和涂装材料的质量证明书或试验报告；焊接工艺评定；高强度螺栓摩擦面抗滑移系数试验报告、焊缝无损检验报告及涂层检测资料；主要构件验收记录；预拼装记录；构件发运和包装清单。

由于受运输、吊装等条件的限制，有时构件要分成两段或若干段出厂。为了保证安装的顺利进行，应根据构件或结构的复杂程度和设计要求，由建设单位在合同中另行委托制作单位在出厂前进行预拼装；除管结构为立体预拼装，并可设卡、夹具外，其他结构一般均为平面预拼装。分段构件预拼装或构件与构件的总体拼装，如为螺栓连接，在预拼装时，所有节点连接板均应装上，除检查各部位尺寸外，还应用试孔器检查板叠孔的通过率。

10.5.2 钢结构的安装工艺

（1）钢构件的运输和存放

钢构件应根据钢结构的安装顺序，分单元成套供应。运输钢构件时应根据构件的长度、重量选择运输车辆，钢构件在运输车辆上的支点两端伸出的长度及绑扎方法均应保证钢构件不产生变形、不损伤涂层。钢构件应存放在平整坚实、无积水的场地上，且应满足按种类、型号、安装顺序分区存放的要求。构件底层垫枕应有足够的支承面，并应防止支点下沉。相同型号的钢构件叠放时，各层钢构件的支点应在同一垂直线上，并应防止钢构件被压坏和变形。

（2）构件的安装和校正

钢结构安装前需对建筑物的定位轴线、基础轴线、标高、地脚螺栓位置等进行检查，并应进行基础检测和办理交接验收。钢垫板面积应根据基础混凝土的抗压强度、柱脚底板下细石混凝土二次浇灌前柱底承受的荷载和地脚螺栓（锚栓）的紧固拉力计算确定。垫板设置在靠近地脚螺栓（锚栓）的柱脚底板加劲板或肢柱下，每根地脚螺栓（锚栓）侧应设1~2组垫板，每组垫板不得多于5块。垫板与基础面和柱底面的接触应平整紧密。当采用成对斜垫板时，其叠合长度不应小于垫板长度的2/3。二次浇灌混凝土前垫板间应焊接固定。工程上常将无收缩砂浆作为座浆材料，柱子吊装前砂浆试块强度应高于基础混凝土强度一个等级。为保证结构整体性，钢结构安装在形成空间刚度单元后，应及时对柱底板和基础顶面的空隙采用细石混凝土二次浇灌。

钢结构安装前，要对构件的质量进行检查，当钢构件的变形、缺陷超出允许偏差时，应处理后，方可进行安装工作。厚钢板和异种钢板的焊接、高强度螺栓安装、栓钉焊接和负温度下施工，需根据工艺试验，编制相应的施工工艺。

钢结构采用综合安装时，为保证结构的稳定性，在每一单元的钢构件安装完毕后，应及时形成空间刚度单元。大型构件或组成块体的网架结构，可采用单机或多机抬吊，亦可采用高空滑移安装。钢结构的柱梁屋架支撑等主要构件安装就位后，应立即进行校正工作，尤其应注意的是，安装校正时，要有相应措施，消除风力、温差、日照等外界环境和焊接变形等因素的影响。

设计要求顶紧的节点，接触面应有70%的面紧贴，用0.3mm厚塞尺检查，可插入的面积之和不得大于接触顶紧总面积的30%；边缘最大间隙不应大于0.8mm。

10.5.3 钢构件的连接和固定

钢构件的连接方式通常有焊接和螺栓连接。随着高强度螺栓连接和焊接的大量使用，对被连接件的要求愈来愈严格。如构件位移、水平度、垂直度、磨平顶紧的密贴程度、板叠摩擦面的处理、连接间隙、孔的同心度、未焊表面处理等，都应经质量监督部门检查认可，方能进行紧固和焊接，以免留下难以处理的隐患。对需要焊接和高强度螺栓并用的连接件，在设计无特殊要求时，应按先栓后焊的顺序施工。图10-29为钢构件的连接现场实例。

图 10-29 钢构件的连接现场

（1）钢构件的焊接

① 钢构件焊接的基本要求。施工单位对焊接首次采用的钢材、焊接材料、焊接方法、焊后热处理等，应按国家现行的《钢结构焊接规范》和《承压设备焊接工艺评定》的规定进行焊接工艺评定，并确定出焊接工艺。焊接工艺评定是保证钢结构焊缝质量的前提，通过焊接工艺评定选择最佳的焊接材料、焊接方法、焊接工艺参数、焊后热处理等，可以保证焊接接头的力学性能达到设计要求。焊工要经过考试并取得合格证后方可从事焊接工作，焊工应遵守焊接工艺规程，不得自由施焊及在焊道外的母材上引弧。焊丝、焊条、焊钉、焊剂的使用应符合规范要求。安装定位焊缝需考虑工地安装的特点，如构件的自重、所承受的外力、

气候影响等，其焊点数量、高度、长度均应由计算确定。焊条的药皮是保证焊接电弧正常焊接过程和焊接质量及参与熔化过渡的基础。严禁使用生锈焊条。

为防止起弧落弧时弧坑缺陷出现应力集中，角焊缝的端部在构件的转角处时宜连续绕角施焊，垫板、节点板的连续角焊缝，其落弧点应距离端部至少10mm；多层焊接应连续不断地施焊；凹形角焊缝的金属与母材间应平缓过渡，以提高其抗疲劳性能。定位焊所采用的焊接材料应与焊件材质相匹配，在定位焊施工时易出现收缩裂纹、冷淬裂纹及未焊透等质量缺陷，因此，应采用回焊引弧、落弧填满弧坑的方法，且焊缝长度应符合设计要求，一般为设计焊缝高度的7倍。

焊缝检验应按国家有关标准进行。为防止延迟裂纹漏检，碳素结构钢应在焊缝冷却到环境温度、低合金钢应在完成焊接24h后，方可进行焊缝探伤检验。

② 焊接接头。钢结构的焊接接头按焊接方法分为熔化接头和电渣焊接头两大类。在手工电弧焊中，熔化接头根据焊件厚度、使用条件、结构形状的不同分为对接接头、角接接头、T形接头和搭接接头等形式。对厚度较厚的构件，为了提高焊接质量，保证电弧能深入焊缝的根部，使根部能焊透，同时获得较好的焊缝形态，通常要开坡口。

③ 焊缝形式。焊缝形式按施焊的空间位置可分为平焊缝、横焊缝、立焊缝及仰焊缝四种。平焊的熔滴靠自重过渡，操作简便，质量稳定；横焊因熔化金属易下滴，而使焊缝上侧产生咬边，下侧产生焊瘤或未焊透等缺陷；立焊成缝较为困难，易产生咬边、焊瘤、夹渣、表面不平等缺陷；仰焊必须保持最短的弧长，因此常出现未焊透、凹陷等质量缺陷。

④ 焊接工艺参数。手工电弧焊的焊接工艺参数主要包括焊接电流、电弧电压、焊条直径、焊接层数、电源种类和极性等。焊接电流的确定与焊条的类型、直径、焊件厚度、接头形式、焊缝位置等因素有关，在一般钢结构焊接中，可根据电流大小与焊条直径的关系按经验公式进行平焊电流的试选。

（2）普通螺栓连接

普通螺栓是钢结构常用紧固件之一，用作钢结构中的构件连接、固定，或钢结构与基础的连接固定。

① 类型与用途。常用的普通螺栓有六角螺栓、双头螺栓和地脚螺栓等。

六角螺栓按其头部支承面大小及安装位置尺寸分大六角头和六角头两种；按制造质量和产品等级则分为A、B、C三种。A级螺栓又称精制螺栓，B级螺栓又称半精制螺栓。A、B级螺栓适用于拆装式结构或连接部位需传递较大剪力的重要结构的安装中。C级螺栓又称粗制螺栓，适用于钢结构安装的临时固定。

双头螺栓多用于连接厚板和不便使用六角螺栓连接处，如混凝土屋架、屋面梁悬挂吊件等。

地脚螺栓一般有地脚螺栓、直角地脚螺栓、锤头螺栓和锚固地脚螺栓等形式。通常，地脚螺栓和直角地脚螺栓预埋在结构基础中用以固定钢柱；锤头螺栓是基础螺栓的一种特殊形式，在浇筑基础混凝土时将特制模箱（锚固板）预埋在基础内，用以固定钢柱；锚固地脚螺栓是在已形成的混凝土基础上经钻机制孔后，再浇筑固定的一种地脚螺栓。

② 普通螺栓的施工。普通螺栓在连接时应符合以下要求：永久螺栓的螺栓头和螺母的下面应放置平垫圈，螺母下的垫圈不应多于2个，螺栓头下的垫圈不应多于1个；螺栓头和螺母应与结构构件的表面及垫圈密贴；对于倾斜面的螺栓连接，应采用斜垫片垫平，使螺母和螺栓的头部支承面垂直于螺杆，避免紧固螺栓时螺杆受到弯曲力；永久螺栓和锚固螺栓的

螺母应根据施工图纸中的设计规定，采用有放松装置的螺母或弹簧垫圈；对于动荷载或重要部位的螺栓连接，应在螺母下面按设计要求放置弹簧垫圈；从螺母一侧伸出螺栓的长度应保持在不小于两个完整螺纹的长度；使用螺栓等级和材质应符合施工图纸的要求。

为了使螺栓受力均匀，尽量减少连接件变形对紧固轴力的影响，保证各节点连接螺栓的质量，螺栓紧固必须从中心开始，对称施拧。其紧固轴力不应超过相应规定。永久螺栓拧紧质量检验采用锤敲或用力矩扳手检验，要求螺栓不颤头和偏移，拧紧程度用塞尺检验，对接表面高差（不平度）不应超过 0.5mm。

（3）高强度螺栓连接

高强度螺栓是用优质碳素钢或低合金钢材料制作而成的，具有强度高、施工方便、安装速度快、受力性能好、安全可靠等特点，已广泛地应用于大跨度结构、工业厂房、桥梁结构、高层钢框架结构等的钢结构工程中。

① 六角头高强度螺栓和扭剪型高强度螺栓。六角头高强度螺栓为粗牙普通螺纹，有8.8S 和 10.9S 两种等级。一个六角头高强度螺栓连接副由一个螺栓、一个螺母和两个垫圈组成。高强度螺栓连接副应同批制造，保证扭矩系数稳定。扭剪型高强度螺栓连接副由一个螺栓、一个螺母和一个垫圈组成，它适用于摩擦型连接的钢结构。

② 高强度螺栓的施工。高强度螺栓连接副是按出厂批号包装供货和提供产品质量证明书的，因此在储存、运输、施工过程中，应严格按批号存放、使用。不同批号的螺栓、螺母、垫圈不得混杂使用。高强度螺栓连接副的表面经特殊处理，在施拧前要保持原状，以免扭矩系数和标准偏差或紧固轴力、变异系数发生变化。为确保高强度螺栓连接副的施工质量可靠，施工单位应按出厂批号进行复验，其方法是：高强度大六角头螺栓连接副每批号随机抽 8 套，复验扭矩系数和标准偏差；扭剪型高强度螺栓连接副每批号随机抽 5 套，复验紧固轴力和变异系数。施工单位应在产品质量保证期内及时复验，复验数据作为施拧的主要参数。为保证丝扣不受损伤，安装高强度螺栓时，不得强行穿入螺栓或兼作安装螺栓。

高强度螺栓的拧紧分初拧和终拧两步进行，可减小先拧与后拧的高强度螺栓预拉力的差别。对大型节点应分初拧、复拧和终拧三步进行，增加复拧是为了减少初拧后过大的螺栓预拉力损失，为使被毗连板紧密贴实，施工时应从螺栓群中央顺序向外拧，即从节点中刚度大的中央按顺序向不受约束的边缘施拧，同时，为防止高强度螺栓连接副的表面处理涂层发生变化影响预拉力，应在当天终拧完毕。

扭剪型高强度螺栓连接副没有终拧扭矩规定，其终拧是采用专用扳手拧掉螺栓尾部梅花头。若个别部位的螺栓无法使用专用扳手，则按直径相同的高强度大六角头螺栓采用扭矩法施拧，扭矩系数取 0.13。

高强度大六角头螺栓施拧用的扭力扳手，一般采用电动定扭力扳手或手动扭力扳手，检查用扭力扳手多采用手动指针式扭力扳手或带百分表的扭力扳手。扭力扳手在扳前和扳后均应进行扭矩校正，施拧用扳手的扭矩误差为使用扭矩的 ±5%，检查用扳手的扭矩误差为使用扭矩的 ±3%。

对于高强度螺栓终拧后的检查：扭剪型高强度螺栓可采用目测法检查螺栓尾部梅花头是否拧掉；高强度大六角头螺栓可采用小锤敲击法逐个进行检查，其方法是用手指紧按住螺母的一个边，用 0.3～0.5kg 重的小锤敲击螺母相对应的另一边，如手指感到轻微颤动即为合格，颤动较大即为欠拧或漏拧，完全不颤动即为超拧。高强度大六角头螺栓终拧结束后的检查除了采用小锤敲击法逐个进行检查外，还应在终拧 1h 后、24h 内进行扭矩抽查。扭矩抽查的方法是：先在螺母与螺杆的相对应位置划一细直线，然后将螺母退回约 30°～50°，再拧至原位（即与该细直线重合）时测定扭矩，该扭矩与检查扭矩的偏差在检查扭矩的±10％范围以内即为合格。

（4）钢结构工程的验收

钢结构工程的验收，应在钢结构的全部或空间刚度单元的安装工作完成后进行，通常验收应提交下列资料：钢结构工程竣工图和设计文件；安装过程中形成的与工程技术有关的文件；安装所采用的钢材、连接材料和涂料等材料的质量证明书或试验、复验报告；工厂制作构件的出厂合格证；焊接工艺评定报告和质量检验报告；高强度螺栓抗滑移系数试验报告和检查记录；隐蔽工程验收和工程中间检查交接记录；结构安装检测记录及安装质量评定资料；钢结构安装后涂装检测资料；设计要求的钢结构试验报告。

10.5.4 钢构件的工厂制作

钢构件在工厂加工制作的基本流程：

钢结构施工详图设计（深化设计）→编制制作施工指导书→购入原材料和矫正→放样、号料和切割→边缘加工和制孔→小装配、焊接和矫正→总装配、焊接和矫正→端部加工和摩擦面处理→除锈和涂装→验收和发运。

目前国内施工详图（常称为深化设计图）由钢结构制造厂或施工单位编制，其内容一般包括构件安装布置图、分解到每一构件的加工详图，甚至包括细化到每一块钢板尺寸的加工详图，还可增加安装节点图。图 10-30 为钢框架连接示意图，图 10-31 为钢结构柱脚连接示意图。

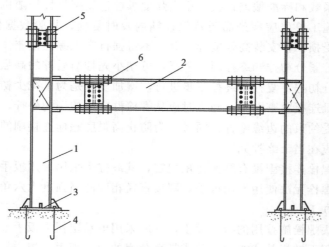

图 10-30　钢框架连接
1—柱段；2—梁段；3—钢柱脚；4—地脚螺栓；5—柱与柱拼接；6—梁与梁拼接

钢构件工厂加工前，用计算机辅助放样。在 20 世纪 80 年代的放样是在生产管理科有一块大的足尺放样地坪，用于对复杂钢构件的放样，供设计人员检查。钢尺端部用弹簧拉力计拉紧。

放样是整个钢结构制作工艺中的第一道工序，也是至关重要的一道工序。在过去，钢构件的制作放样是由熟练的放样工在样板房里用长尺和样板依照施工详图放制大样，在放样的

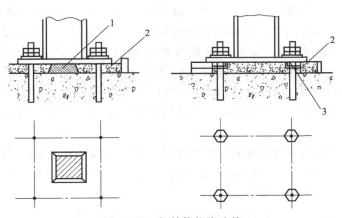

图 10-31 钢结构柱脚连接

1—垫块；2—细石混凝土；3—螺栓

过程当中，复核设计图是非常重要的一步。现在，足尺放样可以在办公室的计算机上完成。改进的计算机辅助放样系统为一个基于三维模型的交互处理系统，将设计计算功能分离出去，只要读取 CAD 设计施工详图，输入必要的数据，然后再运行程序，样板就生成了，同时生成与之配套的数控切割设备、数控钻孔设备、焊接机器人和预拼装系统的数据、产品的管理信息、制造文件和其他的生产过程需要的各种信息。

轧制成型的 H 型钢等原材料的进场分类堆放及入库管理。对于特殊规格的焊接 H 型钢，其翼缘和腹板均采用钢板切割成条状，焊接成型。钢板条的切割可用数控切割机。数控切割机进行焊接 H 型钢的翼缘和腹板条的自动切割，用半自动气割机对翼缘钢板端部焊接所需坡口进行加工，用带锯进行钢管的切割。最近管桁架在大型空间钢结构中应用增多，钢管桁架节点，一般采用相贯线焊接。钢管与钢管的相贯线连接，其管端的成型采用计算机控制，自动气割成型。最新的数控划线技术可将待切割的钢板用磁力吊摆放到数控设备的工作平台上，用电视探头搜寻钢板块两个角上的标记点，数控设备关联的电脑可以识别钢板的位置，并进行坐标转换，最后数控划线设备可以用锌粉在钢板上划线。焊接 H 型钢在焊接前，将下料的腹板和翼缘板在组对机上进行正确点焊组对。在流水生产线上用电渣埋弧焊进行 H 型钢的焊接成型。制孔时，对于小批量的孔，采用样板划线钻孔；对于大批量的孔，采用模板制孔。制孔可采用单孔钻或群孔钻。钻孔时，可用数控钻床群钻成孔。数控钻孔技术已开始在钢结构制造中得到应用。可用计算机总体控制一台或两台钻机的坐标，自动搜寻操作范围内的零件，有多个钻头安装在钻机上同时进行钻孔。当一个钻头损坏或孔径改变时，设备可自动更换钻头。焊缝的质量特别重要，在焊接要领书中应有详细的焊缝设计，包括焊缝高度、道数、间隙。一个工程的钢构件制作，一般指定焊接人员，设计人员到厂对焊工进行焊接水平考核。完成小组拼后，再进行大组拼，一般采用二氧化碳气体保护焊焊接。管桁架一般在工厂完成分段制作，段长控制在 20m 以内，便于运输。焊接后，由专职的检查人员对焊缝进行焊接质量检查。多采用超声波对 box（箱形结构）柱的焊缝进行探伤检查。焊接后，构件有焊接变形，可在压机上进行整型。对于钢柱埋入地下室混凝土内的部分，为增加与混凝土的结合，用栓钉焊将栓钉焊在柱身上。

钢构件在出厂前必须按设计要求进行表面的喷丸除锈。钢构件表面除锈的方法分为喷射、抛射除锈和手工或动力工具除锈两类，构件的除锈方法与除锈等级应与设计文件采用的涂料相适应。手工除锈中，St2 为一般除锈，St3 为彻底除锈；喷、抛射除锈中 Sa2 为一般除锈，Sa3 为彻底除锈。涂刷高性能涂料如富锌涂料时，对底层表面除锈质量要求较高，应采用抛丸彻底除锈。如表面涂刷常规的油性涂料，因其湿润性和浸透性较好，可采用手工和动力工具除锈。钢构件出厂前，按设计要求在表面除锈后，喷涂防锈底漆。柱段及中间梁段构件加工成型后，设计人员到厂对构件尺寸进行预验收。钢构件焊接成型后，对钢构件的表面进行喷丸除锈，并进行防锈的涂装。为保证漆膜的厚度，可用测试仪器进行检测。

钢构件间采用的高强螺栓连接是摩擦型连接，其摩擦面要做处理，以确保其接触处表面的抗滑移系数达到设计要求（一般为 0.45～0.55）。摩擦面处理通常采用喷砂（丸）、酸洗（化学处理）、人工打磨等三种基本方法。

钢构件制作完成后，出厂前做全面检查，打上编号及标识。

10.5.5 钢结构的现场安装

房屋钢结构在施工现场安装的基本流程：

编制现场安装施工组织设计→施工基础和支承面→运输钢构件和吊装机械到场→安装和临时固定钢构件→测量校正→连接和固定→安装偏差检测和涂装。

钢柱脚的安装方法：钢结构现场安装时，中间梁段运至现场。中间梁两侧的柱段已安装，在短梁上各站立一人，配合安装中间梁段。在梁下方两侧，有作业安全脚手架。中间梁的制作精度要求高，长度的误差直接影响安装。两端工人集中在一侧，共同安装连接腹板，由于柱段安装时产生内倾，影响中间梁段的插入安装。安装工人转移至下节柱连接处，松动临时安装固定高强螺栓，使柱段略外倾。钢框架构件间焊接拼装时，总的要求为对称。柱段与柱段间焊接拼装时，总的要求也为对称。图 10-32 为拼装连接的工业厂房。

图 10-32 拼装连接的工业厂房

钢梁的安装方法：钢梁安装前应于柱子牛腿处检查标高和柱子间距。主梁安装前应在梁上装好扶手杆和扶手绳，待主梁安装就位后将扶手绳与钢柱系牢，以保证施工人员的安全。钢梁一般在上翼缘处开孔，作为吊点。吊点位置取决于钢梁的跨度。为加快吊装速度，对重量较小的次梁和其他小梁，可利用多头吊索一次吊装数根构件。安装框架主梁时，要根据焊缝收缩量预留焊缝变形量。安装主梁时对柱子垂直度的监测，除监测安放主梁的柱子两端的垂直度变化外，还要监测相邻的与主梁连接的各根柱子垂直度的变化情况，以保证柱子除预留焊缝收缩值外，各项偏差均符合规范规定。安装楼层压型钢板时，先在梁上画出压型钢板铺放的位置线。铺放时要对正相邻两排压型钢板端头的波形槽口，以便使现浇混凝土层中的钢筋能顺利通过。在每一节柱子高度范围内的全部构件安装、焊接、螺栓连接完成并验收合格后，才能从地面引测上一节柱子的定位轴线。

10.6　高层建筑施工安全问题

高层建筑的楼层多、高度大，但并非低、多层建筑的简单叠加。从建筑结构和使用功能等方面，针对高层建筑的特点，人们提出了一些新的要求。高层建筑要求施工具有高度连续性和高质量，施工技术和组织管理复杂等特点。近年来高层建筑的发展遍及全国的许多大中城市，高层建筑将成为国内外施工的主要内容。目前，我国已有大批高层、超高层建筑在建设中，还有一些更高、更先进的高层建筑正计划兴建，可以预期，我国高层建筑将以更快的速度向前发展。但由于高层建筑具有层数多、施工量大的特点，它的出现又给人们带来了更多安全问题。高层建筑施工中的安全问题一方面来自于高层建筑自身的特点，另一方面来自于施工安全管理和控制的问题。

10.6.1　高层建筑安全施工特点

高层建筑安全施工有以下显著特点：

① 高层建筑作业高度高。高层建筑大量的施工作业都是在高空进行的，50米以上的高空与10多米高度的作业有质的不同。高层建筑楼面预留洞坠人致死更是常有发生，平常不大注意的小石块从百米高空下落可以砸死人。另外，高空作业物料上下困难，就连最方便的自来水也要采用特殊措施才能上去。一个小小火苗容易造成火警，扑灭也较平地困难。因此大量高空作业带来的不安全因素是高层建筑施工安全技术必须考虑和解决的。

② 高层建筑施工交叉作业多。高层建筑层数多，作业立体化，在一个垂直空间许多层次上都要进行工作，上下层次互相造成伤亡的事故时有发生。如某高层建筑工程，上面有人想看看升降机在哪里，当头探到井道口，而下面正好把升降机开上来，一下子把人轧死。上面落物砸死下面人员的事故就更多了。高层建筑施工不可避免交叉作业，所以必须有可靠的安全措施来防范可能发生的事故。

③ 高层建筑施工工期长。高层建筑施工工期一般都在两年左右，大的项目工期可达三至四年，许多设施放置以后就要使用一年至几年，在此期间人员变动、气候变化等人为的与自然的因素都能使正常的设施转入危险状态，不注意就容易发生事故。例如，高层建筑电缆磨破发生火灾、脚手架倒塌等。所以，由于高层建筑施工工期长，必须认真考虑各种由时间变化带来的不安全因素。

10.6.2　安全管理存在的问题

当前高层施工安全管理和控制存在以下问题：

① 建筑安全立法有待进一步完善。部分地区存在无证设计、无证施工、越级设计、越级施工、层层转包现象以及伤亡事故误报、漏报、瞒报、不报现象。

② 建筑安全管理有待加强。有的企业在转制后撤销或合并安全管理机构，削弱安全人员，使得施工中安全工作无人负责、无人监督管理。

③ 建筑市场缺乏制约措施。由于缺乏严格的安全控制措施，个别企业非法转包、越级

发包。还有一些建设单位和非法中介人不顾企业安全资质，使得一些建筑企业资质与所承接工程等级不符，给施工带来不安全因素。

④ 部分人员素质低，安全意识差。建筑行业的部分施工人员缺乏安全意识和事故的应急能力，这是事故高发的重要原因。一些建筑企业招用临时工，未经必要的安全教育和技术培训就上岗，这使得施工现场管理混乱，有事故隐患。

⑤ 安全措施经费的投入不足。如果安全经费不足，会直接影响施工现场安全防护标准化的实施。经费的欠缺使得一些必要的安全防护措施不能落实。

10.6.3 高层建筑施工安全管理措施

要搞好高层建筑施工安全管理，应从施工中的安全管理和加强施工中的事前预控和过程控制两个方面采取对应措施。

（1）施工中的安全管理

① 全面增强施工人员的安全意识。要牢固树立安全生产第一的方针。以专业安全知识为内容，用行政奖励、法律、法规的手段，全面增强施工人员的安全意识，不断提高施工人员的自我安全防范能力，明确自己安全生产责、权、利的关系，以达到施工安全效益最佳的目的。主要包括：加强专业安全知识、技术的日常教育与培训；积极组织各类管理人员，参加好的安全讲座和参观受表彰表扬的项目工程。通过重视人员的管理、机制的建立、系统的完善，营造出施工企业的安全文化。

② 明确建筑工程项目的安全生产责任人。在施工中，明确安全控制由项目经理全面负责，要制定安全管理工作的规定。明确施工安全的承诺与目标，要编制工程项目安全计划，建立安全生产责任制，完善安全保证体系。工程项目部要实行安全生产责任制，把安全责任目标分解到岗，落实到人，并针对不同的建设项目和施工条件，合理地组织人力、财力、物力，确保施工生产中的安全。

③ 抓好施工前与施工中的安全管理。工程施工安全产生于生产过程中，必须要以预防为主，做好施工前的准备和施工过程中的监督与管理。施工前，要循序渐进，分步骤、分阶段地进行。施工中，要遵循"按图施工"的原则，充分了解、掌握设计文件的要求及安全技术措施的内容，做好各项安全防护及应力支撑系统的验收工作。特别是井支架、脚手架、各类支撑等。卸料平台等经常受活荷载的部位，要按照安全计算的模式进行搭建。掌握全程施工动态，及时发现、纠正违规操作和违纪行为。

（2）加强施工中的事前预控和过程控制

所有进入施工现场的人员都必须符合国家有关部门颁布的各项安全规程的规定，用工手续要完备；施工单位在开工前要建立完善的安全生产责任制度，建立安全生产领导组织机构，编制安全管理网络，使之成为整个工程的完整体系；严格实行书面安全交底，施工单位安全部门应编制教育计划大纲，编制相应的安全知识考试，每个参与工程施工的新进场人员均要进行安全考核，严格控制施工人员准入制度。

同时，施工单位专职安全人员应巡查工地，随时了解施工过程，检查施工中的防范措施是否按施工组织设计去执行，检查安全制度情况，督促施工单位对施工机械设备加强平常的检查和维护保养工作，及时发现并排除隐患，根据工程进展，分阶段对重点部位举行特别专题安全会议，将安全防范和安全措施安排在施工之前，及时提醒、督促有关单位注意重点部位的安全防范。发现安全隐患时，要当场剖析原因，及时指正，限期整改。对预防措施和纠正的实施过程和实施效果，应跟踪验证，保存验证记录。同时要建立健全奖罚制度，以经济辅助手段，促进施工安全生产。

　　总之，高层建筑的安全施工是牵涉到各个方面的细致工作。只有通过扎扎实实的工作，充分发挥每个人在安全施工中的积极作用，才能使安全施工水平得到质的飞跃，减少事故发生概率，使高层建筑施工的安全走上一个新的台阶。

第11章

道路工程施工

📖 知识要点

本章首先介绍路基的形式以及路堤、路堑以及特殊地区路基的施工技术和检查验收方法，对路基排水设施以及路基的加固与防护也进行了阐述；其次，对路面基层和常见路面的施工进行了详细介绍。

📚 学习目标

通过学习，要求了解路基和路面的基本形式及附属设施的施工要求，熟悉路基的开挖方法以及路面施工材料的选择要求，掌握路堤和路堑的施工要求和施工工艺及质量保证措施，掌握常见路面的施工特点和施工要求。

道路主要是为各种车辆和行人服务的线性结构物。根据道路所处位置、交通性质和使用特点，将道路分为公路、城市道路、厂矿道路和林业道路等。

公路是连接城、镇、工业基地、港口及集散地等，主要供汽车行驶，具有一定技术和设施的道路。公路根据交通量及其使用任务、性质，可分为汽车专用公路（包括高速公路、一级公路、二级公路）和一般公路（包括二级公路、三级公路、四级公路）。

城市道路是城市内部的道路，是城市组织生产、安排生活、搞活经济、物质流通所必需的车辆、行人交通往来的道路，并为城市防火、绿化提供通道和场地。城市道路根据其在道路系统中的地位、交通功能以及对沿线建筑物的服务功能及车辆、行人进出频率，将城市道路分为四类（快速路、主干路、次干路、支路）十级（在上述城市道路分类中，除快速路外，每类道路按照所在城市的规模、设计交通量、地形等分为Ⅰ、Ⅱ、Ⅲ级。大城市应采用各类道路中的Ⅰ级标准，中等城市应采用各类道路中的Ⅱ级标准，小城市应采用各类道路中的Ⅲ级标准。有特殊情况需要变更级别时，应做技术经济论证，报规划审批部门批准）。

11.1 路基施工

11.1.1 概述

路基是道路的主体和路面的基础，承受着岩、土自身和路面的重力，它应为路面提供一个平整层，且在承受路面传递下来的荷载和水、气温等自然因素的反复作用下，具有足够的强度和整体稳定性，满足设计和使用要求。路基主要是用土、石修建的一种线性结构物，工艺较为简单，但土（石）方工程量甚大，往往是控制道路施工工期的关键。所以路基工程必须采取合理的施工方法，选择合适的填筑材料，采用先进的施工技术和机械设备、周密的施工组织和科学的管理，才能实现快速、高效、安全施工，有效地保证路基工程的质量。

路基通常分为一般路基和特殊路基。凡在正常的地质与水文条件下，路基填挖高度不超过设计规范或技术标准所允许的范围，称为一般路基；凡超过规定范围的高填或深挖路基，以及特殊地质与水文条件地区的路基，称为特殊路基。为保证路基具有足够的强度和稳定性，并具有经济合理的横断面形式，特殊路基需要进行个别的设计与施工。

路基的几何尺寸是由宽度、高度和边坡坡度组成的，根据路基设计标高和原地面的关系，路基可分为路堤、路堑和填挖结合路基。填方路基称为路堤，低于原地面的挖方路基称为路堑。位于山坡上的路基，设计上常采用道路中心线标高作为原地面标高，这样可以减少土（石）方工程量，避免高填深挖和保持横向填挖平衡形成填挖结合路基。

11.1.1.1 路基的横断面形式

通常根据公路路线设计确定的路基标高与天然地面标高是不同的：路基设计标高低于天然地面标高时，需进行挖掘；路基设计标高高于天然地面标高时，需进行填筑。由于填挖情况的不同，路基横断面的典型形式有3种，见图11-1。

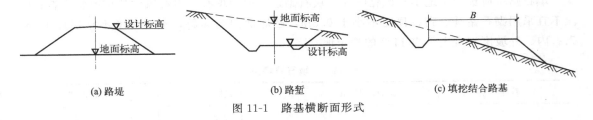

(a) 路堤　　　　　　　　　(b) 路堑　　　　　　　　　(c) 填挖结合路基

图 11-1　路基横断面形式

11.1.1.2 路基的构造和技术要求

一般路基几何尺寸设计包括：选择路基横断面形式，确定路基宽度与路基高度，确定边坡形状与坡度。

（1）路基宽度

路基宽度为行车道路面及其两侧路肩宽度之和。技术等级高的公路，设有中间带、路缘石、变速车道、爬坡车道、紧急停车带等，均应包括在路基宽度范围内。路面宽度根据设计通行能力及交通量大小而定，一般每个车道宽度为 3.50～3.75m，技术等级高的公路及城镇近郊的公路，路肩宽度尽可能增大，一般取 1～3m，并铺筑硬质路肩，以保证路面行车不受干扰。

（2）路基高度

路基高度是指路堤的填筑高度和路堑的开挖深度，是路基设计标高和地面标高之差。从路基的强度和稳定性要求出发，路基上部土层应处于干燥或中湿状态，应根据临界高度并结合公路沿线具体条件和排水及防护措施确定路堤的最小填土高度。通常将大于 18m 的土质路堤和大于 20m 的石质路堤视为高路堤，将大于 20m 的路堑视为深路堑。若路基高度低于按地下水位或地面积水位计算的临界高度，可视为矮路堤。

（3）路基边坡

坡度对路基稳定十分重要，确定路基边坡坡度是路基设计的重要任务。公路路基的边坡坡度，可用边坡高度 H 与边坡宽度 b 之比值表示，并取 $H=1$，通常用 $1:n$（路堑）或 $1:m$（路堤）表示其坡度，称为边坡坡度。路基边坡坡度的大小，取决于边坡的土质、岩石的性质及水文地质条件等自然因素和边坡的高度。浸水路堤在设计水位以下部分的边坡坡度，不宜陡于 $1:1.75$。

对地质条件良好、边坡高度不大于 20m 的填土路堤边坡，其边坡坡度不宜陡于表 11-1 的规定值。对边坡高度大于 20m 的路堤，边坡形式宜采用阶梯形，边坡坡度必须进行稳定性分析计算确定，并应进行个别设计。

表 11-1　填土路堤边坡

填料类别	边坡坡度	
	上部高度（$H \leqslant 8m$）	下部高度（$H \leqslant 12m$）
细粒土	$1:1.5$	$1:1.75$
粗粒土	$1:1.5$	$1:1.75$
巨粒土	$1:1.3$	$1:1.5$

填石路基应选用当地不易风化的片、块石砌筑，内侧填石；岩石风化严重或软质岩石路段不宜采用砌石路基。砌石顶宽不小于 0.8m，基底面向内倾斜，砌石高度不宜超过 15m。砌石内、外坡度不宜大于表 11-2 的规定值。

表 11-2　填石路堤边坡

序号	砌石高度/m	内边坡度	外边坡度
1	$\leqslant 5$	$1:0.3$	$1:0.5$
2	$\leqslant 10$	$1:0.5$	$1:0.67$
3	$\leqslant 15$	$1:0.6$	$1:0.75$

土质路堑边坡形式及坡度应根据工程地质条件、边坡高度、排水措施、施工方法，并结合自然稳定和人工边坡的调查及力学分析综合确定。边坡高度不大于 20m 时，边坡坡度不宜大于下表 11-3 的规定值。边坡高度大于 20m 时，应进行个别勘察设计。

表 11-3　土质路堑边坡

土的类别		边坡坡度
黏土、粉质黏土、塑性指数大于 3 的粉土		$1:1$
中密以上的中砂、粗砂、砾砂		$1:1.5$
卵石土、碎石土、圆砾土、角砾土	胶结和密实	$1:0.75$
	中密	$1:1$

岩质路堑边坡形式及坡度应根据工程地质与水文地质条件、边坡高度、施工方法，并结合自然稳定和人工边坡的调查综合确定。边坡坡度不大于 30m 时，无外倾软弱结构面的边坡坡度按表 11-4 确定。对于有外倾软弱结构面的岩质边坡、坡顶边缘附近有较大荷载的边坡、边坡高度超过 30m 的边坡，边坡坡度应通过稳定性分析计算确定。

表 11-4 岩质路堑边坡

边坡岩体类型	风化程度	边坡坡度	
		$H<20m$	$15m \leqslant H<30m$
Ⅰ类	未风化、微风化	1:0.1~1:0.3	1:0.1~1:0.3
	弱风化	1:0.1~1:0.3	1:0.3~1:0.5
Ⅱ类	未风化、微风化	1:0.1~1:0.3	1:0.3~1:0.5
	弱风化	1:0.3~1:0.5	1:0.5~1:0.75
Ⅲ类	未风化、微风化	1:0.3~1:0.5	
	弱风化	1:0.5~1:0.75	
Ⅳ类	弱风化	1:0.5~1:1	
	强风化	1:0.75~1:1	

注：有可靠的资料和经验时，可不受本表限制。

11.1.1.3 路基施工的基本要求

（1）符合规范要求

路基横断面形式及尺寸应符合标准《公路工程技术标准》（JTG B01—2014）的有关规定。

（2）具有足够的整体稳定性

路基的整体稳定性是指路基整体在车辆及自然因素作用下，不致产生过大的变形和破坏的性能。路基是直接在地面上填筑或挖去一部分地面建成的。路基修建后，改变了原地面的天然平衡状态。因此，为防止路基结构在行车荷载及自然因素作用下发生不允许的变形或破坏，必须因地制宜地采取一定的措施来保证路基整体结构的稳定性。

（3）具有足够的强度

路基的强度是指在行车荷载作用下，路基抵抗变形与破坏的能力。因为行车荷载及路基路面的自重使路基下层和地基产生一定的压力，这些压力可使路基产生一定的变形，当其超过一定限度时，会直接损坏路面的使用品质。为保证路基在外力作用下，不致产生超过容许范围的变形，要求路基应具有足够的强度。

（4）具有足够的水温稳定性

路基的水温稳定性是指路基在水和温度的作用下保持其强度的能力，包括水稳定性和温度稳定性。路基在地面水和地下水作用下，其强度将会显著地降低。特别是季节性冻土地区，路基将发生周期性冻融作用，形成冻胀和翻浆，使路基强度急剧下降。因此，对于路基，不仅要求有足够的强度，而且还应保证在最不利的水温状况下，强度不致显著降低，这就要求路基应具有足够的水温稳定性。

11.1.1.4 保证路基强度和稳定性的措施

由于路基的强度与稳定性受水、温度、土质等的影响，为保证路基强度和稳定性，必须深入进行调查研究，细致分析各种自然因素与路基的关系，抓住主要问题，采取有效措施。保证路基稳定性的一般措施如下：

① 合理选择路基断面形式，正确确定边坡坡度；

② 选择强度和水温稳定性良好的土填筑路堤，并采取正确的施工方法；

③ 充分压实土基，提高土基的强度和水稳定性；

④ 搞好地面排水，保证水流畅通，防止路基过湿或水毁；

⑤ 保证路基有足够高度，使路基工作区保持干燥状态；

⑥ 设置隔离层或隔温层，切断毛细水上升，阻止水分迁移，减少负温差的不利影响；

⑦ 采取边坡加固与防护措施，以及修筑支挡结构物。

11.1.2 路堤施工

按照填筑材料的不同，路堤施工可以分为土质路堤施工、填石路堤施工、土石路堤施工等。在此仅介绍土质路堤施工。

11.1.2.1 路堤填土要求

采用强度高、水稳定性好、压缩变形小、便于施工压实的以及运距短的土、石材料为宜。在选择填料时，一方面要考虑料源和经济性，另一方面要顾及填料的性质是否合适。为了节约投资和少占耕地良田，一般应利用附近路堑或附属工程（如排水沟等）的弃方作为填料，或将取土坑布置在荒地、空地或劣地上。

11.1.2.2 基底处理

路堤基底的处理是保证路堤稳定、坚固极为重要的措施。在路堤填筑前进行基底处理，能使填土与原来的表土密切结合，能使初期填土作业顺利进行，能使地基保持稳定，增加承载能力，能防止因草皮、树根腐烂而引起的路堤沉陷。对于一般的路堤基底处理，应按下列规定执行：

① 基底土密实，且地面横坡不陡于 1：10 时，经碾压符合要求后，可直接在地面上修筑路堤。在稳定的斜坡上，横坡为＞1：10～1：5 时，基底应清除草皮。横坡陡于 1：5 时，原地面应挖成台阶，台阶宽度不小于 1m，高不小于 0.5m。若地面横坡坡度超过 1：2.5 时，外坡脚应进行特殊处理，如修护墙和护脚。

② 当路基受到地下水影响时，应予以拦截或排除，引水至路堤基础范围之外，再进行填方压实。

③ 路堤基底为耕地土或松土时，应先清除有机土，平整后按规定要求压实。在深耕地段，必要时应将松土翻挖，土块打碎，然后回填、整平、压实。

④ 路堤修筑范围内，原地面的坑、洞、墓穴等，应用原地的土或砂性土回填，并按规定进行压实。

11.1.2.3 路堤填筑

路堤填筑必须考虑不同的土质，从原地面逐层填起，并分层压实，每层厚度随压实方法而定。

(1) 填筑方式(图 11-2)

① 水平分层填筑。即填筑时按照横断面全宽分成水平层次，逐层向上填筑。如原地面不平，应由最低处分层填起，每填一层，经压实合格后再填上一层。此法施工操作方便、安全，压实质量容易保证。

不同用土水平分层，以保证强度均匀；透水性差的用土，如黏性土等，一般宜填于下层，表面呈双向横坡，有利于排除积水，防止水害；同一层次有不同用土时，接搭处成斜面，以保证在该层厚度范围内，强度比较均匀，防止产生明显变形。

② 纵向分层填筑。适用于推土机或铲运机从路堑取土填筑运距较短的路堤。依纵坡方

向分层，逐层推土填筑。原地面纵坡小于20°的地段可用此法施工。

路线跨越深谷或池塘时，地面高差大，填土面积小，难以水平分层卸土，同时陡坡地段上半挖半填路基，局部路段横坡较陡或难以水平分层填筑等，可采用纵向分层填筑方案。纵向分层填筑的质量在于密实程度，为此宜采用必要的技术措施。如选用振动式或锤式夯击机，选用沉陷量较小及粒径较均匀的砂石填料；路堤全宽一次成型；暂不修建较高级的路面，容许短期内自然沉落。此外，尽量采用混合填筑方案，即下层纵向分层填筑，上层水平分层，必要时可考虑参照地基加固的注入、扩孔或强夯等措施，以保证填土具有足够的密实度。

③ 横向填筑。从路基一端按各横断面的全部高度，逐步推进填筑，适用于无法自下而上、分层填土的陡坡、断岩或泥沼地区。此法不易压实，且还有沉陷不均匀的缺点。

④ 混合填筑。当高等级公路路线穿过深谷陡坡，尤其是要求上部的压实度标准较高时，施工时下层采用横向填筑，上层采用水平分层填筑，此种方法称为混合填筑法。

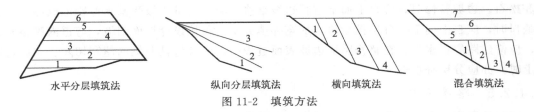

图 11-2 填筑方法

（2）沿横断面一侧填筑的方法

旧路拓宽改造需加宽路堤时，所用填土应与原路堤用土尽量接近或为透水性好的土，并将原边坡挖成向内倾斜的台阶，分层填筑，碾压到规定的密实度。严禁将薄层新填土贴在原边坡的表面。

高速公路和一级公路，横坡陡峻地段的半填半挖路基，必须在山坡上从填方坡脚向下挖成向内倾斜的台阶，台阶宽度不应小于1m。其中沿横断面挖方的一侧，在行车范围之内的宽度不足一个行车道宽度时，应挖够一个行车道宽度，其上路床深度范围之内的原地面土应予以挖除换填，并按上路床填方的要求施工。

（3）不同土质混填时的方法

对不同性质的土混合填筑时，应视土的透水能力的大小，进行分层填筑压实，并采取有利于排水和路基稳定的方式。一般应遵循以下原则：

① 以透水性较小的土填筑路堤下层时，其顶面应做成4%坡度的双向横坡。如用以填筑上层时，除干旱地区外，不应覆盖在透水性较大的土所填的下层边坡上。

② 不同性质的土应分别填筑，不得混填。每种填料层累计总厚度不宜小于0.5m。

③ 凡不因潮湿及冻融而变更其体积的优良土应填在上层，强度（形变模量）较小的土应填在下层。

11.1.2.4 路堤边坡施工及路基整修

路基边坡施工是路基施工作业中的重要环节，路基边坡施工应符合公路工程技术标准的规定。在施工中应注意如下几点。

（1）放样

根据线路中桩和设计表，通过放样，定出边坡的位置和坡度，确定路基轮廓，要求放样准确可靠。

（2）做好坡度式样

按照规定，首先在适当位置做出边坡式样，作为全面施工参照。

（3）随时测量

对高路堤或深路堑，每做一段距离就要抄平放线一次，发现问题，及时纠正，变坡点处，更要注意测量检查。

（4）留有余量

路基修筑时，边坡部位要留有一定的余量，以便进一步修正后，达到设计要求的标准。

路基土石方工程基本完工后，施工单位应会同监理人员，按设计文件要求检查路基中线、高程、宽度、边坡坡度和截（排）水系统。并根据检查结果编制整修计划，进行路基整修。其中土质路基表面的整修，可用机械配合人工切土或补土，并配合压路机械碾压，不得有松散、软弹、翻浆及表面不平整现象；石质路基表面应用石屑嵌缝紧密、平整，不得有坑槽和松石。边坡整修时，应自上而下进行边坡整修。填方路基边坡受雨水冲刷形成冲沟或坍塌缺口时，应自上而下，分层挖台阶，加宽补填夯实，再按设计坡面削坡，弯道内侧路肩边缘，应修建路肩拦水带，在整修路堤边坡表面过程中，还应将其两侧的超宽切除。如遇边坡缺土时，亦应分层补填夯实。

11.1.2.5　路堤压实

路基的压实工作，是路基施工过程中一个重要工序，亦是提高路基强度与稳定性的根本技术措施之一。压实影响因素同第2章所述，只是压实机械以压路机为主。土基压实机具的类型较多，大致分为碾压式、夯实式和振动式三大类型。碾压式（又称静力碾压式），包括光面碾（普通的两轮和三轮压路机）、羊足碾和气胎碾等几种。夯击式中除人工使用的石硪、大夯外，机动设备中有夯锤、夯板、风动夯机及蛙式夯机等。振动式中有振动器、振动压路机等。此外，运土工具中的汽车、拖拉机以及土方机械等，也可用于路基压实。表11-5是各种土质适宜的碾压机械的建议。

表 11-5　各种土质适宜的碾压机械

机械名称	土的类别				备注
	细粒土	砂类土	砾石土	巨粒土	
6～8t 两轮光轮压路机	A	A	A	A	用于预压整平
15～18t 三轮光轮压路机	A	A	A	B	最常使用
25～50t 轮胎压路机	A	A	A	B	最常使用
羊足碾	A	B 或 C	C	C	粉、黏土质砂可用
振动压路机	B	A	A	A	最常使用
凸块式振动压路机	A	A	A	A	最宜用于含水量较高的细粒土
扶式振动压路机	B	A	A	C	用于狭窄地点
振动平板夯	B	A	A	B 或 C	用于狭窄地点,机械质量 800kg 的可用巨粒土
扶式振动夯	A	A	A	B	用于狭窄地点
夯锤（板）	A	A	A	A	夯击影响深度最大
推土机、铲运机	A	A	A	A	仅用于摊平土层和预压

注：A 表示非常适用；B 表示比较适用；C 表示一般适用。

土基野外施工，受种种条件限制，不能达到室内标准击实试验所得的最大干容重，应予以适当降低。令工地实测干容重为 γ，它与室内标准击实试验得到的值 γ_0 之比的相对值，称为压实度。压实度就是现行规范规定的路基压实标准。土质路基压实度应符合表 11-6 的规定。

表 11-6 土质路基压实度标准

填挖类型		路床顶面以下深度/m	压实度/%		
			高速公路、一级公路	二级公路	三、四级公路
路堤	上路床	0～0.30	≥96	≥95	≥94
	下路床	>0.30～0.80	≥96	≥95	≥94
	上路堤	>0.80～1.50	≥94	≥94	≥93
	下路堤	>1.50	≥93	≥92	≥90
零填及挖方路基		0～0.30	≥96	≥95	≥94
		>0.30～0.80	≥96	≥95	—

注：1. 表列压实度以《公路土工试验规程》(JTG 3430—2020)重型击实试验法为准。

2. 三、四级公路铺筑水泥混凝土路面或沥青混凝土路面时，其压实度应采用二级公路的规定值。

3. 路堤采用特殊填料或处于特殊气候地区时，压实度标准根据试验路在保证路基强度要求的前提下可适当降低。特别干旱地区的压实度标准可降低 2%～3%。

11.1.3 路堑施工

路堑施工就是按设计要求进行挖掘，并将挖掘的土石方运到路堤地段作为填料，或者运往弃土堆处，有时也可经加工，作为自采材料，用于结构物或其他工程部位。

路堑由天然地层构成，开挖后边坡易发生变形和破坏，如滑坡、崩塌、落石、路基翻浆等。因此，施工方法与路堑边坡的稳定有密切关系，开挖方式应根据路堑的深度、纵向长度，以及地形、地质、土石方调配情况和机械设备条件等因素确定，以加快施工进度，提高工作效率。

11.1.3.1 土方路堑的施工

根据路堑深度和纵向长度，土方路堑开挖方式可分为全断面横挖法、纵挖法及混合式开挖法三种。

(1) 全断面横挖法

沿路堑整个横断面的宽度和深度方向从一端或两端逐渐向前开挖的方式称为全断面横挖法。全断面横挖法可分为一层横向全宽挖掘法和多层横向全宽挖掘法两种方式(图 11-3)。其中一层横向全宽挖掘法适用于开挖深度小且较短的路堑，多层横向全宽挖掘法适用于开挖深而短的路堑。

(2) 纵挖法

沿道路的纵向进行挖掘，如图 11-4 所示。纵挖法分层纵挖法、通道纵挖法及分段纵挖法三种方式。

① 分层纵挖法。分层纵挖法适用于较长的路堑开挖。当路堑长度不超过 100m，开挖深度不大于 3m，地面较陡时，宜采用推土机作业，当地面横坡较缓时，表面宜横向铲土，下层的土宜纵向推运。

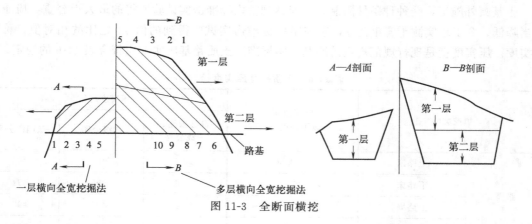

图 11-3　全断面横挖

② 通道纵挖法。沿路堑纵向挖掘一通道，然后将通道向两侧拓宽，上层通道拓宽至路堑边坡后，再开挖下层通道，按此方向进行土方挖掘和外运的流水作业，直至开挖到挖方路基顶面标高，即为通道纵挖法。通道可作为机械通行、运输土方车辆的道路。

③ 分段纵挖法。分段纵挖法适用于路堑过长、弃土运距过远的傍山路堑，同时还应满足其中间段有弃土场、土方调配计划有多余的挖方废弃的条件。

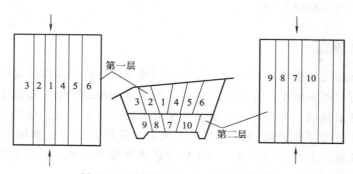

图 11-4　纵挖法（1～10 为纵挖顺序）

（3）混合式开挖法

将横挖法与纵挖法混合使用的方法称为混合式开挖法（图 11-5）。适用于路堑纵向长度和挖深都很大时，先将路堑纵向挖通后，然后沿横向坡面挖掘，以增加开挖坡面。每个坡面应设一个机械班组作业。

11.1.3.2　岩石路堑的施工

石方路堑的开挖通常采用爆破法，有条件时宜采用松土法，局部情况可采用破碎法开挖。爆破施工，这是开挖岩石路堑的基本方法。如果采用钻岩机钻孔，爆破后机械清理运碴，便是岩石路基机械化施工的必备条件。除岩石路堑开挖之外，爆破法还可用于冻土（硬土）、泥沼等特殊路基施工和开采石料。定向爆破可将路基挖方直接移作填方。

为了有利于开挖边坡的稳定和保护既有建筑物的安全，大马力推土机不断普及，用松土法开挖岩石被越来越广泛地采用。其施工方式是：用推土机索引的松土器将岩体翻松，松土器装在推土机的后端，根据推土机不同有单齿、3 齿、5 齿不等，推土机主机作为牵引动力，传动方式多以液压传动为主，深度可达 50cm 以上。程序是推土机将场地大致整平后，即开

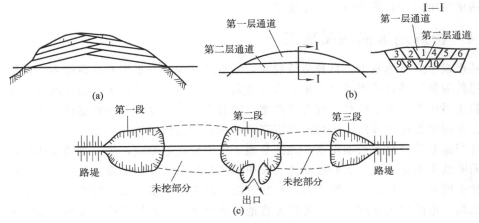

图 11-5 混合式开挖

始松土作业，进行岩石的破碎应选用单齿式松土器，作业时，一般应低速行驶。开始时松土器钩子不易入土过深，应随着作业情况逐渐加深，每次的松土间隔视碎石的用途而定，一般取 1.0～1.5m。松土作业是分层进行的，表层翻松后，用推土机进行推运集堆，然后装载机配合自卸翻斗车外运，形成松土—集堆—外运的机械循环作业。松土作业方向应尽可能顺着岩层的下坡方向，尽量与岩纹垂直，避免顺着岩纹作业，这样破碎效果好，松土器作业后岩石被劈成沟状。比较坚硬的岩石，应先进行一些小爆破再用松土器作业。

11.1.3.3 深挖路堑的施工

路堑边坡高度等于或大于 20m 时称为深挖路堑。深挖路堑因为它边坡较高，易于坍塌，且工程数量大，常是影响全线按期完工的重点工程，因此，在施工前必须收集了解土石界限、工程等级、岩层风化厚度及破碎程度等岩层工程特征。并进行工程地质补探工作，解决原设计文件中工程地质资料缺乏或严重不足的问题。

（1）土质高路堑

土质单边坡路堑可采用多层横向全宽挖掘法，双边坡则通常采用分层纵挖法和通道纵挖法，若路堑纵向长度较大、一侧边坡的土壁厚度和高度不大时可采用分段纵挖法。施工机械可采用推土机或铲运机。当弃土运距较远，超过铲运机的经济运距时，可采用挖掘机配合自卸汽车作业或采用推土机、装载机配合自卸汽车作业。

在施工深挖路堑边坡时，应在边坡上每隔 6～10m 高度处设置平台，平台最好设置在地层分界处，平台宽度：人工施工不应小于 2m，机械施工不应小于 3m。平台表面横向坡度应向内倾斜，坡度为 0.5%～1%，纵向坡度宜与路线平行。平台上的排水设施应与排水系统相通。在施工过程中如修建平台后边坡仍不能保持稳定或因大雨后立即坍塌时，采取修建石砌护坡、在边坡上植草皮或设挡土墙等防护措施。如边坡上有地下水渗出时，应根据地下水渗出位置、流量，修建地下水排除设施。

（2）石质高路堑

石质高路堑宜采用中小爆破法施工，只有当路线穿过独山丘，开挖后边坡不高于 6m，且根据岩石产状和风化程度，确认开挖后边坡稳定时，才可考虑大爆破方案。

单边坡石质路堑的施工宜采用深粗炮眼，分层、分排、多药量、群炮、光面、微差爆破法。双边坡石质路堑首先需用纵向挖掘法在横断面中部每层开挖一条较宽的纵向通道，然后横断面两侧按单边坡石质路堑的方法施工。

11.1.4 特殊地区的路基施工

路基敷设于天然地基上，自身荷载较大，要求地基应具有足够的承载能力，以保持地基稳定，另外应使某些自然因素（如地下水、坑穴、胀缩等）不致产生对路基的有害变形。当黏土或粉土微小颗粒含量极高，或为孔隙率大的有机质土、泥炭、松砂组成的土层，这一类影响填土和构造物稳定或使结构物产生沉降的地基被称为软土地基。

此外当路基受到地表长期积水，尤其是地下水位较高的影响，渗入路基土体的水分使土体过湿而降低了路基强度。我们把受地表长期积水和地下水位影响较大的软土地基称为湿软地基。软土地基其自身的工程性质差，往往不能满足路基及桥涵基础的要求，从增大密实度着眼，采取一定的加固处理措施，可以提高地基的整体强度和稳定性，减少成型后的沉降与变形。软土地基处理的常用方法有换填土层法、挤密法和化学加固法。而湿软地基除了有增大密实度的要求之外，更重要的是排除路基和地基内水分的影响，两者兼顾的主要方法为排水固结法。

11.1.5 路基压实

路基施工破坏了土体的天然状态，使得结构松散，颗粒需要重新组合。为使路基具有足够的强度与稳定性，必须予以压实，以提高其密实程度。

11.1.5.1 土质路基的压实

（1）填方地段基底的压实

填方地段基底应在填筑前压实。高速公路、一级公路路堤基底的压实度不应小于93%；当路堤填土高度小于路床厚度（一般为800mm）时，基底的压实度不宜小于路床的压实度标准，即95%的压实度。

（2）填方路堤的压实

土压实层的密度随深度递减，表面5cm的密度最高。填土分层的压实厚度和压实遍数与压实机械类型、土的种类和压实度要求有关，应通过试验路来确定。一般认为，对于细粒土，用12～25t光轮压路机时压实厚度不超过20cm；用22～25t振动压路机时（包括激振力），压实厚度不超过50cm。高等级公路路基填土压实宜采用振动压路机或35～50t轮胎压路机进行。采用振动压路机碾压时，第一遍应静压，第二遍开始用振动压实。压实过程中严格控制填土的含水量。含水量过大时，应将土翻晒至要求的含水量再碾压；含水量过小时，需均匀洒水后再进行碾压。通常，天然土的含水量接近最佳含水量时，在填土后应随即压实。

（3）路堑路基的压实

路堑路基的压实，应符合压实度标准。换填超过300mm时，按压实标准的90%执行。

11.1.5.2 填石路堤的压实

填石路堤在压实前，应先用大型推土机推铺平整，个别不平处，应用人工配合，用细石屑找平。采用的压路机宜选12t以上的重型振动压路机、2.5t以上的夯锤或25t以上的轮胎压路机。碾压时要求均匀压实，不得漏压。每层的铺填厚度在0.4m左右，当采用重型振动压路机或夯锤压实时，可加厚至1.0m。

填石路堤所要求的密实度所需的碾压遍数（或夯压遍数）应经过试验确定。以12t以上振动压路机进行压实试验，当压实层顶面稳定，不再下沉（无轮迹）时，可判为密实状态，即压实度合格。

11.1.5.3　土石路堤的压实

土石混填路堤的压实要根据混合料中巨粒土含量的多少来确定。当巨粒土含量较少时，应按填土路堤的压实方法进行压实，当巨粒土含量较大时，应按填石路堤的压实方法压实。不论何种路堤，碾压都必须确保均匀密实。

11.1.5.4　高填方路堤的压实

高填方路堤的填方数量大、占地宽、施工工艺复杂，因此，在高填方路基的施工中，即使完全按要求进行施工，但由于高填方路基所处的环境千变万化，且常年受重复载荷的作用，在工程施工过程中和工程施工完工后，随着时间的推移与行车载荷的作用，发生的病害仍很多，而且较难治理。

在分层填筑时，应按照施工规范要求进行，逐层整平碾压，并按规范进行操作；应通过试验段确定机具配备、洒水量、适宜的松铺系数和相应的碾压遍数。应严格控制填料的实际含水量在最佳含水量±2%，制定科学合理的压实工艺，并按要求配备相应的整平碾压机具，按规范进行操作。

11.1.6　路基排水设施施工

水是形成路基病害的主要因素之一，直接影响到路基的强度和稳定性。影响路基的水分有地面水和地下水。路基设计时，必须考虑将影响路基稳定性的地面水，排除和拦截于路基用地范围以外，并防止地面水漫流、滞积或下渗。对于影响路基稳定性的地下水，则应予以隔断、疏干、降低，并引导至路基范围以外的适当地点。

根据水源的不同，影响路基路面的水流可分为地面水和地下水两大类，与此相适应的路基排水工程，则分为地面排水和地下排水。

11.1.6.1　地面排水设施

地面水包括大气降水（雨和雪）以及海、河、湖、水渠、水库水。地面水会对路基产生冲刷和渗透，冲刷可能导致路基整体稳定性受损害，形成水毁现象。渗入路基土体的水分，使土体过湿而降低路基强度。常用的路基地面排水设备，包括边沟、截水沟、跌水与急流槽、排水沟等，必要时还有渡槽、倒虹吸设备及积水池等。

（1）边沟

设置在挖方路基的路肩外侧或低路堤的坡脚外侧，多与路中线平行，用以汇集和排除路基范围内和流向路基的少量地面水。平坦地面填方路段的路旁取土坑，常与路基排水设计综合考虑，使之起到边沟的排水作用。

边沟横断面一般采用梯形，梯形边沟内侧边坡坡度为1∶1.0～1∶1.5，外侧边坡坡度与挖方边坡坡度相同。石方路段的边沟宜采用矩形横断面，其内侧边坡直立，坡面应采用浆砌片石防护，外侧边坡坡度与挖方边坡坡度相同。少雨浅挖地段的土质边沟可采用三角形横断面，其内侧边坡坡度宜采用1∶2～1∶3，外侧边坡坡度与挖方边坡坡度相同。三角形边坡的水流条件较差，流量较大时沟深宜适当加大。梯形边沟的底宽与深度约0.4～0.6m，水流少的地区或路段，取低限或更小，但不宜小于0.3m。

（2）截水沟

又称天沟，一般设置在挖方路基边坡坡顶以外，或山坡路堤上方的适当地点，用以拦截

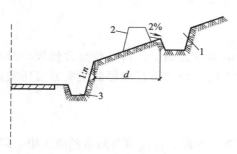

并排除路基上方流向路基的地面径流，减轻边沟的水流负担，保证挖方边坡和填方坡脚不受流水冲刷。图 11-6 是路堑段挖方边坡上方设置的截水沟图例之一，图中距离 d，一般应大于 5.0m，地质不良地段可取 10.0m 或更大。截水沟下方一侧，可堆置挖沟的土方，要求做成顶部向沟倾斜 2% 的土台。

图 11-6 边沟、截水沟与边坡连接图
1—截水沟；2—土台；3—边沟

（3）跌水与急流槽

在陡坡或深沟地段设置的沟底为阶梯，水流呈瀑布式跌落的沟槽称为跌水。在陡坡或深沟地段设置的坡度较陡，水流不离开槽底的沟槽称为急流槽。

跌水分两种，即单级跌水和多级跌水。单级跌水适用于连接沟渠的水位落差较大，需要消能或改善水流方向的情况，如边沟水进入涵洞前所设置的单级跌水——窨井，如图 11-7 所示。当陡坡较长时。为减缓水流速度，并予以消能，可采用多级跌水，如图 11-8 所示。

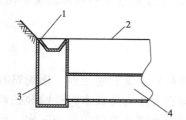

图 11-7 边沟与涵洞单级跌水连接图
1—边沟；2—路基；3—跌水井；4—涵洞

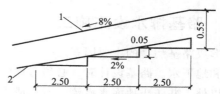

图 11-8 多级跌水纵剖面图（单位：m）
1—沟顶线；2—沟底线；

急流槽的结构分为进水口、槽身和出水口三部分，如图 11-9 所示。一般要求用石砌或混凝土修筑，也可在岩石坡面上开槽。紧急使用时，可用竹木结构做成竹（木）槽。

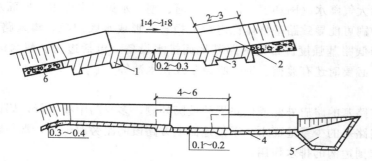

图 11-9 急流槽构造示意图（单位：m）
1—耳墙；2—消力池；3—混凝土槽底；4—钢筋混凝土槽底；5—横向沟底；6—砌石护底

（4）排水沟

其作用是将边沟、截水沟、取土坑所汇集的水流或路基附近的积水，引至桥涵或路基范围以外的天然河流、低洼地。其断面一般采用梯形，尺寸大小应通过计算选定，底宽、沟深均不宜小于 0.5m，边坡坡度一般定为 1∶1～1∶1.5。排水沟的布置可根据需要并结合当地

地形条件而定，距路基尽可能远一点，一般距路基坡脚不宜小于 $3\sim4$m。沟底纵坡坡度应不小于 0.3%，以 1%~3% 为宜，纵坡坡度大于 3% 时沟渠应加固，大于 7% 时则必须修跌水或急流槽。其连续长度一般不宜超过 500m，线形要求平滑、顺直，需要转弯时可做成弧形，其半径尽量采用较大值，不宜小于 $10\sim20$m。当排水沟与其他水道连接时，除顺畅外，要求连接处至构造物的距离应不小于 2 倍的河床宽度。

（5）蒸发池

气候干旱、排水困难地段，可利用沿线的集中取土坑或专门设置蒸发池排除地表水。蒸发池与路基边沟（或排水沟）间应设排水沟连接。蒸发池边缘与路基边沟距离不应小于 5m，面积较大的蒸发池不得小于 20mm。池中水位应低于排水沟的沟底。蒸发池的容量应以一个月内路基汇流入池中的雨水能及时完成渗透与蒸发作为设计依据。每个蒸发池的容水量不宜超过 $200\sim300$m^3，蓄水深度不应大于 $1.5\sim2.0$m。蒸发池的设置不应使附近地面形成盐渍化或沼泽化。

11.1.6.2 地下排水设施

地下水包括上层滞水、潜水、层间水等，它们对路基的危害程度因条件不同而异。轻者能使路基湿软，降低路基强度；重者会引起冻胀、翻浆或边坡滑坍，甚至整个路基沿倾斜基底滑动。常用的路基地下排水设备有：暗沟、渗沟和渗井等。

（1）暗沟（管）

暗沟是指在路基或地基内设置的充填碎（砾）石等粗粝材料（有的其中埋设透水管）的排水、截水暗沟。暗沟可分成洞式和管式两大类，沟宽或管径 b 按泉眼范围或流量大小决定，一般为 $20\sim30$cm，净高 h 约为 20cm。若两侧沟壁为石质，盖扳可直接放在两侧石壁上，为防止泥土淤塞，盖板周围用碎（砾）石做成反滤层，其颗粒直径自上而下，由外及里，逐渐增大，即上面和外层铺砂，中间铺砾石，下面和内层铺碎石，每层厚度不小于 15cm，反滤层顶部设双层反铺草皮，再用黏土夯实，以免地面水下渗和黏土颗粒落入反滤层。可沿沟槽每隔 $10\sim15$m 或当沟槽通过软硬岩层分界处时设置伸缩缝或沉降缝。暗沟的沟底纵坡宜不小于 1%，条件困难时亦不得小于 0.5%，出口处沟底应高出边沟最高水位 0.2m 以上。寒冷地区的暗沟，应做防冻保温处理或将暗沟设置在冻结深度以下。施工时宜由下游向上游施工，并应随挖、随撑、随填。暗沟结构示意图见图 11-10。

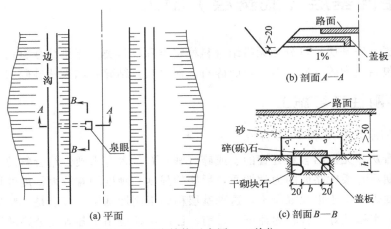

图 11-10 暗沟结构示意图 （单位：cm）

（2）渗沟

渗沟主要用来吸收降低地下水位，汇集和拦截流向路基的地下水，并将其排除路基范围之外，使路基土保持干燥，不致因地下水成害。根据构造的不同，渗沟可分为填石渗沟（盲沟）、管式渗沟和洞式渗沟三类。渗沟由排水层（或管、洞）、反滤层、封闭层组成。公路路基中，浅埋的渗沟约为 2～3m，深埋时可达 6m 以上。渗沟底部设洞或管，底部结构相当于顶部可以渗水的涵洞。

（3）渗井

渗井属于水平方向的地下排水设备，当地下存在多层含水层时，其中影响路基的上部含水层较薄，排水量不大，且平式渗沟难以布置，采用立式（竖向）排水，设置渗井，穿过不透水层，将路基范围内的上层地下水引入更深的含水层中去，以降低上层的地下水位或全部予以排除。

11.1.7　路基的加固与防护

路基防护与加固设施，主要有坡面防护、路堤河岸防护与加固以及湿软地基的加固处置。

坡面防护，主要是保护路基边坡表面免受雨水冲刷，减缓温差及湿度变化的影响，防止和延缓软弱岩土表面的风化、碎裂、剥蚀演变进程，从而保护路基边坡的整体稳定性，在一定程度上还可兼顾路基美化和协调自然环境。常用的坡面防护设施有植物防护（种草、铺草皮、植树等）和矿料防护（抹面、喷浆、勾缝、石砌护面等）。

堤岸防护与加固主要对沿河滨海路堤、河滩路堤及水泽区路堤，亦包括桥头引道，以及路基边旁的防护堤岸等。此类堤岸常年或季节性浸水，受流水冲刷、拍击和淘洗，造成路基浸湿、坡脚淘空，或水位骤降时路基内细粒填料流失，致使路基失稳，边坡崩坍。堤岸防护与加固设施，有直接和间接两类。直接防护与加固设施中包括植物防护和石砌防护与加固两种，常用的有植树、铺石、抛石或石笼等。间接防护主要指导治结构物，如丁坝、顺坝、防洪堤、拦水坝等，必要时进行疏浚河床、改变河道，目的是改变流水方向，避免或缓和水流对路基的直接破坏作用。

11.2　路面基层（底基层）施工

路面的基层（底基层）可分为无机结合料稳定类和粒料类。无机结合料稳定类又称半刚性类。粒料类包括级配碎（砾）石、填隙碎石、泥（灰）结碎石和天然砂砾（石）。

11.2.1　半刚性基层施工

11.2.1.1　半刚性基层材料的特点

用水泥、石灰等无机结合料处置的土或碎（砾）石及含有水硬性结合料的工业废渣修筑的基层，在前期具有柔性路面的力学性质，后期的强度和刚度均有较大幅度的增长，但是最终的强度和刚度仍远小于水泥混凝土，这种基层称为半刚性基层。特点是：整体性好、承载力高、刚度大、水稳性好，且较为经济。目前，已广泛地应用于各等级公路的路面基层（底基层）。

11.2.1.2 半刚性基层的分类

按结合料种类和强度形成机制的不同，半刚性基层分为石灰稳定土基层、水泥稳定类基层和石灰工业废渣稳定土基层三种。

（1）石灰稳定土基层

指在粉碎的土和原状松散的土（包括各种粗、中、细粒土）中，掺入适量的石灰和水，按照一定技术要求，经拌和，在最佳含水量下摊铺、压实及养生，其抗压强度符合规定要求的路面基层。

（2）水泥稳定类基层

指在粉碎的或原状松散的土（包括各种粗、中、细粒土）中，掺入适当水泥和水，按照技术要求，经拌和摊铺，在最佳含水量时压实及养护成型，其抗压强度符合规定要求的路面基层。

（3）石灰工业废渣稳定土基层

用一点数量的石灰与粉煤灰或石灰与煤渣等混合料与其他集料或土配合，加入适量的水，经拌和、压实及养生后得到的混合料，当其抗压强度符合规定时即得到石灰工业废渣稳定土基层。

11.2.1.3 材料质量要求

对集料和土的要求是，要易于粉碎，便于碾压成型，满足一定的级配要求。

常用的无机结合料为水泥、石灰、粉煤灰及煤渣等。强度等级为32.5级或42.5级普通硅酸盐水泥、矿渣硅酸盐水泥和火山灰硅酸盐水泥均可用于稳定集料和土；为了有充实的时间组织施工，不应使用快硬水泥、早强水泥或受潮变质的水泥，应选用终凝时间较长（6h以上）的水泥。石灰质量应符合三级以上消石灰或生石灰的质量要求。准备使用的石灰应尽量缩短存放时间，以免有效成分损失过多，若存放时间过长则应采取措施妥善保管。

要求粉煤灰的 SiO_2 和 Al_2O_3 含量大于70%，CaO 含量在 2%～6%，烧失量不大于 20%，粒径变化为 0.001～0.3mm，其比表面积一般为 2000～3500cm^2/g。

无有害物质的人、畜饮用的水均可使用。

11.2.1.4 混合料组成设计

混合料组成的设计步骤是：首先通过有关实验，检查拟采用的结合料、集料和土的各项技术指标，初步确定适合的原材料；其次是确定混合料中各种原材料比例，制成混合料后通过击实实验测定最大干密度和最佳含水量，并在此基础上进行承载比实验和抗压强度实验。表11-7所列强度指标为龄期7d（包括常温湿养6d，浸水1d；常温对非冰冻地区指25℃，冰冻地区指20℃）无侧限抗压强度。

表 11-7 无机结合料稳定类材料抗压强度标准 单位：MPa

材料类型	公路等级			
	高速公路及一级公路		二级及二级以下公路	
	基层	底基层	基层	底基层
水泥稳定类	3.0～4.0	≥1.5	2.0～3.2	≥1.5
石灰稳定类	≥0.8	≥0.8	≥0.8	0.5～0.7
工业废渣稳定类	≥0.8	≥0.5	≥0.6	≥0.5

11.2.1.5 半刚性基层的施工方法

半刚性基层的施工中，混合料的拌和方式有路拌法和厂拌法两种，摊铺方式有人工和机械两种。在进行大面积施工以前，要修筑一定长度的实验路段，以便进行施工优化组合。

（1）路拌法施工

石灰土底基层一般采用路拌法施工，以石灰土底基层为例对路拌法施工工序加以说明。具体的施工程序为：准备下层施工—测量放样—摊铺—拌和、检查—整平—碾压成型—初期养护。

① 准备工作。施工前应对下承层（土基或底基层）按质量验收标准进行验收，合格后，才能进行中线放样，并在两侧路面边缘外 0.3～0.5m 处设指示桩，在指示桩上标出基层（底基层）边缘设计标高及松铺厚度位置。根据各路段基层（底基层）的宽度、厚度及预定的干密度，计算各路段需要的干燥集料数量。根据混合料的配合比、材料的含水量以及运输车辆的载重量，计算各种材料每车料的堆放距离。对于以袋为计量单位的石灰等结合料，应计算出每袋结合料的堆放距离。根据各集料所占比例及松干密度，计算各集料的松铺厚度，以控制集料的施工配合比。

② 集料摊铺。根据试验或试验路段确定的松铺系数，准备集料用量。摊铺前，如下承层的表面过分干燥，应适当洒水，使表面湿润。集料或土应尽可能摊铺均匀，不应有离析现象。

③ 集料整型轻压。只有集料或土层表面平整并具有一定的密实度，人工摊铺时，才能将表面摊铺均匀。因此，集料或土摊铺均匀后，必须进行整型，使表面具有规定的路拱，并用两轮压路机碾压一至两遍，使集料或土的表面平整和较密实。

④ 摊铺石灰。根据计算的石灰堆放间距，在现场用石灰做标记，同时划出摊铺石灰的边线。用刮板均匀摊铺，并量测石灰的松铺厚度，根据石灰的含水量和松密度，校核石灰的用量。

⑤ 拌和洒水。使用灰土拌和机或稳定土拌和机进行"干拌"1～2 遍，使石灰分布到全部土中，不要求完全拌和，而是预防加水过程中石灰成团。然后边洒水边拌和，进行"湿拌"。使用犁进行拌和时，犁翻的遍数应成双数。第一遍由路中心开犁，将混合料向中间翻，此时应慢速前进，使土层翻透。第二遍应相反，从两边开犁，将混合料向外侧翻。犁翻过程中，应注意犁翻的深度，不得在稳定土和下承层间残留一层"素土"，宜将下层表面 1～2cm 刮破。洒水车洒水时，不要中断，不得在正进行的路段上掉头或停留。拌和机械在洒水车后配合进行拌和过程中，应及时检查混合料的含水量，一般宜比最佳含水量略大 1%～2%，拌和直至含水量足够、混合料颜色及含水量均匀为止。对于石灰稳定粒料，应先将石灰拌和均匀，然后均匀地摊铺在具有规定路拱、表面平整并有一定密实度的粒料层上，再一起进行拌和。

⑥ 整平。混合料拌和均匀后应立即用平地机进行初平。一般在直线段，由两侧向路中心刮平；在曲线段，由内侧向外侧刮平。然后，用轮胎压路机、轮胎拖拉机或平地机快速碾压一遍。不平整的地方，用齿耙把表面 5cm 耙松；必要时，用新拌的混合料找平，再进行碾压。每次整平碾压，均需按要求调整坡度和路拱。接缝处的整平，应顺势平整，并应包括路肩。为避免出现薄层贴补，在总厚度满足要求的情况下，摊铺时宜宁高勿低整平时，宜宁刮勿补。

⑦ 碾压。整型后当混合料处于最佳含水量不超过 1%～2% 范围时，进行碾压。如表面

水分不足，应适当洒水。在人工摊铺和整型的情况下，应先用拖拉机、6～8t两轮压路机或轮胎压路机碾压一至两遍，再用重型轮胎压路机、振动压路机或12t以上的三轮压路机进行碾压。如有"弹簧"、松散、起皮等现象，应及时翻开重新拌和，或用其他方法处理，使其达到质量要求。碾压结束之前，用平地机终平一次，使高程、路拱和超高符合设计要求，局部低洼之处，不得找补，以免出现薄层贴补现象。

⑧ 养生及交通管理。养生期应采取洒水保湿措施，一般为7d左右。未采用覆盖措施时，应封闭交通。采用覆盖砂或喷洒沥青膜养生，不能封闭交通时，应限制车速不得超过30km/h。养生期结束，应立即施工上层，以免产生收缩裂缝；或先铺一封层，开放交通，待基层充分开裂后，再施工上层，以减少反射裂缝。每层施工厚度一般为15～20cm，当采用振动羊足碾与三轮压路机配合碾压时，厚度可以达25cm。

（2）厂拌法施工

厂拌法施工，是指在中心拌和厂（场）用拌和设备将原料拌和成混合料，然后运到施工现场进行摊铺、碾压、养生等作业的施工方法。对于高速公路和一级公路，应采用专用稳定土、集中厂拌机械拌制混合料。以石灰、粉煤灰稳定土的施工为例介绍厂拌法施工步骤。

① 拌和。可在中心站采用强制式拌和机、双转轴桨叶式拌和机，也可用路拌机械在场地上分批集中拌和。土块、粉煤灰块要粉碎，配料要准确，含水量要略大于最佳含水量，拌和要均匀，石灰应贮藏在筒仓中，粉煤灰可露天覆盖堆放，含水量宜在15%～20%。

② 运输。可以用普通的自卸车运料，并适当覆盖，以防水分损失或沿路飞扬。

③ 摊铺。混合料运到现场后，应尽可能用机械摊铺，应注意摊铺均匀，保证一定的平整度。

④ 压实。可用轮胎压路机、振动压路机等进行压实。轻型压路机初压后，可用重型钢轮压路机进行碾压，并在终压前，用平地机进行整平。

一般压实厚度为15～18cm，重型振动压路机可以达20～25cm。若设计厚度较大，应分层摊铺压实，上下层的施工间隔时间不宜过长，最好在同一天铺筑。下层不应有松散材料，摊铺上层时，下层的表面应保持潮湿。

11.2.1.6 质量管理与检查验收

施工过程中质量控制的主要项目有：含水量、集料级配、石料压碎值、结合料剂量、无侧限饱和水抗压强度、拌和均匀性、压实度、弯沉值等。

外形管理项目有高程、厚度、宽度、横坡度、平整度等。

以上各检测项目具体测定频率和质量标准详见《公路路面基层施工技术细则》（JTG/T F20—2015）中的规定，本节不另叙述。

11.2.2 粒料类基层施工

11.2.2.1 粒料类基层分类

粒料类基层是由一定级配的矿质集料经拌和、摊铺、碾压，使强度符合规定后得到的基层。本节主要介绍级配碎石、级配砾石和填隙碎石基层的施工技术。

（1）级配碎石基层

级配碎石基层由粗、细碎石和石屑各占一定比例，级配符合要求的碎石的混合料铺筑而成。级配碎石基层适用于各级公路的基层和底基层，还可以用作较薄沥青面层与半刚性基层之间的中间层。级配碎石用作二级和二级以下公路的基层时，其颗粒组成和塑性指数应满足表11-8中1号级配的规定。级配碎石用作高速公路和一级公路的基层时，其颗粒组成和塑性指数应满足表11-8中2号级配的规定。同时，级配曲线宜为圆滑曲线。

表 11-8　级配碎石基层的颗粒级配范围

项目		通过率（以质量计）/%	
		编号1	编号2
筛孔尺寸/mm	37.5	100	
	31.5	90～100	100
	19.0	73～88	85～100
	9.5	49～69	52～74
	4.75	29～54	29～54
	2.36	17～37	17～37
	0.6	8～20	8～20
	0.075	0～7	0～7
液限/%		<28	<28
塑性指数		<6（或9[①]）	<6（或9[①]）

注：对于无塑性的混合料，小于0.075mm的颗粒含量应接近高限。
① 潮湿多雨地区塑性指数宜小于6，其他地区塑性指数宜小于9。

（2）级配砾石基层

级配砾石基层由粗、细砾石和砂按一定比例配制的混合料铺筑的、具有规定强度的路面结构层，适用于二级及二级以下公路的基层及各级公路的底基层。级配砾石基层的颗粒组成应符合表11-9规定的级配要求。

表 11-9　级配砾石基层的颗粒组成范围

项目		通过率（以质量计）/%		
		编号1	编号2	编号3
筛孔尺寸/mm	53	100		
	37.5	90～100	100	
	31.5	81～94	90～100	100
	19.0	63～81	73～88	85～100
	9.5	45～66	49～69	52～74
	4.75	27～51	29～54	29～54
	2.36	16～35	17～37	17～37
	0.6	8～20	8～20	8～20
	0.075	0～7	0～7	0～7
液限/%		<28	<28	<28
塑性指数		<6（或9[①]）	<6（或9[①]）	<6（或9[①]）

注：对于无塑性的混合料，小于0.075mm的颗粒含量应接近高限。
① 潮湿多雨地区塑性指数宜小于6，其他地区塑性指数宜小于9。

（3）填隙碎石基层

填隙碎石基层是用单一粒径的粗碎石作主骨料，用石屑作填隙料铺筑而成的结构层。填隙碎石适用于各级公路的底基层和二级以下公路的基层，颗粒组成等技术指标应符合表 11-10 和表 11-11 的要求。填隙碎石基层以粗碎石作嵌锁骨架，石屑填充粗碎石间的空隙，使密实度增加，从而提高强度和稳定性。

表 11-10　填隙碎石集料的颗粒组成

序号	粒径/mm	不同筛孔尺寸下通过率（以质量计）/%							
		63mm	53mm	37.5mm	31.5mm	26.5mm	19mm	16mm	9.5mm
1	30～60	100	25～60		0～15		0～5		
2	25～50		100		25～50	0～15		0～5	
3	20～40			100	35～70		0～15		0～5

表 11-11　填隙料的颗粒组成

筛孔尺寸/mm	0.95	4.75	2.36	0.6	0.075
通过率（以质量计）/%	100	85～100	50～70	30～50	0～10
塑性指数	<6				

11.2.2.2　粒料类基层施工方法

（1）级配碎（砾）石基层（底基层）施工

级配碎（砾）石基层（底基层）大都采用路拌法施工，其施工工序为：

① 准备下承层。下承层的平整度和压实度及弯沉值应符合规范的规定，不论是路堑还是路堤，都必须用 12～15t 三轮压路机或等效的碾压机械进行碾压检验（压 3～4 遍），若发现有问题，应及时采取相应措施进行处理。

② 施工放样。在下承层上恢复中线，直线段上每 10～20m 设一桩，曲线上每 10～15m 设一桩，并在两侧路肩边缘外 0.3～0.5m 设指示桩，进行水平测量，在两侧指示桩上应明显标记出基层或底基层边缘的设计高程。

③ 计算材料用量。根据各段基层或底基层的宽度、厚度及预计的干压密度按确定的配合比分别计算。

④ 运输和摊铺集料。集料装车时，应控制每车料的数量基本相等，卸料距离应严格掌握，避免料不足或过多；人工摊铺时，松铺系数为 1.40～1.50，平地机摊铺时，松铺系数为 1.25～1.35。

⑤ 拌和机整型。当采用稳定土拌和机进行拌和时，应拌和两遍以上，拌和深度应直到级配碎（砾）石层底，在进行最后一遍拌和前，必要时先用多铧犁贴底面翻拌一遍；当采用平地机拌和时，用平地机将铺好的集料翻拌均匀，平地机拌和的作业长度，每段宜为 300～500m，并拌和 5～6 遍。

⑥ 碾压。混合料整型完毕，含水量等于或略大于最佳含水量时，用 12t 以上三轮压路机或振动压路机碾压。在直线段，由路肩开始向路中心碾压；在平曲线段，由弯道内向外侧碾压，碾压轮重叠 1/2 轮宽，后轮超过施工段接缝。后轮压完路面全宽即为 1 遍，一般应碾压 6～8 遍，直到符合规定的密实度，表面无轮迹为止。压路机碾压前两遍的速度为 1.5～

1.7km/h，然后为 2.0～2.5km/h。路面外侧应多压 2～3 遍。

（2）填隙碎石基层（底基层）施工

填隙碎石基层施工的工序为：准备下承层→施工放样→运输和摊铺粗骨料→撒布石屑→振动压实→第二次撒布石屑→振动压实→局部补撒石屑并扫匀→振动压实，填满空隙→洒水饱和（湿法）或洒少量水（干法）→碾压→干燥。

11.2.3　基层施工质量控制与检查验收

11.2.3.1　施工质量控制

施工过程中各工序完成后应进行相应指标的检查验收，上一道工序完成且质量符合要求方可进入下一道工序的施工。施工质量控制的内容包括原材料与混合料技术指标的验收、试验路铺筑及施工过程中的质量控制与外形管理三大部分。

（1）原材料与混合料质量技术指标验收

基层施工前及施工过程中原材料出现变化时，应对所采用的原材料进行规定项目的质量技术指标试验，以试验结果作为判定材料是否适用于基层的主要依据。

（2）试验路铺筑

为了有一个标准的施工方法作指导，在正式施工前应铺筑一定长度的试验路，以便考察混合料的配合比是否适宜，确定混合料的松铺系数、标准施工方法及作业段的长度等，并根据试验路铺筑的实际过程优化基层的施工组织设计。

（3）施工过程中的质量控制与外形管理

基层施工质量控制是在施工过程中对混合料的含水量、集料级配、结合料剂量、混合料抗压强度、拌和均匀性、压实度、表面回弹弯沉值等项目进行检查。外形管理包括基层的宽度、厚度、路拱横坡、平整度等，施工时应按规定的频率和质量标准进行检查。

11.2.3.2　检查验收

基层施工完毕应进行竣工检查验收，内容包括竣工基层的外形、施工质量和材料质量等三个方面。判定路面结构层质量是否合格，是以 1km 长的路段为评定单位；当采用大流水作业时，也可以每天完成的段落为评定单位。检查验收过程中的试验、检验应做到原始记录齐全、数据真实可靠，为质量评定提供客观、准确的依据。

11.3　水泥混凝土路面施工

11.3.1　概述

水泥混凝土路面，包括普通混凝土、钢筋混凝土、连续配筋混凝土、预应力混凝土、装配式混凝土和钢纤维混凝土等面层板和基（垫）层所组成的路面。目前采用最广泛的是就地浇筑的普通混凝土路面，简称混凝土路面。

水泥混凝土路面具有刚度大、强度高、稳定性好、养护维修费用低、使用寿命长等优点，在道路工程特别是高等级、重交通的道路中已得到广泛的应用。随着设计理论和施工技术的成熟以及新材料的研究发展，为适应现代交通发展的需要，水泥混凝土路面结构也有了较大的改进。

目前，根据交通量的大小，水泥混凝土路面的面板厚度为 18～24cm，高等级公路已广泛地采用了 25cm 的厚度，交通量很大的重交通道路的面板厚度可达 28～30cm。路面结构采用水泥稳定粒料、水泥石灰稳定土等基层和多形式、多层次的稳定土底基层，路面总厚度达 70～100cm。

11.3.2 混凝土路面的构造要求

（1）路面板厚度

理论分析表明，轮载作用于板中部时，板所产生的最大应力约为轮载作用于板边部时的 2/3。因此，面层板的横断面应采用中间薄两边厚的形式，以适应荷载应力的变化。一般边部厚度较中部约大 25％，但是厚边式路面给土基和基层的施工带来不便，而且使用经验也表明，在厚度变化转折处，易引起板的折裂。因此，目前国内外常采用等厚式路面，或在等厚式面板的最外侧板边部配置边缘钢筋予以固定。

（2）横向接缝

由于一年四季气温的变化，混凝土板会产生不同程度的膨胀和收缩。而在一昼夜中，白天气温升高，混凝土板顶面温度较底面为高，这种温度坡差会形成板的中部隆起的趋势。夜间气温降低，板顶面温度较底面为低，会使板的周边和角隅发生翘起的趋势，致使板内产生过大的应力，造成板的断裂或拱胀等破坏。为避免这些缺陷，混凝土路面不得不在纵横两个方向设置许多接缝，把整个路面分割成许多板块。

横向接缝是垂直于行车方向的接缝，共有三种：缩缝、胀缝和施工缝。缩缝保证板因温度和湿度的降低而收缩时沿该薄弱断面缩裂，从而避免产生不规则的裂缝。胀缝保证板在温度升高时能部分伸张，从而避免产生路面板在热天的拱胀和折断破坏，同时胀缝也能起到缩缝的作用。另外，混凝土路面每天完工以及因雨天或其他原因不能继续施工时，应尽量做到胀缝处。如做不到，也应做至缩缝处，并做成施工缝的构造形式。

缩缝一般采用假缝形式，即只在板的上部设缝隙，当板收缩时将沿此最薄弱断面有规则地自行断裂。缩缝缝隙宽 3～8mm，深度约为板厚的 1/4～1/5，一般为 5～6cm，近年来国外有减小假缝宽度与深度的趋势。假缝缝隙内亦需浇灌填缝料，以防地面水下渗及石砂杂物进入缝内。

（3）纵缝

纵缝是指平行于混凝土路面行车方向的那些接缝。纵缝间距一般按 3～4.5m 设置，这对行车和施工都较方便。

（4）钢筋

当采用板中计算厚度的等厚式板时，或混凝土板纵、横向自由边缘下的基础有可能产生较大的塑性变形时，应在其自由边缘和角隅处设置边缘钢筋和角隅钢筋。

（5）传力杆

对于交通繁重的道路，为保证混凝土板之间能有效地传递荷载，防止形成错台，应在胀缝处板厚中央设置传力杆。传力杆一般长 40～60cm，采用直径为 20～25mm 的光圆钢筋，每隔 30～50cm 设一根。杆的半段固定在混凝土内，另半段涂以沥青，套上长约 8～10cm 的铁皮或塑料套筒，筒底与杆端之间留出宽约 3～4cm 的空隙，并用木屑与弹性材料填充，以利于板的自由伸缩。在同一条胀缝上的传力杆，设有套筒的活动端最好在缝的两边交错布置。

由于缩缝缝隙下面板断裂面凹凸不平，能起一定的传荷作用，一般不必设置传力杆，但对交通繁重或地基水文条件不良的路段，也应在板厚中央设置传力杆。这种传力杆长度为30～40cm，直径14～16mm，每隔30～60cm设一根，一般全部锚固在混凝土内，以使缩缝下部凹凸面的传荷作用有所保证；但为便于板的翘曲，有时也将传力杆半段涂以沥青，称为滑动传力杆，而这种缝称为翘曲缝。

11.3.3 材料质量要求

组成混凝土路面的原材料包括水泥、粗集料（碎石或砾石）、细集料（砂）、水、外加剂、接缝材料及局部使用的钢筋。因为面层受到动荷载的冲击、摩擦和反复弯曲作用，同时还受到温度和湿度反复变化的影响。面层混合料必须具有较高的抗弯曲强度和耐磨性、良好的耐冻性以及尽可能低的膨胀系数和弹性模量。

作为混凝土的胶结材料，水泥应具有强度高、干缩性小、耐磨性与耐久性好的特点。每$1m^3$水泥用量不得小于300kg（非冰冻地区）或320kg（冰冻地区）。冰冻地区的混凝土中必须掺加引气剂。

粗集料（碎石或砾石）应质地坚硬、耐久、洁净，符合规定级配，最大粒径不应超过40mm。粗集料的标准级配范围见表11-12。

表11-12 粗集料的标准级配范围

级配类型	粒径/mm	筛孔尺寸/mm							
		40	30	25	20	15	10	5	2.5
		通过率（以质量计）/%							
连续	5～40	95～100	55～69	39～54	25～40	14～27	5～15	0～5	
	5～30		95～100	67～77	44～59	25～40	11～24	3～11	0～5
	5～20				95～100	55～69	25～40	5～15	0～5
间断	5～40	95～100	55～69	39～54	25～40	14～27	14～27	0～5	
	5～30		95～100	67～77	44～59	25～40	25～40	3～11	0～5
	5～20				95～100	25～40	25～40	5～15	0～5

混凝土中小于5mm的细集料可用天然砂。要求颗粒坚硬耐磨，具有良好的级配，表面粗糙而有棱角，清洁和有害杂质含量少，细度模数在2.5以上。细集料的标准级配范围见表11-13。

表11-13 细集料的标准级配范围

级配分区	筛孔尺寸/mm						
	圆孔直径			方孔边长			
	10	5	2.5	1.25	0.60	0.30	0.15
	通过率（以质量计）/%						
Ⅰ区	100	90～100	65～95	35～65	15～29	5～20	0～10
Ⅱ区	100	90～100	75～100	50～90	30～59	8～30	0～10
Ⅲ区	100	90～100	85～100	75～90	60～84	15～45	0～10

注：Ⅰ区，基本属于粗砂；Ⅱ区，属于中砂或部分偏粗的细砂；Ⅲ区，属于细砂或部分偏细的中砂。

拌制和养生混凝土用的水，以饮用水为宜。对工业废水、污水、海水、沼泽水、酸性水（pH＜4）和硫酸盐含量较多（按 SO_4^{2-} 计超过 $2.7mg/cm^3$）的水，均不允许使用。

为使混凝土路面提早开放交通，可在混凝土中掺加早强剂；为了提高混凝土的和易性和抗冻性，以及防止为融化路面冰雪所用盐类对混凝土的侵蚀，国内外常掺入引气剂；为提高混凝土的强度，国内外还采用干硬性混凝土，并掺入增塑剂或减水剂。

接缝材料按使用性能分接缝板和填缝料两类。接缝板要求能适应混凝土面板的膨胀与收缩，且施工时不变形、耐久性良好。填缝料要求与混凝土面板缝壁黏结力强，且材料的回弹性好，能适应混凝土面板的膨胀与收缩，不溶于水、不渗水，高温时不溢出，低温时不脆裂和耐久性好。

素混凝土路面的各类接缝需要设置用钢筋制成的拉杆、传力杆，在板边、板端及角隅需要设置边缘钢筋和角隅钢筋，钢筋混凝土路面和连续配筋混凝土路面则要使用大量的钢筋。用于混凝土路面的钢筋应符合设计规定的品种和规格要求，钢筋应顺直，无裂缝、断伤、裂痕及表面锈蚀和油污等。

11.3.4 配合比设计

混凝土配合比，应保证混凝土的设计强度、耐磨、耐久和混凝土拌和物易性的要求。在冰冻地区还应符合抗冻性的要求。

11.3.5 混凝土路面施工工艺

11.3.5.1 施工准备工作

① 根据施工路线的长短和所采用的运输工具，选择混凝土拌和场地。混凝土可集中在一个场地拌制，也可以在沿线选择几个场地，随工程进展情况迁移。拌和场地的选择首先要考虑使运送混合料的运距最短；同时拌和场地还要接近水源和电源；此外，拌和场地应有足够的面积，以供堆放砂石材料和搭建水泥库房。

② 进行材料试验和混凝土配合比设计。根据技术设计要求与当地材料供应情况，做好混凝土各组成材料的试验，进行混凝土各组成材料的配合比设计。

③ 基层的检查与整修。基层的宽度、路拱与标高、表面平整度和压实度，均应检查其是否符合要求。如有不符之处，应予以整修，否则，将使面层的厚度变化过大，而增加其造价或减少其使用寿命。半刚性基层的整修时机很重要，过迟难以修整且很费工。当在旧砂石路面上铺筑混凝土路面时，所有旧路面的坑洞、松散等损坏，以及路拱横坡或宽度不符合要求之处，均应事先翻修调整压实。

混凝土摊铺前，基层表面应洒水润湿，以免混凝土底部的水分被干燥的基层吸去，变得疏松以致产生细裂缝，有时也可在基层和混凝土之间铺设薄层沥青混合料或塑料薄膜。

11.3.5.2 机械摊铺法施工

（1）轨道式摊铺机施工

轨道式摊铺机是由摊铺机、整面机、修光机等组成的摊铺列车。

施工时，铺筑好一条行车带，轨道即是列车的行驶轨道，又是水泥混凝土的模板。摊铺机上装有摊铺器（又称布料器），用来将倾卸在路基上的水泥混凝土按一定的厚度均匀地摊铺在路基上。摊铺机在摊铺水泥混凝土时，轨道是固定不动的。完成摊铺、振捣、压实、平整、光面成型等工序。

轨道式摊铺机施工，是机械化施工中最普通的一种方法。是由支撑在平底型轨道上的摊铺机将混凝土拌和物摊铺在基层上。轨道式摊铺机施工混凝土路面包括施工准备、拌和与运输混凝土、摊铺与振捣、表面整修及养护等工作。

① 边模的安装。在摊铺混凝土前，应先安装两侧模板。模板内侧应涂刷肥皂液或其他润滑剂，以便于拆模。

② 传力杆设置。当两侧模板安装好后，即在需要设置传力杆的胀缝或缩缝位置上设置传力杆。

③ 制备与运送混凝土混合料。要准确掌握配合比，特别要严格控制用水量。每天开始拌和前，应根据天气变化情况，测定砂、石材料的含水量，以调整拌制时的实际用水量。每拌所用材料应过秤。混合料用手推车、翻斗车或自卸汽车运送。

④ 摊铺和振捣。人工摊铺及振捣：当运送混合料的车辆运达摊铺地点后，一般直接倒向安装好侧模的路槽内，并人工找补均匀。要注意防止出现离析现象。

机械摊铺及振捣：用插入式振捣机组或弧形振动梁对摊铺整平后的混凝土进行振捣密实、均匀，使混凝土路面成型后获得尽可能高的抗折、抗压强度。

⑤ 筑做接缝。路面接缝有这样几种：纵缝和横缝。纵缝是平行于道路长度方向的缝，一般为设在道路横向变坡点的纵向通缝，也称纵向缩缝，通常设传力杆；横缝是垂直于道路长度方向的缝，分为缩缝和胀缝，胀缝又叫伸缝。缩缝是为满足道路收缩变形而设的，间距一般仅为 3～5m，为假缝，不设拉杆（与施工缝重合时设拉杆），用道路切割机切成，深度为路面厚度的 1/3 左右（路面收缩仅作用于表面）；胀缝是为满足道路混凝土温度膨胀变形而设的，间距较大，一般为 100～300m，设在道路交接处、交汇处及中间部位，缝宽约10～20mm，为预留缝，通常设滑动传力杆，加套管。

拆模后，混凝土板侧面即形成凹槽；需设置拉杆时，模板在相应位置处要钻成圆孔，以便拉杆穿入。浇筑另一侧混凝土前，应先在凹槽壁上涂抹沥青。

⑥ 表面整修与防滑措施。混凝土终凝前必须用人工或机械抹平其表面。为保证行车安全，混凝土表面应粗糙抗滑。最普通的做法是用棕刷沿横向在抹平后的表面上轻轻刷毛，也可用金属丝梳子梳成深 1～2mm 的横槽。

⑦ 养生与填缝。一般用下列两种养生方法。

潮湿养生：当表面已有相当的硬度，用手指轻压不显痕迹时即可开始养生。

塑料薄膜或养护剂养生：填缝工作宜在混凝土初步结硬后及时进行。填缝前，首先将缝隙内泥砂杂物清除干净，然后浇灌填缝料。

（2）滑模式摊铺机施工

滑模式摊铺机比轨道式摊铺机更高度集成化，整机性能好，操纵方便，生产效率高，但对原材料、混凝土拌和物的要求更严格，设备费用较高。

11.3.5.3 常规施工法

混凝土路面采用机械化施工，具有生产效率高、施工质量容易得到保证等优点，是我国混凝土路面施工的发展方向。但从目前技术力量、施工机械现状看，对于一般工程仍离不开人工加小型机具的常规施工方法。小型配套机具施工普通混凝土路面的一般工序为：施工准备→模板安装→传力杆安设→混凝土拌和物拌和和运输→拌和物摊铺和振捣→接缝施工→表面整修→养护与填缝。其中，施工准备、传力杆安设、混凝土拌和物拌和运输、接缝施工、表面整修、养护及填缝与机械摊铺法施工基本相同。

11.3.5.4　施工质量检查与竣工验收

（1）施工质量控制和检查项目

① 土基完成后应检查其密实度，基层完成后应检查其强度、刚度和均匀性。

② 按规定要求验收水泥、砂和碎石；测定砂、石的含水量，以调整用水量；测定坍落度，必要时调整配合比。

③ 检查秤的准确性，抽查材料配量的准确性。

④ 摊铺混凝土之前，应检查基层的平整度和路拱横坡、校验模板的位置和标高、检查传力杆的定位。

⑤ 冬季和夏季施工时，应测定混凝土拌和和摊铺时的温度。

⑥ 观察混凝土拌和、运送、振捣、整修和接缝等工序的质量。

⑦ 每铺筑 400m³ 混凝土，同时制作二组抗折试件，龄期分别为 7d 和 28d，每铺筑 1000m³ 至 2000m³ 混凝土增做一组试件，龄期为 90d 或更长，备作验收或检查后期强度时用，抗压试件可利用抗折试验的断头进行试验，抗压试验数量与抗折数量相对应。试件在现场与路面相同的条件下进行湿法养生。

（2）竣工验收主要项目

① 外观上不能有蜂窝、麻面、裂缝、脱皮、石子外露和缺边掉角等现象。

② 路缘石应直顺，曲线应圆滑。

11.4　沥青路面施工

11.4.1　概述

沥青路面是用沥青材料作结合料黏结矿料修筑面层与各类基层和垫层所组成的路面结构。沥青路面具有表面平整、无接缝、行车舒适、耐磨、振动小、噪声低、施工期短、养护维修简便、适于分期修建等优点，因而获得越来越广泛的应用。沥青路面属柔性路面，其强度与稳定性在很大程度上取决于土基和基层的特性。沥青路面的抗弯强度较低，因而要求路面的基础应具有足够的强度和稳定性。沥青面层的温度稳定性较差，施工受季节影响较大，履带式车辆不能在沥青路面上行驶。

11.4.1.1　沥青路面分类

按强度构成原理可将沥青路面分为密实类和嵌挤类两大类。

密实类沥青路面要求矿料的级配按最大密实原则设计，其强度和稳定性主要取决于混合料的黏聚力和内摩阻力。密实类沥青路面按其空隙率的大小可分为闭式和开式两种：闭式混合料中含有较多的粒径小于 0.5mm 和小于 0.074mm 的矿料颗粒，空隙率小于 6%，混合料致密而耐久，但热稳定性较差；开式混合料中小于 0.5mm 的矿料颗粒含量较少，空隙率大于 6%，其热稳定性较好。

嵌挤类沥青路面要求采用颗粒尺寸较为均一的矿料，路面的强度和稳定性主要依靠骨料颗粒之间相互嵌挤所产生的内摩阻力，而黏聚力则起着次要的作用。按嵌挤原则修筑的沥青路面，其热稳定性较好，但因空隙率较大，易渗水，且耐久性较差。

11.4.1.2 施工工艺

按施工工艺的不同，沥青路面可分为层铺法、路拌法和厂拌法三类。

层铺法：是用分层洒布沥青，分层铺撒矿料和碾压的方法修筑，其主要优点是工艺和设备简便、功效较高、施工进度快、造价较低，其缺点是路面成型期较长，需要经过炎热季节行车碾压之后路面方能成型。用这种方法修筑的沥青路面有沥青表面处治和沥青贯入式两种。

路拌法：是在路上用机械将矿料和沥青材料就地拌和摊铺和碾压密实而成的沥青面层。此类面层所用的矿料为碎（砾）石者称为路拌沥青碎（砾）石，所用的矿料为土者则称为路拌沥青稳定土。通过就地拌和，沥青材料在矿料中分布比层铺法均匀，可以缩短路面的成型期。但因所用的矿料为冷料，需使用黏稠度较低的沥青材料，故混合料的强度较低。

厂拌法：是由一定级配的矿料和沥青材料在工厂用专用设备加热拌和，然后送到工地摊铺碾压而成的沥青路面。矿料中细颗粒含量少，不含或含少量矿粉，混合料为开级配的（空隙率达 10%～15%），称为厂拌沥青碎石；若矿料中含有矿粉，混合料是按最佳密级配配制的（空隙率 10% 以下），称为沥青混凝土。厂拌法按混合料铺筑时温度的不同，又可分为热拌热铺和热拌冷铺两种：热拌热铺是混合料在专用设备加热拌和后立即趁热运到路上摊铺压实。如果混合料加热拌和后储存一段时间再在常温下运到路上摊铺压实，即为热拌冷铺。厂拌法使用较黏稠的沥青材料，且矿料经过精选，因而混合料质量高，使用寿命长，但修建费用也较高。

11.4.1.3 材料质量要求

（1）沥青

沥青路面所用的沥青材料有煤沥青、液体石油沥青和乳化沥青等。各类沥青路面所用沥青材料的标号，应根据路面的类型、施工条件、地区气候条件、施工季节和矿料性质与尺寸等因素而定。煤沥青不宜作沥青面层用，一般仅作为透层沥青使用。选用乳化沥青时，对于酸性石料、潮湿的石料，以及低温季节施工宜选用阳离子乳化沥青，对于碱性石料或将其与掺入的水泥、石灰、粉煤灰共同使用时，宜选用阴离子乳化沥青。

对热拌热铺沥青路面，由于沥青材料和矿料均须加热拌和，并在热态下铺压，故可采用稠度较高的沥青材料；而热拌冷铺类沥青路面，所用沥青材料的稠度可较低。对贯入式沥青路面，若采用的沥青材料过稠则难以贯入碎石中，过稀又易流入路面底部，因此，这类路面宜采用中等稠度的沥青材料。当地气候寒冷、施工气温较低、矿料粒径偏小时，宜采用稠度较低的沥青材料；但炎热季节施工时，由于沥青材料的温度散失较慢，因此可用稠度较高的沥青材料。对于路拌类沥青路面，一般仅采用稠度较低的沥青材料。

（2）矿料

沥青混合料的矿料包括粗集料、细集料及填料。粗、细集料混合料的矿质骨架，填料与沥青组成的沥青胶浆填充于骨料间的空隙中并将矿料颗粒黏结在一起，使沥青混合料具有抵抗行车荷载和环境因素作用的能力。

沥青路面所用的粗集料有碎石、筛选砾石、破碎砾石、矿渣等。路面抗滑表层粗集料应选用坚硬、耐磨、抗冲击性好的碎石，不得使用筛选砾石、矿渣及软质集料。

粗、细集料通常以 2.36mm 粒径作为分界，沥青面层的细集料可采用天然砂、机制砂及石屑。细集料应洁净、干燥、未风化、无杂质，并由适当的颗粒组成。热拌沥青混合料的细集料宜采用优质的天然砂或机制砂，在缺砂地区也可以用石屑。

沥青混合料的填料宜采用石灰岩或岩浆岩中的强基性岩石等疏水性石料经研磨得到的矿粉。当采用水泥、石灰、粉煤灰作填料时，其用量不宜超过矿料总量的2%。

11.4.2　沥青路面面层的施工

11.4.2.1　热拌沥青混合料路面施工

热拌沥青混合料适用于各种等级道路的沥青面层。高速公路、一级公路和城市快速路、主干路的沥青面层的上面层、中面层及下面层应采用沥青混凝土混合料铺筑，沥青碎石混合料仅适用于过渡层及整平层。其他等级道路的沥青面层的上面层宜采用沥青混凝土混合料铺筑。热拌沥青混合料材料种类应根据具体条件和技术规范合理选用。应满足耐久性、抗车辙、抗裂、抗水损害能力、抗滑性能等多方面要求，同时还需考虑施工机械、工程造价等实际情况。沥青混凝土混合料面层宜采用双层或三层式结构，其中应有一层及一层以上是Ⅰ型密级配沥青混凝土混合料。当各层均采用开级配沥青混合料时，沥青面层下必须做下封层。

厂拌法沥青路面包括沥青混凝土、沥青碎（砾）石等，施工按下列顺序进行：基层准备和放样—沥青混合料拌和—混合料运输—摊铺—碾压—接缝施工—开放交通。

(1) 基层准备和放样

铺筑沥青混合料前，应检查确认下层的质量，当下层质量不符合要求，或未按规定洒布透层、黏层沥青或铺热下封层时，不得铺筑沥青面层。为了控制混合料的摊铺厚度，在准备好基层之后，应进行测量放样，即沿路面中心线和四分之一路面宽度处设置样桩，标出混合料松铺厚度。当采用自动调平摊铺机时，应放出引导摊铺机运行走向和标高的控制基准线。

(2) 沥青混合料的拌和

沥青混合料宜在拌和厂（场）制备。在拌制一种新配合比的混合料之前，或生产中断了一段时间后，应根据室内配合比进行试拌。通过试拌及抽样试验确定施工质量控制指标：对间歇式拌和设备，应确定每盘热料仓的配合比；对连续式拌和设备，应确定各种矿料送料口的大小及沥青和矿料的进料速度。沥青混合料应按设计沥青用量进行试拌，试拌后取样进行马歇尔试验，并将该试验值与室内配合比试验结果进行比较，验证设计沥青用量的合理性，必要时可作适当调整。确定适合的拌和时间。间歇式拌和设备每盘拌和时间宜为30~60s，以沥青混合料拌和均匀为准。确定适合的拌和与出厂温度。拌和根据配料单进行，应严格控制各种材料用量及其加热温度。拌和后的沥青混合料应均匀一致，无花白、无离析和结团成块等现象。每班抽样做沥青混合料性能、矿料级配组成和沥青用量检验。每班拌和结束时，清洁拌和设备，放空管道中的沥青。做好各项检查记录，不符合技术要求的沥青混合料禁止出厂。

(3) 混合料的运输

沥青混合料宜采用载重量较大的自卸汽车运输。汽车车厢应清扫干净，且在车厢底板及周壁应涂一层薄油水混合液。从拌和机向运料车上放料时，应每放一斗混合料挪动一下车位，以减小集料离析现象，运输车辆应覆盖，运至摊铺地点的沥青混合料温度不宜低于130℃（煤沥青混合料不低于90℃）。运输中尽量避免急刹车，以减少混合料离析现象，运料车应用篷布覆盖以保温、防雨、防污染，夏季运输时间短于0.5h时可不覆盖。混合料运料车的运输能力应比拌和机拌和或摊铺机摊铺能力略强。施工过程中，摊铺机前方应有运料车在等待卸料，运料车在摊铺机前10~30m处停住，不得撞击摊铺机，卸料时运料车挂空挡，靠摊铺机推动前进，以利于摊铺平整。运到摊铺现场的沥青混合料应符合规定的摊铺温度要求，已结成团块、遭雨淋湿的混合料不得使用。

（4）摊铺

热拌沥青混合料应采用机械摊铺，对高速公路和一级公路宜采用两台以上摊铺机联合摊铺，以减少纵向冷接缝，相邻两台摊铺机纵向相距10～30m，横向应有5～10cm宽度摊铺重叠。沥青混合料摊铺机摊铺过程是由自卸汽车将混合料卸在料斗内，经传送器将混合料往后传给螺旋摊铺器，随着摊铺机前进，螺旋摊铺器即在摊铺带宽度上均匀地摊铺混合料，随后捣实，并由摊平板整平。

（5）碾压

压实后的沥青混合料应符合平整度和压实度的要求，因此，沥青混合料每层的碾压成型厚度不应大于10cm，否则应分层摊铺和压实，其碾压过程分为初压、复压和终压三个阶段。初压是在混合料摊铺后较高温度下进行，宜采用60～80kN双轮压路机慢速度均匀碾压2遍，碾压温度应符合施工温度的要求，初压后应检查平整度、路拱必要时应予以适当调整；复压是在初压后，采用重型轮式压路车或振动压路机碾压4～6遍，要达到要求的压实度，并无显著轮迹，因此，复压是达到规定密实度的主要阶段；终压紧接着复压进行，终压选择60～80kN的双轮压路机碾压不少于2遍，并应消除在碾压过程中产生的轮迹和确保路表面的良好平整度。

（6）接缝施工

沥青路面的各种施工，包括纵缝、横缝和新旧路的接缝等处，往往由于压实不足，容易产生台阶、裂缝、松散等质量事故，影响路面的平整度和耐久性。接缝的内容、要求和注意事项如下：

摊铺时采用梯队作业的纵缝使用热接缝，施工时应将先铺的已铺混合料留下10～20cm宽度暂时不碾压，作为后摊铺部分的高程基准面。纵缝应在后铺部分摊铺后立即进行碾压，压路机应大部分压在已先铺碾压好的路面上，仅有10～15cm的宽度压在新铺的车道上，然后逐渐移动跨缝碾压以消除缝迹。

半幅施工或与旧沥青路面连接的纵缝，不能采用热接缝时，宜加设挡板或采用切刀切齐。铺另半幅前必须将缝边缘清扫干净，并刷黏层沥青。摊铺时应重叠在已铺层上5～10cm，摊铺后人工将摊铺在前半幅上面的混合料铲走。横缝应与路中线垂直。相邻两幅及上下层的横缝应错位1m以上。对高速公路和一级公路的中面层、下面层的横向接缝可斜接，但在上面层应做成垂直的平头缝，即平接。斜接缝的搭接长度与厚度有关，宜为0.4～0.8m。搭接处应清扫干净并洒黏层沥青，斜接缝应充分压实并搭接平整。平接缝应做到紧密黏结、充分压实、连接平顺。接缝处应清扫干净，切齐，边缘涂黏层沥青，并在其压实后用热熔铁烫平，再在缝口涂黏层沥青，撒石粉封口，以防渗水。

（7）开放交通

压实后的沥青路面在冷却前，任何机械不得在其上停放或行使，并防止矿料、油料等杂物的污染。热拌沥青混合料路面应待摊铺层完全自然冷却至混合料表面温度不高于50℃（石油沥青）或不高于45℃（煤沥青）后方可开放交通。需提早开放交通时可洒水降低混合料温度。

11.4.2.2 沥青表面处治与沥青贯入式路面施工

沥青表面处治是用沥青和细料矿料分层铺筑成厚度不超过3cm的薄层路面面层，通常采用层铺法施工，按照洒布沥青及铺撒矿料的层次的多少，可分为单层式、双层式和三层式三种。

（1）三层式沥青表面处治的施工工艺

① 清理基层。在表面处治施工前，应将路面基层清扫干净，使基层的矿料大部分外露，并保持干燥；若基层整体强度不足时，则应先予以补强。

② 洒透层（或黏层）沥青。第一层沥青要洒布均匀，当发现洒布沥青后有空白、缺边时，应立即进行人工补洒，有积聚时应立即刮除。施工时应采用沥青洒布车喷洒沥青，其洒布长度应与矿料撒布能力相协调。沥青洒布温度应根据施工气温以及沥青标号确定，一般情况下，石油沥青宜为130～170℃，煤沥青宜为80～120℃，乳化沥青宜在常温下散布。

铺撒第一层矿料：洒布主层沥青后，应立即用矿料撒布机或人工撒布第一层矿料。矿料要撒布均匀，达到全面覆盖一层、厚度一致、矿料不重叠、不露沥青，当局部有缺料或过多处，应适当找补或扫除。

③ 碾压。撒布一段矿料后，用60～80kN双轮压路机碾压。碾压时，应从一侧路缘压向路中，宜碾压3～4遍，其速度开始不宜超过2km/h，以后可适当增加。先洒第二层沥青，撒布第二层矿料，碾压，再洒第三层沥青，撒布第三层矿料，碾压。

初期养护：沥青表面处治后，应进行初期养护。当发现有泛油时，应在泛油部位补撒与最后一层矿料规格相同的嵌缝料并碾压均匀；当有过多的浮动矿料时，应扫出路外；当有其他损坏现象时，应及时修补。

（2）沥青贯入式路面施工

沥青贯入式路面属多孔结构，为防止路表水浸入和增强路面的水稳定性，其面层的最上层应撒布封层料或加铺拌和层，而当沥青贯入层作为联结层时，可不撒布表面封层料。沥青贯入式路面适用于二级及二级以下的公路，其厚度宜为4～8cm，但乳化沥青贯入式路面厚度不宜超过5cm，当贯入层上部加铺拌和层的沥青混合料面层时，总厚度宜为6～10cm，其中拌和层的厚度宜为2～4cm。

沥青贯入式路面的施工工艺流程为：清扫基层→洒透层或黏层沥青（乳化沥青贯入式或沥青贯入式厚度小于5cm）→撒主层矿料→碾压→洒布第一遍沥青→撒布第一遍嵌缝料→碾压→洒布第二遍沥青→撒第二遍嵌缝料→碾压→洒布第三遍沥青→撒封层料→碾压→初期养护。

对沥青贯入式路面施工的要求与沥青表面处治施工基本相同，除应注意施工各工序紧密衔接不要脱节之外，还应根据碾压机具、洒布沥青设备特点和数量来安排每一作业段的长度，力求在当天施工的路段当天完成，以免因沥青冷却而不能裹覆矿料和产生尘土污染矿料等不良后果。适度的碾压在贯入式路面施工中极为重要。碾压不足会影响矿料嵌挤稳定，且易使沥青流失，形成层的上、下部沥青分布不均。但过度的碾压，则会使矿料易于压碎，破坏嵌挤原则，造成空隙减少，沥青难以下渗，形成泛油。因此，应根据矿料的等级、沥青材料的标号、施工气温等因素来确定各次碾压所使用的压路机重量和碾压遍数。

11.4.2.3　路拌沥青碎石路面施工

路拌沥青碎石路面是在路上用机械将热的或冷的沥青材料与冷的矿料拌和，并摊铺、压实而成。

路拌沥青碎石路面的施工程序为：清扫基层—铺撒矿料—洒布沥青材料—拌和—整型—碾压—初期养护—封层。

在清扫干净的基层上铺撒矿料，矿料可在整个路面的宽度范围内均匀铺撒，随后用沥青洒布车按沥青材料的用量标准分数次洒布，每次洒布沥青材料后，随即用齿耙机或圆盘耙把矿料与沥青材料初步拌和，然后改用自动平地机做主要的拌和工作。拌和时，平地机行程的次数视施工气温、路面的层厚、矿料粒径的大小和沥青材料的黏稠度而定，一般需往返行程 20～30 次方可拌和均匀。沥青与矿料翻拌后随即摊铺成规定的路拱横截面，并用路刮板刮平。由于路拌沥青混合料的塑性较高，故在碾压时，应先用轻型压路机碾压 3～4 遍后，再用重型压路机碾压 3～6 遍。路面压实后即可开放交通。通车后的一个月内应控制行车路线和车速，以使路面进一步压实成型。

11.4.3 沥青路面施工质量管理与检查验收

沥青路面施工过程中应进行全面质量管理，建立健全行之有效的质量保证体系，实行严格的目标管理、工序管理及岗位质量责任制度，对各施工阶段的工程质量进行检查、控制、评定，从制度上确保沥青路面的施工质量。沥青路面施工质量控制的内容包括材料的质量检验、铺筑试验路、施工过程中的质量控制及交工验收阶段的工程质量检查与验收等。

（1）材料质量检验

沥青路面施工前应按规定对原材料的质量进行检验。在施工过程中逐班抽样检查时，对于沥青材料可根据实际情况只做针入度、软化点、延度的试验；检测粗集料的抗压强度、磨耗率、磨光值、压碎值、级配等指标和细集料的级配组成、含水量、含土量等指标；对于矿粉，应检验其相对密度和含水量并进行筛析。材料的质量以同一原料、同一次购入并运至生产现场为一"批"进行检查。材料质量检查的内容和标准应符合前述有关的要求。

（2）铺筑试验路

高速公路和一级公路在施工前应铺筑试验段。通过试拌试铺为大面积施工提供标准方法和质量检查标准。

（3）施工过程中的质量控制

在沥青路面施工过程中，施工单位应随时对施工质量进行抽检，工序间实行交接验收，前一工序质量符合要求方可进入下一工序的施工。施工过程中工程质量检查的内容、频率及质量标准应符合规定的要求。

（4）交工验收阶段的工程质量检查与验收

检测项目有：厚度、平整度、宽度、标高、横坡度等。对于沥青混凝土及沥青碎石路面，除上述项目外还要检验压实度、弯沉值；对于抗滑表层沥青混凝土，则还要检验构造深度、摩擦系数摆值或横向力系数。

以上各检测项目具体测定频率和质量标准详见《公路沥青路面施工技术规范》（JTG F40—2004）的规定。

（5）工程施工总结及质量保证期管理

工程结束后，施工企业应根据国家竣工文件编制的规定，完成施工总结报告及若干个专项报告，连同竣工图表，形成完整的施工资料档案。

施工企业在质保期内，应进行路面使用情况观测、局部损坏的原因分析和维修保养等。质量保证的期限根据国家规定或招标文件等要求确定。

第12章

桥梁工程施工

知识要点

本章的主要内容有：桥梁下部结构的施工，包括桥梁墩台的结构及施工工艺和要求；桥梁上部结构的施工，包括预制安装法、悬臂施工法、拱桥的施工等；桥面及附属工程施工，包括支座施工等。

学习目标

通过学习，要求了解桥梁详细结构的组成及施工特点，掌握混凝土墩台和石砌墩台的施工技术要求；了解桥梁上部结构施工形式的选择依据及各种施工方法的特点，掌握大跨度桥梁施工的工艺要求，特别是桥梁上部结构施工过程中施工荷载的处理问题。

12.1 混凝土墩台、石砌墩台施工

桥梁墩台施工是桥梁工程施工中的一个重要部分，其施工质量的优劣，不仅关系到桥梁上部结构的制作与安装质量，而且对桥梁的使用功能影响重大。因此，墩台的位置、尺寸和材料强度等都必须符合设计规范要求。在施工过程中，首先应准确地测定墩台位置，正确地进行模板制作与安装，同时采用经过正规检验的合格建筑材料，严格执行施工规范的规定，以确保施工质量。

桥梁墩台施工方法通常分为两大类：一类是现场就地浇筑与砌筑，一类是拼装预制的混凝土、钢筋混凝土或预应力混凝土构件。

12.1.1 混凝土墩台的施工

现场浇筑的混凝土墩台施工的工序主要有：制作与安装墩台模板和浇筑混凝土。

（1）墩台模板

根据《公路桥涵施工技术规范》（JTG/T 3650—2020）等的规定，模板的设计与施工应符合如下要求：

① 具有必须的强度、刚度和稳定性，能可靠地承受施工过程中可能产生的各项荷载，保证结构物各部形状、尺寸准确；

② 尽可能采用组合钢模板或木模板，以节约木材、提高模板的适应性和周转率；

③ 模板板面平整，接缝严密不漏浆；

④ 拆装容易，施工时操作方便，保证安全。

常用的模板类型有：

① 拼装式模板。系把各种尺寸的标准模板用销钉连接，并与拉杆、加劲构件等组成墩台所需形状的模板。如图 12-1 所示，将墩台表面划分为若干小块，尽量使每部分板扇尺寸相同，以便于周转使用。板扇高度通常与墩台分节灌注高度相同，一般可为 3～6m，宽度可为 1～2m，具体视墩台尺寸和起吊条件而定。拼装式模板由于在工厂内加工制造，因此板面平整、尺寸准确、体积小、重量轻，拆装容易、快速，运输方便，故应用广泛。

② 整体吊装模板。其将墩台模板水平分成若干段，每段模板组成一个整体，在地面拼装后吊装就位（如图 12-2 所示）。分段高度可视起吊能力而定，一般可为 2～4m。整体吊装模板的优点：安装时间短，无须设施工接缝，加快了施工速度，提高了施工质量；将拼装模板的高空作业改为平地操作，有利于施工安全；模板刚性较强，可少设拉筋或不设拉筋，节约钢材；可利用模外框架作简易脚手架，不需另搭施工脚手架；结构简单，装拆方便，对建造高桥墩较为经济。

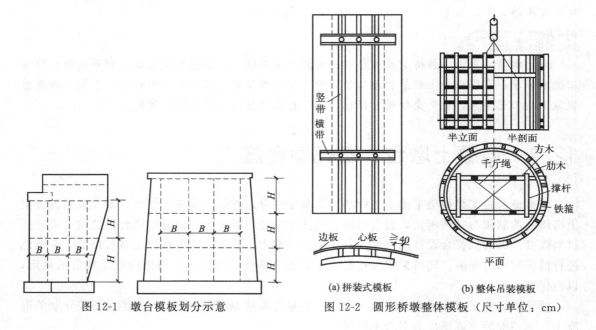

图 12-1　墩台模板划分示意

图 12-2　圆形桥墩整体模板（尺寸单位：cm）

③ 组合型钢模板。系以各种长度、宽度及转角标准构件，用定型的连接件将钢模拼成的结构用模板，具有体积小、重量轻、运输方便、装拆简单、接缝紧密等优点，适用于在地面拼装，整体吊装的结构上。

④ 滑动钢模板。滑动钢模板施工时一次性组装完成，上面设置有施工人员的操作平台，是一种能够快速施工的模板。适用于各种类型的桥墩。

各种模板在工程上的应用，可根据墩台高度、墩台形式、机具设备、施工期限等条件，因地制宜，合理选用。

（2）混凝土浇筑施工要点

墩台身混凝土施工前，应将基础顶面冲洗干净，凿除表面浮浆，整修连接钢筋。灌筑混凝土时，应经常检查模板、钢筋及预埋件的位置和保护层的尺寸，确保位置正确，不发生变形。混凝土浇筑施工中，应切实保证混凝土的配合比、水灰比和坍落度等技术性能指标满足规范要求。

① 混凝土的运送：墩台混凝土的水平与垂直运输相互配合的方式与适用条件可参照规范选用。如混凝土数量大，浇筑捣固速度快时，可采用混凝土带式运输机或混凝土输送泵。运输带速度应不大于 $1.0\sim1.2\text{m/s}$。其最大倾斜角：当混凝土坍落度小于 40mm 时，向上传送为 $18°$，向下传送为 $12°$；当坍落度为 $40\sim80\text{mm}$ 时，则分别为 $15°$ 与 $10°$。

② 混凝土的浇筑：墩台是大体积坞工，应避免水化热过高，导致混凝土因内外温差引起裂缝。

如内外温差引起裂缝，可采取如下措施：用改善骨料级配、降低水灰比、掺加混合材料与外加剂、掺入片石等方法减少水泥用量；采用 C_3A（铝酸三钙）、C_3S（硅酸三钙）含量小及水化热低的水泥，如大坝水泥、矿渣水泥、粉煤灰水泥、低标号水泥等；减小浇筑层厚度，加快混凝土散热速度；混凝土用料应避免日光暴晒，以降低初始温度；在混凝土内埋设冷却，管通水冷却。

当浇筑的平面面积过大，不能在下层混凝土初凝或能重塑前浇筑完成上层混凝土时，为保证结构的整体性，宜分块浇筑。分块时应注意：各分块面积不得小于 50m^2；每块高度不宜超过 2m；块与块间的竖向接缝面应与墩台台身或基础平截面短边平行，与平截面长边垂直；上下邻层间的竖向接缝应错开位置做成企口，并应按施工接缝处理。混凝土中填放片石时应符合以下规定：埋放石块的数量不宜超过混凝土结构体积的 25%，当设计为片石混凝土砌体时，石块含量可增加为 $50\%\sim60\%$；应选用无裂纹、夹层且未被煅烧过的，高度不小于 15cm、具有抗冻性能的石块；石块的抗压强度不应低于 25MPa 或 30MPa 及混凝土强度等级；石块应清洗干净，应在捣实的混凝土中埋入一半以上；石块应分布均匀，净距不小于 10cm，距结构侧面和顶面净距不小于 15cm；对于片石混凝土，石块净距可不小于 $4\sim6\text{cm}$；石块不得挨靠钢筋或预埋件；受拉区混凝土或当气温低于 0℃ 时，不得埋放石块。

混凝土浇筑时，为防止墩台基础第一层混凝土中的水分被基底吸收或基底水分渗入混凝土，对墩台基底处理除应符合天然地基的有关规定外，尚应符合：基底为非黏性土或干土时，应将其润湿；如为过湿土，应在基底设计标高下夯填一层 $10\sim15\text{cm}$ 厚片石或碎（卵）石层；基底面为岩石时，应加以润湿，铺一层厚 $2\sim3\text{cm}$ 的水泥砂浆，然后于水泥砂浆凝结前浇筑第一层混凝土。

墩台台身钢筋的绑扎应和混凝土的灌溉配合进行。在配置第一层垂直钢筋时，应有不同的长度，同一断面的钢筋接头应符合《公路桥涵施工技术规范》（JTG/T F50—2011）的规定。水平钢筋的接头，也应内外、上下互相错开。钢筋保护层的厚度，应符合设计要求，当无设计要求时，墩台身受力钢筋保护层的厚度不应小于 3cm；承台基础受力钢筋保护层的厚度应不小于 3.5cm。

12.1.2 石砌墩台的施工

石砌墩台具有就地取材和经久耐用等优点，在石料丰富地区建造墩台时，在施工期限许可的条件下，为节约水泥，应优先考虑石砌墩台方案。

（1）石料、砂浆与脚手架

石砌墩台系用片石、块石及粗料石以水泥砂浆砌筑的，石料与砂浆的规格要符合有关规定。浆砌片石一般适用于高度小于6m的墩台身、基础、镶面以及各式墩台身填腹；浆砌块石一般用于高度大于6m的墩台身、镶面或应力要求大于浆砌片石砌体强度的墩台；浆砌粗料石则用于磨耗及冲击严重的分水体、破冰体的镶面工程以及有整齐美观要求的桥墩台身等。

将石料吊运并安砌到正确位置是砌石工程中比较困难的工序。当重量小或距地面不高时，可用简单的马凳跳板直接运送，当重量较大或距地面较高时，可采用固定式动臂吊机、桅杆式吊机或井式吊机，将材料运到墩台上，然后再分运到安砌地点。用于砌石的脚手架应环绕墩台搭设，用以堆放材料，并支承施工人员砌镶面（即定位行列）及勾缝。脚手架一般常用固定式轻型脚手架（适用于6m以下的墩台）、简易活动脚手架（能用在25m以下的墩台）以及悬吊式脚手架（用于较高的墩台）。

（2）墩台砌筑施工要点

在砌筑前应按设计图放出实样，挂线砌筑。砌筑基础的第一层砌块时，如基底为土质，只在已砌石块的侧面铺上砂浆即可，不需座浆；如基底为石质，应将其表面清洗、润湿后，先座浆再砌石。砌筑斜面墩台时，斜面应逐层放坡，以保证规定的坡度。砌块间用砂浆黏结并保持一定的缝厚，所有砌缝要求砂浆饱满。形状比较复杂的工程，应先作出配料设计图，注明块石尺寸；形状比较简单的，也要根据砌体高度、尺寸、错缝等，先行放样配好料石再砌。

砌筑方法：同一层石料及水平灰缝的厚度要均匀一致，每层按水平砌筑，丁顺相间，砌石灰缝互相垂直，灰缝宽度和错缝按表12-1规定办理。砌石顺序为先角石，再镶面，后填腹。填腹石的分层高度应与镶面相同；圆端、尖端及转角处砌体的砌石顺序，应自顶点开始，按丁顺排列接砌镶面石。

表 12-1　浆砌镶面石灰缝规定　　　　　　　　　　　　　　　单位：cm

种类	灰缝宽度	错缝（层间或行列间）	三块石料相接处空隙	砌筑行列高度
粗料石	1.5～2	不小于10	1.5～2	每层石料厚度一致
半细料石	1～1.5	不小于10	1～1.5	每层石料厚度一致
细料石	0.8～1	不小于10	0.8～1	每层石料厚度一致

砌体质量应符合以下规定：①砌体所用各项材料类别、规格及质量符合要求；②砌缝砂浆或小石子混凝土铺填饱满，强度符合要求；③砌缝宽度、错缝距离符合规定，勾缝坚固、整齐，深度和形式符合要求；④砌筑方法正确；⑤砌体位置、尺寸不超过允许偏差。

（3）墩台顶帽施工

墩台顶帽是用以支承桥跨结构的，其位置、高程及垫石表面平整度等，均应符合设计要求，以避免桥跨结构安装困难，或使顶帽、垫石等出现碎裂或裂缝，影响墩台的正常使用功能与耐久性。墩台顶帽施工的主要工序为：

① 墩、台帽放样。墩台混凝土（或砌石）灌筑至离墩、台帽底下约30～50cm高度时，即需测出墩台纵横中心轴线，并开始竖立墩、台帽模板，安装锚栓孔或安装预埋支座垫板、绑扎钢筋等。台帽放样时，应注意不要以基础中心线作为台帽背墙线，浇筑前应反复核实，以确保墩、台帽中心、支座垫石等位置方向与水平标高等不出差错。

② 竖立墩、台帽模板。墩、台帽系支承上部结构的重要部分，其尺寸位置和水平标高的准确度要求较严，浇筑混凝土应从墩、台帽下约30～50cm处至墩、台帽顶面一次浇筑，

以保证墩、台帽底有足够厚度的紧密混凝土。

　　③ 钢筋和支座垫板的安设。墩、台帽钢筋绑扎应遵照《公路桥涵施工技术规范》有关钢筋工程的规定。墩、台帽上的支座垫板的安设一般采用预埋支座垫板和预留锚栓孔的方法。前者须在绑扎墩台帽和支座垫石钢筋时，将焊有锚固钢筋的钢垫板安设在支座的准确位置上，即将锚固钢筋和墩、台帽骨架钢筋焊接固定，同时将钢木垫板作一木架，固定在墩、台帽模板上。此法在施工时垫板位置不易准确，应经常检查与校正。后者须在安装墩、台帽模板时，安装好预留孔模板，在绑扎钢筋时注意将锚接孔位置留出。此法安装支座施工方便，支座垫板位置准确。

12.2　桥梁上部结构施工

12.2.1　预制梁的运输和安装

12.2.1.1　预制梁的运输

　　装配式混凝土预制板、梁及其他预制构件通常在桥头附近的预制场或桥梁预制厂内预制，为此需配合吊装架梁的方法，通过一定的运输工具将预制梁运到桥头或桥孔下。从工地预制场到桥头或桥孔下的运输称为场内运输，将预制梁从桥梁预制厂（场）运往桥孔或桥头的运输称为场外运输。

　　（1）场内运输

　　短距离的场内运输可采用龙门架配合轨道平板车来实现，这时需铺设钢轨便道，由龙门架（或木扒杆）起吊移运构件出坑，横移至预制构件运输便道，卸落到轨道平车上，然后用绞车牵引至桥头或桥孔下。运输过程中梁应竖立放置，为了防止构件发生倾覆、滑动或跳动等现象，需在构件两侧采用斜撑和木楔等临时固定，如图 12-3 所示。轨道平板车应设有转盘装置，以便于装上预制构件后能在曲线轨道上运行，同时应装设制动设备，便于在运行过程中随时制动。

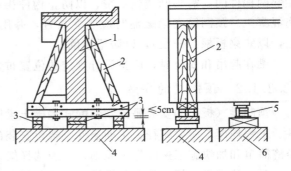

图 12-3　T 形梁的支顶
1—梁肋；2—斜撑；3—木楔；4—保险枕木垛；
5—千斤顶；6—顶梁枕木垛

　　对于小跨径预制梁或规模不大的工程，也可用纵向滚移法进行场内运输。即设置木板便道，利用钢管或硬圆木作滚子，使梁靠两端支承在几个滚子上用绞车拖拽，边前进边换滚子将预制梁运至桥头。

　　在场内运梁时，为使平稳前进以确保施工安全，通常在用牵引绞车徐徐向前拖拉的同时，跟着慢慢放松后面的制动索，以控制前进的速度。

　　纵向滚移法场内运输如图 12-4 所示。

　　当采用水上浮吊架梁时，需要将预制梁装上船，则运梁便道应延伸至河边能使驳船靠拢的地方，为此需要修筑一段装船用的临时栈桥（码头）。

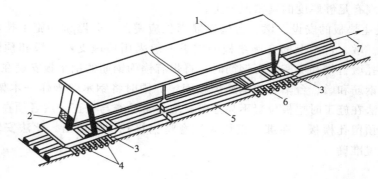

图 12-4　纵向滚移法运梁

1—预制梁；2—保护混凝土的垫木；3—临时支承；4—后走板及滚筒；5—方木滚道；

6—前走板及滚筒；7—牵引钢丝绳

（2）场外运输

距离较远的场外运输，通常采用汽车、大型平板拖车、火车或驳船。

受车厢长度、载重量的限制，一般中小跨径的预制板、梁或小构件（如栏板、扶手等）可用汽车运输。50kN 以内的小构件可用汽车吊装卸；大于 50kN 的构件可用轮胎吊、履带吊、龙门架或扒杆装卸。要运较长构件时，可在汽车上先垫以长的型钢或方木，再搁放预制构件，构件的支点应放在靠近两端处，以避免道路不平、车辆颠簸引起的构件开裂。

特别长的构件应采用大型平板拖车或特制的运梁车运输。使用大型平板拖车运梁时，车长应能满足支承间距要求，构件装车时需平衡放正，以使车辆承重对称均匀。构件支点下及相邻两构件间，需垫麻袋或草帘，以防止构件相互碰撞。构件下的支点需设活动转盘以免擦伤混凝土。预制简支梁运输时应竖立放置，并用斜撑支承（应支在梁腹上，不得支在梁板上，以防梁板根部开裂），以防梁倾倒。

梁在起吊和安放时，应按设计规定的位置布置吊点或支点。

12.2.1.2　预制梁的安装

预制梁（板）的安装是预制装配式混凝土梁桥施工中的关键性工序，应结合施工现场条件、工程规模、桥梁跨径、工期条件、架设安装的机械设备条件等具体情况，以安全可靠、经济简单和加快施工速度等为原则，合理选择架梁的方法。

对于简支梁（板）的安装设计，一般包括起吊、纵移、横移、落梁（板）就位等工序。从架设的工艺来分有陆地架梁，浮吊架梁和利用安装导梁、塔架、缆索的高空架梁法等方法。《公路施工手册 桥涵》详细介绍了预制梁安装的十几种方法，可供参考。这里简要介绍几种常用的架梁方法的工艺特点。

必须注意的是，预制梁（板）的安装既是高空作业，又需用复杂的机具设备，施工中必须确保施工人员的安全，杜绝工程事故。因此，无论采用何种施工方法，施工前均应详细、具体地研究安装方案，对各承力部分的设备和杆件进行受力分析和计算，采取周密的安全措施，严格执行操作规程，加强施工管理和安全教育，确保安全、迅速地进行架梁工作。同时，安装前应将支座安装就位。

（1）陆地架梁法

① 移动式支架架梁法。此法是在架设孔的地面上，顺桥轴线方向铺设轨道，其上设置

可移动支架，预制梁的前端搭在支架上，通过移动支架将梁移运到要求的位置后，再用龙门架或人字扒杆吊装。或者在桥墩上设枕木垛，用千斤顶卸下，再将梁横移就位，见示意图 12-5。

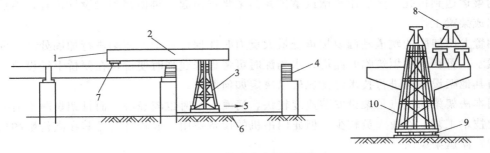

图 12-5　移动式支架架梁法

1—后拉绳；2—预制梁；3，10—移动式支架；4—枕木垛；5—拉绳；6—轨道；

7，9—平车；8—临时搁置的梁（支架拆除后再架设）

利用移动支架架设，设备较简单，但可安装重型的预制梁；无动力设备时，可使用手摇卷扬机或绞盘移动支架进行架设。但不宜在桥孔下有水、地基过于松软的情况下使用，一般也不适合用于桥墩过高的场合，因为这时为保证架设安全，支架必须高大，因而此种架设方法不够经济。

② 摆动式支架架梁法。本法是将预制梁（板）沿路基牵引到桥台上并稍悬出一段，悬出距离根据梁的截面尺寸和配筋确定。从桥孔中心河床上悬出的梁（板）端底下设置人字扒杆或木支架如图 12-6 所示，前方用牵引绞车牵引梁（板）端，此时支架随之摆动而到对岸。

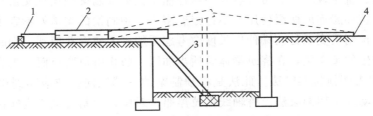

图 12-6　摆动式支架架梁法

1—制动绞车；2—预制梁；3—支架；4—牵引绞车

为防止摆动过快，应在梁（板）的后端用制动绞车牵引制动。

摆动式支架架梁法较适用于桥梁高跨比稍大的场合。当河中有水时也可用此法架梁，但需在水中设一个简单小墩，以供设立木支架用。

③ 自行式吊机架梁法。自行式吊机架梁可以采用一台吊机架设、二台吊机架设、吊机和绞车配合架设等方法。

当预制梁重量不大，而吊机又有相当的起重能力，河床坚实无水或少水，允许吊机行驶、停搁时，可用一台吊机架设安装。

对跨径不大的预制梁，吊机起重臂跨径 10m 以上且起重能力超过梁重的 1.5 倍时，吊机可搁放在桥台后路基上架设安装，或先搁放在一孔已安装好的桥面上，架设安装次一孔的梁（板）。

　　用二台吊机架梁法是用两台自行式吊机各吊住梁（板）的一端，将梁（板）吊起并架设安装。此法应注意两吊机的互相配合。

　　④ 跨墩或墩侧龙门架架梁法。本法是以胶轮平板拖车、轨道平车、跨墩或墩侧龙门架将预制梁运送到桥孔，然后用跨墩或墩侧龙门架将梁吊起，再横移到梁设计位置，然后落梁就位完成架梁工作。

　　搁置龙门架脚的轨道基础要按承受最大反力时能保持安全的原则进行加固处理。河滩上如有浅水，可在水中填筑临时路堤，水稍深时可考虑修建临时便桥，在便桥上铺设轨道。此法应与其他架设方法进行技术经济比较以决定如何取舍。

　　用本法架梁的优点是架设安装速度较快，河滩无水时也较经济，而且架设时不需要特别复杂的技术工艺，作业人员较少。但龙门吊机的设备费用一般较高，尤其在高桥墩的情况。

　　（2）浮运架梁法

　　浮运架梁法是将预制梁用各种方法移装到浮船上，并浮运到架设孔处，最后就位安装。采用浮运架梁法时：河流需有适当的水深，水深需根据梁重而定，一般宜大于 2m；水位平稳或涨落有规律如潮汐河流；流速及风力不大；河岸能修建适合的预制梁装卸码头；具有坚固适用的船只。浮运架梁法的优点是桥跨中不需设临时支架，可以用一套浮运设备架设安装多跨同跨径的预制梁，较为经济，且架梁时浮运设备停留在桥孔的时间很少，不影响河流通航。具体方法如下。

　　① 将预制梁装载在一艘或两艘浮船中的支架枕木垛上，使梁底高度高于墩台支座顶面 0.2～0.3m，然后将浮船拖运至架设孔，充水入浮船，使浮船吃水加深，降低梁底高度使预制梁安装就位。在有潮汐的河流或港湾上建桥时，可利用潮汐水位的涨落来调整梁底标高以安装就位。若潮汐的水位高差不够，可在浮船中配合排水、充水解决。

　　预制梁较短、重量较轻时，可装载在一艘浮船上。如预制梁较长且又重时，可装载在两艘浮船上或以多艘浮船连成两组使用。不论浮船多少，预制梁的支承处不宜多于两处，并由荷载分布确定。预制梁支承处两端伸出长度应考虑浮船进入架设孔便利，同时应考虑因两端伸出在支承外产生的负弯矩，在浇筑梁体时适当加固，防止由负弯矩而产生裂纹、损坏。

　　② 应用浮船支架拖拉架梁法。此法是将预制梁的一端纵向拖拉滚移到岸边的浮船支架上，再用类似移动式支架架梁法沿桥轴线拖拉浮船至对岸，预制梁也相应拖拉至对岸，当梁前端抵达安装位置后用龙门架或人字扒杆安装就位。

　　预制梁装船的方法，应根据梁的长度、重量、河岸的情况，选用不同的方法。当河边有垂直驳岸、预制梁不太长又不太重时，可采用大起重量、大伸幅的轮胎式或履带式吊机将梁从岸上吊装到浮船上，或用大起重量、大伸幅的浮吊将梁从岸上吊装到浮船上。必须建栈桥时，可用栈桥将预制梁纵向拖拉上船，也可用栈桥横移预制梁上船，但此时必须沿河岸垂直修建两座栈桥，其间距等于预制梁的长度。

　　用栈桥纵向拖拉将梁装船，栈桥必须与河岸垂直，栈桥上铺设轨道，轨道一端接梁预制场轨道，另一端接浮船支架上轨道。预制梁拖拉上船如图 12-7(a) 所示。

　　栈桥宜设在桥位下游，因为向上游牵引浮船比向下游要稳当些。栈桥的高度、长度应根据河岸与水位的高差、水下河床深度、浮船最大吃水深度、浮船支架高度等因素确定。

　　在预制梁被拖拉上第一艘浮船的过程中，随着梁移出栈桥端排架的长度增加，浮船所支承的梁重也逐渐增加。为了维持梁处于水平位置，就必须在预制梁向前拖拉的同时，不断地将浮船中先充入的压舱水排出，以逐渐增加浮船的浮力，使浮船在载重逐渐增加时，浮船的

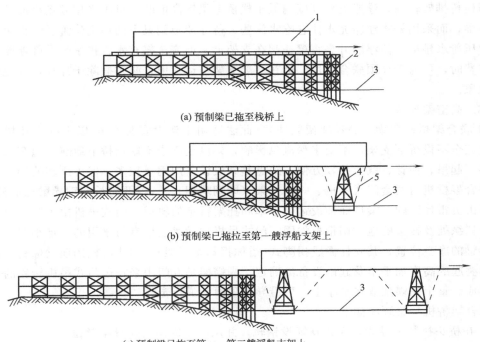

(a) 预制梁已拖至栈桥上

(b) 预制梁已拖拉至第一艘浮船支架上

(c) 预制梁已拖至第一、第二艘浮船支架上

图 12-7 利用栈桥将预制梁纵向拖拉上船

1—预制梁;2—栈桥排架;3—水面;4—浮船支架;5—拉索

吃水深度保持不变。因此,水泵的能力应根据梁的重量和拖移的速度来决定。浮船可由缆索和绞车拉动或由拖船牵引至架设孔。

③ 用栈桥横移梁上船(如图 12-8 所示)。预制梁经过栈桥横向移运到两个提长塔(或龙门吊机下)之间后,就可用卷扬机将预制梁提升起来,然后将两艘浮船联系的浮船支架拖入,再将预制梁落放在浮船支架上。浮船中线宜与预制梁中线相垂直。

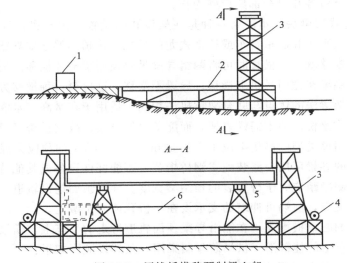

图 12-8 用栈桥横移预制梁上船

1—预制梁;2—栈桥;3—提升预制梁的塔架;4—卷扬机;5—两浮船支架间联系桁架;6—支架间联系桁架

当栈桥排架较高，浮船支架高度稍低于栈桥上梁底高度时，可不必用卷扬机或龙门架提升预制梁，而采用先将浮船充水使它吃水深些，待浮船拖到梁下的预定位置后，再用水泵将浮船中压舱水排出，使浮船升高将梁托起在支架上。但完全靠充水、排水来升降浮船支架高度比较费时，可与千斤顶联合使用。但在浮船支架拖运途中，必须撤除千斤顶，以免梁发生翻倒现象。

（3）高空架梁法

① 联合架桥机架梁（蝴蝶架架梁法）。此法适用于架设安装 30m 以下的多孔桥梁，其优点是完全不设桥下支架，不受水深流急影响，架设过程中不影响桥下通航、通车，预制梁的纵移、起吊、横移、就位都较方便。缺点是架设设备用钢量较多，但可周转使用。

联合架桥机由两套门式吊机、一个托架（即蝴蝶架）、一根两跨长的钢导梁三部分组成。钢导梁由贝雷片装配，梁顶面铺设运梁平车和托架行走的轨道。门式吊机由工字梁组成，并在上下翼缘处及接头的地方用钢板加固。门式吊机顶横梁上设有吊梁用的行走小车。为了不影响架梁的净空位置，其立柱做成拐脚式（俗称拐脚龙门架）。门式吊机的横梁标高，由两根预制梁叠起的高度加平车及起吊设备高确定。蝴蝶架是专门用来托运门式吊机转移的，它由角钢组成。整个蝴蝶架放在平车上，可沿导梁顶面轨道行走。

联合架桥机架梁顺序如下：

a. 在桥头拼装钢导梁，在梁顶铺设钢轨，并用绞车纵向拖拉导梁就位；

b. 拼装蝴蝶架和门式吊机，用蝴蝶架将两个门式吊机移运至架梁孔的桥墩（台）上；

c. 由平车轨道运送预制梁至架梁孔位，将导梁两侧可以安装的预制梁用两个门式吊机吊起，横移并落梁就位；

d. 将导梁所占位置的预制梁临时安放在已架设好的梁上；

e. 用绞车纵向拖拉导梁至下一孔后，将临时安放的梁由门式吊机架设就位，完成一孔梁的架设工作，并通过电焊将各梁连接起来；

f. 在已架设的梁上铺接钢轨，再用蝴蝶架顺序将两个门式吊机托起并运至前一孔的桥墩上。

如此反复，直至将各孔梁全部架设好为止。

② 双导梁穿行式架梁法。本法第一种是在架设孔间设置两组导梁，导梁上安设配有悬吊预制梁设备的轨道平车和起重行车或移动式龙门吊机，将预制梁在双导梁内吊着运到规定位置后，再落梁、横移就位，横移时可将两组导梁吊着预制梁整体横移。另一种是导梁设在桥面宽度以外，预制梁在龙门吊机上横移，导梁不横移，这比第一种横移方法安全。

双导梁穿行式架梁法的优点与联合架桥机法相同，适用于在墩高、水深的情况下架设多孔中小跨径的装配式梁桥，但不需蝴蝶架，而配备双组导梁，故架设跨径可较大，吊装的预制梁可较重。我国用该类型的吊机架设了梁长 51m、重 1310kN 的预应力混凝土 T 形梁桥。

两组分离布置的导梁可用公路装配式钢桥桁节、万能杆件设备或其他特制的钢桁节拼装而成。两组导梁内侧净距应大于待安装的预制梁宽度。导梁顶面铺设轨道，供吊梁起重行车行走。导梁设三个支点，前端可伸缩的支承设在架桥孔前方桥墩上。

两根型钢组成的起重横梁支承在能沿导梁顶面轨道行走的平车上，横梁上设有带复式滑车的起重行车。行车上的挂链滑车供吊装预制梁用。其架设顺序如下：

a. 在桥头路堤上拼装导梁和行车，并将拼装好的导梁用绞车纵向拖拉就位，使可伸缩支脚支承在架梁孔的前墩上；

b. 先用纵向滚移法把预制梁运到两导梁间，当梁前端进入前行车的吊点下面时，将预制梁前端稍稍吊起，前方起重横梁吊起，继续运梁前进至安装位置后，固定起重横梁；

c. 用横梁上的起重行车将梁落在横向滚移设备上，并用斜撑撑住以防倾倒，然后在墩顶横移落梁就位；

d. 用以上步骤并直接用起重行车架设中梁。

如用龙门吊机吊着预制梁横移，其方法同联合架桥机架梁法。此时预制梁的安装顺序是先安装两个边梁，再安装中间各梁。全孔各梁安装完毕并符合要求后，将各梁横向焊接，然后在梁顶铺设移运导梁的轨道，将导梁推向前进，安装下一孔。

重复上述工序，直至全桥架梁完毕。

③ 自行式吊车桥上架梁法。在预制梁跨径不大，重量较轻且梁能运抵桥头引道上时，可直接用自行式伸臂吊车（汽车吊或履带吊）来架梁。但是，对于架桥孔的主梁，当横向尚未连成整体时，必须核算吊车通行和架梁工作时的承载能力。此种架梁方法简单方便，几乎不需要任何辅助设备。

④ 扒杆纵向"钓鱼"架梁法。此法是用立在安装孔墩台上的两副人字扒杆，配合运梁设备，以绞车互相牵吊，在梁下无支架、导梁支托的情况下，把梁悬空吊过桥孔，再横移落梁、就位安装的架梁法。其架梁示意图如图 12-9 所示。

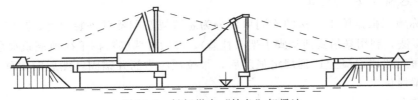

图 12-9 扒杆纵向"钓鱼"架梁法

用此法架梁时，必须以预制梁的重量和墩台间跨径为基础，在竖立扒杆、放倒扒杆、转移扒杆或架梁或吊着梁进行横移等各个工作阶段，对扒杆、牵引绳、控制绳、卷扬机、锚碇和其他附属零件进行受力分析和应力计算，以确保设备的安全。还需对各阶段的操作安全性进行检查。

本法不受架设孔墩台高度和桥孔下地基、河流水文等条件影响；不需要导梁、龙门吊机等重型吊装设备而可架设 30～40m 以下跨径的桥梁；扒杆的安装移动简单，梁在吊着状态时横移容易，且也较安全，故总的架设速度快。但本法需要技术熟练的起重工，且不宜用于不能设置缆索锚碇和梁上方有障碍物处。

12.2.2 悬臂施工

悬臂施工也称为分段施工。就是从已建桥墩开始，对称、逐段地沿桥跨方向向两边延伸施工，并通过预应力筋的张拉将新建节段与已有节段集成为整体，如图 12-10 所示。悬臂式桥梁施工法发展至今不过 100 年。公元 1928 年 Freyssinet 运用悬臂法概念建造了 Plougastel 桥，一直到 1950 年德国 Dywidag 公司的 Finsterwalder 才第一次成功地将平衡悬臂结构应用在建造 Balduinestein 和 Neckarrews 这两座桥梁上。

悬臂施工法的主要优点是：不需要占用很大的预制场地；逐段浇筑，易于调整和控制梁段的位置，且整体性好；不需要大型机械设备；主要作业在设有顶棚、养生设备等的挂篮内

图 12-10　悬臂施工法

进行，可以做到施工不受气候条件影响；各段施工属严密的重复作业，需要施工人员少，技术熟练得快，工作效率高等。主要缺点是：梁体部分不能与墩柱平行施工，施工周期较长，而且悬臂浇筑的混凝土加载龄期短，混凝土收缩和徐变影响较大。

12.2.2.1　悬臂浇筑法施工

悬臂对称施工根据施工方法的不同可以分为悬臂浇筑和悬臂拼装两类。悬臂浇筑又称为迪维达克施工法，利用悬吊式活动脚手架（挂篮），在墩柱两侧对称平衡地浇筑梁段（2～5m）混凝土，待每对梁段混凝土达到规定强度后，张拉预应力筋并锚固，然后向前移动挂篮，重复进行下一梁段施工。

（1）挂篮分类

挂篮是桥梁工程中所使用的悬臂浇筑设备，主要有以下结构形式。按承重结构形式分为桁架式（包括平弦无平衡重、菱形、三组合式、弓弦式等）、斜拉式（包括三角斜拉式、预应力斜拉式等）；按受力原理分为垂直式、吊杆式、刚性模板；按抗倾覆平衡方式分为压复式、锚固式；半压重半锚固式；按移动方式分为滚动式、滑动式、组合式。

悬臂施工中常用的几种挂篮如图 12-11 所示。

（2）挂篮构造

本书将以最常用的菱形挂篮为例说明其构造和工作原理，挂篮主要构造由主桁梁、平衡锚固系统、行走系统、挂篮及悬吊系统以及工作平台系统等组成。

主桁梁（门架和横联）是挂篮悬臂承重结构，可由万能杆件或贝雷桁架（或装配式公路钢桁架）组成，也可用型钢加工而成。

平衡锚固系统又称后锚系统，是主桁梁自锚平衡装置，由锚杆压梁、压轮、连接件、升降千斤顶等组成。系统结构按计算确定，混凝土浇筑前，应按设计锚力的 0.6、1.0、1.5 倍分别用千斤顶检验锚杆。

行走系统包括支腿、滑道及拖移收紧设备。采用电动卷扬机牵引，通过圆棒滚动或在铺设的上、下滑道上移动。滑道要求平整光滑，摩阻小，铺拆方便，能反复使用。目前大多采用上滑道覆一层不锈钢薄板，下滑道用槽钢，内设聚四氟乙烯板，行走方便、安全、稳定性好。

挂篮直接承受悬浇灌梁段的施工重力，由下横梁和底模纵梁及吊杆（吊带）组成。主要

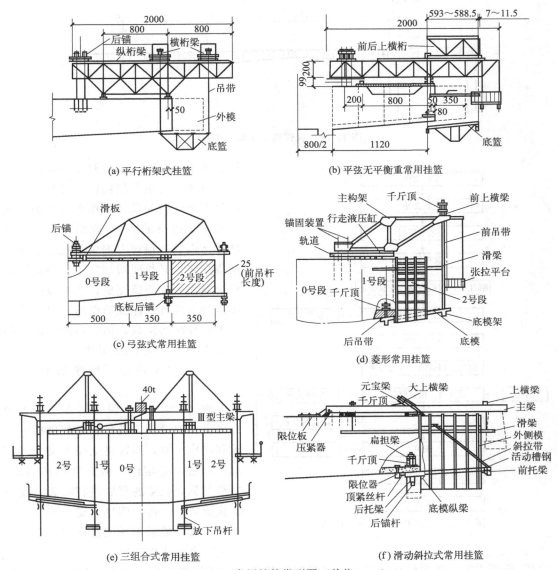

图 12-11 常用挂篮类型图（单位：cm）

横梁可用万能杆件、贝雷桁架或型钢、管钢构成，底模纵梁用多根 24～30 号槽钢或工字钢，吊杆一般可用 Φ32 的精轧螺纹钢或 16Mn 钢带。

工作平台系统为悬臂浇筑施工提供安全方便的操作场地。

（3）梁段划分

施工前应该对梁体进行施工设计分段，以连续梁悬臂浇筑为例，施工时，梁体一般要分为以下四大部分：A—墩顶梁段（又称 0♯ 段），B—对称悬灌段，C—支架现浇梁段，D—合龙梁段。如图 12-12 所示。

（4）0♯ 和 1♯ 段施工

连续梁采用挂篮悬灌注法施工，是从 0♯ 段起步的，而 0♯ 段设计长度不能同时安装两只挂篮，必须将两个 1♯ 段施工后，才能满足两只挂篮的安装需要。能否两段合一施工要根

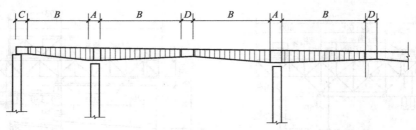

图 12-12 悬臂施工法梁段划分

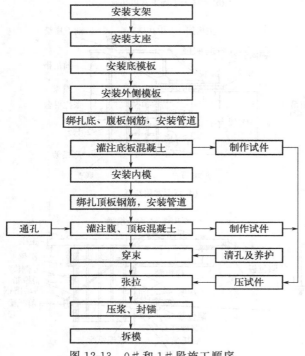

图 12-13 0♯和1♯段施工顺序

据具体条件而定。如设计上 0♯ 段纵向既没有预应力束张拉锚固，又具有一次搭设支架立模的条件，那么合二为一施工方案是可行的。0♯ 段结构复杂，预埋件、钢筋、预应力钢束及孔道、锚具密集交错，必须要精细施工。墩顶梁段宜全断面一次浇筑完成，当梁段过高一次浇筑完成难以保证质量时，可以沿高度方向分两次浇筑，但宜将两次浇筑的混凝土的龄期控制在 7d 内。

0♯ 和 1♯ 段施工顺序如图 12-13 所示。

浇筑 0♯ 和 1♯ 段时要先选定支架方案，支架设计要满足箱梁外模板的支承和操作需要，通常将支架于墩身两侧对称布置，确定纵、横向排列和间距，并满足悬臂长度的需要进行布置。支架结构要合理，传力明确，受力均匀。墩顶现浇段一般采用托架或支架方案，施工前可进行比较选用。

① 托架方案。桥墩较高情况下，可采用万能杆件或型钢在墩身预埋的大型牛腿等预埋件，组成扇形支撑如图 12-14 所示。此方案临时用料较少，但变形值较大。

② 支架方案。支架落地支承在刚性承台上，若承台襟边尺寸较大，具备支承条件，可采用支架方案，如图 12-15 所示。施工支架时，可采用壁厚 0.8cm、直径 42.5cm 钢管作为主撑柱，钢管底面支承在承台上，并与承台预埋钢筋焊接以提高支架承载力及稳定性。在钢管上铺设型钢作为横梁，然后铺设纵梁。底模架在上部形成的施工平台上，支承内外模架和模板。

用型钢作分配梁，承受施工时的荷载，内、外侧模的模架和模板靠搭设在分配梁上的型钢支架支承。为保证支架整体稳定性，横桥方向在墩身上预埋锚固铁板，与箱梁支架钢管连接，并在钢管间设剪刀撑。外模采用挂篮的外侧模板，内模采用型钢骨架，表面附胶合板模板。

③ 倒三角结构方案。桥墩较低、承台较小的情况下，可采用倒三角结构形式如图 12-16 所示。

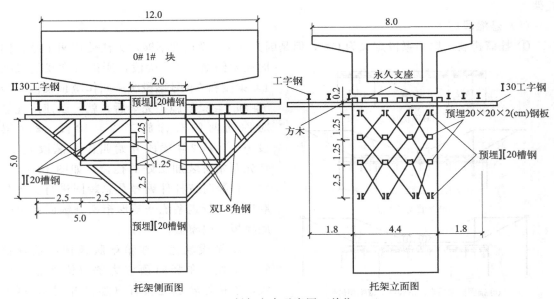

图 12-14 托架方案示意图（单位：m）

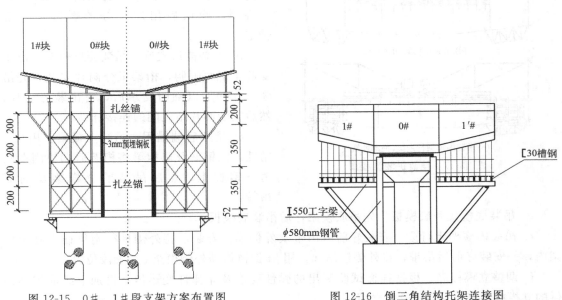

图 12-15 0♯、1♯段支架方案布置图

图 12-16 倒三角结构托架连接图

a. 采用Ⅰ550 工字梁作纵向托架主梁，与箱梁平行布置在托盘下桥墩上、下游两侧，下设两个 ϕ580mm 钢管立柱，配以两根斜撑，构成倒三角结构；

b. 中间托架采用 ϕ580mm 钢管立柱带倒直角三角形结构，结构自身具备刚度要求，管柱顶与托盘顶同高，两管柱顶部利用托盘与梁底的空间作对拉，拉杆为 200mm×20mm 截面的钢板，平焊在管柱顶的封口钢板上，管柱与托盘间隙抄实；

c. 将中间托架与边侧Ⅰ550 工字梁用[20 槽钢连接，上面铺设长 9.0m 的[30 槽钢作横挑梁，形成一个 9.0m 宽的支架台座，即形成一个底小面大，具有足够受力强度、刚度的整体托架。

（5）悬灌段施工

① 挂篮拼装。墩顶梁段定义为0♯，但是因为0♯梁段长度不够，无法使用两个挂篮同时向两侧施工1♯梁段，所以通常我们又把1♯梁段和0♯号梁段统一叫作墩顶梁段，当0♯和1♯梁段施工完毕后，就可以使用挂篮对称向两侧对称施工2♯梁段、3♯梁段……，从2♯梁段开始叫作悬灌段施工。首先开始拼装加工好的挂篮，如图12-17所示，拼装时按杆件编号及总装图进行。拼装顺序是：行走系统→菱形桁架→锚固系统→底模板→内模板。

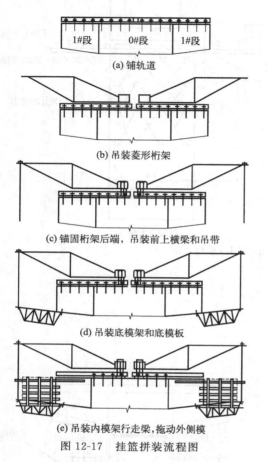

（a）铺轨道

（b）吊装菱形桁架

（c）锚固桁架后端，吊装前上横梁和吊带

（d）吊装底模架和底模板

（e）吊装内模架行走梁，拖动外侧模

图12-17　挂篮拼装流程图

a. 铺设轨道。在箱梁腹板顶面铺好钢轨、木枕，在竖向预应力筋（镦头锚）位置，连接好轨道连接杆（连接杆用45钢加工而成），从0♯段中心向两边安装一个节段长的轨道各两根，抄平轨道顶面，测量轨道中心距，确认后用加工好的螺母把轨道锁定。

b. 安装前后支座，吊装菱形桁架。由于受起重能力限制，桁架可分两片安装，先吊装一片并加以临时支承后，再吊装另一片，然后安装两片结之间的连接杆件。

c. 桁架后端锚固，吊装上横梁。用Φ25精轧螺纹钢筋及扁担梁将桁架后端锚固在轨道下钢枕上，然后吊装前上横梁及前后吊带。

d. 吊装底模架和底模板。先吊底模架，后吊装底模板。

e. 吊装内模架走行梁，安装好前后吊带及外侧模。安装前将外侧模行走梁插入外模框架内，并安装好前后吊带，将外侧模吊起，用5t倒链拖动外侧模至2♯梁段位置。

f. 调整立模标高。根据挂篮试验测出的弹性变形及非弹性变形值，再加上线形控制提供的立模标高定出2♯梁段的立模标高。

② 挂篮行走。每个T构从2♯段开始，对称拼装好挂篮后，即进行2♯段的悬臂灌注施工，施工完2♯段后，挂篮要移至3♯段，其行走程序如下：

a. 2♯段顶面找平铺设钢（木）枕及轨道；

b. 放松底模架前后吊带，底模架后横梁用2个10t倒链悬挂在外模行走梁上；

c. 拆除后吊带与底模架的横联结；

d. 解除桁架后端长锚固螺杆；

e. 轨道顶面安装2个5t倒链，并标记好前支座移动位置（支座中心距梁端60cm）；

f. 用倒链牵引前支座，使菱形桁架、底模、外模一起向前移动，注意T构两边挂篮要

对称同步前移,以免对墩身产生较大的不平衡力矩;

g. 移动到位后,安装后吊带,将底模架吊起;

h. 解除外模行走梁上的一个后吊带,将吊架移至2#梁段顶板预留孔处,然后再与吊带连接,用同样的方法将另一吊架移至2#梁段处;

i. 调整立模标高后,重复上述施工步骤进行3#梁段的施工,直至到合龙段。

③悬挂浇筑施工。从2#梁段开始,利用挂篮悬臂浇筑箱型连续梁,直至合龙段。各梁段施工工艺流程见图12-18所示。

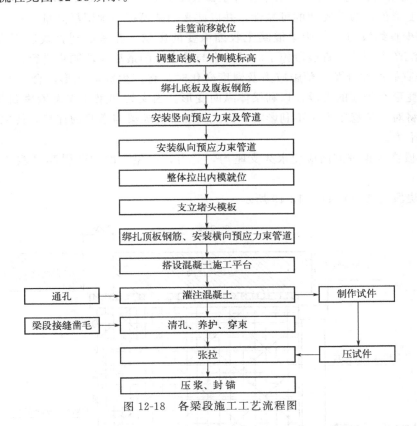

图 12-18 各梁段施工工艺流程图

④挂篮吊架在浇筑梁段中所产生变形的调整。每个悬臂浇筑梁段的混凝土如不能一次浇筑完成,为了使后浇混凝土不引起先浇混凝土开裂,需要消除后浇混凝土引起挂篮的变形,一般采取以下几种措施:

a. 梁段混凝土一次浇筑法。需在浇筑混凝土前预留准确的下沉量。

b. 水箱法。浇筑混凝土前,先在水箱中注入相当于混凝土重量的水,在混凝土浇筑过程中逐步放水,使挂篮的负荷和挠度基本保持不变。

c. 抬高挂篮后支点法。浇筑混凝土前将模板前端设计标高抬高 10～30mm 预留第一次浇筑混凝土的下沉量。同时用螺旋千斤顶顶起挂篮的支点,使之高于滑道或钢轨面(一般顶高 20～30mm)。在浇筑第一次混凝土时千斤顶不动,浇筑混凝土重量使挂篮的下沉量与模板的抬高量相抵消。在浇筑第二次混凝土时,将千斤顶分次下降,并随时收紧后锚的螺栓,使挂篮后支点逐步贴近滑道面或钢轨面。随着后支点的下降,以前支点为轴的挂篮前端必然上升一个数值。此数值应正好与第二次浇筑混凝土重量使挂篮产生的挠度相抵消,保证梁段模板不发生下沉变形。

（6）合龙段施工

① 边跨直线段施工。连续梁边跨端部靠桥墩侧有一平直段称为边跨直线段，该段采用在支架上现浇混凝土的施工方法。主要技术措施如下：

a. 按直线段梁体结构、施工荷载及地基承载力，确定地基加固方案及支架搭设结构，经验算应确保其受力强度、刚度和稳定性满足设计规范的要求。

b. 现场支架搭设完毕后，应采用设计负载 1.2 倍的重量堆载预压，测出支架的弹性变形和非弹性变形值，检验支架的可靠性，并以此来调整模板的预留超高量。

c. 为减少直线段与悬灌段梁混凝土收缩徐变的影响，并考虑到直线段不宜过早浇筑，以免基础下沉产生裂纹，直线段施工时间基本与悬灌段的最后梁段同步进行。

d. 边跨直线段在合龙、预施应力及温度变化时，将产生纵向变形，合龙时应尽量卸去对梁体纵向变形有约束的支承，以利梁体纵向变形。因支架和梁体未设置聚四氟乙烯滑板，其纵向变形将对支架稳定产生不利影响，为此要加强支架梁与墩身的连接，使之能够承受一定的附加水平力。

e. 直线段浇筑推进方向应使永久支座均匀受力，以免一次加载引起可能产生的不均匀变形。

边跨现浇段支架布置如图 12-19 所示。

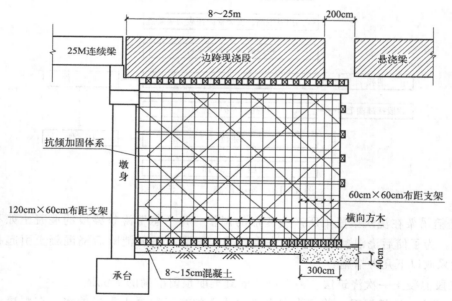

图 12-19　边跨现浇段支架布置示意图

② 合龙段施工顺序。主桥连续梁施工采用先 T 构后连续的方法，先按 T 构悬臂浇筑，然后各 T 构合龙，体系转换后形成连续梁，如图 12-20 所示。

多跨连续梁桥合龙段施工从两端边跨向中间逐孔进行，具体顺序如下：

a. 安装两边跨现浇支架，立模浇筑边跨；

b. 浇筑两边跨合龙段混凝土；

c. 拆除边跨外侧桥墩墩顶临时锚固，将两墩墩顶活动支座临时锁定；

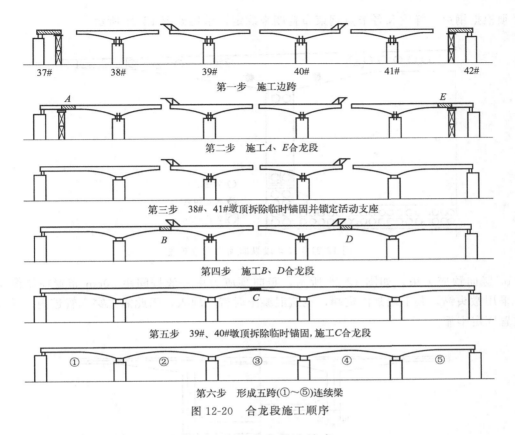

第一步　施工边跨

第二步　施工A、E合龙段

第三步　38#、41#墩顶拆除临时锚固并锁定活动支座

第四步　施工B、D合龙段

第五步　39#、40#墩顶拆除临时锚固,施工C合龙段

第六步　形成五跨(①～⑤)连续梁

图 12-20　合龙段施工顺序

d. 浇筑两侧第二跨合龙段混凝土,张拉合龙段连续束;

e. 拆除边跨第二个墩墩顶临时锚固,放开两侧边墩活动支座的临时固定,浇筑中孔合龙段混凝土;

f. 依次张拉中跨连续束,对称张拉左、右二跨中的连续束,依次类推,形成多跨连续梁。最后浇筑安装护栏、人行道,浇筑桥面铺装混凝土。

③ 结构体系转换。

a. A、E 合龙段完成后,先张拉①⑤孔顶板束,再张拉第一批正弯矩钢束,直线段脚手架下落,拆除 38♯、41♯墩顶临时支座(将硫磺砂浆夹层熔化,钢筋暂不切断),同时锁定此两墩永久支座(限制箱梁纵向位移),结构由两个刚构单悬臂梁转成两个单悬臂梁;

b. B、D 合龙段完成后,张拉②④孔连续束,再张拉①⑤孔第二批正弯矩束,拆除 39♯、40♯墩顶临时支座,解除 38♯、41♯墩顶永久支座的锁定,并切断此两墩顶临时支座钳固钢筋,结构体系转换成两个带悬臂的双孔连续梁;

c. C 合龙段完成,张拉③孔连续束,最后形成五跨连续梁结构。

(7) 预应力施工

① 预应力束的布置。

a. 纵向预应力束。纵向预应力束分为锚固束和通过束。锚固束采用后张法,当混凝土达到张拉所需的强度时进行穿束、张拉、锚固和压浆。通过束则继续接长波纹管,使管道延长至下一节段。

其根据预应力所在的位置分为顶板束、底板束和腹板束。每节段纵向预应力束的位置和编号须根据钢束大样图和各节点钢束布置图来确定，示例如图 12-21 所示。

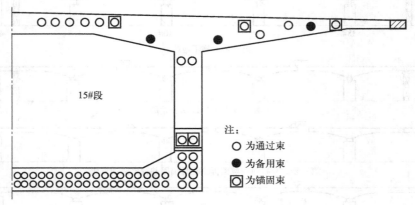

图 12-21　15#段纵向预应力束布置

b. 竖向预应力束。如图 12-22 所示，竖向预应力束一般按间距 50cm 布置在箱梁腹板内，采用镦头锚，其下端是固定端，浇筑混凝土时就已埋入，因此需先穿入管道内，并按设计位置固定牢靠。

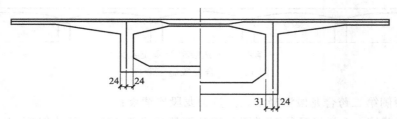

图 12-22　15#节段竖向预应力束布置

c. 横向预应力束。横向预应力束按间距 30～70cm 布置在顶板内。

② 纵向预应力束张拉。

a. 钢绞线的下料、编束和穿束。

b. 预应力束的张拉操作工艺流程如图 12-23 所示。

③ 横向预应力束张拉。横向预应力张拉工艺同纵向预应力束张拉工艺，先张拉中间束，后张拉边束，顶锚时亦先一端后另一端。

④ 竖向预应力束张拉。如果采用钢丝束作为竖向预应力束，张拉步骤如下：

a. 采用钢丝束镦头锚具时，控制下料精度对保证同束钢丝建立的应力均匀性至关重要，同束钢丝下料长度的相对差值应不大于 $L/5000$，钢丝切断后的断面应与母材垂直，以保证镦头质量。

b. 钢丝编束与张拉端锚具安装同时进行。钢丝的一端先穿锚杯并镦头，在另一端离端头 20cm 处用细铁丝将内外圈钢丝按锚杯处相同的顺序分别编扎，然后将整束钢丝的端头扎紧，并沿通长钢丝束适当编扎几道。

c. 钢丝束应从张拉端穿入孔道，并从固定端抽出至少 350mm，以保证该端在镦头时有足够的工作长度，然后按钢丝束端部编束的顺序穿入锚板即可镦头。全部镦完后再将钢丝束退回孔内。

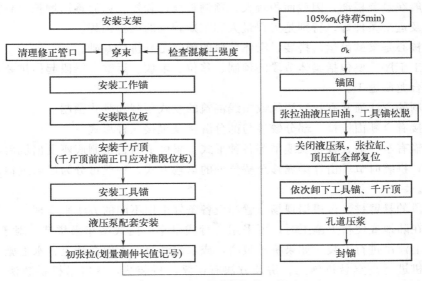

图 12-23　预应力束张拉操作工艺流程

d. 钢丝束穿锚时一定要对号入孔，避免钢丝束在孔内发生扭曲，以保证张拉时不发生断丝现象。为了便于锚杯在孔道内就位，宜采用焊有钢筋杆的螺纹头临时拧在锚杯的内螺纹上。

e. 张拉要求基本同纵向预应力束的张拉工艺。因竖向钢丝束较短，先穿束，将钢丝束与管道组装后，从钢筋顶部放入就位。当预应力筋与普通钢筋相碰时，应保证预应力筋的设计位置，可对普通钢筋做适当的挪动。

f. 每节段中竖向预应力钢束的张拉，注意最后一束需留至下一段完成后方可张拉。

g. 钢束张拉过程中，应严格对中，以避免将锚杯的螺纹刮伤，为保证施工安全，锚杯拉出孔道时应及时拧紧螺母，拉杆应在钢丝束锚固并在千斤顶回油前稍停后再卸除。

如预应力筋为螺纹钢筋时，千斤顶的张拉头拧入钢筋螺纹长度应不得小于 40mm，一次张拉至控制吨位，持续 1～2min，并实测伸长量作为校核，然后拧紧螺母锚固。

⑤ 孔道压浆。灰浆调制及技术要求：

a. 压浆使用的水泥及标号必须与梁体用水泥相同，水泥强度等级不低于 42.5；

b. 灰浆抗压强度应符合设计要求，不得低于 35MPa；

c. 水泥浆应掺高效减水剂、阻锈剂（具体配合比由试验室确定），水胶比不超过 0.34，且不得泌水；

d. 灰浆初始流动度测定值不得大于 25s，30min 后不应大于 35s；

e. 压入管道的水泥浆应饱满密实，体积收缩率应小于 1.5%。初凝时间应大于 3h，终凝时间应小于 24h。压浆时浆体温度不超过 35℃。

12.2.2.2　悬臂拼装法施工

悬臂拼装法（简称悬拼）是悬臂施工法的一种，它是利用移动式悬拼吊机将预制梁段起吊至桥位，然后利用环氧树脂胶和预应力钢丝束连接成整体。其采用逐段拼装，一个节段张拉锚固后，再拼装下一节段。悬臂拼装的分段，主要决定于悬拼吊机的起重能力，一般节段长 2～5m。节段过长则自重大，需要悬拼吊机起重能力大，节段过短则拼装接缝多，工期也延长。一般在悬臂根部，因截面积较大，预制长度比较短，以后逐渐增长。悬拼施工适用于预制场地及运吊条件好，特别是工程量大和工期较短的梁桥工程。

悬拼的核心是梁的吊运与拼装，梁体节段的预制是悬拼的基础。

悬拼施工工序主要包括梁体节段的预制、移位、堆放、运输，梁段起吊拼装，悬拼梁体体系转换，合龙段施工。

梁段预制的方法通常有长线浇筑或短线浇筑的立式预制和卧式预制。

梁段拼接有全断面铰接、部分铰接与部分湿接及湿接三种形式。

梁段运输有水、陆、栈桥及缆吊等各种形式。梁体节段自预制底座上出坑后，一般先存放于存梁场，拼装时节段由存梁场移至桥位处的运输方式，一般可分为场内运输、装船和浮运三个阶段。

预制节段的悬臂拼装可根据现场布置和设备条件采用不同的方法来实现。当靠岸边的桥跨不高且可在陆地或便桥上施工时，可采用自行式吊车、门式吊车来拼装。对于河中桥孔，也可采用水上浮吊进行安装。如果桥墩很高，或水流湍急而不便在陆上、水上施工时，就可利用各种吊机进行高空悬拼施工。拼装方法有：浮吊拼装法，悬臂吊机拼装法，连续桁架（闸式吊机）拼装法，缆索起重机（缆吊）拼装法、移动式导梁悬拼。

（1）浮吊拼装法

重型的起重机械装配在船舶上，全套设备在水上作业就位方便，40m 的吊高范围内起重力大，辅助设备少，相应的施工速度较快，但台班费用较高。一个对称干接缝悬拼的工作面，一天可完成 2～4 段的吊拼。其施工主要工序如图 12-24 所示。

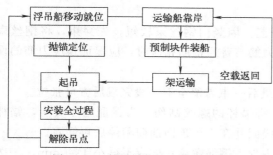

图 12-24　浮吊拼装施工主要工序

（2）悬臂吊机拼装法

悬臂吊机由纵向主桁架、横向起重桁架、锚固装置、平衡重、起重系统、行走系统和工作吊篮等部分组成。

纵向主桁架为吊机的主要承重结构，可由贝雷片、万能杆件、大型型钢等拼制。一般由若干桁片构成两组，用横向联结系联成整体，前后用两根横梁支承。

横向起重桁架是供安装起重卷扬机直接起吊箱梁节段之用的构件，多采用贝雷架、万能杆件及型钢等拼配制作。纵向主桁架的外荷载就是通过横向起重桁架传递给它的。横向起重桁架支承在轨道平车上，轨道平车搁置于铺设在纵向主桁架上弦的轨道上，起重卷扬机安置在横向起重桁架上弦。

设置锚固装置和平衡重的目的是防止主桁架在起吊节段时倾覆翻转，保持其稳定状态。

对于拼装墩柱附近节段的双悬臂吊机，可用锚固横梁及吊杆将吊机锚固于零号块上。对称于起吊箱梁节段，不需要设置平衡重。单悬臂吊机起吊节段时，也可不设平衡重，而将吊机锚在节段吊环上或竖向预应力筋的螺纹端杆上。

起重系统一般是由电动卷扬机、吊梁扁担及滑车组等组成，作用是将由驳船浮运到桥位处的节段提升到拼装高度以备拼装。滑车组要根据起吊节段的重量来选用。

吊机的整体纵移可采用钢管滚筒在木板上滚移，由电动卷扬机牵引。牵引绳通过转向滑车系于纵向主桁架前支点的牵引钩上。横向起重桁架的行走采用轨道平车,用挂链滑车牵引。

工作吊篮悬挂于纵向主桁架前端的吊篮横梁上,吊篮横梁由轨道平车支承以便工作吊篮的纵向移动。工作吊篮供预应力钢丝穿束、千斤顶张拉、压注灰浆等操作之用,可设上、下两层,上层供顶板钢束施工操作用,下层供肋板钢束施工操作用。也可只设一层,此时,工作吊篮可用倒链滑车调整高度。

这种吊机的结构较简单,使用最普遍。当吊装墩柱两侧附近节段时,往往采用双悬臂吊机,当节段拼装至一定长度后,将双悬臂吊机改装成两个独立的单悬臂吊机。但在桥的跨径不太大,孔数也不多的情况下,有的工地就不拆开墩顶桁架而在吊机两端不断接长进行悬拼,以免每拼装一对节段就将对称的两个单悬臂吊机移动和锚固一次。

当河中水位较低——运输箱梁节段的驳船船底标高低于承台顶面标高,驳船无法靠近墩身时,双悬臂吊机的定位设计往往要受安装一号节段时的受力状态所控制。为了不增大主桁架断面以节约用钢量,对这种情况下的双悬臂吊机必须采取特别措施,例如斜撑法和对拉法。

(3) 连续桁架(闸式吊机)拼装法

连续桁架悬拼施工可分移动式和固定式两类。移动式连续桁架的长度大于桥的最大跨径,桁架支承在已拼装完成的梁段和待拼墩顶上,由吊车在桁架上移运节段进行悬臂拼装。固定式连续桁架的支点均设在桥墩上,而不增加梁段的施工荷载。

图 12-25 中的移动式连续桁架,其长度大于两个跨度,有三个支点。这种吊机每移动一次可以同时拼装两孔桥跨结构。

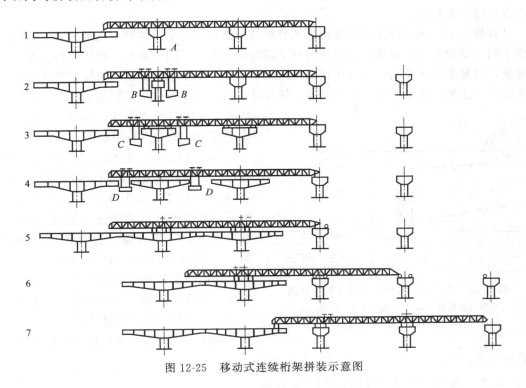

图 12-25　移动式连续桁架拼装示意图

(4) 缆索起重机(缆吊)拼装法

缆吊无须考虑桥位状况,且吊运结合,机动灵活,作业空间大,在一定设计范围内缆吊几乎可以负责从下部到上部，从此岸到彼岸的施工作业，因此缆吊的利用率和工作效率很高。其缺点是一次性投入大，设计跨度和起吊能力有限，一般起吊能力不宜大于 500kN，而一般混凝土预制梁段的重力多达 500kN。目前我国使用缆吊悬拼的连续梁都是由两个独立单箱单室并列组合的桥型，为了充分利用缆吊的空间特性，特将预制场及存梁区布设在缆吊作用面内。缆吊进行拼合作业时增加风缆和临时手拉葫芦，以控制梁段安装就位的精度。缆索起重机运吊结合的优势，比起采用其他运吊方式大大缩短了所需的转运时间，可以将梁段从预制场直接吊至悬拼结合面。施工速度可达 2 个作业面 4 段每日，甚至可达 3 个作业面 6 段每日。

缆吊悬拼可采用伸臂吊机、缆索吊机、龙门吊机、人字扒杆、汽车吊、履带吊、浮吊等起重机进行拼装。根据吊机的类型和桥孔处具体条件的不同，吊机可以支承在墩柱上、已拼好的梁段上，或处在栈桥上、桥孔下。

（5）移动式导梁悬拼

这种施工方法需要设计一套比桥跨略长的可移动式导梁，导梁安装在悬拼工作位置，梁段沿已拼梁面运抵导梁旁，由导梁运到拼装位置，用预应力拼合在悬臂端上。导梁设有两对固定支架，一对在导梁后面，另一对设在中间，梁段可以从支柱中间通过。导梁前端有一个活动支柱，使导梁在下一个桥墩上能形成支点。导梁下弦杆用来铺设轨道以支承运梁平车。平车可使梁段水平和垂直移动，同时还能使其转动 90°。施工可分三阶段进行：吊装墩顶梁段，导梁前移，吊装其他梁段。

吊装其他梁段时，导梁由后支架和中间支架支承。中间支架锚固在墩顶梁段上，后支架锚固在已建成的悬臂梁端。

悬臂拼装时，预制块件间接缝的处理分湿缝、干接缝和半干接缝等几种形式。悬臂拼装法施工的主要优点是：梁体块件的预制和下部结构的施工可同时进行，拼装成桥的速度较现浇的快，可显著缩短工期；块件在预制场内集中制作，质量容易保证；梁体塑性变形小，可减少预应力损失；施工不受气候影响等。缺点是：需要占地较大的预制场地；为了移运和安装需要大型的机械设备；如不用湿接缝，则块件安装的位置不易调整等。

为了确保连续梁分段悬拼施工的平衡和稳定，常与悬浇方法相同，将 T 构支座临时固结。当临时固结支座不能满足悬拼要求时，一般考虑在墩两侧或一侧加临时支架。悬拼完成，T 构合龙（合龙要点与悬浇相同），即可恢复原状，拆除支架。

梁段拼装过程中的接缝有湿接缝、干接缝和胶接缝等几种。不同的施工阶段和不同的部位常采用不同的接缝形式。

如图 12-26 所示为缆吊悬拼时设置临时支架示意图。

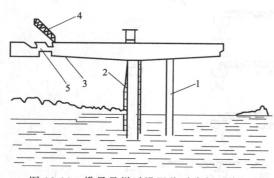

图 12-26　缆吊悬拼时设置临时支架示意图
1—临时钢管桩支墩；2—桥墩；3—已拼梁段；
4—缆吊横梁；5—待拼梁段

12.2.2.3　预应力混凝土连续梁桥的施工

预应力混凝土连续梁桥由于跨越能力大、适应性强、结构刚度大、抗地震能力强、通车平顺性好以及造型美观等特点，目前在世界各国已得到广泛应用。预应力混凝土连续梁桥的施工方法甚多，有整体现浇、装配-整体施工、悬臂施工、顶推法施工和移动模架逐孔施工等。整体现浇需要搭设满堂支架，既影响通航，又要耗费大量支架材料和劳动工日，故对于大跨径多孔连续桥梁目前很少采用。以下分别介绍几种常用的施工方法。必须注意的是，不同的施工方法会影响到连续梁桥的构造设计和内力计算。设计者应根据现场条件、河流性质、通航要求、施工设备以及技术力量等多种因素，经全面分析研究后选定安全可靠、经济合理的施工方法。

(1) 装配-整体施工法

装配-整体施工法的基本构思是：将整根连续梁按起吊安装设备的能力先分段预制，然后用各种安装方法将预制构件安装至墩台或轻型的临时支架上，再现浇接头混凝土，最后通过张拉部分预应力筋，使梁体集整成连续体系。用此法施工可以避免如整体现浇一样搭设满堂支架，可以最大限度地减少在桥上现浇混凝土的数量，并能使上部结构的预制工作和下部结构的施工同时进行，显著缩短工期。在实践中常采用简支-连续、单悬臂-连续、双悬臂-连续等三种分段施工方式。

简支-连续的施工方法：预制构件按简支梁配筋，安装时支承在墩顶两侧的临时支座上，待浇筑接头混凝土并达到规定强度后就张拉承受墩顶负弯矩的预应力筋并锚固好，最后卸除临时支座，安上永久支座，使结构转换成连续体系。

(2) 悬臂施工法

用悬臂施工法建造预应力混凝土连续梁桥，也分悬浇和悬拼两种，其施工程序和特点与悬臂施工法建造预应力混凝土悬臂梁桥基本相同。在悬浇或悬拼过程中，也要采取使上、下部结构临时固结的措施，待悬臂施工结束，相邻悬臂端连接成整体并张拉了承受正弯矩的下缘预应力筋后，再卸除固结措施，使施工中的悬臂体系换成连续体系。在此不再详述。

(3) 顶推法施工

对预应力混凝土连续梁桥采用顶推法施工在世界各地颇为盛行。顶推法的施工原理是沿桥纵轴方向的桥台后开辟预制场地，分节段预制混凝土梁身，并用纵向预应力筋连成整体，然后通过水平液压千斤顶施力，借助不锈钢板与聚四氟乙烯模压板特制的滑动装置，将梁逐段向对岸顶进，就位后落架，更换正式支座完成桥梁施工，如图12-27。

顶推法施工不仅适用于连续梁桥（包括钢桥），同时也适用于其他桥型。如简支梁桥，也可先连续顶推施工，就位后解除梁跨间的连续；拱桥的拱上纵梁，可在立柱间顶推施工；斜拉桥的主梁采用顶推法等。

顶推施工的施工要点：需固定预制场地，采用摩阻系数小的滑移装置，要满足施工受力要求。其主要施工过程为：预制场准备工作→制作底座→预制节段→张拉预应力筋→顶推预制节段→顶推就位→张拉后期预应力筋→更换支座。

施工方法又分为单点顶推以及多点顶推等。

① 单点顶推。顶推的推力集中在主梁预制场附近的桥台或桥墩上，前方墩台各支点上设置滑动支承。顶推装置又可分为两种：一种是由水平千斤顶通过沿箱梁两侧的牵动钢杆给预制梁一个顶推力；另一种是由水平千斤顶与竖直千斤顶联合起来，顶推预制梁前进。它的施工程序为顶梁、推移、落下竖直千斤顶和收回水平千斤顶的活塞杆。

② 多点顶推。在每个墩台上设置一对小吨位（400~800kN）的水平千斤顶，将集中的顶推力分散到各墩上。由于利用水平千斤顶传给墩台的反力可以平衡梁体滑移时在桥墩上产

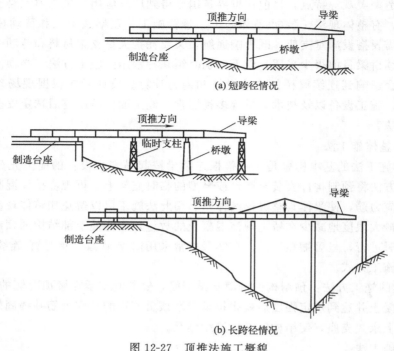

图 12-27　顶推法施工概貌

生的摩阻力，从而使桥墩在顶推过程中承受较小的水平力，因此可以在柔性墩上采用多点顶推施工。同时，多点顶推所需的顶推设备吨位小，容易获得，所以我国在近年来用顶推法施工的预应力混凝土连续梁桥，较多地采用了多点顶推法。多点顶推施工的关键在于同步。因为顶推水平力分散在各桥墩上，一般均需通过中心控制室控制各千斤顶的出力等级，保证同时启动、同步前进、同时停止和同时换向。

③ 设置临时滑动支承顶推施工。顶推施工的滑道是在墩上临时设置的，待主梁顶推就位后，更换正式支座。我国采用顶推法施工的数座连续梁桥均使用这种方法。国外也有采用当主梁的滑道上顶推完成后，使用横移法就位的方法。在安放支座之前，应根据设计要求检查支座反力和支座的高度，同时对同一墩位的各支座反力按横向分布要求进行调整。安放支座也称落梁，对于多联梁可按联落梁，如一联梁跨较多时也可分阶段落梁，这样施工简便，又可减少所需千斤顶数量。更换支座是一项细致而复杂的工作，往往一个支座高度变动1mm，其他支座反应相当敏感。

④ 使用与永久支座兼用的滑动支承顶推施工。这是一种使用施工时的临时滑动支承与竣工后的永久支座兼用的滑动支承进行顶推施工的方法。它将竣工后的永久支座安置在桥墩的设计位置上，施工时通过改造将其作为顶推施工时的滑道，主梁就位后不需要进行临时滑动支座的拆除作业，也不需要用大吨位千斤顶将梁顶起。

此外，顶推法施工还可分为单向顶推和双向顶推施工。双向顶推需要从两岸同时预制，因此要有两个预制场、两套设备，施工费用要高。同时，边跨顶推数段后，主梁的倾覆稳定需要得到保证，常采用加临时支柱、梁后压重、加临时支点等措施解决。双向顶推常用于连续梁中孔跨径较大而不宜设置临时墩的三跨桥梁。此外，在主跨径大于 600m 时，为缩短工期，也可采用双向顶推施工。

顶推法的施工特点为：

① 顶推法可以使用简单的设备建造长、大桥梁，施工费用较低，施工平稳、无噪声，可在深水、山谷和高桥墩上采用，也可在曲率相同的弯桥和坡桥上使用。

② 主梁分段预制、连续作业，结构整体性好；由于不需大型起重设备，所以施工节段的长度可根据预制场条件及分段的合理位置选用，一般可取用 10～20m。

③ 梁段固定在同一个场地预制，便于施工管理、改善施工条件，避免高空作业。同时，模板与设备可多次周转使用，在正常情况下梁段预制的周期为 7～10 天。

④ 顶推施工时梁的受力状态变化较大，施工应力状态与运营应力状态相差也较多，因此在截面设计和预应力束布置时要同时满足施工与运营荷载的要求；在施工时也可采取加设临时墩、设置导梁和其他措施，减少施工应力。

⑤ 顶推法宜在等截面梁上使用，当桥梁跨径过大时，选用等截面梁会造成材料的不经济，也增加了施工难度，因此以中等跨径的连续梁为宜，推荐的顶推跨径为 40～45m，桥梁的总长也以 500～600m 为宜。

采用顶推法施工的不足之处是：一般采用等高度连续梁，会增多结构耗用材料的数量，梁高较大会增加引道土方量，且不利于美观。此外，顶推法施工的连续梁跨度也受到一定的限制。

(4) 移动模架逐孔施工法

移动模架逐孔施工法，是近年来以现浇预应力混凝土桥梁施工的快速化和省力化为目的发展起来的，基本构思是：将机械化的支架和模板支承（或悬吊）在长度稍大于两跨、前端作导梁用的承梁上，然后在桥跨内进行现浇施工，待混凝土达到一定强度后就脱模，并将孔模架沿导梁前移至下一浇筑桥孔，如此有节奏地逐孔推进直至全桥施工完毕。

此法适用于跨径达 20～50m 的等跨和等高度连续梁桥施工，平均的推进速度约为 3m 每昼夜。鉴于整套施工设备需要较大投资，故所见桥梁孔数愈多、桥愈长、模架周转次数愈多，则经济效益愈佳。

采用此法施工时，通常将现浇梁段的起讫点设在连续梁最小的截面处（由支点向前 5～6m 处），预应力筋锚固在浇筑缝处，当浇筑下一孔梁段前再用连接器将预应力筋接长。

常用的移动可分为移动悬吊模架和活动模架两种。

① 移动悬吊模架施工。移动悬吊模架的形式很多，各有差异，其基本结构包括三部分：承重梁、从承重梁伸出的肋骨状的横梁和支承主梁的移动支承。承重梁通常采用钢梁，长度大于两倍跨径，是承受施工设备自重、模板系统重力和现浇混凝土重力的主要构件。承重梁的后段通过可移式支承落在已完成的梁段上，它将重量传给桥墩（或直接坐落在墩顶）。承重梁的前端支承在桥墩上，工作状态下呈单臂梁。承重梁除起承重作用外，在一孔梁施工完成后，还作为导梁与悬吊模架一起纵移至下一施工孔。承重梁的移位以及内部运输由数组千斤顶或起重机完成，并通过中心控制操作。

从承重梁两侧悬吊的许多横梁覆盖板梁全宽，承重梁上左右各用 2～3 组钢索拉住横梁，以增加其刚度，横梁的两端垂直向下，到主桥的下端再呈水平状态，形成下端开口的框架并将主梁包在内部。当模板支架处于浇混凝土的状态时，模板依靠下端的悬臂梁和锚固在横梁上的吊杆定位，并用千斤顶固定模板浇筑混凝土。当模架需要运送时，放松千斤顶和吊杆，模板固定在下端悬臂上，并转动该梁的前端，有一段是可动部分，使在运送时模架可顺利地通过桥墩。

②　活动模架施工。活动模架的构造形式较多，其中的一种构造形式由承重梁、导梁、台车和桥墩托架等构件组成。在混凝土箱形梁的两侧各设置一根承重梁，支承模板和承受施工重量，承重梁的长度要大于桥梁跨径，浇筑混凝土时承重梁支承在桥墩托架上。导梁主要用于运送承重梁和活动模架，因此需要有大于两倍桥梁跨径的长度，当一跨梁施工完成后进行脱模卸架，由前方台车（在导梁上移动）和后方台车（在已完成的梁上移动），沿纵向将承重梁和活动模架运送至下一跨，承重梁就位后导梁再向前移动。

活动模架的另一种构造形式是采用两根长度大于两倍跨径的承重梁分设在箱梁面的翼缘板下方，兼有支承和移动模架的功能，因此不需要再设导梁，两根承重梁置于墩顶的临时横梁上，两根承重梁间用于支承上部结构模板的钢螺栓框架将两个承重梁连接起来。移动时为了跨越桥墩前进，需要解除连接杆件，承重梁逐根向前移动。

活动模架施工是从岸跨开始，每次施工接缝设在下一跨的 13m 处（$L/5$ 附近，L 为梁的长度）连续施工，当正桥和两岸引桥施工完成后，在主跨锚孔设置临时墩，现场浇筑连接段使全桥合龙。

采用活动模架施工，无论哪一种形式，其共同的特点在于施工高度机械化，其模板、钢筋、混凝土和张拉工艺等整套工序均可在模架内完成。同时由于施工作业是周期进行，且不受气候和外界因素干扰，不仅便于工程管理，又能提高工程质量、加快施工速度。根据国外 20 余座使用移动模架法施工的桥梁统计，从构造上看，大多数的桥为外形等截面梁桥，箱梁截面在支点位置可设置横隔梁。另外从桥长和跨径方面分析，大多数桥长均超过 200m，常用 400～600m，也有超过 1000m 的，当桥很长时，则应考虑材料、设备的合理运输问题。对于桥梁的跨径多数为 23.5～45m，也就是说，对于中等跨径的桥梁采用移动横架法施工较为适合。此外，对于弯桥和坡桥都有成功的先例。

活动模架施工需要一整套设备及配件，除耗用大量钢材外还需有整套机械动力设备和自动装置，一次投资是相当可观的，为了提高使用效率，必须解决装配化和科学管理的问题。装配化就是设备的主要构件采用装配式，能适用于不同桥梁跨径、不同桥宽和不同形状的桥梁，扩大设备的使用面，降低施工成本。科学管理的目的在于充分发挥设备的使用能力，因此必须要做到机械设备的配套，注意设备的维修养护。如果能够做到拥有专业队伍固定操作，并能持久地在它所适用的桥梁上施工，必将得到较好的经济效益。

12.2.3　拱桥施工

拱桥是我国公路上应用很广泛的一种桥梁体系，主要原因在于拱式体系的受力合理。拱桥的类型多样，构造各异，但最基本的组成仍为基础、桥墩台、拱圈及拱上建筑。其中主拱圈是拱桥的重要承重构件。

拱桥的施工方法主要根据其结构形式、跨径大小、建桥材料、桥址环境的具体情况以及方便、经济、快速的原则而定，并且随着拱桥各阶段的发展水平而变化。

12.2.3.1　拱桥就地浇筑施工

拱桥就地浇筑施工，目前常用的施工方法有以下几种：
①　搭设拱架，有支架就地浇筑施工；
②　采用型钢或钢管混凝土劲性骨架，无支架就地浇筑施工；
③　采用塔架斜拉索法和斜吊式悬浇，无支架就地浇筑施工。
钢管混凝土劲性骨架就地浇筑施工的内容，安排在钢管混凝土拱桥施工（12.2.3.3 节）

中介绍。以下分别介绍上述几种常用的施工方法。

（1）拱架

拱架的种类很多，按其使用材料可分为木拱架、钢拱架、竹拱架、竹木混合拱架、钢木组合拱架以及土牛拱架等多种形式；按结构形式可分为排架式、撑架式、扇形式、桁架式、组合式、叠桁式、斜拉式等。

（2）有支架就地浇筑拱圈的上承式钢筋混凝土拱桥

有支架就地浇筑拱桥的施工工序一般分三阶段进行：

第一阶段：浇筑拱圈（或拱肋）及拱上立柱的底座；

第二阶段：浇筑拱上立柱、联结系及横梁等；

第三阶段：浇筑桥面系。

前一阶段的混凝土达到设计强度的70％以上才能浇筑后一阶段的混凝土。拱架则在第二阶段或第三阶段混凝土浇筑前拆除，但必须事先对拆除拱架后拱圈的稳定性进行验算。若设计文件对拆除拱架另有规定，应按设计文件执行。

双曲拱桥的拱波，应在拱肋强度或其间隔缝混凝土强度达到设计强度70％后开始砌筑。

（3）劲性骨架施工的中承式钢筋混凝土拱桥

我国中承式就地浇筑钢筋混凝土拱桥，多采用型钢劲性骨架施工。

劲性骨架法是先将拱圈的全部受力钢筋按设计形状和尺寸制成，并安装就位合龙形成钢骨架，然后用系吊在钢骨架上的吊篮逐段浇筑混凝土，当钢骨架全部由混凝土包裹后，就形成钢筋混凝土拱圈（或拱肋）。用这种方法施工的钢骨架，不但需满足拱圈的要求，而且施工中还起临时拱架的作用，因此，需有一定的刚性。一般选用劲性钢材如角钢、槽钢、钢管等作为拱圈的受力钢筋。施工时最好按设计的拱圈混凝土重力对钢筋骨架进行预压，以防止钢筋骨架在浇筑混凝土时产生变形，破坏已浇筑完的混凝土与钢骨架的结合。用劲性骨架施工的中承式钢筋混凝土拱桥主拱圈是采用劲性钢筋骨架法浇筑，并用水箱调载的分环浇筑法施工的。施工步骤如下：

① 借助缆索吊车和悬臂架设法安装拱肋的钢骨架；

② 安装横向剪刀撑的劲性钢骨架；

③ 在中部布置8个蓄水后重力为120kN的水箱；

④ 在劲性骨架上安装箱肋底板、腹板、顶板的受力钢筋和分布钢筋网；

⑤ 采用混凝土泵由拱脚向拱顶分环对称平衡地浇筑混凝土，将钢骨架和分布钢筋包裹在混凝土中。

采用型钢作为劲性骨架的拱桥上部施工，主要施工步骤为：

① 劲性钢骨架制作；

② 劲性钢骨架安装；

③ 拱肋浇筑；

④ 横梁和吊杆安装。

（4）在支架和拱架上浇筑拱圈的中、下承式钢筋混凝土拱桥

浇筑中、下承式拱桥一般按浇筑拱肋、桥面系、吊杆顺序进行。图12-28为中承式钢筋混凝土拱桥浇筑程序示意图。

（5）拱桥悬臂浇筑施工

国外在拱桥就地浇筑施工中，多采用悬臂浇筑法。以下介绍塔架、斜拉索及挂篮浇筑拱

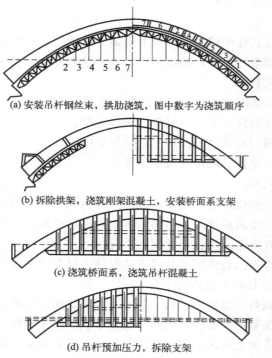

(a) 安装吊杆钢丝束，拱肋浇筑，图中数字为浇筑顺序

(b) 拆除拱架，浇筑刚架混凝土，安装桥面系支架

(c) 浇筑桥面系，浇筑吊杆混凝土

(d) 吊杆预加压力，拆除支架

图 12-28　中承式钢筋混凝土拱桥浇筑程序示意图

圈法和斜吊式悬臂浇筑拱圈法两种施工方法。

① 塔架、斜拉索及挂篮浇筑拱圈。这是国外采用最早、最多的大跨径钢筋混凝土拱桥无支架施工的方法。这种方法的要点是：在拱脚墩台处安装临时的钢塔架或钢筋混凝土塔架，用斜拉索（或斜拉粗钢筋）将拱圈（或拱肋）用挂篮浇筑一段系吊一段，从拱脚开始，逐段向拱顶悬臂浇筑，直至拱顶合龙。

塔架的高度和受力应按拱的跨径、矢跨比等确定。

斜拉索可用预应力筋或钢束，其面积及长度由所系吊的拱段长度和位置确定。用设在已浇完的拱段上的悬臂挂篮逐段悬臂浇筑拱圈（或拱肋）混凝土，整个拱圈混凝土的浇筑工作应从两拱脚开始对称地进行，最后在拱顶合龙。

塔架斜拉索法，一般多采用悬浇法施工，也可用悬拼法施工，但后者用得较少。如图 12-29 所示为塔架、斜拉索及挂篮浇筑拱圈的施工示意图。

② 斜吊式悬臂浇筑拱圈。它是借助于专用挂篮，结合使用斜吊钢筋将拱圈、拱上立柱和预应力混凝土桥面板等齐头并进地边浇筑边构成桁架的悬臂浇筑方法。施工时，用预应力筋临时作为桁架的斜吊杆和桥面板的临时拉杆，将桁架锚固在后面的桥台（或桥墩）上。施工过程中作用于斜吊杆的力通过布置在桥面板上的临时拉杆传至岸边的地锚上（也可利用岸边桥墩作地锚）。

12.2.3.2　装配式拱桥施工

梁桥上部的轻型化、装配化，大大加快了梁桥的施工速度。拱桥桥型从双曲拱桥发展至桁架拱桥、刚架拱桥、箱形拱桥、桁式组合拱桥、钢管混凝土拱桥。混凝土装配式拱桥主要包括双曲拱、肋拱、组合箱形拱、悬砌拱、桁架拱、刚架拱和扁壳拱等。

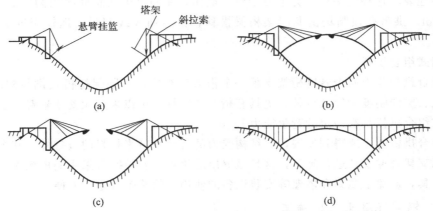

图 12-29　塔架、斜拉索及挂篮浇筑拱圈的施工示意图

本节对拱桥缆索吊装施工的要点予以介绍。为叙述方便，下面均以拱肋进行介绍，如无特殊说明，同样适合于板拱。

（1）缆索吊装施工

在峡谷或水深流急的河段上，或在通航的河流上需要满足船只的顺利通行，缆索吊装由于具有跨越能力大，水平和垂直运输机动灵活，适应性广，施工比较稳妥方便等优点，成为拱桥施工中使用最为广泛的方案。

根据拱桥的吊装特点，其一般吊装程序为：边段拱肋吊装及悬挂、次边段拱肋吊装及悬挂（对五段吊装）、中段拱肋吊装及拱肋合龙、拱上构件的吊装或砌筑安装等。

（2）桁架拱桥与刚架拱桥安装

桁架拱桥与刚架拱桥，由于构件预制装配，具有构件重量轻、安装方便、造价低等优点，因此在全国各地被广泛应用。

桁架拱桥的施工吊装过程包括：吊运桁架拱片的预制段构件至桥孔，使之就位合龙，处理接头。与此同时安装桁架拱片之间的横向联结系构件，使各片桁架拱片连成整体。然后在其上铺设预制的微弯板或桥面板，安装人行道悬臂梁和人行道板。

桁架拱片的桁架段构件一般采用卧式预制，实腹段构件采用立式预制，故桁架段构件在吊离预制底座出坑之后和安装之前，需在某一阶段由平卧状态翻身转换到竖立状态。

安装工作分为有支架安装和无支架安装。前者适用于桥梁跨径较小和具有河床较平坦、安装时桥下水浅等有利条件的情况；后者适用于跨越深水和山谷或多跨、大跨的桥梁。

刚架拱桥上部结构的施工分有支架安装和无支架安装两种。安装方法在设计中确定内力图式时即已决定，施工时不得随便更改。采用无支架施工时（浮吊安装或缆索吊装），首先将主拱腿一端插入拱座的预留槽内，另一端悬挂，合龙实腹段，形成裸拱，电焊接头钢板；安装横系梁，组成拱形框架；再将次拱腿插入拱座预留槽内，安放次梁，焊接腹孔的所有接头钢筋和安装横系梁，立模浇接头混凝土，完成裸肋安装；将肋顶部分凿毛，安装微弯板及悬臂板，浇筑桥面混凝土，封填拱脚。

（3）钢筋混凝土箱形拱桥

我国采用缆索吊装建造的上承式钢筋混凝土箱形拱桥数量较多，主要的施工步骤为：拱箱预制、吊装设备的布置以及拱箱吊装。

预制场地要求地势较平坦，为了便于施工操作，在同组中两箱间净距为 1m，组与组之间净距为 2m。拱箱在预制场由龙门架桁梁横移，由运输天线起吊，运输至安装位置安装就位。

（4）桁式组合拱桥

桁式组合拱桥是由两个悬臂桁架支承一个桁架拱组成，它除保持桁式拱结构的用料省、跨越能力大、竖向刚度大等特点外，更具有桁梁的特性，可以采用无支架悬臂安装的方法施工，使桁式组合拱桥具有一定的竞争能力。

桁式组合拱桥能迅速得到发展，除结构受力的合理性带来材料的节省外，其主要原因是它可采用无支架悬臂安装进行施工，这是最突出的优点。安装时常采用钢桁构人字桅杆吊机作为吊运工具，避免了缆索和塔架等安装设备的使用，给施工带来了方便。

12.2.3.3　钢管混凝土拱桥施工

（1）中承式、下承式钢管混凝土拱桥

首先分段制作钢管及加工腹杆、横撑等，然后在样台上拼接钢管拱肋，应先端段，后顶段逐段进行；接着吊装钢管拱肋就位合龙，从拱顶向拱脚对称施焊，封拱脚使钢管拱肋转为无铰拱，同时，从拱顶向拱脚对称安装肋间横梁、X 撑及 K 撑等结构；然后可按设计程序浇筑钢管内混凝土；最后，安装吊杆、拱上立柱及纵横梁和桥面板，浇筑桥面混凝土。

（2）中承式和下承式系杆施工

首先搭架浇筑两边跨半拱，制作、吊装拱肋，安装杆。拱肋合龙后安装横撑，穿系杆钢绞线，安装张拉设备，张拉部分系杆，以平衡钢管拱肋产生的水平推力；浇筑拱肋钢管内混凝土，安装桥面系（吊杆、横梁、纵梁及桥面板）并同步张拉系杆，要求按设计程序浇筑管内混凝土，同时按增加的水平推力张拉系杆，以达到推力平衡。按一定的加载程序安装横梁、桥面板、吊杆及桥面系其他部分，同步张拉系杆，最后封固系杆，形成系杆拱桥；拆除边跨支架，安装边跨支座。

（3）钢管混凝土劲性骨架

此法采用不同形状的钢管（如单管形、哑铃形、矩形、三角形或集束形），或者以无缝钢管作弦杆，以槽钢、角钢等作为腹杆组成空间桁架结构，先分段制作成钢骨架，然后吊装合龙成拱，再利用钢骨架作支架，浇筑钢管内混凝土，待钢管内混凝土达到一定强度后，形成钢管混凝土劲性骨架，然后在其上悬挂模板，按一定的浇筑程序分环（层）分段浇筑拱圈混凝土直至形成设计拱圈截面。先浇的混凝土凝结成型后可作为承重结构的一部分与劲性骨架共同承受后浇各部分混凝土的重力；同时，钢管中混凝土也参与钢骨架共同承受钢骨架外包混凝土的重力，从而降低了钢骨架的用钢量，减少了钢骨架的变形。故利用钢管混凝土作为劲性骨架浇筑拱圈的方法比其他劲性骨架法更具优越性。

12.2.3.4　转体施工法

转体施工法一般适用于单孔或三孔拱桥的施工。其基本原理是：将拱圈或整个上部结构分为两个半跨，分别在河流两岸利用地形或简单支架现浇或预制装配半拱，然后利用一些机具设备和动力装置将其两半跨拱体转动至桥轴线位置（或设计标高）合龙成拱。采用转体法施工拱桥的特点是：结构合理，受力明确，节省施工用材，减少安装架设工序，变复杂的、技术性强的水上高空作业为岸边陆上作业，施工速度快，不但施工安全、质量可靠，而且在通航河道或车辆频繁的跨线立交桥的施工中可不干扰交通、不间断通航，减少对环境的损害、减少施工费用和机具设备，是具有良好的技术经济效益和社会效益的桥梁施工方法之一。近年来由于钢管混凝土拱桥在国内快速发展，为钢管混凝土拱桥转体法施工创造了有利条件。

转体的方法可以采用平面转体、竖向转体或平竖结合转体，目前已应用在拱桥、梁桥、斜拉桥、斜腿刚架桥等不同桥型上部结构的施工中。

12.3 桥面及附属工程施工

12.3.1 概述

桥面及附属工程主要包括：桥梁支座、伸缩装置、桥面铺装、桥面排水等结构及人行道、缘石、栏杆、护栏、照明灯具等其他附属设施。

12.3.2 桥梁支座施工

桥梁支座处于桥梁上、下部构造接点的重要位置，它的可靠程度直接影响桥梁结构的安全度和耐久性。因此除了确保桥梁支座的设计选型合理、加工质量符合技术标准外，能否正确地施工与安装是桥梁支座应用成功与否的关键所在。目前国内外桥梁工程中常用的桥梁支座形式有板式橡胶支座、盆式橡胶支座、钢支座等，在支座受拉或抗震要求较强的地区还要设置满足特殊要求的特殊支座等。

12.3.2.1 板式橡胶支座

板式橡胶支座由多层橡胶与薄钢板镶嵌、黏合、硫化而成。它的活动原理是利用橡胶的不均匀弹性压缩实现转角，利用其剪切变形实现水平位移，如图 12-30 所示。由此可见，板式橡胶支座一般无固定支座与活动支座的区别，所有纵向水平力和位移由各个支座均匀分配。如有必要设置固定支座，可采用厚度不同的橡胶板来调节各支座传递的水平力和水平位移。

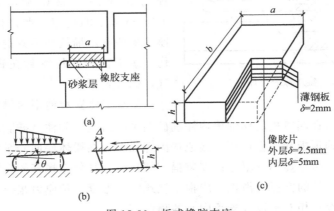

图 12-30 板式橡胶支座

板式橡胶支座有长方形和圆形等形状，长方形应用较普遍；而圆形支座由于其在各个方向上有着相同的特性，可以适应桥梁在各个方向的位移和转动，常用在环形立交桥、弯桥等桥梁上。

板式橡胶支座安装时，应注意下列事项：

① 板式橡胶支座在安装前，应检查产品合格证书中有关技术性能指标，如不满足要求不得使用。

② 支座下设置的支承垫石混凝土强度应符合设计要求，顶面要求标高准确、表面平整，在平坡情况下同一片梁两端支承垫石水平面应尽量处于同一平面内，其相对误差不得超过3mm，避免支座发生偏歪、不均匀受力和脱空现象。

③ 支座安装前，应将墩台支承垫石处清理干净，用干硬性水泥砂浆抹平，并使其顶面标高符合设计要求。

④ 将设计图上标明的支座中心位置标在支承垫石及橡胶支座上，橡胶支座准确安放在支承垫石上，要求支座中心线同支承垫石中心线相重合。

⑤ 当墩台两端标高不同，顺桥向有纵坡时，支座安装应按设计规定进行。

⑥ 安放支座前，抹平的水泥砂浆必须达到设计强度，并保持清洁和粗糙。梁、板吊装时，就位应准确且应与支座密贴，就位不准确或支座与梁、板不密贴时，必须吊起，采取措施垫钢板并使支座位置限制在允许偏差内，不得用撬棍移动梁、板。

12.3.2.2 盆式橡胶支座

盆式橡胶支座是由钢构件和橡胶构件组合而成的新型桥梁支座。它具有承载力大、水平位移量大、转动灵活等特点，适用于支座承载力为1000kN以上的大跨度桥梁。

如图12-31所示，盆式橡胶支座由氯丁橡胶板、钢盆、聚四氟乙烯板（四氟板）、不锈钢板、密封圈等组成。其工作原理是利用设置在钢盆内的橡胶块实现对上部结构的支承和转动，利用中间衬板上的四氟板与顶面不锈钢板之间的平面滑动适应桥梁的较大水平位移。

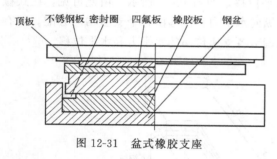

图 12-31　盆式橡胶支座

盆式橡胶支座施工时支座规格和质量应符合设计要求，支座组装时其底面与顶面（埋置于墩顶和梁底面）的钢垫板必须埋置密实。垫板与支座间平整密贴，支座四周不得有0.3mm以上的缝隙，严格保持清洁。活动支座的聚四氟乙烯板和不锈钢板不得有刮伤、撞伤。氯丁橡胶板块密封在钢盆内，要排除空气，保持紧密。

活动支座安装前用丙酮或乙醇仔细擦洗各相对滑移面，擦净后在四氟板的储油槽内注满硅脂类润滑剂，并注意硅脂保洁。

盆式橡胶支座的顶板和底板可用焊接或锚固螺栓栓接在梁体底面和墩台顶面的预埋钢板上。采用焊接时，应防止烧坏混凝土；安装锚固螺栓时，其外露螺杆的高度不得大于螺母的厚度；现浇梁底部预埋的钢板或滑板，应根据浇筑时的温度、预应力张拉、混凝土收缩与徐变对梁长的影响，设置相对于设计支承中心的预偏值。

12.3.2.3 球形钢支座

为适应多向转动且转动量较大的情况，可选择使用球形钢支座，它具有受力均匀、转动量大且各向转动性能一致等优点，特别适用于曲线桥和宽桥。由于球形钢支座不再使用橡胶承压，不存在橡胶变硬或老化等不良影响，因此特别适用于低温地区。

球形钢支座主要由下支座连接板、球面聚四氟乙烯板、上支座连接板、钢衬板、平面聚四氟乙烯板及橡胶防尘条和防尘围板等组成。如图 12-32 所示。

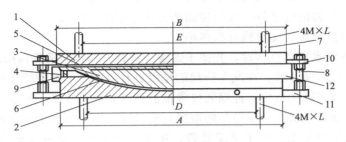

图 12-32 球形钢支座

1—上支座板；2—下支座板；3—钢衬板；4—钢挡圈；5—平面聚四氟乙烯板；6—球面聚四氟乙烯板；7—锚固螺栓；8—连接螺栓；9—橡胶防尘条；10—上支座连接板；11—下支座连接板；12—防尘围板

球形钢支座出厂时，应由生产厂家将支座调平，并拧紧连接螺栓，以防止支座在安装过程中发生转动和倾覆。支座可根据设计需要预设转角及位移，但施工单位应在订货前提出预设转角及位移量的要求，由生产厂家在装配时预先调整好。

球形钢支座安装前方可开箱，并检查装箱清单，包括配件清单、检验报告复印件、支座产品合格证书及支座安装养护细则。施工单位开箱后，不得任意转动连接螺栓，并不得任意拆卸支座。

球形钢支座安装高度应符合设计要求，要保证支座平面的水平及平整。支座支承面四角高差不得大于 2mm。球形钢支座安装过程中应注意以下事项：

① 支座开箱并检查清单及合格证。

② 安装支座板及地脚螺栓：在下支座板四周用钢楔块调整支座水平，并使下支座板底面高符合设计要求，找出支座纵、横向中线位置，使之符合设计要求。用环氧砂浆灌注地脚螺栓孔及支座底面垫层。

③ 环氧砂浆硬化后，拆除支座四角临时钢楔块，并用环氧砂浆填满抽出楔块的位置。

④ 在梁体安装完毕后，或现浇混凝土梁体形成整体并达到设计强度后，在张拉梁体预应力之前，拆除上、下支座连接板，以防止约束梁体正常转角和位移。

⑤ 拆除上、下支座连接板后，检查支座外观，并及时安装支座外防尘罩。

⑥ 当支座与梁体及墩台采用焊接时，应先将支座准确定位后，用对称间断焊接，将下支座板与墩台上预埋钢板焊接，焊接时应防止烧伤支座及混凝土。

另外，支座在试运营期一年后应进行检查，清除支座附近的杂物及灰尘，并用棉布仔细擦除不锈钢表面的灰尘。

12.3.3 伸缩缝安装施工

桥梁结构在温度变化、荷载作用、基础变位、混凝土收缩和徐变等影响下将会产生伸缩变形，为了满足桥梁在各种荷载作用下受力与变形要求，保证车辆平稳安全通过，需要在相邻两梁端之间，或桥梁的铰接处设置预留伸缩缝，并在桥面设置伸缩装置，依据伸缩装置的传力方式及其构造特点，可分为对接式、钢制支承式、橡胶组合剪切式、无缝式等。伸缩装置应满足下列要求：

① 在平行、垂直于桥梁轴线的两个方向，均能自由伸缩；

② 除本身要有足够的强度外，应与桥面铺装部分牢固连接；

③ 车辆通过时应平顺、无突跳且噪声小；

④ 具有良好的泌水性和排水性，并便于安装、检查、养护和清除沟槽的污物。

伸缩缝是桥梁的薄弱环节，在汽车荷载的作用下有很小的不平整就会使该处受到很大的冲击作用。因此，在实际工程中，伸缩装置常常遭到损坏需要维修、更换。造成伸缩装置破坏的原因，除了交通流量增大、重型车辆增多，使得冲击作用明显增大之外，设计、施工和养护方面的失误也不容忽视。对于伸缩装置，在设计时需选用抵抗变形能力较强的伸缩装置，精确到位，并安装牢固。对于曲线桥或斜桥，除了纵向、竖向变形外，还存在横向、纵向及竖向相对错位，故选用的伸缩装置要有相应的变位适应能力。

伸缩装置的施工工序一般按以下顺序进行：安装前现场准备→开槽→缝体安装→混凝土浇筑→养护。

施工作业时应注意以下几方面内容：

① 机械设备、小型机具配备齐全，尤其是供施工车辆往来的过桥板必须质量坚固、数量充足，以保证施工顺利进行。

② 桥面沥青混凝土铺装层完成（覆盖伸缩缝连续铺筑）并验收合格后，应根据施工图的要求确定开槽宽度，准确放样，打上线后用切割机锯缝，锯缝线以外的沥青混凝土路面，必须仔细用塑料布覆盖并用胶带纸封好，以防锯缝时产生的石粉污染路面。锯缝应整齐、顺直，并注意把沥青混凝土切透，以免开槽时缝外混凝土松动。

③ 梁端间隙内的杂物，尤其是混凝土块必须清理干净，然后用泡沫塑料填塞密实。若有梁板顶至背墙情形，须将梁端部分凿除。开槽后产生的所有弃料必须及时清理干净，确保施工现场整洁。

④ 安装时伸缩缝的中心线应与梁端中心线相重合。如果伸缩缝较长，需将伸缩缝分段运输，到现场后再对接，对接时应将两段伸缩缝上平面置于同一水平面上，使两段伸缩缝接口处紧密靠拢，并校直调正。用高质量的焊条逐条焊接，焊接时宜先焊接顶面，再焊侧面，最后焊底面，要分层焊接，确保质量，并及时清除焊渣。

⑤ 伸缩缝的焊接：固定后应对伸缩缝的标高再复测一遍，确认在临时固定过程中未出现任何变形、偏差后，把异型钢梁上的锚固钢筋与预埋钢筋在两侧同时焊牢，最好一次全部焊牢。如有困难，可先将一侧焊牢，待达到预定的安装气温时，再将另一侧全部焊牢。伸缩缝焊接牢固后，应尽快将预先设定的临时固定卡具、定位角钢用气割枪割去，使其自由伸缩，此时应严格保护现场，防止车辆误压。

⑥ 模板安装时多采用泡沫板、纤维板、薄铁皮等，模板应做得牢固、严密，能在混凝土振捣时不出现移动，并能防止砂浆流入伸缩缝内，以免影响伸缩。为防止混凝土从上部缝口进入型钢内侧沟槽内，型钢的上面必须要用胶布封好。

⑦ 桥梁伸缩缝混凝土的施工会截断桥梁两侧盲沟内的水的排出，造成桥面铺装出现水损坏，宜通过塑料软管将桥梁盲沟内的水排出桥面外，在浇筑混凝土时将排水软管埋设到位。

⑧ 水泥混凝土浇筑完成后覆盖麻袋等，并严格洒水养生，养生期不少于7d，养生期间

严禁车辆通行。伸缩缝安装质量标准如表 12-2 所示。

表 12-2 伸缩缝规定值或安装允许偏差

项次	项目		伸缩缝规定值或安装允许偏差
1	长度/mm		符合设计要求
2	宽缝/mm		符合设计要求
3	与桥面高差/mm		2
4	纵坡/%	大型	±0.5
		一般	±0.2
5	横向平整度/mm		3

12.3.4 桥面铺装施工

桥面铺装层的作用是实现桥梁的整体化，使各片主梁共同受力，同时为行车提供平整舒适的行车道面。高等级公路及二、三级公路的桥面铺装层一般为两层，上层为 4~8cm 沥青混凝土，下层为 8~10cm 水泥钢筋混凝土。水泥钢筋混凝土增加桥梁的整体性，沥青混凝土提高行车的舒适性，同时能减轻车辆对桥梁的冲击和振动。四级公路或个别三级公路为减少工程造价，直接采用水泥混凝土桥面，也有三级公路在水泥钢筋混凝土桥面上铺设一层沥青碎石，所以其结构形式应根据公路等级、交通量大小和荷载等级设计确定，现就水泥钢筋混凝土和沥青混凝土铺装层分别作介绍。

12.3.4.1 水泥钢筋混凝土桥面铺装施工

（1）梁顶高程的测定和调整

预应力混凝土空心板或大梁在预制后的存梁期间由于预应力的作用，往往会产生反拱，如果反拱过大就会影响到桥面铺装层的施工，因此设计中对存梁时间、存梁方法都做了一定要求，如果架梁前已发现反拱过大，则应采取降低墩顶高程、减少垫石厚度等方法，保证铺装层厚度，架梁后对梁顶高程进行测量，测定各跨中线、边线的跨中和墩顶处的高程，分析评价其是否满足规范要求，若偏差过大，则应采取调整桥面高程、改变引线纵坡等方法，以保证铺装层厚度，使桥梁上部结构形成整体。

（2）梁顶处理

为了使现浇混凝土铺装层与梁、板结合成整体，预制梁、板时对其顶面进行拉毛处理，有些设计中要求梁顶每隔 50cm，设一条 1~1.5cm 深齿槽。浇筑前要用清水冲洗梁顶，不能留有灰尘、油渍、污渍等，并使板顶充分湿润。

（3）绑扎布设桥面钢筋网

按设计文件要求，下料制作钢筋网，用混凝土垫块将钢筋网垫起，并满足钢筋设计位置及混凝土净保护层的要求。若为低等级公路桥梁，用铺装层厚度调整桥面横坡，横向分布钢筋要做相应弯折，与桥面横坡相一致；在两跨连接处，若为桥面连续，应同时布设桥面连续的构造钢筋；若为伸缩缝，要注意做好伸缩缝的预埋钢筋。

（4）混凝土浇筑

对板顶处理情况、钢筋网布设进行检查，满足设计和规范要求后，即可浇筑混凝土。若设计为防水混凝土，其配合比及施工工艺应满足规范要求。浇筑时由桥一端向另一端推进，连续施工，防止产生施工缝；用平板式振捣器振捣，确保振捣密实；施工结束后注意养护，高温季节应采用草帘覆盖，并定时洒水养生；在桥两端设置隔离设施，防止施工或地方车辆通行，影响混凝土强度。待混凝土有一定强度后，方能开放交通或铺筑上层沥青混凝土。

12.3.4.2　沥青混凝土桥面铺装施工

桥面沥青混凝土与同等级公路沥青混凝土路面的材料、工艺、施工方法相同，一般与路面同时施工。采用拌和厂集中拌和，现场机械摊铺，沥青材料及混合料的各项指标应符合设计和施工规范要求。沥青混合料每日应做抽提试验（包括马歇尔稳定度试验），严格控制各种矿料和沥青用量及各种材料和沥青混合料的加热温度，用胶轮压路机进行碾压成型，碾压温度要符合要求。摊铺后进行质量检测，强度和压实度要达到合格，厚度允许偏差＋10cm、－5mm，对于高等级公路桥梁 IRI（国际平整度指数）不超过 2.5m/km，均方差 d 不超过 1.5mm，其他公路桥梁 IRI 值不超过 4.2m/km，均方差 d 不超过 2.5mm，最大偏差值不超过 5mm，横坡坡度不超过 $\pm 0.3\%$。注意铺装后桥面的泄水孔的进水口应略低于桥面面层，保证排水顺畅。

12.3.5　其他附属工程施工

桥面其他附属工程包括人行道、桥面防护（栏杆、防撞护栏）、泄水管、灯柱支座、桥面防水、桥头搭板工程等。高等级公路以及位于的二、三级公路上的桥梁通常采用防撞护栏；而城市立交桥、城镇公路桥及低等级公路桥往往要考虑人群通行，设人行道；灯柱一般只在城镇内桥梁上设置。

（1）防撞护栏施工

边板（梁）预制时应在翼板上按设计位置预埋防撞护栏锚固钢筋，支设护栏模板时应先进行测量放样，确保位置准确。特别是位于曲线上的桥梁，应首先计算出护栏各控制点坐标，用全站仪逐点放样控制，使其满足曲线线形要求。绑扎钢筋时注意预埋防护钢管支撑钢板的固定螺栓，保证其牢固可靠。在有伸缩缝处，防撞护栏应断开，依据选用的伸缩缝形式，安装相应的伸缩装置。混凝土浇筑及养生与其他构件相同。

（2）人行道、栏杆施工

人行道、栏杆通常采用预制块件安装施工方法。有些桥的人行道采用整块预制，分中块和端块两种，若为斜交桥其端块还要做特殊设计。预制时要严格按照设计尺寸制模成型，保证强度。大部分桥梁人行道采用分构件预制法，一般分为挑梁 A、挑梁 B、路缘石、支撑梁、人行道板五部分，如图 12-33 所示。

挑梁 A 和 B、人行道板为预制构件，路缘石和支撑梁采用现浇施工。注意挑梁 A 上要留有槽口，保证立柱的安装固定。栏杆的造型多种多样，一般由立柱、扶手、栅栏等几部分组成，均为预制拼装。施工时应注意以下几点：

① 悬臂式安全带和悬臂式人行道构件必须与主梁横向联结或拱上建筑完成后才可安装。

② 安全带梁及人行道梁必须安放在未凝固的 M20 稠水泥砂浆上，并以此来形成人行道顶面设计的横向排水坡。

③ 人行道板必须在人行道梁锚固后才可铺设，对设计无锚固的人行道梁，人行道板的铺设应按照由里向外的次序。

④ 栏杆块件必须在人行道板铺设完毕后才可安装，安装栏杆柱时，必须全桥对直、校平（弯桥、坡桥要求平顺）、竖直后用水泥砂浆填缝固定。

⑤ 在安装有锚固的人行道梁时，应对焊接认真检查，注意施工安全。

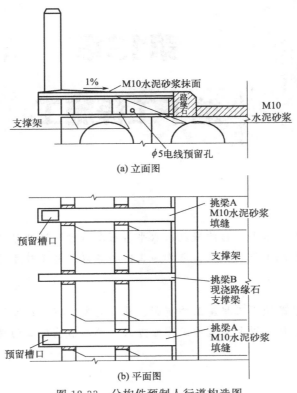

(a) 立面图

(b) 平面图

图 12-33 分构件预制人行道构造图

⑥ 为减少路缘石与桥面铺装层中的渗水，路缘石宜采用现浇混凝土，使其与桥面铺装的底层混凝土结为整体。

（3）灯柱安装

灯柱通常只在城镇内桥梁上设置，灯柱的设置位置有两种：一种是设在人行道上。另一种是设在栏杆立柱上。

第一种布设较为简单，在人行道下布埋管线，按设计位置预设灯柱基座，在基座上安装灯柱、灯饰，连接好线路即可。这种布设方法大方、美观，灯光效果好，适合于人行道较宽（大于 1m）的情况。但灯柱会减少人行道的宽度，影响行人通过，且要求灯柱布置稍高一些，不能影响行车。

第二种布设稍麻烦一些，电线在人行道下预埋后，还要在立柱内布设线管通至顶部。因立柱既要承受栏杆上传来的荷载，又要承受灯柱的重量，因此带灯柱的立柱要特殊设计和制作。在立柱顶部还要预设灯柱基座，保证其连接牢固。这种情况一般只适用于安置单火灯柱，灯柱顶部可向桥面内侧弯曲延伸一部分，以保证照明效果。该布置法的优点是灯柱不占人行道空间，桥面开阔，但施工、维修较为困难。

规范要求桥上灯柱应按设计位置安装，必须牢固，线条顺直，整齐美观，灯柱电路必须安全可靠。

大型桥梁须配置照明控制配电箱，固定在桥头附近安全场所。

检查验收标准：灯柱位置偏差顺桥向不能超过 100mm，横桥向不能超过 20mm；竖直度偏差顺桥向、横桥向均不能超过 10mm。

第13章

地下工程施工

📖 **知识要点**

本章的主要内容有：地下工程的概况；水平岩石巷（隧）道的基本施工方案、钻眼爆破作业、支护施工及巷道施工作业方式；盾构施工的特点以及施工技术等。

📚 **学习目标**

通过学习，要求了解地下工程施工的范围、施工对象的特点；掌握水平岩石巷（隧）道的常见施工方案、支护技术以及巷道施工作业方式；熟悉盾构施工的特点、主要施工工艺及质量保证方法等。

13.1 概述

13.1.1 地下工程的概念

地下工程是一个较为广阔的范畴，它泛指修建在地面以下岩层或土层中的各种工程空间与设施，是地层中所建工程的总称，通常包括矿山井巷工程、城市地铁隧道工程、水工隧洞工程、交通山岭隧道工程、水电地下硐室工程、地下空间工程、军事国防工程、建筑基坑工程等。

地下工程是随着社会的进步而兴起并不断发展的。从16世纪以后，炸药的发明和应用，以及凿岩机械的出现，大大加速了地下工程的发展。19世纪工程师在美国修建了世界上第一座长约12km的铁路隧道。随着地下施工技术的进步，城市地铁工程也在世界各地兴起，从1863年伦敦开始修建第一条地铁至今，世界上在建和在运转的地铁已遍布很多城市。

13.1.2 地下工程施工技术的发展

地下工程的快速发展带动了施工技术的进步和发展。同时，施工技术的发展也反过来推进了地下工程的发展，若干年前无法施工的工程现在成为可能。最近半个多世纪以来，我国在地下工程施工的技术和理论上取得了重大进步，许多方面开始或已经步入世界先进行列。

13.1.2.1 矿山施工技术的发展

矿山施工技术发展主要突出表现在以下方面：

① 锚喷支护以及光面爆破技术的应用。锚喷是地下支护技术的一项革新，施工简单，效果显著，现已成为地下工程施工中广泛应用的技术。已开发应用的锚杆有上百种，喷射混

凝土机具经历了多次替代，支护设计理论逐步成熟。光面爆破是一种控制岩体开挖轮廓的爆破技术，是通过一系列措施对开挖工程周边部位实行正确的钻孔和爆破，并使周边眼最后起爆的爆破技术。光面爆破使隧道围岩不产生或很少产生炮震裂缝，保持了围岩完整性，从而增大了围岩自身的承载能力，这为采用锚喷支护创造了有利的条件。光面爆破技术和锚喷技术相结合，可以进一步增强锚喷支护的作用，特别是在松软岩层中更能显示这一特点。

② 岩石巷道凿岩台车及钻、装、运、支等工序的成套机械设备的使用。这形成了多种类型的机械化作业线，大大提高了巷道施工的机械化程度和掘进速度。装岩运输设备正向大型化、自动化方面发展，用于爆破钻眼的凿岩机器人已经研制成功，全断面巷道掘进机得到了较快的发展，悬臂式掘进机得到了较多的应用。

③ 立井快速施工技术及大型机械化配套技术基本成熟。伞形钻架、大吊桶、大抓岩机、大井架、大绞车、大吊泵、大模板、大搅拌机等设备得到全面配套，施工速度大大提高，基岩段月进百米已轻而易举。

④ 人工冻结加固岩土技术更加成熟并得到推广应用。人工冻结是处理软土问题的一项有效手段，而且对控制施工影响和施工环境保护有重要的意义。冻结法过去主要应用于煤炭矿山，现已成功应用于城市地铁隧道、深基坑围护以及桥墩基础等工程。

13.1.2.2 隧道施工技术的发展

近几十年来，隧道施工技术随着隧道工程的日益增多和相关科学技术的发展，取得了重大进步，主要体现在以下方面：

① 大型全断面掘进机（TBM）的研究和应用。掘进直径可达 10m 以上，破岩的硬度甚至达到数百兆帕，并实现了整个隧道施工作业连续化，大大提高了隧道施工的现代化程度。预测我国近期需要的 TBM 数量可达 60 台以上。在 TBM 的研制方面，过去主要靠进口，现已能自行制造，并将逐步实现国产化出口。

② 盾构施工技术的完善和广泛应用。以往盾构施工只能用于极其松软的土层中，现在可在任何软土地层中使用，而且已有既可掘进土质地层又可开挖岩石地层的混合盾构机。原则上，利用盾构机可施工任何断面形状的隧道工程。我国从 20 世纪 50 年代起开始研制软土隧道盾构施工设备，1971 年上海黄浦江打浦路隧道建成通车，标志着我国隧道盾构施工技术的成功。我国目前正在兴建的超大、特长越江隧道工程，在若干单项技术上达到国际领先水平。

③ 水下隧道沉管法的应用促进了海底隧道、越江隧道的发展。世界上已建成沉管隧道150 多座，我国已建成的沉管隧道有 20 多座，我国的沉管隧道施工水平达到了世界先进水平。

但是，地下工程仍具有投入高、劳动强度大、施工环境恶劣甚至是有危险、技术难度大而整体技术水平相对较低的特点。对每一个地下工程工作者，学习和掌握现代的地下工程施工技术，对提高施工速度和质量，保证施工安全，提高经济效益都是十分重要的。

13.1.3 地下工程的围岩性质

由于地下工程施工的作业对象主要是岩石或土，所以岩（土）体的各种物理力学性质及其赋存条件，直接影响地下工程开挖时围岩的稳定性。为正确进行工程的设计和布局，合理选择地下工程的开挖方法和支护方式，保证地下工程施工及运营安全，须对围岩岩石（土）

强度及稳定性进行分析。

岩石和土可总称为岩土。地下工程施工方法、施工设备选择中经常需要考虑的岩石物理性质有岩石的密度、硬度、耐磨性、孔隙比、碎胀性、水胀性、水解性、软化性等，力学性质有岩石的抗压、抗拉、抗剪强度指标以及弹性、塑性、流变性。

（1）岩石（土）的工程强度分级

岩石和土的工程强度分级方法很多，其中我国公路、铁路、水利领域的隧道设计规范中，给出了根据岩石单轴饱和抗压强度 R_c 大小划分的岩石强度等级。如表13-1所示。

表 13-1　按岩石单轴饱和抗压强度划分的岩石强度等级 单位：MPa

隧道类型	划分指标及等级				
公路隧道	$R_c>60$	$30<R_c\leqslant60$	$15<R_c\leqslant30$	$5<R_c\leqslant15$	$\leqslant5$
	坚硬岩	较坚硬岩	较软岩	软岩	极软岩
	硬质岩			软质岩	
铁路隧道	$R_c>60$	$30<R_c\leqslant60$	$15<R_c\leqslant30$	$5<R_c\leqslant15$	$R_c\leqslant5$
	极硬岩	硬岩	较软岩	软岩	极软岩
	硬质岩			软质岩	
水工隧道	$R_c>60$	$30<R_c\leqslant60$	$15<R_c\leqslant30$	$5<R_c\leqslant15$	
	坚硬岩	较坚硬岩	较软岩	软岩	
	硬质岩			软质岩	

（2）围岩与围岩压力

围岩顾名思义就是地下工程开挖后所形成的空间周围的岩体，围岩既可以是岩体，也可以是土体。未经人为开挖扰动的岩（土）体称为原岩。当在原岩内进行地下工程开挖后，周围一定范围内岩体原有的应力平衡状态被打破，导致应力重新分布，引起附近岩体产生变形、位移，甚至破坏，直到出现新的应力平衡为止。所以，理论上又将开挖后隧道周围发生应力重新分布的岩体称为围岩，重新分布的应力称为二次应力。围岩稳定性分级（类）目前尚不统一，我国煤炭、公路及铁路交通、水利等领域均有各自的围岩分级（类）。我国公路隧道设计细则根据取得的围岩定性特征和岩体基本质量指标（BQ），对围岩进行了基本质量分级，见表13-2。

表 13-2　公路隧道岩质围岩基本质量分级（JTG/T D70—2010）

围岩基本质量分级		围岩的定性特征	围岩基本质量指标 BQ
基本级别	亚级		
Ⅰ	—	坚硬岩，岩体完整，整体状或巨厚层状结构	≥551
Ⅱ	—	坚硬岩，岩体较完整，块状或厚层状结构； 较坚硬岩，岩体完整，块状结构或整体状结构	550～451
Ⅲ	Ⅲ₁	坚硬岩，较破碎（$K_v=0.4\sim0.55$），结构面较发育，结合差，裂隙块状或中厚层状结构； 较坚硬岩（$R_b=45\sim60$MPa），岩体较完整，结构面较发育，结合好，块状结构； 较坚硬岩（$R_b=30\sim45$MPa），岩体完整，整体状或巨厚层状结构	450～401

围岩基本质量分级		围岩的定性特征	围岩基本质量指标 BQ
基本级别	亚级		
Ⅲ	Ⅲ₂	坚硬岩，较破碎($K_v=0.35\sim0.4$)，结构面发育、结合好，镶嵌碎裂结构或裂隙块状结构； 较坚硬岩($R_b=45\sim60$MPa)，岩体较破碎，结构面较发育、结合好，块状结构； 较坚硬岩，岩体较完整($R_b=30\sim45$MPa)，整体状或巨厚层状结构； 较软岩，岩体完整，结构面不发育、结合好或一般，整体状或巨厚层状结构	400~351
Ⅳ	Ⅳ₁	坚硬岩，岩体破碎($K_v=0.28\sim0.35$)，结构面极发育、结合一般或差，碎裂状结构； 较坚硬岩，岩体破碎~较破碎($R_b=45\sim60$MPa)，结构面发育，结合一般，碎裂状结构； 较坚硬岩，较破碎($R_b=30\sim45$MPa)，结构面发育、结合好，镶嵌碎裂结构； 较软岩，岩体较完整($R_b=20\sim30$MPa)，结构面较发育、结合好或一般，块状结构； 较软岩，岩体完整($R_b=15\sim20$MPa)，结构面不发育、结合好或一般，整体状或巨厚层状结构； 软岩，岩体完整($R_b=10\sim15$MPa)，结构面不发育、结合好或一般，整体状或巨厚层状结构	350~316
	Ⅳ₂	坚硬岩，岩体破碎($K_v=0.2\sim0.28$)，结构面极发育、结合一般或差，碎裂状结构； 较坚硬岩，岩体破碎($R_b=45\sim60$MPa)，结构面发育、结合一般，碎裂状结构； 较坚硬岩，较破碎($R_b=30\sim45$MPa)，结构面发育、结合好，镶嵌碎裂结构； 较软岩，岩体较完整($R_b=20\sim30$MPa)，结构面较发育、结合好或一般，块状结构； 较软岩或以软岩为主的软硬岩互层，较破碎，结构面发育、结合一般，中、薄层状结构； 软岩，岩体完整($R_b=7.5\sim10$MPa)，结构面不发育、结合好或一般，整体状或巨厚层状结构	315~285
	Ⅳ₃	坚硬岩，岩体破碎($K_v=0.15\sim0.2$)，结构面极发育、结合一般或差，碎裂状结构； 较坚硬岩，岩体破碎，结构面发育、结合一般，碎裂状结构； 较软岩，岩体较破碎，结构面较发育、结合好或一般，块状结构； 软岩，岩体完整($R_b=5\sim7.5$MPa)，结构面不发育、结合好或一般，整体状或巨厚层状结构	284~251
Ⅴ	Ⅴ₁	坚硬岩及较坚硬岩，岩体极破碎($K_v=0.06\sim0.15$)； 较软岩，破碎($R_b=20\sim30$MPa)，结构面发育或极发育； 较软岩，较破碎($R_b=15\sim20$MPa)，结构面发育、结合一般或碎裂； 软岩，较破碎，结构面发育、结合一般，碎裂状结构； 极软岩($R_b=2\sim5$MPa)，较完整~完整，结构面不发育或结构面较发育但结合较好	250~211
	Ⅴ₂	坚硬岩及较坚硬岩，岩体极破碎($K_v=0\sim0.06$)； 较软岩，岩体极破碎，碎裂状结构或散体状结构； 软岩，岩体破碎，结构面极发育，结合一般或差，碎裂状结构； 极软岩($R_b<2$MPa)，较破碎~完整	210~150

13.2　水平岩石巷（隧）道施工

水平岩石巷（隧）道是最为常见的地下工程，如地下矿山巷道、公路与铁路山岭隧道、城市地铁隧道、水工隧洞、人防坑道等均为水平布置的硐室工程。因此，也是施工企业承担施工任务最多的地下工程。这些工程的施工方法主要有钻眼爆破法和掘进机法两大类。目前看，钻眼爆破法是使用最多的施工方法。

13.2.1　基本施工方案

地下工程的施工，根据地质与水文条件、断面大小及形状、隧道长度、工程的支护形式、埋深、施工技术与装备、工程工期等因素有各种不同的施工方法。在选择施工方法时，要根据各种因素，经技术经济比较后综合确定。一般宜优先选用全断面一次开挖法和正台阶法。

13.2.1.1　全断面一次开挖法

全断面一次开挖法是按整个设计掘进断面一次向前挖掘推进的施工方法。采用爆破法时，是在工作面的全部垂直面上打眼，然后同时爆破，使整个工作面推进一个进尺。从各种地下工程采用钻爆法的发展趋势看，全断面施工将是优先被考虑的施工方法。

全断面一次施工不但在地质条件比较好的隧道可以采用，在地质条件比较差的软弱围岩隧道，由于新奥法（奥地利隧道新施工法）、锚杆喷射混凝土、注浆加固、管棚支护及防排水等新技术的应用，也能够采用；不但中小断面可以采用，$50m^2$ 以上大型断面也可采用。

在采用全断面施工方法时，针对巷（隧）道内地质情况，不良的特殊地段必须考虑制定相应的应变措施，如短台阶开挖法、微台阶开挖法、半断面开挖法、预切槽衬砌法、管棚注浆法等。

13.2.1.2　台阶工作面法

该法是将巷（隧）道断面分成若干（一般为2～3）个分层，各分层在一定距离内呈台阶状同时推进。这种方法的特点是缩小了断面高度，不需笨重的钻孔设备；后一台阶施工时有两个临空面，使爆破效率更高。按上下台阶的长度不同，台阶工作面法分为长台阶（一般大于5倍巷道宽度）和短台阶（小于2倍的巷道宽度）两种方法；按台阶布置方式的不同，可分为正台阶和反台阶两种方法。

（1）正台阶法

如图13-1该法为最上分层工作面先超前施工，故又称下行分层施工法。施工时首先挖掘上部弧形断面（高度一般为2～2.5m），然后逐一挖掘下面各部分。

（2）反台阶法

反台阶法又叫上行分层施工法。即首先挖掘最下部分层，然后逐一向上挖掘其余各分层。

13.2.2　钻眼爆破作业

钻眼爆破是开凿岩石地下工程中最基本的施工作业方法。钻眼爆破的要求是：断面形状

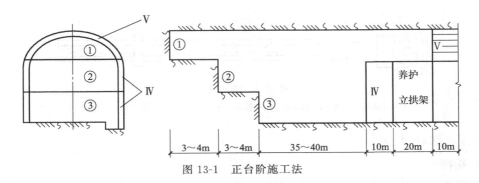

图 13-1 正台阶施工法

尺寸符合设计要求，矸石块度大小适中，便于装岩；掘进速度快，钻眼工作量小，炸药消耗量最省；有较好的爆破效果，表面平整，超欠挖符合要求，对围岩的振动破坏小。钻眼爆破作业主要包括炮眼定位、钻眼作业及爆破作业三项工作。

13.2.2.1 炮眼定位

掘进巷（隧）道时要用中线指示其掘进方向，用腰线控制其坡度。每次钻眼前都要测定出巷道的中线，以便确定出掘进轮廓线，并按爆破图表标出眼位。这样才能保证掘出的断面符合设计要求。

13.2.2.2 钻眼机具及作业

用于开挖地下工程的钻眼设备种类较多：按其支承方式分主要有手持式、支腿式和台车式；按冲击频率分有低频（2000 次/min）、中频和高频（2500 次/min 以上）三种；按动力分有风动、电动、液压三种。使用最普遍的是风动凿岩机（见表 13-3）。液压凿岩机近年来得到迅速发展，它与凿岩台车相配合，使用数量在逐渐增加。以凿岩台车为基础研制的凿岩机器人也已有样机问世。

表 13-3　常用风动凿岩机技术特征表

型号	质量/kg	冲击频率/次/min	冲击功/J	扭矩/(N·m)	耗风量/(m³/min)	钻孔直径/mm	最大钻深/m	备注
YT-23	23	2100	59	14.7	3.6	34～42	5	
YT-24	24	1800	59	12.7	2.9	34～42	5	
YT-26	26	2000	70	15.0	3.5	34～43	5	气腿式
YTP-26	26	2600	59	17.6	3.0	36～45	5	
YT-28	26	2100	75	18.0	3.3	34～42	5	
YSP-45	44	2700	69	17.6	5.0	35～42	6	向上式
YG-40	36	1600	103	37.2	5.0	40～50	15	
YG-80	74	1800	176	98.0	8.1	50～75	40	导轨式
YGZ-90	90	2000	196	117.0	11.0	50～80	30	

钎杆和钎头是凿岩的工具，其作用是传递冲击力和破碎岩石。钎头和钎杆连成一体的称为整体钎子，分开组合的称活动钎子。工程中多用活动钎子，如图 13-2 所示。冲击式凿岩用的钎杆为中空六边形或中空圆形，圆形钎杆多用于重型钻机或深孔接杆式钻进。

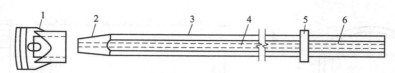

图 13-2 活动钎子

1—活动钎头；2—锥形钎头；3—钎身；4—中心孔；5—钎肩；6—钎尾

13.2.2.3 爆破作业

（1）掏槽方式

在全断面一次开挖或导坑开挖时，只有一个临空面，必须先开出一个槽口作为其余部分新的临空面，以提高爆破效果。先开这个槽口称为掏槽。掏槽形式分为斜眼和直眼两类。每一类又有各种不同的布置方式。掏槽的好坏直接影响其他炮眼的爆破效果，因此，必须合理选择其形式和装药量。

斜眼掏槽的特点是：适用范围广，爆破效果较好，所需炮眼少，但炮眼方向不易掌握，眼深受巷道断面大小的限制，矸石抛掷距离大。

直眼掏槽的特点是：所有炮眼都垂直于工作面且相互平行，技术易于掌握，可实现多台钻机同时作业或采用凿岩台车作业；其中不装药的炮眼作为装药眼爆破时的临空面和补偿空间，有较高的炮眼利用率；矸石抛掷距离小，岩堆集中；不受断面大小限制。但总炮眼数目多，炸药消耗量大，使用的雷管段数较多，有瓦斯的工作面不能采用。

（2）爆破参数

① 炸药消耗量。炸药消耗量包括单位消耗量和总消耗量。爆破每立方米原岩所需的炸药量叫单位炸药消耗量，每循环所使用的炸药消耗量总和为总消耗量。单位炸药消耗量与炸药性质、岩石性质、断面大小、临空面多少、炮眼直径与深度等有关。其数值大小直接影响着岩石块度、飞散距离、炮眼利用率、对围岩的扰动以及对施工机具、支护结构的损坏等，故合理确定炸药用量十分重要。

单位炸药消耗量可根据经验公式计算或者根据经验选取，也可根据炸药消耗定额确定。经验公式有多种，此处仅介绍形式较简单的普氏公式：

$$q = 1.1K\sqrt{f/S} \tag{13-1}$$

式中　q——单位炸药消耗量，kg/m^3；

f——岩石坚固性系数；

S——巷道掘进断面面积，m^2；

K——考虑炸药爆力的修正系数，$K = 525/P$，P 为所选用炸药的爆力，mL。

② 炮眼数目。炮眼数目主要与挖掘的断面、岩石性质、炸药性能、临空面数目等有关。目前尚无统一的计算方法，常用的有以下几种。

a. 根据掘进断面面积 S 和岩石坚固性系数 f 估算：

$$N = 3.3 \times \sqrt[3]{fS^2} \tag{13-2}$$

b. 根据每循环所需炸药量与每个炮眼的装药量计算：

$$N = \frac{qS\eta m}{\alpha p} \tag{13-3}$$

式中　N——炮眼数目，个；

q——单位炸药消耗量，kg/m^3；

S——掘进断面面积，m^2；

η——炮眼利用率，%；

p——每个药卷的质量，kg；

m——每个药卷长度，m；

α——炮眼的平均装药系数，取 0.5～0.7。

c. 按炮眼布置参数进行布置确定。即按炮眼的具体布置参数进行布置，然后将各类炮眼数相加即得。

③ 炮眼深度。炮眼深度指炮眼眼底至临空面的垂直距离。炮眼深度与掘进速度、采用的钻孔设备、循环方式、断面大小等有关。循环组织方式有浅眼多循环和深眼少循环两种。深孔钻眼时间长，进尺大，总的循环次数少，相应辅助时间可减少。但钻眼阻力大，钻速受影响。我国常用眼深为 1.5～2.5m。

④ 炮孔直径。炮孔直径对钻眼效率、炸药消耗量、岩石破碎块度等均有影响。合理的孔径应是在相同条件下，能使掘进速度快、爆破质量好、费用低。采用不耦合装药时，孔径一般比药卷大 5～7mm。目前，国内药卷直径 32mm 和 35mm 的使用较多，故炮孔直径多为 37～42mm。

（3）炮眼布置

按其用途和位置不同，掘进工作面的炮眼分为掏槽眼、辅助眼和周边眼三类。各类炮眼应合理布置。合理的炮眼布置应达到较高的炮眼利用率，块度均匀且符合大小要求，岩面平整，围岩稳定。

（4）装药结构与填塞

装药结构指炸药在炮眼内的装填情况，主要有耦合装药、不耦合装药、连续装药、间隔装药、正向起爆装药及反向起爆装药等。

不耦合装药时，药卷直径要比炮眼直径小，目前多采用此种装药结构。间隔装药是在炮眼中分段装药，药卷之间用炮泥、木棍或空气隔开，这种装药爆破振动小，故较适用于光面爆破等抵抗线较小的控制爆破以及炮孔穿过软硬相间岩层时的爆破。若间隔较长不能保证稳定传爆时应采用导爆索起爆。正向起爆装药是将起爆药卷置于装药的最外端，爆轰波向孔底传播，反向起爆装药与正向起爆装药相反。反向起爆装药相比正向起爆装药，爆破作用时间长，破碎效果好。

（5）起爆与爆破安全

起爆方法有电起爆和非电起爆两类。电起爆系统由放炮器、放炮电缆、连接线、电雷管组成。非电起爆有火雷管法、导爆索法和非电导爆管法等。目前常用的是电雷管、火雷管和导爆索雷管起爆法。

起爆顺序一般为：掏槽眼、辅助眼、帮眼、顶眼、底眼。

火雷管起爆时采用导火索的长短或点燃的先后来控制，电雷管起爆时用延期雷管控制。延期雷管有秒延期和毫秒延期之分，毫秒延期雷管由于延期时间短，能量集中，从而可提高爆破效果。

放炮前，非有关人员应撤离现场。火雷管起爆时应有充裕时间保证点炮人员安全退避。用电雷管起爆时，要认真检查电爆网路，以免出现瞎炮，即由于操作不良、爆破器材质量等原因引起的药包不爆炸。出现瞎炮时应严格按照规定的方法处理。瞎炮处理完毕之前，不允许继续施工，处理瞎炮应由专人负责，无关人员撤离现场。

13.2.3　支护施工

地下工程施工一般包括掘进、支护和安装三个大的环节。其中掘进和支护两个工序关系密切，必须正确而又及时予以支护，掘进工作才能正常进行。因此，合理地选择支护形式、正确地组织施工十分重要。

从目前各类支护形式和支护效果来看，地下工程支护主要可分为两大类。第一类为被动支护形式，包括木棚支架、钢筋混凝土支架、金属型钢支架、料石碹、混凝土及钢筋混凝土碹等；第二类是主动支护形式，即以锚杆支护为主，旨在改善围岩力学性能的系列支护形式，包括锚喷支护、锚网支护、锚梁支护、锚索支护、锚注支护等。预应力锚索支护技术是近几年发展起来的一种主动支护形式，能够对地下工程围岩及时提供较大的主动锚固约束作用，控制范围大，支护效果好。

13.2.3.1　锚杆支护

锚杆是用金属、木质、化工等材料制作的一种杆状构件。锚杆支护是首先在岩壁上钻孔，然后通过一定施工操作将锚杆安设在地下工程的围岩或其他工程体中，即能形成承载结构、阻止变形的围岩拱结构或其他复合结构的一种支护方式。

棚式支架是在地下工程围岩外部对岩石进行支承，它只是被动地承受围岩产生的压力和防止破碎的岩石冒落。锚杆支护则是通过锚入围岩内部的锚杆改变围岩本身的力学状态，在围岩中形成一个整体而又稳定的岩石带，利用锚杆与围岩共同作用，达到维护巷道稳定的目的。所以，它是一种积极防御的支护方法，是地下工程支护技术的重大变革。

实践证明，锚杆支护效果好，用料省，施工简单，有利于机械化操作，施工速度快。但是锚杆不能封闭围岩、防止围岩风化，也不能防止各锚杆之间裂隙岩石的剥落。因此，在围岩不稳定情况下，往往需配合其他支护措施，如挂金属网、喷射混凝土等，形成联合支护形式。

（1）锚杆施工要求

① 锚杆应均匀布置，在岩面上排成矩形或菱形，锚杆间距不宜大于锚杆长度的1/2，以有利于相邻锚杆共同作用。

② 锚杆的方向，原则上应尽可能与层面垂直布置，或使其与岩面形成较大的角度；对于倾斜的成层岩层，锚杆应与层面斜交布置，以便充分发挥锚杆的作用。

③ 锚杆眼深必须与作业规程要求和所使用的锚杆相一致。

④ 锚杆眼必须用压气吹净扫干孔底的岩粉、碎渣和积水，保证锚杆的锚固质量。

⑤ 锚杆直径应与锚固力的要求相适应。锚固力应与围岩类别相匹配。

⑥ 保证锚杆有足够的锚固力。

（2）锚杆施工机械

锚杆施工机械主要是钻孔机械、安装机械、灌浆机械等，应根据具体的岩层条件和锚杆种类选择合适的施工机具。地下工程的断面较小、锚杆较短时，一般使用气腿式凿岩机钻孔，锚索孔一般采用旋转式专用锚索钻机。锚杆的安装：不同的锚杆有不同的安装方式和机具，如风钻、电钻、风动扳手、锚杆钻机等。树脂或快硬水泥锚杆的推进，一般用手持式风动锚杆钻机。锚杆孔深度大时，需使用专用锚杆打眼安装机。

（3）锚杆施工质量检测

锚杆质量检测包括锚杆的材质、锚杆的安装质量和锚杆的抗拔力检测。材质检测在实验室进行。锚杆安装质量检测包括锚杆托盘安装质量、锚杆间排距、锚杆孔深度和角度、锚杆外露长度和螺母的拧紧程度以及锚固力检测。其中有的应在隐蔽工程检查中进行。锚杆托盘应安装牢固、紧贴岩面；锚杆的间排距的偏差为±100mm，喷浆封闭后宜采用锚杆探测仪探测和确定锚杆的准确位置；锚杆的外露长度应不大于50mm。锚杆质量检测的重要项目是锚固力试验，锚固力达不到设计要求时，一般可用补打锚杆予以补强。

锚杆抗拔力采用锚杆拉力计进行检测，试验时，用卡具将锚杆紧固在千斤顶活塞上，摇动液压泵手柄，高压油经高压胶管到达拉力计的液压，驱使活塞对锚杆产生拉力。压力表读数乘以活塞面积即为锚杆的锚固力，锚杆的位移量可从随活塞一起移动的标尺上直接读出，其位移量应控制在允许范围内。各种锚杆必须达到规定的抗拔力。

13.2.3.2 喷射混凝土支护

喷射混凝土支护是将一定配合比的混凝土，用压缩空气以较高速度喷射到硐室岩面上，形成混凝土支护层的一种支护形式。

（1）喷射混凝土作用原理

① 充填黏结作用。高速喷射的混凝土充填到围岩的节理、裂隙及凹凸不平的岩石中，把围岩黏结成一个整体，大大提高了围岩的整体性和强度。

② 封闭作用。当隧道围岩壁面喷上一层混凝土后，完全隔绝了空气、水与围岩的接触，有效地防止了风化、潮解引起的围岩破坏和强度降低。

③ 结构作用。靠喷射混凝土与围岩之间的黏结力及其自身的抗剪力，形成了一个共同受力的承载结构。且喷射混凝土层将锚杆、钢筋网和围岩黏结在一起，构成一个共同作用的整体结构，从而提高了支护结构的整体承载能力。

（2）喷射混凝土材料

喷射混凝土材料主要由水泥、砂子、石子、水和速凝剂组成，一些特殊的混凝土，尚需掺入相关材料，如喷射纤维混凝土需掺入纤维材料等。

喷射混凝土配合比：是指每立方米喷射混凝土中，水泥、水、砂子、石子间比例关系。为了减少喷混凝土时的回弹量，与普通混凝土相比，其石子含量要少得多，且粒径也小，而砂子含量则相应增大，一般含砂率在50%左右效果较好。一般喷射混凝土的配合比如下：

喷砂浆时，水泥∶砂子为1∶（2～2.5），水灰比为0.4～0.55。

喷射混凝土时，水泥∶砂∶石子为1∶2∶2或1∶2.5∶2，水灰比为0.4～0.5。

（3）喷射混凝土机具

喷射混凝土施工设备主要包括喷射机、上料机、搅拌机、喷射机械手等。其中最主要的设备是混凝土喷射机。国内混凝土喷射机种类较多，按喷射料的干湿程度分有干喷机、潮喷机和湿喷机三类，干喷机使用最为广泛，但干喷机工作时的粉尘太大，故应大力推广使用潮喷机和湿喷机。

（4）混凝土喷射工艺

① 喷射方法。喷射混凝土施工，按喷射方法可分为干式喷射法（干喷法）、潮式喷射法（潮喷法）和湿式喷射法（湿喷法）三种。

干式喷射法的施工工艺为：砂子、石子预先在洞外（或地面）洗净、过筛，按设计配合比混合，用运输车辆运到喷射工作面附近，再加入水泥进行拌和，然后人工（喷射量大时最好使用机械）往喷射机上铲装干料进行喷射。速凝剂可同水泥一起加入并拌和，也可在喷射机料斗处添加。水在喷嘴处施加，水量由喷嘴处的阀门控制，水灰比的控制程度与喷射手操作的熟练程度有直接关系。干喷法的缺点是粉尘太大，回弹量也较大。因此，为改善干喷法的缺点，又出现了潮式喷射法。

潮式喷射法是将集料预加少量水，使之呈潮湿状，再加水拌和，从而降低上料、拌和和喷射时的粉尘，但大量的水仍是在喷头处加入。潮喷法的工艺流程与干喷法相同，喷射机应采用适合于潮喷法的机型。

湿喷法基本工艺过程与干喷法类似，其主要区别有三点：一是水和速凝剂的施加方式不同，湿喷时，水与水泥同时按设计比例加入并拌和，速凝剂是在喷嘴处加入；二是干喷法用粉状速凝剂，而湿喷法多用液体速凝剂；三是喷射机不同，湿喷法一般需选用湿式喷射机。

湿喷法下混凝土的质量较容易控制，喷射过程中的粉尘和回弹量都较少，是应当发展和推广应用的喷射工艺。但湿喷法对湿喷机的技术要求较高，机械清洗和故障处理较困难。对于喷层较厚、软岩和渗水隧道，不宜采用湿喷法施工工艺。

② 施工准备。施喷前应做好的准备工作主要包括以下两个方面。

施工现场的准备：应清理施工现场，清除松动岩块、浮石和墙脚的岩渣，拆除操作区域的各种障碍物，用高压风、水冲洗受喷面。

施工设备布置：做好施工设备的就位和场地布置，保证运输线路、风、水、电畅通，保证喷射作业地区有良好的通风条件和充足的照明设施。

③ 喷射作业。为了减少喷射混凝土的滑动或脱落，喷射时应按分段（长度不应超过6m）分片、自下而上、先墙后拱的顺序操作。喷射作业前，应进行喷射机试运转；喷射作业开始时，喷射机司机应与喷射手取得联系，先送风后开机，再给料；喷射结束时，应待喷射机及输料管内的混合料喷完后再停机、关风。喷射机供料应保持连续、均匀，以利于喷射手控制水灰比。

喷射正常作业时，料斗内应存有足够的存料。喷射作业结束或因故停止喷射时，必须把喷射机及输料管内存料清理干净，以防其凝结在机械、管路中形成隐患。正常喷射作业时，喷头应正对受喷面呈螺旋形轨迹均匀地移动，以使混凝土喷射密实、均匀和表面光滑平顺。

为了保证喷射质量、减少回弹量和降低喷射中的粉尘，作业时应正确控制水灰比，做到喷射混凝土表面呈湿润光泽、无干斑或滑移流淌现象。

喷射作业时，要解决好一次喷射厚度和喷射间歇时间问题。喷层较厚时，喷射作业需分层进行，通常应在前一层混凝土终凝后方可施喷后一层。若终凝 1h 以后再进行二次喷射时，应先用压气、压水冲洗喷层表面，去掉粉尘和杂物。

（5）喷射混凝土的主要工艺参数

喷射混凝土的工艺参数主要包括工作压力、水压、水灰比、喷头方向、喷头与受喷面的距离及一次喷射厚度及间隔时间等。

① 工作压力。工作压力是指喷射混凝土正常施工时，喷射机转子体内的气压。气压掌握是否适当，对于减少喷射混凝土的回弹量、降低粉尘、保证喷射混凝土质量、防止输送管路堵塞等都有很大的影响。

控制气压就是要保证喷头处混凝土的喷射速度稳定在一个合理的范围内。为了降低粉尘和回弹，通常采用低压喷射。一般混合料水平输送距离为 30～50m，喷射机的供气压力保持在 0.12～0.18MPa 为宜。

② 水压。为了保证喷头处加水能使随气流迅速通过的混凝土混合料充分湿润，通常要求水压比气压高 0.1MPa 左右。

③ 水灰比。水灰比对减少回弹、降低粉尘和保证喷射混凝土质量有直接关系。混合料加水是在喷头处瞬间实现的，理论上最佳水灰比为 0.4～0.5，但实际上全靠喷射手的经验（主要靠目测）加以控制、调整。根据经验，如果新喷射的混凝土易黏着、回弹量小、表面有一定光泽，则说明水灰比适合。

④ 喷头方向。喷头喷射方向与受喷面垂直，并略向刚喷过的部位倾斜时，回弹量最小。因此，除喷巷帮侧墙下部时，喷头的喷射角度可下俯 10°～15°外，其他部位喷射时，均要求喷头的喷射方向基本上垂直于围岩受喷面。

⑤ 喷头与受喷面的距离。喷头与受喷面的最佳距离是根据喷射混凝土强度最高、回弹最小来确定的，最大为 0.8～1.0m。一般在输料距离 30～50m、供气压力 0.12～0.18MPa 时，最佳喷距为喷帮 300～500mm，喷顶 450～600mm。喷距过大、过小，均会引起回弹量的增大。

⑥ 一次喷射厚度及间隔时间。喷射混凝土应有一定的厚度，当喷层较厚时，喷射作业需分层进行。一次喷射厚度应根据岩性、围岩应力、裂隙、隧道规格尺寸，以及与其他形式支护的配合情况等因素确定，通常应做到表 13-4 的要求。

表 13-4　一次喷射厚度

单位：mm

喷射部位	掺速凝剂	不掺速凝剂
边墙	70～100	50～70
拱部	50～70	30～50

分层喷射时，合理的间隔时间应根据水泥品种、速凝剂种类及掺量、施工温度和水灰比大小等因素确定。一般对于掺有速凝剂的普通硅酸盐水泥，温度在 15～20℃时，其间隔时间为 15～20min；不掺速凝剂时为 2～4h。

(6) 喷射混凝土质量检测

喷射混凝土质量检测包括强度和厚度检测两方面。

喷射混凝土强度等级，一般工程不低于 C15，重要工程不低于 C20。检查喷射混凝土强度时，应就地提取喷射混凝土试件（块），以做抗压强度试验。对特殊要求的重点工程，可增做抗拉强度与岩面的黏结力、抗渗性等相应试验。抗压温度不应低于标准值，最小值不低于标准值的 85%。强度不符合要求时，应查明原因，采取加厚等措施予以补强处理。

喷射混凝土厚度不小于 30mm，不大于 200mm。喷层厚度在喷混凝土凝结前可采用针探法检测，凝结后用凿孔尺量法或取芯法检测。要求喷层厚度不小于设计值的 90%。

13.2.3.3　锚喷联合支护

锚喷支护是以锚杆和喷射混凝土为主体的一类支护形式的总称，根据地质条件及围岩稳定性的不同，它们可以单独使用也可联合使用。联合使用时即为联合支护，具体的支护形式依所用的支护材料而定。如锚杆＋喷射混凝土支护，称锚喷联合支护，简称锚喷支护；锚杆＋注浆支护，简称锚注支护；锚杆＋钢筋网＋喷射混凝土支护，简称锚网喷联合支护等。

联合支护在设计与施工中应遵循以下原则：

① 有效控制围岩变形，尽量避免围岩松动，以最大限度地发挥围岩自承载能力。

② 保证围岩、喷层和锚杆之间具有良好的黏结和接触，使三者共同受力，形成共同体。

③ 选择合理的支护类型与参数并充分发挥其功效。

④ 合理选择施工方法和施工顺序，以避免对围岩产生过大扰动，缩短围岩暴露时间。

⑤ 加强现场监测，以指导设计与施工。

13.2.3.4 连续式支护

连续式支护分砌筑式和浇筑式。砌筑式主要指用料石、砖、混凝土或钢筋混凝土块砌筑而成的地下支护结构形式。浇筑式是指在施工现场浇筑混凝土而形成的支护结构形式。

现浇混凝土支护是地下工程中应用最为广泛的支护形式，在隧道工程中通常称为模筑混凝土衬砌。现浇混凝土支护施工的主要工序有：准备工作、拱架与模板架立、混凝土制备与运输、混凝土灌注、混凝土养护与拆模等。

13.2.4 巷道施工作业方式

巷道施工要达到快速、优质、高效、低耗和安全的要求，除合理选择施工技术装备及施工作业方法外，正确选择施工作业方式、施工组织和先进的管理方法，也是十分重要的。

13.2.4.1 施工作业方法

矿山巷道施工作业有两种方法，即分次成巷施工法和一次成巷施工法。

（1）分次成巷施工法

分次成巷施工法是先掘进出巷道断面并暂时用临时支护进行维护，待整条巷道掘进完成或按照施工安排掘进一段距离后再进行永久支护和水沟掘砌及管路线路的安装。分次成巷的缺点是施工不安全、成巷速度慢、收尾工程多、材料消耗大、工程成本高。因此，在巷道施工过程中除特殊情况外，一般都不采取分次成巷施工方法。在实际施工中，通风巷道急需贯通时，可以采用分次成巷法，先用小断面贯通以解决通风问题，过一段时间以后再刷砌扩大断面并进行永久支护。在长距离贯通巷道施工时，为了防止测量误差造成巷道贯通出现偏差，在贯通点附近也可以先用小断面贯通，纠正偏差后再进行永久支护。

（2）一次成巷施工法

一次成巷就是一次将巷道做成。具体做法是把巷道施工中的掘进、永久支护、水沟掘砌三个分部工程（有条件的还应加上永久轨道的铺设和各种管路线路的安装）视为一个整体，有机地联系起来，按照设计和质量标准要求，在一定距离内前后连贯、互相配合，最大限度地同时施工，一次做成巷道而不留收尾工程。

实践证明，一次成巷具有施工安全、速度快、质量好、节约材料、降低成本和便于管理等优点。因此，我国国家标准《矿山井巷工程施工及验收规范》明确规定：巷道的施工应一次成巷并符合有关规定。

13.2.4.2 一次成巷施工作业方式

根据掘进和永久支护（掘支）两大工序在时间和空间上的相互关系，一次成巷施工法又可分为掘支平行作业、掘支顺序作业（也称单行作业）和掘支交替作业。

（1）掘进和永久支护平行作业

掘进和永久支护平行作业是指永久支护在掘进工作面之后保持一定距离与掘进同时进行。《煤矿井巷工程质量验收规范》规定，掘进工作面与永久支护间的距离应根据围岩情况和使用机械作业条件确定，但不应大于40m。

掘支平行作业方式的施工难易程度主要取决于永久支护的类型。

① 如果永久支护采用金属拱形支架，则工艺过程较为简单。永久支护随掘进工作而架设，在爆破之后对支架进行整理和加固。

② 如果永久支护采用石材整体砌碹支护，掘进和砌碹之间就必须保持适当距离（一般为20～40m），才不会造成两工序的互相干扰和影响，同时也可以防止爆破崩坏碹体。在这段距离内为保证掘进施工安全，可采用锚喷或金属拱形支架作为临时支护。这样，在相距不到40m范围内就有几个工种和几个工序同时施工，工艺过程较为复杂。因此在有限的空间内，必须组织安排好各工种和各工序，密切配合，做到协调一致。

③ 如果永久支护为单一喷射混凝土支护时，喷射工作可紧跟掘进工作面进行。先喷一层30～50mm厚的混凝土作为临时支护控制围岩。随着掘进工作面推进，在距工作面20～40m处再进行二次补喷与工作面掘进同时进行，补喷至设计厚度为止。

④ 如果永久支护采用锚杆喷射混凝土联合支护，则锚杆可紧跟掘进工作面安设，喷射混凝土工作可在距工作面一定距离处进行。如顶板围岩不太稳定，可以在爆破后立即喷射一层30～50mm厚的混凝土封顶护帮，然后再打锚杆，最后喷射混凝土和工作面掘进平行作业，直至达到设计喷射厚度要求为止。

（2）掘进和永久支护顺序作业

掘进和永久支护顺序作业是指掘进和永久支护两大工序在时间上按先后顺序施工。即先将巷道掘进一段距离后停止掘进，然后进行永久支护工作。当围岩稳定时，掘进与永久支护之间的间距一般为20～40m，最大距离不超过40m。当围岩不稳定时，应采用短段掘支顺序作业，每段掘支间距为2～4m，并尽量使永久支护紧跟掘进工作面。

当采用锚喷永久支护时，通常有两种方式，即两掘一锚喷和三掘一锚喷。两掘一锚喷是指采用"三八"工作制，两班掘进一班锚喷。三掘一锚喷是指采用"四六"工作制，三班掘进一班锚喷。掘进班掘进时先打一部分护顶帮锚杆，以保证掘进安全；锚喷班则按设计要求补齐锚杆并喷到设计厚度。采用这种作业方式时，要根据围岩稳定性决定掘进和锚喷之间的距离。

（3）掘进和永久支护交替作业

掘进和永久支护交替作业是指在两条或两条以上距离较近的巷道中由一个施工队分别交替进行掘进和永久支护工作。即将一个掘进队分成掘进和永久支护两个专业小组，掘进组在甲工作面掘进时支护组在乙工作面进行永久支护，当甲工作面转为支护时乙工作面同时转为掘进，掘进和永久支护轮流交替进行。这样，对于每条巷道来说掘进和永久支护是顺序进行的，但对于相邻两条巷道来说掘进和永久支护则是轮流、交替进行的。这种作业方式实质上是在甲乙两个工作面分别进行掘支单行作业而人员交替轮流，因此，它集中了掘支顺序（单行）作业和平行作业的特点。

上述三种作业方式中，以掘支平行作业的施工速度最快，但由于工序间干扰多而效率低，费用也较高。掘支顺序作业和掘支交替作业的施工速度比平行作业低，但人工效率高，掘支工序互不干扰。对于围岩稳定性较差、管理水平不高的施工队伍，宜采用掘支顺序作业，条件允许时亦可采用掘支交替作业。在实际工作中，应详细了解施工的具体情况，如巷道断面形状及尺寸、支护材料及结构、巷道穿过岩层的地质及水文条件、施工的速度要求和技术装备、工人的技术水平等，随时进行比较和综合分析从而选择出合理的施工作业方式。

13.3 盾构施工

13.3.1 概述

目前，在浅埋软土地层修建地铁、水利、道路等隧道工程中广泛采用了盾构法施工。盾构一词的含义在土木工程领域中为遮盖物、保护物。盾构机是由外形与隧道断面相同，但尺寸比隧道外形稍大的钢筒或框架压入地层中构成保护掘削机的外壳和壳内各种作业机械、作业空间组成的组合体。盾构机是一种既能支承地层压力，又能在地层中推进的施工机具。以盾构机为核心的一套完整的建造隧道的施工方法称为盾构法。

盾构法是一项综合性的施工技术，它除土方开挖、正面支护和隧道衬砌结构安装等主要作业外，还需要其他施工技术密切配合才能顺利施工。主要有：防止地下水的降低、防止隧道及地面沉陷的土壤加固、隧道衬砌结构的制造、隧道内的运输、衬砌与地层间的充填、衬砌的防水与堵漏、开挖土方的运输及处理、施工测量、变形监测、合理的施工布置等。

13.3.2 盾构法的特点

盾构法是隧道暗挖施工法的一种，其优点主要有：

① 对环境影响小。除竖井外，施工作业均在地下进行，噪声、振动引起的公害小，既不影响地面交通，又可减少噪声和振动影响。

② 施工不受地形、地貌、江河水域等地表环境的限制。

③ 地表占地面积小，征地费用少。

④ 隧道的施工费用受埋深的影响不大，适宜于建造覆土较深的隧道。在土质差、水位高的地方建设埋深较大的隧道，盾构法有较好的技术经济优越性。

⑤ 施工不受风雨气候条件影响。

⑥ 修筑的隧道抗震性能极好。

⑦ 对地层的适应性好，软土、砂卵石、软岩直至岩层均可。

盾构法尽管具有很多优点，但也存在一定的不足：

① 当隧道曲线半径过小时，施工较为困难。

② 在陆地建造隧道时，如隧道覆土太浅，开挖面稳定甚为困难，甚至不能施工；当在水下时，如覆土太浅则盾构法施工不够安全，要确保一定厚度的覆土。

③ 竖井施工时有噪声和振动，需有解决的措施。

④ 盾构法施工中采用全气压方法疏干和稳定地层时，对劳动保护要求较高，施工条件差。

⑤ 盾构法隧道上方一定范围内的地表沉陷尚难完全防止，特别是在饱和含水松软的土层中，要采取严密的技术措施才能把沉陷限制在很小的限度内。

⑥ 在饱和含水地层中，盾构法施工所用的拼装衬砌，对达到整体结构防水性的技术要求较高。

⑦ 用气压施工时，在周围有发生缺氧和枯井的危险，必须采取相应的解决办法。

13.3.3 盾构机选型

盾构机由通用机械和专用机构组成。专用机构因机种的不同而异。

盾构机的基本构造主要包括壳体、切削系统、推进系统、出土系统、拼装系统等。

（1）盾构机的类型

盾构机可按盾构掘削面的形状，盾构自身构造的特征、尺寸的大小、功能，挖掘土体的方式，掘削面的挡土形式，稳定掘削面的加压方式，施工方法，适用土质的状况等多种方式分类。

按掘削面的形状分，有圆形和非圆形盾构；按稳定掘削面的加压方式分，有压气式、泥水加压式、削土式、加水式、泥水式和加泥式；按盾构前方的构造分，有敞开式、半敞开式和封闭式；按盾构正面对土体开挖与支护的方法分，有手掘式盾构、挤压式盾构、半机械式盾构、机械式盾构四大类。

（2）盾构机选型方法

盾构法施工的地层都是复杂多变的，因此，对于复杂的地层如何选用盾构机较为经济是当前的一个难题。在选择时，不仅要考虑到地质情况、盾构的外径、隧道的长度、工程的施工程序、劳动力情况等，而且要综合研究工程施工环境、基地面积、施工对环境的影响程度等。总之，盾构的选型一定要综合考虑各种因素，不仅是技术方面的，还有经济和社会方面的因素，才能最后确定采用盾构机的型号，参见表13-5。

表 13-5   盾构机选型比较表

机种项目	手掘式盾构机	挤压式盾构机	半机械式盾构机	机械式盾构机	泥水式盾构机	土压平衡式盾构机		
						削土式	加水式	加泥式
工作面稳定	千斤顶、气压	胸板、气压	千斤顶、气压	大刀盘、气压	大刀盘、泥水压	大刀盘、切削土压	大刀盘、加水作用	加泥作用
工作面防塌	胸板、千斤顶	调整开口率	胸板、千斤顶	大刀盘	泥水压、开闭板	大刀盘、土压	大刀盘、水土压	泥水压
适用土质	黏土、砂土	软黏土	黏土、砂土	均质土为宜	软黏土、含水砂土	软黏土、粉砂	含水粉质黏土	软黏土、含水砂土
问题	可能涌水	地表沉降或隆起	可能涌水	黏土多易产生固结	黏土不易分离	砂土时排水困难	细颗粒少，施工困难	地表隆起或沉降
经济性	隧道长度短时较经济	较经济但沉降或隆起较大	长隧道时较手掘式经济	劳务管理费较低	泥水处理设备费昂贵	介于机械式和泥水式中间	比泥水式经济	介于机械式和泥水式中间

13.3.4　盾构法的施工技术

盾构法施工技术主要包括：盾构法施工的出洞、进洞技术，盾构推进开挖方法的选择，盾构的掘进管理，以及盾构机推进时的壁后充填等四项。

（1）盾构法施工的出洞、进洞技术

在盾构施工技术领域，盾构机从始发工作井开始向隧道内推进时叫出洞，到达接收井时叫进洞。盾构机出洞、进洞是盾构法施工的重要环节，涉及工作进洞门的形式、洞门的加固、洞内设备布置等技术方案。

盾构的出洞、进洞方式有临时基坑法、逐步掘进法和工作井法。

① 临时基坑法：即在采用板桩或大开挖施工建成的基坑内，先将盾构安装、后座施工及垂直运输出入通道的构筑完成，然后把基坑全部回填，将盾构埋置回填土中仅留出垂直运输出入通道口，并拔除原基坑施工的板桩。这样盾构就在土中进行推进施工。此种方法没有

洞门拆除等问题，一般只适用于埋置较浅的盾构始发端。

② 逐步掘进法：用盾构法进行纵坡较大的、与地面有直接连通的斜隧道（如越江隧道）施工时，其后座可依靠已建敞开式引道来承担，盾构由浅入深进行掘进，直至盾构全断面进入土层。实际上这种方法并没有盾构出洞、进洞的技术问题，关键存在盾构在逐渐变化深度中施工的轴线控制问题。

③ 工作井法：即在垂直工作井上预留洞口及临时封门，盾构在井内安装就位。所有掘进准备工作结束后，即可拆除临时封门，使盾构进入地层。这是目前使用较多的工作井出洞、进洞法。

（2）盾构推进开挖方法选择

盾构推进开挖方法因盾构机的种类不同而异。盾构在地层中推进，为了减少对地层的扰动，要求靠千斤顶顶力使盾构切入地层，然后在切口内进行土体开挖和外运，这是软土地层盾构推进的最基本过程。

① 敞开式挖土：手掘式及半机械式盾构都属于敞开开挖形式。这类方法主要用于地质条件较好、开挖面在切口保护下能维持稳定的自立状态，或在采取辅助措施后也能稳定自立的地层。若土层地质较差，还可借助支撑进行开挖，每环要分次开挖、推进。其开挖方式是从上到下逐层掘进。

② 挤压式开挖：挤压式开挖根据盾构机的形式有全挤压和局部挤压两种。在挤压施工时，盾构在一定范围内将周围土体挤压密实，使正面土体向四周运动，造成盾构推进轴线上方地面土体拱起。挤压开挖时，也有部分土体挤向盾尾及土体被挤向后面填充盾尾与衬砌建筑空隙，故可以不压浆。

③ 机械切削式开挖：机械切削式开挖方式是利用刀盘的旋转来切削土体。目前常用的是以液压或电机为动力的、可以双向转动的切削刀盘。

（3）盾构的掘进管理

掘进管理是盾构施工管理的重要内容。掘进管理的关键是掘进速度的控制，这在封闭式盾构中尤为重要。封闭式盾构速度控制的核心是排土量与工作面压力的平衡关系，控制的要点是排土量和排土速度。

① 泥水加压平衡盾构的掘进速度管理。泥水加压平衡盾构掘进中速度控制的好坏直接影响开挖面，水压稳定影响着同步注浆状态的好坏。正常情况下，掘进速度应设定为 2～3cm/min。

泥水加压平衡式盾构一面要保持泥水压力来平衡作用于开挖面的外部压力，一面又要向前推进，所以要保证开挖面的稳定，控制好掘进速度，必须对开挖面泥水压力、密封舱内的土压力以及同掘土量平衡的出土量等进行必要的检测和管理。

② 土压平衡盾构的掘进管理。土压平衡盾构的掘进管理是通过排土机构的机械控制方式进行的。这种排土机构可以调整排土量，使之与挖土量保持平衡，以避免地面沉降或对附近建（构）筑物造成影响。为了确保掘削面的稳定，必须保持舱内压力适当。一般来说，压力不足易使掘削面坍塌；压力过大易出现地层隆起和发生地下水喷射。

掘削土压靠设置在隔板上下部土压计的测定结果间接估算舱内土压。土压要根据掘削面的掘削状况调节，掘削面的状况需根据排土量的多少和实际探查掘削面周围地层的状况来判定。

（4）盾构机推进时的壁后充填

随着盾构的推进，在管片和土体之间会出现建筑空隙，如果不及时填充这些空隙，地层就会出现变形，地表发生沉降。填充这些空隙的有效途径就是进行壁后注浆，壁后注浆的好坏直接影响对地层变形的控制。因此，衬砌壁后注浆是盾构法施工的一个必不可少的工序。

壁后注浆的最佳注入时期：应在盾构推进的同时进行注入或者推进后立即注入。注入的要求是必须完全填充空隙。地层的土质条件是确定注入工法的先决条件：对易坍塌的均粒系数小的砂质土和含黏性土少的砂、砂砾及软黏土而言，必须在尾隙产生的同时对其进行壁后注浆；当地层土质坚固、尾隙的维持时间较长时，不一定非得在产生尾隙的同时进行壁后注浆。

注入量能很好地填充尾隙。壁后注入量受渗漏损失、压力大小、土层性质、超挖、壁后注浆的种类等多种因素的影响。施工中如果发现注入量持续增多，必须检查超挖、漏失等因素。而注入量低于预定注入量时，可能是注入浆液的配比、注入时期、注入地点、注入机械不当或出现故障所致，必须认真检查并采取相应的措施。

壁后注浆必须以一定的压力压送浆液，才能使浆液很好地充填于管片的外侧，其压力大小大致等于地层阻力强度加上 0.1～0.2MPa，一般为 0.2～0.4MPa。与先期注入的压力相比，后期注入的压力要比先期注入的大 0.05～0.1MPa，并以此作为压力管理的标准。

13.3.5　盾构隧道的衬砌

(1) 盾构隧道的衬砌断面形式及衬砌结构

掘进和衬砌支护是隧道施工的两大基本工序。盾构隧道施工时，一般在盾构机推进的同时进行一次衬砌，在推进结束后再根据需要进行二次衬砌。

① 隧道衬砌断面形式。盾构法隧道的横断面一般有圆形、矩形、半圆形、马蹄形等多种形式，应用最多的是圆形。圆形隧道断面的优点是：可等同地承受各方向外部压力，施工中盾构易于推进，便于管片的制作与拼装，盾构即使发生转动，对断面的利用也没有影响。

② 隧道的衬砌结构。根据隧道的功能、外围土层的特点、隧道受力等条件，隧道的衬砌结构分为单层结构和双层结构。单层结构通常为预制管片装配式，具有施工工艺简单、施工周期短、投资省等优点，因此，在满足工程使用要求的前提下，应优先采用单层结构；双层结构是在管片衬砌内再整体套砌一层混凝土（或钢筋混凝土）内衬。双层衬砌施工周期长、造价贵，且它的止水效果在很大程度上还是取决于外层衬砌的施工质量、防渗漏情况，所以只有当隧道功能有特殊要求时，才选用双层结构。

(2) 管片的拼装

管片拼装是建造隧道的重要工序之一，管片与管片之间可以采用螺栓连接或无螺栓连接形式。管片拼装后形成隧道，所以拼装质量直接影响工程的质量。

隧道管片拼装按其整体组合形式，可分为通缝拼装和错缝拼装。

① 通缝拼装：即各环管片的纵缝对齐的拼装。这种拼法在拼装时定位容易，纵向螺栓容易安装，拼装施工应力小，但容易产生环面不平，并有较大累计误差，而导致环向螺栓难安装，环缝压密量不够。

② 错缝拼装：即前后环管片的纵缝错开拼装，一般错开 1/3～1/2 块管片弧长。用此法建造的隧道整体性较好，施工应力大，容易使管片产生裂缝，纵向安装螺栓困难，纵缝压密差，但环面较平整，环向螺栓比较容易安装。

针对盾构有无后退，可分先环后纵和先纵后环拼装。按管片的拼装顺序，可分先下后上及先上后下拼装。

(3) 盾构隧道的二次衬砌

盾构隧道施工时，在盾尾内组装的管片或现浇的混凝土叫作一次衬砌，而把其后施工的衬砌称为二次衬砌或内衬。二次衬砌多用于管片补强、防蚀、防渗、矫正中心线偏离、防震、使内表面光洁和隧道内部装饰等。根据隧道使用要求，可分成：浇筑底板混凝土，浇筑120°下拱混凝土，浇筑240°下拱混凝土和浇筑360°全内衬混凝土四种形式，如图13-3所示。

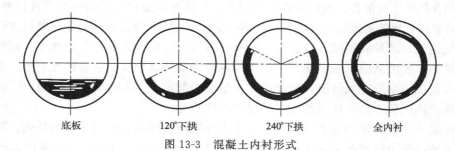

底板　　　120°下拱　　　240°下拱　　　全内衬

图13-3　混凝土内衬形式

盾构隧道全内衬混凝土现在多采用钢模台车结合泵送混凝土施工，其主要内容是：在已完成的隧道内，采用特殊的钢拱模板作为浇筑内衬的成型胎模的模芯，其外模即管片衬砌，再借助钢模台车端部的封堵板，把管片与模芯连成一个整体。此时构成环形空穴，由泵送来的混凝土连续不断地压力灌注、充填密实，形成具有设计厚度、呈360°的全内衬混凝土整体结构。

（4）施工沉降的监测与控制

盾构施工期间，为保护周围的地表建筑、地下设施的安全，必须进行施工沉降监测，根据监测结果提出控制地表沉降的措施和保护周围环境的方法。

盾构施工沉降监测的项目有地表沉降、土体沉降、土体变形、土压力、孔隙水压力，建筑物沉降、倾斜、裂缝，衬砌应力、隧道变形等。所用监测项目和方法如表13-6所示。

表13-6　盾构施工监测项目和方法

监测项目	监测仪器		监测方法
	名称	结构	
地表沉降	地表桩	钢筋混凝土桩	水准仪测量
土体沉降	分层沉降计	磁环	分层沉降仪测定
土体变形	测斜管	塑料、铝管	倾斜仪测定
土压力	土压计	钢弦式、电阻应变式	频率仪、应变仪测定
孔隙水压力	水压计	钢弦式、电阻应变式	频率仪测定
衬砌应力	钢筋计	钢弦式、电阻应变式	频率仪、应变仪测定
隧道变形	收敛仪		仪器测定
建筑物沉降	沉降桩	钢制	水准仪测量
建筑物倾斜			经纬仪测量
建筑物裂缝	百分表、裂缝观察仪	电子式、光学式	仪器测定

隧道选线时要充分考虑地表沉降可能对建筑群的影响，尽可能避开建筑群或使建筑物处于地表均匀沉陷区内。对双线盾构隧道还应预计到先后掘进产生的二次沉降，最好在盾构出洞后的适当距离内，对地表沉降和隆起进行测量，将结果作为后掘进盾构时控制地表变形的依据。

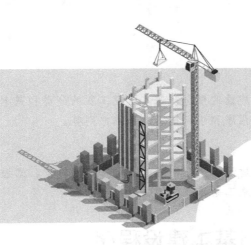

第3篇

施工组织管理

第14章

施工组织概论

📖 **知识要点**

本章的主要内容有：基本建设的概念、基本建设工程的分类和基本建设程序，建筑产品与建筑施工的特点及建筑施工程序和组织施工的基本原则等。

📚 **学习目标**

通过学习，要求了解基本建设的定义，熟悉建筑产品的特点，掌握建筑施工的基本程序和组织施工的基本原则，以及施工原始资料的调查研究内容等。

14.1 基本建设与基本建设程序

14.1.1 基本建设

14.1.1.1 基本建设的定义

基本建设是国民经济各部门、各单位新增固定资产的一项综合性的经济活动。其内容主要包括固定资产的建筑与安装、固定资产的购置及其他与基本建设有关的工作（如征用土地、勘察设计、科研开发等）。

固定资产是指在社会生产和再生产过程中，能够在较长时期内使用而不改变其实物形态的物质资料，如各种建筑物、构筑物、机电设备、运输工具，以及在规定金额以上的工器具等。根据《中央行政事业单位固定资产管理办法》规定，符合下列标准的列为固定资产：①使用年限在一年以上，单位价值在500元以上、专用设备单位价值在800元以上，并在使用过程中基本保持原来物质形态的资产；②单位价值虽不足规定标准，但耐用时间在一年以上的大批同类物资，按固定资产管理。

基本建设在国民经济中具有十分重要的作用，它是发展社会生产力、推动国民经济、满足人民日益增长的物质文化需求以及增强综合国力的重要手段。同时，通过基本建设还可以调整社会的产业结构，合理配置社会生产力。

14.1.1.2 基本建设工程的分类

基本建设工程按照其用途，可分为生产性建设和非生产性建设两大类。生产性建设是指直接或间接用于物质生产的建设工程，如工业建设、运输邮电建设、农林水利建设等，其中运输及商业等领域在商品流通过程中，也可产生和追加一部分商品的价值，故应属于生产性建设。非生产性建设是指用于满足人民物质和文化生活需要的建设，如住宅建设、文教卫生建设、公用事业建设等。

基本建设工程按照其性质，可分为新建、改建、扩建、迁建和恢复工程等五类。

① 新建工程是指从无到有，新开始建设的工程项目。某些建设项目其原有规模较小，经扩建后如新增固定资产是原有固定资产三倍以上，也属于新建工程。

② 扩建工程是指企、事业单位原有规模或生产能力较小，而予以增建的工程项目。

③ 改建工程是指为了提高生产效率、改变产品方向、改善产品质量以及综合利用原材料等，而对原有固定资产进行技术改造的工程项目。改建与扩建工程往往同时进行，即在扩建的同时又进行技术改造，或在技术改造的同时又扩大原固定资产的规模，故一般统称为改扩建工程。

④ 恢复工程是指企、事业单位的固定资产，因各种原因（自然灾害、战争或矿井生产能力的自然减少等）已全部或部分报废，而后又恢复建设的工程项目。无论是原有规模的恢复或扩大规模的恢复均属于恢复工程。

⑤ 迁建工程是指企、事业单位由于各种原因而迁移到其他地方而建设的工程项目，包括原有规模的迁建和扩大规模的迁建。

14.1.1.3 基本建设项目的构成

凡是按一个总体设计组织施工，建成后具有完整的运行系统，可以独立地形成生产能力或使用价值的建设工程，称为一个基本建设项目，简称建设项目。在工业建设中，一般以一个企业为一个建设项目，如一个纺织厂、一个钢铁厂、一座矿山等。在民用建设中，一般以一个事业或企业单位为一个建设项目，如一所学校、一家医院等。

一个建设项目，按其复杂程度，通常可分成以下几项工程内容。

(1) 单项工程

凡是具有独立设计，独立组织施工，完成后可独立发挥生产能力或工程效益的工程，称为一个单项工程，也称为工程项目。一个建设项目，可由一个或若干个单项工程组成。例如，工业建设项目中，各个独立的生产车间、实验楼、各种仓库等；民用建设项目中，学校的教学楼、实验室、图书馆、学生宿舍等。

(2) 单位工程

凡是具有独立设计，独立组织施工，但完成后不能独立发挥生产能力或工程效益的工程，称为单位工程。一个单项工程一般由若干个单位工程组成。例如，一个复杂的生产车间，一般由土建工程、管道安装工程、设备安装工程、电气安装工程等单位工程组成。

(3) 分部工程

单位工程按其所属部位可划分为基础工程、主体结构工程、屋面工程、装饰工程等；按工种可划分为土方工程、桩基工程、混凝土工程、砌筑工程、防水工程、抹灰工程等。这些都称为分部工程。分部工程是单位工程的组成部分。

(4) 分项工程

一个分部工程可由若干分项工程组成。例如，基础分部工程由基槽（坑）挖土、混凝土垫层、基础砌筑和回填土等分项工程组成。分项工程是组织施工时的最基本的组成单元，为方便组建施工班组或工作队，分项工程通常按施工内容或施工方法来划分。

14.1.2 基本建设程序

基本建设程序是指建设项目从计划决策、竣工验收到投入使用的整个建设过程中各项工作必须遵循的先后顺序。根据几十年基本建设工作实践经验，我国已逐步形成了一整套符合基本建设客观规律的、科学的基本建设程序。基本建设程序可概括为决策阶段、准备阶段和实施阶段。

（1）决策阶段

这一阶段的主要任务是进行一系列调查与研究，为投资行为作出正确的决策。其主要工作包括建设项目的可行性研究、确定建设地点和规模、编制计划任务书、筹建建设资金等，并且进行大量的调查、研究、分析，论证建设项目的经济效益和社会效益。

（2）准备阶段

这一阶段主要是根据批准的计划任务书，进行勘察设计，做好建设准备，安排建设计划。其主要工作包括组织设计招投标，工程地质勘察，进行初步设计、技术设计和施工图设计，编制设计概算，进行设备订货，征地拆迁，编制年度的投资及项目建设计划等。

（3）实施阶段

这一阶段建设项目历时最长、工作量最大、资源消耗最多，对实现建设项目的预期目标、发挥建设项目的投资效益至关重要。这一阶段的主要工作包括：根据设计图纸和技术文件进行工程的招标与投标，签订工程施工合同，订购必要的设备和机具，组织工程项目的建筑与安装施工，做好生产或使用准备，进行竣工验收，交付生产和使用。

14.2 建筑产品及其生产过程的特点

建筑产品是指通过建筑施工过程建造的各种建筑物和构筑物。建筑产品与各种工业产品相比，无论是产品的本身还是其生产的过程，都具有不同的技术经济特点。这些不同特点决定了建筑产品的生产方式（即施工方法）和生产管理方式（即施工组织）与一般的工业产品的截然不同。

14.2.1 建筑产品的特点

建筑产品是建筑施工的最终成果，它在竣工验收、交付使用后形成新的固定资产，具有使用价值。由于建筑产品是为满足人们的生产和生活需要而建造的，因此其在性质、功能、用途、类型、设计等各方面均有较大的差异，与其他工业产品相比，建筑产品具有如下的特点。

（1）建筑产品的庞体性

为满足人们特定的使用功能需要，建筑产品必然要形成较大的空间，使建筑产品占地面积大、空间高度大。同时，其在生产过程中也需要消耗大量的资源，使建筑产品的自重大大增加。因此，与一般工业产品相比，建筑产品往往体形庞大、自重也大。

（2）建筑产品的固定性

建筑产品的庞体性决定了建筑产品必须在建设单位预先选定的地点上建造和使用。为承担建筑产品巨大的自重，建筑产品必须建造在特定的地基和基础上，因此也就决定了建筑产品只能在建造地点固定地使用，而无法转移。这种固定性是建筑产品与一般工业产品最大的区别，也决定了建筑产品的生产过程的流动性。

（3）建筑产品的多样性

建筑产品的使用功能各不相同，使建筑产品在建设标准、建设规模、建筑设计、构造方法、结构选型、外形处理、装饰装修等各方面均有所不同。即使是同一类型的建筑物，也因所在地点的社会环境、自然条件、施工方法、施工组织不同而彼此各异。因此，建筑产品生产与一般工业产品的批量生产不同，每一个建设项目都应根据其各自的特点，制定出与其相适应的施工方法和施工组织措施。

（4）建筑产品的综合性

建筑产品是一个完整的固定资产实物体系，由多种材料、构配件和设备组成，它不仅综合了艺术风格、建筑功能、结构构造、装饰做法等多方面的建筑因素，而且综合了采暖通风、供水供电、卫生设备等各类设备和设施，使建筑产品成为一个错综复杂的综合体。为此，在建筑产品的生产过程中，必须由多专业、多工种的专业施工队伍来完成，同时需要社会多种相关部门和单位相互协调和配合。

14.2.2 建筑施工的特点

上述建筑产品的特点，决定了建筑产品生产过程（即建筑施工）的特点。

（1）建筑施工的流动性

建筑施工的流动性是由建筑产品的固定性所决定的。

建筑施工的流动性主要表现在两个方面：一是生产机构随着生产地点的变动而整体流动；二是在一个建设产品的生产过程中，劳动资源（劳动力、建筑材料和机具）要随着生产工作面的改变而在不同的空间流动。这种流动性要求建筑施工事先必须有一个周密的组织设计，使流动的人员、机具设备、材料等互相协调配合，做到连续、均衡施工。

（2）建筑施工的单件性

建筑产品的多样性和固定性决定了建筑施工的单件性。

由于每个建筑产品的用途、功能、要求以及所处地区自然条件和技术经济条件不同，几乎每个建筑产品都有它的独特形式和结构，设计上也各具特色。因此，每一个建筑产品都应根据不同的特点，采用不同的施工方法，选择不同的施工机械，安排不同的施工顺序和劳动资源来进行生产。不能用一个统一的模式去组织所有建筑产品的施工，而必须对每一个建筑产品分别编制施工组织设计用以指导施工。

（3）建筑施工的长期性

建筑产品的庞体性决定了建筑施工的长期性。

建筑产品的建造过程中要投入大量的劳动力、材料和机械设备，所需的准备工作时间长，另外，建筑产品的综合性和工艺顺序的要求，也限制了工作面的全面展开。为了克服这些缺点，在组织施工的过程中，应充分利用建筑产品所提供的工作面，合理组织施工，在保证施工质量和施工安全的前提下尽可能缩短工期。

（4）建筑施工受自然条件影响大

建筑产品的固定性和庞体性决定了建筑施工大部分为露天生产，即使随着建筑工业化水平的不断提高，逐步转入工厂化生产，也不可能从根本上改变这一状况。因此，建筑施工不可避免地要受到自然条件的影响。例如，在冬雨季需采用特殊的施工方法和技术措施（防冻防雨），工人的劳动效率也会有所下降，这些都有可能会影响施工进度和施工工期，也可能会增加一定的生产成本。另外，在建筑施工中有大量的高空或水下作业，受到城市立交桥交通的限制等，施工条件差、劳动强度大、交叉作业多，因此，在施工组织中对生产工人的劳动保护和安全生产，以及环境保护、文明施工应有足够的重视。

14.3 建筑施工程序与组织施工的基本原则

14.3.1 建筑施工程序

施工程序是建设项目在整个施工阶段必须遵循的先后顺序，它是建筑施工最基本的客观规律。坚持按施工程序组织施工是加快施工速度、保证工程质量和降低施工成本的重要手段。建筑施工一般按以下程序进行。

（1）接受任务，签订施工合同

施工企业承接施工任务的方式：应由具有相应施工资质的企业参加建设工程的投标，中标后承接施工任务。施工企业接受任务后必须同建设单位签订工程承包合同，明确各自在施工期内应承担的责任和义务。施工合同一经签订、鉴证后即具有法律效力，双方都必须遵守。

（2）施工准备

建筑施工是一个综合性很强的生产过程，需要多单位、多部门、多工种的相互配合，材料需求量也比较大，因此，开工之前必须认真做好各项准备工作，给工程的实施创造有利条件，从而在施工过程中保证工程质量、加快施工进度、降低工程成本。施工准备工作可以归纳为以下几个方面：

① 施工现场准备。施工现场准备的主要目的是为工程创造必要的生产条件，主要有以下几项工作：施工现场工程测量、定位放线和设置永久性的监测坐标；三通一平；临时设施搭设；季节性施工准备等。

② 技术准备。技术准备是施工准备工作的核心，是确保工程质量、工期、施工安全和降低工程成本、增加企业经济效益的关键。主要内容包括：熟悉与会审施工图纸、学习和掌握有关技术规范、编制施工预算、编制施工组织设计等。

③ 管理人员和作业队伍准备。一项工程完成的好坏，很大程度上取决于承担这一工程的施工人员的素质。现场施工人员主要包括管理人员（施工组织指挥者）和作业队伍（具体操作者）两大部分。

工程中标并签订合同后，企业法人应选定项目经理，项目经理与企业法人签订项目管理目标责任书后应尽快组建项目经理部，设立职能部门与工作岗位并确定管理人员的数量、职责和权限。

开工前项目经理部应了解当地劳动力的情况及其技术水平，根据作业特点及施工进度计划制定劳动力需求计划，并通过企业劳动管理部门与劳务分包公司签订劳务分包合同，组建专业且工种配合合理的，技工、普工比例适当的施工队伍。

④ 物资准备。物资准备是指施工中所必需的劳动手段（施工机械、工具）和劳动对象（材料、配件、构件）等的准备。它是保证施工顺利进行的物质基础，对整个施工过程的工期、质量和成本有着举足轻重的作用。物资准备工作内容主要包括建筑材料的准备、预制构件和商品混凝土的准备以及施工机具的准备等。

（3）组织施工

组织施工是指在施工过程中把施工现场的众多参与者统一组织起来进行有计划、有节奏、均衡的生产，以达到预计的最佳效果。主要应解决好以下两个问题：一是科学合理地组织施工，即根据施工组织设计所确定的施工方案、施工方法和施工进度要求，使不同专业工种、不同机械设备，在不同的工作面上按预定的施工顺序和时间协调从事生产；二是施工过程的全面控制，由于施工活动是一个复杂的动态过程，无论施工进度计划事先考虑得多么周到、细致，都不可能与实际施工情况完全一致，因此需要随时进行检查和调整，及时发现差距和问题，提出改进措施以保证计划的实施。施工过程的全面控制应具体落实到施工过程中的各个方面，如安全、质量、进度和成本等。

（4）竣工验收

工程的竣工验收是施工组织和管理的最后一项工作。它是指施工单位将竣工的工程项目的有关资料移交给建设单位，并接受由建设单位负责组织的，由勘察、设计、施工和监理单位共同参与，以项目批准和设计任务书和设计文件以及国家颁布的施工验收规范和质量验收统一标准为依据，按照一定的程序和手续而进行的一系列检验和接收工作的总称。工程项目的竣工验收，根据被验收的对象往往可划分为单位工程验收、单项工程验收及工程整体验收，通常所说的竣工验收，一般是指工程整体验收。

14.3.2 组织施工的基本原则

为保证建设项目高效益、高质量、高速度地圆满完成，根据多年以来工程项目施工的实践经验，结合建筑产品的生产特点，在组织工程项目施工过程中应遵循以下几项基本原则。

（1）贯彻执行国家工程建设的各项法律、法规

基本建设是国民经济的支柱，是社会扩大再生产、提高人民物质文化生活水平、加强国防实力的重要手段。有计划、有秩序地进行基本建设，对于扩大和加强国民经济的物质技术基础、调整国民经济重大比例关系、促进各经济部门的协调发展，都具有十分重要的意义。为此，我国多年来为规范和调控基本建设，促进建筑正常、持续地发展，制定了各项方针和政策以及法律、法规和操作规程，如施工许可制度、从业资格管理制度、招标投标制度、总承包制度、发包承包合同制度、工程监理制度、建筑安全生产管理制度、工程质量责任制度、竣工验收制度等等。在组织项目施工时，必须认真学习，充分理解、执行、运用相关法律、法规和操作规程，保证项目施工过程高效、有序、保质保量地顺利实施。

（2）认真执行工程建设程序，合理安排施工顺序

工程建设程序和施工顺序是建筑产品生产过程中的固有规律，它既不是人为刻意安排的，也不是随着建设地点的改变而改变的，而是由基本建设的规律所决定的。从工程建设的客观规律、工程特点、协作关系、工作内容来看，在多层次、多交叉、多要求的时间和空间里，组织好工程建设，必须使工程项目建设中各阶段和各环节的工作紧密衔接，相互促进，避免不必要的重复工作，加快施工进度，缩短工期。

根据工程的性质、施工条件和使用要求，在安排施工程序时，通常应当考虑以下几点：

① 要及时完成有关的准备工作，为正式施工创造良好条件。如拆除已有的建筑物、清理场地、设置围墙、铺设施工需要的临时性道路，以及供水、供电管网、建造临时性房屋等。

② 正式施工时，在具备条件时应先进行全场性工程施工，然后再进行各个工程项目的施工。所谓全场性工程是指平整场地、铺设管网、修筑道路等。在正式施工之初完成这些工作，有利于工地内部的运输，利用永久性管网供水和排水，便于现场平面的布置和管理。在安排管线、道路施工程序时，一般宜先场外、后场内，场外由远而近，先主干、后分支；地

下工程要先深后浅，排水要先下游、再上游。

③ 对于单个房屋和构筑物的施工顺序，既要考虑空间顺序，还要考虑工种之间的顺序。考虑空间顺序用于解决施工流向的问题，它必须根据生产需要、缩短工期和保证工程质量的要求来决定。考虑工种顺序可以解决时间上的搭接问题，应做到保证工程质量，为各工种作业互相创造条件，充分利用工作面，争取时间。

④ 可供施工期间使用的永久性建筑物（如道路、各种管网、仓库、宿舍、堆场、办公房屋和饭厅等）一般应先建造，以便减少临时性设施工程，节省费用。

（3）保证重点、统筹安排建设项目施工

建筑施工企业和工程项目经理部一切生产经营活动的最终目标就是尽快地完成拟建工程项目的建造，使其早日投产或交付使用。这样对于施工企业的计划决策人员来说，先进行哪部分的施工，后进行哪部分的施工，就成为必须解决的决策性问题。通常情况下，根据拟建工程项目是否为重点工程、是否为有工期要求的工程，或是否为续建工程等进行统筹安排和分类排队，把有限的资源优先用于国家或业主最急需的重点工程项目，使其尽快地建成投产。同时照顾一般工程项目，把一般的工程项目和重点的工程项目结合起来。实践经验证明，在时间上分期和在项目上分批，保证重点和统筹安排，是建筑施工企业和工程项目经理部在组织工程项目施工时必须执行的程序。尤其是对总工期较长的大型建设项目工程，应根据其生产工艺的需要，制定分期分批建设施工计划，以及配套投产计划，保证建设项目能够分期分批地投产使用，从而在工程建设上缩短工期，尽早地发挥建设投资的经济效益。

（4）合理选择施工方案、采用先进的施工技术

先进的施工技术是提高劳动生产率、改善工程质量、加快施工速度、降低工程成本的重要保证。因此，在组织项目施工时，必须注意结合具体的施工条件，广泛地吸收国内外先进的、成熟的施工方法和劳动组织等方面的经验，尽可能地采用先进的施工技术，提高项目施工的技术经济效益。

拟定施工方案通常包括确定施工方法、选择施工机具、安排施工顺序和组织流水施工等方面的内容。每项工程的施工都可能存在多种可行的方案，在选择时要注意从实际条件出发，在确保工程质量和生产安全的前提下，使方案在技术上是先进的，在经济上是合理的。

（5）合理安排施工计划，组织有节奏、均衡、连续的施工

组织流水作业方法施工，是现代建筑施工组织的行之有效的施工组织方法。组织流水作业施工可以使工程施工连续地、均衡地、有节奏地进行，能够合理地使用人力、物力和财力，能多、快、好、省、安全地完成工程建设任务。

用网络计划技术编制施工进度计划，逻辑严密，主要矛盾突出，有利于计划的优化、控制与调整。网络计划还有利于应用电子计算机技术，可以方便地进行网络计划优化和及时调整，能对施工进度计划进行动态的管理。

（6）提高建筑工业化程度

建筑施工是消耗巨大社会劳动的物质生产领域之一，以机械化代替手工劳动，特别是大面积场地平整及大量土方的开挖、装卸、运输，以及大型混凝土构件的制作和安装、墙体砌筑等繁重劳动的施工过程，实行机械化和装配化施工，可以减轻劳动强度，提高劳动生产率，有利于加快施工速度，是降低工程成本、提高经济效益的有效手段。

（7）科学地安排冬季、雨季施工项目

建筑产品生产露天作业多的特点使得拟建工程项目的施工必然受气候和季节的影响，冬

季的严寒和夏季的多雨，都不利于建筑施工的正常进行。如果不采取相应的、可靠的施工技术组织措施，全年施工的均衡性、连续性就不能得到保证。随着施工工艺及其技术的发展，已经完全可以在冬季、雨季进行正常施工，但是由于在冬雨季施工时，通常需要采取一些特殊的施工技术和组织措施，因此必然会增加一些费用。为避免工程成本过分提高，在安排施工进度时，应当注意季节性特点，恰当地安排冬雨季施工项目，通常情况下只把那些确有必要的，且不因冬雨季施工而使施工项目过分复杂和过分提高造价的工程，列入冬雨季施工的范围，以增加全年的施工日，从而保证全年生产的均衡性和连续性。

(8) 坚持质量第一，保证施工安全

建设产品质量的好坏，直接影响建筑物的使用安全和人民生命财产的安全，因此，每一个施工人员应以对建设事业极其负责的态度，认真贯彻"质量第一，预防为主"的方针，严格执行施工验收规范、操作规程和质量检验评定标准，从各方面制定保证质量的措施，预防和控制影响工程质量的各种因素，建造满足用户要求的优质工程。

确保工程安全施工，这不仅是顺利施工的保障，也体现了社会主义制度对每一个劳动者的关怀，因此，建筑施工企业必须坚持"安全第一，预防为主"的安全生产方针，完善安全生产组织管理体系、检查评价体系，制定安全措施计划，加强施工安全管理，实施综合治理。

(9) 合理布置施工现场平面图

合理进行施工现场的平面布置，是组织施工的重要一环，也是顺利执行施工组织设计各项措施的重要保证。在布置现场平面时，应尽量减少临时工程，减少施工用地，降低工程成本。尽量利用正式工程、原有或就近已有设施，做到暂设工程与既有设施相结合、与正式工程相结合。同时，要注意因地制宜，就地取材，减少消耗，降低生产成本。

14.4　原始资料调查研究

原始资料是工程设计、施工组织设计、施工方案选择的重要依据之一。它包括自然条件资料和技术经济资料两大部分。

14.4.1　自然条件资料

(1) 地形资料

对地形资料的调查，可以获得建设地区和建设地点的地形情况，以便正确选择施工机械、进行材料运输、布置施工平面图以及对环境进行保护等。此外，在确定基础工程、道路和管道工程时，地形资料也是重要的依据之一。

地形资料包括建设地区、建设地点及相邻地区的地形图。

建设地区地形图的比例尺一般不小于1：2000，等高线高差为5～10m。图上应标明邻近的居民区、工业企业、自来水厂等的位置；邻近车站、码头、铁路、公路、上下水道、电力电信网、河流湖泊位置；邻近的采石场、采砂场及其他建筑材料基地等。该图的主要用途在于确定施工现场建筑工人居住区、建筑生产基地的位置，场外线路管网的布置，以及各种临时设施的相对位置和大量建筑材料的堆置场等。

建设地点及相邻地区的地形图，其比例尺一般为1：2000或1：1000，等高线高差为

0.5～1.0m。图上应标明主要水准点和坐标距 100m 或 200m 的方格网，以便于测量放线、竖向布置、计算土方工程量。此外，还应当标出现有的一切房屋、地上地下的管线、线路和构筑物、绿化地带、河流周界及水面标高、洪水位警戒线等。

（2）工程地质资料

工程地质资料调查的目的是确认建设地区的地质构造、地表人为破坏情况、土壤的特征和承载力等。主要内容包括：

① 建设地区钻孔布置图；

② 工程地质剖面图，土层特征及其厚度；

③ 土壤的物理力学性质，如天然含水率、天然孔隙比等；

④ 土壤压缩试验和关于承载能力的结论等报告文件；

⑤ 古墓、溶洞的探测报告。

根据以上资料，可以拟定特殊地基的施工方法和技术措施，复核设计规定的地基基础与当地地质情况是否相符，并决定土方开挖坡度。

（3）水文地质资料

水文地质资料包括地下水和地表水两部分。

地下水资料主要内容包括：

① 地下水位及变化范围；

② 地下水的流向、流速和流量；

③ 地下水的水质分析资料；

④ 地下水对基础有无冲刷、侵蚀影响。

根据这些资料，可以决定基础工程、排水工程、打桩工程、降低地下水位等工程的施工方法。

地表水资料主要内容包括：

① 最高、最低水位；

② 流量及流速；

③ 洪水期及山洪情况；

④ 水温及冰冻情况；

⑤ 航运及浮运情况；

⑥ 湖泊的贮水量、水质分析等。

当建设工程的临时给水是依靠地表水作为水源时，上述条件可作为考虑设置升水、蓄水、净水和送水设备时的资料。此外，还可以人为考虑利用水路运输可能性的依据。

（4）气象资料

调查建设地区气象资料的目的在于了解建设地区的气象条件对土木工程施工可能产生的影响，以便采取相应的技术措施。其主要内容包括：

① 气温资料。包括最低温度及其持续天数、绝对最高温度及最高月平均温度。前者用以计算冬季施工技术措施的各项参数，后者供确定防暑措施参考。

② 降雨、降水资料。包括每月平均降雨量和最大降雨量、降雪量。根据这些资料可以制定冬雨季施工措施，预先拟定临时排水设施，以免在暴雨后施工地区淹没。

③ 风的资料。包括常年风向、风速、风力和每个方向刮风次数等。风的资料用以确定临时性建筑物和仓库的布置、生活区与生产性房屋相互间的位置。

14.4.2 技术经济资料

收集建设地区技术经济条件的资料，目的在于查明建设地区的地方工业、资源、交通运输和生活福利设施等地区经济因素，以确定合理的施工部署和施工期间可利用的条件。其主要内容包括：

（1）地方建材工业资料

地方建材工业的情况可从当地管理机关、城市建设主管部门或施工企业领导机关获得，主要内容包括：

① 当地建筑材料和构配件的生产企业以及能为施工企业生产服务的其他工矿企业，如商品混凝土等。

② 当地建筑材料、产品的生产和供应能力能否满足今后土木工程施工的需要，如不能满足，可采取哪些方法、哪些途径来解决。

③ 当地的土木工程施工力量、技术水平等能否为本工程的施工提供服务。

（2）地方资源情况

地方资源的调查因施工对象而异。对土建部分，其主要对象是直接可供土木工程施工使用的原材料，包括：

① 地方黏性材料，如石灰、石膏、黏土等在质量和数量上能否满足施工要求；

② 地方砂石材料，如块石、卵石、砂、石子等制备混凝土、砂浆时用的材料；

③ 工业废料及其副产品，如冶金厂排出的矿渣、热电厂排出的粉煤灰等，在土木工程施工中都有很大的用途，应充分予以利用。

（3）供水、供电、交通运输情况

① 在供水方面，应了解建设地点已有的供水管网、水源的位置，当地的用水情况、供水能力以及消防供水系统等。

② 在供电方面，应了解当地电网对本工程可提供的供电能力、电源地点和使用情况，如在现有建设单位内施工，则应了解原电网线路的分布和使用情况。

③ 在交通运输方面，应详细了解建设地区的铁路、公路、水路的分布，运输条件、运输力量以及运输费用情况，同时需了解当地主管部门的交通管制规定和有关环境保护规定等。

④ 其他方面，还应综合了解建设地区可供施工利用的通信设施，为土木工程施工服务的生活、文化设施，如商场、医院、剧场、中小学、幼儿园等。

第15章

流水施工技术

📖 知识要点

本章的主要内容有：流水施工的基本方式、特点、表达方式、基本参数和组织方法等。

📚 学习目标

通过学习，要求了解流水施工的表达方式、基本方式和特点，熟悉流水施工的基本参数（工艺参数、空间参数、时间参数）的确定方法，掌握流水施工组织方法。

15.1 流水施工的基本概念

15.1.1 组织施工的基本方式

任何一个土木工程都是由许多施工过程组成的，每一个施工过程都可以组织一个或多个施工班组来进行施工。如何组织各施工班组的先后顺序或平行搭接施工，是组织施工中的一个最基本的问题。根据建筑产品的特点，建筑施工作业可以采用多种方式，通常所采用的组织施工方式有顺序施工、平行施工和流水施工三种。

（1）顺序施工

顺序施工也称依次施工，是按照建筑产品生产的先后顺序或施工过程中各分部（分项）工程的先后顺序，依次进行生产的一种组织生产方式。例如，某三幢相同房屋的基础工程施工，每一幢的施工过程和工作时间如表15-1所示。按顺序施工原理可有以下两种组织形式：

表 15-1　某基础工程施工过程和工作时间

序号	施工过程	工作时间/天
1	基槽挖土	2
2	混凝土垫层	2
3	砌砖基础	3
4	回填土	2

① 按幢（或施工段）依次施工。这种方式是一幢房屋基础工程的各施工过程全部完成后，再施工第二幢房屋，依次完成每幢的施工任务，如图15-1所示。

② 按施工过程依次施工。这种方式是依次完成每幢房屋的第一个施工过程后，再开始第二个施工过程的施工，直至完成最后一个施工过程的施工任务，其施工进度安排如图15-2所示。

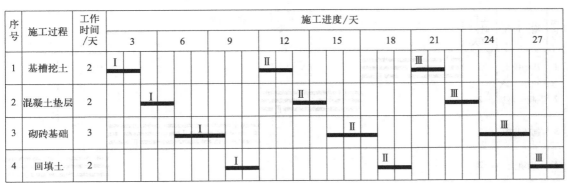

注：Ⅰ、Ⅱ、Ⅲ为第一幢、第二幢、第三幢。

图 15-1 按幢（或施工段）依次施工

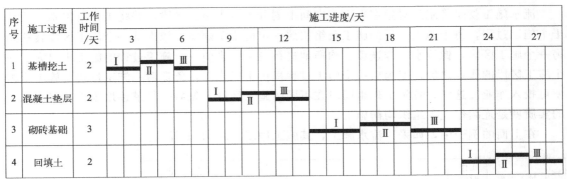

注：Ⅰ、Ⅱ、Ⅲ为幢数。

图 15-2 按施工过程依次施工

顺序施工的优点是同时投入的劳动力和物资资源较少，施工现场管理简单，便于组织和安排。当工程的规模较小，施工工作面又有限时，顺序施工是较为合适的。该方法的缺点是，按幢（或施工段）依次施工虽然能较早地完成一幢房屋基础工程的施工任务，为上部主体结构开始施工创造工作面，但各施工班组的施工时间都是间断的，施工班组不能实现专业化施工，不利于提高工程质量和劳动生产率，各施工班组的施工及材料供应无法保持连续和均衡，工人有窝工的情况；按施工过程依次施工，各施工班组虽然能连续施工，但完成每幢房屋的基础工程时间拖得较长，不能充分利用工作面。因此，按顺序施工不但工期长，而且组织安排上也不尽合理。

（2）平行施工

平行施工是指几个相同的专业施工班组，在同一时间不同的工作面上同时开工、同时竣工的一种施工组织方式。在上面的例子中，如采用平行施工的组织方式，其施工进度如图 15-3 所示。

平行施工的特点是最大限度地利用了工作面，工期最短，但在同一时间内需提供的相同劳动资源成倍增加，造成组织安排和施工现场管理的困难，增加了施工管理的费用。另外，如采用专业工作队施工，则工作队不能连续作业。该方法只有在工程规模较大或工期较紧的情况下才较为合理。

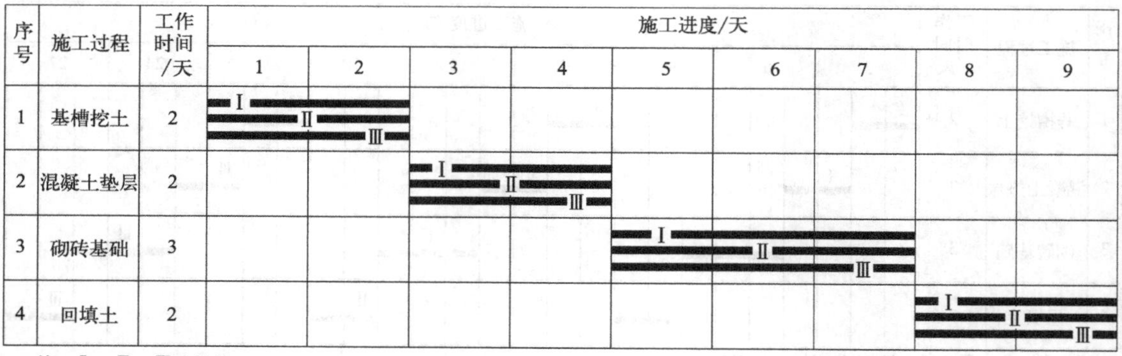

序号	施工过程	工作时间/天	施工进度/天								
			1	2	3	4	5	6	7	8	9
1	基槽挖土	2	Ⅰ Ⅱ Ⅲ								
2	混凝土垫层	2			Ⅰ Ⅱ Ⅲ						
3	砌砖基础	3					Ⅰ Ⅱ Ⅲ				
4	回填土	2								Ⅰ Ⅱ Ⅲ	

注：Ⅰ、Ⅱ、Ⅲ为幢数。

图 15-3　平行施工

（3）流水施工

流水施工就是将施工对象在平面或空间上划分为若干施工区段，并将工程对象划分为若干个施工过程，每个施工过程的施工班组按照一定的施工顺序，依次从一个施工区段转移到另一个施工区段，像流水一样连续、均衡地进行施工；当前一个施工过程的施工班组完成一个施工区段的作业之后，就为后一个施工过程提供了工作面，负责后一施工过程的施工班组便可投入作业。这样，各施工班组同时在不同的施工区段上先后平行搭接地施工。流水施工的实质就是连续作业，组织均衡施工。

在上面的例子中，如采用流水施工，其施工进度如图 15-4 所示。

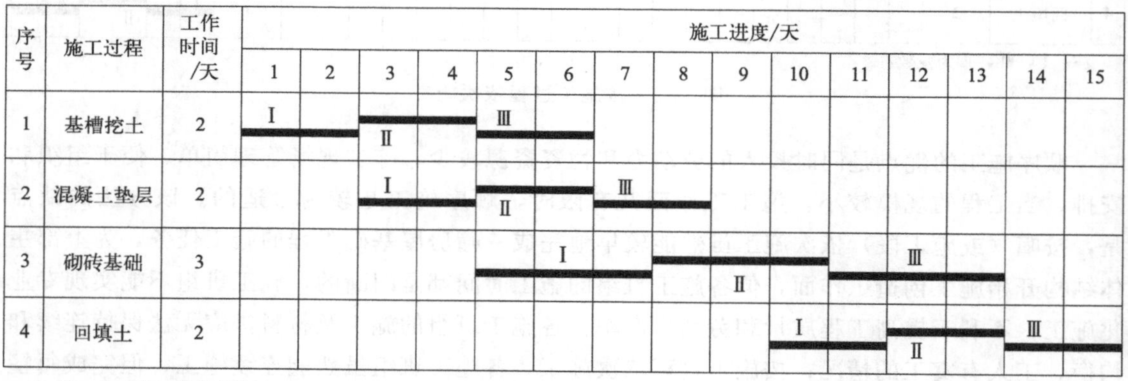

序号	施工过程	工作时间/天	施工进度/天													
			1	2	3	4	5	6	7	8	9	10	11	12	13	14	15
1	基槽挖土	2	Ⅰ		Ⅱ		Ⅲ									
2	混凝土垫层	2			Ⅰ		Ⅱ		Ⅲ							
3	砌砖基础	3					Ⅰ		Ⅱ			Ⅲ				
4	回填土	2								Ⅰ		Ⅱ			Ⅲ	

注：Ⅰ、Ⅱ、Ⅲ为幢数。

图 15-4　流水施工

15.1.2　流水施工的特点

流水施工是一种以分工为基础的协作过程，是成批生产建筑产品的一种优越的施工组织方式。它是在顺序施工和平行施工的基础上产生的，它既克服了顺序施工和平行施工组织方式的缺点，又具有它们两者的优点：

① 科学合理地利用了工作面，争取了时间，有利于缩短施工工期，而且工期较为合理；

② 能够保持各施工过程的连续性、均衡性，有利于提高施工管理水平和技术经济效益；

③ 由于实现了专业化施工，可使各施工班组在一定时期内保持相同的施工操作和连续、

均衡的施工，更好地保证工程质量，提高劳动生产率；

④ 单位时间内投入施工的资源量较为均衡，有利于资源供应的组织工作；

⑤ 为现场文明施工和进行科学管理创造了良好条件。

15.1.3 流水施工的经济性

流水施工的连续性和均衡性便于各种生产资源的组织，使施工企业的生产能力可以得到充分的发挥，使劳动力、机械设备得到合理的安排和使用，提高了生产的经济效果，具体可归纳为以下几点：

① 由于流水施工的均衡性，因而避免了施工期间劳动力和建筑材料的使用过分集中，给劳动资源的组织、供应和运输等都带来了方便。

② 由于实现了生产班组的专业化生产，为操作工人提高劳动技能、改进操作方法以及革新生产工具创造了有利条件。因而可以提高劳动生产率，改善工人的劳动条件，同时可保证工程的施工质量。

③ 由于消除了不必要的时间损失，生产得以连续进行，提高了劳动资源的利用率。同时，由于流水施工合理地利用了工作面，使不同性质的后续工作可以提前在不同的工作面上同时进行施工，因此缩短了工期。

④ 流水施工使不同的施工过程尽可能组织平行施工，充分发挥了施工机械的生产能力，减少各种不必要的损失，降低了施工的直接费用。

流水施工用科学的方法改善了组织形式，在不增加任何劳动资源的情况下取得了经济效益，具有显著的现实意义。

15.1.4 组织流水施工的要点

(1) 把工程项目分解为若干个施工过程

要组织流水施工，应根据工程特点及施工要求，将拟建工程划分为若干分部工程，每个分部工程又根据施工工艺要求、工程量大小、施工班组的组成情况，划分为若干施工过程（即分项工程）。

(2) 把工程项目尽可能地划分为劳动量大致相等的施工段（区）

根据组织流水施工的需要，将拟建工程在平面上及空间上，划分为工程量大致相等的若干个施工段。

(3) 按施工过程组织专业队，并确定各专业队在各施工段内的工作持续时间（流水节拍）

每个施工过程尽可能组织独立的施工班组（专业队），并配备必要的施工机具，按施工工艺的先后顺序，依次地、连续地、均衡地从一个施工段转移到另一个施工段完成本施工过程相同的施工操作，并确定各施工班组在各施工段的工作持续时间。

(4) 各专业队连续作业

对工程量较大、施工时间较长的施工过程，必须组织连续、均衡地施工；对其他次要的施工过程，可考虑与相邻的施工过程合并；如不能合并，为缩短工期，可安排间断施工。

(5) 不同专业队完成各施工过程的时间适当地搭接起来（确定流水步距）

根据施工顺序，不同的施工过程，在具有工作面的情况下，除必要的技术间歇和组织间歇时间（如混凝土的养护）外，尽可能地组织平行搭接施工。

15.1.5 流水施工的表达方式

流水施工的表达方式有横道图、斜线图和网络图等。

（1）横道图

横道图又称水平图表，其表达方式如图 15-4 所示。图中水平方向表示流水施工的持续时间，即施工进度，竖直方向表示施工过程，水平线段表示施工对象。在横道图中，也可沿竖直方向表示施工对象，用水平线段表示施工过程在时间和空间上的流水开展情况。

（2）斜线图

斜线图又称垂直图表，其表达方式如图 15-5 所示。图中水平方向表示流水施工持续时间，即施工进度，竖直方向表示施工对象，斜线表示施工过程在时间和空间上的流水开展情况。

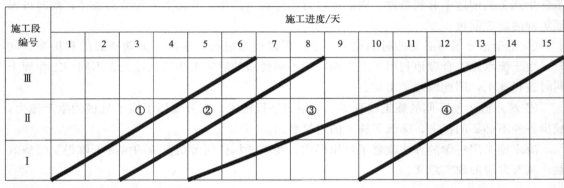

注：①、②、③、④ 为施工过程编号。

图 15-5　斜线图

（3）网络图

施工进度计划用网络图的表达方式详见第 16 章。

15.2　流水施工的基本参数

在组织工程项目流水施工时，用以表达流水施工在施工工艺、空间布置和时间安排方面开展状态的参数，统称为流水参数。流水施工的参数，按其性质的不同，一般可分为工艺参数、空间参数和时间参数三种。

15.2.1　工艺参数

在组织流水施工时，用以表达流水施工在施工工艺上开展顺序及其特征的参数，称为工艺参数。工艺参数包括施工过程数和流水强度。

（1）施工过程数 N

任何一个建设工程都由许多施工过程（如挖土、支模、绑扎钢筋、浇筑混凝土等）所组成，每一个施工过程的完成，都必须消耗一定的劳动力、建筑材料，需要建筑设备、机具相配合，并且需消耗一定的时间和占有一定范围的工作面。因此，施工过程是流水施工中最主要的参数，其数量和工程量的多少是确定其他流水参数的依据。

一个建设工程往往包含上百个（甚至更多）施工过程。参加流水施工的施工过程数目应适当，如果数量过多会给流水施工的组织带来困难，如果过少又会使计划过于笼统，对所编制的流水施工进度不能起到指导作用。因此，在分解工程项目时，要根据实际情况进行划分，划分的粗细程度要适中。一般情况下，划分的数目和粗细程度与下列因素有关：

① 施工计划的性质和作用。对工程控制性计划，长期计划及建筑群体规模较大、结构复杂、施工期长的工程计划，施工过程的划分可粗一些，一般只列出分部工程名称，如基础工程、主体结构吊装工程、屋面工程、装修工程等。当编制工程实施性计划时，其施工过程可划分得细些、具体些，将分部工程再分解为若干分项工程，如将基础分部工程分解为基槽（坑）挖土、混凝土垫层、基础砌筑和回填土等分项工程。

② 施工方案及工程结构。厂房的柱基础与设备基础的土方工程，如同时施工，可合并为一个施工过程；如先后施工，可划分为两个施工过程。承重墙与非承重墙的砌筑也是如此。砌体结构、大墙板结构、装配式框架与现浇钢筋混凝土框架等结构体系不同，其施工过程划分及其施工内容也各不相同。

③ 劳动组织及劳动量大小。施工过程的划分与施工班组及施工习惯有关。如安装玻璃工、油漆工可分也可合，因为有的是混合班组，有的是单一工种的班组。施工过程的划分还与劳动量的大小有关。劳动量小的施工过程，当组织流水施工有困难时，可与其他相连施工过程合并。如垫层的劳动量较小时，可与挖土合并为一个施工过程，这样可以使各个施工过程的劳动量大致相等，便于组织流水施工。

④ 劳动内容和范围。施工过程的划分与其劳动内容和范围有关。如直接在施工现场与工程对象上进行的施工过程可以划入流水施工过程，而场外劳动内容（如预制加工、运输等）可以不划入流水施工过程。通常只把在施工对象上直接占有工作面，对流水施工工期有直接影响的施工过程组织到流水过程中。

（2）流水强度 V

流水强度是指每一施工过程在单位时间内所完成的工程量（如浇捣混凝土施工过程，每工作班能浇筑多少立方米混凝土），又称流水能力或生产能力。

① 机械施工过程的流水强度按下式计算：

$$V = \sum_{i=1}^{x} R_i S_i \tag{15-1}$$

式中，R_i 为某种施工机械台数；S_i 为该种施工机械台班生产率；x 为用于同一施工过程的主导施工机械种数。

② 手工操作过程的流水强度按下式计算：

$$V = RS \tag{15-2}$$

式中，R 为每一施工过程投入的工人人数（R 应小于工作面上允许容纳的最多人数）；S 为每一工人每班产量。

15.2.2 空间参数

空间参数是指在组织流水施工时，用以表达流水施工在空间布置上所处状态的参数。空间参数一般包括工作面、施工段和施工层。

（1）工作面

工作面是指供工人进行操作的地点范围和工作活动空间。工作面的大小决定了施工过程在施工时可能安置的操作工人和施工机械的数量，同时也决定了每一施工过程的工程量。工作面的大小可采用不同的单位来计量，如对于道路工程，可以采用沿着道路的长度以 m 为单位，对于浇筑混凝土楼板则可以采用楼板的面积以 m^2 为单位等。

在工作面上，前一施工过程的结束就为后一个（或几个）施工过程提供了工作面。在确定一个施工过程必要的工作面时，不仅要考虑施工过程必需的工作面，还要考虑生产效率，同时应遵守施工安全技术规范和施工技术规范。

（2）施工段

在组织流水施工时，通常把施工对象在平面上划分为劳动量大致相等的若干个区段，称为施工段，其个数用 M 表示。每一个施工段在某一段时间内一般只供一个施工过程的施工班组使用。

划分施工段是组织流水施工的基础，施工段的划分一般应遵循以下原则：

① 施工段的分界同施工对象的结构界限尽可能一致。如温度缝、抗震缝、沉降缝和建筑单元等处。

② 同一施工过程在各施工段上的劳动量应大致相等。相差幅度宜在 15% 以内。

③ 划分的段数不宜过多，以免使工期延长。

④ 各施工过程均应有足够的工作面。

⑤ 当施工有层间关系，分段又分层时，为使各队能够连续施工（即各施工过程的工作队做完第一段，能立即转入第二段；做完一层的最后一段，能立即转入上面一层的第一段），每层最少施工段数目 M_0 应满足：

$$M_0 \geqslant N \tag{15-3}$$

当 $M_0 = N$ 时，工作队连续施工，而且施工段上始终有工作队在工作，即施工段上无停歇，是比较理想的组织方式。

当 $M_0 > N$ 时，工作队仍是连续施工，但施工段有空闲停歇。

当 $M_0 < N$ 时，工作队在一个工程中不能连续施工而窝工。

施工段有空闲停歇，一般会影响工期，但在空闲的工作面上如能安排一些准备或辅助工作（如运输类施工过程），则会使后继工作顺利，也不一定有害。而工作队工作不连续则是不可取的，除非能将窝工的工作队转移到其他工地进行工地间大流水。

（3）施工层

在组织流水施工时，为了满足专业施工班组对施工高度和施工工艺的要求，通常将拟建工程项目在竖向上划分为若干个操作层，这些操作层称为施工层。

施工层的划分，要按施工项目的具体情况，根据建筑物的高度和楼层来确定。如砌筑工程的施工高度一般为 1.2m，装饰工程等可按楼层划分施工层。

15.2.3 时间参数

在组织流水施工时，用以表达流水施工在时间排列上所处状态的参数，称为时间参数。包括流水节拍、流水步距、间歇时间、平行搭接时间、流水工期等。

（1）流水节拍

流水节拍是指某个施工专业工作队在一个施工段上工作的持续时间，通常以 t_i 表示。

它的大小关系着投入的劳动力、机械和材料量的多少，决定着施工的速度和施工的节奏性。因此，流水节拍的确定具有很重要的意义。确定流水节拍通常有两种方法，一种是根据工期的要求来确定，另一种是根据现有能够投入的资源（劳动力、机械台数和材料量）来确定。

① 根据资源的投入量计算。

$$t_i = \frac{Q_i}{S_i R_i} = \frac{Q_i Z_i}{R_i} = \frac{P_i}{R_i} \tag{15-4}$$

式中　t_i——某专业施工班组在第 i 施工段的流水节拍；

　　　Q_i——某专业施工班组在第 i 施工段上的工程量；

　　　S_i——专业施工班组的产量定额，即单位时间（工日或台班）完成的工程量；

　　　Z_i——某专业施工班组的时间定额，即完成单位工程量所需的时间；

　　　R_i——某专业施工班组投入的工作人数或机械台数；

　　　P_i——某施工段所需的劳动量（或机械台班量）。

② 根据施工工期确定流水节拍。流水节拍的大小对工期有直接影响，通常在施工段数不变的情况下，流水节拍越小，工期越短。当施工工期受到限制时，就可从工期要求反求流水节拍，然后用式(15-4)求得所需的人数或主导机械台数，同时检查最小工作面是否满足，以及劳动人员、施工机械和材料供应的可行性等。

当求得的流水节拍不为整数时应尽量取整数，不得已时可取半天或半天的倍数，同时尽量使实际安排的劳动量与计算需要的劳动量相接近。

（2）流水步距

流水步距是指相邻两个施工过程（或专业工作队）投入同一施工段开始工作的时间间隔，用 $K_{i,i+1}$ 表示。

流水步距应根据施工工艺、流水形式和施工条件来确定，其数量取决于参加流水的施工过程数或施工班组总数。

确定流水步距的基本要求如下：

① 始终保持两施工过程间的顺序施工，即在一个施工段上，前一施工过程完成后，下一施工过程方能开始；

② 尽可能保持各施工过程的连续作业；

③ 做到前后两个施工过程施工时间的最大搭接，即前一施工过程完成后，后一施工过程尽可能早地进入施工。

（3）间歇时间

流水施工往往由于工艺要求或组织因素要求，在两个相邻的施工过程中增加一定的流水间歇时间，这种间歇时间是必要的，它们包括工艺、技术间歇时间和组织间歇时间。

① 工艺、技术间歇时间。根据施工过程的工艺性质，在流水施工中除了考虑两个相邻施工过程之间的流水步距外，还需考虑增加一定的工艺或技术间歇时间。如楼板混凝土浇筑后，需要一定的养护时间才能进行后道工序的施工；又如屋面找平层完成后，需等待一定时间，使其彻底干燥，才能进行屋面防水层施工等。这些由于工艺、技术等原因引起的等待时间，称为工艺、技术间歇时间，用 $G_{i,i+1}$ 表示。

② 组织间歇时间。由于组织因素要求，两个相邻的施工过程在规定的流水步距以外要增加必要的间歇时间，如质量验收、安全检查等，这种间歇时间称为组织间歇时间，用 $Z_{i,i+1}$ 表示。

上述两种间歇时间在组织流水施工时，可根据间歇时间的发生阶段或一并考虑，或分别考虑，以灵活应用工艺间歇和组织间歇的时间参数特点，简化流水施工组织。

（4）平行搭接时间

在组织流水施工时，相邻两个专业施工班组在同一施工段上的关系，一般是前后衔接关系，即前一施工班组完成全部任务后，后一施工班组才能开始。但有时为了缩短工期，在工作面允许的条件下，如果前一个专业施工班组完成部分施工任务后，能够提前为后一个专业施工班组提供工作面，使后者提前进入同一个施工段，两者在同一施工段上平行搭接施工，这个搭接的时间称为平行搭接时间，用 $C_{i,i+1}$ 表示。

（5）流水工期

流水工期是指一个流水过程中，从第一个施工过程（或施工班组）开始进入流水施工，到最后一个施工过程（或施工班组）施工结束所需的时间，用 T_p 表示。

15.3 流水施工的组织方法

在流水施工中，根据其流水节拍的特征不同可分为有节奏流水施工和无节奏流水施工。

15.3.1 有节奏流水施工

有节奏流水施工是指同一施工过程在各施工段上的流水节拍彼此都相等的流水形式。根据各施工过程流水节拍间的关系，有节奏流水又可分为等节拍流水和不等节拍流水。

15.3.1.1 等节拍流水

等节拍流水是指参加流水施工的施工过程流水节拍都相等的流水形式。

（1）基本特点

① 所有的流水节拍都彼此相等，即 $t_1 = t_2 = \cdots = t_N = t$（常数）；

② 所有的流水步距都彼此相等，而且等于流水节拍，即 $K_{1,2} = K_{2,3} = \cdots = t_{N-1,N} = K = t$；

③ 每个专业施工班组都能连续施工；

④ 专业施工班组数等于施工过程数，即 $N_1 = N$。

（2）组织方法

① 确定施工顺序，分解施工过程。

② 确定工程项目的施工起点流向，划分施工段，施工段数目的确定方法如下：

a. 无层间关系或无施工层时，一般可取 $M = N$；

b. 有层间关系或有施工层时，施工段的数目分两种情况确定：

无技术间歇和组织间歇时，取 $M = N$；有技术间歇和组织间歇时，为了保证各专业施工班组能够连续施工，应取 $M > N$。此时，施工段的数目可按下式确定：

$$M = N + \frac{\sum Z_{i,i+1} + \sum G_{i,i+1}}{K} + \frac{Z_1 + G_1}{K} \tag{15-5}$$

式中 $\sum Z_{i,i+1} + \sum G_{i,i+1}$——一个楼层内各施工过程之间的工艺、技术间歇和组织间歇时间之和，如果每层的 $\sum Z_{i,i+1} + \sum G_{i,i+1}$ 不完全相等，则取各层中的最大值；

$Z_1 + G_1$——楼层间工艺、技术间歇与组织间歇时间之和，如果每层的 $Z_1 + G_1$ 不完全相等，则应取各层中的最大值。

③ 确定主要施工过程的施工班组人数并计算其流水节拍。

④ 确定流水步距，即 $K = t$。

⑤ 计算流水施工的工期，计算公式如下：

$$T_p = (Mj + N - 1)t + \sum Z_{i,i+1} + \sum G_{i,i+1} - \sum C_{i,i+1} \qquad (15\text{-}6)$$

式中 j——施工层数。

⑥ 绘制流水施工进度图表。

【例 15-1】 某住宅楼共有 4 个单元，其基础工程的施工过程分为：土方开挖、铺设垫层、绑扎钢筋、浇筑混凝土、砌砖基础、回填土。各施工过程的工程量、每一工日（或台班）的产量定额、专业工作队人数（或机械台数）如表 15-2 所示。由于铺设垫层和回填土两个施工过程的工程量较少，为简化流水施工的组织，将这两个过程所需要的时间作为间歇时间来处理，各自预留 1 天时间。浇筑混凝土与砌砖基础之间的工艺间歇时间为 2 天。试组织等节拍流水施工。

表 15-2 某基础工程施工过程相关参数

施工过程	工程量	产量定额	劳动量	施工班组机械台数或人数	流水节拍
土方开挖	780m³	65m³/台班	3 台班	1 台	3
铺设垫层	40m³	—		—	—
绑扎钢筋	10.5t	0.45t/工日	6 工日	2 人	3
浇筑混凝土	210m³	1.5m³/工日	35 工日	12 人	3
砌砖基础	360m³	1.25m³/工日	72 工日	24 人	3
回填土	180m³	—		—	—

解：

① 划分施工过程。由于铺设垫层和回填土这两个过程所需要的时间作为间歇时间来处理，则共有 4 个施工过程，即 $N = 4$。

② 确定施工段。根据建筑物的特征，可按房屋单元分界，划分为 4 个施工段，即 $M = 4$。

③ 确定主要施工过程的施工班组人数和流水节拍。本例主要施工过程为砌砖基础，配备的施工班组人数为 24 人，由此可求得：

$$t_4 = \frac{Q_4}{S_4 R_4} = \frac{360/4}{1.25 \times 24} = 3(\text{d})$$

由于组织等节拍流水施工，故 $t_1 = t_2 = t_3 = t_4 = t = 3(\text{d})$。

进一步可由劳动量和流水节拍确定各施工班组人数，如表 15-2 所示。

④ 确定流水步距。$K = t = 3(\text{d})$。

⑤ 计算流水工期。由式(15-6)可得：

$$T_p = (M + N - 1)t + \sum Z_{i,i+1} + \sum G_{i,i+1} - \sum C_{i,i+1} = (4 + 4 - 1) \times 3 + 1 + 1 + 2 = 25(\text{d})$$

⑥ 绘制流水施工进度表，如图 15-6 所示。

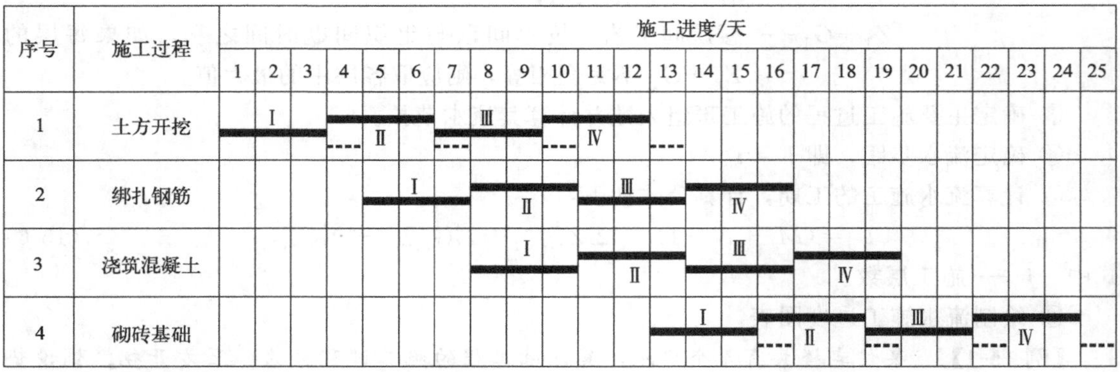

序号	施工过程	施工进度/天																								
		1	2	3	4	5	6	7	8	9	10	11	12	13	14	15	16	17	18	19	20	21	22	23	24	25
1	土方开挖		Ⅰ			Ⅱ			Ⅲ			Ⅳ														
2	绑扎钢筋					Ⅰ			Ⅱ			Ⅲ			Ⅳ											
3	浇筑混凝土								Ⅰ			Ⅱ			Ⅲ			Ⅳ								
4	砌砖基础											Ⅰ			Ⅱ			Ⅲ			Ⅳ					

注：Ⅰ、Ⅱ、Ⅲ、Ⅳ为施工段。虚线代表间歇时间。

图 15-6　某基础工程流水施工进度表

15.3.1.2　不等节拍流水

不等节拍流水是指同一施工过程在各施工段上的流水节拍相等，不同施工过程在同一施工段上的流水节拍不完全相等的流水形式，如图 15-7 所示。

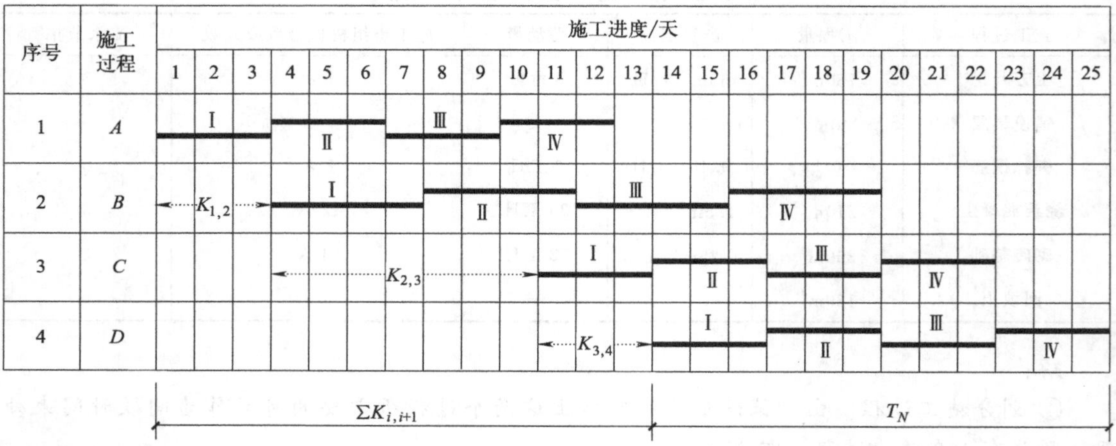

序号	施工过程	施工进度/天																								
		1	2	3	4	5	6	7	8	9	10	11	12	13	14	15	16	17	18	19	20	21	22	23	24	25
1	A		Ⅰ			Ⅱ			Ⅲ			Ⅳ														
2	B					Ⅰ			Ⅱ				Ⅲ				Ⅳ									
3	C											Ⅰ			Ⅱ			Ⅲ			Ⅳ					
4	D													Ⅰ			Ⅱ			Ⅲ			Ⅳ			

注：Ⅰ、Ⅱ、Ⅲ、Ⅳ为施工段。

图 15-7　不等节拍流水施工

不等节拍流水工期的计算与等节拍流水相似，可用各施工过程间的流水步距之和再加上最后一个施工过程开始工作直至结束所需的工作时间计算，即按下式计算：

$$T_p = \sum K_{i,i+1} + T_N \tag{15-7}$$

其中，流水步距按下式计算：

$$K_{i,i+1} = t_i + (t_i - t_{i+1})(M-1) \tag{15-8}$$

式(15-8)中，当 $(t_i - t_{i+1}) < 0$ 时，取 $(t_i - t_{i+1}) = 0$。

15.3.1.3　成倍节拍流水

成倍节拍流水（也称异节拍流水）施工是指同一施工过程在各个施工段上的流水节拍都相等，而各施工过程彼此之间的流水节拍全部或部分不相等，但各施工过程的流水节拍均为其中最小流水节拍的整数倍的流水施工组织方式。

成倍节拍流水是不等节拍流水的一个特例，能组织成倍节拍流水的不等节拍流水必须满足任何一个施工过程的专业施工班组总数小于或等于施工段数。

（1）基本特点

① 同一施工过程在各个施工段上的流水节拍都相等，不同施工过程在同一施工段上的流水节拍彼此不同；

② 流水步距彼此相等，且等于各个流水节拍的最大公约数，该流水步距在数值上应小于最大的流水节拍，并要大于1，只有最大公约数等于1时，该流水步距才能等于1；

③ 每个专业施工班组都能够连续作业；

④ 专业施工班组数目大于施工过程数目，即 $N_1 > N$。

（2）组织方法

① 确定施工顺序，分解施工过程。

② 确定工程项目的施工起点流向，划分施工段。施工段数目的确定方法如下：

a. 不分施工层时，可按施工段划分的原则确定施工段数；

b. 分施工层时，每层施工段的数目可按下式确定：

$$M = N_1 + \frac{\sum Z_{i,i+1} + \sum G_{i,i+1}}{K_b} + \frac{Z_1 + G_1}{K_b} \tag{15-9}$$

式中　N_1——专业施工班组的总数；

K_b——成倍节拍流水施工的流水步距。

其他符号的含义同前。

③ 按成倍节拍流水施工的要求，确定各施工过程的流水节拍。

④ 确定成倍节拍流水施工的流水步距，可按下式计算：

$$K_b = 最大公约数\{t_1, t_2, \cdots, t_N\} \tag{15-10}$$

⑤ 确定专业施工班组数目，可按下式计算：

$$b_i = \frac{t_i}{K_b} \tag{15-11}$$

$$N_1 = \sum b_i \tag{15-12}$$

式中　t_i——施工过程 i 在各施工段上的流水节拍；

b_i——施工过程 i 的专业施工班组数目。

⑥ 确定工期，计算公式如下：

$$T_p = (Mj + N_1 - 1)K_b + \sum Z_{i,i+1} + \sum G_{i,i+1} - \sum C_{i,i+1} \tag{15-13}$$

⑦ 绘制流水施工进度图表。

【例15-2】　某住宅楼共有4个单元，其基础工程的施工过程分为：挖土及垫层、绑扎钢筋、浇筑混凝土基础、回填土。各施工过程的流水节拍分别为 4d、4d、2d、2d，试按成倍节拍流水组织施工。

解：

① 划分施工段，由于不分层，可以按单元进行施工段的划分。即 $M = 4$。

② 确定流水步距，由式(15-10) 得：$K_b = 最大公约数\{4,4,2,2\} = 2(d)$；

③ 确定专业施工班组数目，由式(15-11) 得：

$b_1 = 4/2 = 2$（个）；$b_2 = 4/2 = 2$（个）；$b_3 = 2/2 = 1$（个）；$b_4 = 2/2 = 1$（个）。

施工班组总数由式(15-12) 可得：$N_1 = 2+2+1+1 = 6$（个）

④ 确定该工程的工期，由式（15-13）得：

$$T_p = (4+6-1) \times 2 = 18(d)$$

⑤ 绘制流水施工进度表，如图 15-8 所示。

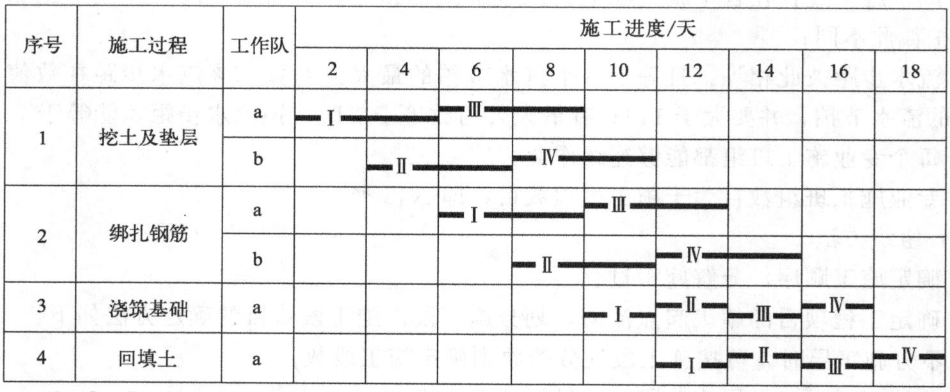

序号	施工过程	工作队	施工进度/天								
			2	4	6	8	10	12	14	16	18
1	挖土及垫层	a	I		Ⅲ						
		b		Ⅱ		Ⅳ					
2	绑扎钢筋	a			I		Ⅲ				
		b				Ⅱ		Ⅳ			
3	浇筑基础	a					I	Ⅱ	Ⅲ	Ⅳ	
4	回填土	a						I	Ⅱ	Ⅲ	Ⅳ

注：I、Ⅱ、Ⅲ、Ⅳ为施工段。

图 15-8　成倍节拍流水施工进度表

15.3.2　无节奏流水施工

无节奏流水施工是指参加流水的施工过程在各施工段上的流水节拍不全相等的流水组织形式，也称为分别流水施工，是流水施工的普通形式。有节奏流水是无节奏流水的一个特例。

（1）基本特点

① 每个施工过程在各个施工段上的流水节拍，通常多数不相等；

② 流水步距与流水节拍之间，存在某种函数关系，流水步距也多数不相等；

③ 每个专业施工班组都能够连续作业，个别施工段可能有空闲；

④ 专业施工班组数目等于施工过程数目，即 $N_1 = N$。

（2）组织方法

① 确定施工顺序，分解施工过程。

② 确定工程项目的施工起点流向，划分施工段。

③ 计算每个施工过程在各个施工段上的流水节拍。

④ 计算流水步距。流水步距的计算一般采用潘特考夫斯基法进行计算，该法是用节拍累加数列错位相减取其最大差值作为流水步距。其计算步骤如下：

a. 根据各施工过程在各施工段上的流水节拍，求累加数列；

b. 根据施工顺序，对所求相邻的两累加数列，错位相减；

c. 根据错位相减的结果，确定相邻施工过程之间的流水步距，即取相减结果中数值最大者。

⑤ 确定工期，其计算式同式（15-7）。

⑥ 绘制流水施工进度表。

【例 15-3】　某工程组织流水施工时由 4 个施工过程组成，在平面上划分 4 个施工段，各施工过程的流水节拍如表（15-3）所示，试编制流水施工方案。

表 15-3 某工程施工流水节拍

施工过程	不同施工段的流水节拍			
	I	II	III	IV
A	2	3	2	4
B	3	4	2	4
C	2	2	1	2
D	3	4	3	4

解：

根据题设条件，流水节拍互不相等，因此应采用无节奏流水组织施工。

① 确定流水步距。

a. 求出各施工过程流水节拍的累加数列：

$$A：\quad 2 \quad 5 \quad 7 \quad 11$$
$$B：\quad 3 \quad 7 \quad 9 \quad 13$$
$$C：\quad 2 \quad 4 \quad 5 \quad 7$$
$$D：\quad 3 \quad 7 \quad 10 \quad 14$$

b. 相邻两个施工过程错位相减：

A、B：

$$
\begin{array}{rrrrr}
 & 2 & 5 & 7 & 11 \\
- & 3 & 7 & 9 & 13 \\
\hline
2 & 2 & 0 & 2 & -13
\end{array}
$$

B、C：

$$
\begin{array}{rrrrr}
 & 3 & 7 & 9 & 13 \\
- & 2 & 4 & 5 & 7 \\
\hline
3 & 5 & 5 & 8 & -7
\end{array}
$$

C、D：

$$
\begin{array}{rrrrr}
 & 2 & 4 & 5 & 7 \\
- & 3 & 7 & 10 & 14 \\
\hline
2 & 1 & -2 & -3 & -14
\end{array}
$$

c. 确定流水步距：

$$K_{A,B} = \max\{2,2,0,2,-13\} = 2(d)$$
$$K_{B,C} = \max\{3,5,5,8,-7\} = 8(d)$$
$$K_{C,D} = \max\{2,1,-2,-3,-14\} = 2(d)$$

② 确定工期：

$$T_p = K_{A,B} + K_{B,C} + K_{C,D} + T_N = 2+8+2+(3+4+3+4) = 26(d)$$

③ 绘制流水施工进度表，如图 15-9 所示。

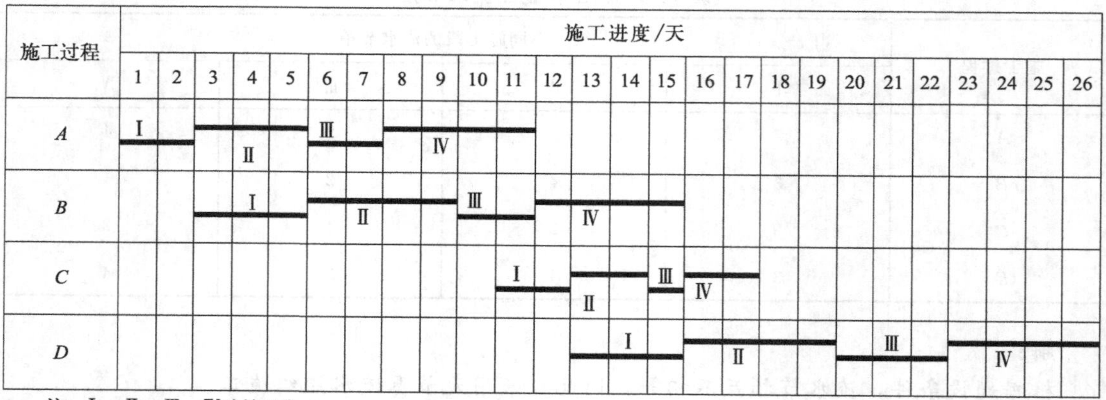

施工过程	施工进度/天																									
	1	2	3	4	5	6	7	8	9	10	11	12	13	14	15	16	17	18	19	20	21	22	23	24	25	26
A	I			II		III		IV																		
B			I			II			III				IV													
C											I			II		III	IV									
D													I				II			III			IV			

注：I、II、III、IV 为施工段。

图 15-9　分别流水施工进度表

第16章

网络计划技术

知识要点

　　本章的主要内容有：网络计划的概念和分类，双代号、单代号网络图的构成、时间参数的计算等。

学习目标

　　通过学习，要求了解网络图的概念和分类；掌握双代号和单代号网络图的构成、各种时间参数的计算方法等。

16.1　概述

　　网络计划技术是对网络计划原理与方法的总称，是指用网络图表示计划中各项工作之间的相互制约和依赖关系，并在此基础上，通过各种计算分析，寻求最优计划方案的实用计划管理技术。

　　网络计划技术是一种科学的计划方法，又是一种有效的生产管理方法，它是随着现代科学技术和工业生产的发展而产生的，自20世纪50年代出现以来，在工业发达国家已被广泛应用，成为比较盛行的一种现代生产管理的科学方法。我国从20世纪60年代在华罗庚教授的倡导下，开始在国民经济各部门试点应用网络计划方法，此后，在工农业生产实践中卓有成效地推广起来。1992年国家技术监督局（现国家市场监督管理总局）颁布了中华人民共和国国家标准《网络计划技术》（GB/T 13400.1～13400.3—1992），1999年国家建设部（现住建部）颁布了中华人民共和国行业标准《工程网络计划技术规程》（JGJ/T 121—1999），2015年进行了修订（JGJ/T 121—2015），使工程网络计划技术在计划编制与控制管理的实际应用中，有了可以遵循的、统一的标准。

16.1.1　网络图的概念

　　网络图是由箭线和节点组成，用来表示工作流程的有向、有序的网状图形。该定义中，"箭线""节点"分别指带箭头的线段和网络图中的圆或方框；"有向""工作流程"是指规定箭头一般应以从左到右（但不排除垂直）指向为正确指示方向，并以箭线或节点表示工作、以箭头指向表示不同工作依次开展的先后顺序；"有序"是指基于工作先后顺序关系形成的工作之间的逻辑关系，它可区分为由工程建造工艺方案和工程实施组织方案所决定的工艺关系及组织关系，并表现为组成一项总体工程任务各项工作之间的顺序作业、平行作业及流水作业等各种联系；"网状图形"描述了网络图的外观形状并强调了图形封闭性要求，其含义是指网络图只能具有一个开始与一个结束节点，因而呈现为封闭图形。

在网络图上加注工作的时间参数，就形成了网络形式的进度计划，即网络计划。一个网络图表示一项计划任务。

16.1.2　网络图的分类

（1）按表示方法分类

① 单代号网络图。单代号网络图是以单代号表示法绘制的网络图，在这种网络图中，每个节点表示一项工作，箭线只表示各项工作之间的相互制约和相互依赖关系，它是最基本的网络图形之一。

② 双代号网络图。双代号网络图是以双代号表示法绘制的网络图。这种网络图是由若干表示工作的箭线和节点所组成的，其中每一项工作都用一根箭线和两个节点来表示，每个节点都编有号码，箭线前后两个节点的号码即代表该箭线所表示的工作，"双代号"的名称即由此而来。它可更加形象地表示工程项目的施工进度，它也是最基本的网络图形之一。

（2）按终点节点个数分类

① 单目标网络图。单目标网络图是只具有一个最终目标的网络图，在这种网络图中，只有一个结束节点。

② 多目标网络图。多目标网络图是具有若干个独立最终目标的网络图。在这种网络图中，有两个或两个以上的结束节点。对于每个结束节点，都有与其相应的关键线路。

（3）按工作持续时间类型分类

① 肯定型网络图。肯定型网络图是由具有肯定持续时间的工作组成的网络图。在这种网络图中，各项工作的持续时间都有确定的单一数值，整个网络图有确定的计算总工期。

② 非肯定型网络图。非肯定型网络图是由不具有肯定持续时间的工作组成的网络图。在这种网络图中，各项工作的持续时间只能按概率方法确定，整个网络图没有确定的计算总工期。

（4）按有无时间坐标分类

① 时标网络图。时标网络图是附有时间坐标的网络图。在这种网络图中，每项工作箭线的水平投影长度，与其持续时间成正比。它主要用于编制资源优化的网络图。

② 非时标网络图。非时标网络图是不附有时间坐标的网络图。在这种网络图中，工作箭线的长度与持续时间无关，通常工作箭线长短按需要画出。

（5）按工作衔接关系分类

① 普通网络图。普通网络图是按前导工作结束后续工作才能开始的方式绘制的网络图。在普通网络图中，工作之间关系是首尾衔接，无论何时只要前导工作没有全部完成，后续工作就不能开始。

② 搭接网络图。搭接网络图是按照各种规定的搭接时距绘制的网络图。这种网络图既能反映各种搭接关系，又能反映各工作之间的逻辑关系。

（6）按编制对象分类

① 群体网络图。群体网络图是以一个建设项目或建筑群体为对象编制的网络图。它往往是多目标网络图，如新建工业项目、住宅小区、分期分批完成的生产车间或生产系统的群

体网络图。

　　② 单项工程网络图。单项工程网络图是以一个建筑物或构筑物为对象编制的网络图。

　　③ 局部工程网络图。局部工程网络图是以一个单位工程或分部工程为对象编制的网络图。

16.2　双代号网络计划

16.2.1　双代号网络图的构成

　　双代号网络图是以箭线及其两端节点的编号表示工作的网络图，如图 16-1 所示。双代号网络图由箭线（工作）、节点、线路三个基本要素组成。

　　(1) 箭线

　　工作是泛指一项需要消耗人力、物力和时间的具体活动过程，也称工序、活动、作业。在双代号网络图中，每一条箭线表示一项工作。箭线的箭尾节点 i 表示该工作的开始，箭线的箭头节点 j 表示该工作的完成。通常将工作的名称写在箭线的上方，完成该工作所需要的时间写在箭线的下方，如图 16-2 所示。

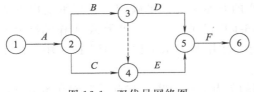

图 16-1　双代号网络图

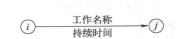

图 16-2　双代号网络图工作的表示方法

　　工作通常有三种形式：一是需要消耗时间和资源的工作，如浇筑混凝土梁或柱等；二是主要消耗时间而消耗资源甚少以至可以忽略不计的工作，如混凝土的养护等；三是既不消耗时间，也不消耗资源的工作。前两种是实际存在的工作，称为实工作，而后一种是人为虚设的工作，称为虚工作。在双代号网络图中，实工作用实箭线表示，虚工作用虚箭线来表示。

　　虚箭线所表达的是实际工作中并不存在的一项虚设工作，既不占用时间，也不消耗资源，一般起着工作之间的联系、区分和断路三个作用。联系作用是指应用虚箭线正确表达工作之间的相互依存关系；区分作用是指双代号网络图中每一项工作都必须用一条箭线和两个代号表示，两项工作的代号相同时，应使用虚工作加以区分，如图 16-3 所示；断路作用是用虚箭线断掉多余的联系，即在网络图中把无联系的工作连接上时，应加上虚工作将其断开。

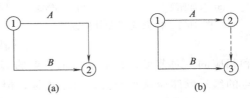

图 16-3　虚箭线的区分作用

　　在无时间坐标的网络图中，箭线的长度原则上可以任意画，其占用的时间以下方标注的时间参数为准。箭线可以为直线、折线或斜线，但不得中断，而且其行进方向均应从左向右。在同一张网络图中，箭线的画法要求统一，图面要求醒目整齐，最好都画成水平直线或带水平直线的折线。在有时间坐标的网络图中，箭线的长度必须根据完成该工作所需持续时间的长短按比例绘制。

在双代号网络图中，通常将工作用"i-j"工作表示。紧排在本工作之前的工作称为紧前工作，紧排在本工作之后的工作称为紧后工作，与本工作平行进行的工作称为平行工作。其关系如图 16-4 所示。

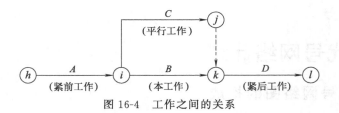

图 16-4　工作之间的关系

在网络图中，自起点节点至本工作之间各条线路上的所有工作称为本工作的先行工作，本工作之后至终点节点各条线路上的所有工作称为本工作的后续工作。没有紧前工作的工作称为起始工作，没有紧后工作的工作称为结束工作，既有紧前工作又有紧后工作的工作称为中间工作。

（2）节点

节点是网络图中箭线之间的连接点，在时间上节点表示指向某节点的工作全部完成后该节点后面的工作才能开始的瞬间，它反映前后工作的交接点。节点又称结点或事件。

在双代号网络图中，节点只标志着工作的开始和完成的瞬间，具有承上启下的衔接作用，它既不消耗时间也不消耗资源。如图 16-1 中的节点 2，它表示 A 工作的结束时刻，也表示 B、C 两项工作的开始时刻。节点的另一作用是表示工作，如图 16-1 中，B 工作可用"2-3"表示。

对于任何一项工作 i-j 而言，箭线尾部的节点 i 称为箭尾节点，又称开始节点；箭线头部的节点 j 称为箭头节点，又称结束节点。对于相邻两项工作 i-j 和 j-k 而言，两项工作连接处的节点 j 称为中间节点，它既是前道工作的结束节点，又是后道工作的开始节点。网络图中第一个节点称起点节点，它表示一项工程或任务的开始；网络图中的最后一个节点称终点节点，表示一项工程或任务的结束。

对一个节点而言，可能有许多箭线指向该节点，这些箭线称为内向箭线或内向工作；同样也可能有许多箭线由同一节点出发，这些箭线称为外向箭线或外向工作，如图 16-5 所示。网络图的起点节点只有外向箭线，终点节点只有内向箭线，中间节点既有内向箭线又有外向箭线。

(a) 内向箭线　　　　(b) 外向箭线

图 16-5　内向箭线和外向箭线

在双代号网络图中，节点一般用圆圈表示，并在圆圈内标注编号。一项工作应当只有唯一的一条箭线和相应的一对节点，且要求箭尾节点的编号小于其箭头节点的编号，即 $i<j$。网络图中节点的编号顺序应从小到大，可不连续，但不允许重复。

（3）线路

网络图中从起点节点开始，沿箭头方向顺序通过一系列箭线与节点，最后到达终点节点的通路称为线路。在一个网络图中可能有很多条线路，线路中各项工作持续时间之和就是该线路的长度，即线路所需要的时间。一般网络图有多条线路，可依次用该线路上的节点代号来记述，例如网络图 16-1 中的线路有三条线路：1-2-3-5-6、1-2-4-5-6、1-2-3-4-5-6。

在各条线路中，有一条或几条线路的总时间最长，称为关键线路，位于关键线路上的工作称为关键工作。关键工作没有机动时间，它完成的快慢直接影响整个网络计划的工期。网络图中除关键线路之外的线路都称为非关键线路，非关键线路上的工作，除了关键工作之外，其余均为非关键工作。

关键线路、关键工作和非关键工作都不是一成不变的。在一定条件下，关键线路和非关键线路，关键工作和非关键工作可以相互转化。如采用了一定的技术组织措施，缩短了关键线路上有关工作的持续时间，就有可能使关键线路发生转移，使原来的关键线路变成非关键线路，而原来的非关键线路却变成关键线路。

16.2.2 双代号网络图的绘制

网络图的绘制是网络计划方法应用的关键，要正确绘制网络图，必须正确反映网络计划中各工作之间的逻辑关系，并遵守绘图的基本规则。

（1）逻辑关系

逻辑关系是指工作之间相互制约或相互依赖的关系。它包括工艺关系和组织关系，在网络图中均应表现为工作之间的先后顺序。

工艺关系是由施工工艺所决定的各个施工过程之间客观存在的先后顺序关系。对于一个具体的分部工程，当确定了施工方法后，该分部工程的各个施工过程的先后顺序一般是固定的，有些是绝对不能颠倒的。

组织关系是施工组织安排中，考虑劳动力、机具、材料或工期等影响，在各施工过程之间主观上安排的先后顺序关系。这种关系不受施工工艺的限制，不是工程性质本身决定的，而是在保证施工质量、安全和工期的前提下，可以人为安排的顺序关系。

（2）逻辑关系的正确表示方法

双代号网络图必须正确表达已确定的逻辑关系，网络图中常见的各种工作逻辑关系的表示方法如表 16-1 所示，表中的工作名称均以字母来表示。

表 16-1 网络图中常见的各种工作逻辑关系的表示方法

序号	工作之间的逻辑关系	网络图中的表示方法
1	A 完成后进行 B，B 完成后进行 C	
2	A 完成后进行 B 和 C	
3	A、B 均完成后进行 C	
4	A、B 均完成后同时进行 C、D	
5	A 完成后进行 C，A、B 均完成后进行 D	

续表

序号	工作之间的逻辑关系	网络图中的表示方法
6	A、B 均完成后进行 D，A、B、C 均完成后进行 E，D、E 均完成后进行 F	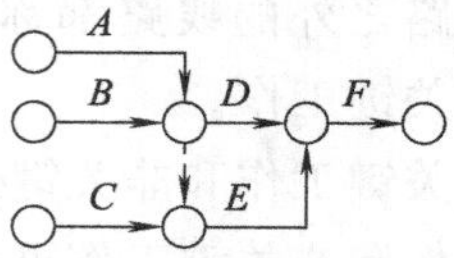 （网络图：A、B、C → D、E → F）
7	A、B 均完成后进行 C，B、D 均完成后进行 E	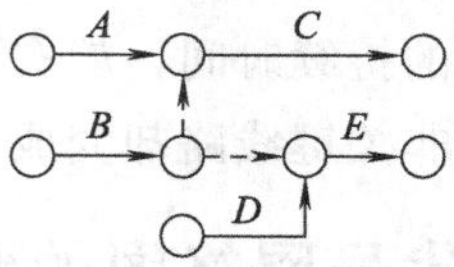 （网络图：A、B → C；B、D → E）
8	A、B、C 均完成后进行 D，B、C 均完成后进行 E	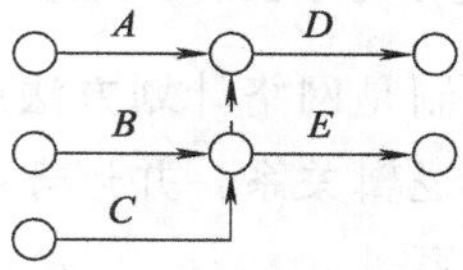 （网络图：A、B、C → D；B、C → E）
9	A 完成后进行 C，A、B 均完成后进行 D，B 完成后进行 E	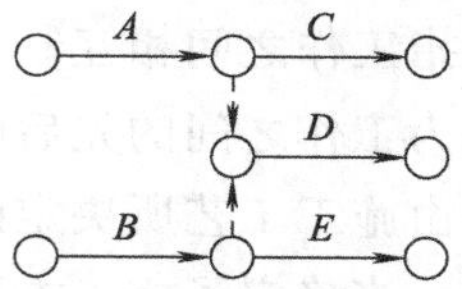 （网络图：A → C；A、B → D；B → E）
10	A、B 两项工作分成三个施工段，分段流水施工：A_1 完成后进行 A_2、B_1，A_2 完成后进行 A_3，A_2、B_1 完成进行 B_2，B_2、A_3 完成后进行 B_3	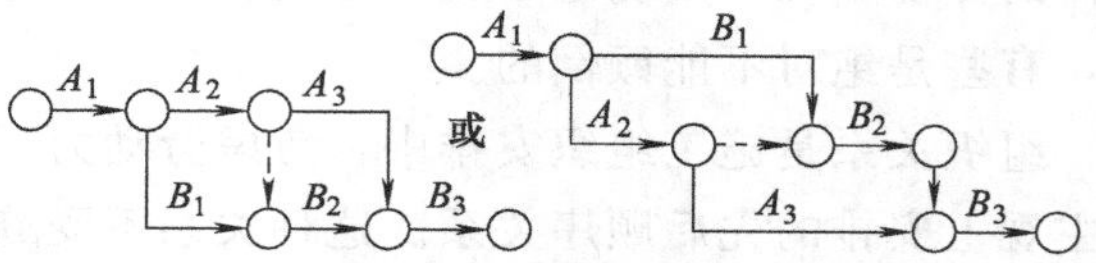 （网络图：A_1→A_2→A_3，B_1→B_2→B_3 **或** A_1、B_1，A_2、B_2，A_3、B_3）

（3）双代号网络图的绘制规则

① 网络图中，不允许出现代号相同的箭线。如图 16-3（a）所示为错误用法，可通过增设节点及虚箭线来加以区分，如图 16-3（b）所示为正确用法。

② 双代号网络图中，不允许出现循环回路。

所谓循环回路是指从网络图中的某一个节点出发，顺着箭线方向又回到了原来出发点的线路。如图 16-6 所示就是循环回路，它表示的逻辑关系是错误的，在工艺顺序上是相互矛盾的。

③ 双代号网络图中，在节点之间不能出现带双向箭头或无箭头的连线。如图 16-7 所示。

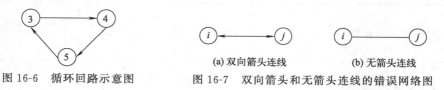

图 16-6 循环回路示意图

(a) 双向箭头连线   (b) 无箭头连线

图 16-7 双向箭头和无箭头连线的错误网络图

④ 双代号网络图中，严禁出现没有箭头节点或没有箭尾节点的箭线。如图 16-8 所示。

(a) 无箭尾节点   (b) 无箭头节点

图 16-8 无箭尾和无箭头节点的箭线

⑤ 当双代号网络图的某些节点有多条外向箭线或多条内向箭线时，为使图形简洁，可使用母线法绘制（但应满足一项工作用一条箭线和相应的一对结点表示），如图 16-9 所示。

⑥ 绘制网络图时，箭线不宜交叉；当交叉不可避免时，可用过桥法或指向法。如图 16-10 所示。

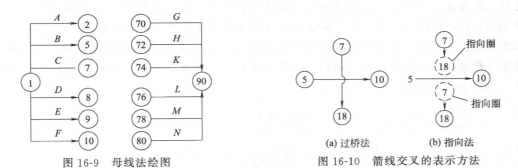

图 16-9　母线法绘图　　　　　　　　图 16-10　箭线交叉的表示方法

⑦ 双代号网络图中应只有一个起点节点和一个终点节点（多目标网络计划除外）；而其他所有节点均应是中间节点。

⑧ 双代号网络图应条理清楚，布局合理。例如，网络图中的工作箭线不宜画成任意方向或曲线形状，尽可能用水平线或斜线；关键线路、关键工作尽可能安排在图面中心位置，其他工作分散在两边；避免倒回箭头；尽量避免多余虚线及相关多余节点的存在等。

（4）双代号网络图的断路法

绘制网络图时必须符合施工顺序的关系、符合流水施工的要求和符合网络逻辑连接关系。一般来说，对施工顺序和施工组织上必须衔接的工作，绘图时不易产生错误，但是对于不发生逻辑关系的工作绘图时就容易发生错误。遇到这种情况时，采用增加节点和虚箭线加以处理。用虚箭线在线路上隔断无逻辑关系的各项工作，这种方法称为断路法，断路法的应用是双代号网络计划技术的关键所在，必须熟练掌握。

断路法有两种，即：在横向（水平）用虚箭线切断无逻辑关系的各项工作，称为横向断路法；在纵向（竖向）用虚箭线切断无逻辑关系的各项工作，称为纵向断路法。下面以一例予以说明。

【例 16-1】　某基础工程由挖基槽、砌基础和回填土三个施工工序组成，分别由三个施工队按顺序施工，整个工程划分为Ⅰ、Ⅱ、Ⅲ三个施工段进行流水施工，各分项工程在各施工段上的持续时间依次为：6 天、4 天、2 天，其双代号网络图如图 16-11 所示，试更正其中的错误。

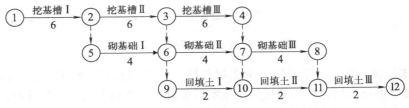

图 16-11　某基础工程双代号网络图（错误画法）

解：

从施工工艺和流水施工原理分析，挖基槽→砌基础→回填土，符合顺序和工作面施工的要求；同工种的工作队在第一施工段完成后转入第二施工段再转入第三施工段，符合劳动力的要求。但在网络逻辑关系上有不符合之处：第一施工段的回填土与第二施工段的挖基槽没有逻辑上的关系；同样，第二施工段的回填土与第三施工段的挖基槽也无逻辑上的关系，但在图 16-11 上却相连起来了，这是网络图的原则性的错误。产生错误的原因是把前后具有不同工作性质、不同关系的工作用一个节点连接起来了，这在流水施工网络图中最容易发生。纠正逻辑错误的方法是在网络图的横（水平）方向，采用虚箭线将没有逻辑关系的某些工作隔断，如图 16-12 所示。

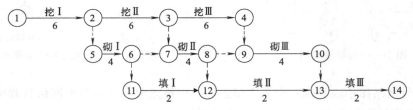

图 16-12　横向断路法示意图

去掉多余的虚工作，则上图可修改为图 16-13。

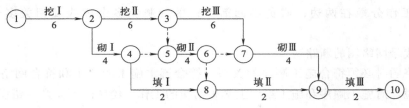

图 16-13　某基础工程双代号网络图

（5）网络图的排列方法

① 按工种排列法。它是将同一工种各项工作排列在同一水平方向上的方法，如图 16-13 所示。

② 按施工段排列法，它是将同一施工段各项工作排列在同一水平方向上的方法，如图 16-14 所示。

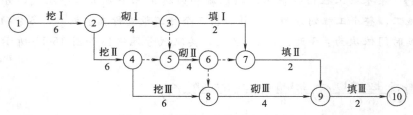

图 16-14　按施工段排列法示意图

③ 按施工层排列法。它是将同一施工层各项工作排列在同一水平方向上的方法，内装修工程常以楼层为施工层，例如某三层房屋室内装修的网络图如图 16-15 所示。

④ 其他排列法。网络图其他排列法主要有：按施工单位、施工项目和施工部位等排列方法。

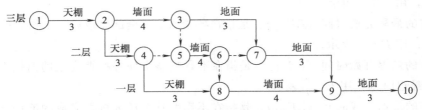

图 16-15　按施工层排列法示意图

（6）双代号网络图的绘制步骤

双代号网络图的绘制方法，视各人的经验而不同，但从根本上说，都要在既定施工方案的基础上，根据具体的施工客观条件，以统筹安排为原则。一般的绘图步骤如下：

① 任务分解，划分施工工作；

② 确定完成工作计划的全部工作及其逻辑关系；

③ 确定每一工作的持续时间，制定工程分析表，工程分析表的格式可如表 16-2 所示；

④ 根据工程分析表，绘制并修改网络图。

表 16-2　工程分析表

序号	工作名称	工作代号	紧前工作	紧后工作	持续时间	资源强度
1		A	—	B,C		
2		B	A	F		
…	…	…	…	…	…	…

16.2.3　双代号网络图时间参数的计算

网络计划时间参数计算的目的在于确定网络计划中各项工作和各个节点的时间参数，为网络计划的优化、调整和执行提供明确的时间参数依据。

16.2.3.1　时间参数的概念

（1）时限

网络计划或其中的工作因外界因素影响而在时间安排上所受到的某种限制。

（2）工作持续时间（D_{i-j}）

一项工作从开始到完成的时间，以符号 D_{i-j} 表示。

（3）工期（T）

工期泛指完成任务所需要的时间，一般有以下三种：

① 计算工期：根据网络计划时间参数计算出来的工期，用 T_c 表示。

② 要求工期：任务委托人所要求的工期，用 T_r 表示。

③ 计划工期：在要求工期和计算工期的基础上综合考虑需要和可能而确定的工期，用 T_p 表示。

网络计划的计划工期 T_p 应按下列情况分别确定：

当已规定了要求工期 T_r 时，$T_p \leqslant T_r$。

当未规定要求工期时，可令计划工期等于计算工期，$T_p = T_c$。

（4）双代号网络计划中工作的六个时间参数

① 工作的最早开始时间（ES_{i-j}）。是指在各紧前工作全部完成后，工作 i-j 有可能开始

的最早时刻，用 ES_{i-j} 表示。

② 工作的最早完成时间（EF_{i-j}）。是指在各紧前工作全部完成后，工作 i-j 有可能完成的最早时刻，用 EF_{i-j} 表示。

③ 工作的最迟开始时间（LS_{i-j}）。是指在不影响整个任务按期完成的前提下，工作 i-j 必须开始的最迟时刻，用 LS_{i-j} 表示。

④ 工作的最迟完成时间（LF_{i-j}）。是指在不影响整个任务按期完成的前提下，工作 i-j 必须完成的最迟时刻，用 LF_{i-j} 表示。

⑤ 工作的总时差（TF_{i-j}）。是指在不影响总工期的前提下，工作 i-j 可以利用的机动时间，用 TF_{i-j} 表示。

⑥ 工作的自由时差（FF_{i-j}）。是指在不影响其紧后工作最早开始的前提下，工作 i-j 可以利用的机动时间，用 FF_{i-j} 表示。

（5）双代号网络计划中节点的两个时间参数

① 节点最早时间（ET_i）。双代号网络计划中，该节点后各工作的最早开始时刻，用 ET_i 表示。

② 节点最迟时间（LT_i）。双代号网络计划中，该节点前各工作的最迟完成时刻，用 LT_i 表示。

16.2.3.2　时间参数的计算方法

时间参数的计算方法主要有：

（1）图上计算法

是按照各项时间参数的计算公式及程序，直接在网络图上计算时间参数的方法。

（2）表上计算法

是列出各项时间参数的计算表格，按照时间参数计算公式及程序，直接在表格上计算各项时间参数的方法。

（3）矩阵法

是根据网络图事件的数目 n，列出 $n \times n$ 阶矩阵表，再按照各项时间参数计算公式及程序，直接在矩阵表上计算各项时间参数的方法。

（4）电算法

是根据网络图的网络逻辑关系和数据，采用相应算法语言，编制网络计划相应电算程序，利用电子计算机进行各项时间参数计算和优化的方法。

（5）按节点计算法

是根据绘制的网络图以及各节点的时间、工作持续时间之间的相互关系，利用计算公式和程序计算网络计划时间参数的方法。

（6）按工作计算法

是根据绘制的网络图以及各工作的开始时间、持续时间之间的相互关系，利用计算公式和程序计算网络计划时间参数的方法。

16.2.3.3　时间参数的标注形式

网络计划时间参数的计算应在确定各项工作持续时间之后进行。双代号网络计划中时间参数的基本内容和形式的标注应符合图 16-16 的规定。

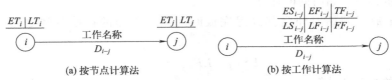

(a) 按节点计算法   (b) 按工作计算法

图 16-16 双代号网络计划时间参数标注形式

16.2.3.4 按工作计算法计算时间参数

本方法中时间参数的计算是以工作为对象，这些参数包括最早开始时间和最早完成时间、最迟开始时间和最迟完成时间、工作的总时差和自由时差。计算中，开始时间和完成时间都以时间单位的终了时刻为准，如第 3 天开始即指第 3 天终了（下班）时刻开始，实际上是第 4 天才开始；第 2 周完成即指第 2 周终了时完成。

（1）工作最早开始时间的计算

工作 i-j 的最早开始时间 ES_{i-j} 应从网络计划的起点节点开始，顺着箭线方向依次逐项计算，直至终点节点。必须先计算其紧前工作，然后才能计算本工作，整个计算过程是一个加法过程。

① 与起点节点相连工作的最早开始时间。凡与起点节点相连的工作，都是首先进行的工作，所以，当未规定其最早开始时间 ES_{i-j} 时，它们的最早开始时间都应设为零，即：

$$ES_{i-j} = 0(i=1) \tag{16-1}$$

② 其他工作的最早开始时间。确定其他任一工作的最早开始时间，首先将其所有紧前工作的开始时间与工作的持续时间相加，然后从这些和数中选取一个最大的数，即为该工作的最早开始时间，即：

$$ES_{i-j} = \max\{ES_{h-i} + D_{h-i}\} \tag{16-2}$$

式中 ES_{h-i}——工作 i-j 的紧前工作 h-i 的最早开始时间；

       D_{h-i}——工作 i-j 的紧前工作 h-i 的持续时间。

（2）工作最早完成时间的计算

工作 i-j 的最早完成时间 EF_{i-j} 就是其最早开始时间 ES_{i-j} 与本工作持续时间 D_{i-j} 之和，计算公式为：

$$EF_{i-j} = ES_{i-j} + D_{i-j} \tag{16-3}$$

（3）工作的最迟完成时间的计算

计算工作的最迟完成时间应从终点节点开始，逆箭线方向向起点节点逐项进行计算。必须先计算紧后工作，然后才能计算本工作，整个计算过程是一个减法过程。

① 与终点节点相连工作的最迟完成时间。与终点节点（$j=n$）相连的各项工作最迟完成时间 LF_{i-n}，应按网络计划的计划工期 T_p 确定，即：

$$LF_{i-n} = T_p \tag{16-4}$$

② 其他工作的最迟完成时间。其他工作 i-j 的最迟完成时间是其紧后工作最迟完成时间与该紧后工作的持续时间之差的最小值，应按下式计算：

$$LF_{i-j} = \min\{LF_{j-k} - D_{j-k}\} \tag{16-5}$$

式中 LF_{j-k}——工作 i-j 的各项紧后工作 j-k 的最迟完成时间；

       D_{j-k}——工作 i-j 的各项紧后工作 j-k 的持续时间。

（4）工作的最迟开始时间的计算

工作的 i-j 最迟开始时间是其最迟完成时间与本工作的持续时间之差，应按下式计算，即：

$$LS_{i\text{-}j} = LF_{i\text{-}j} - D_{i\text{-}j} \tag{16-6}$$

（5）工作的总时差计算

工作 i-j 的总时差 $TF_{i\text{-}j}$ 是指在不影响总工期的前提下，本工作可以利用的机动时间的极限值。一项工作的活动时间范围受其紧前、紧后工作的约束，它的极限活动范围是从其最早开始时间到最迟完成时间扣除工作本身作业必须占用的时间之后可以机动使用的部分。据此，工作的总时差应按式（16-7）或式（16-8）计算：

$$TF_{i\text{-}j} = LF_{i\text{-}j} - EF_{i\text{-}j} \tag{16-7}$$

$$TF_{i\text{-}j} = LS_{i\text{-}j} - ES_{i\text{-}j} \tag{16-8}$$

（6）工作的自由时差计算

工作的自由时差是总时差的一部分，指一项工作在不影响其紧后工作最早开始时间的前提下可以机动灵活使用的时间。这时工作的活动范围被限制在本工作最早开始时间与其紧后工作的最早开始时间之间，从这段时间内扣除本身的作业时间之后，剩余的时间即为自由时差。

当工作 i-j 有紧后工作 j-k 时，其自由时差应按式（16-9）式（16-10）计算：

$$FF_{i\text{-}j} = ES_{j\text{-}k} - ES_{i\text{-}j} - D_{i\text{-}j} \tag{16-9}$$

$$FF_{i\text{-}j} = ES_{j\text{-}k} - EF_{i\text{-}j} \tag{16-10}$$

以网络计划的终点节点（$j = n$）为箭头节点的工作，其自由时差 $FF_{i\text{-}n}$ 应按网络计划的计划工期 T_p 确定，即：

$$FF_{i\text{-}n} = T_p - EF_{i\text{-}n} \tag{16-11}$$

自由时差是总时差的构成部分，数值上总是小于或等于总时差。因此，总时差为零的工作，其自由时差也必为零。一般情况下，自由时差也只可能存在于有多条内向箭线的节点之前的工作之中。

16.2.3.5 关键工作和关键线路

关键工作是指总时差最小的工作。网络计划中自始至终全部由关键工作组成的线路称为关键线路。在网络图中，关键线路一般用粗线、双线或彩色线标注。

关键线路是工期最长的线路，它在网络图中可能不止一条，但这几条线路上的持续时间相同。

【例 16-2】 试按工作法计算例 16-1 中图 16-13 所示的双代号网络各工作的时间参数。

解：

计算方法和步骤：

该工程的双代号网络图如图 16-13 所示。

（1）计算各工作的最早开始时间

在图 16-13 中，以起点节点 1 为箭尾节点的工作 1-2，因为未规定其最早开始时间，按式（16-1），其值等于零，即：

$$ES_{1\text{-}2} = 0$$

其他工作 i-j 的最早开始时间按式（16-2）进行计算，因此可得：

$$ES_{2\text{-}3}=\max\{ES_{1\text{-}2}+D_{1\text{-}2}\}=0+6=6; \qquad ES_{2\text{-}4}=\max\{ES_{1\text{-}2}+D_{1\text{-}2}\}=0+6=6$$

$$ES_{3\text{-}7}=\max\{ES_{2\text{-}3}+D_{2\text{-}3}\}=6+6=12; \qquad ES_{3\text{-}5}=\max\{ES_{2\text{-}3}+D_{2\text{-}3}\}=6+6=12$$

$$ES_{4\text{-}5}=\max\{ES_{2\text{-}4}+D_{2\text{-}4}\}=6+4=10; \qquad ES_{4\text{-}8}=\max\{ES_{2\text{-}4}+D_{2\text{-}4}\}=6+4=10$$

$$ES_{5\text{-}6}=\max\{ES_{3\text{-}5}+D_{3\text{-}5},ES_{4\text{-}5}+D_{4\text{-}5}\}=\max\{12+0,10+0\}=12$$

$$ES_{6\text{-}7}=\max\{ES_{5\text{-}6}+D_{5\text{-}6}\}=12+4=16; \qquad ES_{6\text{-}8}=\max\{ES_{5\text{-}6}+D_{5\text{-}6}\}=12+4=16$$

$$ES_{7\text{-}9}=\max\{ES_{3\text{-}7}+D_{3\text{-}7},ES_{6\text{-}7}+D_{6\text{-}7}\}=\max\{12+6,16+0\}=18$$

$$ES_{8\text{-}9}=\max\{ES_{4\text{-}8}+D_{4\text{-}8},ES_{6\text{-}8}+D_{6\text{-}8}\}=\max\{10+2,16+0\}=16$$

$$ES_{9\text{-}10}=\max\{ES_{7\text{-}9}+D_{7\text{-}9},ES_{8\text{-}9}+D_{8\text{-}9}\}=\max\{18+4,16+2\}=22$$

（2）计算各工作的最早完成时间

工作 $i\text{-}j$ 的最早完成时间 $EF_{i\text{-}j}$ 就是其最早开始时间 $ES_{i\text{-}j}$ 与本工作持续时间 $D_{i\text{-}j}$ 之和，按式（16-3）计算，可得：

$$EF_{1\text{-}2}=ES_{1\text{-}2}+D_{1\text{-}2}=0+6=6; \qquad EF_{2\text{-}3}=ES_{2\text{-}3}+D_{2\text{-}3}=6+6=12$$

$$EF_{2\text{-}4}=ES_{2\text{-}4}+D_{2\text{-}4}=6+4=10; \qquad EF_{3\text{-}5}=ES_{3\text{-}5}+D_{3\text{-}5}=12+0=12$$

$$EF_{3\text{-}7}=ES_{3\text{-}7}+D_{3\text{-}7}=12+6=18; \qquad EF_{4\text{-}5}=ES_{4\text{-}5}+D_{4\text{-}5}=10+0=10$$

$$EF_{4\text{-}8}=ES_{4\text{-}8}+D_{4\text{-}8}=10+2=12; \qquad EF_{5\text{-}6}=ES_{5\text{-}6}+D_{5\text{-}6}=12+4=16$$

$$EF_{6\text{-}7}=ES_{6\text{-}7}+D_{6\text{-}7}=16+0=16; \qquad EF_{6\text{-}8}=ES_{6\text{-}8}+D_{6\text{-}8}=16+0=16$$

$$EF_{7\text{-}9}=ES_{7\text{-}9}+D_{7\text{-}9}=18+4=22; \qquad EF_{8\text{-}9}=ES_{8\text{-}9}+D_{8\text{-}9}=16+2=18$$

$$EF_{9\text{-}10}=ES_{9\text{-}10}+D_{9\text{-}10}=22+2=24$$

（3）计算网络计划的工期

本例中，由于未规定要求工期，因此可取网络计划的计划工期等于计算工期，即网络计划的计算工期 T_c 可取以终节点10为箭头节点的工作9-10的最早完成时间，故：

$$T_p=EF_{9\text{-}10}=24$$

（4）计算各工作的最迟完成时间

从终点节点10开始逆着箭线方向依次逐项计算到起点节点1，由式（16-4）可得：

$$LF_{9\text{-}10}=T_p=24$$

其他工作的最迟完成时间按式（16-5）计算：

$$LF_{8\text{-}9}=\min\{LF_{9\text{-}10}-D_{9\text{-}10}\}=24-2=22; \qquad LF_{7\text{-}9}=\min\{LF_{9\text{-}10}-D_{9\text{-}10}\}=24-2=22$$

$$LF_{6\text{-}8}=\min\{LF_{8\text{-}9}-D_{8\text{-}9}\}=22-2=20; \qquad LF_{4\text{-}8}=\min\{LF_{8\text{-}9}-D_{8\text{-}9}\}=22-2=20$$

$$LF_{6\text{-}7}=\min\{LF_{7\text{-}9}-D_{7\text{-}9}\}=22-4=18; \qquad LF_{3\text{-}7}=\min\{LF_{7\text{-}9}-D_{7\text{-}9}\}=22-4=18$$

$$LF_{5\text{-}6}=\min\{LF_{6\text{-}7}-D_{6\text{-}7},LF_{6\text{-}8}-D_{6\text{-}8}\}=\min\{18-0,20-0\}=18$$

$$LF_{4\text{-}5}=\min\{LF_{5\text{-}6}-D_{5\text{-}6}\}=18-4=14; \qquad LF_{3\text{-}5}=\min\{LF_{5\text{-}6}-D_{5\text{-}6}\}=18-4=14$$

$$LF_{2\text{-}4}=\min\{LF_{4\text{-}5}-D_{4\text{-}5},LF_{4\text{-}8}-D_{4\text{-}8}\}=\min\{14-0,20-2\}=14$$

$$LF_{2\text{-}3}=\min\{LF_{3\text{-}5}-D_{3\text{-}5},LF_{3\text{-}7}-D_{3\text{-}7}\}=\min\{14-0,18-6\}=12$$

$$LF_{1\text{-}2}=\min\{LF_{2\text{-}3}-D_{2\text{-}3},LF_{2\text{-}4}-D_{2\text{-}4}\}=\min\{12-6,14-4\}=6$$

（5）计算各工作的最迟开始时间

工作的 $i\text{-}j$ 最迟开始时间是其最迟完成时间与本工作的持续时间之差，按式（16-6）计算，即：

$$LS_{1\text{-}2}=LF_{1\text{-}2}-D_{1\text{-}2}=6\text{-}6=0; \qquad LS_{2\text{-}3}=LF_{2\text{-}3}-D_{2\text{-}3}=12\text{-}6=6$$

$$LS_{2\text{-}4}=LF_{2\text{-}4}-D_{2\text{-}4}=14\text{-}4=10; \qquad LS_{3\text{-}5}=LF_{3\text{-}5}-D_{3\text{-}5}=14\text{-}0=14$$

$$LS_{3\text{-}7}=LF_{3\text{-}7}-D_{3\text{-}7}=18\text{-}6=12; \qquad LS_{4\text{-}5}=LF_{4\text{-}5}-D_{4\text{-}5}=14\text{-}0=14$$

$$LS_{4-8}=LF_{4-8}-D_{4-8}=20-2=18 ; \quad LS_{5-6}=LF_{5-6}-D_{5-6}=18-4=14$$
$$LS_{6-7}=LF_{6-7}-D_{6-7}=18-0=18 ; \quad LS_{6-8}=LF_{6-8}-D_{6-8}=20-0=20$$
$$LS_{7-9}=LF_{7-9}-D_{7-9}=22-4=18 ; \quad LS_{8-9}=LF_{8-9}-D_{8-9}=22-2=20$$
$$LS_{9-10}=LF_{9-10}-D_{9-10}=24-2=22$$

（6）计算各项工作的总时差

可以用工作的最迟开始时间减去最早开始时间或用工作的最迟完成时间减去最早完成时间，即按式（16-7）或式（16-8）计算：

$$TF_{1-2}=LF_{1-2}-EF_{1-2}=6-6=0 ; \quad TF_{2-3}=LF_{2-3}-EF_{2-3}=12-12=0$$
$$TF_{2-4}=LF_{2-4}-EF_{2-4}=14-10=4 ; \quad TF_{3-5}=LF_{3-5}-EF_{3-5}=18-16=2$$
$$TF_{3-7}=LF_{3-7}-EF_{3-7}=18-18=0 ; \quad TF_{4-5}=LF_{4-5}-EF_{4-5}=14-10=4$$
$$TF_{4-8}=LF_{4-8}-EF_{4-8}=20-12=8 ; \quad TF_{5-6}=LF_{5-6}-EF_{5-6}=18-16=2$$
$$TF_{6-7}=LF_{6-7}-EF_{6-7}=18-16=2 ; \quad TF_{6-8}=LF_{6-8}-EF_{6-8}=20-16=4$$
$$TF_{7-9}=LF_{7-9}-EF_{7-9}=22-22=0 ; \quad TF_{8-9}=LF_{8-9}-EF_{8-9}=22-18=4$$
$$TF_{9-10}=LF_{9-10}-EF_{9-10}=24-24=0$$

（7）计算各项工作的自由时差

工作 i-j 的自由时差等于其紧后工作 j-k 的最早开始时间与本工作的最早完成时间之差，可按式（16-10）、式（16-11）计算：

$$FF_{1-2}=ES_{2-3}-EF_{1-2}=6-6=0 ; \quad FF_{2-3}=ES_{3-5}-EF_{2-3}=12-12=0$$
$$FF_{2-4}=ES_{4-5}-EF_{2-4}=10-10=0 ; \quad FF_{3-5}=ES_{5-6}-EF_{3-5}=12-12=0$$
$$FF_{3-7}=ES_{7-9}-EF_{3-7}=18-18=0 ; \quad FF_{4-5}=ES_{5-6}-EF_{4-5}=12-10=2$$
$$FF_{4-8}=ES_{8-9}-EF_{4-8}=16-12=4 ; \quad FF_{5-6}=ES_{6-7}-EF_{5-6}=16-16=0$$
$$FF_{6-7}=ES_{7-9}-EF_{6-7}=18-16=2 ; \quad FF_{6-8}=ES_{8-9}-EF_{6-8}=16-16=0$$
$$FF_{7-9}=ES_{9-10}-EF_{7-9}=22-22=0 ; \quad FF_{8-9}=ES_{9-10}-EF_{8-9}=22-18=4$$
$$FF_{9-10}=T_{p}-EF_{9-10}=24-24=0$$

（8）确定关键工作和关键线路

本例中，由于计划工期等于计算工期，即 $T_{p}=T_{c}$，因此，总时差为零的工作为关键工作，根据前面的计算结果，关键工作为：1-2，2-3，3-7，7-9，9-10。

网络计划中自始至终全部由关键工作组成的线路为关键线路，本例中的关键线路为：1-2-3-7-9-10，如图 16-17 中的粗线所示。

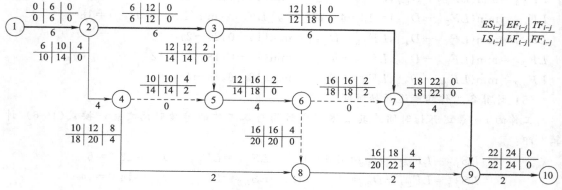

图 16-17 双代号网络计划时间参数计算

16.2.3.6 按节点计算法计算时间参数

按节点法计算网络计划的时间参数也应在确定各项工作的持续时间之后进行，其计算方法同工作计算法。

（1）节点最早时间的计算

节点最早时间是指在双代号网络计划中，以该节点为开始节点的各项工作的最早开始时间。它的计算应从网络计划的起点节点开始，顺着箭线方向，依次逐项计算直至终点节点为止。

① 起点节点如果未规定最早时刻 ET_i 时，其值应等于零，即：

$$ET_i = 0 (i=1) \tag{16-12}$$

② 对于其他节点，最早时间 ET_j 应为：

$$ET_j = \max\{ET_i + D_{i\text{-}j}\} \tag{16-13}$$

在双代号网络计划中，节点最早时间也就是该节点后各工作的最早开始时间，所以，节点最早时间与工作时间参数之间的关系可用下式表示：

$$ET_j = ES_{j\text{-}k} = \max\{ES_{i\text{-}j} + D_{i\text{-}j}\} = \max\{ET_i + D_{i\text{-}j}\} \tag{16-14}$$

网络计划终点节点的最早时间就是该网络计划的计算工期，即：

$$T_c = ET_n \tag{16-15}$$

（2）节点最迟时间的计算

节点最迟时间，是指在双代号网络计划中，以该节点为完成节点的各项工作的最迟完成时间。它的计算应从网络计划的终点节点开始，逆着箭线方向依次逐项计算直至起点节点为止。当部分工作分期完成时，有关节点的最迟时间必须从分期完成节点开始逆向逐点计算。

① 终点节点的最迟时间应按网络计划的计划工期确定，即：

$$LT_n = T_p \tag{16-16}$$

② 其他节点 i 的最迟时间 LT_i 应为：

$$LT_i = \min\{LT_j - D_{i\text{-}j}\} \tag{16-17}$$

节点最迟时间在双代号网络计划中就是该节点前各工作的最迟完成时间，两者的关系为：

$$LT_i = LF_{h\text{-}i} = \min\{LF_{i\text{-}j} - D_{i\text{-}j}\} = \min\{LT_j - D_{i\text{-}j}\} \tag{16-18}$$

（3）工作时间参数的计算

① 工作 $i\text{-}j$ 的最早开始时间 $ES_{i\text{-}j}$ 等于节点 i 的最早时间 ET_i，即：

$$ES_{i\text{-}j} = ET_i \tag{16-19}$$

② 工作 $i\text{-}j$ 的最早完成时间 $EF_{i\text{-}j}$ 可按下式计算：

$$EF_{i\text{-}j} = ET_i + D_{i\text{-}j} \tag{16-20}$$

③ 工作 $i\text{-}j$ 的最迟完成时间等于节点 j 的最迟时间 LT_j，即：

$$LF_{i\text{-}j} = LT_j \tag{16-21}$$

④ 工作 $i\text{-}j$ 的最迟开始时间 $LS_{i\text{-}j}$ 可由节点 j 的最迟时间 LT_j 求得，即：

$$LS_{i\text{-}j} = LT_j - D_{i\text{-}j} \tag{16-22}$$

⑤ 工作总时差的计算：工作总时差等于该工作的结束节点的最迟时间减去该工作的开始节点的最早时间，再减该工作的持续时间，即：

$$TF_{i-j} = LT_j - ET_i - D_{i-j} \qquad (16-23)$$

⑥ 工作自由时差的计算：工作自由时差等于该工作的结束节点的最早时间减去该工作的开始节点的最早时间，再减该工作的持续时间，即：

$$FF_{i-j} = ET_j - ET_i - D_{i-j} \qquad (16-24)$$

【例 16-3】 试按节点法计算例 16-1 中图 16-13 所示的双代号网络的时间参数。

解：

计算方法和步骤如下。

（1）计算节点最早时间

节点最早时间应从起点节点开始，顺着箭线方向逐个计算。由于网络计划的起点节点的最早时间无规定，因此按式（16-12）其值等于零，即：

$$ET_1 = 0$$

其他节点的最早时间按式（16-13）计算，可得：

$$ET_2 = \max\{ET_1 + D_{1-2}\} = 0 + 6 = 6; \qquad ET_3 = \max\{ET_2 + D_{2-3}\} = 6 + 6 = 12$$

$$ET_4 = \max\{ET_2 + D_{2-4}\} = 6 + 4 = 10;$$

$$ET_5 = \max\{ET_3 + D_{3-5}, ET_4 + D_{4-5}\} = \max\{12+0, 10+0\} = 12$$

$$ET_6 = \max\{ET_5 + D_{5-6}\} = 12 + 4 = 16;$$

$$ET_7 = \max\{ET_3 + D_{3-7}, ET_6 + D_{6-7}\} = \max\{12+6, 16+0\} = 18$$

$$ET_8 = \max\{ET_4 + D_{4-8}, ET_6 + D_{6-8}\} = \max\{10+2, 16+0\} = 16$$

$$ET_9 = \max\{ET_7 + D_{7-9}, ET_8 + D_{8-9}\} = \max\{18+4, 16+2\} = 22$$

$$ET_{10} = \max\{ET_9 + D_{9-10}\} = 22 + 2 = 24$$

（2）计算网络计划的工期

网络计划的计算工期 T_c 应按式（16-15）计算，即：

$$T_c = ET_n = ET_{10} = 24$$

由于计划没有规定工期 T_r，故计算工期就是计划工期，即：

$$T_p = T_c = ET_{10} = 24$$

（3）计算节点最迟时间

节点最迟时间应从网络图的终点节点开始，逆着箭线的方向依次逐项计算直至起点节点为止。终点节点的最迟时间按式（16-16）计算，即：

$$LT_{10} = T_p = 24$$

其他节点最迟时间按式（16-17）计算，即：

$$LT_9 = \min\{LT_{10} - D_{9-10}\} = 24 - 2 = 22; \qquad LT_8 = \min\{LT_9 - D_{8-9}\} = 22 - 2 = 20$$

$$LT_7 = \min\{LT_9 - D_{7-9}\} = 22 - 4 = 18;$$

$$LT_6 = \min\{LT_8 - D_{6-8}, LT_7 - D_{6-7}\} = \min\{20-0, 18-0\} = 18$$

$$LT_5 = \min\{LT_6 - D_{5-6}\} = 18 - 4 = 14;$$

$$LT_4 = \min\{LT_5 - D_{4-5}, LT_8 - D_{4-8}\} = \min\{14-0, 20-2\} = 14$$

$$LT_3 = \min\{LT_5 - D_{3-5}, LT_7 - D_{3-7}\} = \min\{14-0, 18-6\} = 12$$

$$LT_2 = \min\{LT_3 - D_{2-3}, LT_4 - D_{2-4}\} = \min\{12-6, 14-4\} = 6$$

$$LT_1 = \min\{LT_2 - D_{1-2}\} = 6 - 6 = 0$$

（4）计算工作的最早开始时间

工作最早开始时间可按式（6-19）计算，即：

$$ES_{1-2}=ET_1=0; \qquad ES_{2-3}=ET_2=6; \qquad ES_{2-4}=ET_2=6; \qquad ES_{3-5}=ET_3=12$$
$$ES_{3-7}=ET_3=12; \qquad ES_{4-5}=ET_2=10; \qquad ES_{4-8}=ET_4=10; \qquad ES_{5-6}=ET_5=12$$
$$ES_{6-7}=ET_6=16; \qquad ES_{6-8}=ET_6=16; \qquad ES_{7-9}=ET_7=18; \qquad ES_{8-9}=ET_8=16$$
$$ES_{9-10}=ET_9=22$$

（5）计算工作的最早完成时间

工作的最早完成时间可按式（6-20）计算，即：

$$EF_{1-2}=ET_1+D_{1-2}=0+6=6; \qquad EF_{2-3}=ET_2+D_{2-3}=6+6=12$$
$$EF_{2-4}=ET_2+D_{2-4}=6+4=10; \qquad EF_{3-5}=ET_3+D_{3-5}=12+0=12$$
$$EF_{3-7}=ET_3+D_{3-7}=12+6=18; \qquad EF_{4-5}=ET_4+D_{4-5}=10+0=10$$
$$EF_{5-6}=ET_5+D_{5-6}=12+4=16; \qquad EF_{6-7}=ET_6+D_{6-7}=16+0=16$$
$$EF_{6-8}=ET_6+D_{6-8}=16+0=16; \qquad EF_{7-9}=ET_7+D_{7-9}=18+4=22$$
$$EF_{8-9}=ET_8+D_{8-9}=16+2=18; \qquad EF_{9-10}=ET_9+D_{9-10}=22+2=24$$

（6）计算工作的最迟完成时间

工作的最迟完成时间可按式（6-21）计算，即：

$$LF_{1-2}=LT_2=6; \qquad LF_{2-3}=LT_3=12; \qquad LF_{2-4}=LT_4=14; \qquad LF_{3-5}=LT_5=14$$
$$LF_{3-7}=LT_7=18; \qquad LF_{4-5}=LT_5=14; \qquad LF_{5-6}=LT_6=18; \qquad LF_{6-7}=LT_7=18$$
$$LF_{6-8}=LT_8=20; \qquad LF_{7-9}=LT_9=22; \qquad LF_{8-9}=LT_9=22; \qquad LF_{9-10}=LT_{10}=24$$

（7）计算工作最迟开始时间

工作的最迟开始时间可按式（6-22）计算，即：

$$LS_{1-2}=LT_2-D_{1-2}=6-6=0; \qquad LS_{2-3}=LT_3-D_{2-3}=12-6=6$$
$$LS_{2-4}=LT_4-D_{2-4}=14-4=10; \qquad LS_{3-5}=LT_5-D_{3-5}=14-0=14$$
$$LS_{3-7}=LT_7-D_{3-7}=18-6=12; \qquad LS_{4-5}=LT_5-D_{4-5}=14-0=14$$
$$LS_{4-8}=LT_8-D_{4-8}=20-2=18; \qquad LS_{5-6}=LT_6-D_{5-6}=18-4=14$$
$$LS_{6-7}=LT_7-D_{6-7}=18-0=18; \qquad LS_{6-8}=LT_8-D_{6-8}=20-0=20$$
$$LS_{7-9}=LT_9-D_{7-9}=22-4=18; \qquad LS_{8-9}=LT_9-D_{8-9}=22-2=20$$
$$LS_{9-10}=LT_{10}-D_{9-10}=24-2=22$$

（8）计算工作总时差

工作的总时差应按式（16-23）计算，即：

$$TF_{1-2}=LT_2-ET_1-D_{1-2}=6-0-6=0; \qquad TF_{2-3}=LT_3-ET_2-D_{2-3}=12-6-6=0$$
$$TF_{2-4}=LT_4-ET_2-D_{2-4}=14-6-4=4; \qquad TF_{3-5}=LT_5-ET_3-D_{3-5}=14-12-0=2$$
$$TF_{3-7}=LT_7-ET_3-D_{3-7}=18-12-6=0; \qquad TF_{4-5}=LT_5-ET_4-D_{4-5}=14-10-0=4$$
$$TF_{4-8}=LT_8-ET_4-D_{4-8}=20-10-2=8; \qquad TF_{5-6}=LT_6-ET_5-D_{5-6}=18-12-4=2$$
$$TF_{6-7}=LT_7-ET_6-D_{6-7}=18-16-0=2; \qquad TF_{6-8}=LT_8-ET_6-D_{6-8}=20-16-0=4$$
$$TF_{7-9}=LT_9-ET_7-D_{7-9}=22-18-4=0; \qquad TF_{8-9}=LT_9-ET_8-D_{8-9}=22-16-2=4$$
$$TF_{9-10}=LT_{10}-ET_9-D_{9-10}=24-22-2=0$$

（9）计算工作自由时差

工作的自由时差应按式（16-24）计算，绘制示意图见图16-18。即：

$$FF_{1-2}=ET_2-ET_1-D_{1-2}=6-0-6=0; \qquad FF_{2-3}=ET_3-ET_2-D_{2-3}=12-6-6=0$$
$$FF_{2-4}=ET_4-ET_2-D_{2-4}=10-6-4=0; \qquad FF_{3-5}=ET_5-ET_3-D_{3-5}=12-12-0=0$$
$$FF_{3-7}=ET_7-ET_3-D_{3-7}=18-12-6=0; \qquad FF_{4-5}=ET_5-ET_4-D_{4-5}=12-10-0=2$$

$$FF_{4\text{-}8}=ET_8-ET_4-D_{4\text{-}8}=16-10-2=4; \quad FF_{5\text{-}6}=ET_6-ET_5-D_{5\text{-}6}=16-12-4=0$$

$$FF_{6\text{-}7}=ET_7-ET_6-D_{6\text{-}7}=18-16-0=2; \quad FF_{6\text{-}8}=ET_8-ET_6-D_{6\text{-}8}=16-16-0=0$$

$$FF_{7\text{-}9}=ET_9-ET_7-D_{7\text{-}9}=22-18-4=0; \quad FF_{8\text{-}9}=ET_9-ET_8-D_{8\text{-}9}=22-16-2=4$$

$$FF_{9\text{-}10}=ET_{10}-ET_9-D_{9\text{-}10}=24-22-2=0$$

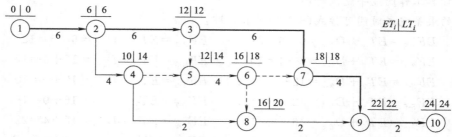

图 16-18　双代号网络计划按节点法计算时间参数

16.3　单代号网络计划

16.3.1　单代号网络图的构成

单代号网络图是以节点及其编号表示工作，以箭线表示工作之间逻辑关系的网络图，并在节点中加注工作代号、工作名称和持续时间，以形成单代号网络计划，如图 16-19 所示。单代号网络图由节点、箭线和线路构成。

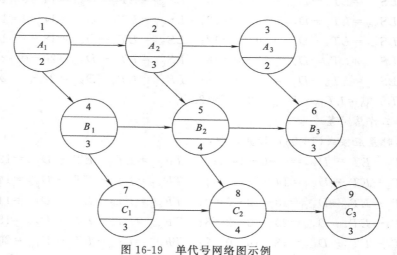

图 16-19　单代号网络图示例

（1）节点

单代号网络图中，节点表示工作。节点一般用圆圈或矩形表示，工作名称、持续时间以及工作代号（以数字表示）等应标注在节点内，如图 16-20 所示。

单代号网络图中，节点必须编号，编号标注在节点内，其号码可间断，但严禁重复。箭线的箭尾节点编号应小于箭头节点的编号。一项工作必须有唯一的一个节点及相应的一个编号。

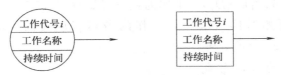

图 16-20　单代号网络图节点的表示方法

（2）箭线

单代号网络图中，箭线表示相邻工作之间的逻辑关系，既不占用时间，也不消耗资源。箭线应画成水平直线、折线或斜线。箭线水平投影的方向应自左向右，表示工作的行进方向。

（3）线路

与双代号网络图中线路的含义相同，单代号网络图的线路是指从起点节点至终点节点，沿箭线方向顺序经过一系列箭线与节点的通路。单代号网络图中，各条线路应用该线路上的节点编号从小到大依次表述。其中持续时间最长的线路为关键线路，其余线路为非关键线路。

与双代号网络图相比，单代号网络图具有以下特点：

① 工作之间的逻辑关系容易表达，且不用虚箭线，故绘图较简单，编制计划产生逻辑错误的概率较小。

② 网络图便于检查和修改。

③ 由于工作持续时间表示在节点内，没有长度，故不够直观，不便于绘制时标网络计划，更不能据图优化。

④ 表示工作之间逻辑关系的箭线可能产生较多的纵横交叉现象。

16.3.2　单代号网络图的绘制

单代号网络图的绘图规则与双代号网络图的绘图规则基本相似，主要有：

① 单代号网络图必须正确表达已确定的逻辑关系。

② 单代号网络图中，严禁出现循环回路。

③ 单代号网络图中，不能出现双向箭头或无箭头的连线。

④ 单代号网络图中，不能出现没有箭头或箭尾节点的箭线。

⑤ 绘制单代号网络图时，箭线不宜交叉，当交叉不可避免时，可采用过桥法或指向法绘制。

⑥ 单代号网络图中只应有一个起点节点和一个终点节点。当网络图中有多项起点节点或多项终点节点时，应在网络图的两端分别设置一项虚工作，作为该网络图的起点节点和终点节点。

单代号网络图的绘制与双代号网络图相似，在此不再详述。

16.3.3　单代号网络时间参数的计算

16.3.3.1　时间参数的概念

用节点表示工作是单代号网络图的特点，节点编号就是工作的代号，箭线只表示工作的顺序关系，因此并不像双代号网络图那样，要区分节点时间和工作时间。单代号网络计划时间参数包括：工作的持续时间（D_i），工作的最早开始时间（ES_i），工作的最早完成时间（EF_i），工作的最迟开始时间（LS_i），工作的最迟完成时间（LF_i），工作的总时差（TF_i），工作的自由时差（FF_i）等。

16.3.3.2 时间参数的标注形式

单代号网络计划时间参数应按图 16-21 的形式标注。

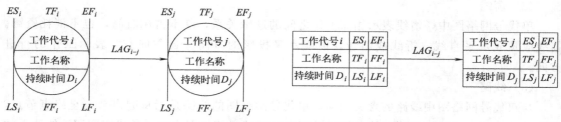

图 16-21 单代号网络计划时间参数的标注形式

16.3.3.3 时间参数的计算方法

单代号网络计划时间参数的计算应在确定各项工作的持续时间之后进行。时间参数的计算顺序和计算方法基本上与双代号网络计划时间参数的计算相同。单代号网络计划时间参数的计算步骤如下。

（1）计算最早开始时间和最早完成时间

网络计划中各项工作的最早开始时间和最早完成时间的计算应从网络计划的起点节点开始，顺着箭线方向依次逐项计算。

起点节点的最早开始时间 ES_i 如无规定时，其值等于 0，即：

$$ES_i = 0 \qquad (i=1) \tag{16-25}$$

工作最早完成时间等于该工作最早开始时间加上其持续时间，即：

$$EF_i = ES_i + D_i \tag{16-26}$$

其他工作的最早开始时间 ES_i 等于该工作的各个紧前工作 h 的最早完成时间 EF_h 的最大值，即：

$$ES_i = \max\{EF_h\} \tag{16-27}$$

或

$$ES_i = \max\{ES_h + D_h\} \tag{16-28}$$

式中　ES_h——工作 i 的紧前工作 h 的最早开始时间；

　　　D_h——工作 i 的紧前工作 h 的持续时间。

（2）计算网络计划的计算工期 T_c

T_c 等于网络计划的终点节点 n 的最早完成时间 EF_n，即：

$$T_c = EF_n \tag{16-29}$$

（3）计算相邻两项工作之间的时间间隔 LAG_{i-j}

相邻两项工作 i 和 j 之间的时间间隔 LAG_{i-j} 等于紧后工作 j 的最早开始时间 ES_j 和本工作的最早完成时间 EF_i 之差，即：

$$LAG_{i-j} = ES_j - EF_i \tag{16-30}$$

终点节点与其紧前工作的时间间隔为：

$$LAG_{i-n} = T_p - EF_i \tag{16-31}$$

（4）计算工作总时差 TF_i

工作 i 的总时差 TF_i 应从网络计划的终点节点开始，逆着箭线方向依次逐项计算。

网络计划终点节点的总时差 TF_n，如计划工期等于计算工期，其值为 0，即：

$$TF_n = 0 \tag{16-32}$$

其他工作 i 的总时差 TF_i 等于该工作的各个紧后工作 j 的总时差 TF_j 加该工作与其紧后工作之间的时间间隔 LAG_{i-j} 之和的最小值，即：

$$TF_i = \min\{TF_j + LAG_{i-j}\} \tag{16-33}$$

其他工作 i 的总时差 TF_i 也可按以下两式计算：

$$TF_i = LS_i - ES_i \tag{16-34}$$

$$TF_i = LF_i - EF_i \tag{16-35}$$

（5）计算工作自由时差 FF_i

工作 i 若无紧后工作，其自由时差 FF_i 等于计划工期 T_p 减该工作的最早完成时间 EF_n，即：

$$FF_n = T_p - EF_n \tag{16-36}$$

当工作 i 有紧后工作 j 时，其自由时差 FF_i 等于该工作与其紧后工作 j 之间的时间间隔 LAG_{i-j} 的最小值，即：

$$FF_i = \min\{LAG_{i-j}\} \tag{16-37}$$

（6）计算工作的最迟开始时间和最迟完成时间

工作 i 的最迟开始时间 LS_i 等于该工作的最早开始时间 ES_i 与其总时差 TF_i 之和，即：

$$LS_i = ES_i + TF_i \tag{16-38}$$

工作 i 的最迟完成时间 LF_i 等于该工作的最早完成时间 EF_i 与其总时差 TF_i 之和，即：

$$LF_i = EF_i + TF_i \tag{16-39}$$

16.4 其他网络计划

16.4.1 单代号搭接网络计划

在普通双代号和单代号网络计划中，各项工作按依次顺序进行，即任何一项工作都必须在它的紧前工作全部完成后才能开始。

图 16-22(a) 以横道图表示相邻的 A、B 两项工作，A 工作进行 4d 后 B 工作即可开始，而不必要等 A 工作全部完成。这种情况若按依次顺序用网络图表示就必须把 A 工作分为两部分，即 A_1 和 A_2 工作，以双代号网络图表示如图 16-22(b) 所示，以单代号网络图表示则如图 16-22(c) 所示。

但在实际工作中，为了缩短工期，许多工作可采用平行搭接的方式进行。为了简单直接地表达这种搭接关系，使编制网络计划得以简化，于是出现了搭接网络计划方法。单代号搭接网络图如图 16-23 所示。其中起点节点 St 和终点节点 Fin 为虚拟节点。

单代号搭接网络图中，每一个节点表示一项工作，用圆圈或矩形表示。箭线及其上面的时距符号表示相邻工作间的逻辑关系，如图 16-24 所示。

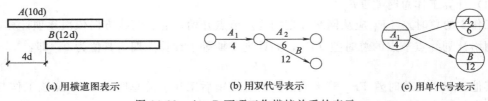

(a) 用横道图表示　　　　　(b) 用双代号表示　　　　　(c) 用单代号表示

图 16-22　A、B 两项工作搭接关系的表示

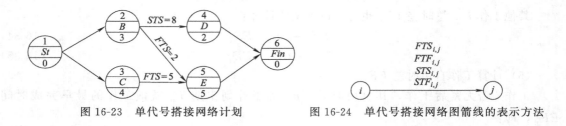

图 16-23　单代号搭接网络计划　　　　图 16-24　单代号搭接网络图箭线的表示方法

工作的搭接顺序关系是用前项工作的开始或完成时间与其紧后工作的开始或完成时间之间的间距来表示，具体有四类：

$FTS_{i,j}$——工作 i 完成时间与其紧后工作 j 开始时间的时间间距；

$FTF_{i,j}$——工作 i 完成时间与其紧后工作 j 完成时间的时间间距；

$STS_{i,j}$——工作 i 开始时间与其紧后工作 j 开始时间的时间间距；

$STF_{i,j}$——工作 i 开始时间与其紧后工作 j 完成时间的时间间距。

搭接网络计划与非搭接网络计划两者在时间参数计算方面存在一定差异，其计算步骤可大致归纳如下：

① 根据工作之间具体搭接关系的不同，分别计算工作的最早可以开始时间和最早可以完成时间；

② 确定网络计划计算工期；

③ 由①计算结果，结合各类时间间距及其具体取值，计算每相邻两项工作的时间间隔；

④ 计算工作总时差及自由时差；

⑤ 由①、④计算结果确定工作的最迟必须开始时间及最迟必须完成时间；

⑥ 依据相邻两工作的时间间隔最小原则确定关键线路。

16.4.2　双代号时标网络计划

（1）双代号时标网络计划的基本概念

时标网络计划是指以时间坐标为尺度编制的网络计划。在一般的网络计划中，箭线长短并不表明时间的长短，而在时标网络计划中，箭线长短和所在位置即表示工作的时间进程，便于计划管理人员一目了然地从网络图中看出各项工作的开工与完工时间，在充分把握工期限制条件的同时，通过观察工作时差，实施各种控制活动，适时调整、优化计划。

时标网络计划按工作表达方法不同，可分为用箭线表示工作的双代号时标网络计划和用节点表示工作的单代号时标网络计划。按绘制方法可分为间接绘制法和直接绘制法：间接绘制法是指先进行网络计划时间参数的计算，再根据计算结果绘图；直接绘制法是指不通过时间参数计算这一过渡步骤，直接绘制时标网络图。采用间接绘制法绘制时标网络图，有助于结合绘图过程，深入理解时间参数概念；而利用直接绘制法绘图，其优点是过程直接，因而生成计划较为快捷。本小节将主要介绍双代号时标网络计划。

双代号时标网络计划是以时间坐标为尺度编制的双代号网络计划，其构图要素包括实箭线、节点、虚箭线和波形线，其中实箭线、节点、虚箭线所表示的含义与非时标网络图相同，波形线用于表示工作的自由时差。

双代号时标网络计划具有如下特点：

① 时标网络计划兼有网络计划与横道图计划的优点，它能够清楚地表明计划的时间时程，使用方便；

② 时标网络计划能在图上直接显示出各项工作的开始与完成时间、工作的自由时差及关键线路；

③ 在时标网络计划中可以统计每一个单位时间对资源的需要量，以便进行资源优化和调整；

④ 由于箭线受到时间坐标的限制，当情况发生变化时，对网络计划的修改比较麻烦，往往要重新绘图。但在使用计算机以后，这一问题已较容易解决。

（2）双代号时标网络计划的一般规定

① 双代号时标网络计划必须以水平时间坐标为尺度表示工作时间。时标的时间单位应根据需要在编制网络计划之前确定，可为时、天、周、月或季。

② 时标网络计划中所有符号在时间坐标上的水平投影位置，都必须与其时间参数相对应。节点中心必须对准相应的时标位置。

③ 时标网络计划中虚工作必须以垂直方向的虚箭线表示，有自由时差时加波形线表示。

（3）双代号时标网络计划的编制

编制时标网络计划之前，应先按事先确定的时间单位绘制时标网络计划表，如表16-3所示。

表 16-3　时标网络计划表

日历										…
时间单位	1	2	3	4	5	6	7	8	9	…
网络计划										…
时间单位	1	2	3	4	5	6	7	8	9	…

编制时标网络计划，应先绘制非时标网络图草图，然后再按间接或直接绘制法绘图。

间接绘制法：先绘制出时标网络计划，计算各工作的最早时间参数，再根据最早时间参数在时标计划表上确定节点位置，连线完成。某些工作箭线长度不足以达到该工作的完成节点时，用波形线补足。

直接法绘制：根据网络计划中工作之间的逻辑关系及各工作的持续时间，直接在时标计划表上绘制时标网络计划。绘制步骤如下：

① 将起点节点定位在时标表的起始刻度线上；

② 按工作持续时间在时标计划表上绘制起点节点的外向箭线；

③ 其他工作的开始节点必须在其所有紧前工作都绘出以后，定位在这些紧前工作最早完成时间最大值的时间刻度上，某些工作的箭线长度不足以到达该节点时，用波形线补足，

箭头画在波形线与节点连接处；

④ 用上述方法从左至右依次确定其他节点位置，直至网络计划终点节点定位，绘图完成。

【例 16-4】 以图 16-13 所示的工程为例说明双代号时标网络计划的直接绘制法。

解：

按照直接法的绘制步骤，可得到时标网络计划图如图 16-25。

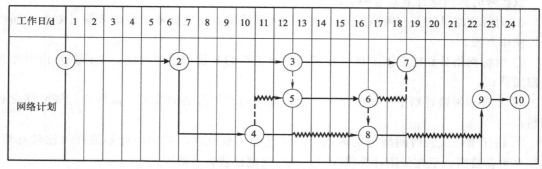

图 16-25 双代号时标网络计划

16.5 网络计划的优化

在土木工程施工中，初始网络计划虽然以工作顺序关系确定了施工组织的合理关系和各时间参数，但这仅仅是网络计划的一个最初方案，一般还需要使网络计划中的各项参数符合工期要求、资源供应和工程成本最低等约束条件。这不仅取决于各工作在时间上的协调是否合适，而且取决于劳动力、资源能否合理分配。要做到这些，必须对初始网络计划进行优化。

网络计划的优化，就是在一定的约束条件下，按某种预期目标，对初始网络计划进行改进，从而寻求满意的计划方案。网络计划的优化目标，按计划任务的需要和条件选定，有工期目标、资源目标和费用目标等。

网络计划优化的原理：一是利用时差，即通过改变原定计划中的工作开始时间，调整资源分布，满足资源限定条件；二是利用关键线路，对关键工作适当增加资源来缩短该关键工作的持续时间，从而达到缩短工期的目的。

16.5.1 工期优化

所谓工期优化，是指当网络计划的计算（计划）工期不满足限定工期要求时（即 $T_c > T_r$），通过压缩计算工期使其满足工期要求（即 $T_c \leqslant T_r$），或在一定的约束条件下使工期最短。

工期优化的步骤如下：

① 进行网络计划时间参数计算，确定计算工期并找出关键线路。

② 按要求工期计算应缩短时间，有：$\Delta T = T_c - T_r$。式中，T_c 为网络计划的计算工期，T_r 为网络计划的要求工期。

③ 选择应优先缩短工作持续时间的关键工作。选择时应按下列原则进行：缩短工作持

续时间费用增加最少；缩短工作持续时间对工程质量和安全影响不大；有充足的资源供应。

④ 将所选择的关键工作压缩至最短持续时间，重新计算网络计划的时间参数，并找出关键线路。若被压缩的关键工作变成了非关键工作，则应将其持续时间适当延长，使其仍为关键工作。

⑤ 若计算工期 T_c 仍超过要求工期 T_r，则重复以上步骤，直到满足工期要求或工期已不能压缩为止。

⑥ 如果所有关键工作的持续时间都已压缩至最短持续时间而工期仍不满足要求时，应对原计划的技术、组织方案进行调整，或对要求工期重新审定。

【例 16-5】 某初始网络计划如图 16-26 所示，箭线下括号外的数字为工作的正常持续时间，括号内的数字为最短持续时间，假定要求工期为 40d，工作的优先压缩顺序依次为 G、B、C、H、E、D、A、F。试对该网络计划进行优化。

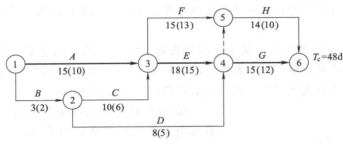

图 16-26 某工程初始网络计划

解：

① 由图 16-27 可知，初始网络计划的计算工期 $T_c = 48$d，关键工作为 A、E、G；

② 确定网络计划应压缩的工期，$\Delta T = T_c - T_r = 48 - 40 = 8$(d)；

③ 根据压缩优先顺序，先将 G 压缩至最短持续时间（即 12d），此时，关键线路转变为 A-E-H，计算工期 $T_{c1} = 47$d，为使 A-E-G 仍为关键线路，应将工作 G 延长 2d，即工作 G 的持续时间为 14d；

④ 由于 $T_{c1} = 47$d 仍超出要求工期 7d，因此，应进一步压缩计算工期。为使工期压缩有效，应同时压缩 A-E-G、A-E-H 两条关键线路，依据压缩优先次序及限度要求，可同时压缩 G、H 工作各 2d，压缩后计算工期 $T_{c2} = 45$d。

⑤ 按以上步骤，继续压缩工作 E 至 15d，经计算 $T_{c3} = 42$d，然后再压缩工作 A 至 13d，此时 $T_{c4} = 40$d，满足要求工期。

优化后的网络计划如图 16-27 所示。

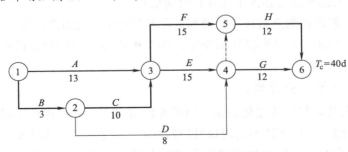

图 16.27 优化后的网络计划图

16.5.2 资源优化

所谓资源是指为完成一项计划任务所需投入的人力、材料、机械设备和资金等。完成一项工程任务所需要的资源量基本是不变的，不可能通过资源优化将其减少。资源优化的目的是通过改变工作的开始时间和完成时间，使资源按照时间的分布符合优化目标。

通常情况下，网络计划的资源优化分为两类问题，即"资源有限，工期最短"和"工期固定，资源均衡"。

16.5.2.1 资源有限，工期最短

该优化是通过调整计划安排，以满足资源限制条件，并使工期增加最少的过程。优化的步骤如下：

① 根据初始网络计划，绘制时标网络计划，并计算出网络计划每个时间单位的资源需用量（网络计划中各项工作在某一单位时间内所需某种资源数量之和，第 t 天资源需要量用 R_t 表示）。

② 从网络计划开始日期起，从左至右检查每个时段资源需用量是否超过资源限量（单位时间内可供使用的某种资源的最大数量，用 R_a 表示。），如果整个网络计划都满足 $R_t < R_a$，则该网络计划已经达到优化要求，否则，必须进行网络计划的调整。

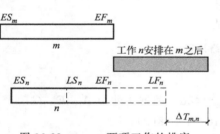

图 16-28 m、n 两项工作的排序

③ 分析超过资源限量的时段，如果在该时段内有几项工作平行作业，则采取将一项工作安排在与之平行的另一项工作之后进行的方法，以降低该时段的资源需用量。

对于两项平行作业的工作 m 和工作 n，为了降低相应的资源需要量，现将工作 n 安排在 m 之后进行，如图 16-28 所示。

此时，网络计划的工期延长值为：

$$\Delta T_{m,n} = EF_m + D_n - LF_n = EF_m - (LF_n - D_n) = EF_m - LS_n \tag{16-40}$$

式中 $\Delta T_{m,n}$——将工作 n 安排在 m 之后进行网络计划的工期延长值；

  EF_m——工作 m 的最早完成时间；

  LF_n——工作 n 的最迟完成时间；

  LS_n——工作 n 的最迟开始时间。

这样，在有资源冲突的时段中，对平行作业的工作进行两两排序，即可得出若干个 $\Delta T_{m,n}$，选择其中最小的 $\Delta T_{m,n}$，将相应的工作 n 安排在工作 m 之后进行，既可降低该时段的资源需用量，又使网络计划的工期延长时间最短。

④ 对调整后的网络计划重新计算，得到每个时间单位的资源需用量。

⑤ 重复上述②～④，直至网络计划整个工期范围内每个时间单位的资源需用量均满足资源限量为止。

16.5.2.2 工期固定，资源均衡

"工期固定，资源均衡"的优化是在工期不变的情况下，使资源分布尽量均衡，即在资源需用量的动态曲线上，尽可能不出现短时期的高峰和低谷，力求每个时段的资源需用量接近于平均值。资源均衡可以有效地减少施工现场各种临时设施的规模，从而可以节省施工

费用。

衡量资源需用量的均衡程度常用不均衡系数 K（单位时间内最大资源需用量与平均需用量之比）、极差值 ΔR（单位时间资源需用量与平均需用量之差的最大绝对值）或方差等表达。优化的大致步骤如下：

① 按照各项工作的最早开始时间安排进度计划，并计算网络计划每个时间单位的资源需用量。

② 从网络计划的终点节点开始，按工作完成节点编号值从大到小的顺序依次进行调整。对完成节点为同一个节点的工作，须先调整开始时间较迟者。

③ 在所有工作都按上述顺序进行了一次调整之后，再按该顺序逐次进行调整，直至所有工作既不能向右移也不能向左移为止。

16.5.3 费用优化

在网络计划优化过程中，随着工期缩短，工程的施工费用往往发生变化，在工期与费用之间存在着最佳平衡点。费用优化就是寻求工程总成本最低时的工期安排，或按要求工期寻求最低成本的计划安排的过程。因此，费用优化又叫工期-成本优化。

16.5.3.1 工期与成本的关系

（1）工程成本与工期的关系

工程成本由直接费与间接费组成。直接费由人工费、材料费、机械使用费以及措施费等组成，在一定的时间范围内，工程直接费随着工期的增加而减少。间接费包括企业管理费、规费等，一般随着工期的缩短而减少。工程成本与工期的关系如图 16-29 所示。

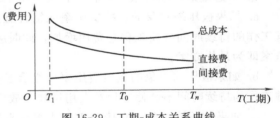

图 16-29 工期-成本关系曲线

（2）工作直接费与持续时间的关系

由于网络计划的工期取决于关键工作的持续时间，为了进行工期成本优化，必须分析网络计划中各项工作的直接费与持续时间之间的关系，它是网络计划工期优化的基础。工作的直接费与持续时间之间的关系类似于工程直接费与工期之间的关系，工作的直接费随着持续时间的缩短而增加，如图 16-30 所示。图中，DN、CN 分别为工作的正常持续时间及按正常持续时间完成工作所需直接费，DC、CC 分别为工作的最短持续时间及按最短持续时间完成工作所需直接费。一般为简化计算，工作的直接费与持续时间之间的关系近似地认为是一条直线。

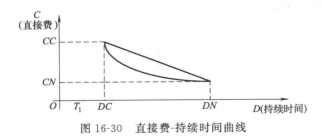

图 16-30 直接费-持续时间曲线

工作的持续时间每缩短单位时间而增加的直接费称为直接费用率。直接费用率 $\alpha_{i\text{-}j}^D$ 可用下式计算：

$$\alpha_{i\text{-}j}^D = \frac{CC_{i\text{-}j} - CN_{i\text{-}j}}{DN_{i\text{-}j} - DC_{i\text{-}j}}$$

(16-41)

上式表明：工作的直接费用率越大，将该工作的持续时间缩短一个时间单位而增加的直接费就越多；反之，将该工作的持续时间缩短一个时间单位所需增加的直接费就越少。因此，在压缩关键工作的持续时间以达到缩短工期目的的同时，应将直接费用率最小的关键工作作为压缩对象。当有多条关键线路出现而需要同时压缩多个关键工作的持续时间时，应将它们的直接费用率之和（组合直接费用率）最小者作为压缩对象。

16.5.3.2 费用优化方法

费用优化的基本思路：不断地在网络计划中找出直接费用率（或组合直接费用率）最小的关键工作，缩短其持续时间，同时考虑间接费随工期缩短而减少的数值，最后求得工程总成本最低时的最优工期安排或按要求工期求得最低成本的计划安排。优化的步骤如下：

① 按工作的正常持续时间确定网络计划的计算工期和关键线路。

② 计算各项工作的直接费用率。

③ 当只有一条关键线路时，应找出直接费用率最小的一项关键工作，作为缩短持续时间的对象；当有多条关键线路时，应找出组合直接费用率最小的一组关键工作，作为缩短持续时间的对象。

④ 对选定的压缩对象，比较其直接费用率或组合直接费用率与工程间接费用率的大小。

a. 如果被压缩对象的直接费用率或组合直接费用率大于工程间接费用率，说明压缩关键工作的持续时间会使工程总费用增加，此时应停止缩短关键工作的持续时间，在此之前的方案即为最优方案。

b. 如果被压缩对象的直接费用率或组合直接费用率等于工程间接费用率，说明压缩关键工作的持续时间不会使工程总费用增加，故应缩短关键工作的持续时间。

c. 如果被压缩对象的直接费用率或组合直接费用率小于工程间接费用率，说明压缩关键工作的持续时间会使工程总费用减少，故应缩短关键工作的持续时间。

⑤ 当需要缩短关键工作的持续时间时，其缩短值的确定必须符合下列原则：

a. 缩短后工作的持续时间不能小于其最短持续时间。

b. 缩短持续时间的关键工作不能变成非关键工作。

⑥ 计算关键工作持续时间缩短后相应增加的总费用。

⑦ 重复③～⑥，直至计算工期满足要求工期或被压缩对象的直接费用率或组合直接费用率大于工程间接费用率为止。

⑧ 计算优化后的工程总费用。

第17章

施工组织设计

📖 **知识要点**

本章的主要内容有：施工组织设计的作用和分类，单位工程施工组织设计和施工组织总设计等。

📚 **学习目标**

通过学习，要求了解施工组织设计作用和分类，掌握单位工程施工组织设计的编制程序、依据和基本原则，施工方案和施工方法的确定、施工进度计划的确定以及施工平面图的绘制等；熟悉施工组织总设计的编制内容。

17.1 概述

施工组织设计是指导一个拟建工程进行施工准备和组织实施施工的基本的技术经济文件，是对施工活动实行科学管理的重要手段。它的任务是要对具体的拟建工程（建筑群或单个建筑物）的施工准备工作和整个的施工过程，在人力和物力、时间和空间、技术和经济、计划和组织等各方面作出全面合理的安排，以保证按照预定目标，优质、安全、高速和低耗地完成施工任务。

17.1.1 施工组织设计的作用

施工组织设计是对施工活动实行科学管理的重要手段之一，其作用主要表现在以下几个方面：

① 施工组织设计是实现基本建设计划、沟通工程设计和施工之间的桥梁。它既要体现拟建工程的设计和使用要求，又要符合建筑施工的客观规律，对施工的全过程起战略部署或战术安排的作用。

② 保证科学地进行组织施工，建立正常的施工程序，有计划地开展各项施工过程。

③ 保证各阶段施工准备工作及时地进行，它是指导各项施工准备工作的依据。

④ 保证劳动力、机具设备、物资材料等各项资源的供应和使用。

⑤ 协调各协作单位、各施工单位、各工种、各种资源，以及资金、时间和空间等各方面在施工程序、施工现场布置和使用上的相互关系。

⑥ 明确施工重点和影响工程进度的关键施工过程，并提出相应的技术、质量和安全施

工措施，从而保证施工顺利进行，按期保质保量完成施工任务。

总之，一个科学的施工组织设计，如能够在工程施工中得到贯彻实施，必然能够统筹安排施工的各个环节，协调好各方面的关系，使复杂的建筑施工过程有序合理地按科学程序顺利进行，从而保证建设项目的各项指标得以实现。

17.1.2 施工组织设计的分类

施工组织设计是一个总的概念，根据基本建设各个阶段、建设工程的规模、工程特点及工程的技术复杂程度等因素，可相应地编制不同类型与不同深度的施工组织设计。施工组织设计的类型，通常按施工组织设计编制的时间和编制的对象来划分。

17.1.2.1 按施工组织设计编制时间分类

在我国建筑市场运营机制下，承接建筑工程施工的主要渠道是建筑工程的招投标，为此，在编制施工组织设计时，通常依据招投标的时间，分别编制不同内容和要求的施工组织设计。

（1）标前施工组织设计

标前施工组织设计也称投标前施工组织设计，是在建筑工程投标之前编制的施工项目管理规划和实现各项目标的组织与技术措施的保证。标前施工组织设计主要依据招标文件进行编制，是对招标文件的响应与承诺。作为投标文件的主要内容，其对标书进行统一的规划和决策。标前施工组织设计体现了施工企业在投标工程的技术、施工管理等各方面的综合实力，是决定施工企业能否中标的关键因素，又是承包单位进行合同谈判、提出要约和承诺的根据和理由，也是拟定合同文本中相关条款的基础资料。标前施工组织设计的主要追求目标是中标和保证企业经济效益。

（2）标后施工组织设计

标后施工组织设计是在工程项目中标以后，以保证标前施工组织设计和已签订的施工合同中的要约和承诺为前提，以建设项目、施工企业及施工方案等各项因素为依据编制的，是规划和指导拟建工程项目施工全过程的详细的实施性施工组织设计。标后施工组织设计的追求目标是施工效率和企业经济效益。

施工组织设计依据其作用不同，其内容和编制的要求也不尽相同。标前施工组织设计是为了满足编制投标书和签订工程承包合同而编制的，作为投标文件的内容之一，对标书进行规划和决策。因此，标前施工组织设计在编制依据、工程概况、施工部署、施工准备等方面可以适当简化内容，其内容以突出规划性为主，重点突出本工程在施工方法、进度安排、质量控制等方面的个性化特点，简化共性内容，强调与投标、谈判、签约有关的内容。标后施工组织设计是为了满足施工准备和指导施工需要而编制的，其重点突出的是施工的作业和具体实施的特性。

17.1.2.2 按施工组织设计编制对象分类

根据编制对象的不同，施工组织设计一般可分为施工组织总设计、单位工程施工组织设计和分部（分项）工程施工组织设计三类。

（1）施工组织总设计

施工组织总设计是以一个建设项目或一个建筑群体为编制对象，规划其施工全过程的全局性、控制性施工组织文件。其作用是确定拟建工程的施工期限、施工顺序、主要施工方法、各种临时设施的需要量及施工现场总体布置方案等，提出各种技术物资资源的需要量，为进一步搞好施工准备创造条件。

施工组织总设计一般在初步设计或扩大初步设计被批准之后，由总承包单位负责组织编制，建设单位、设计单位和分包单位协助参加。

施工组织总设计是根据初步设计文件编制的，它是编制单位工程施工组织设计的依据。

施工组织总设计的主要内容包括：工程概况；施工部署与施工方案；施工总进度计划；施工准备工作；各项资源需求量计划；施工总平面图设计；主要经济技术指标。

（2）单位工程施工组织设计

单位工程施工组织设计是以一个单位工程为编制对象，用以规划和指导其全过程的各项施工活动的综合性技术经济文件。其作用在于为单位工程的施工作出具体部署，用以直接组织单位工程的施工。

单位工程施工组织设计一般是在全套施工图设计完成并通过多方会审后，在拟建工程开工前，由施工单位组织编制。

单位工程施工组织设计是根据施工图设计文件编制的，它是编制分部（分项）工程施工组织设计的依据。

单位工程施工组织设计的主要内容包括：工程概况与施工条件；施工方案与方法；单位工程施工进度计划；单位工程施工准备工作计划；各项资源需求量计划；单位工程施工平面图设计；技术组织措施、质量保证措施和安全施工措施；主要技术经济指标。

（3）分部（分项）工程施工组织设计

分部（分项）工程施工组织设计也称作分部（分项）工程施工作业设计，是以单位工程中的某分部（分项）工程为编制对象，用以指导和实施该分部（分项）工程施工全过程的各项施工活动的技术、经济和组织的综合性文件。通常情况下，分部（分项）工程施工组织设计用于单位工程中某些重要的、技术复杂的、施工难度大的，或采用新工艺、新技术施工的分部（分项）工程编制，是对单位工程施工组织设计的补充和细化。是以如深基础工程、无黏结预应力混凝土工程、特大构件的吊装、大量土石方工程、定向爆破工程等为对象编制的，其内容具体、详细，可操作性强，是直接指导分部（分项）工程施工的依据。

分部（分项）工程施工组织设计一般由施工企业的基层单位编制，它是直接指导该分部（分项）工程施工和编制月、旬施工作业计划的依据。

分部（分项）工程施工组织设计的主要内容包括：工程概况及施工特点分析；施工方法和施工机械的选择；分部（分项）工程的施工准备工作计划；各项资源需求量计划；技术组织措施、质量保证措施和安全施工措施；作业区施工平面布置图设计。

17.2 单位工程施工组织设计

17.2.1 编制程序、依据和基本原则

17.2.1.1 编制程序

单位工程施工组织设计的编制程序如图17-1所示。

17.2.1.2 编制依据

单位工程施工组织设计的编制依据主要包括以下几点。

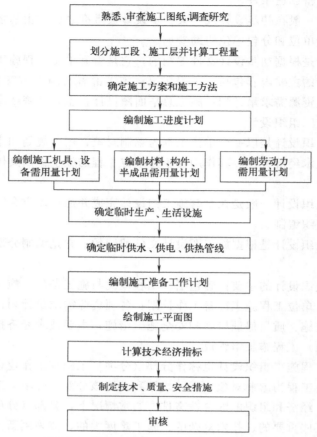

图 17-1 单位工程施工组织设计的编制程序

（1）主管部门的批示文件及建设单位要求

上级主管部门对该工程的有关批文和要求；建设单位的意见和对建筑施工的要求；签订的施工合同中的相关规定，如对该工程的开工、竣工日期要求，质量要求，对某些特殊施工技术的要求，采用的先进施工技术，建设单位能够提供的条件等。

（2）经过会审的施工图纸

通常包括该项工程的全部施工图纸、会审记录、设计变更、相关标准图和各项技术核定单等；对较复杂的建筑设备工程，还要有设备图纸和设备安装对土建施工的具体要求；设计单位对新结构、新材料、新技术和新工艺的要求。

（3）施工组织总设计

当该单位工程为整个建设项目中的一个项目时，必须按照施工组织总设计中的有关规定和要求进行编制，以保证整个建设工程项目的完整性。

（4）建筑施工企业年度施工计划

该项工程的施工安排应考虑本施工企业的年度施工计划，对本施工企业的材料、机械设备、劳动力和技术管理等有统筹的安排。

（5）工程预算文件

工程预算文件为编制施工组织设计提供了工程量和预算成本，为编制施工进度计划、进行方案比较等提供了依据。

（6）标准图集及规范、定额和规划等

国家的施工验收规范、质量标准、操作规程、建设法规、标准图集以及地方性标准图集、施工定额和地方性计价表等文件；建设项目的规划要求。

（7）各项资源供应情况

各项资源配备情况，如施工中需要的劳动力、施工机械和设备；主要建筑材料、成品、半成品的来源、运输条件、运输价格等。

（8）工程地质勘探和当地气候资料

施工现场的地形、地貌、地上与地下的障碍物、工程地质和水文地质情况、施工地区的气象资料；永久性和临时性水准点、控制线等；施工场地可利用的范围和面积；交通运输、道路情况等。

（9）建设单位可提供的条件

建设单位可提供的临时性房屋数量；施工用水、用电的供应情况等。

（10）类似工程的施工经验资料

调查和借鉴与该工程项目相类似工程的施工资料、施工经验、施工组织实例等。

17.2.1.3 编制的基本原则

编制单位工程施工组织设计，应遵循施工组织总设计的编制原则，同时还应遵循如下基本原则。

（1）做好现场工程技术资料的调查工作

工程技术资料，特别是现场的工程技术资料是编制单位工程施工组织设计主要根据。原始资料必须真实，数据要可靠，特别是水文、地质、材料供应、运输以及水电供应等资料。由于每个工程各有不同的难点、重点和关键部位，组织技术资料调查时应着重在施工难点、重点和关键部位进行资料的收集和调查。有了完整、确切的资料，并对工程的难点、重点和关键部位有了深入的把握，就可根据实际条件制定方案并且从中优选。

（2）严格遵守国家政策和合同规定的工程竣工及交付使用期限

总工期较长的大型建设项目，应根据生产的需要，安排分期分批建设，配套投产或交付使用，从而缩短工期，尽早地发挥建设投资的经济效益。

在确定分期分批施工的项目时，必须注意使每期竣工的项目可以独立地发挥效用，使主要的项目同有关的附属辅助项目同时完工，以便完工后可以立即交付使用。

（3）严格执行程序，合理安排施工顺序

土木工程施工有其本身的客观规律，按照反映这种规律的程序组织施工，才能保证各项施工活动相互促进，紧密衔接，避免不必要的重复工作，加快施工速度，缩短工期，降低施工成本。

（4）采用先进的施工技术和施工组织措施

采用先进的施工技术和施工组织措施是提高劳动生产率、保证工程质量、加快施工速度和降低工程成本的途径。应尽可能采用流水作业组织施工。

（5）土建施工与设备安装、装饰装修应密切配合

随着科学技术的发展、社会进步和物质条件的提高，建筑施工对象也日趋复杂化和高技术化。要完成一个工程的施工任务，必然涉及多工种、多专业的配合，对工程施工进度的影响也越来越大。单位工程的施工组织设计要有预见性和计划性，既要使各施工过程、专业工

种顺利进行施工，又要使它们尽可能实现搭接和交叉，以缩短施工工期，提高经济效益。如在工业建筑施工中，设备安装工程量较大，为了能使整个厂房提前投产，土建施工应为设备安装创造条件，并使设备安装时间尽可能与土建搭接，特别是对于电站、化工厂及冶金工厂等，设备安装与土建施工的搭接关系更为密切。在土建与设备安装搭接施工时，应考虑到施工安全和对设备的污染，最好采取分区分段进行的方法。另外，对于预埋在建筑结构内部的水电管线、卫生设备的安装，必须做好与土建的交叉配合，以免建筑结构或装饰工程完成后再凿开埋设，造成人力、物力和经济的损失。

（6）确保工程质量和施工安全

在单位工程施工组织设计中，必须提出确保工程质量的技术措施和施工安全措施，尤其是对采用的新技术、新工艺和本施工单位较生疏的施工工艺，应有确定的施工质量、施工安全的保证体系和组织机构。

（7）组织好季节性施工项目

对于那些必须安排在冬期、雨期施工的项目，应落实各项季节性施工措施，以提高施工质量，保证施工的连续性和均衡性。对使用农民工较多的工程，还应考虑农忙时劳动力调配的问题。

（8）节约费用和降低工程成本

在单位工程施工组织设计中，就提出节约施工费用、降低工程成本的措施，如：合理布置施工平面，减少构件和材料的二次搬运；合理安排进度，充分发挥施工机械的作用；合理选择运输方式和运输路线，降低运输成本。

（9）注重环境保护的原则

工程施工从某种程度上说就是对自然环境的破坏与改造。环境保护是我们可持续发展的前提。因此，在施工组织设计中应体现出对自然环境保护的具体措施，如建筑施工渣土的处理方式、建筑施工中的粉尘防护措施、施工过程中降低噪声的措施、避免或降低工程施工振动的措施等。

17.2.2　工程概况及施工条件

单位工程施工组织设计中的工程概况，是对拟建工程的工程特点、建设地点特征、施工条件、施工企业组织机构等方面所作的简要的、重点突出的文字说明。工程概况一般包括以下主要内容。

（1）工程建设概况

说明：拟建工程的建设单位，工程名称、性质、用途等；工程造价、建设资金来源、工程投资额等；开竣工日期；设计单位、施工单位、监理单位名称；施工图纸情况、施工合同、主管部门的有关文件或要求；组织施工的指导思想、编制说明等。

（2）建筑设计

说明：拟建工程的建筑面积、平面形状、平面组合情况、层数、层高、总高度和总长度等尺寸，通常附有拟建工程的平面、立面和剖面简图；室内外装饰材料要求、构造做法等；楼地面材料种类、做法等；门窗材料、油漆要求等；天棚构造做法和设计要求等；屋面保温隔热和防水层的构造做法；消防、排水和空调、环保等各方面的技术要求。

（3）结构设计

说明：拟建结构的基础类型、构造特点、埋置深度等；承重结构体系和类型；墙体、柱、梁、板等结构构件的材料、结构类型；预制构件的类型、重量、安装位置等；楼梯的构造形式和结构要求等。

（4）建设地点的特征

包括：工程所在位置、地形、地貌；工程与水文地质条件、不同深度的土质分析、冻结期间与冻层厚度；地下水位、水质、水量、流向等；气温、冬雨期起止时间、主导风向、风力等。

（5）施工条件

施工条件主要说明：场地的三通一平（水、电、道路畅通，场地平整）情况；现场临时设施、施工现场及周围环境等情况；当地资源、材料供应和各种预制构件加工供应条件；当地的运输条件和运输能力；劳动力特别是主要工程项目的技术工种、数量、技术水平等。

（6）工程施工特点

主要说明：单位工程施工的关键内容，以便在确定施工方案，组织材料、人力等资源供应，配备技术力量，编制施工进度计划，设计施工平面布置，落实施工准备工作等方面采取有效措施，保证重点施工顺利进行，降低工程成本，提高施工企业的经济效益。

（7）工程项目组织机构

主要说明：建筑施工企业对拟建工程进行项目管理所采取的组织形式、各类人员配备等情况。

17.2.3 施工方案与方法

施工方案与方法是单位工程施工组织设计的核心内容，施工方案与方法是否合理将直接影响工程的施工进度、质量、成本等一系列问题，因此必须从单位工程施工的全局出发慎重研究确定。

施工方案与方法一般包括以下内容：确定施工程序；划分施工段，确定施工起点流向；确定施工顺序；选择施工方法和施工机械等。为了防止施工方案的片面性，一般需对主要施工项目的几种可以采用的施工方案和施工方法作技术经济评价，使选定的施工方案和方法符合施工现场实际情况，技术先进，施工可行，经济合理。

17.2.3.1 确定施工程序

施工程序是指一个单位工程中形象部位之间或施工阶段间的先后客观次序，是建筑施工客观规律的反映。

① 一般应遵守"先地下、后地上""先土建、后设备""先主体、后围护""先结构、后装修"的基本原则，结合工程的具体情况，确定各分部工程之间的先后次序。

a. "先地下、后地上"是指在地上工程开始之前，尽量把管道、线路等地下设施和土方工程做好或基本完成，这样既可以为后续工程提供良好的施工场地，避免造成重复施工和影响施工质量，又可以避免对地上部分施工产生干扰。

b. "先土建、后设备"是指不论是工业建筑还是民用建筑，通常先进行土建工程的施工，再进行水、暖、电、煤气、洁具等建筑设备的施工。

c. "先主体、后围护"主要指框架结构。应注意在总的程序上设有合理的搭接。一般来说，多层民用建筑工程结构与装修以不搭接为宜，而高层建筑则应尽量搭接施工，以有效地节约时间。

d. "先结构、后装修"是指首先施工主体结构，再进行装修工程的施工。但对于工期要求较短的建筑工程，为了缩短工期，也可部分搭接施工，如有些临街建筑往往是上部主体结构施工时，下部一层或数层即先进行装修并开门营业，可以加快进度、提高效益。再如一些多层或高层建筑在进行一定层数的主体结构施工后，穿插搭接部分的室内装修施工，以缩短建设周期，加快施工进度。

② 合理安排土建施工与设备安装的施工程序。工业建筑除了土建施工及水、电、暖、煤气、洁具、通信等建筑设备以外，还有工业管道和工艺设备等生产设备的安装，为了早日竣工投产，不仅要加快土建施工速度，而且应根据厂房的工艺特点、设备的性质、设备的安装方法等因素，合理安排土建施工与设备安装之间的施工程序，确保施工进度计划的实现。通常情况下，土建施工与设备安装可采取以下三种施工程序：

a. 封闭式施工。即土建主体结构（或装饰装修工程）完成后，再进行设备安装的施工程序。适用于一般机械加工类或安装设备较简单的厂房。

封闭式施工的优点是：土建施工时，工作面不受影响，有利于构件就地预制、拼装和安装，起重机械路线选择自由度大；设备基础能在室内施工，不受气候影响；厂房的吊车可为设备基础施工及设备安装运输服务。

封闭式施工的缺点是：部分柱基回填土要重新挖填，运输道路要重新铺设，出现重复劳动；设备基础基坑挖土难以利用机械操作；如土质不佳时，设备基础挖土可能影响柱基稳定，需要增加加固措施，增加成本；不能提前为设备安装提供工作面；土建与机械设备安装依次作业，工期较长。

b. 敞开式施工。即先施工设备基础，进行设备安装，后建厂房的施工程序。适用于重型工业厂房，如电站、冶金厂房、水泥厂的主车间等。

敞开式施工的优缺点与封闭式施工相反。

c. 平行式施工。即土建施工与设备安装穿插进行或同时进行的施工程序。当土建施工为设备安装创造了必要的条件，且土建结构全封闭之后，设备无法就位，此时需土建与设备穿插进行施工。适用于多层的现浇结构厂房（如大型空调机房、火电厂输煤系统车间等）。在土建结构施工期间，同时进行设备安装施工，适用于钢结构和预制混凝土构件厂房。

17.2.3.2 确定施工起点流向

施工起点流向是单位工程在平面上和竖向上施工开始的部位和进展方向，主要解决施工项目在空间上的施工顺序是否合理的问题。

对于单层建筑物（如单层工业厂房等），只需按其车间、施工段或节间，分区分段地确定其平面上的施工起点流向；对于多层建筑物，除了确定其每层平面上的施工起点流向外，还需确定其层间或单元空间竖向上的施工起点流向，如多层房屋的内墙抹灰施工可采取自上而下，或自下而上进行。

施工起点流向的确定，影响到一系列施工过程的开展和进程，是组织施工的重要一环，一般应综合考虑以下几个因素：

① 单位工程的生产工艺流程。这是确定工业建筑施工起点流向的关键因素。

② 建设单位对单位工程投产或交付使用的工期要求。

③ 单位工程各部分复杂程度及施工过程之间的相互关系。一般应从复杂部分开始。

④ 单位工程高低层或高低跨并列时，应从高低层或高低跨并列处开始分别施工。

⑤ 单位工程如果基础深度不同时，应按先深后浅的顺序施工。

17.2.3.3　确定施工顺序

施工顺序是指分项工程或工序之间的施工先后次序，它的确定既是为了按照客观的施工规律组织施工，也是为了解决工种之间在时间上的搭接问题，在保证质量与安全施工的前提下，以期做到充分利用空间，争取实现降低工程成本、缩短工期的目的。

确定施工顺序应遵守如下原则：

① 符合施工工艺的要求。各个施工过程之间客观存在着一定的工艺顺序关系，随着房屋的结构和构造的不同而不同。在确定施工顺序时，必须服从这种关系，如混凝土的浇筑必须在模板安装、钢筋绑扎完成，并经隐蔽工程验收后才能开始；钢筋混凝土预制构件必须达到一定强度后才能吊装。

② 必须考虑施工方法和施工机械的要求。例如装配式单层工业厂房的构件吊装：如果采用分件吊装法，施工顺序应该是先吊柱，后吊吊车梁，最后吊屋架和屋面板；如果采用综合吊装法，则施工顺序应该是先吊装完一个节间的柱、吊车梁、屋架、屋面板之后，再吊装另一个节间的构件。

③ 必须考虑施工组织的要求。每一个施工企业都有其不同的施工组织措施，每一种建筑结构的施工也可以采用不同的施工组织措施，施工顺序应与不同的施工组织措施相适应。如地下室的混凝土地坪，可以在地下室的上层楼板铺设以前施工，也可以在上层板铺设以后施工。但是从施工组织的角度来看，前一种施工顺序比较合理，上部空间宽敞，便于利用吊装机械直接向地下室运输地坪浇筑所需的混凝土，而后者，其材料运输和施工较困难。

④ 必须考虑施工质量的要求。例如，基坑的回填土，特别是从一侧进行的室内回填土，必须在砌体达到必要的强度或完成一结构层的施工后才能开始，否则砌体的质量会受到影响。

⑤ 必须考虑当地的气候条件。建筑施工大部分以露天作业为主，受气候影响较大。在确定施工顺序时，应重视当地气候对施工的影响。在我国中南、华东地区施工时，应多考虑雨季施工的影响；华北、东北、西北地区施工时，应多考虑冬季施工的影响。如土方、砌体、混凝土、屋面等工程应尽量避开冬雨期，冬雨期到来之间，应先完成室外各项施工过程，为室内施工创造条件；冬季室内施工时，先安装玻璃，后做其他装饰工程，有利于保温和养护。

⑥ 必须考虑安全技术的要求。合理的施工顺序，必须使各施工过程的搭接不至于引起安全事故。例如，不能在同一施工段上一面吊装屋面板，一面又进行其他作业。多层房屋施工，只有在已经有层间楼板或紧固的临时铺板把一个一个楼层分隔开的条件下，才允许同时在各个楼层展开施工工作。

⑦ 必须符合国家标准规范的要求。即各施工分部工程和分项工程项目的划分，应尽量与有关标准和规范相一致。例如建筑工程施工项目的确定，有关分部工程、分项工程及施工过程的确定，应与《建筑工程施工质量验收统一标准》（GB 50300—2013）和《建设工程工程量清单计价规范》（GB 50500—2013）等相协调一致，以利于工程施工质量的验收和工程量的计算。在施工项目施工顺序的安排上，必须符合国家有关工种施工验收规范，特别是强制性标准条文的规定。

房屋建筑一般可分为地基与基础工程、主体结构工程、建筑装饰装修工程、建筑屋面工程四个阶段，其中主要的分项工程施工顺序如下。

浅基础的施工顺序为：清除地下障碍物→软弱地基处理（需要时）→挖土→垫层→砌筑

（或浇筑）基础→回填土。砖基础的砌筑中有时要穿插进行地梁施工，砖基础顶面还要浇筑防潮层。钢筋混凝土基础则包括绑扎钢筋→支承模板→浇筑混凝土→养护→拆模。如果基础开挖深度较大、地下水位较高，则在挖土前尚应进行土壁支护及降（排）水工作。

桩基础的施工顺序为：沉桩（或灌注桩）→挖土→垫层→承台→回填土。承台的施工顺序与钢筋混凝土浅基础类似。

主体结构常用的结构形式有混合结构、装配式钢筋混凝土结构（单层厂房居多）、现浇钢筋混凝土结构（框架、剪力墙、筒体）等。

混合结构的主导工程是砌墙和安装楼板。混合结构标准层的施工顺序为：弹线→砌筑墙体→过梁与圈梁施工→板底找平→安装楼板（浇筑楼板）。

装配式结构的主导工程是结构安装。单层厂房的柱和屋架一般在现场预制，预制构件达到设计要求的强度后可进行吊装。单层厂房结构安装可以采用分件吊装法或综合吊装法，但基本安装顺序都是相同的，即：吊装柱→吊装基础梁、连系梁、吊车梁等→扶直屋架→吊装屋架、天窗架、屋面板。支承系统穿插在其中进行。

现浇框架、剪力墙、筒体等结构的主导工程均是现浇钢筋混凝土工程。标准层的施工顺序为：弹线→绑扎柱、墙体钢筋→支柱、墙体模板→浇筑柱、墙体混凝土→拆除柱、墙体模板→支梁板模板→绑扎梁板钢筋→浇筑梁板混凝土。其中，柱、墙的钢筋绑扎在支模之前完成，而梁板的钢筋绑扎则在支模之后进行。柱、墙与梁板混凝土也可以一起浇筑。此外，施工中应考虑技术间歇。

建筑屋面工程包括屋面找平、屋面防水层等。卷材屋面防水层的施工顺序是：铺保温层（如需要）→铺找平层→刷冷底子油→铺卷材→铺隔热层。屋面工程在主体结构完成后开始，并应尽快完成，为顺利进行室内装饰工程创造条件。

一般的建筑装饰装修工程包括抹灰、勾缝、饰面、喷浆、门窗安装、玻璃安装、油漆等。装饰工程没有严格的顺序，同一楼层内的施工顺序一般为地面→天棚→墙面，有时也可以采用天棚→墙面→地面的顺序。内外装饰施工相互干扰很小，可以先外后内，也可先内后外，或者二者同时进行。

17.2.3.4 选择施工方法和施工机械

施工方法是指在单位工程施工中各分部分项工程过程的施工手段和施工工艺，属于单位工程施工方案中的施工技术问题。施工方法在施工方案中具有决定性的作用，施工方法一经确定，则施工机具设备、施工组织管理等各方面，都要围绕选定的施工方法进行安排。

施工方法和施工机械的选择在很大程度上受结构形式和建筑特征的制约。结构选型和施工方案是不可分割的，一些大型工程，往往在结构设计阶段就要考虑施工方法，并根据施工方法确定结构计算模式。

拟定施工方法时，应着重考虑影响整个单位工程施工的分部分项工程的施工方法，并应对关键技术路线上的分部分项工程予以重点考虑，而对于常规做法的分项工程则不必详细拟定。

在选择施工机械时，应首先选择主导工程的施工机械，然后根据建筑特点及材料、构件种类配备辅助机械，最后确定与施工机械相配套的专用工具设备。

垂直运输机械的选择是一项重要内容，它直接影响工程的施工进度，一般根据标准层垂直运输量（如砖、砂浆、模板、钢筋、混凝土、预制件、门窗、水电材料、装饰材料、脚手架等）来编制垂直运输量表，然后据此选择垂直运输方式和机械数量，再确定水平运输方式和机械数量。

17.2.3.5 施工方案的技术经济评价

在确定单位工程施工方案时，任何一个分部分项工程，通常都会有几个可行的施工方案，施工方案的技术经济评价的目的就是要在这些施工方案中进行选优，选择一个工期短、质量好、材料省、劳动力安排合理、成本低的最优方案，以提高工程施工的经济效益，降低工程成本和提高工程质量。

施工方案评价方法主要有定性分析法和定量分析法两种。

定性分析法主要是根据施工经验对施工方案进行优缺点分析比较，如技术上是否合理先进，施工复杂程度和安全可靠性如何，劳动力有无困难，是否充分发挥了现有机械的作用，方案是否能为后续工序提供有利条件，施工组织是否合理，是否能体现文明施工，等等。

定量分析法是通过计算出各个方案的几个主要技术经济指标，进行综合比较分析，从中选择技术经济指标较佳的方案。在进行施工方案的技术经济比较时，一般可先通过定性分析进行方案的初选，然后再对选中的方案进行定量分析。定量分析的主要指标有以下几点。

(1) 工期指标

当要求工程尽快完成以便尽早投入生产或使用时，选择施工方案就要在确保工程质量、安全和成本较低的条件下，优先考虑缩短工期。工期指数 t 按下式计算：

$$t = \frac{Q}{v} \tag{17-1}$$

式中　Q——工程量；

　　v——单位时间内计划完成的工程量（如采用流水施工，v 即为流水强度）。

(2) 劳动消耗量指标

劳动消耗量反映施工机械化程度与劳动生产率水平。通常，在方案中劳动消耗量越小，机械化程度和劳动生产率越高。劳动消耗量 N 包括主要工种用工 n_1、辅助用工 n_2 以及准备工作用工 n_3，即：

$$N = n_1 + n_2 + n_3 \tag{17-2}$$

劳动消耗量的单位为工日，有时也可用单位产品劳动消耗量（工日/m^3、工日/t 等）来计算。

(3) 主要材料消耗量指标

主要材料消耗量指标反映各施工方案主要材料消耗和节约情况，这里主要材料是指钢材、木材、水泥、化学建材等材料。

(4) 成本指标

成本指标可以综合反映采用不同施工方案时的经济效果，一般可用降低成本率 r_c 来表示，成本率计算为：

$$r_c = \frac{C_0 - C}{C_0} \tag{17-3}$$

式中　C_0——预算成本；

　　C——所采用施工方案的计划成本。

17.2.4 施工进度计划

单位工程施工进度计划，是在确定了施工方案的基础上，根据规定工期和各种资源供应条件，按照合理施工顺序及组织施工的原则，用图表（横道图或网络图）的形式，对单位工程从开始施工到竣工验收全过程在时间上和空间上的合理安排。

17.2.4.1 施工进度计划的作用与分类

（1）单位工程施工进度计划的作用

① 施工进度计划是控制工程施工进度和工程竣工期限等各项施工活动的计划，是直接指导单位工程施工全过程的重要技术文件之一。

② 确定单位工程各个施工过程的施工顺序、施工持续时间及相互衔接和合理配合的关系。

③ 是确定劳动力和各种资源需要量计划的依据，也是编制单位工程准备工作计划的依据。

④ 是施工企业编制季、旬、月生产作业计划的基础。

（2）单位工程施工进度计划的分类

单位工程施工进度计划应根据工程规模的大小、结构复杂程度、施工工期的长短等情况来确定类型，一般分为两类：

① 控制性施工进度计划。它是按分部工程来划分施工项目，控制各分部工程的施工时间及其相互配合、搭接关系的一种进度计划。

它主要适用于工程结构较复杂、规模较大、工期较长而需跨年度施工的工程，如大型公共建筑、大型工业厂房等；适用于规模不大或结构不复杂，但各种资源（劳动力、材料、机械等）不落实的情况；还适用于工程建设规模、建筑结构可能发生变化的情况。

② 指导性施工进度计划。它是按分项工程来划分施工项目，具体指导各分项工程的施工时间及其相互配合、搭接关系的一种进度计划。

它适用于施工任务具体明确、施工条件及各项资源供应满足施工要求、施工工期不太长的单位工程。

17.2.4.2 施工进度计划的编制依据

编制单位工程施工进度计划前应搜集和准备所需的相关资料，作为编制的依据，这些资料主要包括：

① 建设单位或施工合同规定的，并经上级主管机关批准的单位工程开工、竣工时间，即单位工程的要求工期。

② 施工组织总设计对本单位工程的有关规定和要求。

③ 建筑总平面图及单位工程全套施工图纸、地质地形图、工艺设计图、设备及其基础图，有关标准图等技术资料。

④ 已确定的单位工程施工方案与施工方法，包括施工程序、顺序、起点流向、施工方法与机械、各种技术组织措施等。

⑤ 所采用的劳动定额、机械台班定额等定额资料。

⑥ 施工条件资料，包括：施工现场条件、气候条件、环境条件、劳动力情况、材料等资源及成品、半成品的供应情况等。

⑦ 其他有关要求和资料，如已签订的施工合同、已建成的类似工程的施工进度计划等。

17.2.4.3 施工进度计划的表示方法

施工进度计划一般用图形形式表示，经常采用的有两种形式，即横道图和网络图。网络图的表示方法详见第 16 章。横道图表示方法如表 17-1 所示，表由左、右两部分组成。左边部分一般应包括下列内容：各分部分项工程名称、工程量、劳动量、机械台班数、每班工作人数、工作天数等。右边是施工进度部分（有时需要在图表下方绘制资源消耗动态图）。

表 17-1　单位工程施工进度计划

序号	分部分项工程名称	工程量		时间定额	劳动量		需用机械		工作班次	每班人数	工作天数	施工进度								
		单位	数量		工种	工日数量	名称	台班				×月						×月		
												5	10	15	20	25	30	5	…	

17.2.4.4　施工进度计划的编制过程

（1）确定施工过程

编制施工进度计划时，首先应按照施工图纸和施工顺序，将单位工程的各个施工过程列出，并结合施工方法、施工条件、劳动组织等因素，加以适当调整，填在施工进度计划表的有关栏目内。通常，施工进度计划表中只列出直接在建筑物或构筑物上进行施工的建筑安装类施工过程以及占有施工对象空间、影响工期的制备类和运输类施工过程。

在确定施工过程时，应注意下述问题：

① 划分施工过程的粗细程度，要根据进度计划的需要进行。对控制性进度计划，其划分可较粗，列出分部工程即可；对实施性进度计划，其划分较细，特别是对主导工程和主要分部工程，要详细具体。

② 施工过程的划分应与施工方案的要求保持一致。如单层厂房结构安装工程，若采用分件吊装法，则施工过程的名称、数量和内容及安装顺序应按照构件来确定；若采用综合吊装法施工，则施工过程按施工单元（节间、区段）来确定。

③ 所有施工过程应按施工顺序排列，所采用施工项目的名称应与现行定额手册上的项目名称相一致。

④ 施工过程应适当合并，使进度计划简明清晰，突出重点。应将某些次要项目合并到主要项目中去，对同一时间内、由同一专业工程队施工的工程，可以合并为一个工程项目，如工业厂房各种油漆施工，包括门窗、钢梯、钢支撑等油漆可并为一项。对次要零星工程，可合并为"其他工程"一项。

⑤ 水、暖、电和设备安装工程通常由专业队负责施工，在施工进度计划中可只反映这些工程与土建工程的配合关系，即只列出项目名称并标明起止时间。

（2）计算工程量

计算工程量应根据施工图和工程量计算规定进行，计算时应注意以下问题：

① 工程量的计量单位应与定额手册所规定的单位相一致，以便计算劳动量和材料、机

械台班消耗量时直接套用，避免换算。

② 结合选定的施工方法和安全技术要求计算工程量。如计算基坑土方工程量时，应根据其开挖方法是单独开挖还是大开挖，其边坡安全防护是放坡还是加支撑等施工内容，确定相应的土方体积计算尺寸。

③ 结合施工组织要求，分区、分段、分层计算工程量。

④ 计算工程量时，尽量考虑编制其他计划时使用工程量数据的方便，做到一次计算，多次使用。

（3）确定劳动量和机械台班数量

根据各分部分项的工程量、施工方法，即可套用施工定额，以计算出各施工过程的劳动量或机械台班数量。人工作业时，计算所需的工日数量；机械作业时，计算所需的台班数量。计算公式如下：

$$P = \frac{Q}{S} \text{ 或 } P = QH \tag{17-4}$$

式中　P——完成某分部分项工程所需的劳动量，工日或台班；

　　　Q——某分部分项工程的工程量，m^3，m^2，$t\cdots$；

　　　S——某分部分项工程人工或机械产量定额，m^3/工日或台班，m^2/工日或台班，t/工日或台班，$\cdots$；

　　　H——某分部分项工程人工或机械时间定额，工日或台班/m^3，工日或台班/m^2，工日或台班/t，$\cdots$。

计划中的"其他工程"项目所需劳动量，可根据实际工程对象，取总劳动量的 $10\% \sim 20\%$ 为宜。

（4）计算分部分项工程的施工天数

计算各分项工程施工天数的常用方法有两种：

① 根据工期要求计算。根据合同规定的总工期和本企业的施工经验，确定各分部分项工程的施工时间，然后按各分部分项工程需要的劳动量或机械台班数量，确定每一分部分项工程每个工作班所需要的工人数或机械数量。计算式如下：

$$R = \frac{P}{tb} \tag{17-5}$$

式中　R——每班配备在该分部分项工程上的人数或机械台数，人或台；

　　　b——每天工作班数，班；

　　　t——完成某分部分项工程所需的施工天数，日；

　　　P——完成某分部分项工程所需的劳动量，工日或台班。

② 根据劳动资源的配备计算。该方法是首先确定配备在该分部分项工程施工的人数或机械台数，然后根据劳动量计算出施工天数。计算式如下：

$$t = \frac{P}{Rb} \tag{17-6}$$

在实际工作中，可根据工作面所能容纳的最多人数（即最小工作面）和现有的劳动组织来确定每天的工作人数。在安排劳动人数时，必须考虑下述几点：

a. 最小工作面。最小工作面是指每一个工人或一个班组施工时必须要有足够的工作面才能发挥高效率，保证施工安全。一个分部分项工程在组织施工时，安排人数的多少会受到工作面的限制，不能为了缩短工期，而无限制地增加工人人数，否则，会造成工作面不足而出现窝工。

b. 最小劳动组合。在实际工作中，绝大多数分项工程不能由一个人来完成，而必须由几个人配合才能完成。最小劳动组合是指某一个施工过程要进行正常施工所必需的最少人数及其合理组合。

c. 可能安排的人数。根据现场实际情况（如劳动力供应情况、技工技术等级及人数等），在最少必需人数和最多可能人数的范围内，安排工人人数。通常，若在最小工作面条件下，安排了最多人数仍不能满足工期要求时，可组织两班制或三班制。

（5）安排施工进度

在编制施工进度计划时，应首先确定主导施工过程的施工进度，使主导施工过程尽可能连续施工，其余过程应予以配合，服从主导施工过程的进度要求。具体方法如下：

① 确定主要分部工程并组织流水施工。首先确定主要分部工程，组织其中主导分项工程的连续施工并将其他分项工程和次要项目尽可能与主导施工过程穿插配合、搭接或平行作业。例如，现浇钢筋混凝土框架主体结构施工中，框架施工为主导工程，应首先安排其主导分项工程的施工进度，即框架柱扎筋、柱梁（包括板）立模、梁（包括板）扎筋、浇混凝土等主要分项工程的施工进度。当主导施工过程优先考虑后，再安排其他分项工程施工进度。

② 按各分部工程的施工顺序编排初始方案。各分部工程之间按照施工工艺顺序或施工组织的要求，将相邻分部工程的相邻分项工程，按流水施工要求或配合关系搭接起来，即组成单位工程进度计划的初始方案。

③ 检查和调整施工进度计划的初始方案，绘制正式进度计划。

检查和调整的目的在于使初始方案满足规定的计划目标，确定理想的施工进度计划。其内容如下：

a. 检查施工过程的施工顺序以及平行、搭接和技术间歇等是否合理；

b. 确定安排的工期是否满足要求；

c. 确定所需的主要工种工人是否连续施工；

d. 确定安排的劳动力、施工机械和各种材料供应是否满足需要，资源使用是否均衡等。

经过检查，对不符合要求的部分进行调整。其方法一般有：

a. 增加或缩短某些分项工程的施工时间；

b. 在施工顺序允许的情况下，将某些分项工程的施工时间前后移动；

c. 必要时还可以改变施工方法或施工组织措施。

17.2.4.5 施工进度计划的评估

施工进度计划的评估，其目的是看该进度计划是否满足业主对该工程项目特别是技术经济效果的要求。可使用的评估指标有：

① 提前时间。

$$提前时间＝合同规定工期－计划工期$$

② 节约时间。

$$节约时间＝定额工期－计划工期$$

③ 劳动力不均衡系数。

$$劳动力不均衡系数＝高峰人数/平均人数≤2$$

④ 单方用工数。

单方用工数＝总用工数（工日）/建筑面积（m²）

⑤ 工日节约率。

总工日节约率＝[（施工预算用工数－计划用工数）（工日）/施工预算用工数（工日）]×100%

⑥ 大型机械单方台班用量（以吊装机械为主）。

大型机械单方台班用量＝大型机械台班用量（台班）/建筑面积（m²）

⑦ 建安工人日产值。

建安工人日产值＝计划施工工程工作量（元）/[进度计划工期×每日平均人数（工日）]

上述指标一般以前三项指标为主。

17.2.5 资源需要量计划

在单位工程施工进度计划确定之后，即可根据单位工程施工图、工程量计算资料、施工方案、施工进度计划等技术资料编制各项资源需要量计划。资源需要量计划主要用于确定施工现场的临时设施，并按计划供应材料、构件，调配劳动力和施工机械，以保证施工顺利进行。

（1）劳动力需要量计划

劳动力需要量计划主要作为安排劳动力、调配和衡量劳动力消耗指标，安排生活及福利设施等的依据。其编制方法是将单位工程施工进度表内所列各施工过程每天（或旬、月）所需工人人数按工种汇总列成表格。其表格形式如表 17-2 所示。

表 17-2 劳动力需要量计划表

序号	工程名称	人数	月份									
			1	2	3	4	5	6	7	8	9	…

（2）主要材料需要量计划

主要材料需要量计划表是作为备料、供料，确定仓库、堆场面积及组织运输的依据。其编制方法是根据施工预算的工料分析表、施工进度计划表、材料的储备和消耗定额，将施工中所需材料按品种、规格、数量、供应时间计算汇总，填入主要材料需要量计划表。其表格形式如表 17-3 所示。

表 17-3 主要材料需要量计划表

序号	材料名称	规格	需要量		供应时间	备注
			单位	数量		

（3）构件和半成品需要量计划

构件和半成品需要量计划主要用于落实加工订货单位，并按照所需规格、数量、时间，组织加工、运输和确定仓库或堆场，可按施工图和施工进度计划编制。其表格形式如表 17-4 所示。

表 17-4　构件和半成品需要量计划表

序号	品名	规格	图号	需要量		使用部位	加工单位	供应日期	备注
				单位	数量				

（4）施工机具需要量计划

施工机具需要量计划主要用于确定施工机具类型、数量、进场时间，以此落实机具来源和组织进场。其编制方法是将单位工程施工进度计划表中的每一个施工过程，每天所需的机具类型、数量和使用时间进行汇总，便得到施工机具需要量计划表。其表格形式如表 17-5 所示。

表 17-5　施工机具需要量计划表

序号	机具名称	型号	需要量		货源	使用起止时间	备注
			单位	数量			

对于单位工程或各个施工过程来说，单位时间资源（劳动力、材料、机具等）消耗力求不发生过大的变化，即资源消耗力求均衡。某资源消耗的均衡性指标可以采用资源不均衡系数（K）加以评价。

$$K = \frac{R_{\max}}{\overline{R}} \tag{17-7}$$

式中　$R_{\max}$——单位时间内某资源消耗的最大值；

$\overline{R}$——该施工期内资源消耗的平均值。

资源不均衡系数一般宜控制在 1.5 左右，最大不宜超过 2。

17.2.6　单位工程施工平面图设计

单位工程施工平面图是对拟建单位工程施工现场所作的平面规划和空间布置图。它根据拟建工程的规模、施工方案、施工进度计划及施工现场的条件等因素，按照一定的设计原则，正确地解决施工期间所需的各种暂设工程与永久性工程和拟建工程之间的合理位置关系。单位工程施工平面图是进行施工现场布置的依据，是实现施工现场有计划有组织进行文明施工的先决条件，对加快施工进度、降低工程成本、提高工程质量和保证施工安全有极其重要的意义。每个工程在施工之前都要进行施工现场布置和规划，在施工组织设计中，均要进行施工平面图设计。

17.2.6.1　单位工程施工平面图设计的依据

在进行单位工程施工平面图设计前，首先应认真研究施工方案和施工进度计划，对施工现场及周围的环境作深入的调查研究，充分分析设计施工平面图的原始资料，使平面布置与施工现场的实际情况相符，使施工平面图设计确实起到指导施工现场空间布置的作用。施工平面图设计所依据的主要资料包括以下内容。

（1）设计和施工所依据的原始资料

① 自然条件资料。包括地形资料、工程地质及水文地质及资料、气象资料等。主要用于确定各种临时设施的位置，布置施工排水系统，确定易燃、易爆及有碍人体健康的设施的布置，安排冬雨期施工期间所需设备的地点。

② 技术经济条件资料。包括交通运输、水源、电源、气源、物资资源等情况。主要用于布置水、电管线和道路等。

③ 社会调查资料。包括社会劳动力和生活设施情况、参加施工各单位的情况、建设单位可为施工提供的房屋和其他生活设施情况。它可以确定可利用的房屋和设施情况，对布置临时设施有重要作用。

（2）建筑、结构设计资料

① 建筑总平面图。包括一切地下、地上原有的和拟建的房屋和构筑物的位置和尺寸。根据建筑总平面图可确定临时房屋和其他设施的位置，以及获得修建工地临时运输道路和解决施工排水等所需资料。

② 地下和地上管道位置资料。一切已有或拟建的管道，在施工中应尽可能考虑予以利用；若对施工有影响，则需考虑提前拆除或迁移；同时应避免把临时建筑物布置在拟建的管道位置上面。

③ 建筑区域的竖向设计资料和土方平衡图。这与布置水、电管线，安排土方的挖填及确定取土、弃土地点有紧密联系。

④ 本工程如属群体工程之一，应符合施工组织总设计和施工总平面图的要求。

（3）施工资料

① 施工方案。据此确定起重机械、施工机具、构件预制及堆场的位置。

② 施工进度计划。从中可了解施工阶段的情况，以便分阶段布置施工现场，节约施工用地。

③ 资源需要计划。即各种劳动力、材料、构件、半成品等需要量计划，可以确定宿舍、食堂的面积、位置，仓库和堆场的面积、形式、位置等。

17.2.6.2 单位工程施工平面图设计的内容和原则

（1）设计内容

单位工程施工平面图的比例尺一般采用1：200～1：500，图上内容包括：

① 建筑总平面图上已建及拟建的地上和地下的一切建筑物、构筑物和管线。

② 测量放线标桩位置，土方取弃场地。

③ 移动式起重机开行路线、轨道布置和固定式垂直运输设备位置。

④ 材料、构件、成品、半成品及施工机具等的仓库和堆场。

⑤ 生产、生活用临时设施，如办公室、实验室、加工厂、搅拌站、钢筋加工棚、木工棚、宿舍、食堂、卫生间、车棚等。

⑥ 供水、供电线路及道路，供气及供热管线，包括变电站、配电房、永久性和临时性道路等。

⑦ 临时安全和消防设施等。

（2）设计的原则

① 在满足现场施工条件下，现场布置尽可能紧凑，减少施工用地。

② 在保证施工顺利进行的条件下，尽量利用现场附近可利用的房屋和水电管线，减少临时设施。

③ 充分利用施工场地，尽量将材料、构件靠近使用地点布置，减少现场二次搬运量，且使运输方便。

④ 遵守劳动保护、环境保护、技术安全和防火要求。

⑤ 便于工人的生产和生活。

单位工程施工平面图设计一般应考虑施工用地面积、场地利用系数、场内运输量、临时设施面积、临时设施成本、各种管线用量等技术经济指标。

17.2.6.3 单位工程施工平面图设计的步骤

单位工程施工平面图设计的步骤如图 17-2 所示：

施工平面图设计步骤在实际工作中，往往互相牵连、互相影响。为此，要多次、反复地进行研究分析。同时应注意，单位工程施工平面图布置除应考虑在平面上的布置是否合理外，还必须考虑它们的空间条件是否科学合理，特别是要注意安全问题。现就几个主要问题予以说明。

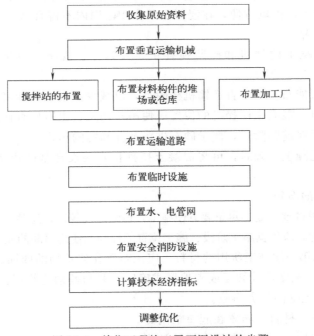

图 17-2 单位工程施工平面图设计的步骤

（1）垂直运输机械的布置

垂直运输机械的位置直接影响到仓库、材料堆场、砂浆和混凝土搅拌站的位置，以及场内道路和水电管网的位置等。因此，应首先予以考虑。

① 固定式垂直运输机械。固定式垂直运输机械（如井架、桅杆、固定式塔式起重机等）的布置，主要应根据力学性能、建筑物平面形状和大小、施工段划分情况、起重高度、材料

和构件重量和运输道路等情况而定。应做到使用方便、安全，便于组织流水施工，便于楼层和地面运输，并使其运距短。通常，当建筑物各部位高度相同时，布置在施工段界线附近；当建筑高度不同或平面较复杂时，布置在高低跨分界处或拐角处；当建筑物为点式高层时，采用的固定式塔式起重机应布置在建筑中间或转角处；井架可布置在窗间墙处，以避免墙体留槎，井架用卷扬机不能离井架架身过近。

布置塔式起重机时，应考虑塔机安拆的场地。当有多台塔式起重机时，应避免相互碰撞。

② 移动式垂直运输机械。有轨道式塔式起重机布置应考虑建筑物的平面形状、大小和周围场地的具体情况。应尽量使起重机能在工作幅度内将建筑材料和构件运送到操作地点，避免出现死角。

履带式起重机布置，应考虑开行路线、建筑物的平面形状、起重高度、构件重量、回转半径和吊装方法等。

③ 外用施工电梯。外用施工电梯又称人货两用电梯，是一种安装在建筑物外部，施工期间用于运送施工人员及建筑材料的垂直提升机械。外用施工电梯是高层建筑施工中不可缺少的关键设备之一，其布置的位置，应方便人员上下和物料集散，由电梯口至各施工处的平均距离最短，便于安装附墙装置等。

④ 混凝土泵。混凝土泵设置处，应场地平整、道路畅通、供料方便，距离浇筑地点近，便于配管，排水、供水、供电方便，在混凝土泵作用范围内不得有高压线等。

（2）搅拌站的布置

搅拌站主要指混凝土搅拌机和砂浆搅拌机，其型号、规格、数量在施工方案中予以确定。

① 搅拌站应尽可能布置在垂直运输机械附近，以减少混凝土及砂浆的水平运距。

② 当采用塔吊时，混凝土搅拌机的位置应使吊斗能从其出料口直接卸料并挂钩起吊。

③ 搅拌站应布置在道路附近，便于砂石进场及拌和物的运输。

④ 在浇筑大型混凝土基础时，可将混凝土搅拌机直接设在基础边缘，待基础混凝土浇筑好后再转移。

（3）仓库和堆场的布置

仓库和堆场布置总的要求是：尽量要方便施工，运输距离较短；避免二次搬运以求提高生产效率和节约成本。为此，应根据施工阶段、施工位置的标高和使用时间的先后确定布置位置。

① 建筑物基础和第一层施工所用的材料，应该布置在建筑物的四周。材料堆放位置应根据基槽（坑）的深度、宽度及其坡度或支护形式确定，并与基槽边缘保持一定距离（≥1m），以免造成基槽（坑）土壁的坍方事故。

② 第二层以上施工材料，布置在起重机附近。

③ 砂、石等大宗材料，尽量布置在搅拌站附近。

④ 多种材料同时布置时，对大宗的、重量大的和先期使用的材料，尽可能靠近使用地点或起重机附近布置，而少量的、轻的和后期使用的材料，则可布置得稍远一些。

⑤ 水泥仓库要考虑防止水泥受潮，应选择地势较高、排水方便的土方，同时应尽量靠近搅拌机。

⑥ 木工、钢筋及水电器材等仓库，应与加工棚结合布置，以便就近取材加工。

⑦ 石灰仓库和淋灰池的位置要接近砂浆搅拌机并在下风处。

⑧ 电焊间、沥青堆场及熬制锅的位置要离开易燃品仓库或堆场，也应布置在下风处。

当材料和构配件仓库、堆场位置初步确定后，应根据材料储备量确定所需面积，即：

$$A = \frac{QT_nK}{T_QqK_1} \tag{17-8}$$

式中　A——仓库、堆场所需的面积，m^2；

　　　Q——计算时间内材料的总需用量，可根据施工进度计划求得；

　　　T_n——材料在现场的储备天数，应根据该材料的供应、运输和工期需要确定；

　　　K——材料使用不均衡系数；

　　　T_Q——计算进度内的时间，即该材料的使用时间；

　　　q——该材料单位面积的平均储备量；

　　　K_1——仓库、堆场的面积有效利用系数。

（4）运输道路的布置

现场运输道路应尽可能利用永久性道路，或先修好永久性道路的路基，在土建工程结束之前再铺路面。现场道路布置时，应保证行驶畅通并有足够的转弯半径。运输道路最好围绕建筑物布置成一条环形道路。单车道路宽不小于3.5m，双车道路宽不小于6m。道路两侧一般应结合地形设置排水沟，深度不小于0.4m，底宽不小于0.3m。

（5）临时设施的布置

临时设施分为生产性临时设施和生活性临时设施。生产性临时设施有钢筋加工棚、木工房、水泵房等；生活性临时设施有办公室、工人休息室、开水房、食堂、厕所等。临时设施的布置原则是有利生产，方便生活，安全防火。

① 生产性临时设施如钢筋加工棚和木工房的位置，宜布置在建筑物四周稍远位置，且有一定的材料、成品堆放场地。

② 一般情况下，办公室应靠近施工现场，设于工地入口处，亦可根据现场实际情况选择合适的地点设置；工人休息室应设在工人作业区；宿舍应布置在安全的上风向一侧；收发室宜布置在入口处等。

（6）水、电管网的布置

① 施工现场临时供水。现场临时供水包括生产、生活、消防等用水。通常，施工现场临时供水应尽量利用工程的永久性供水系统，减少临时供水费用。施工用的临时给水管，应尽量由建设单位的干管接入，或直接由城市给水管网接入。若系高层建筑，必要时，可增设高压泵以保证施工对水头的要求。

消防用水一般利用城市或建设单位的永久性消防设施。室外消防栓应沿道路布置，间距不应超过120m，距房屋外墙一般不小于5m，距道路不应大于4m。工地消防栓2m以内不得堆放其他物品。室外消防栓管径不得小于100mm。

临时供水管的铺设最好采用暗铺法，即埋置在地面以下，防止机械在其上行走时将其压坏。临时管线不应布置在将要修建的建筑物或室外管沟处，以免这些项目开工时，切断水源影响施工用水。施工用水龙头位置，通常由用水地点的位置来确定。例如搅拌站、淋灰池、浇砖处等，此外，还要考虑室内外装修工程用水。

② 施工现场临时供电。为了维修方便，施工现场多采用架空配电线路，且要求架空线与施工建筑物水平距离不小于10m，与地面距离不小于6m，跨越建筑物或临时设施时，垂直距离不小于2.5m。现场线路应尽量架设在道路一侧，尽量保持线路水平，以免电杆受力

不均。在低电压线路中，电杆间距应为 25～40m，分支线及引入线均应由电杆处接出，不得由两杆之间接线。

单位工程施工用电应在全工地施工总平面图中一并考虑。一般情况下，计算出施工期间的用电总数，提供给施工单位，不另设变压器。只有独立的单位工程施工时，才根据计算的现场用电量选用变压器，其位置应远离交通要道及出入口处，布置在现场边缘高压线接入处，四周用铁丝网围绕加以保护。

建筑施工是一个复杂多变的生产过程，工地上的实际布置情况会随时改变，如基础施工、主体施工、装饰施工等各阶段在施工平面图上是经常变化的。但是，对整个施工期间使用的一些主要道路、垂直运输机械、临时供水供电线路和临时房屋等，则不会轻易变动。对于大型建筑工程，施工期限较长或建设地点较为狭小时，要按施工阶段布置多张施工平面图；对于较小的建筑物，一般按主要施工阶段的要求来布置施工平面图即可。

（7）单位工程施工组织平面图的技术经济分析

单位工程施工平面图依据其布置要求、现场条件以及工程特点等因素，其布置可形成多个不同的布置方案。为从中选出最经济、最合理的施工平面布置方案，同时也为检验布置方案的质量，应对施工平面布置方案进行技术经济分析比较，常用指标如下：

① 施工占地系数。

$$施工占地系数＝[施工占地面积(m^2)/建筑面积(m^2)]×100\%$$

② 施工场地利用率。

$$施工场地利用率＝[施工设施占地面积(m^2)/施工用地面积(m^2)]×100\%$$

③ 临时设施投资率。

$$临时设施投资率＝[临时设施费用总和(元)/工程总造价(元)]×100\%$$

17.3 施工组织总设计

17.3.1 编制程序和依据

17.3.1.1 施工组织总设计的编制程序

施工组织总设计的编制程序如图 17-3 所示。

17.3.1.2 施工组织总设计的编制依据

编制施工组织总设计的主要依据有：

（1）计划文件

包括可行性研究报告，国家批准的固定资产投资计划，单位工程项目一览表，分期分批投产的要求，投资额和材料、设备订货指标，建设项目所在地区主管部门的批件，施工单位主管上级下达的施工任务书等。

（2）设计文件

包括初步设计或技术设计、设计说明书、总概算或修正总概算等。

（3）合同文件

包括招投标文件及建筑工程施工合同和有关协议，工程所需材料、设备的订货或供货合同等。

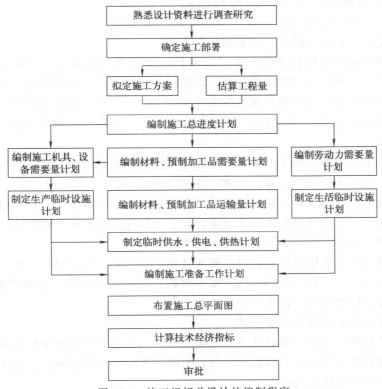

图 17-3 施工组织总设计的编制程序

（4）工程勘察和技术经济调查资料

包括建设地区地形、地貌、水文、地质、气象及现场可利用情况等自然环境条件，主要施工机械和机具装备，劳动力队伍，主要建筑材料的供应情况，以及能源、水电、交通、通信等设施条件。

（5）有关的政策法规、技术规范、工程定额、类似工程项目建设的经验等资料。

前文已经介绍过，施工组织总设计的主要内容包括：工程概况；施工部署与施工方案；施工总进度计划；施工准备工作；各项资源需求量计划；施工总平面图设计；主要经济技术指标。下面仅就其中的主要内容作介绍。

17.3.2 施工部署

施工部署是施工组织总设计的中心环节，是对整个建设项目全局的统筹规划和全面安排，主要是解决影响建设项目全局的重大战略问题。其主要内容有：

（1）确定工程开展程序

确定工程开展程序，就是根据建设项目或建筑群体总目标的要求，对整个建设项目或建筑群体从全局出发进行统筹规划，确定建设项目或建筑群体分期分批施工的合理开展程序。在确定工程开展程序时，主要考虑以下几点：

① 在保证工期要求的前提下，实行分期分批配套施工。

② 统筹安排各类施工项目，既要保证重点，又要兼顾其他。

③ 遵循施工程序和施工顺序。

④ 考虑施工区域内各工程项目的施工条件。

⑤ 注意季节对施工的影响。

（2）拟定主要工程项目的施工方案和施工方法

一个建设项目或建筑群体中的主要工程项目是指那些工程量大、技术复杂、施工难度大、工期长、对整个建设项目的完成起着关键作用的单项工程或单位工程，以及对建设项目全局有重大影响的分部分项工程，如供施工使用的全场性特殊工程或大跨度结构施工、深基础施工、钢管混凝土施工、大型预应力施工等新技术、新结构、新工艺、新材料的特殊工程。

对主要工程项目要拟定施工方案，即对其施工组织或施工技术方面的基本问题提出原则性的解决方案。内容主要包括：确定主要的施工方法、施工工艺流程，选择主要的施工机械，划分施工段，提出施工技术组织措施等。其内容和深度与单位工程施工组织设计中的要求是不同的，它只需原则性地提出施工方案，如采用何种施工方法，哪些构件采用现浇，哪些构件采用预制，构件吊装采用什么机械，等等。

对那些工程量大、占用时间长、对工程质量和工期起着关键作用的主要工种工程要选择施工方法。如土石方、基础、砌体、脚手架、模板、钢筋、混凝土、结构安装、防潮防水、装饰、垂直运输、管道安装、设备安装等工种工程。

（3）明确施工任务划分与组织安排

建设顺序的规划，必须明确划分参与此建设项目的各施工单位和各职能部门的任务，确定总承包与分包的相互配合，划分施工阶段，明确各单位分期分批的主要施工项目和配套工程项目，并作出具体明确的决定。

（4）编制施工准备工作总计划

主要指全局性的准备工作，如土地征购，居民迁移，"三通一平"，测量控制网的设置，生产、生活基地的规划，材料、设备、构件的加工订货及供应，加工厂、材料仓库的布置，施工现场排水、防洪、环保、安全等所采取的技术措施等。

17.3.3 施工总进度计划

施工总进度计划是施工组织总设计的核心内容之一，是以拟建工程项目的概算时间或总价值使用时间为目标，对施工现场各施工活动在时间上所做的控制性时间安排，是各项施工任务在工期上的具体体现。编制施工总进度计划就是根据施工部署中的施工方案和工程项目的开展程序，对全工地性的所有工种项目作出时间上的安排。

其内容主要包括：估算主要工程项目的工程量；确定各单项工程或单位工程的施工期限；确定各单项工程或单位工程的开竣工时间及其相互穿插搭接的时间关系；编制施工总进度计划表等。

17.3.3.1 施工总进度计划的编制依据和编制原则

（1）编制依据

① 建设项目的初步设计或扩大初步设计。

② 建设项目相关的概（预）算指标、劳动定额、工期定额以及相关的技术资料。

③ 施工组织的规划设计和合同规定的施工进度要求。

④ 建设项目的组织结构，施工部署，主要工程项目的施工方案和施工方法以及其他相关的资料。

⑤ 建设地区的调查报告以及类似建设项目的建设经验资料等。

（2）编制原则

① 合理安排各工程的施工顺序，恰当配置劳动力、物资、施工机械等，确保拟建工程在规定的工期内以最少的资金消耗量按期完工，并能迅速地发挥投资效益。

② 合理组织施工，使建设项目的施工连续、均衡、有节奏，从而加快施工速度，降低工程成本。

③ 着眼于保证质量、节约费用的原则，科学地安排全年各季度的施工任务，尽力实现全年施工的连续性和均衡性，避免出现突击赶工增加施工费用的现象。

17.3.3.2　施工总进度计划的编制步骤和方法

（1）列出拟建工程项目一览表并计算工程量

根据建设项目或建筑群体的施工部署，按主要工程项目的开展程序，分别列出拟建项目中主要工程项目和主要工种工程一览表。由于施工总进度计划主要起控制性作用，因此，项目划分不宜过细，一些附属项目、辅助工程、临时设施可以合并列出，然后估算列表中各主要项目的工程量。

计算工程量的目的是为选择施工方案和机械提供依据，同时也为确定主要施工过程的劳动力、技术物资和施工时间提供依据。工程量只需粗略计算，一般可根据初步设计（或扩大初步设计）图纸并套用万元定额、概算指标或扩大结构定额，也可按标准设计或已建房屋、构筑物资料来估算出工程量及各项物资的消耗。按上述方法算出的工程量填入汇总表内，计算出相应的劳动量并将其进行综合，分别填入总进度计划表中相应的栏目内。

除建筑物外，还必须计算主要的全工地性临时工程的工程量，例如铁路与道路、水电管线等，其长度可以在建筑总平面图上量得。

（2）确定各单位工程的施工期限

对已签订工程合同的建设项目，单位工程的施工期限可根据合同工期来确定，但通常情况下在进行施工总进度计划设计时，建设项目或建筑群体工程项目尚没有签订工程合同，此时，各单位工程的施工期限可根据当地的工期定额来确定。由于建筑工程施工受许多因素制约，如建筑类型、结构特征、工程规模，施工场地的水文、地质、地形、气象条件及周围环境，施工单位的施工技术、管理水平、施工方法、机械化施工程度、劳动力及施工物资供应情况等，致使各单位工程的施工工期有很大的差异，仅依据工期定额不能真实确定各单位工程的施工期限。为此，各单位工程的施工工期必须根据拟建工程项目的特点、现场的具体条件、施工单位的实际情况，并参考类似工程的施工经验综合加以确定。

（3）确定各单位工程的开竣工时间和相互搭接关系

在施工部署中已确定总的施工顺序和控制期限，但对每一工程项目何时开始、何时竣工及各工程项目工期之间的搭接关系还未予以考虑，这也需要在施工总进度中进一步明确。通常应考虑以下主要因素：

① 分清主次，抓住重点，同一时期开工的项目不宜过多，以免人力、物力分散。

② 要考虑到各种客观条件的限制和影响，如材料、设备的供应情况，设计单位提供施工图纸时间，各年度建设投资额以及当地的气候、环境等的限制和影响。

③ 尽量使劳动力、施工机具和物资在施工全过程中均衡消耗，以利于劳动力的调配、材料供应和充分利用临时设施。

④ 要根据生产工艺的要求，确定分期分批的实施方案，合理安排各个主要单位工程的

施工顺序，使土建、设备安装、试生产（运转）实现"一条龙"。

（4）编制施工总进度计划

施工总进度计划主要是全局性的控制进度计划，不必要搞得过细。过细使工程项目内容繁杂，反而不利于对施工中的变化进行调整。在施工总进度计划中，通常以单位工程或分部工程的名称作为工程项目名称。其时间一般按月来划分，对跨年度工程项目，第一年可按月划分，以后可按季划分。

施工总进度计划常以网络图或横道图来表示。工程实践证明，用有时间坐标的网络图表达施工总进度计划，比横道图表达更加直观、逻辑关系更加明确，并能应用计算机对施工总进度计划进行编制、调整、优化、统计资源消耗数量，绘制并输出各种数据和图表，因此，网络图在现代的建筑施工组织中得到了广泛的应用。

施工总进度计划的绘制方法：按照施工部署中的工程开展程序，首先排列各单位工程或分部工程项目等主要工种项目；再依据各主要工程项目的计算工期确定其开竣工时间和相互搭接时间，形成施工总进度计划的初步方案；最后，对其进行综合平衡和调整。

施工总进度计划表和主要工程项目流水施工进度计划表，见表17-6、表17-7。

表17-6　施工总进度计划表

序号	工程项目名称	结构类型	建筑面积	工作量		施工日期	20××年						20××年					
							三季度			四季度			一季度			二季度		
				单位	数量		7	8	9	10	11	12	1	2	3	4	5	6

表17-7　主要工程项目流水施工进度计划表

序号	工程项目名称	工程量		施工机械			劳动力			施工延续时间	20××年					
		单位	数量	机械名称	台班数量	机械数量	工种名称	总工日数	平均人数		×季度			×季度		
											×月	×月	×月	×月	×月	×月

17.3.4　施工总平面图

施工总平面图是拟建工程项目施工现场的总体平面布置图，用以表示全工地在施工期间所需各项设施和永久性建筑之间的合理布局关系。它是施工部署在施工空间上的反映，对指导现场进行有组织、有计划的文明施工，节约施工用地，减少场内运输，避免相互干扰，降低工程费用具有重大的意义。对于大型建设项目，当施工期限较长或受场地所限，必须几次周转使用场地时，应按照几个阶段布置施工总平面图。

17.3.4.1　施工总平面图设计的依据

施工总平面图设计的依据主要包括：

① 设计资料。包括建设项目的总平面图、区域规划图、地形图、竖向设计图、建设项目范围内一切相关的已有或拟建的各种地上地下的设施和管线位置图。

② 建设地区资料。包括建设地区的自然条件、技术经济条件和社会环境调查报告等。

③ 建设项目的施工部署、主要建筑物的施工方案和施工总进度计划等技术资料。

④ 各种建筑材料、构件、加工品、施工机械和运输工具需要量一览表。主要用于规划工地内部的贮放场地和运输线路。

⑤ 各种生产、生活用临时设施一览表。用于规划加工厂、仓库及其他临时设施的设置位置、数量和外轮廓尺寸。

⑥ 建设项目施工征地的范围内水、电、暖、气等接入位置和容量等情况。

17.3.4.2　施工总平面图设计的内容和原则

（1）设计内容

① 一切地上、地下已有和拟建的建筑物、构筑物及其他设施的位置和尺寸。

② 为施工服务的各种临时设施等。包括：各种建筑材料、成品、半成品以及预制构件的仓库和主要堆场；各种加工厂、搅拌站以及动力站等；临时的和永久的水源、电源、暖气、变压器、给排水管线和动力供电线路及设施等；机械站、车库、大型机械的位置；取土、堆土及弃土的位置；行政管理办公室、临时宿舍及文化生活福利建筑等；施工安全、防火和环境保护设施等。

③ 与施工有关的其他事项。包括：永久性和半永久性测量放线用水准点和标志点、特殊图例、方向标志、比例尺等。

（2）设计原则

① 在保证顺利施工的前提下，施工场区布置要紧凑，尽量减少施工用地，特别要注意不占或少占农田，不挤占城镇交通道路，应充分利用山地、荒地，重复使用空地。

② 尽量降低临时工程费用，充分利用已有或拟建房屋、管线、道路和可缓拆、暂不拆除的项目为施工服务。

③ 尽量使各种机械、仓库、加工厂靠近使用地点，力求建筑材料直接堆放到指定地点，减少场内的二次搬运和场内的运输距离，降低运输费用，并保障运输的方便和通畅。

④ 有利于生产、方便生活和管理，并应遵守安全、消防、环保、卫生等有关技术标准、法规。

17.3.4.3　施工总平面图设计的步骤与方法

施工总平面图设计的基本步骤为：引入场外交通道路→布置仓库和材料堆场→布置加工厂和搅拌站→布置场内运输道路→布置全场性垂直运输机械→布置行政、生活等临时房屋→布置临时水电管网和其他动力设施→绘制正式施工总平面图。

（1）引入场外交通道路

设计施工总平面图时，应从研究大宗材料的供应情况及运输方式开始。当大宗材料由铁路运输时，由于铁路的转弯半径大，坡度有限制，因此首先应解决铁路从何处引入及可能引到何处的方案，并尽可能考虑利用该企业永久铁路支线。铁路线的布置最好沿着工地周边或各个独立施工区的周边铺设，以免与工地内部运输线交叉，妨碍工地内部运输。

当大宗材料由公路运输时，因公路布置较灵活，则应先确定仓库及附属企业的位置，使其布置在最合理经济的地方，然后再将场内道路与场外道路接通，最后再按运输路径最短、运输费用最低的原则布置场内运输道路。

（2）布置仓库和材料堆场

仓库布置一般应接近使用地点；铁路运输时，应沿铁路线布置在工地内侧；水泥库和砂石堆场应布置在搅拌站附近；砖、预制构件应布置在垂直运输设备周边；钢筋、木材应布置在加工厂附近；车库、机械站应布置在现场入口处；油料库、氧气库、炸药库等应布置在远离施工点的安全地带；易燃、有毒材料库应布置在工地的下风方向。

（3）布置加工厂和搅拌站

各种加工厂和搅拌站的布置，应以方便使用、安全防火、运输费用最少、不影响工程施工的正常进行为原则。一般应将加工厂集中布置在同一个地区，且多处于工地边缘。各种加工厂应与相应的仓库或材料堆场布置在同一地区。这样，既便于各种加工材料的直接使用和管理，又能集中铺设道路、动力管线及给排水管网，从而降低施工费用。

（4）布置场内运输道路

应尽可能地提前修建道路为施工服务。临时道路要将仓库、加工厂、施工点贯通，尽可能减少尽头死道及交叉点，避免交通堵塞、中断。主要道路可采用双车道，其宽度不得小于6m；次要道路可为单车道，其宽度不得小于3.5m。临时道路的路面结构，也应根据运输情况、运输工具的不同而采用不同的结构。

（5）布置行政、生活等临时房屋

临时行政及生活福利用房，应尽可能地利用永久性建筑为施工服务，并应将全工地行政管理办公室设在工地出入口。施工人员办公室尽可能靠近施工对象。为工人服务的生活福利房屋及设施，如商店、俱乐部等应设在工人聚集较多或出入必经之处。对于居住和文化福利房屋，则应集中布置在现场外，组成一工人村，其距离最好在500~1000m内，以利于工人往返。

（6）布置临时水电管网和其他动力设施

临时水电管网和其他动力线路包括以下两种情况：一种情况是利用已有水源、电源，这时应从外面接入工地，沿主要干道布置干管、主线，然后与各用户接通。但在接入高压线时，应在接入之处设变电站，其位置应在较隐蔽处，并采取安全防护措施。另一种情况是无法利用现有的水源、电源时，则应另行规划临时供水设施、发电站和管网线路。主要水电管网应环状布置，供电线路应避免与其他管道设在同一侧，应按消防规定设置消防栓、消防站，并有畅通的道路能使消防车行驶。

17.3.5 技术经济评价指标

编制施工组织总设计时，需对其进行技术经济分析评价，以便对设计方案进行必要的改进或进行多方案的优化选择。

技术经济评价的指标一般包括施工周期、劳动生产率、工程质量指标、施工安全保障、成本降低程度、施工机械化水平、预制化施工水平、临时工程费用比等。

（1）施工周期

施工周期是指建设项目从施工准备到竣工投产使用的持续时间。应计算的指标有：

① 施工准备期：从施工准备开始到主要项目开工为止的全部时间。

② 部分投产期：从主要项目开工到第一批项目投产使用的全部时间。

③ 单位工程工期：指整个建设项目中各个单位工程从开工到竣工的全部时间。

（2）劳动生产率

劳动生产率通常计算的相关指标有：

① 全员劳动生产率 [元/（人·年）]。按下式计算：

$$全员劳动生产率 = \frac{报告期年度完成工作量}{报告期年度全体职工平均数} \qquad (17\text{-}9)$$

② 单位产品劳动消耗量。按下式计算：

$$单位产品劳动消耗量 = \frac{完成该工程的全部劳动工日数}{工程总量} \times 100\% \qquad (17\text{-}10)$$

③ 劳动力不均衡系数。按下式计算：

$$劳动力不均衡系数 = \frac{施工期高峰人数}{施工期每天平均施工人数} \qquad (17\text{-}11)$$

（3）工程质量指标

主要说明建设项目或各组成的单位工程的工程质量应达到的质量等级水平，如合格、优良等。

（4）施工安全保障

$$工伤事故频率 = \frac{工伤事故人次数}{全年职工平均人数} \times 100\% \qquad (17\text{-}12)$$

（5）成本降低程度

① 降低成本额按下式计算：

$$降低成本额 = 承包成本 - 计划成本 \qquad (17\text{-}13)$$

② 降低成本率按下式计算：

$$降低成本率 = \frac{降低成本额}{承包成本额} \times 100\% \qquad (17\text{-}14)$$

（6）施工机械化水平

① 施工机械化程度按下式计算：

$$施工机械化程度 = \frac{机械化施工完成的工程量}{总工程量} \qquad (17\text{-}15)$$

② 施工机械完好率按下式计算：

$$施工机械完好率 = \frac{计划内机械设备完好台日数}{计划内机械设备制度台日数} \times 100\% \qquad (17\text{-}16)$$

③ 施工机械利用率按下式计算：

$$施工机械利用率 = \frac{计划内机械设备工作台日数}{计划内机械设备制度台日数} \times 100\% \qquad (17\text{-}17)$$

（7）预制化施工水平

$$预制化施工程度 = \frac{工厂或现场预制的工作量}{总工作量} \qquad (17\text{-}18)$$

（8）临时工程费用比

$$临时工程费用比 = \frac{全部临时工程费}{建筑安装工程总值} \qquad (17\text{-}19)$$

参考文献

[1] 姚刚，应惠清，张守健. 土木工程施工 [M]. 4版. 北京：中国建筑工业出版社，2023.

[2] 穆静波，候敬峰. 土木工程施工 [M]. 3版. 北京：中国建筑工业出版社，2020.

[3] 宁宝宽. 土木工程施工 [M]. 北京：化学工业出版社，2011.

[4] 吴贤国. 土木工程施工 [M]. 北京：中国建筑工业出版社，2010.

[5] 高兵，卞延彬. 高层建筑施工 [M]. 北京：机械工业出版社，2013.

[6] 吴洁，杨天春. 建筑施工技术 [M]. 2版. 北京：中国建筑工业出版社，2017.

[7] 郭正兴. 土木工程施工 [M]. 3版. 南京：东南大学出版社，2020.

[8] 应惠清. 土木工程施工 [M]. 3版. 上海：同济大学出版社，2018.

[9] 毛鹤琴. 土木工程施工 [M]. 5版. 武汉：武汉理工大学出版社，2018.

[10] GB 50666—2011. 混凝结构工程施工规范.

[11] GB 50204—2015. 混凝土结构工程施工质量验收规范.

[12] GB 55008—2021. 混凝土结构通用规范.

[13] 方诗圣，李海涛. 道路桥梁工程施工技术 [M]. 武汉：武汉大学出版社，2013.

[14] 刘宗仁. 土木工程施工 [M]. 3版. 北京：高等教育出版社，2019.

[15] 张华明，纪繁荣，杨正凯. 建筑施工组织 [M]. 北京：中国电力出版社，2018.

[16] 《建筑施工手册》（第五版）编委会. 建筑施工手册 [M]. 5版. 北京：中国建筑工业出版社，2013.